北京科技年鉴

BEIJING ALMANAC OF SCIENCE AND TECHNOLOGY

2011

北京市科学技术委员会　组编

北京科学技术出版社

2月1日，北京市委、市政府召开“北京市科学技术奖励大会”。中共中央政治局委员、市委书记刘淇，市委副书记、市长郭金龙等领导出席大会并为获奖代表颁奖

8月16日，科技部与北京市政府举行“共建国家现代农业科技城签约仪式”。中共中央政治局委员、市委书记刘淇，全国政协副主席、科技部部长万钢，市长郭金龙，致公党中央常务副主席王钦敏，科技部副部长张来武、曹健林，农业部副部长张桃林，市委常委、市委秘书长李士祥，市委常委牛有成，市人大副主任李昭玲，副市长苟仲文，市政府秘书长孙康林、科技部副秘书长王志学等领导出席了签约仪式。签约仪式由市委常委赵凤桐主持，市长郭金龙、科技部部长万钢作了讲话

10月26日，“中央企业院校重大科技成果在京转化落地项目签约仪式”在京召开。会上推介来自中科院、中央转制院所、九个国防科技工业集团公司、高校及其他在京中央企业的25个正在实施的科技成果转化项目，并为4个科技成果承接及转化平台、新认定的12个在京中央企业院校所属工程技术研究中心、重点实验室揭牌

6月29日，中国首家设计交易市场正式启动建设，力争用3年左右的时间，聚集100家以上的国内外著名设计机构和企业，推动北京设计服务业收入实现1300亿元。市委书记刘淇，市委副书记、市长郭金龙共同为中国设计交易市场揭牌

4月23日，落实科技北京行动计划，加快建设中关村国家自主创新示范区，北京生物医药产业跨越发展工程(G20工程)启动仪式举行，未来3年，北京生物医药产业整体规模(不含商业)将从现在的不到400亿元发展到1000亿元

12月17日，“北京市自然科学基金20年探索与实践总结大会”在国家会议中心召开。全国政协副主席林文漪、副市长苟仲文、国家自然科学基金委员会副主任孙家广、中国医学科学院院长刘德培院士、科技部基础司司长张先恩、市科委主任闫傲霜、市自然科学基金委员会会长朱宝凤等有关领导，以及浙江省、山东省、河北省、湖南省等兄弟省市自然科学基金委员会负责人出席了会议

7月14日，北京技术市场协会在京召开“北京技术市场协会第四届第一次常务理事会”。全国政协副主席、北京技术市场协会名誉理事长林文漪，原市人大主任、北京技术市场协会高级顾问张健民，市科委主任闫傲霜等领导出席会议

1月20日，北京市科委与奥地利欧洲一体化和经济发展署（AEI）在人民大会堂签署了全面科技合作协议

2月1日，北京市科学技术奖励大会暨2010年北京市科技工作会议召开。科技部副部长曹健林，市委常委赵凤桐等领导出席会议。市科委主任闫傲霜作了科技工作报告

5月15日，在2010年全国科技活动周暨北京科技周开幕式上，中共中央政治局委员、国务委员刘延东等领导向伍建民等同志颁发了“全国科普工作先进工作者”奖

6月26日，市科委、市农委、中关村管委会、海淀区政府、中关村发展集团与中国农科院共同签署了首都农业高端发展“5+1”战略合作协议。签约仪式由市科委主任闫傲霜主持，市委常委赵凤桐、副市长夏占义和中国农科院院长翟虎渠等领导出席签约仪式

11月18日，2010年中国创新设计红星奖颁奖典礼在北京展览馆举行。来自英国、德国、澳大利亚、美国、韩国、日本等14个国家及国内26个省市地区的106家企业的196件产品获奖。市委常委赵凤桐、市科委主任闫傲霜等领导出席了颁奖典礼并为获奖企业颁奖

11月21日，由世界著名植物分子生物学家、耶鲁大学终身教授邓兴旺博士带领的高技术创新团队与首都农业集团有限公司共同建设的“系统作物设计前沿实验室”正式启动运行。市委常委赵凤桐、科技部副部长张来武、北京大学常务副校长林建华、杜邦集团全球副总裁比尔·涅波等领导出席了启动仪式

1月11日，电动车辆国家工程实验室落户北京理工大学。工信部副部长苗圩、市委常委赵凤桐共同为电动车辆国家工程实验室揭牌。该实验室主要功能定位为：技术创新、测试检验、工程服务、人才培养和技术交流。电动车辆国家工程实验室落户北京，为北京市新能源汽车特别是纯电动汽车的科技创新、产业化提供了强有力的支撑

2月8日，北京银行与市科委“全面推动‘科技北京’行动计划暨生物医药产业发展战略合作协议签约仪式”在北京银行大厦举行。北京银行将在未来3年内向市科委支持的优秀企业和重点项目提供200亿元意向性融资授信额度，其中向生物医药产业的企业提供50亿元专项授信额度

12月5日，市科委主办的“2010年首都重大疾病防治科技创新高峰论坛”举行。会上，参会领导为重大疾病科技支撑体系成员单位授牌。同时，由10余家京区医院、G20企业、CR0企业共同组成的北京国际医药临床研究联盟正式揭牌

1月14日，应市科委邀请，我国驻美、欧、英、法、德、俄、印等13个重要国家和地区的科技参赞听取了“科技北京”工作重点和重点领域国际合作需求介绍，并为北京科技发展建言献策

5月7日，“北京市2010年科普工作联席会议”召开，市科普工作联席会议成员单位的主管负责人参加了会议。会议由市科普工作联席会议副主席、市科委主任闫傲霜主持，市科普工作联席会议主席、副市长苟仲文出席会议并作讲话

4月9日，“北京仁创科技集团向西南旱灾地区捐赠100套价值3000万元的‘仁创泉’砂基雨水利用系统的捐赠仪式”在市科委举行，副市长苟仲文出席捐赠仪式

1月8日，由市教委、市科委共同开展的北京青少年科技创新“雏鹰计划”全面启动。这是面向全市中小学开展的创新教育新模式，旨在实现合作机制、工作团队和创新教育课程资源三大目标

1月13日，“北京抗体药物研发平台启动仪式”在解放军总医院举行。启动仪式上，北京市科委与解放军总医院就联合共建北京细胞工程和抗体药物重点实验室签署合作协议

1月20日，由市科委牵头，北京地区的19家单位共同倡议发起的北京生产力促进服务联盟成立

8月5日，“首都科技条件平台工业设计领域平台授牌暨中国工业设计技术服务联盟成立仪式”举行。市科委主任闫傲霜作讲话并为工业设计领域平台授牌

7月30日，“北京—伦敦低碳经济技术研讨会”在京举行，北京市科委、英国伦敦发展署、北京市可持续发展科技促进中心以及首都新能源产业技术联盟等数十家企业、科研机构参加了此次研讨会

5月18日，市科委携手解放军总医院共同举办“医院科技成果转化与合作洽谈会”，双方签订了科技成果产业化合作协议，实现优势互补。会上展示了该院近年来研发的130余项高技术、高附加值科研成果，涵盖新药、生物制剂、检测试剂盒、医疗器械等多个领域

5月16日，2010年（第16届）北京科技周主场活动在国家图书馆文津广场启动。启动仪式上，市科委主任闫傲霜宣布了北京市科普工作先进集体和先进个人表彰的决定，副主任朱世龙及有关委办局领导分别为获得北京市科普工作先进个人和集体代表颁发了奖牌

6月4日，由市科委联合投资机构、规模企业、专业孵化器及园区等共同搭建的“生物医药领域成果转化与承接平台”正式启动。启动仪式上共签署了6个承接项目和落地项目的合作协议，还签署了共建平台引导资金、孵化及产业化空间、技术服务支撑等合作备忘录。市科委副主任杨伟光与G20企业代表共同为平台揭牌

6月8日，北京食品安全检测装备工程技术研究中心在平谷区正式揭牌启动。市科委以北京普析通用仪器有限责任公司为依托，建设北京食品安全检测装备工程技术研究中心，搭建起北京市首家食品安全检测领域集成创新平台

1月12日，市科委在丰台区新发地举行“北京食品安全重大科技成果应用——农产品安全快速检测车交接仪式”。普析品牌农产品安全快速检测车的交接，是全国首家农产品批发市场利用流动检测车实行全天候农产品自检

5月22日，由科技部政策法规司和市科委共同主办的“国家科普能力建设北京论坛”举行。市科委党组书记杨伟光出席论坛并致辞，市科委副主任朱世龙主持论坛

7月17日，“第十二届北京科普之夏”在朝阳区小关街道奥林匹克文化广场启动。中国科协科普部副部长高勘、市科委副主任朱世龙、市科协副主席周立军等领导向社区居民代表赠送了科普书籍

8月17日，市科委举行“北京绿色印刷产业技术创新联盟揭牌暨战略合作签约仪式”。中科纳新印刷技术有限公司、北大方正电子公司、北人股份公司、北京印刷学院、北京日报社五家单位共同签署了绿色制版技术产业化战略合作协议。北大方正电子公司与北京印刷学院、中科院化学所、北人股份公司四家单位共同签署了数字喷墨印刷技术产业化战略合作协议

12月1日，由北京市科委、科技部中国农村技术开发中心、科技部火炬中心、英国外交部科学与创新网络、中英科技创新计划联合主办的中英现代农业技术转移合作论坛在京举行

1月21日，“2010年北京技术市场工作会”召开。会上表彰了为完成技术合同成交额1200亿元的增长目标作出贡献的先进集体和个人

8月25日，市科委、丰台区政府、科技部农村中心共同启动了国家现代农业科技城——新发地国际绿色物流区建设工程。新发地国际绿色物流区是2009年市科委为解决首都食品安全而设立的“北京新发地农产品安全科技示范工程”项目的重要成果

9月25日，由市科委、市旅游局主办，北京科普基地联盟承办，东城区科委、西城区科委等16个区县科委协办，以“创新之城，科技之旅”为主题的首届“北京科技旅游月”活动在王府井大街启动。市政府副秘书长戴卫、市科委副主任朱世龙、伍建民等领导出席仪式

2月2日，在市科委和市总工会的支持下，北京发明协会和市职工技术协会共同主办的"'中国移动G3杯'暨第四届北京发明创新大赛颁奖会"召开。大赛颁发发明创新奖100项和优秀发明奖483项

1月25日，国能风力发电有限公司兆瓦级垂直轴风机样机在北京平谷正式下线，标志着大型垂直轴风机研制技术取得重大突破

12月24日，由中国生物技术创新服务联盟（ABO联盟）成员北京微谷生物医药有限公司、中国疾病预防控制中心（CDC）和中国食品药品检定研究院共同承担的国家"十一五"科技支撑计划应急项目——国家I类新药"手足口病EV71型疫苗的研制"取得重大突破。该疫苗获得国家食品药品监督管理局签发的临床研究批件，成为全球首批获准开展临床实验研究的EV71型灭活疫苗

2010年，市科委连续7年滚动支持的CBTC关键核心技术研发、工程化开发和示范运营取得了突破性的进展，已在轨道交通亦庄线得到示范应用，自主创新的CBTC系统也进入实际运营的产业化新阶段

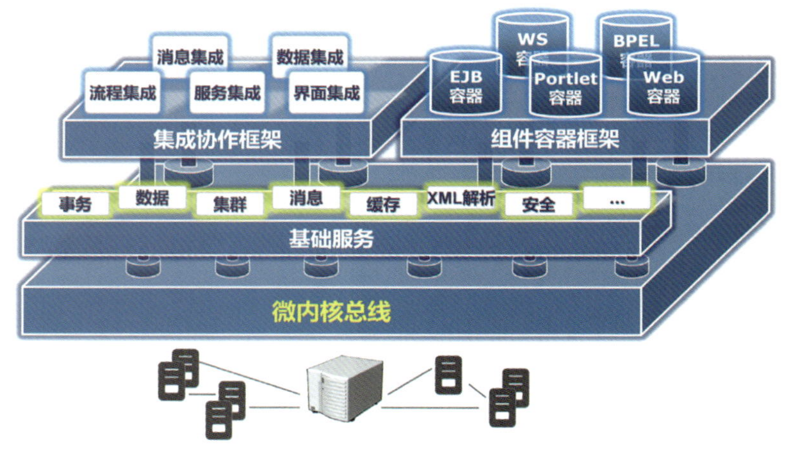

由中国科学院软件研究所承担完成的“网络软件基础架构平台（网驰ONCE）技术和系统”项目获得北京市科学技术奖一等奖

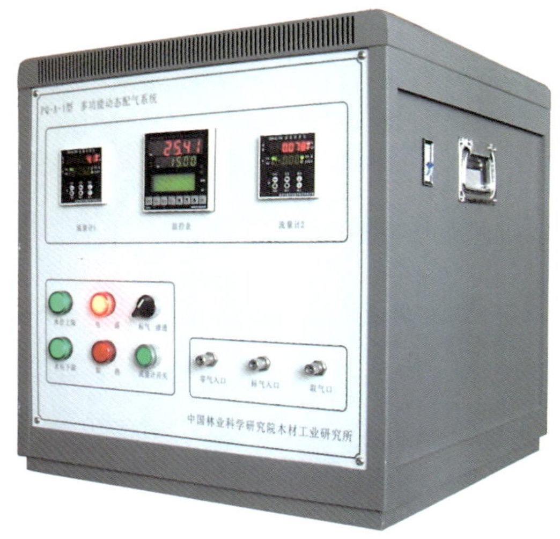

由中国林业科学研究院木材工业研究所承担完成的“人造板及其制品环境指标的检测技术体系”项目获得北京市科学技术奖一等奖

由冶金自动化研究设计院、中国科学院电工研究所和北京金自天正智能控制股份有限公司承担完成的“7500kVA大功率IGCT交直交变频系统”项目获得北京市科学技术奖一等奖

由北京邮电大学承担完成的“网络管理建模、分析与评价技术系列国际标准及应用”项目获得北京市科学技术奖一等奖

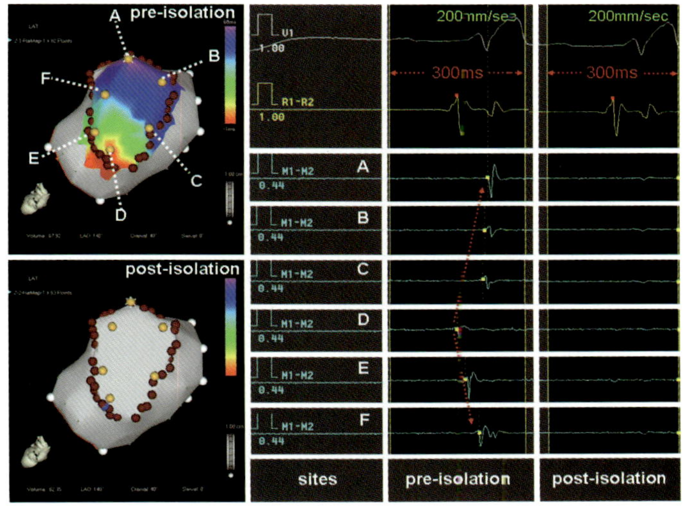

由首都医科大学附属北京安贞医院承担完成的“心房颤动导管消融的临床研究与推广应用”项目获得北京市科学技术奖一等奖

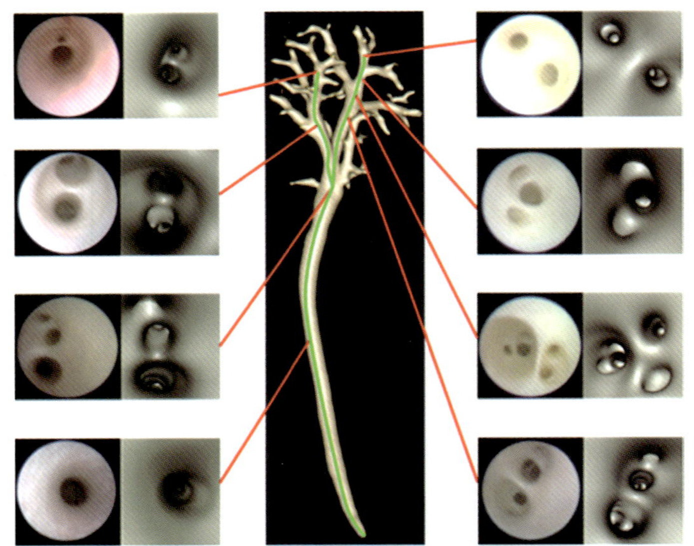

由首都医科大学附属北京口腔医院承担完成的“口腔颌面组织再生及功能重建临床与基础研究”项目获得北京市科学技术奖一等奖

由北京中医药大学承担完成的“抑郁症中医证候学规律的研究”项目获得北京市科学技术奖一等奖

由北京市建筑工程研究院承担完成的“复杂钢结构施工关键技术攻关”项目获得北京市科学技术奖一等奖

由清华大学承担完成的“城市客车多能源一体化混合动力系统及其系列化车型应用”项目获得北京市科学技术奖一等奖

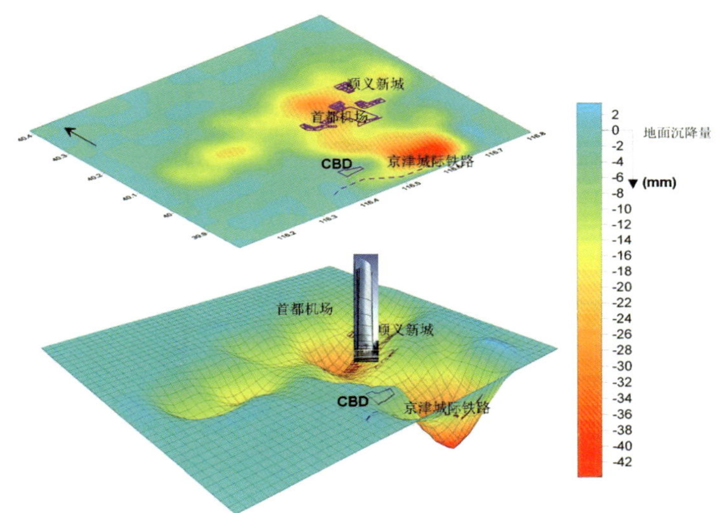

由首都师范大学承担完成的“北京地区地面沉降监控关键技术及其工程应用”项目获得北京市科学技奖术一等奖

由中国科学院化学研究所承担完成的“甲醇羰基化生产醋酸的新型催化剂”项目获得北京市科学技术奖一等奖

编　辑　说　明

一、《北京科技年鉴》是一部反映北京地区科技事业发展变化的综合性资料工具书和史料文献。在北京市科学技术委员会、北京市教育委员会、北京市质量技术监督局、北京市知识产权局、北京市科学技术协会共同参与下，由北京市科学技术委员会主持编纂。

二、本年鉴以邓小平理论和“三个代表”重要思想为指导，深入贯彻落实科学发展观，遵循实事求是的原则，科学、客观地反映实际情况。

三、本年鉴采用文章和条目两种体裁，以条目体为主，用规范的语体、记述体，直陈其事，文字力求言简意赅。

四、本年鉴从1987年开始，逐年编纂。至2003年出版时均是标注当年年度，自2004年起循通行做法改为标注出版时间，即当年出版的年鉴，记述上一年度北京地区科技系统所发生的重大事件和新的情况，为领导决策提供可资参考的依据，为社会各界了解、研究北京地区科技事业提供权威的信息，为开展科技交流、对外宣传提供基础资料。

五、本年鉴以记述北京市属科技系统各单位的情况为主，对境域内国家部门所属单位情况也适当记述，使主体突出而又概括全貌。

六、本年鉴所载为北京地区科技事业的基本情况，采用分类编纂法。根据年鉴的文字内容，设有特载、大事记、科技管理与服务、研究与开发、高新技术及其产业、知识产权、质量技术监督、高校科技、合作与交流、科学技术普及、区县科技、重大科技成果、政策法规选、统计资料、附录、索引等16个基本栏目。

七、本年鉴收有北京市科学技术委员会、北京市教育委员会、北京市质量技术监督局、北京市知识产权局、北京市科学技术协会的主要负责人的名录。

八、选入本年鉴的文章和条目，均通过在北京市科学技术委员会、北京市教育委员会、北京市质量技术监督局、北京市知识产权局、北京市科学技术协会确定的专人负责撰写或提供，并经主要负责人审核。统计资料由北京市科技统计部门提供。

九、为便于读者查阅，卷首设有“目录”，卷末设有“索引”。“索引”采用主题索引法（也称内容索引法）编基。主题词以本年鉴正文中出现的专业名词、名词词组、机构名称、表格名称等为主。

十、本年鉴反映2010年1月1日至12月31日期间北京地区科技事业发展变化情况，凡2010年事情，均直书月、日，不再写年份。

目　录

CONTENTS

特载

在北京市科学技术奖励大会上的讲话

北京市市长　郭金龙

（2010 年 2 月 1 日）

同志们：

今天，我们隆重召开北京市科学技术奖励大会，表彰为首都科技事业和现代化建设作出突出贡献的科技工作者。受刘淇同志的委托，我代表市委，市政府，向 2008 年度北京市科学技术进步奖获得者表示热烈的祝贺！向首都广大科技工作者表示诚挚的问候和崇高的敬意！向长期关心和支持首都科技事业发展的中央部门和各界朋友表示衷心的感谢！

2009 年是首都发展历程中很不平凡的一年。面对国际金融危机的严峻挑战，我们坚决贯彻落实党中央、国务院的决策部署，坚定信心，扎实工作，圆满完成了新中国成立 60 周年庆祝活动筹办任务，保持了首都经济平稳较快发展和社会和谐稳定。在应对国际金融危机中，促进首都经济平稳较快发展的过程中，科技创新发挥了重要的作用。

我们把加强科技支撑作为贯彻落实中央"一揽子"计划的重要内容和具体指施，制订实施"科技北京"行动计划，加快中关村国家自主创新示范区建设，大力促进科技成果转化，落实重点产业调整振兴规划，着力提升科技自主创新能力，在推动发展方式转变和产业结构优化升级方面取得了积极成效。

当前，首都已进入全面建设现代化国际大都市的新阶段。面对新的形势，市委提出要瞄准建设国际城市的高端形态，从建设世界城市的高度，以更高的标准推动首都科学发展，使首都的建设发展更加符合国家和人民的要求。

今年是在新的起点上全面推进"人文北京、科技北京、绿色北京"建设的重要一年。前不久召开的市委十届七次全会和刚刚闭幕的市十三届人大三次会议，进一步明确了今年的工作任务。我们要紧紧围绕全市重点工作，加快实施"科技北京"行动计划，全面提升科技创新在首都社会经济发展中的战略地位和自身引领作用，把科技创新作为经济结构调整和发展方式转变的中心环节，着力提升自主创新能力，使首都经济尽快走上创新驱动、内生增长的轨道。

我们要全力推进中关村国家自主创新示范区建设，认真贯彻落实国务院批复精神，继续深化各项先行先试改革，创新体制机制，强化资源整合，按照国际一流的标准，努力把中关村打造成为具有全球影响力的科技创新中心。

我们要加快推动科技研发和成果产业化，紧密跟踪世界经济科技发展的趋势，集中力量在一批重大关键领域开展科技攻关，抓好一批重大科技项目产业化，大力发展战略性新兴产业，抢占经济科技发展的制高点，加强重大公益性科技问题的研究与科技成果应用，使科技成为提升城市建设管理水平和保障改善民生的重要手段。

我们要积极引导有利于自主创新的良好环境，继续增加科技投入，引导各类创新主体加大研发投入，进一步改善科技型中小企业自主创新政策环境，深化科技体制改革，加强首都科技条件平台建设，探索更加有效的科技资源共享机制，加快以企业为主体，市场为导向，产学研用相结合的技术创新体系建设，加强知识产权创造、保护、利用与管理，使知识产权成为推动科技创新的重要战略手段和制度保障。

我们要努力建设一支高素质创新型人才队伍，积极实施各项人才引进计划，落实各项人才政策，吸引一批一流的战略科学家，科技领军人才，科技企业家和高科技创业团队，建立健全鼓励创新创业的分配制度和激励机制，最大限度地激发科技人才的创新活力。

同志们，推进首都科技发展，建成世界城市，迫切需要一支规模宏大，结构合理，素质优良的科技人才队伍，我们要以获奖的科技工作者为榜样，继续发扬求真务实、勇于创新的科学精神，不畏艰险、勇攀高峰的探索精神，团结协作、淡泊名利的团队精神，报效祖国、服务社会的奉献精神，为建设“人文北京、科技北京、绿色北京”作出新的更大贡献！

谢谢大家。

增强自主创新能力，发挥科技支撑作用，全面推进“科技北京”建设

——在2010年北京市科技工作会议上的报告

北京市科学技术委员会主任　闫傲霜

（2010年2月1日）

尊敬的各位领导，同志们：

本次北京科技工作会议的主要任务是，全面贯彻党的十七大和十七届三中、四中全会及中央经济工作会议精神，认真落实北京市委十届七次全会、全国科技工作会议精神，回顾总结2009年全市科技工作，研究部署2010年主要任务。

现在，我向大会报告本市科技工作。

一、2009年科技工作总结

过去的一年，党中央、国务院和北京市委、市政府高度重视科技创新在应对国际金融危机、保持首都经济平稳较快发展和社会和谐稳定中的重要支撑作用。3月，国务院批复同意支持中关村科技园区建设国家自主创新示范区。4月，市委、市政府正式发布《“科技北京”行动计划（2009—2012年）》和《关于建设中关村国家自主创新示范区的若干意见》。市委、市政府主要领导亲自带队，就

加强自主创新、振兴重点产业和中关村国家自主创新示范区建设，深入区县、园区、企业和高校院所，开展专题调研、举行座谈会，多次研究部署科技工作。市人大履行法律监督和工作监督职能，开展了“科技创新与结构调整”专题调研，审议了市政府关于推动高新技术在本市经济社会发展中应用情况的报告，监督和促进政府科技工作。市政协履行政治协商、民主监督和参政议政职能，就促进高新技术企业发展和中关村自主创新发展进行了专题调研，为市政府推进科技工作提供了决策参考。

北京的科技工作得到了科技部等国家部委的大力支持。全国政协副主席、科技部部长万钢，科技部党组书记、副部长李学勇等领导多次来到北京，深入基层调研指导工作。

全市各部门、各区县和科技界坚定信心，开拓创新，克服困难，扎实工作，以体制机制改革为动力，全面落实“科技北京”行动计划，加快推进中关村国家自主创新示范区建设，将服务国家创新战略和推动首都建设发展紧密结合起来，充分发挥科技创新对于经济社会发展的支撑引领作用，推动首都科技事业取得了新的进展。

初步核算，2009 年全市高新技术产业、科技服务业和信息服务业实现增加值超过 2800 亿元，约占地区生产总值的 23.7%。其中，科技服务业实现增加值 793.7 亿元，比上年增长 16.4%，约占地区生产总值的 6.7%；软件和信息服务业实现增加值 1107.5 亿元，增长 14.5%，约占地区生产总值的 9.3%。中关村科技园区高新技术产业总收入达到 12600 亿元，同比增长 23.7%。全年专利申请量 50236 件，同比增长 15.5%，其中发明专利申请量占 58.4%；全市专利授权量 22921 件，同比增长 29.1%，其中发明专利授权量占 40%。市级财政用于支持自主创新和产业化的资金投入超过 130 亿元。全社会研发经费投入超过 700 亿元，占地区生产总值的比例达到 5.9%。全年技术合同成交额 1236 亿元，同比增长 20.4%。

（一）创新体制机制，中关村国家自主创新示范区建设取得重要进展

按照国务院批复精神，制定实施了中关村示范区建设意见，市相关部门与国务院主管部门对接工作，抓紧推进先行先试的改革试点工作，加快建设中关村示范区核心区，营造有利于自主创新的良好环境。

组织 202 家单位参加股权激励试点。选择 82 家试点单位开展国家科技重大专项项目经费列支间接费用试点。中关村企业在代办股份转让系统挂牌 61 家，创业板上市公司 13 家，占全国的四分之一，初步形成了创业板中的“中关村板块”。向国家部委推荐 30 余项由产业技术联盟承担的重大科技项目。中关村的产业技术联盟和企业承担了近 150 项国家重大科技计划项目。在全国率先推进政府采购自主创新产品试点工作，3557 个产品被认定为自主创新产品，51 个产品入选国家首批自主创新产品，占全国的 21%。全年签约 256 个政府采购示范项目，采购中关村自主创新产品 33 亿元，成为帮助企业开拓市场的“生命线”。启动了工商管理改革创新试点措施，开展了 9 个重大课题的战略研究以及中关村发展规划纲要的起草工作。

（二）“实施 2812 科技北京建设工程”，科技支撑经济社会发展的能力进一步提高

各部门、各区县围绕《“科技北京”行动计划 2009 年度折子工程》的组织实施，抓住提高自主创新能力、加快科技成果产业化和推动科技惠及民生等三个关键环节，加强协调配合，扎实推进工作，97 项折子工程全面完成。

一是对接国家科技重大专项和国家重大科技基础设施建设，一批重大成果获国家奖励。建立主管市领导牵头、市相关部门参加的联席会议制度，统筹协调重大专项对接工作。加强制度建设，制定《国家科技重大专项北京市配套管理办法》，突出对在北京实现产业化项目的配套支持。统筹使用政府安排的专项资金，用于对接国家重大专项和重大科技成果产业化。2009 年度北京地区 76 个项目获得国家科学技术奖励，占全国获奖通用项目总数的 25.6%。“城市智能交通管理指挥控

制系统”项目获得国家科技进步一等奖,“100 纳米高密度等离子刻蚀机研发与产业化”、“非牛顿流体流变学特性测试技术研究及应用”等项目获得国家科技进步二等奖。

二是实施“科技振兴产业工程”,强化重点产业发展的科技支撑。制定实施了电子信息、新能源、汽车、生物和医药、装备制造、都市型工业等重点产业调整振兴规划,集中支持一批产学研用项目,努力突破一批核心关键技术,推动一批科技园区和产业基地建设。

TD-LTE 技术方案成功入围 4G 国际标准候选技术。北京数字电视产业园暨京东方第 8 代 TFT-LCD 生产线奠基建设。实施了交互式高清数字电视示范推广工程。新能源产业基地和绿色能源产业基地投入建设。“设计创新提升计划”引导企业通过工业设计提高产品竞争力。制定实施促进影视动画、网络游戏、出版发行等文化创意产业发展的政策措施,启动中国动漫游戏城建设项目。

启动建设“新能源汽车科技产业园”,以北京汽车新能源汽车有限公司为核心,努力打造涵盖整车和电机、电控、电池等关键零部件的纯电动汽车产业链。北汽福田新能源汽车产业基地、北京汽车产业研发基地奠基建设,重点推进自主品牌乘用车、越野车和混合动力新能源汽车的研发。中航工业园、光机电一体化基地、三一重工北京制造中心等积极发展具有自主知识产权的高端制造业装备。

从一个持续支持多年的科技成果,到推动“非晶科技产业园”成为全球第二个万吨级非晶带材生产基地,非晶变压器、非晶电机、非晶铁芯在内的非晶产业链正在形成。启动石化新材料科技产业基地建设。国内唯一的国家级新型疫苗工程研究中心、国内规模最大的生物疫苗产业化基地、“新药创制”重大专项项目“北京生物医药创新孵化基地”等陆续投入建设,生物医药和医疗器械产业不断向高端领域发展。

三是实施“科技支撑工程”,推动科技成果惠及民生。在食品安全、农业科技、医疗卫生与健康、科技交通、节能与新能源、环境保护等方面,推广一批新技术和新产品。

开展食品添加剂和食品中非食用物检测技术研究,建立食品添加剂质量安全监控体系。加强检测标准与技术在农产品生产、加工和流通领域的应用,建设首都食品安全监控系统和商品质量监控系统。加强农业科技攻关以及农村科技成果的集成示范和推广应用,完善以农村科技协调员为主体的农村科技服务体系建设,促进生态涵养发展区产业发展。

推进脑血管疾病、心血管疾病等重大危险疾病的临床数据信息库和样本资源库、重大慢性疾病流行病学综合调查和重点疾病防治研究等科技攻关与支撑平台建设。紧急启动应对甲型 H1N1 流感的科技项目,支持检测、疫苗、药物及治疗研究。北京科兴甲型 H1N1 流感疫苗获准批量生产并投放市场 1000 万人份。成功优选出世界上首个专门针对甲型 H1N1 流感治疗的中药方剂“金花清感方”。国家一类新药“苏灵”历经十年研发后正式投放市场,填补了我国自主知识产权蛇毒血凝酶的空白。

国内首列具有自主知识产权的轨道交通 B 型车研制成功,基于通信的列车控制系统(CBTC)将在地铁亦庄线上示范应用,标志着北京已经掌握了国际最先进地铁列车的制造技术和控制技术。中低速磁浮列车研制成功并将在城市轨道交通线上示范运营,标志着我国形成了中低速磁浮交通技术工程化实施能力。

对接科技部“十城千辆”节能和新能源汽车推广应用工程,1000 辆新能源汽车投入运营。在公共服务领域和部分区县推广高效照明产品 1370 万只,支持研发大功率 LED 灯具并将首次应用于舞台剧场。加强大气污染治理技术的研发和推广,建立机动车污染控制动态管理决策系统,开展北京和近周边区域大气复合污染形成机制和防控措施研究,为实施第十五阶段控制大气污染措施、完成空气质量改善目标提供了科技支撑。

启动“永定河生态构建与修复技术研究和示范”科技项目,为永定河绿色生态走廊建设提供支撑。加强现有污水处理厂、污水及再生水管网技术改造。推广餐厨垃圾资源化处理、垃圾填埋场处理等技术，推进垃圾减量化、资源化、无害化。开展高层建筑消防灭火救援关键技术研究和示范应用，保障城市安全运行。

以北京科技周、全国科普日等大型科普活动为重点，实施“科普惠农兴村计划”和“社区科普益民计划”。加强科普基地、创新型科普社区等科普基础设施建设，完成了市政府直接关系群众生活方面拟办的重要实事和新中国成立60周年国庆游园展览展示工作。

（三）优化创新环境，企业自主创新能力进一步提高

积极落实《国家技术创新工程总体实施方案》，发挥政府调控职能，运用市场机制，支持创新要素向企业集聚，完善以企业为主体、市场为导向、产学研用相结合的技术创新体系，提高企业自主创新能力和产业核心竞争力。

一是加强科技政策的贯彻落实力度。积极落实市政府帮扶企业应对国际金融危机的66条措施，制定实施了《贯彻落实国务院促进生物产业加快发展若干政策的实施意见》、《关于动员广大科技人员服务企业的实施意见》、《关于科技促进生态涵养发展区产业发展的意见》、《中关村国家自主创新示范区重大科技成果转化和产业化股权投资暂行办法》等20余项政府规范性文件。年内新认定2591家高新技术企业，全市高新技术企业达到5225家，占全国总数的22%，企业享受税收减免超过30亿元。实施“科技人员进企业‘十百千’行动”，组织了240所高等院校、170所科研院所、5000人次的科技人员深入基层服务企业。全年支持68项高新技术成果转化项目、300个科技型中小企业技术创新项目和50个产学研合作项目，财政科技经费支持3亿元。

二是推动产业技术联盟的构建和发展。直接推动成立了首都工程技术创新产业联盟、首都新能源产业技术联盟、北京新药创制产学研联盟等30余个产业技术联盟，使北京地区产业技术联盟数量超过100家。长风软件、闪联、TD-SCDMA、半导体照明等6家联盟入选科技部“产业技术创新战略联盟试点工程”。

三是完善首都科技条件平台建设。与中国科学院、清华大学、北京大学等12家中央单位合作共建“首都科技条件平台研发实验服务基地”，投入5800万元科技经费，撬动了264个重点实验室、1.3万台（套）、价值约76.3亿元的科研仪器设备，面向社会开放共享和市场化运营服务，对接企业实际需求，积极探索科技资源共享利用的“北京模式”，得到了科技部和社会各界的肯定。

四是开展创新型企业试点、吸引高层次人才创新创业。累计三批共305家企业参加创新型企业试点，56家企业已经完成了试点任务，被命名为首批创新型企业，为培育一批具有全球影响力的创新型企业和国际知名品牌奠定了基础。落实国家“千人计划”，15名中关村人才通过国家“千人计划”海外高层次创业人才评审；实施了“北京海外人才聚集工程”，50名高层次人才入选；启动了“科技北京百名领军人才培养工程”和“中关村高端领军人才聚集工程”。推动神华集团、中国电网等14家中央企业建设“未来科技城”，作为海外人才创新创业基地和研发机构集群。

（四）加强对接服务，一批重大科技成果在北京落地转化

采取签订战略合作协议、搭建服务平台、共建科技园区和产业基地、组织实施重大工程和重大项目等形式，深化与中央部委、中央企业和在京高等院校、科研院所及驻京部队的联系沟通，建立联合工作机制，推进科技成果的转化和产业化。

一是建设科技成果产业化服务平台。启动建设“科技成果转化服务平台”和“科技成果情报系统”。推动“中国技术交易所”和“北京国家技术交易中心”落户，中国技术交易所成为首家全国性的技术交易机构，在促进资本要素与科技成果的融合方面实现了新的突破。

二是建立支持科技成果产业化的资金保障机制。探索政府资金使用新模式，设立重大科技成果转化和产业化投资专项资金，采取政府直接投入或股权投资的方式，体现政策引导性，支持重大

科技成果在京转化和产业化。

三是推动一批重大科技成果在北京落地转化。推动绿色制版、龙芯 CPU 芯片、分布式智能电网、兆瓦级垂直轴风力发电、抗肿瘤蛋白质药物、抗肿瘤药物和疫苗等重大科技成果在北京落地转化和产业化,加快科技成果向现实生产力转化,培育新的经济增长点。

(五)加强作风建设和制度建设,为做好全市科技工作提供保障

认真开展深入学习实践科学发展观活动,落实领导干部作风建设年活动各项部署,加强科技系统自身建设,加强依法行政,转变政府职能,注重决策落实,提高了管理效能和服务水平。

一是加强组织协调,建立健全科技工作统筹协调机制。参加科技部牵头的中关村国家自主创新示范区部际协调小组,成立 9 个部市联合工作组,全面推进中关村示范区建设。成立了中关村示范区领导小组和“科技北京”建设协调工作小组,建立市级层面的联席会议制度,健全纵向联动、横向协同的工作机制。

二是加强调查研究,梳理重大科技需求。市领导带头,相关部门深入区县、企业、高等院校、科研院所、科技园区和产业基地,开展调研座谈和分析研究,对科技成果和人才团队、重点产业链关键环节和技术“瓶颈”、经济社会发展科技需求进行了系统梳理,找准科技工作的着力点,为实施重大科技计划提供了支撑。

三是加强制度建设,推进科技计划管理改革。在广泛调研的基础上,深化行政论证与专家论证相结合的科技计划立项机制,紧密结合重点产业振兴、战略性新兴产业、城乡区域协调发展、城市建设管理和保障改善民生等方面的重大科技需求,加快实施一批科技计划项目,充分发挥政府科技资金的放大引导作用。推进“三效一创”绩效管理,建立科技经费全程风险防控体系,完善行政监察和审计监督,有效地保障科技资金的安全,努力提高科技资金的使用效率。

各位领导、同志们,面对国际金融危机的挑战,全市科技工作取得的成绩来之不易。这是科技部等中央部委宏观指导、部署有方的结果,是市委、市政府正确领导、果断决策的结果,是市人大、市政协检查监督、指导建议的结果,是各部门、各区县协同实施、共同努力的结果,是首都科技界扎实工作、顽强拼搏的结果。在此,我代表市科委,向各级领导、各部门、各区县表示衷心的感谢,向科技管理人员和首都科技工作者表示崇高的敬意!

对于做好全市科技工作,我们有四点体会:

第一,必须将服务国家创新战略和支撑区域经济社会发展密切结合起来,全面落实国家科技发展部署,结合北京的发展需求和资源优势,创造性地推进科技工作,把首都科技创新融入到国家创新体系建设的总体部署中去,探索推进自主创新和成果转化的新型机制和模式,着力优化发展环境,使科技创新成果大量涌现,科技成果快速推广应用,极大地释放科技能量。

第二,必须紧紧围绕首都发展大局,深入调查研究,掌握重大需求,超前部署,引领发展,抢占经济科技竞争制高点,培育新的经济增长点,充分发挥科技创新对于产业结构调整、经济发展方式转变的驱动作用,在促进首都经济又好又快发展、推动城乡区域协调发展、提高城市建设和管理水平、保障和改善民生中切实发挥科技的支撑作用。

第三,必须充分发挥首都科技、教育和智力资源优势,加强联络协调,主动做好服务工作,积极争取中央单位的科技成果、建设资金、政策措施和科技人才的支持,建立重大科技研发和产业化项目的推动工作体系,培育和建设市场经济条件下新型的首都科技合作新机制,形成推动首都科技发展的强大合力。

第四,必须深化科技管理体制机制改革,充分发挥政府推进科技创新的主导作用、市场配置科技创新资源的基础作用、企业组织实施科技创新的主体作用和科技人员探索科技创新的主观能动作用,为科技创新提供完善的体制机制保障。

在看到成绩的同时，我们也清醒地认识到，全市科技工作仍面临一些困难和问题。一是整合首都科技资源的组织模式和运行机制尚需不断探索，首都科技资源优势还不能顺畅、高效率地转化为产业发展的竞争优势。二是企业自主创新能力还不够强，高新技术应用对于自主创新的拉动作用还不显著，关键核心领域自主创新产品的市场份额有限。三是产学研合作机制不健全，产学研合作的重心没有落到企业，应用部门很少直接参与到科技成果转化环节中来。四是对战略性新兴产业发展规律的认识还有待深化，主攻方向和关键点尚需进一步凝练。五是推动具有核心技术的重大科技成果在京转化和产业化方面尚需加大工作力度。对于这些问题，我们一定要高度重视，采取更加有力的措施，不断加以解决。

二、2010 年科技工作主要任务

2010 年是实施"十一五"科技发展规划的最后一年，也是在新的起点上全面推进"科技北京"建设的重要一年。在北京市委十届七次全会和刚刚闭幕的北京市"两会"上，市委、市政府对科技工作提出了新的要求。刘淇书记指出，今年全市工作要"五个着力抓好"，即：着力抓好自主创新，着力抓好一批重大工程和重大项目，着力抓好改革开放，着力抓好改善民生，着力抓好国际大都市建设。郭金龙市长指出，"要在自主创新和科技成果产业化两方面取得丰硕成果"。这些要求给全市科技工作提出了新任务、新标准。

做好今年的科技工作，就要全面贯彻落实市委十届七次全会、全国科技工作会议和北京市"两会"精神，深入贯彻落实科学发展观，紧紧围绕建设"人文北京、科技北京、绿色北京"的战略任务，以提高自主创新能力为核心，以支撑经济发展方式转变和产业结构调整为主线，加快突破关键技术、振兴重点产业，加快培育战略性新兴产业，加快发展民生科技，加快建设区域创新体系，推动首都经济走上创新驱动、内生增长的发展轨道，为首都科学发展提供强大的动力。

今年要着重抓好以下六个方面的工作：

（一）加强首都科技发展战略研究，深化科技管理体制机制改革

进一步提升科技创新在首都经济社会发展全局中的战略地位，完善政府对科技工作的组织模式和管理方式，更好地发挥政府在科技创新中的规划、组织、协调和服务职能。

建立首都科技创新合作新机制。发挥和整合首都科技资源优势，探索研究建立由全市和国家有关部门共同组成的首都科技创新协调机构，在做好为中央单位服务的同时，充分利用中央在京资源和地方各类资源，形成目标统一、协同配合、分工协作的科技工作新格局。

完善科技创新的法规与政策体系。围绕"科技北京"行动计划的组织实施，加强对政策落实情况的跟踪和评估研究，加强政策措施的贯彻落实力度。做好《中关村国家自主创新示范区条例》制定工作和《北京市技术创新条例》立法前调研工作。围绕战略性新兴产业、节能减排和低碳经济等主题，开展前瞻性科技及产业政策研究。

完善国家科技重大专项对接的组织管理体系。建立领导协调机制，实行重大项目领导责任制，加强专项之间的协调衔接，加强各关键技术之间的系统集成和产品创新，加强应用示范和市场推广。充分发挥企业自主创新的主体作用，鼓励企业和产业技术联盟承担专项的产品开发和产业化任务，促进产学研用相结合。

开展"十二五"科技发展规划的制订工作。在调查研究和深入分析的基础上，对"十一五"科技发展规划实施情况进行科学客观的检查评估，形成关于首都科技发展情况的基本判断。围绕国家科技发展总体部署和首都经济社会发展需求，开展重大专题研究，确定科技创新的战略重点和路径选择，充分发挥战略研究对于科技发展的决策支撑作用。高水平完成"十二五"科技发展规划编制

工作。

（二）全面推进中关村国家自主创新示范区建设，充分发挥示范带动效应

注重体制机制创新的针对性和实效性，加强政策衔接和部门联动，强化政策创新和金融支持，强化自主创新和成果转化，把中关村建设成为国际一流的自主创新示范区。

深化先行先试的改革试点工作。争取部际协调小组各成员单位将相关政策的先行先试放在中关村示范区，开展探索、总结经验和示范推广。深化股权激励、科技金融、工商管理、社会组织等改革试点，积极争取更多企业在创业板上市，打造“中关村板块”。加大政府采购自主创新产品试点工作力度，全年完成40亿元政府采购任务。支持天使投资、创业投资、股权投资聚集发展，发挥好创业投资基金的作用，逐步完善覆盖技术创新全过程的金融服务体系。

吸引和集聚更多的高端人才创新创业。及时了解和掌握重点领域、重点行业的人才情况，积极吸引更多的优秀创新人才尤其是产业领军人才到中关村创新创业，重点吸引一批一流的战略科学家、科技领军人才、科技企业家和高科技创业团队，建设一批世界一流水平的新型研究机构，力争通过引进一批优秀人才团队，带回一批高科技专利，造就一批拥有自主知识产权的高端项目，带动相关产业的跨越发展。

（三）推动一批科技成果研发和产业化，建设一批科技产业化基地，加快培育一批新兴产业

抓好一批具有重大技术突破、产业引领作用和规模化前景的科技创新成果，深化科技资源招商工作，加快建设“两个聚集区”，即：北部研发服务和高新技术产业聚集区、南部高技术制造业和战略性新兴产业聚集区，推动一批高新技术产业化基地建设，加快培育发展纯电动汽车、生物医药、新能源、新材料、物联网、高端制造业等新兴产业，尽快形成产业化规模。

加快纯电动汽车关键技术研发和示范运营。重点开发纯电动小轿车、纯电动环卫车、纯电动大客车及混合动力大客车四类新能源汽车。围绕纯电动汽车整车和电机、电控、电池、电动转向、电动制动、电动空调等关键零部件，加快样车研发、试制和可靠性试验，确定生产工艺流程，建立关键部件的标准和测试规范，形成上下游的产业链。加强充电站等配套基础设施建设，逐步形成区域化的纯电动汽车能源供给网络。选择纯电动出租车示范运营区，探索市场运营模式。

加快生物医药重大品种产业化和高端诊疗设备制造。加快编制和实施“北京生物医药产业跨越发展工程”，努力形成以创新药物研发和先进医疗设备制造为龙头的产业链条。推动恩度Ⅱ、脑起搏器、电磁刀等一批重大医药产品的产业化，做强一批重点企业，吸引一批优秀品种（企业）在北京落地。围绕搭建研发技术平台、构建研发服务体系、创新药物研发和产业化、大品种工艺改造和提升等重点任务，加快建设北京生物医药创新孵化基地。攻克大功率高频X射线机、三维彩色超声诊断仪等诊疗器械产业化关键技术，建设医疗器械研发检测验证与信息服务平台。

加快新能源关键成套装备的产业化开发。开展太阳能电池制造成套装备产业化关键技术研究，突破太阳能电池重大设备产业化关键技术，形成100兆瓦太阳能电池装备产业化能力。开展大功率风机整机产业化关键技术研究，完成5兆瓦风电整机制造关键技术与系统集成研究，形成年产200套以上风电整机的产业化能力。开展生物质资源在新农村应用中瓶颈技术研究与示范，提高生物质资源利用水平。

加快节能环保新型材料的产业化开发。开展基于纳米技术的绿色制版产业化联合攻关，形成具有自主知识产权的绿色制版成套生产技术，建成年产150万升纳米复合转印材料、600万平方米亲水版材产业化生产线。在万吨级非晶带材产业化关键技术取得突破的基础上，以安泰科技为龙头，围绕国产非晶带材的应用，整合上下游优势资源，建设年产2万吨非晶铁芯、3万台非晶变压器的生产线以及年产500台非晶电机的中试生产线，加速拓展非晶产业链。

通过示范应用培育发展物联网产业。推进“感知北京”示范建设，以公共安全、城市管理、食品

安全、社区服务等领域的应用为先导，开展一批示范应用，建设物联网关键技术研发基地和产业化基地，促进 RFID、传感器、IPV6、云计算等一批关键技术的研发和成果产业化，产生一批传感网、物联网相关技术专利和重要标准。

加快高端制造业关键设备的研发和产业化。面向高速铁路建设市场需求，开发重型轨道龙门镗铣加工中心和大型车轴磨床。继续支持北控磁浮公司突破整车集成、悬浮控制等磁浮关键技术，完善中低速磁浮车辆和系统的测试标准和规范，开展示范线技术支撑体系建设。依托"三一重工北京制造中心"，开展地下基础工程施工装备关键技术开发及产业化。突破降耗节能、电子墨水、显示、安全环保等关键技术，研发面向教辅应用的电子书包终端产品。基于龙芯 CPU，研发面向教育信息化和政府办公的计算机解决方案等关键技术。开展新一代移动通信核心芯片技术研究，形成 3G 基带芯片批量生产能力。

（四）解决民生关键问题，推动科技成果惠及民生

食品安全和农业科技方面，支持食品安全检测技术设备研发和农产品质量快速检测试剂研发和产业化，开展安全农产品科技应用示范工程，加强农产品全过程质量控制技术在生产、加工、运输和流通中的应用。开展安全高效育种技术研究、品种选育及育种条件建设和籽种产业科技成果示范应用。推动乳制品、果蔬加工、安全投入品、服装纺织等农产品加工业发展，深化农村科技服务体系建设。

新能源和节能环保方面，对接"十城千辆"节能和新能源汽车示范推广工程，采购 1000 辆纯电动环卫车和 200 辆新能源公交车。推广高效照明产品 1200 万只。开展地下水资源安全评价和污染防控技术研究，建立地下水水质和水量监控网络。推广应用"仁创生泰砂基透水砖和砂基雨水回收利用系统"，推动永定河绿色生态发展带建设。实施城乡结合部污水处理技术推广应用工程，建立 10 个不同类型的工程示范。推进生活垃圾处理关键技术在循环经济园区的应用研究与示范。开展机动车排放污染控制关键技术研究和应用示范。完成国内外首个舞台剧场 LED 灯具照明示范工程建设。

医疗卫生和健康方面，全面推进"首都十大危险疾病科技攻关与管理实施方案"，以肝炎、结核病、心血管和糖尿病、脑血管疾病等十大疾病为对象，覆盖健康教育、预防、诊断、治疗、康复等疾病防治各个环节，中西医并重，研究临床诊疗技术规范和标准，搭建疾病防控科技支撑体系，并在全市推广应用研究成果，降低医疗成本，提升临床诊疗规范化水平，提高市民对十大疾病防控的知晓率。

城市建设与管理方面，开展公交城市建设、特大城市新一代智能交通等关键技术的研发和应用。完善首都社会治安防控技术体系，加强科技创安工程建设。开展地下管线及地下空洞综合探测技术研究和应用示范，实现地下管线及空洞的实时监控和综合预警，为开展地下管线隐患排查整改提供科技支撑。开展超高层建筑消防综合救援指挥系统研究，研发专用设备，为高层建筑火灾救援提供有效手段。

（五）集成政府资源，营造有利于自主创新和成果转化的良好环境

充分发挥政府在规划引导、组织协调、政策集成、资金支持、平台搭建、示范应用等方面的公共服务职能，引导创新要素向企业聚集，推动企业成为创新主体，加快构建产学研用相结合的技术创新体系。

推动产业技术联盟加快发展。制定实施促进产业技术联盟加快发展的政策措施。支持联盟成员单位开展联合攻关，制定技术标准，共享知识产权，建立技术平台，联合培养人才，实现创新成果产业化。支持联盟承担国家和北京市的重大科技计划，带动联盟成员提高技术创新能力。推动联盟建立和完善技术成果扩散机制，向中小企业辐射和转移先进技术，带动中小企业产品和技术创新。

深化技术创新服务平台建设。突出资源整合与开放服务功能，力争科研仪器设备开放共享总

量达到100亿元,5000家科技企业享受研发实验服务,服务收入达到5亿元。成立“北京生产力促进服务联盟”、“首都研发实验服务联盟”等一批服务联盟。深化实施“设计创新提升计划”,做强“中国创新设计红星奖”品牌,提升企业的设计创新能力,增强工业企业技术和产品的核心竞争力。

发挥创新型企业示范带动效应。依托企业联合院校共同建设一批国家级和市级重点实验室、国家工程技术研究中心和国际科技合作示范基地。以建设产业基地、发展产业集群为方向,支持领军企业做强做大。支持在战略性新兴产业领域形成一批具有国际影响力的骨干企业。

深化推进与中央单位的科技合作。创新服务方式,搭建合作平台,完善合作机制,做好服务中央部委、在京企业、高等院校和科研院所工作,全面落实北京市与中央单位的科技合作协议,共同确定“十二五”时期科技发展重点,共同开展科技研发攻关,共同筛选科技成果产业化项目,共同建设科技园区和产业基地,推动一批重大科技成果在北京转化和产业化。

完善科技成果产业化服务平台。建设好“中国技术交易所”和“北京国家技术交易中心”,加强重大项目和中央投资项目落地的对接服务,加速科技成果的推广应用。全年新认定高新技术企业2000余家,累计超过7500家。深化技术市场发展,2010年北京技术市场技术合同成交额达到1400亿元,同比增长近20%。

加大对科技成果产业化的投入力度。健全项目跟踪和筛选机制,建立促进重大科技成果在京转化和产业化的保障机制,统筹使用市相关部门的专项资金,自2010年至2014年,在5年内共安排不少于100亿元的资金,集中支持一批重大科技成果产业化项目。

加强科技创新人才队伍建设。依托国家和北京市人才培养计划、重大科技计划和创新基地建设,落实国家“千人计划”,深化实施“北京海外人才聚集工程”、“中关村高端领军人才聚集工程”和“科技北京百名领军人才培养工程”,以更好的创业条件吸引高层次人才,以事业的发展留住高层次人才,促进科技领军人才加快聚集,打造人才创新创业高地。

提升国际科技合作水平。加强与相关部委的沟通,争取一批国家级国际科技合作重大项目落户北京。拓展国际科技合作的渠道和网络体系,支持一批高水平、有品牌的国际合作交流平台和国际合作示范基地建设。推进与美国、英国、奥地利等国在节能环保、新能源汽车等低碳技术领域的国际科技合作。

进一步做好科学技术普及工作。办好北京科技周、全国科普日等科普品牌活动。以市级科普基地、创新型科普社区和社区服务科技应用示范区等为载体,加强科普能力建设。引导社会力量兴办科普,将科技创新成果转化为科普资源,面向社区、学校和农村开展科学传播。推进科技与旅游相结合,推出一批科技旅游基地,打造一批科技旅游品牌。

(六)转变政府职能,提高科技管理的科学化水平

按照市委、市政府的统一部署,深化作风建设,着力转变政府职能,改进管理方式、改善工作作风、完善组织模式,健全科学决策机制,提高公共服务能力和科技管理水平。

提高科技管理的效率和效能。深入开展“三效一创”绩效管理,全面推进重大任务实施运行系统、智力支持系统、服务管理系统、勤政廉洁保障系统等“四大系统”建设,推广廉洁奥运经验,加强科技经费使用监管,认真落实党风廉政建设责任制,扎实推进廉政风险防范管理工作,确保全市落实“科技北京”行动计划的重大活动、重点工程和重要工作公开透明、廉洁高效。

加强科技管理干部队伍建设。加强培训教育工作,强化科技管理干部队伍的大局意识、责任意识、服务意识、依法行政意识、廉洁自律意识,提高学习能力、调研能力、履职能力和合作能力,培养“勤于学习、勇于创新、善于合作、甘于奉献”的精神,努力造就一支作风正派、业务过硬、高效廉洁的科技管理干部队伍。

加强科技宣传工作。充分发挥新闻媒体的重要作用,统筹做好重大主题和活动宣传,充分展示

“科技北京”建设的做法、经验、机制和成效，着力提高舆论引导能力，在全社会营造有利于自主创新的良好氛围。

各位领导、同志们，我们将在市委、市政府的坚强领导下，在科技部等国家部委的有力指导下，不断创新管理体制、运行机制和工作方式，以科技创新为驱动，真正把保持经济平稳较快发展和转变经济发展方式、调整经济结构有机统一起来，为加快建设世界城市、推动首都科学发展提供强大的动力，努力将北京建设成为我国创新发展的核心引领区和具有全球影响力的科技创新中心，为全面推进“人文北京、科技北京、绿色北京”建设，建设繁荣、文明、和谐、宜居的首善之区，作出更大的贡献！

谢谢大家！

国家现代农业科技城与北京世界城市建设

北京市科学技术委员会主任　闫傲霜

党的十七届五中全会指出，坚持走中国特色农业现代化道路，把保障国家粮食安全作为首要目标，加快转变农业发展方式。农业是安天下、稳民心的基础产业，粮食安全、农业发展关系着国计民生和社会稳定。近年来，随着产业结构的变化，北京农业在国民经济发展中的比重逐渐降低。2008年，北京农业用地面积109.6万公顷，占总面积的66.8%，农业人口255.9万，占15.1%，而农业生产总值仅占全市地区生产总值1%左右。对于北京这样的现代化国际大都市来说，要不要发展农业，发展什么样的农业？如何发展农业？这是世界大都市发展的共性问题，不仅关系到北京建设世界城市和实现可持续发展，而且关系到首都对国家的责任问题。

为破解这个问题，科技部与北京市自2009年底开始共同研究并提出了联合共建国家现代农业科技城的初步设想。经过反复调研论证，2010年8月16日签署了共建协议，提出在借鉴其他世界城市农业发展模式的基础上，通过高端引领、要素聚集、总部研发和产业链创业等举措，用现代服务业引领现代农业发展，通过农业科技自主创新实现一、二、三产融合发展，积极探索现代大都市发展现代农业的模式和途径，回答首都农业发展问题。

世界城市农业发展的现状与特征

伦敦、纽约、东京和巴黎是国际上公认的4个世界城市，其都市农业发展各具特色。

英国大伦敦地区有1.4万公顷农田，拥有面积相当于城区面积125倍的所谓“生态足印”，包括65个城市农场、1200处社区公园、约70家学校农场及30多万个划拨地块等，安全农产品自给率达40%。城市农场主要发挥社区教育的作用，为家庭和学校提供教育的机会。据统计，大伦敦的城市农场和社区公园每年吸引65万探访者，约占大伦敦地区人口的10%。

美国纽约州农业面积287万公顷，占总面积的24%。大部分城市家庭农场由城市低收入群体社团来经营，为低收入者提供了就业增收渠道；城市农业推广组织将城区内和城区间闲置地块和废弃足球场、棒球场等开发为耕种土地，在核心城区内将现代农业生产与楼宇建筑设计相结合，最大限度地挖掘利用农地资源；“楼顶农业”风行，主要产品是水果和蔬菜等，通过垂直种植美化城市景观。

日本东京都6万公顷的核心区内，有超过900公顷的农业用地，形成了以蔬菜为主的农业生产结构，蔬菜、牛奶、鸡蛋的自给率分别为6.1%、3.4%和1.4%。都市农业的投入产出集约程度高，东京都平均经营1公顷耕地所需的农业投入是全日本平均水平的1.79倍，平均经营1公顷耕地的农业产出是全日本平均水平的1.87倍；东京都森林面积占东京都总面积的36%，生态效益明显；农业发展形式多样，如高楼田地、地下室农场、市民农园、学校农园等。

法国巴黎大区农业面积59万公顷，占总面积的49%；林地27.9万公顷，占总面积的23%。农业产业结构以种植业为主，农业生产以私人农场为主。约有7000个农场，其中，大田作物占70%，园艺占11%，畜禽占6%。农场规模较大，农业的经济效益较高，生态、景观、休闲和教育方面的功能显著，国际农业博览会等农业国际会展发达。

伦敦、纽约、东京、巴黎等城市农业发展的总体特征是：第一，科技和资本高度聚集。世界城市拥有蜚声国际的大学、研究机构和国际金融机构、公司总部，是科技和资本高度聚集区，这些优势有利于发展设施精细农业、精准农业等现代高端农业。第二，巨大的农产品消费市场。世界城市都拥有相当大的人口和较高的经济发展水平，居民对食品品质和安全的要求较高，为现代农业发展提供了巨大的农产品消费市场，主要是对蔬菜、水果、花卉等需求很大，尤其是科技含量高的高档产品的市场潜力巨大。第三，现代农业发挥生态环境保护作用。拥有良好的生态环境是世界城市的根本要求，现代农业在城市中扮演“美容师”和“清道夫”的角色，发展城市现代农业是保护世界城市生态环境的最优途径。第四，国际会展业和良好的口岸促进国际接轨。世界城市的标准之一是积极参与国际事务且具影响力，举办国际会展是其中一项重要内容，高水平的农业国际会展为世界城市现代农业发展提供了十分优越的国际平台。

伦敦、纽约、东京、巴黎等城市发展现代农业，各具特色，发展模式和路径也不尽相同。北京要发展现代农业，应当学习借鉴其他世界城市的发展经验，但不是简单地模仿和复制，而是要积极探索一条具有中国特色的现代农业发展之路。

北京建设国家现代农业科技城的意义和优势

作为现代化国际大都市的北京，发展现代农业，在实现了农业生产功能的同时，能够满足北京世界城市建设对农业生态服务价值、高端农产品消费、产业升级与业态融合等需求，符合首都发展要求。

测算显示，2008年，北京农、林、水的生态服务价值累计1万亿元。现代农业以其巨大的生态服务价值，将为提升北京城市生态宜居水平作出贡献。近年来，北京农产品消费市场出现了国际消费与民众高端消费并存的新格局，北京发展现代农业，适应了这种新格局，进一步提升了农产品的质量和档次，能够很好地满足消费结构和消费水平的变化。建设世界城市，对北京农业产业融合与升级，尤其是促进第一、二、三产业融合发展和培育新兴业态等提出了更高要求。

在北京发展现代农业的过程中，科技将发挥重要的支撑引领作用。北京在涉农科研机构、科技成果、科技人才、种质资源等方面拥有明显的优势。科研机构方面，北京拥有国家重点农业实验室11个，占全国61.1%；涉农国家工程技术研究中心14个，占全国23.7%；涉农科研机构和高等院校29家；国家、市、区（县）农业科技推广机构130家。科技成果方面，2009年全市专利授权量22921

件,其中发明9157件,占40%。科技人才方面,北京地区的两院院士数量占全国的50.7%,涉农科技人员近2万人。技术转移方面,2009年北京技术合同成交额1236亿元,占全国交易量的40.7%。种质资源方面,北京地区单位保存国家级种质资源(含重复)40.18万份,列全国首位、世界第二位,每年引育农作物新品种数量占全国的20%。

金融、国际交流等服务业将为北京现代农业发展提供关键要素。北京拥有5700多家金融机构,其中金融市场中介服务机构490多家。在国际大会及会议协会(ICCA)2010年公布的国际会议目的地城市最新排名中,北京是中国唯一入选前10名的城市。在北京举行、通过国际展览联盟(UFI)认证的展会占全国总数的1/4以上。

同时,北京拥有良好的农业发展基础。2009年种业收入12.8亿元,比2005年增长了1.16倍。截至目前,在京从事育种的专家占全国的10%以上,在京种业企业数量也攀升到全国首位。2009年北京设施农业产值33.9亿元,比2005年增长了81.9%,农业节水灌溉面积比率达到90%。

在北京建设国家现代农业科技城,不仅是充分利用北京丰富的科技资源优势和产业发展基础的需要,也是北京作为首都的责任所在,必将对全国现代农业发挥重要的示范、辐射和带动作用。

国家现代农业科技城建设的内涵特征和主要内容

科技部与北京市联合共建国家现代农业科技城,旨在通过科技和产业的结合,加速资本、技术、信息、人才等现代农业要素的聚集,以现代服务业引领现代农业,以要素聚集武装现代农业,以信息化融合提升现代农业,以产业链创业促进现代农业,形成“高端研发、品牌服务和营销管理在京,生产加工在外”的发展模式,促进一二三产融合,探索农业发展方式的转变,走“高端、高效、高辐射”之路,将国家现代农业科技城建设成为全国农业科技创新中心和现代农业产业链创业服务中心。

国家现代农业科技城将着力实现四个功能:一是高端服务功能。围绕农业科技创新和涉农龙头企业发展的需求,为企业和社会提供产权交易、科技保险、期货交易、管理咨询、投融资服务、现代物流、会展交流、高端人才培养等高端服务。二是总部经济研发功能。吸引和引导国内外企业、科研院所和高校建立总部研发机构,促进农业科技资源的集聚、整合与共享,提升农业自主创新能力和辐射带动能力,培育农业战略产业,打造总部企业密集的产业经济中心,带动区域经济增长。三是产业链创业功能。以经济实体为载体,将科技、信息、管理、资本等生产要素植入产业链若干环节,推动农业产业链细分和延伸,形成以法人科技特派员创业为核心的产业链,并吸引社会主体在产业链扩张中创业、就业,为全国农业产业提升提供科技引领和服务。四是先导示范功能。瞄准农业高端,以成果应用为重心,从贴近产业、融入市场的角度,以“1+N”模式(围绕一个品种,展示簇团技术)实现先进科技成果的集成创新和转化应用。通过网联各省市国家农业科技园区,以成果对接和产业互动的形式向全国辐射推广。

国家现代农业科技城采取“一城多园、五个中心”的建设布局。“一城”指物理空间(标志)与虚拟网络相连接的农业科技城;“多园”指在科技城内建设若干特色鲜明、专业性强、辐射面广、科技与服务结合紧密、具有现代农业高端形态的特色园区。网络服务中心、金融服务中心、创新产业促进中心、良种创制与种业交易中心、国际合作交流中心等“五个中心”是国家层面的高端服务平台,逐渐形成“中心”与“多园”互动、科技城与其他国家农业科技示范区网联的发展态势。今年11月1日,国家现代农业科技城与陕西杨凌农业高新技术产业示范区签署了战略合作协议,就是促进国内农业科技合作的一项重要举措。

国家现代农业科技城的建设和运行,有赖于组织、政策和机制等方面的保障。组织保障方面,建立了科技部、北京市政府主要领导为组长的国家现代农业科技城领导小组,协调指导科技城建设的重大事项。科技部农村科技司、农村中心和北京市科委等单位建立会商协办制度，具体推进科技城建设的工作思路和具体举措。

政策支撑方面，正在集成并研究制订中关村国家自主创新示范区、杨凌农业高新技术产业示范区的叠加政策；制订项目扶持政策，强化科技支撑，加强项目引导，促进现代农业科技城建设；目前正在针对农业发展的突破性政策进行调研。

运行机制方面，按照"政府行政协调、市场管理运作"的方式，以"统一化、多元化和企业化"的原则，建立长效的管理机制。"统一化"是指成立科技城管理委员会，建立稳定机构和工作制度，承担政府行政协调职能。"多元化"是指以园区为单位，建立目标明确、标准规范、独立运行、多元主体的市场运行机制。"企业化"是指采用市场化运作模式，在各特色园区成立以农业科技投资管理公司为代表的企业，吸引高校、科研院所、企业开展现代农业技术的开发、引进、示范、推广，并在资本市场上运作农业科技项目，吸引社会资本参与。

二十多年前，邓小平同志曾经说过：将来农业问题的出路，最终要由生物工程来解决，要靠尖端技术。十七届五中全会强调，在工业化、城镇化深入发展中同步推进农业现代化，是"十二五"时期的一项重大任务。国家现代农业科技城建设，体现了人文、科技、绿色的核心内涵，符合北京的城市功能定位和要素资源禀赋，必将为北京加快实施"人文北京、科技北京、绿色北京"发展战略、建设中国特色世界城市作出重要的贡献。

关于北京市贯彻落实《科学技术进步法》、推动科技创新的情况报告

——在全国人大常委会科技创新专题调研座谈会上的讲话

北京市科学技术委员会党组书记、副主任　杨伟光

（2010年2月22日）

尊敬的各位领导，各位委员，各位代表：

我受北京市人民政府委托，向全国人大常委会科技创新专题调研组汇报北京市贯彻落实《科学技术进步法》、推动科技创新的情况、问题和意见建议。

一、基本情况

北京市深入学习宣传和贯彻落实《科学技术进步法》，加强依法行政，完善配套制度，凝聚各方力量，强化资源整合，充分发挥政府推进科技创新的主导作用、市场配置科技资源的基础作用、企业

组织实施科技创新的主体作用、科技人员探索科技创新的主观能动作用，全面实施“科技北京”行动计划，加快建设中关村国家自主创新示范区，将服务国家创新战略和推动首都经济社会发展紧密结合，营造有利于自主创新的社会氛围，形成良好的科技法制环境，推动科技事业沿着法制轨道健康发展。

近年来，北京市科技工作取得了重要进展，科技创新在首都经济社会发展中发挥了重要的支撑引领作用。2006—2009 年，高新技术产业、科技服务业和信息服务业增加值从 1683 亿元增加到 2817 亿元，年均增长 18.7%，占地区生产总值的比例从 21.8% 增加到 23.7%。中关村科技园区高新技术产业总收入从 6448 亿元到 12600 亿元，年均增长 23.2%。专利申请量从 26555 件到 50236 件，年均增长 23.7 %。专利授权量从 11238 件到 22921 件，年均增长 26.8 %。全社会研发经费投入从 450 亿元到 700 亿元，年均增长 15.9%。技术合同成交额从 697 亿元到 1236 亿元，年均增长 21%。

市政府贯彻落实《科学技术进步法》、推动科技创新的情况如下：

（一）加快科技成果的产业化和推广应用，提高科技对经济社会发展的支撑能力

遵循“经济建设和社会发展应当依靠科技，科技进步工作应当为经济建设和社会发展服务”的总体要求，实施“8 大科技振兴产业工程”和“12 个科技支撑工程”，集中支持一批产学研用合作项目，推广和应用一批新技术、新产品、新工艺，建设一批科技园区和产业基地，培育发展电子信息、生物医药、节能和新能源、纯电动汽车、新材料、高端制造业、物联网等一批战略性新兴产业，推动科技成果惠及民生。

推动信息通信技术和产品向高端化发展。TD-SCDMA 后续演进技术——TD-LTE 研发成功并取得突破，成功入围 4G 国际标准候选技术。北京数字电视产业园暨京东方第 8 代 TFT-LCD（薄膜晶体管液晶显示器）生产线奠基建设，建成投产后将结束我国大尺寸液晶面板完全依赖进口的局面。

支持生物医药重大品种产业化和高端诊疗设备制造。抗肿瘤药物迪奥、抗禽流感药物帕拉米韦、单抗药物泰欣生、国家一类止血新药苏灵等一批重大品种投放市场并实现产业化。国内唯一的国家级新型疫苗工程研究中心、国内规模最大的生物疫苗产业化基地、“新药创制”重大专项项目“北京生物医药创新孵化基地”等陆续投入建设。开展大功率高频 X 射线机、三维彩色超声诊断仪等诊疗器械产业化关键技术攻关，构建以创新药物研发和先进医疗设备制造为龙头的产业链条。

加快节能和新能源关键装备研发与技术应用。国内单机功率最大的 3 兆瓦海上风电机组成功投入运行，标志着北京企业自主研发的海上风电机组达到全球领先水平。正在建设 100 兆瓦太阳能电池装备制造生产线，开展 5 兆瓦风电整机制造关键技术与系统集成研究。照明节电、供暖节能、高效电机节能、高温烟气余热利用等节能技术得到推广应用。机动车尾气净化、烟气脱硝、污水处理、生活垃圾处理等环保技术和设备的应用，推动一批环保企业做大做强。新能源产业基地和绿色能源产业基地投入建设，加速了节能和新能源企业的聚集。

加快纯电动汽车关键技术研发和示范运营。建设“新能源汽车科技产业园”，围绕纯电动汽车整车和电机、电控、电池等关键零部件，组织联合研发，加强配套基础设施建设，探索市场运营模式，打造纯电动汽车产业链。北汽福田新能源汽车产业基地、北京汽车产业研发基地奠基建设，重点推进自主品牌乘用车、越野车和混合动力新能源汽车的研发，推动北京成为新能源汽车、特别是纯电动汽车的生产基地、研发基地、标准制定和高端人才的聚集地。

推动新型材料尽快形成产业化规模。开展基于纳米技术的绿色制版产业化联合攻关，形成具有自主知识产权的绿色制版成套生产技术，正在建设年产 150 万升纳米复合转印材料、600 万平方米亲水版材产业化生产线。持续多年支持万吨级非晶带材产业化关键技术取得突破，推动“非晶科技产业园”建设，使之成为全球第二个万吨级非晶带材生产基地。推动石化新材料科技产业基地建设，发展橡塑深加工、特种化学品和化工新材料等高科技产品集群。

加快高端制造业关键设备的研发和产业化。中航工业园、光机电一体化基地、三一重工北京制造中心等积极发展具有自主知识产权的高端制造业装备。面向高速铁路建设市场需求,开发重型轨道龙门镗铣加工中心和大型车轴磨床。突破降耗节能、电子墨水、显示、安全环保等关键技术,研发面向教辅应用的电子书包终端产品。基于龙芯 CPU 芯片,开发面向教育信息化和政府办公的计算机解决方案。开展新一代移动通信核心芯片技术研究,形成3G 基带芯片批量生产能力。

通过示范应用培育发展物联网产业。以公共安全、城市管理、食品安全、社区服务等领域的应用为先导,开展一批示范应用,促进一批关键技术的研发和产业化,产生一批相关技术专利和重要标准。

加强农业科技攻关和农村科技成果的推广应用。建设农业育种基础研究创新平台,集成420多台(件)、价值近亿元的仪器设备、8000余份种质资源、30个实验室,成功研发40个通过鉴定的作物新品种,果品保鲜与加工的冰温技术获得重大突破,研制成功苗木移栽机械、新型智能无线传感器等设施农业装备,一批新型农业投入品实现产业化,以农村科技协调员为主体的农村科技服务体系得到完善和加强。

发展科技服务业和文化创意产业。推动研发服务、设计服务、技术转移、检测测试等在内的科技服务业发展。实施“设计创新提升计划”,引导企业通过工业设计提高产品竞争力。制定实施促进影视动画、网络游戏、出版发行等文化创意产业发展的政策措施。

推动科技成果在民生关键领域发挥支撑作用。食品安全方面,开展食品添加剂和食品中非食用物检测技术研究,支持食品安全检测技术设备和农产品质量快速检测试剂研发,开展安全农产品科技应用示范工程,加强农产品全过程质量控制技术在生产、加工、运输和流通中的应用,建设首都食品安全监控系统和商品质量监控系统。

医疗卫生和健康方面,推进重大危险疾病临床数据信息库和样本资源库、重大慢性疾病流行病学综合调查和重点疾病防治研究,2009年紧急启动应对甲型 H1N1 流感的科技项目,北京科兴甲型 H1N1 流感疫苗获准批量生产并投放市场1000万人份,成功优选出世界上首个专门针对甲型 H1N1 流感治疗的中药方剂“金花清感方”。

新能源和节能环保方面,对接科技部“十城千辆”工程,开展以混合动力和纯电动汽车等为重点的大规模应用示范,到2012年累计达到5000辆的新能源汽车示范应用规模。加强大气污染治理技术的研发和推广,开展北京和周边区域大气复合污染形成机制和防控措施研究。实施城乡结合部污水处理技术推广应用工程,推进生活垃圾处理关键技术在循环经济园区的应用研究与示范。开展机动车排放污染控制关键技术研究和应用示范。

城市建设与管理方面,开展公交城市建设、特大城市新一代智能交通等关键技术的研发和应用。国内首列具有自主知识产权的轨道交通 B 型车研制成功,基于通信的列车控制系统(CBTC)将在地铁亦庄线上示范应用,标志着北京已经掌握了国际最先进地铁列车的制造技术和控制技术。中低速磁浮列车研制成功并将在城市轨道交通线上示范运营,标志着我国形成了中低速磁浮交通技术工程化实施能力。完善首都社会治安防控技术体系,加强科技创安工程建设。开展超高层建筑消防综合救援指挥系统研究,为高层建筑火灾救援提供有效手段。

(二)加强科学研究和技术开发,提高自主创新能力

把自主创新作为科技发展的战略基点,发挥北京丰富的创新资源优势,集中力量在一批重大关键领域开展原始创新、集成创新和引进消化吸收再创新,抢占经济科技发展制高点。

一是积极对接国家科技重大专项和重大科技基础设施建设。在全国省级科技部门首家设立了“重大专项办公室”,具体承担对接工作。加强制度建设,突出对在京产业化项目的配套支持。突出投入重点,引导骨干企业参与对接,支持在京单位承担国家科技重大专项。2008年度启动的国家科技重大专项中,在京单位牵头承担项目数量占43%,中央财政经费预算占总预算的55.4%。

2009年在京单位牵头承担项目数量占36%，申请中央财政经费占总预算的41%。

“核高基”专项（即：“核心电子器件、高端通用芯片及基础软件”）主要对接基础软件产品。“集成电路”专项构建具有国际先进水平的刻蚀机和注入机的研发与产业化基地。“宽带移动通信”专项支持开展TD-SCDMA后续演进技术研究和标准化工作。“高档数控机床”专项建设高档数控装备研发服务平台。“水体污染控制”专项开展北运河水系污染控制与生态修复关键技术研究与示范等。“转基因生物新品种培育”专项深化完善农业育种基础研究创新平台。“重大新药创制”专项推进北京生物医药创新孵化基地建设。“重大传染病防治”专项推进“重大传染病综合防治示范区”建设，重点开展艾滋病、病毒性肝炎基线调查的设计和实验室准备，病毒性肝炎规范化诊疗培训等工作。

做好配套服务工作，积极承接重大工程材料服役安全研究评价设施、子午工程等5项国家重大科技基础设施在北京落户建设，争取建成一批高水平的实验室和科研设施。据统计，项目总投资32.6亿元，在京投资21.6亿元，占投资总额的2/3。

二是加强基础研究和应用研究。2009年度，北京地区76个项目获得国家科学技术奖励，占全国获奖通用项目总数的25.6%。其中，“城市智能交通管理指挥控制系统”获得国家科技进步一等奖。“国家体育场钢结构工程关键施工技术研究与应用”等149项科技成果获得2008年度北京市科技奖励。2006—2009年累计立项资助1363个自然科学基金项目，在兼顾自由探索的同时，发挥地方自然科学基金的导向作用，研究解决北京经济社会发展的关键科学问题。自2002年以来累计认定1000余项高新技术成果转化项目，投入专项资金累计15亿元。2009年支持科技型中小企业开展近300个技术创新项目，支持资金超过1亿元。

三是推动中央单位重大科技成果在北京落地实施。2009年北京市与24个国家部委、中央在京企业和高校院所签订了战略合作协议，推动中国科学院怀柔科教产业园建设，与国防科技工业集团公司开展战略合作，为首都高校科研成果落地区县做好对接服务，与中央单位共同筛选推出一批重大科技成果，推动绿色制版、龙芯CPU、分布式智能电网、兆瓦级垂直轴风力发电、抗肿瘤药物和疫苗、脑起搏器、无线传感网等科技成果在北京落地实施，加快科技成果向现实生产力转化。

（三）支持企业技术创新，完善以企业为主体、市场为导向、产学研用相结合的技术创新体系

积极落实《国家技术创新工程总体实施方案》，发挥政府调控职能，运用市场机制，支持创新要素向企业集聚，提高企业自主创新能力和产业核心竞争力。

一是以企业为主体承担科技计划项目。发挥财政科技投入的引导和带动作用，强化企业技术创新主体地位，激发企业创新活力，使企业真正成为科技研发投入的主体、科技创新活动的主体、承担科技风险的主体和科技成果应用的主体。引导以企业为主体、联合高校院所共同承担科技计划项目，加大对企业创新的资金支持力度。市级财政科技经费中支持企业技术创新和产业化的投入比例保持在70%以上。据统计，2007年以来，财政科技经费支持北京市国资委系统的科技项目150项，涉及关键技术突破、技术推广应用、产品中试等多个方面，财政科技投入4.5亿，直接带动企业研发投入8.4亿元，带动比例为1∶1.9，申请专利128项，形成标准43项，实现销售收入58.6亿元。

二是推动产业技术联盟的构建和发展。截至2009年底，北京地区产业技术联盟数量超过100家，涉及5000个成员单位，其中企业数量约占2/3。以产业技术联盟为载体，实现了与中央单位的交流和对接，共同筛选整理出一批重大科技成果，凝练了一批今年计划实施的重大产业化项目。支持联盟成员单位承担国家和北京市的重大科技计划，开展联合攻关，制定技术标准，共享知识产权，推动成果产业化。

三是开展创新型企业试点。累计三批共305家企业参加创新型企业试点，56家企业已经完成了试点任务，被命名为首批创新型企业，为培育一批具有全球影响力的创新型企业和国际知名品牌

奠定了基础。

四是组织科技人员帮扶企业。2009年制定实施《北京市帮扶企业应对国际金融危机的若干措施》。落实科技部等部委的安排部署，实施“科技人员进企业‘十百千’行动”，组织了240所高等院校、170所科研院所、5000人次的科技人员深入基层服务企业，帮助企业破解发展难题，形成了200余个产学研合作项目，优选支持50个项目，引导企业投入研发经费1亿元。

(四)引导科技研发机构发展，推动科技研发资源的优化配置

深化科研院所改革，统筹科技研发机构的布局，完善科技研发体系，建立科技资源共享机制，促进科技资源有效利用，引导和支持科技研发机构提高技术创新能力和面向市场的竞争能力。

一是完善科技资源共享利用机制。与中国科学院、清华大学、北京大学等12家中央单位合作共建“首都科技条件平台研发实验服务基地”，投入5800万元科技经费，撬动了264个重点实验室、1.3万台(套)、价值约76.3亿元的科研仪器设备，为4100家企业提供研发实验服务，服务合同额4.5亿元。通过机制创新和管理创新，促进科研仪器设备的整合开放和市场化运营，积极探索科技资源共享利用的“北京模式”。

二是支持科技研发机构提高创新能力。深化科研院所改革，支持市属科研院所制定改革与发展规划，凝练出近300项重点任务，遴选出与民生联系紧密的一批重点任务，予以支持并启动实施。向科技部等国家部委推荐科研院所申报国家重点实验室。截至2009年底累计认定170家科技研发机构，促进研发资源在北京聚集。设立“科技研发机构自主创新专项资金”，重点支持科技研发机构研发和转化拥有自主知识产权的核心技术成果，以及优化配置科技资源的机制与模式。

三是依托科研院所建设一批行业研发基地。在电子信息、装备制造业、城市管理和市民生活等领域，依托转制院所和企业研发机构，采取产学研用合作机制，建设粮油食品、固体废物处置、光电材料及器件、汽车与装备轻量化等4个行业研发基地，开展关键共性技术研发，保障科研与生产紧密结合。

(五)推动科技体制机制改革，中关村国家自主创新示范区建设取得阶段性进展

2009年3月，国务院批复支持中关村建设国家自主创新示范区。按照国务院批复的要求，北京市制定实施了中关村示范区建设意见，市相关部门与国务院主管部门对接工作，加快推进股权激励、科技金融改革创新、国家科技重大专项列支间接费用、新型产业组织承担国家重大科技项目等先行先试的改革试点工作，推进科技体制机制的创新与突破，在全国产生了重要的示范效应。

组织202家单位参加股权激励试点，批准了31个单位的试点方案，推动技术参与收益分配，激发科技人员研发和转化科技成果的积极性。推进科技经费管理制度改革，选择71家试点单位及其101个国家科技重大专项项目，开展列支间接费用试点，探索科技经费管理制度的突破，促使重大专项实施向更加注重“以人为核心”的综合目标转变。

深化科技金融改革试点，中关村企业在代办股份转让系统挂牌61家，中关村上市公司总数135家，创业板上市公司13家，占全国的四分之一，初步形成了创业板中的“中关村板块”。支持新型产业组织参与国家重大科技项目，向国家部委推荐30余项由产业技术联盟承担的重大科技项目。中关村的产业技术联盟和企业承担了近150项国家重大科技计划项目。

在全国率先实质性推进政府采购自主创新产品试点工作，累计认定3557个自主创新产品。51个产品入选国家首批自主创新产品，占全国的21%。2009年签约256个政府采购示范项目，政府采购中关村自主创新产品33亿元，带动全社会使用自主创新产品，成为政府帮扶企业开拓市场的“生命线”。2010年计划完成40亿元的自主创新产品政府采购任务。

(六)完善保障措施，发挥科技政策和科技投入的引导带动作用

发挥政府的调控引导作用，加强统筹协调，创新工作方式，集成政府资源，增加政府投入，落实

政策措施，完善服务和管理机制，引导各类创新主体加大研发投入，开展自主创新活动。

一是抓好科技政策的落实和创新。贯彻落实国家政策措施，制定了《贯彻落实国务院〈促进生物产业加快发展的若干政策〉实施意见》，促进北京生物产业向支柱产业发展。制定了《关于动员广大科技人员服务企业的实施意见》，动员科技人员帮扶企业破解发展难题。制定了《中关村股权激励改革试点单位试点工作指导意见》和《关于中关村国家自主创新示范区股权激励改革试点工作若干问题的解释》，推动试点单位建立对研发人员和管理人员等核心团队的长效激励机制。

在抓好政策落实的同时，积极探索政策的创新与突破。制定了《中关村国家自主创新示范区重大科技成果转化和产业化股权投资暂行办法》，创新政府资金投入方式，在全国率先推出政府资金股权投资和股权激励相结合的方式，支持重大科技成果转化和产业化。制定了《中关村国家自主创新示范区科技创新创业型企业认定暂行规定》，探索政府支持企业创新创业的具体方式。制定了《关于科技促进生态涵养发展区产业发展的意见》，拓宽科技发挥作用的途径和方式。

二是加大政府对支持自主创新和产业化的投入力度。建立政府投入资金的整合机制，2009—2012 年市政府财政用于支持自主创新和产业化的资金投入不低于 500 亿元，带动企业和社会资金参与自主创新。2006—2009 年共实施 204 个重大科技项目，目前正在实施的重大科技项目 118 个，主要用于“两个对接”，以及支持重点产业振兴、战略性新兴产业培育、城乡区域协调发展、城市建设和管理、保障改善民生等方面。统筹使用政府资金，自 2010—2014 年，在 5 年内共安排不少于 100 亿元的资金，集中支持一批重大科技成果产业化项目。

三是加强科技成果产业化服务体系建设。为高新技术企业提供“一对一”认定辅导服务，全市高新技术企业达到 5225 家，占全国总数的 22%，居全国首位，企业享受税收减免超过 30 亿元。推进“科技成果转化服务平台”和“科技成果产业化情报系统”建设，推动“中国技术交易所”和“北京国家技术交易中心”在北京落户建设，在促进资本要素与科技成果的融合方面实现了历史性的突破。全市国家级创业中心和大学科技园的数量分别达到 24 家和 13 家，协同创新服务联盟成员 160 家。

四是吸引和培养高层次创新人才。落实国家“千人计划”，15 名中关村人才通过国家“千人计划”海外高层次创业人才评审。实施了“北京海外人才聚集工程”，50 名高层次人才入选。启动了“科技北京百名领军人才培养工程”和“中关村高端领军人才聚集工程”，促进科技领军人才加快聚集，打造人才创新创业高地。推动神华集团、中国电网等 14 家中央企业建设“未来科技城”，作为海外人才创新创业基地和研发机构集群。

五是开展科学技术普及工作。开展北京科技周、社会科学普及周等“2810”科普品牌活动。加强科普能力建设，认定 156 家科普基地、104 家创新型科普社区，选择一批街道开展社区服务科技应用示范区建设，推动先进适用技术在社区得到应用，服务市民生活。引导社会力量兴办科普，将科技创新成果转化为科普资源，面向社区、学校和农村开展科学传播，努力提高市民科学文化素养。

二、主要问题

近几年来，北京市在贯彻落实《科技进步法》、推动科技创新方面开展了大量的工作，取得了很好的成效。但从全社会来看，贯彻实施《科技进步法》、推动自主创新尤其是自主创新产品的开发应用还存在一些困难和问题，亟须高度重视，认真对待。

（一）全社会在如何处理引进技术、产品和自主创新之间关系的认识上不统一

推动自主创新已经成为当前全社会的共识，但对于自主创新的具体实现方式，以及如何正确处理引进技术、产品和加强自主创新的关系，全社会的认识并不统一。例如，有些观点认为，北京作为国家首都的地位决定了在北京应用的技术必须是最先进的，国外产品在先进性、可靠性等方面优于

自主创新产品,引进国外技术虽然要付出较高的购买成本,但风险小,而开发和使用自主创新产品要承担更大的风险和责任。这种认识对于自主创新产品在全社会的推广应用,产生了较大的阻碍作用。

(二)全社会尚未普遍形成自主创新的激励机制和氛围

目前,一个比较普遍的现象是,在科技成果应用过程中,包括公共服务在内的许多领域,如城市建设、基础设施、医疗卫生等,大量资金用于购买进口的成套设备、技术甚至是产品,而投入自主创新的研发和购买自主创新产品的资金相对较少。这为国外技术和产品创造了较大的市场空间,但对自主创新产品有效需求的拉动作用不显著,关键核心领域自主创新产品的市场份额有限,尚未普遍形成鼓励自主创新的环境和氛围。

(三)企业自主创新的意识和能力不强,研发投入不多

根据2008年对北京地区2.1万个规模以上工业企业和非工业企业的数据调研显示,有科技活动的企业只占样本企业总数的26.1%,其中有科技机构的企业数量仅占样本企业总数的5.1%。上述2.1万个企业科技经费筹集额总计1000余亿元,其中规模以上工业企业筹集额不到20%。北京地区规模以上工业企业技术引进经费与消化吸收经费之比为100:32,购买国外技术经费与引进国内技术经费之比为3:1。企业技术创新能力不强,既无法承接和吸收北京丰富的科技资源,也不能高效率地产出符合北京产业发展要求的科技创新成果。

(四)产学研合作机制不健全,产学研合作的重心没有落到企业

北京凭借丰富的科技创新资源,在科技研发方面占有领先优势,每年产生大量成果,但北京地区企业承接科技成果并在本地实现产业化应用的比例不高。调研结果显示,2009年北京地区承担国家科技重大专项产业类项目比例只占37%,其中企业参与的产业类项目只占12.7%。产学研合作机制不健全,缺乏产业技术创新的持续性和创新成果产业化的保障机制。产学研合作的重心没有落到企业,应用部门很少直接参与到科技成果转化环节中来。有数据表明,我国2/3以上的科技成果靠科技人员自已和所在单位联系并实施转化,通过中介服务机构实现科技成果转化的比例仅占10%左右,而应用部门直接参与的就更少了。

(五)科技中介机构在推动科技成果应用过程中发挥的作用有待提高

目前,北京市拥有9000多家科技中介机构、160多家相关协会、500多家各类专业服务中心。但其发展处于起步阶段,不能满足科技成果转化应用对科技中介服务的需求。第一,促进科技中介机构发展的政策法规体系不健全,缺乏对科技中介机构的管理和规范。第二,缺乏有效的服务手段,服务水平偏低。为创新主体提供咨询服务和为科技成果应用提供对接服务的科技中介机构不够发达,供需双方信息传递渠道少,方便性差,信息不对称,可靠性难保证。第三,缺少对科技成果产业化的评价制度,技术交易缺少风险评估,金融支撑等重要环节急需大量中介机构服务。

(六)现有的科技奖励评审办法不适应新时期科技发展的要求和趋势

近年来,我国科技奖励工作逐步规范,科技奖励评审机构不断完善,定性与定量的评审方法得到应用,初步建立了科技奖励管理系统,为地方和部门的科技奖励工作发挥了重要的指导作用。但是,现有的科技奖励评审程序繁琐,专业评审组的设置尚不完善,专业评审组还很难涵盖一些科技含量高的项目,缺乏全国性各行业的评审专家网络体系。目前评审专家队伍和数据库还不能适应评审工作的需要,特别是不能适应网络评审的职能化需要。

三、意见和建议

针对上述困难和问题,为更好地贯彻落实《科技进步法》,增强自主创新能力,发挥科技创新对于经济社会发展的支撑引领作用,我们提出如下意见和建议。

（一）加大宣传力度，提高全社会对于自主创新产品应用的认识

通过政策培训、专题讲座、新闻发布、专题宣传等方式，宣传自主创新产品对于提高自主创新能力、提升产业核心竞争力的重要作用，宣传自主创新在推动国家经济社会发展中的重要战略地位，建立和完善以需求为导向、以重大产业项目为统领的科技管理体制，积极探索推动自主创新产品应用的组织模式，为自主创新提供良好的舆论环境和社会氛围。

（二）认真落实政府采购自主创新产品的相关政策，建立自主创新产品应用的激励机制

在使用政府财政性资金全额投资或部分投资的领域中，加强对支持自主创新的统筹协调力度。采购自主创新产品的适用领域，从政府行政类办公扩展到市政设施、建筑、节水节能、环保和资源循环利用、交通管理、公共安全、医疗卫生、技术改造、科技研发、工程养护等领域，引导和带动全社会使用自主创新产品。加大政府采购自主创新产品试点工作力度，支持更多有条件的企业进入自主创新产品目录，通过首购、订购、首台（套）重大技术装备试验和示范项目、推广应用等方式，推进自主创新产品在经济建设和社会发展中的广泛应用。

（三）支持企业提高创新能力，促进产学研用相结合

创新组织方式，发挥行业骨干企业的领军作用，带动中小企业参与，对接国家科技重大专项和重大科技基础设施建设。支持企业研发中心的建设和发展，加强国家工程研究中心等研发机构建设。选择一批转制科研院所和优势骨干企业技术中心，作为重点产业振兴的技术创新支撑平台。

创新科技研发模式，从经济社会发展的实际需求出发，鼓励、支持企业和应用部门联合开展科技研发与产业化，促进科技研发由政府投入推动向市场应用拉动转型。推动新型产业组织如产业技术联盟开展联合攻关、制定技术标准、完善产业链条，解决重点产业发展的关键技术问题。支持产业技术联盟承担国家重大科技计划与产业化项目，积极探索支持联盟发展的措施和方式。

（四）建设和完善科技中介服务平台，促进科技成果的应用转化

进一步完善科技中介服务体系，制定和完善适合科技中介服务机构发展的政策措施，营造公平有序的市场环境。支持科技中介机构提高服务水平和服务质量，吸引专业人才进入各类科技中介机构，培养一批高素质的科技中介人才和一批大型骨干中介机构。

（五）完善科技奖励评审办法，进一步增强科技奖励的导向性和权威性

进一步完善科技奖励的推荐标准、评审程序、评审制度和评审规则，加强评审工作与国际接轨，实施海外同行评价办法。完善学科专业组初评的手段和程序，积极应用现代信息技术，规定评审组采取网络或网络加会议相结合的初评方式。实行评委定期轮换制度，规定评委替换规则，进一步规范评审组的评委资格聘任制，来自企业、高等院校和科研院所的评委应保持合理比例。加强对科技奖励工作的监督，建立完善监督和异议机制。

各位委员、各位代表，全国人大常委会高度重视《科技进步法》的贯彻实施工作。这次来到北京市就科技创新进行专题调研，听取情况报告和意见建议，指导科技工作，必将对北京市推进科技创新产生重要的推动作用。我们将以全国人大常委会专题调研为契机，自觉接受市人大及其常委会的法律监督和工作监督，不断创新管理体制、运行机制和工作方式，以科技创新为驱动，真正把保持经济平稳较快发展和转变经济发展方式、调整经济结构有机统一起来，为加快建设世界城市、推动首都科学发展提供强大的动力，努力将北京建设成为我国创新发展的核心引领区和具有全球影响力的科技创新中心，在全国率先建成创新型城市，为增强自主创新能力、建设创新型国家，作出新的更大贡献！

谢谢大家！

关于“十二五”时期“科技北京”发展建设规划编制情况的报告

北京市科学技术委员会

（2010年3月4日）

尊敬的熊大新副主席，各位委员：

首先对市政协长期以来对市科委工作的指导、支持和帮助表示感谢！

市政协高度关注和重视科技工作，富有成效地履行政治协商、民主监督、参政议政职能，推动科技创新在首都经济社会发展中发挥了重要的支撑引领作用。2009年，市政协就高新技术企业、中关村国家自主创新示范区等主题进行了调查研究，察科技之实、建有用之言、献务实之策、为市科委推进科技工作提供了重要的指导意见。市科委认真研究和积极落实，推动高新技术企业认定、中关村国家自主创新示范区建设等工作取得了重要的阶段性成果。

今年是实施“十一五”时期科技发展规划的最后一年，也是在新的起点上全面推进“科技北京”建设的重要一年。2月1日，市委、市政府召开了北京市科学技术奖励大会暨2010年北京市科技工作会议，对2010年科技工作主要任务进行了研究部署。其中一项任务就是要高水平完成“十二五”时期“科技北京”发展建设规划编制工作，充分发挥战略研究对于科技工作的决策支撑作用。

市政协十一届三次会议确定了市政协今年的重点工作，其中第一项就是要“围绕制定‘十二五’规划协商议政，促进首都可持续发展。”在北京市委常委会研究本市“十二五”规划编制工作后不到十天，市政协领导就来到市科委，开展“十二五”时期科技发展规划编制专题调研，动作快、抓得紧、效率高，将对市科委推进科技创新工作起到有力的推动作用。

现在，我代表市科委，向市政协汇报北京市“十二五”时期“科技北京”发展建设规划编制工作情况，请市政协领导和各位委员提出意见建议。

一、对于规划编制的基本思考

规划编制工作努力做到“五个结合”。

（一）将服务国家创新战略和促进首都经济社会发展有机结合

规划编制要全面落实国家科技发展部署，结合北京的发展需求和资源优势，创造性地推进科技工作，把首都科技创新融入到国家创新体系建设的总体部署中去，探索推进自主创新和成果转化的新型机制和模式，着力优化发展环境，使科技创新成果大量涌现，科技成果快速推广应用，极大地释放科技能量。“十二五”时期北京的发展进入了建设人文北京、科技北京、绿色北京，全面推进世界城市建设的新阶段。科技工作要以经济社会发展实际需求为导向，遵循科技发展规律和市场经济规律，为构建高端产业体系、推进城乡区域协调发展、提升城市建设与管理水平、保障和改善民生等方面，提供全面的支撑和引领。

（二）将抢占科技发展制高点和促进经济发展方式转变有机结合

我们在编制工作中形成了几点认识：一是首都北京在国家工作大局中具有重要地位，北京要成为具有全球影响力的科技创新中心，就要在伴随着国际金融危机而来的技术革命和产业革命浪潮中走在前面，抓好一批具有重大技术突破、产业引领作用和规模化前景的科技创新成果，形成若干个支撑未来持续发展、具有国内外影响的标志性产业集群，抢占科技和产业发展的制高点。二是科技要紧紧围绕首都发展大局，抓住经济社会发展中的主要矛盾和关键环节，超前部署，推进自主创新，培育新的经济增长点，让科技引领首都可持续发展，为推进产业结构调整、加快经济发展方式转变提供强大的支撑。

（三）将实施“十二五”科技发展规划与实施“科技北京”行动计划有机结合

“十二五”科技发展规划实施期间是2011—2015年，“科技北京”行动计划实施期间是2009—2012年，2011—2012年是科技规划实施和行动计划实施的重合期间，需要做好双方的衔接工作。考虑到“科技北京”建设是一个长期的战略任务，规划编制工作要充分考虑到2012年“科技北京”建设的指导思想、发展目标、重点任务和具体举措，与行动计划实现对接，将行动计划取得的成效进一步延伸、拓展和深化。科技发展规划和行动计划在“十二五”前两年并行实施，但在科技发展的指导思想、发展目标和重点任务等方面，一脉相承、相互配合，其核心本质是一致的。

（四）将规划编制的前瞻性和规划实施的可操作性有机结合

科技规划是未来五年指导科技工作的纲领性文件，规划编制要提出科技发展的新战略、新思路、新举措，发挥战略研究的决策支撑和前瞻指导作用，着眼关系经济社会发展的前瞻性、全局性、战略性问题，着力研究解决经济社会发展重大问题的科技工作思路和措施。同时，科技规划内容应对政府科技工作具有很强的现实指引性，根据科技规划可以很方便、很顺畅地分解细化为年度工作计划。

（五）将政府发挥规划编制的主导作用和建立开放合作的研究平台有机结合

市科委正在对“十一五”科技发展规划实施情况进行科学客观的检查评估，进一步深化对于首都科技发展的基本判断。围绕国家科技发展总体部署和首都经济社会发展需求，安排了若干重大专题研究，确定科技创新的战略重点和路径选择。围绕规划编制深入开展调研，加强资源集成，组织和动员来自企业、高等院校、科研院所、研究机构的专家学者和社会公众参与，“开门”编制规划，使规划编制过程成为统一思想、提高认识、引导全社会关注和支持科技创新的过程。

二、正在开展的几项工作

自去年以来，围绕工作体系、专题研究、时间进度安排等方面，开展了相应工作，目前进展顺利。

（一）加强组织领导，建立工作体系

成立了以闫傲霜主任为组长的编制工作领导小组，负责规划编制工作的指导和部署。领导小组下设规划编制办公室，负责与科委系统、市相关部门、专家顾问组意见征询与组织协调等工作，安排组织调研考察、综合协调、规划衔接、调整规划进展情况等具体工作。

规划编制办公室下设总体研究组、文件秘书组和专家顾问组。总体研究组负责规划战略研究工作、领域研究方案设计、工作部署和组织协调等工作。文件秘书组负责规划制定过程中的上传下达、综合协调、组织会务、对外联络。专家顾问组由政府部门、研究机构、高等院校、企业等不同领域、不同行业专家和管理人员组成,对规划编制工作进行指导和咨询。

(二)聚焦关键问题,开展专题研究

目前正在开展九个重大专题研究,涉及28个研究课题:

第一,“十二五”北京科技发展总体战略。在对北京“十一五”科技发展的回顾、评价与总结的基础上,分析当前国际国内面临的新形势、新要求及其对科技发展的新挑战,提出“十二五”期间北京科技发展的战略思路、目标和总体部署。

第二,科技促进北京世界城市建设战略。围绕世界城市的内涵和特点,分析科技工作的着力点,结合纽约、东京、伦敦等几个具有典型代表性的世界城市的相关经验和模式比较,提出科技促进北京世界城市建设的战略思路和对策。

第三,提升北京自主创新能力的具体措施。通过对自主创新能力的内涵与特点的分析,对北京自主创新能力进行总体评价,明确北京自主创新能力提升的主要障碍,提出新时期提升北京自主创新能力的具体举措。

第四,科技支撑北京低碳经济发展的思路与对策。分析低碳经济的内涵和主要特点,指出北京低碳经济发展现状与问题,结合国内外科技支撑低碳经济发展模式研究,提出科技支撑北京低碳经济发展的思路与对策。

第五,科技引领北京战略性新兴产业发展路径。对战略性新兴产业的内涵与特征进行分析,结合国外战略性产业发展模式,研究提出北京战略性新兴产业的定位与内容以及科技引领北京战略性新兴产业的路径选择。

第六,北京重点产业科技问题。分析各重点产业(生物医药、新能源、汽车、装备制造、电子信息、文化创意、现代农业、都市工业)发展现状、问题及科技需求,明确北京各重点产业发展的重点任务及其关键技术选择,提出产业发展的年度推进计划、组织机制和相关措施。

第七,北京科技服务业发展战略。明确科技服务业内涵,分析北京科技服务业发展现状、特点和问题,提出促进北京科技服务业发展的战略思路、目标、重点任务以及相关保障措施。

第八,北京民生科技发展。分析各领域(生态环保、科技交通、公共安全、医疗卫生、城乡建设与管理)发展现状问题与科技需求,明确重点任务及关键技术,提出年度推进计划与相关保障措施。

第九,“十二五”北京科技发展政策机制与发展环境。在广泛收集归纳现有资料的基础上,对与科技发展相配套的经费投入、人才队伍、基础条件、政策措施、创新环境等重大问题开展开放式研究,提出有新意的政策建议。

(三)把握时间节点,保证进度安排

第一,前期准备阶段(2009年9月—2010年1月)。建立规划编制组织体系与工作机制,明确规划研究主要内容与进度安排,确定支撑人员团队与任务分工。1月底形成规划编制总体工作方案及初步研究框架,形成各领域研究方案与框架。

第二,战略研究阶段(2010年2月—4月)。分领域开展领域研究,分领域组织专家咨询,开展总体战略研究。3月底形成战略研究报告主要思路及观点,4月底形成全部的专题研究报告。

第三,规划起草阶段(2010年5月—6月)。修改完成各领域研究报告,完成总体战略研究,讨论起草规划文本。5月底形成规划战略研究总报告初稿,6月底形成规划文本初稿。

第四,规划论证阶段(2010年7月—8月)。针对规划文本初稿,召开多轮专家研讨会,广泛征求社会各界意见。7月底形成规划专家意见汇总稿,8月底形成规划文本修改稿。

第五,规划完善阶段(2010年9月—10月)。对研究报告及规划文本进行修改完善。9月底完成战略研究总报告和各专题报告,10月底完成规划文本送审稿。

三、规划编制框架要点

规划编制框架思路和内容要点主要由五个部分组成。

第一章：回顾与总结。

主要包括：①自主创新能力评估；②区域创新体系评估；③重点产业科技竞争力评估；④科技支撑社会发展作用评估；⑤科技创新政策环境评估；⑥主要存在的突出问题等。

第二章：形势与需求。

主要包括：

(1)金融危机导致世界科技竞争更加激烈，只有加快以自主创新促进经济增长方式转变和战略性新兴产业发展，才能把握首都经济社会发展的主动权。

(2)"十二五"时期，国家科技发展进入攻坚阶段，北京应积极与国家科技重大专项等进行对接，为提高首都自主创新能力奠定基础。

(3)建设中关村国家自主创新示范区是建设"三个北京"的重大战略任务，必须积极探索有利于自主创新的体制机制，率先实现重点突破。

(4)首都发展进入全面建设世界城市的新阶段，需要深入探索以科技创新支撑和引领"世界城市"建设的模式和路径。

(5)首都社会可持续发展对科技的需求日益增加，需要发展低碳经济、推进科技惠及民生。

第三章：指导思想和发展目标。

指导思想主要包括：以促进北京建设世界城市以及"人文北京、科技北京、绿色北京"建设为目标，以提升自主创新能力为核心，以体制机制改革为动力，整合利用北京资源，吸引全球创新资源，推进中关村国家示范区建设，加快科技成果转化与应用，积极培育战略性新兴产业，实现创新驱动、内生增长、城乡统筹与社会和谐等。

发展目标主要包括：

(1)科技促进世界城市建设取得初步进展。国际性高端人才初具规模，形成一批世界一流科技成果，培育若干世界知名的创新型企业等。

(2)"科技北京"建设取得阶段性进展。科技资源优势在对接国家重大专项方面得到充分发挥，一批国家重大科技成果落户北京，科技支撑八大产业效果显著，一批科技成果在城市运行安全、重大疾病防治等方面获得应用转化。

(3)中关村国家自主创新示范区创新环境日臻完善。政策创新体系逐渐完善，政策环境不断优化。

(4)自主创新能力得到大幅提升。

(5)科技集聚与辐射能力显著提升。

(6)科技对经济社会发展的支撑能力得到提升。

第四章：重点任务。

为世界城市建设提供强大的科技支撑，持续提升自主创新能力，高起点推进中关村示范区建设，积极培育战略性新兴产业，增强重点产业科技竞争力，大力推进以科技惠及民生，进一步深化科技体制改革等。

第五章：落实规划的保障措施。

主要包括：①整合首都科技资源；②完善成果转化机制；③建立多元科技投入体系，优化投入结构方式；④推进高端科技人才队伍建设；⑤完善首都科技条件平台建设，提升科技条件资源利用水平;⑥加强应用基础研究,提高持续创新能力;⑦推进知识产权战略;⑧科技创新方法研究与推广;⑨公众科学素养提升等。

四、需要着力解决的几个突出问题

我们在实际工作中认识到,全市科技工作存在一些突出问题,亟须政府和全社会高度重视,采取更加有力的措施,不断加以解决。

(一)首都科技资源优势尚未顺畅、高效率地转化为经济发展的竞争优势

一方面,北京拥有丰富的科技资源。①拥有众多的科研院所和科研基础设施,有中央和地方各类科研院所400家,中央所属科研院所占全国的74.5%;两院院士700多人,占全国的50.1%;科技活动人员47.3万人,占全国的10%;拥有国家31.8%的重点实验室和33%的工程实验室。②集中了大量的国家科技计划项目,据统计,北京地区承担了40%的国家科技重大专项、41%的国家基础研究计划、32%的863计划和13%的科技支撑计划。③全社会研发经费支出对技术创新提供了很强的资金支撑,2009年北京研发经费支出达到700.2亿元,相当于地区生产总值的5.9%,占全国的13%,近四年来研发经费支出年均增长率15.9%。④拥有丰富的科技成果。2009年专利申请量50236件,其中发明专利29338件,占58.4%;专利授权量22921件,其中发明专利9168件,占40%。2009年技术市场技术合同成交额1236.2亿元,近四年来年均增长21%,成交额均占全国40%左右。⑤高新技术产业占有较大比重。2009年全市高新技术产业、科技服务业和信息服务业实现增加值2817亿元,约占地区生产总值的23.7%。中关村科技园区高新技术产业总收入达到12600亿元,同比增长23.7%。

但另一方面,北京地区企业承接科技成果并在本地实现产业化应用的比例不高。调研结果显示,2009年北京地区企业承担国家科技重大专项中央财政经费比例只占28.4%。2009年北京地区单位参加的国家重点科技计划项目中,产业应用类科技项目数量占37.1%,而其中企业参与的产业类项目只占12.7%。

将首都科技资源优势转化为经济发展竞争优势的难题尚未完全破解,科技创新资源聚集地和科技创新成果"落地率"存在较大的"背离"现象。今后尚需不断探索有效整合首都科技资源的组织模式和运行机制,在推动具有核心技术的重大科技成果转化和产业化方面尚需加大工作力度,力争更多的科技创新和产业化项目在北京落地实施,培育新的经济增长点,为首都经济社会发展增添动力。

(二)企业尚未真正成为技术创新的主体

企业自主创新的意识和能力不强,研发投入不多,尚未真正成为科技创新需求的主体、科技研发投入的主体、科技创新活动的主体和科技成果应用的主体。

2008年,北京全社会科技经费筹集额1184.1亿元,其中来自政府的经费占43.3%,来自企业的占44.8%,虽然略高于政府经费,但不到总额的50%。根据2009年北京市第二次全国经济普查数据公报,2008年全市规模以上工业企业中,开展科技活动的企业所占比重为25.8%。2008年对2.1万个规模以上工业企业和非工业企业的数据调研显示,有科技活动的企业只占26.1%,其中有科技机构的企业数量仅占5.1%。上述2.1万个企业科技经费筹集额总计1000余亿元,其中规模以上工业企业筹集额不到20%。北京地区规模以上工业企业技术引进经费与消化吸收经费之比为100:32,购买国外技术经费与引进国内技术经费之比为3:1。企业技术创新能力不强,既无法承接和吸收北京丰富的科技资源,也不能高效率地产出符合北京产业发展要求的科技创新成果。

产学研合作机制不健全,缺乏产业技术创新的持续性和创新成果产业化的保障机制。产学研

合作的重心没有落到企业,应用部门很少直接参与到科技成果转化环节中来。有数据表明,我国2/3以上的科技成果靠科技人员自己和所在单位联系并实施转化,通过中介服务机构实现科技成果转化的比例仅占10%左右,而应用部门直接参与的就更少了。

今后将更加注重发挥政府调控职能,推动产业技术联盟的构建和发展,深化创新型企业试点,组织科技人员帮扶企业,完善科技资源共享利用机制,引导创新要素向企业集聚,强化企业自主创新的意识和能力。创新组织方式,发挥行业骨干企业的领军作用,带动中小企业参与,对接国家科技重大专项和重大科技基础设施建设。支持企业研发中心的建设和发展,加强国家工程研究中心等研发机构建设。选择一批优势骨干企业技术中心,作为重点产业振兴的技术创新支撑平台。创新科技研发模式,从经济社会发展的实际需求出发,鼓励、支持企业和应用部门联合开展科技研发与产业化,促进科技研发由政府投入推动向市场应用拉动转型。

(三)高新技术应用对于自主创新的拉动作用还不显著

推动自主创新已经成为当前全社会的共识,但对于自主创新的具体实现方式,以及如何正确处理引进技术、产品和加强自主创新的关系,全社会的认识并不统一。例如,有些观点认为,北京作为国家首都的地位决定了在北京应用的技术必须是最先进的,国外产品在先进性、可靠性等方面优于自主创新产品,引进国外技术虽然要付出较高的购买成本,但风险小,而开发和使用自主创新产品要承担更大的风险和责任。这种认识对于自主创新产品在全社会的推广应用,产生了较大的阻碍作用。

目前,一个比较普遍的现象是,在高新技术应用过程中,包括公共服务在内的许多领域,如城市建设、基础设施、医疗卫生等,大量资金用于购买进口的成套设备、技术甚至是产品,而投入自主创新的研发和购买自主创新产品的资金相对较少。这为国外技术和产品创造了较大的市场空间,但对自主创新产品有效需求的拉动作用不显著,关键核心领域自主创新产品的市场份额有限,尚未普遍形成鼓励自主创新的环境和氛围。

今后将认真落实政府采购自主创新产品政策,建立自主创新产品应用的激励机制。在使用政府财政性资金全额投资或部分投资的领域中,加强对支持自主创新的统筹协调力度。采购自主创新产品的适用领域,从政府行政类办公扩展到市政设施、建筑、节水节能、环保和资源循环利用、交通管理、公共安全、医疗卫生、技术改造、科技研发、工程养护等领域,引导和带动全社会使用自主创新产品。加大政府采购自主创新产品试点工作力度,支持更多有条件的企业进入自主创新产品目录,通过首购、订购、首台(套)重大技术装备试验和示范项目、推广应用等方式,推进自主创新产品在经济建设和社会发展中的广泛应用。

(四)加大中关村国家自主创新示范区体制机制改革力度

中关村示范区建设在国家自主创新体系建设中的地位尚需进一步明确和提高,进一步支持中关村示范区先行先试改革。先行先试的改革试点工作在组织实施和具体操作层面的问题尚待得到中央部委的进一步支持。例如,中关村示范区股权激励试点中,财政部和科技部颁布了《中关村国家自主创新示范区企业股权和分红激励实施办法》,但在涉及的占北京地区资源总量80%以上的中央属高校、科研机构和国有企业的股权激励试点,尚需加快明确涉及的税收、国有资产备案、产权变更、非经营性资产转经营性资产对外投资等操作和实施环节中的具体措施,鼓励和引导高校、科研机构和国有企业,通过科技成果入股、科技成果收益分成、股权奖励、股权出售、股权期权、分红激励、科技成果折股等多种方式支持科技成果的转化和应用。

站在新起点 迎接新挑战
为实现首都智慧发展提供强有力知识产权支撑

——在北京市知识产权局2010年年终工作会议上的报告

一、2010年工作回顾

2010年，是全面实施“十一五”规划的最后一年，也是首都知识产权工作不断深化、知识产权事业快速发展的重要一年。一年来，首都知识产权工作在市委市政府的正确领导下，深入贯彻落实科学发展观，按照建设中国特色世界城市的要求，紧紧围绕全市中心工作，围绕中关村国家自主创新示范区和中央在京资源两个版块，充实知识产权产业和知识产权服务业两个概念，按照为首都快速发展的产业经济保健一颗健康之“芯”的思路，以推动首都知识产权战略实施为主线，完善知识产权政策布局，提升首都知识产权综合能力，助力首都自主创新能力建设和经济发展方式转变，各项工作取得显著成绩，为推动首都经济智慧发展做出了积极贡献，开启了首都知识产权事业发展的新篇章。

（一）领导高度重视，推动战略实施，首都知识产权事业进一步向前迈进

市委市政府高度重视知识产权工作。近年来，知识产权工作在首都的战略地位日益凸现，得到市委市政府高度关注。4月26日，刘淇书记、郭金龙市长围绕“实施首都知识产权战略，服务世界城市建设”主题进行专题调研，这是第一次由省市党政主要领导同志参加的知识产权专题调研活动。刘淇同志指出，“首都知识产权工作取得很大成绩，专利质量、结构不断优化，知识产权中介组织发展良好，为‘人文北京、科技北京、绿色北京’建设做出了贡献，实施首都知识产权战略，促进创新发展大有可为。”8月26日，市人大常委会主任杜德印就知识产权保护工作开展调查研究，也对首都知识产权工作给予了高度评价。另外，5月6日和26日，市政府专题会和市委常委会先后听取了我局关于实施首都知识产权战略情况的汇报，与会领导充分肯定了我局在积极应对国际金融危机、加强知识产权保护等方面取得的显著成绩。市委市人大市政府主要领导在一年内密集调研首都知识产权工作，充分体现了对首都知识产权工作的重视与关怀，同时，也说明知识产权工作已经成为首都经济社会发展不可或缺的重要力量。

大力推进首都知识产权战略实施。2010年是《战略》实施一周年，在2009年工作的基础上，我们不断加大统筹协调力度，大力推进《战略》向纵深实施。在市级层面抓好“督”与“促”，通过召开全市知识产权工作会、《战略》推进工作沟通会等形式，统一思想，部署工作。制定实施市级层面知识产权战略运用专项工程——先导工程，相继与市发改委、市金融局就重大经济活动知识产权审议机制的构建、金融投资领域知识产权风险的评估控制等重要事宜进行沟通会商，取得一致。在区县层面明确“推”与“帮”，制定实施服务区县的“牵手计划”，将知识产权专业资源引入区县战略推进

实践，提升区县知识产权综合能力。实施区县知识产权“十七个一”专项工程，在我局一对一指导下，各区县结合自身功能定位，均选定了重点专项工作，并取得进展。通过制定《区县知识产权宣传工作指导意见》、开展业务培训、组织区县同志到外省市调研学习等形式推进区县层面的战略实施。加强全市知识产权保护统筹协调，实施首都知识产权保护工程，完善知识产权保护协调六个工作机制，联合相关部门研究构建知识产权纠纷调解机制。这些创新的举措，有效地推进了首都知识产权战略的实施。

（二）强化顶层设计，提升决策能力，首都知识产权政策布局进一步完善

精心编制“十二五”知识产权产业发展规划。按照全市编制“十二五”规划统一部署，年初全面启动了首都知识产权产业“十二五”规划编制工作。经过前期研究、选聘承担单位、开展子课题研究、规划编撰等过程，12月形成了《“十二五”时期北京知识产权（专利）发展规划》（以下简称《规划》），并公开征求社会意见。《规划》从发展知识产权产业的视角入手，对比国外知识产权产业发展情况，对“十二五”知识产权产业指标体系建设进行了系统研究，提出“十二五”时期知识产权产业发展的思路。《规划》以“一条主线”、“两大板块”、“两大重点”、“两大工程”为基本结构，明确了下一步我市知识产权产业发展的主要任务和措施，是未来五年首都知识产权事业发展的纲领性文件，为我们的工作指明了方向。

强化顶层设计完善政策布局。一年来，根据首都经济社会发展的需要，我们注重顶层设计，大力完善政策布局，有效提升首都知识产权综合运用能力。按照市人大要求，继续开展《北京市专利保护和促进条例》（以下简称《条例》）立项的补充论证工作，目前已顺利通过立项论证，列入2011年市人大立法计划。与市财政局联合发布《北京市专利商用化促进办法》，开展专利商用化资助工作，不断提升知识产权资产经营意识和能力。研究起草《北京市财政资金支持项目专利管理办法》，进一步提高财政资金在科技投入和产业促进中的实际效果，此办法即将上市政府专题会讨论。与市国资委联合出台《加强市属国有企业知识产权工作的指导意见》，提高市属国有企业知识产权创造、运用、保护和管理能力。草拟《关于促进首都知识产权服务业发展的若干意见》及相关配套文件，扶持专利代理服务业发展，力争今年三季度通过市政府审议。制定《北京市促进中关村国家自主创新示范区企业专利生成和应用资助管理办法》，调整结构、完善程序、加强管控，解决重复资助等问题。这些政策文件的制定和实施，健全了首都知识产权政策体系，扩大了我们的作为空间和手段。

（三）完善培育体系，加大促进力度，创新主体知识产权运用能力进一步提升

深入开展企业知识产权能力培养工作。稳步推进试点示范工作，2010年全市新增专利试点企业333家，新增专利示范单位30家。通过定期开展试点示范企业培训，企业高层和工作人员的知识产权意识明显提升。知识产权联盟工作实现新突破，支持引导北京经济技术开发区成立云计算、诊断试剂、高新技术服务业三大知识产权创新联盟。原有联盟工作进一步深化，建立了音视频行业知识产权诉讼数据库，尝试以联盟为依托制定音视频领域的中国标准。12月16日，中科院计算所首届专利拍卖活动成功落槌，首次以联盟为载体成功尝试了公开竞拍的技术转移新模式，在全社会产生了示范和引导作用。梳理规范托管工作，制定《知识产权托管导则》，明确知识产权托管工作的指导思想与工作流程。逐步扩大知识产权托管工作范围，去年在海淀、昌平等六个区启动了托管工作。托管工作启动以来，共为1500多家企业提供了知识产权挖掘、申请、转让、维权、预警分析、战略研究等服务，帮助入托企业制定国际标准两项，国家标准和行业标准60项。在我们的引导培育支持下，创新主体的知识产权运用能力稳步提升。

大力提升中关村示范区知识产权综合能力。实施中关村知识产权推进工程，通过知识产权“引优扶强”计划、中关村高新技术企业培育计划等七项措施，提高园区企业自主创新能力。实施

中小企业知识产权战略推进工程，形成切实有效的中小企业知识产权综合服务援助机制，培育形成具有自主知识产权优势的中小企业聚集区。举办“知识产权：中关村之芯”主题报告会，从专利角度诊断中关村“十百千工程”企业发展质量状况。修订《北京市企业海外知识产权预警和应急救助专项资金管理办法（暂行）》，规范资助标准和程序，帮助企业有效规避海外风险。积极争取国家专利局审查员实践基地落户中关村，为园区企业提供“零距离”审查服务。积极推进中关村知识产权投融资服务机制试点工作，推动知识产权与金融资本的深度融合。成立全国首家专业性知识产权纠纷诉前调解中心，成功调解华谊兄弟公司和风行在线公司有关《唐山大地震》、《全城热恋》等20多部作品著作权侵权纠纷案件。

（四）加大执法力度，完善防御体系，多层面的专利保护体系在实践中成效显著

加大知识产权执法力度。认真落实国务院关于开展打击侵犯知识产权和制售假冒伪劣商品专项行动的工作部署，制定本市知识产权系统专项行动方案。召开区县知识产权局专题会议，印发《致广大市民的一封信》，全面落实国务院和北京市有关要求。先后到丰台、海淀等区县开展专利执法检查，对电子卖场、家具市场、药店等场所进行重点检查，有力推动了专项行动开展。坚持依法办案，确保案件质量，注重案件调解工作，努力化解双方矛盾，2010年，共处理专利侵权纠纷33件，办理诉讼案件7件，向法院申请强制执行案件1件，行政诉讼案件结案5件，取得了良好的社会效果。立案查处假冒专利案件7件，及时制止新发地市场商户销售柑橘包装袋上印制有虚构专利号等假冒专利行为，维护了市场经营秩序。积极推进“雷雨”、“天网”专项行动。一系列专项执法行动，有效净化了首都专利市场。

完善知识产权防御体系。建设知识产权防御体系，构建保护工作长效机制。会同市工商局、市商务委和市版权局，制定《北京市大型商业零售经营单位知识产权保护合同》示范文本，推动销售行业知识产权保护工作。与市公安局共同签署《查处专利违法犯罪案件合作协议书》，加强在查处专利违法犯罪案件工作中的协作与配合，高效打击专利违法犯罪活动。与国家知识产权局复审委员会签订《案件合作协议》，复审委将在专利案件办理过程中对我局进行指导和帮助。全年进驻由政府主办或者具有国际、国内重大影响的展会16个，解决展会知识产权侵权投诉70余件，绝大部分的侵权纠纷都能够在现场得到解决，没有出现因知识产权纠纷引发的极端事件发生。积极开展多种形式的知识产权执法培训，努力提高执法队伍业务素质。多层面的专利执法体系，构建了知识产权保护的长效机制。

（五）突出精品特色，凸显内在价值，知识产权深度助力首都经济发展方式转变

通过多梯次的宣传活动提升知识产权对外影响力。先后组织召开“全市知识产权工作会”、“2010年区县知识产权局长会”、“中关村示范区知识产权工作会”等一系列重要会议，统一思想，明确任务，提振信心，凝聚力量。举办以“知识产权与科技北京同行”为主题的长走活动，第一次旗帜鲜明地提出了“首都知识产权界”概念，扩大了首都知识产权工作的社会影响力。组织召开“北京知识产权保护状况新闻发布会”，发布《2009年北京知识产权保护状况》白皮书，介绍北京市知识产权保护工作取得的显著成绩，提升了社会大众对首都知识产权工作的认知度。为纪念《国家知识产权战略纲要》颁布实施两周年，配合国家知识产权局组织中央主要新闻媒体，采访报道了一批知识产权优势企业，起到了良好的宣传示范效果。认真承办“第十二届中国专利奖颁奖大会”，提升首都知识产权工作在全国的影响力。组织开展第二届北京市发明专利奖评选工作，全市有效申报项目188个，最终评选出5个一等奖、15个二等奖和30个三等奖。这些活动的成功举行，为全面实施首都知识产权战略、建设中国特色世界城市和“三个北京”营造了良好的环境和氛围。

关注热点难点加强分析研究。积极推进北京市生物医药产业知识产权促进工程。与市经信委、市药监局等单位经过多次磋商，制订《北京市生物医药产业知识产权促进工程工作方案》，引导

企业充分利用即将到期或已经到期的生物医药专利信息，开展生物药品仿创工作，促进北京生物医药产业实现跨越发展。根据市领导指示，研究制定推动专利代理行业发展的相关政策，《关于在我市开展专利代理援助工作的实施方案》和《建设首都知识产权资源中心方案》已经完成，将于近期报请市领导审批。联合市统计局积极探索构建北京知识产权服务业统计指标体系。联手专业机构成功化解市旅游局“北京礼物”知识产权侵权纠纷危机。与金融局协商开展上市企业知识产权辅导工程。对国能风力发电公司专利风险防范、北汽收购萨博事件中的知识产权等热点问题给予高度关注和悉心指导。完成“十百千”工程企业专利状况调查、专利产出与科技研发投入和知识产权投入问题研究、全球低碳技术专利发展态势分析等有分量的研究报告。对热点难点问题的追踪把握分析，为首都经济发展方式转变提供了决策依据，使我们的工作进一步融入全市工作大局。

（六）狠抓基本建设，完善服务体系，首都知识产权公共服务能力进一步增强

加强知识产权基础设施建设。首都知识产权公共信息服务平台一期工程基本完成，实现了预期建设目标并完成了相应的硬件建设内容，数据资源建设也在有条不紊地进行中。信息平台作为重要的城市创新信息服务基础设施，将极大地提升首都知识产权公共信息服务能力。建成“首都专利统计”系统，集成数据甄选、趋势分析、报表汇总、数据传递等功能，有效减少数据统计工作中的人力投入，降低了工作成本、提高了工作效率。引进 Thomson Innovation（汤姆森创新）平台，开展专业化的专利数据分析工作。通过建章立制规范程序，我局政务信息运行更加规范，OA 系统更加高效便捷，网络和信息安全能力大幅提高。一批知识产权创新基础设施建设，为首都知识产权公共服务能力的增强提供了有力支撑。

大力完善知识产权服务体系。知识产权举报投诉三级服务平台覆盖范围进一步扩大，相继成立石景山 CRD 分中心、怀柔雁栖工作站、顺义空港工作站和望京创业园工作站。至此，北京 12330 已在我市 16 个区县建立了 4 个分中心、8 个工作站，覆盖了 16 区县的 50%、中关村十个科技园的 80%，大大降低了权利人的维权成本。建成“中关村创意集市——知识产权银行专利商用公共服务平台”，面向全国开展专利项目与技术难题征集，已征得有效专利项目 200 多项，积极促进“知本”与“资本”的有效对接。建设“首都专利代理”系统，该系统作为公共服务产品，在行政审批、业务指导、培训交流、诚信监督、信息传递等方面为代理机构和社会公众提供更为高效、便捷的服务。体制机制管理手段的不断创新，完善了知识产权服务体系，增强了首都知识产权公共服务能力。

（七）加强机关建设，提高政务能力，干部队伍素质进一步提升

加强思想政治建设。以深入贯彻党的十七届四、五中全会为主线，分层次开展政治理论学习。通过集中上党课、支部学习讨论、组织外出参观、开展民主评议等活动，深入推进创先争优和党员作风年建设活动的开展。切实加强党风廉政建设，认真落实“四个不能”要求，以责任制为龙头，以预防为主线，积极拓展从源头上预防腐败的工作领域，着力建立和完善“一岗双责”责任制和“关口前移”的预防机制。制定《知识产权局党风廉政建设工作任务责任分解》，主管局长与分管处室签订了党风廉政建设责任书，使党风廉政工作落实到处，责任到人。

加强政务能力建设。加强国际交流，接待朝鲜、日本、美国等四批代表团，组团赴丹麦、挪威、美国等 8 个国家和地区考察知识产权工作，进一步拓宽国际视野。接待天津、广东、上海、陕西等兄弟省市知识产权局工作交流团 10 余次。积极到外省市交流学习，在互动交流中拓宽思路。与市委研究室、市财政局、市法制办、市质量技术监督局、市金融局等部门定期进行工作交流，增进与兄弟委办局的感情。对市政府确定的重要事项和市领导批示、交办的事项，不断加大协调督办力度，全年共完成市领导各类批示、交办事项 27 件次。圆满完成市绩效办、市编办等六部门制定的绩效考核任务。出台《关于草拟地方性法规、政府规章工作程序的规定》和《关于规范性文件制定程序的规定》，认真开展法规、规章及规范性文件清理工作。保质保量地完成“两会”人大议案、政协提案和

人民来访信件的答复工作。

加强干部队伍建设。完善机构设置,增设宣传教育处,完善北京市知识产权举报投诉服务中心的职能,扩大人员编制。通过竞争上岗,六名同志走上中层领导岗位。面向社会公开选拔公务员,3名同志成为我们这个集体的新成员。推荐年轻干部参加市委组织部竞聘岗位,使他们增长了见识,得到了锻炼。在市委组织部对我局人才工作的检查中,我局得分为97分,位居全市前列。加强工会组织建设,发挥桥梁纽带作用。顺利召开第二届工会会员大会,举办第四届"共建和谐摄影比赛"活动和第二届首都知识产权局系统羽毛球友谊赛,丰富职工文化生活,营造机关文化氛围。

同志们,回顾刚刚过去的一年,我们深感饱满与充实。市委、市人大、市政府主要领导同志集中调研给了我们温暖和关怀,广大创新主体知识产权意识不断提升、知识产权运用能力不断提高给了我们安慰与鼓励,"知识产权与科技北京同行"长走活动提振了我们的信心和士气,我们的话语权和影响力不断提升,我们的价值不断显现。2010年,我们付出了很多,也收获了很多,这些成绩的取得是各处室及直属单位同志们戮力同心、团结协作、奋勇拼搏的结果,是大家锐意进取、积极探索、务实奉献的结果。在此,我代表局党组对大家的辛勤劳动表示深深地敬意和衷心地感谢!

肯定成绩的同时我们也要正视存在的不足:一是为首都产业经济保健一颗健康之"芯"的抓手还不够丰富,手段还不够有力;二是推动工作的思路视角还比较单一,服务产品还不够多样;三是知识产权如何更好地服务市委市政府中心工作还需进一步探索;四是一些单位和个人的执行能力还需进一步提高。这些都有待于我们在今后的工作中改进和完善。

二、2011年重点工作安排

当前,世界经济正处于深度复苏调整期,世界经济格局发生着深刻变化,不稳定不确定的因素在逐步增多,西方发达国家以及一些新兴的发展中国家都在积极寻求经济持续增长的新动力。可以说,国际金融危机波澜未平,一场争夺未来发展制高点的"竞赛"就已悄然涌动,知识产权作为推动经济发展的强心剂,各国都将它作为核心资源来发展和培育,知识产权已从单纯的经济话题,转变为政治和外交话题。2010年中国经济成功"保八",在全球率先走出了危机冲击的阴影,为遏制中国进一步发展,以美国为首的西方发达国家越来越多地把知识产权作为工具与我国进行对抗。人民币汇率升值的压力不断增大,也将倒逼我们的企业提升创新能力,实现可持续发展。北京作为祖国的首都敏锐地感知着这些变化和动向。建设中国特色世界城市,如何实现智慧增长、如何真正走上创新驱动的轨道、如何聚集全球资源,是首都面临既现实而又紧迫的问题。随着通胀的加剧,宏观政策在"保增长、扩内需、调结构"的基础上,更多地强调"保物价、稳通胀、保民生",知识产权这一"隐性"的经济助推器在这一大背景下如何发力,如何更好地找到工作的切入点和着力点值得我们思考和探索。

十七届五中全会全面确立了"十二五"时期我国经济社会发展的总体布局,市委十届八次全会提出了"十二五"时期北京市经济社会发展的基本目标和主要任务,为新时期首都改革发展描绘了宏伟蓝图,对首都知识产权工作提出了新的要求。我们必须充分认识面临的新形势,深刻把握新时期首都经济社会发展的特点和规律,着眼于推动首都智慧发展的任务和要求,明确重点,狠抓落实,为圆满完成"十二五"规划提供坚强的知识产权支撑。2011年全市知识产权工作的思路是:以邓小平理论和"三个代表"重要思想为指导,深入贯彻落实科学发展观,全面贯彻党的十七届五中全会和市委十届八次全会精神,紧紧围绕科学发展主题和加快转变经济发展方式主线,按照"知识产权推动首都智慧发展"的基本思路,创新体制机制,加强政策布局,夯实工作基础,提升知识产权创造、运用、保护和管理能力,为推进首都智慧发展提供强有力的知识产权支撑。

（一）加大政策布局引导力度，积极谋划首都知识产权事业发展

以“先导工程”、“牵手计划”和“十七个一”等专项工程为抓手，研究制定《关于建设国家知识产权示范区的意见》、《重大经济活动知识产权评议办法》、《首都知识产权战略运用先导工程指导意见》等政策文件，推进首都知识产权战略向纵深实施。积极与市人大、市政府相关部门协商沟通，集中精力做好《北京专利保护和促进条例》起草和修订工作。继续推动“十二五”知识产权（专利）发展规划发布。完善《关于促进首都知识产权服务业发展的若干意见》，为首都知识产权服务业发展营造良好的政策环境。研究制定《北京市优秀专利代理机构和优秀专利代理人评选办法》，鼓励专利代理执业人员提高执业道德和执业水平。修订《北京市发明专利奖励办法》及《北京市发明专利奖励办法实施细则》。

（二）运用知识产权制度，促进首都科技创新和经济发展方式转变

进一步完善知识产权保护统筹协调机制，优化知识产权保护环境，为科技创新和经济发展方式转变提供支撑。进一步开展试点示范工作，新认定专利试点单位300家、专利示范单位20家，深入开展“五会”和“五落实”。出台《北京市知识产权托管工程工作办法》，进一步加大知识产权托管工程实施力度。重点支持成立2～3家战略性新兴产业知识产权联盟，将知识产权联盟工作模式向区县、园区和已有产业联盟推广，积极探索知识产权联盟工作管理的体制和机制。深入推进北京市生物医药产业知识产权促进工程。加大对专利代理行业的扶持力度，开展专利代理援助工作，认真筹备首都知识产权资源中心建设。与金融局合作开展“创业板”上市企业的知识产权辅导工作。继续深入开展专利商用化资助工作，努力使工作严谨化和管理科学化。

（三）强化专利行政执法，进一步整顿和规范专利市场秩序

落实国务院工作部署，深入开展专项行动，严厉打击专利领域反复、群体、恶意侵权及假冒专利行为，对相关案件从严从快处理。探索建立知识产权执法协调的长效机制，不断减少发生知识产权侵权的潜在性和可能性。完善知识产权防御体系，构筑知识产权保护的坚强堡垒。推进《北京市商业零售经营企业知识产权保护合同》示范文本运用，探索开展商场知识产权保护标准化工作。加强涉外知识产权保护，维护首都企业合法权益。完善专利执法机制，逐步扩大委托执法范围，发挥委托执法作用。规范执法程序，出台《专利行政执法规范》、《专利执法自由裁量权行使标准》、修订《专利执法人员管理办法》，推进依法行政。继续加强执法能力建设，积极推动市区两级执法体系建设。

（四）营造浓厚知识产权氛围，提升全社会知识产权意识

策划制作《首都知识产权宣传片》，全方位展示首都知识产权工作。组织编写《北京知识产权25周年回顾》，回顾和总结我局25年发展历程。举办第二届专利发明奖颁奖大会，将其打造成为首都知识产权的品牌活动。围绕“4.26”、“中国专利周”两个重大活动以及全市知识产权工作会、区县知识产权工作会、中关村国家自主创新示范区知识产权工作会等活动，做好宣传报道工作，放大知识产权影响效应。举办以“知识产权推动城市智慧增长”为主题长走活动，展示首都知识产权战线新形象、新风采。进一步完善新闻发言人制度。加强宣传工作专兼职队伍建设和通讯员队伍建设。

（五）加强体制机制创新，提升知识产权综合服务能力

以知识产权公共信息服务平台一期工程建设成果推广应用为核心，加快信息平台业务体系建设步伐，建成以点、线、面有机结合的业务体系框架。制定出台《北京（中关村）审查员实践基地管理办法》，推进国家知识产权局专利局审查员实践基地工作再上新台阶。推进北京代办处试点工作，不断丰富代办处业务内容。推动“创意集市—知识产权银行”工作向纵深发展。在试点基础上，着力完善中关村知识产权投融资模式。继续推进中关村知识产权诉前调解工作。加强专利数据统计工作，完善对各区县专利统计服务，实现对区县统计数据的实时交互。增加企业知识产权专

家团成员,规范专家团工作方式。深化三级平台体系建设,积极探索维权援助工作新模式。

(六)加强自身建设,切实提高知识产权行政管理水平

加强市政府折子工程等重要督查督办事项的落实,不断完善工作制度,健全协调工作机制。理顺公文办理、财务管理、政务信息、会议服务等工作流程,保障重要事项落实到位。加强制度建设,提高组织工作科学化水平。加大干部轮岗交流力度,优化干部队伍结构,增强队伍活力。增强对机关公务员和事业单位工资的规范管理与指导,确保工资改革成果与职工薪酬利益有机结合。加强学习型组织建设,不断丰富培训内容和方式,努力提高广大干部职工的业务素质和能力。以促进知识产权事业健康发展和干部的健康成长为出发点和落脚点,以风险防范和效能监察为切入点,以完善"三个机制"为着力点,抓好《廉政准则》的再学习再教育、党纪政纪的学习宣传、廉政风险防范管理、行政效能监察等四项重点工作,促进党员领导干部廉洁从政。

同志们,知识产权事业发展的前途光明而美好,但路途却遥远而艰辛,我们要有足够的信心,但更要有足够的耐心,要有信心看到这个朝阳事业辉煌蓬勃、霞光万丈,更要有耐心不畏艰辛筚路蓝缕精心耕耘。仰望星空,我们思绪万千憧憬着美好的未来;脚踏实地,我们摩拳擦掌准备奋斗宝贵的现在。同志们,让我们携起手来,发扬成绩,再接再厉,求真务实,开拓进取,共同为促进首都知识产权事业发展做出新的更大的贡献,以优异的成绩迎接中国共产党成立九十周年!

市科协七届五次全委会会议材料之一

凝聚力量 开拓奋进 为推动"人文北京 科技北京 绿色北京"战略,建设中国特色世界城市作出新贡献

——北京市科协2010年工作总结和2011年工作要点

(审议稿)

2010年是首都经济社会发展承前启后的重要一年。一年来,在市委、市政府的正确领导和中国科协的指导下,市科协团结和动员首都广大科技工作者,认真贯彻党的十七届五中全会和市委十届七次全会精神,按照"三服务一加强"的工作定位,努力为首都经济社会可持续发展服务、为首都广大科技工作者服务、为提高全民科学素质服务,不断加强科协团体自身建设,全面完成了四次全会确定的任务,各项工作取得新的进展。

一、围绕中心,发挥优势,着力服务首都经济社会发展

决策咨询工作深入开展。围绕经济社会发展中的重点、难点和热点问题,组织科技工作者通过专题调研、决策论证、撰写建议等多种形式,服务首都科学发展。组织完成了《发挥海外智力优势为首都决策咨询服务的研究》、《中关村科技园区"一区十一园"科技工作者状况调查》等14项重点

课题研究。以“低碳经济与世界城市建设”为主题,举办了“两界联席会议高峰论坛”。围绕“首都产业进步和城市发展”两大关键领域,支持所属团体举办“首都设计产业发展论坛”、“首都城市综合减灾论坛”等21项综合性论坛。进一步发挥中央在京科研机构专家资源优势服务科学决策,支持成立了“中科院老专家咨询团”。全年向市委市政府相关部门报送科技工作者建议和团体提案180余项,其中《关于保障首都蔬菜安全有效供给的政策建议》、《关于北京发展等离子体垃圾处理技术高端产业的建议》等6项建议,刘淇书记、郭金龙市长等多位市领导做出重要批示,为北京市制订“十二五”规划做出了贡献。

科技支农力度不断加大。集成科协团体专家、技术、信息资源,依托重点工程,深入推进科技支农工作。“科普惠农兴村计划”奖补资金投入789万元,按照“以奖代补、奖补结合”的原则,表彰了一批具有一定规模和影响、辐射带动作用比较强的农民专业合作组织、农村科普示范基地和农村科普致富带头人及专家、指导员,有效促进了先进适用技术的推广应用。与市农委联合,坚持“了解农村实际情况、整合有效科技资源、根据农民需求配送、持续提供科技服务”的理念,深入实施“科技套餐配送工程”,全年示范推广科技成果70余项,技术支持100余支林果专业服务队,开展各种培训活动400余次,累计培训乡土专家1600余名,结合沟域经济发展,在怀柔、密云、延庆等北部山区,试点推广联合国粮农组织谷子推荐新品种“张杂谷5号”2000余亩,发送农业科技书籍、资料80000余份,有力地促进了农民增收致富。

服务企业自主创新成效显著。认真贯彻《关于动员广大科技人员服务企业的意见》,引导团体科技资源向企业倾斜,促进科技与经济发展紧密结合。联合市发展改革委、市科委、市国资委,广泛开展科技工作者“讲理想·比贡献”活动,提出合理化建议,服务企业发展。联合市商务委、意大利坎帕尼亚大区科研创新和大学部,共同举办了“2010年北京——坎帕尼亚科技经贸周”活动,首都企业踊跃参与。推动北京北重汽轮电机有限责任公司、神华集团有限责任公司等7家单位建立“院士专家工作站”。目前,已建立10个院士专家工作站,进站院士近50人。“催化裂化节能减排技术”、“某型飞机控制律优化”等一批院士领衔项目,直接对接企业。以中关村科技园区、北京经济技术开发区企业为重点,精心举办“首都企业创新论坛,”深入开展创新理论培训活动,累计培训400余位企业技术负责人。发挥“金桥工程”种子资金作用,积极促进科技成果转化.全年组织实施“金桥工程”项目240项。

重点工程建设有序推进。在梁伟、赵凤桐等市领导直接关心下,凝聚首都科技资源,积极推进“北京科学中心”、“蝌蚪五线谱网站”筹建工作。开展了“百万奖金征创意——2010北京科学中心功能设计方案征集”活动,征集方案51套,进一步完善了功能设计大纲。完成了“北京科学中心”整体功能区域划分和展区概念设计方案,并组织召开了“北京科学中心规划设计研讨会”,进一步听取专家的意见和建议。加快推进“蝌蚪五线谱网站”建设工作,《北京科普网站技术实施方案》顺利通过市经信委评审,完成了政府立项。网站的技术平台设计、运行测试、网站内容和功能框架规划、栏目功能设计、网站内容征集指南编制等工作已经完成。成立了网站运营招标工作小组,制定了《北京科普网站建设政府采购项目招标公告》、《北京科普网站建设政府采购项目招标文件》,有关招标工作顺利启动。

二、履行职责,突出重点,着力增强科普服务能力和实效

扎实推进《科学素质纲要》实施工作。以国务院《科学素质纲要》工作实施情况督察为契机,全面总结“十一五”期间全市科学素质建设工作,在各成员单位和区县政府自查的基础上,形成了《北京市科学素质纲要自查报告》上报中国科协。同步开展“北京市全民科学素质调查”,实现与中国

科协“第八次中国公民科学素质调查”数据对接，准确掌握我市《科学素质纲要》实施以来取得的成效。组织编写了《北京市全民科学素质行动十二五规划》，经广泛征求意见，明确了十二五时期首都全民科学素质建设的目标、任务、措施和要求。在市政府的直接领导下，进一步完善了实施《科学素质纲要》的工作机制，设立了“北京市实施《全民科学素质纲要》工作办公室”，理顺了各方关系，形成了在市科普工作联席会议领导下，各牵头单位、成员单位和区县政府既有分工又有合作的工作格局。

精心组织大型主题科普活动。全国科普日北京主场活动以“坚持科学发展、走近低碳生活”为主题，中央书记处领导、市委领导集体参加，极大地鼓舞了广大科技工作者参与科普活动的积极性和主动性。北京科技周以“携手建设创新型国家——提高科学素质，参与低碳行动”为主题，举办了“2010 中美科技馆馆长论坛”等 9 项标志性活动、55 项重点活动，以及近千项基层科普活动，发放资料 700 余万份，受益群众超过 420 万人。“北京青少年科技创新大赛”收到参赛作品 1268 项，超过 28 万名青少年参加大赛各项活动。刘淇书记、郭金龙市长专程赴通州台湖学校调研青少年科技教育工作。刘淇书记强调：要把“青少年科技创新大赛”打造成为代表首都创新型城市形象的知名品牌。高质量承办“第十届中国青少年机器人竞赛”，全国 32 个省市区的 489 支代表队，1308 名队员参赛，竞赛观摩总人数超过 4500 人。

广泛开展重点人群科普活动。实施“社区科普益民计划”，投入资金 1300 万元，奖补优秀科普社区 74 个、优秀基层科普场馆 18 个、优秀社区科普宣传员 200 名，建设户外科普园地 8 个，实现全市每个区县都建有一个户外科普园地的目标。编写《领导干部和公务员科学素质培训教材》，开展公务员电子政务与信息化培训，累计培训人数 4.5 万人次。深入实施《农民科学素质提升计划》，围绕设施农业发展、京郊新农村建设与规划、科学生活等方面，坚持开展科技下乡活动。举办“大手拉小手系列科普活动”、“科技专家进校园”、“青少年科学调查体验活动”等丰富多彩的科学普及活动，提升青少年科学素质。坚持每周免费为公众举办“首都科学讲堂”，50 名院士专家参与其中。配合市委 610 办公室，创作《毒瘤——其他邪教透视》专题片，编制《教育转化及警示教育专用资料集》，举办反邪教知识展览，深入开展反邪教科普宣传。承办“中国反邪教协会成立十周年纪念大会暨 2010 年年会”，提升反邪教理论研究水平。

继续加强科普资源共建共享。落实《科普资源开发与共享五年规划》，建成“网上科普超市”资源集成、共享与交易平台，完成中山公园电子科普画廊改造工程。举办“北京科普创意动漫大赛”，征集科普动漫作品 5200 余件。委托专业科普企业，成功开发出科普视窗互动产品，并在 10 个区建设运行。制作“低碳生活”、“节能减排”主题数字科普产品，发放基层社区。“北京科普创作出版专项资金”征集资助选题 148 项，资金资助图书《月球密码》、《回望人类发明之路》、《潘家铮院士科幻作品集》，获“第一届中国科普作家协会优秀科普作品奖”。精心策划“节能减排社区”、“关爱生命·科学养生”等主题展览，在海淀、朝阳等五个区县巡展 43 场。组织开展“心理与健康”、“低碳生活·节能减排”、“地震体验”等主题科普展，面向全国巡展 36 站。

三、搭建平台，提高质量，推进学术交流服务自主创新

探索学术交流新格局。制定《关于进一步加强学术交流工作的若干意见》，推进“一十百千工程”深入实施。以“人文北京·科技北京·绿色北京——推动自主创新，加快经济发展方式转变”为主题，举办“第十三届北京科技交流学术月”，打造高端学术交流平台。齐让、赵凤桐等领导同志出席学术月开幕式，江亿院士做《城市消费领域的低碳与节能》主旨报告，149 项学术活动集中开展。支持涉农学会联席会议、生命科学领域联合年会等学科联盟层面学术交流建立长效机制。鼓

励各学会围绕学科前沿，广泛开展小型化、深入化学术交流。进一步加强学术期刊建设，起草了《所属学会主办报刊服务管理办法》，精心组织开展科技期刊审读、诊断和科技期刊骨干编辑业务培训系列活动。

学会学术交流广泛开展。发挥学会在学术交流中的主体作用，凝聚和吸引广大科技工作者参会交流。资助生理科学、地球物理等基础科学学会，开展学科内综合性学术年会，促进学科发展。支持林学、数字科普等8家学会，围绕首都中心工作与相关委办局联合开展重点学术研讨，服务科学决策。引导土壤、植物病理等农科学会，举办"低碳生态型设施栽培综合管理技术论坛"、"种子健康与农业发展国际研讨会"等25项研讨会，服务首都新农村建设。举办"2010国际化妆品法规与技术高峰论坛"、"环保节能型IC设计及其应用国际研讨会"等42项面向企业一线科技工作者的学术交流。召开"热物理与能源工程学会青年科学家成长论坛"、"细胞生物学会2010研究生学术沙龙"等64项以青年科学家为参与主体的学术活动，学会学术交流的实效性、广泛性进一步增强。

学术交流质量不断提高。"两届联席会议高峰论坛"，有力地提升了科协团体学术交流的吸引力和影响力。鼓励和提倡学术交流中的理性质疑、争鸣，一批学术交流活动设置现场提问交流环节，增强互动性、启发性，收到良好效果。继续推进学术交流连续化、品牌化，"第三届北京感染医师论坛"、"第六届能源及石油问题研讨会"、"第九届北京迈向国际化大都市经济论坛"等26项带届次学术交流，在学科内产生较大影响，科技工作者踊跃参与。重视会议成效的综合利用，"加强科学普及·提高科学素质科技论坛"、"蔬菜流通技术论坛"、"北京知识产权高峰论坛"等一批学术活动，将前期策划与会议总结、实地调研与会议交流、专家发言与提炼建议相结合，会议质量明显提高。

对外交流渠道不断拓展。全年接待来访科技团组27个，与境外科技组织签署合作协议43份。学会科技工作者国际认可取得新进展，图像图形学会副理事长阮秋琦教授当选国际电气和电子工程师协会（IEEE）北京分会主席，细胞生物学会会员钟佳宁荣获美国癌症研究学会（AACR）青年学者奖。国际学术交流积极开展，全年举办"2010北京四国低碳节能学术研讨会"、"第四届北京国际粘接技术研讨会"等国际及双边学术会议28项。对台科技交流务实高效，"2010京台青年科学家论坛"以"农业物联网发展"为主题，实现了技术、产品、市场的网络对接，受到充分肯定。

四、提升服务，加强管理，努力建设和谐科技社团

全面实施科技人才计划。认真落实《促进青年人才成长计划》，资助青年学者出版学术著作5部，资助18人次参加境外高端学术交流，举办青年学术活动64项。"北京青年学术演讲比赛"吸引800余名青年科技工作者踊跃参加。推荐第七届"中国青年女科学家奖"候选人3名，评选、表彰"茅以升北京青年科技奖"15名，"北京优秀青年工程师"165名。实施《青少年后备人才早期培养计划》，组织294名中学生走进116个国家和北京市重点实验室，在130余位专家教授指导下开展科研实践活动。广泛开展"校园科普"、"科学名家讲座"、"野外科学考察"等活动，10000余名中学生参加。《海外智力为首都建设服务计划》深入开展，全年组织活动30余项，接待200余位海智专家来访。举办"第十届海外侨界高新技术人才为国服务志愿团项目推介会"，受到中国侨联肯定。继续推进《发挥离退休科技人才作用计划》，组织调查研究，建言献策工作，全年共上报专家建议265项，8位市领导对其中4项作出11条重要批示；举办"科普论坛"，全年邀请院士专家做报告95场，听众近4万人次；科普讲师团举办讲座、选修课200余场，听众5万余人次。

深入开展科技工作者状况调查。完善科技工作者调查站点布局，增设中国原子能科学研究院、中关村科技园区丰台园管委会、北京天山新材料技术股份有限公司等7个站点，共计设立站点26

个。规范站点管理，加强站点人员培训。编印《科协站点信息》4 期，市委常委梁伟同志就相关信息作出批示。启动“北京市科协事业发展五年（2011—2015）规划”编制工作，前期调研工作已经展开。

基层科协组织建设进一步加强。进一步加大组织建设力度，批准成立中国建筑材料科学研究总院、时代集团公司、北京大北农科技集团股份有限公司科协等 7 个基层组织，全市企业科协数量达到 230 家。支持北京印刷学院、北京工商大学成立科协，包括北京大学科协在内，全市高校科协数量达到 11 家。新发展北京物理医学工程学会、北京低碳经济促进会等 3 家学会，支持成立北京光华设计发展基金会、北京吴秉铨病理学发展基金会等 4 家基金会，到 2010 年 11 月底，市科协联系学会、基金会等法人社团数量达到 185 家。

积极探索枢纽型组织建设。贯彻落实全市社会建设“1 +4”文件精神，结合市属学会实际，试点和推动科技社团枢纽型组织建设工作。进一步加强学会党建工作，在前期组织召开学会党建工作座谈会的基础上，研究落实学会党建工作试点，积极筹备“北京市科协社会组织党建工作委员会”。支持和指导学会承接政府转移职能，参与社会管理，机械工程、汽车工程等七家学会继续开展职称评定工作，另有一批学会在标准制定、实验室评估、课题承担等领域取得新进展。起草了《关于北京市科技类社会团体规范化建设的指导意见》，制定了《学会评估标准与评分细则》，全面启动了“枢纽型组织信息化平台”建设，学会规范化管理和服务的长效机制基本确立。

在充分肯定成绩的同时，我们也清醒地看到，科协工作离党和政府的要求、科技工作者的期待仍有不小差距，主要表现在：为科技工作者服务的意识和能力尚需进一步增强，学会作为国家创新体系重要组成部分的作用尚未充分发挥，科普资源共建共享机制尚待健全，科技思想库建设需要加快步伐，科协自身建设有待进一步加强，这些问题将在今后的工作中努力加以解决。

2011 年是“十二五”开局之年，建党 90 周年，也是转变经济发展方式，推动经济社会平稳较快发展的重要一年。市委、市政府提出要瞄准国际城市的高端形态，以更高的标准推动“人文北京、科技北京、绿色北京”建设，以更出色的成绩迎接建党 90 周年。在新的一年里，市科协工作的指导思想是：深入贯彻落实科学发展观，按照党的十七大和十七届五中全会、市委十届八次全会精神，坚持“三服务一加强”的工作定位，团结和动员首都科技工作者，围绕转变发展方式、推动自主创新、实施《科学素质纲要》，求真务实，开拓进取，扎实工作，努力开创科协工作新局面。

总体要求是：围绕中心，服务大局。从战略和全局高度谋划科协各项工作，使科协工作成为全市中心工作的有机组成部分。发挥优势，突出特色。最大限度地发挥学科齐全、人才荟萃、信息资源丰富、组织网络健全等突出优势，在服务经济社会发展的各项工作中，体现科协团体的风格和特色。着眼高端，找准定位。立足首都，争创一流，把“三服务一加强”的工作定位，同首都经济社会发展目标的高端定位紧密结合，突显工作的辐射力和影响力。提升质量，创新形式。在现有工作基础上，巩固老品牌，打造新品牌，创新形式，扩大影响，增强实效。加强基础、拓展领域。进一步加强平台、渠道、资源库等基础性工作，适应发展需要，主动开辟新领域，发挥支撑作用，服务首都发展。

2011 年市科协的重点工作是：

（一）围绕建设科技创新中心，发挥首都科学共同体作用

推动学会创新发展，促进功能性社团建设。把北京建设成为具有全球影响力的科技创新中心，是市委、市政府作出的一项重要战略决策，是建设世界城市、推动科技北京建设的重要内容。科协组织要围绕这一中心工作，在坚持人民团体、政协界别政治属性的基础上，进一步加强科学共同体功能性建设。继续推进枢纽型组织建设工作，努力探索学会管理的组织模式创新，建立学会分类指导、有机联合的长效机制，集成发挥学会作用。制定相关规范，加强引导，指导学会按照现代科技社团发展的客观规律，完善组织体制、健全运行机制、丰富活动内容，加强能力建设。鼓励和支持学会

大力发展会员,凝聚科技领军人才,突出科技、学术属性。

聚焦智力资源,服务中关村自主创新示范区建设。要围绕中关村国家自主创新示范区建设,凝聚科协团体资源,全方位、多角度提供科技服务,发挥科技支撑作用。建立与中关村管委会的合作机制,为团体资源服务中关村创新发展创造条件。鼓励和支持在中关村科技园区成立新学会,建立基层科协组织。依托民营科技实业家协会,推动了解中关村企业科技需求工作的制度化。在中关村定期举办“首都创新论坛”,搭建政产学研高端交流平台。促进“创新理论培训活动”聚焦中关村科技企业,使之定期化、长期化。支持学会面向中关村广泛开展“厂会协作”活动,促进科技与经济发展紧密结合。

围绕产业链配置资源,增强服务科技创新的实效性。更好的发挥科学共同体功能,既要重视基础工作,加强资源的梳理整合,也要针对不同对象,创新资源配置方式。系统开展科技资源调查,统一建立团体专家资源、科技项目、学术会议和学术论文等关键数据库,进一步健全和完善枢纽型组织信息化工作平台,为团体资源发挥作用提供保障。编制团体科技资源产业链对接指南,重点围绕产业链配置科技资源,促进产业链上基础科学、应用科学、交叉管理科学有效对接。推动科技服务以点为主,向线、面一体化服务方式转变,向长效化、制度化转变,突出实效性。

(二)搭建各具特色、不同功能的学术交流平台,加快形成学术交流新格局

促进学术交流与推动经济发展方式转变紧密结合,不断提高质量和水平。引导和支持学会围绕科技创新前沿、低碳经济发展、产业结构调整、战略新兴产业推进、现代农业建设等重点领域,广泛开展学术交流。联合中国科学院院士工作局、中国工程院学部工作局,共同举办“院士专家论首都发展高层学术研讨会”,借力高端学术智力资源,服务首都建设。联合市社科联,继续举办“两界高峰论坛”,打造学术交流服务发展方式转变的高端品牌。加大精品科技期刊工程实施力度,加强期刊审读和编辑培训工作,着力在学术质量和水平上下工夫,提高学会科技期刊的影响力和认知度。加大对小型前沿学术会议的资助力度,鼓励一线年轻科技工作者组织开展或参与学术交流,激发创新思想。

实施“一十百千”工程,加强学科联盟建设,推动专题学术交流。集成学术资源,推进形成不同模式、不同类型的学术交流系列,培育学术交流新格局。加强顶层设计,高质量举办“第十四届北京科技交流学术月”,强化品牌效应,发挥示范引领作用。推动涉农学会联席会议、生命科学学会联盟深化合作机制,积极支持数字信息科学、医口学会等建立新的学科联盟。引导和支持学科联盟围绕都市型农业发展、生物医药产业发展、首都公共卫生体系建设等方面,开展专题学术交流,为解决关键问题提供智力支持。有序推进“百强社团计划”,按照学会发展定位,重点打造在产业发展方面有一定影响力的学会。继续推进学会建立学术年会制度,提升学术权威性,促进学科发展。重点加强基础科学、交叉科学学术交流,增强原始创新能力。

积极拓展民间对外科技交流渠道,加强同港澳台民间科技团体的联系。继续加强与国际科技组织、重点国家的多边与双边合作,服务首都对外开放。鼓励和支持学会在京举办影响大、水平高的国际学术会议,支持和帮助首都专家学者参与国际科技组织活动并担任领导职务,努力扩大首都科技界的国际影响。举办“北京海外论坛”、“海外智力经济项目推介会”,吸引海外高层科技人才服务首都经济社会发展。继续资助优秀科技人才“走出去”,参与高水平国际学术交流。巩固与港澳台地区科技团体的联系,继续办好“青年科学家系列论坛”,组团参加“京台食品科技及产业发展研讨会”、“农业物联网发展暨创意农业研讨会”,以科技交流促进和带动经济文化交流。

(三)服务企业自主创新,为转变经济发展方式提供科技支撑

大力推进院士专家工作站建站工作,促进产学研紧密结合。重点围绕有迫切需求的大中型国有企业、有影响力的民营企业,推进建立院士专家工作站。支持院士、专家与企业开展实质性课题

研究、项目合作,提供技术咨询、技术诊断服务。深入研究院士专家工作站的作用发挥机制、工作模式创新,推动外部资源与企业内部科技、人才、项目资源的有机结合。集成团体科技资源,继续完善“企业创新服务信息平台”建设,实现科研院所、学术团体、科协组织、公司企业的有效对接。积极推介“发达国家专利资源二次开发和利用项目”,为企业配送国际先进专利技术成果,搭建专利技术与企业需求之桥。精心策划“第五届北京——坎帕尼亚中意科技经贸周”、“2011 北京科技周国际科技经贸交流活动”,搭建国际化产学研合作交流平台。

深入开展“讲理想、比贡献”活动,支持企业科协发挥作用。联合市发展改革委、市科委、市国资委等部门,支持和引导全市企业,深入开展“讲理想、比贡献”活动,深化内涵、丰富内容,为企业发展提出合理化建议,评选“讲、比”标兵和先进集体,营造群众性技术创新活动良好氛围。召开“企业科协工作会议”,研究新时期企业科协发挥作用的指导意见和工作思路。继续开展“北京优秀青年工程师评选表彰活动”,精心组织“北京优秀青年工程师宣讲活动”,发挥榜样示范作用。依托团体资源,借助“海智项目”,大力开展中小企业科技支撑活动,引进先进技术,开展定向服务。

积极探索“金桥工程”机制创新,打造团体科技成果转化品牌。健全和完善“金桥工程”运营机制、立项评审标准和项目追踪办法,丰富项目资源和网络体系,不断扩大“种子资金”申报范围和资助力度。继续加强示范基地(项目)和合作基地建设,加大项目培育力度,促进科技成果孵化转化。积极推进“金桥工程”国际化,借助国际交流平台,推介一批重点项目。进一步加大“金桥工程”表彰奖励、推广宣传力度,发挥示范效应,提升影响力、扩大知名度,使其成为科协团体,乃至首都地区产学研合作与科技成果转化推广的标志性活动。

(四)着力新农村建设,促进首都农业现代化

加大科普惠农兴村工作力度,服务社会主义新农村建设。研究制定科普惠农长效机制,强化示范带动效应,扩大覆盖面。继续举办科普惠农计划专题培训班,推动建立科普惠农服务站。重点支持一批具有一定规模和影响、辐射带动作用比较强的农村专业技术协会、农民专业合作组织、农村科普示范基地和农村科普致富带头人,加大奖补力度,促进先进适用技术的应用和推广,发挥示范引领作用。继续深化《农民科学素质行动》,支持和引导区县科协围绕农村劳动力就业和创业,广泛开展各种形式的科学普及、科技培训和技术推广服务活动。

实施科技套餐配送工程,突出团体支农特色。联合市农委等涉农部门,共同编制《“农民致富科技服务套餐配送工程”五年规划》,召开科技套餐工作研讨会,完善市、区两级科协、农委联动机制。发挥涉农学会联席会议作用,继续整合学会、协会和科研院所专家、信息、项目、成果等科技资源,按照纵向产业链、横向学科交叉的原则,编制《科技资源配送指南》。支持区县科协面向地区农业龙头企业、重点合作组织,大力开展科技需求征集。定期组织项目对接活动,推动团体专家资源全面对接农业科技需求。扩大科技专家志愿者队伍,创新套餐配送方式,针对重点基层组织开展持续、集成配送。继续加强与市残联的合作,引导科技资源对接扶贫助残基地,拓展工作领域。

(五)深入实施《全民科学素质行动计划纲要》,健全科普资源共建共享机制

认真履行《科学素质纲要》办公室职责,深入开展重点人群科普活动。发挥办公室统筹、组织、协调、服务作用,启动实施《北京市全民科学素质行动十二五规划》,推动各成员单位制定落实措施和方案。全力办好全国科普日北京主场地活动,精心组织北京科技周活动,丰富内容、创新形式,增强体验性、互动性。继续推进“社区科普益民计划”,办好“首都科学讲堂”,广泛开展城镇居民科普活动。继续组织青少年创新实践活动,精心策划“北京青少年科技创新大赛”、“北京市青少年机器人竞赛”等重点活动,加强实效性,提升影响力。配合全市无邪教创建活动,组织开展“反邪教科普宣传与警示教育系列活动”,弘扬科学精神,抵制邪教侵蚀。

积极推动科普资源集成共享,促进科普文化产业健康发展。集成首都科技资源,积极推进跨区

域、跨部门、跨单位、跨所有制优质科普资源社会共享，探索建立科普资源共建共享联合体，推动科普工作从科普活动为主，向科普资源共建共享转变。探索引入市场机制，搭建整合科普产品研发资源平台，加大科普产品研发力度。广泛动员社会力量参与科普创作，有效解决优质原创科普资源数量少、集成难度大，优秀科普创作人才不足等问题，推动科普文化产业健康发展。集成"北京科普创作出版基金"、"北京科普动漫创意大赛"等品牌项目成果，集中展览、展示和交易各类科普资源，逐步形成规模和影响，努力将首都建设成为全国科普资源研发、交易和配置中心。

实施《科普基础设施发展规划》，加强科普基础设施建设。在市委、市政府领导下，全力做好"北京科学中心"筹建工作和"蝌蚪五线谱网站"试运行工作，体现首都特色，达到国际先进水平。有序推进传统科普画廊改建工程，力争"十二五"期间，全市所有社区全部建成一处数字科普视窗。继续做好西单科普画廊、中山公园科普画廊等人流密集区域科普阵地的提升改造和展览展示工作。联合市科委等相关部门，继续开展科普示范基地命名、建设和表彰工作。组织编写《领导干部和公务员科学素质读本》、《社区居民科学素质读本》，制定《青少年科学素养基准》，健全科学素质标准评价体系。

创新体制机制，积极构建社会化科普工作格局。加快社会化科普工作网络体系建设，既要强调政府部门、科协组织自上而下的推动，也要重视企业、社会组织的自发自觉科普行为，实现体制内与体制外科普力量有机统一；既要重视科技场馆、科普"站、栏、员"、科普示范基地等传统科普渠道和方式发挥作用，也要重视借助电视、报纸，特别是互联网、移动平台、楼宇广告等新兴媒体开展科普宣传，实现科普资源、科普活动、新闻媒体的统一对接。组织召开"新闻媒体科普宣传工作会议"，进一步加强和改善媒体科普宣传工作，努力实现科普宣传从消息事件报导向实质内容报导，从口号式报导向贴近生活需要报导，从事后报导向事前事中事后全流程报导方式转变。

（六）推进首都科技思想库建设，服务科学决策

完善决策咨询机制，搭建决策咨询平台。做好中国科协科技思想库建设试点工作。围绕服务科学决策，健全决策咨询机构，搭建"汇集资源、生产思想、服务决策、启迪公众"的技术支撑平台和工作平台，拓展决策咨询形式，推进团体决策咨询、学术交流、人才工作、信息资源工作的有效整合，增强决策咨询的针对性、实效性。重点做好"决策咨询系统数据库和共享平台"建设，系统开展学术会议、学会论文等科技成果的二次开发工作。围绕"三个北京"和世界城市建设，选准主题，举办专家季谈会，开展深度研讨论证。进一步密切与科协委员、七大代表的联系，听取意见，反映呼声。重视发挥决策咨询委员会作用，继续组织开展重大课题研究。面向所属团体广泛开展建议征集活动，支持学会将学术研讨与决策咨询论证相结合，提高决策咨询能力。

发挥政协界别作用，履行参政议政职能。充分发挥市政协组成单位的优势，支持政协科协界委员，围绕首都经济社会发展中的重大问题和人民群众关心的热点问题，结合科协工作实际，深入调查研究，积极建言献策，高水平履行参政议政职能，参与首都社会事务管理。继续做好科协团体提案的调研、撰写工作，提交有分量的团体建议案。进一步加强与市政协科技委员会的合作，围绕科技北京建设，组织开展系列调研活动，联合举办"2011年科技论坛"，为市委市政府决策提供参考。

（七）加强人才工作和团体自身建设

实施重点人才计划，加大优秀科技工作者举荐、表彰力度。履行市人才工作领导小组成员单位职责，深入实施四项重点人才工作计划，大力培养青年科技人才，广泛激励青少年的科学兴趣，有效凝聚海外高端科技人才，积极支持离退休科技工作者发挥作用。高质量完成中国科协交办的"老科学家学术成长资料采集工程"任务。重视加强科普人才队伍建设。继续加强优秀科技人才举荐、表彰和宣传工作，认真做好"中国青年科技奖"、"中国青年女科学家奖"候选人推荐工作，精心组织"茅以升北京青年科技奖"、"北京优秀青年工程师"、"北京优秀青年科技论文"、"北京青少年

科技创新市长奖”评选工作。支持北京电视台、《北京科技报》开设科技人才栏目，加强对优秀科技人才的宣传。

编制《市科协事业发展五年规划》，全力做好科协“八大”筹备工作。按照全市“十二五”规划编制工作总体部署和“中国科协事业发展规划(2012—2016)编制任务要求”，在前期调研基础上，重点抓好文本起草、征求意见、专题研讨等关键环节，高质量完成“北京市科协事业发展五年规划(2011—2015)”编制工作，为首都科协事业发展凝聚共识、提出目标、明确任务。在市委领导下，依据《北京市科学技术协会实施〈中国科学技术协会章程〉细则》，精心制定“八大”筹备工作方案，全力做好市科协“八大”筹备工作。

加强机关建设，提高工作能力和水平。进一步完善领导班子集体学习制度、干部职工理论学习制度，继续推进“创先争优”活动深入开展，增强服务意识，提高理论素养和工作水平。加强各部门、各事业单位领导班子建设，推动干部交流任职。大规模开展干部培训，进一步完善评价考核办法，切实抓好后备干部队伍建设，努力造就一支适应科协事业发展的高素质干部队伍。继续推进和深化事业单位改革，重点抓好岗位设置管理和收入分配制度改革，规范事业单位岗位设置、人员管理和运行机制。系统开展文件清理整顿工作，提高科协工作的规范化水平。

继往开来，深化改革
全面推进质量首善之区建设

——在2011年北京市质量技术监督工作会议上的报告

(2011年1月13日)

一、2010年和“十一五”时期工作回顾

刚刚过去的2010年，在市委、市政府的领导和国家质检总局的指导下，深入贯彻落实科学发展观，以改革创新为全年工作主线，以“创先争优”和“两大建设”为抓手，按照“四个着力”全面推进的要求，奋发有为、锐意改革，全系统依法行政能力和服务水平有了新的提高，质量安全监管的针对性、系统性得到加强，对首都经济社会发展的保障、促进作用明显增强，也为首都质监事业“十一五”发展的圆满收官交上了一份优秀的答卷。

(一)注重理论研究，指导科学决策

针对质监工作不适应首都发展要求的重大问题，依托大专院校和技术机构开展多层面、多角度的理论专题研究。目前，累计开展和形成了《组织机构诊断研究报告》、《质量管理业务标准体系研究报告》、《技术机构发展研究报告》、《风险管理研究报告》、《扩大组织机构代码应用研究报告》、《质量信用体系研究报告》、《北京市标准化发展战略研究报告》等一系列课题研究成果，为科学决策和不断推进改革创新工作发挥了重要的指导作用。

（二）全面启动风险管理，监督能力有效提高

与清华大学合作，研究“质量监督风险管理课题”并完成了《北京市质量技术监督局风险评估总报告》，开展了食品、产品监督和特种设备安全监察三个领域的风险管理试点工作。通过开展风险管理活动，“提前预警与事后处置并重”的管理思想全面推动了质监的改革创新，“三效一创”取得明显成效，监管能力得到加强。

全市工业产品（食品）质量稳定、安全可控。编制了基于风险评估的产品目录和产品质量监督检查计划，拟定了《北京市产品质量监督抽查管理办法》。依据风险等级，组织实施监督抽查和风险监测，集中管理资源加强对安全性、健康性高风险的工业品（食品）及企业的监管，全年生产领域工业产品（食品）质量安全水平保持稳定，圆满完成了市政府重要实事和供世博会、亚运会食品安全保障任务。此外，还积极探索通过引入竞争机制促进产品质量监督承检机构能力建设的方法，产品质量监督机制进一步完善。目前，我局初步建立起产品分级、企业分类、监管分等的风险控制管理体系和工作机制。

特种设备安全监察扎实有效。开展对全市12年以上在用住宅电梯安全风险评估活动，及时通报有关部门监督物业、维保单位更新维修，电梯安全运行投诉率呈下降趋势，较好地落实了市政府折子工程的任务。积极争取市政府加快物联网技术应用的扶持政策，规划建设在用电梯安全信息监测平台，试点工作将大大提高对人员密集场所电梯的安全预警和应急处置能力。成立了北京市特种设备事故调查处理事务中心，制定了《北京市特种设备事故报告和调查处理办法》，通过加强与市安监、教育、旅游等部门合作，完善了政府、部门和重点行业、重点企业特种设备的安全责任体系。

（三）加强宏观管理，质监事业全面发展

大力推进首都标准化工作。组织研究并起草了《首都标准化战略研究报告》和《首都标准化发展战略纲要》。全年共批准发布涵盖我市经济社会各方面的地方标准108项，将管理规范转化为地方标准的需求强劲，标准化已经成为政府和部门管理社会的重要手段。完成了中关村科技园区高新技术产业国家级标准化示范区建设验收工作，中关村企业主导制订的40项标准获得了国家标准委授予的“中国标准创新贡献奖”，标准对产业的引领和促进作用明显增强，企业参与标准化活动的积极性、标准创制能力和水平显著提高。标准化管理工作取得的成效，为加快实施首都标准化战略奠定了理论和实践基础。

充分发挥计量、标准、合格评定等基础性工作，保障民生、服务发展。在节能减排方面，颁布了《在用汽油车稳态加载污染物排放限值及测量方法》等环保地方标准，规划建设大口径热量表检定装置，支持全市供热计量改革工作，组织开展能源计量检测服务、综合平衡测试服务和高耗能特种设备节能监管工作，提高了用能单位能源利用效率。在民生计量方面，印发了《市质监局推进诚信计量、建设和谐城乡行动计划（2010—2012）》，组织开展涉及民生的重点行业“诚信计量自我承诺”示范活动，对出租汽车计价器、商品过度包装开展计量专项整治，全面完成达标社区菜市场计价秤统配统管任务。

组织开展认证活动调研。完成了《中关村国家自主创新示范区企业认证现状与需求调研报告》，听取和征求了部分认证机构意见，为研究制定《认证和认证咨询机构发展规划》以及相关政策提供了重要依据。开展质量管理体系、食用农产品、有机产品获证企业的监督检查，对认证活动的有效性进行了评价。开展了质量、环境、职业健康安全、能源管理认证体系的培训，提高了企业对认证的认识和知识水平。

代码应用取得新成效。与北京大学合作，研究“代码应用与社会信用建设”课题，完成了《扩大组织机构代码应用领域，为企业创造良好的发展环境》的报告，明确了我市代码应用的重要意义、基本方法和主要任务。在中关村科技园区增设了中央在京企业代码登记业务，扩充了我市法人基

本信息库。积极与海淀区政府、金融界、司法部门合作和开展试点，为扩大应用领域建立我市企业信用体系积累了管理经验。与此同时，开展了质量信用构成要素的调查，应用组织机构代码基本信息，形成了质量信用体系的管理框架。

抢抓机遇，加快质监事业发展。积极争取国家质检总局和市有关部门的支持，通过扩宽渠道、整合资源和集中财力加大投入，国家汽车质量监督检验中心建设项目启动，食品、化妆品、家具及室内环境、纺织及皮革等一批国家质检中心顺利验收并投入运营，极大地提升了我市质量检测技术体系的科研水准和服务能力。经批准设立了中关村产品检测和质量认证服务中心，规划中关村国际标准大厦，承建中关村标准创制和认证公共服务平台，充分利用中关村国家创新示范区“1 + 6”平台的优惠政策，吸引国际国内标准、检测、合格评定等权威服务机构入驻，为企业全球创新提供符合国际规则的技术服务，彰显了质监部门的工作价值，引起了社会的强烈反响。

宣传工作有声有色，助力质监事业发展。紧密围绕重点工作和社会热点，在北京电视台开辟了《标准生活》、《放心消费》、《生活实验室》等系列节目，在北京广播电台开办“质量与生活”专题栏目，在《首都之窗》就百姓关心的民生问题开展高频率的“走进直播间”活动。同时，每月收集和研判社会热点及舆情动态，为管理决策提供服务，把握了质量监督工作舆论的主动性，提高了质监工作的社会认知度，为质监工作营造了良好的社会环境。

（四）积极促进区域协调发展

明确领导分工，加强调研，指导各区县局开展工作。各区县局围绕区县党委、政府中心工作，认真落实市局工作部署，全面加强食品、特设安全监管，积极发挥标准、计量、检测、认证促进区域经济科学发展的基础性作用，为全市区域经济协调发展做出了积极贡献。东城、西城质监局围绕首都功能核心区建设，全面推进城市公共服务标准化示范区建设，不断增强“四个服务”能力，为首都大型活动提供了强有力的保障；朝阳、石景山质监局围绕落实安全主体责任，加强特种设备安全监管力度；海淀质监局全力服务中关村自主创新科技园区建设；丰台、房山、大兴质监局、燕山分局和经济技术开发分局积极发挥质监职能，服务城南发展，促进城南地区转变经济发展方式；通州、门头沟、顺义、昌平、平谷、怀柔、密云、延庆远郊区县局围绕地域经济特点，创新工作方法，积极推进农业标准化基地建设、民生计量、质量安全监管，不断提升服务水平，有力地促进了本地特色经济的发展。

（五）加强内部管理，夯实管理基础

一是强化服务意识，推动职能转变。坚持每月召开分析会，听取12365热线、社会舆情、门户网站和行政许可窗口建设等工作汇报，有力地提升了各管理部门的服务能力；全面实施“16 + 1”窗口行政许可受理模式，目前，有70%的行政许事项在16个区县窗口受理，跨区县受理率达到20%，管理成效逐月提高；12365热线年受理服务咨询63918件、申诉1817件，为消费者挽回经济损失188.6万元，有效维护了消费者的合法权益；门户网站内容建设、政民互动和业务互动全面加强，政府信息公开时效性不断提高，去年被评为市级优秀政府网站。二是推进依法行政工作。针对执法层级多、主体多等问题，积极开展“实行扁平化管理，创新行政执法体系”的研究工作取得新进展。深入推行执法责任制，全年共查处案件1165起，其中结案立案案件962起。三是全面预算管理工作得到加强。ERP预算执行控制系统全面应用，实现了预算执行的关口前移和初步建立了决策支持分析系统；组织开展了对21个独立核算单位的内部审计，组织完成了全系统76个单位2009年度预算执行情况的自查和行政事业单位“小金库”专项治理回头看工作。四是信息化建设进展有序。启动了《食品和工业产品质量检验业务管理系统》（一期），正式上线运行《行政许可业务管理系统》、《绩效管理系统》和《移动执法系统》。五是加强干部队伍建设。落实市政府区划调整方案，稳妥地完成了四城区质监局机构编制的整合和人员安置，进一步优化了区县局的编制结构。2009年全年招录公务员14名，提拔处级干部36名，处级领导干部轮岗交流7名，组织了11个区县局副局长职位竞争上岗，选派局、处级后备干部到乡镇和企业等单位挂职锻炼10名；采取多种形式加强了教育培训，认真组织了干部选拔任用工作“四项监督制度”的学习贯彻；继续深化推进了绩效管理工作，建立了绩效管理信息化系统。

（六）党建工作和党风廉政建设进一步加强

按照中央和市委的部署，以“提升质监水平，服务首都发展”为活动主题，开展了创先争优活动。在党员中广泛开展学习、查摆问题和“创先争优，从我做起”的主题实践活动，营造争创氛围。新成立了9个基层党支部，基层组织建设得到加强。以党建带工团，召开了两年一度的共青团工作会议。举办了以“燃运动激情，兴质检文化”为主题的首都质检两局运动会，推动了大质检文化建设。

严格执行各项廉洁自律规定，从严管理，强化权力约束，完善监督机制，党风廉政建设工作取得成效。认真履行一岗双责，全面落实党风廉政建设责任制。积极推进政务公开工作，全面推进“阳光政务”。继续在全系统深入开展廉政风险防范管理工作，进一步完善了管理机制，对权力形成有效的监督和制约。认真落实质检系统行风建设“十不准”规定，公开做出政风行风承诺，树立“科学、公正、廉洁、高效”的行业形象。

“十一五”时期是首都经济社会发展取得巨大成就的五年，是北京质监历史上大事、喜事最集中、发展最快、贡献最大的五年。这五年里，在市委、市政府和国家质检总局的领导下，以十七大精神为指导，深入学习贯彻落实科学发展观，紧密围绕“人文北京、科技北京、绿色北京”战略构想，忠实履行“保障民生、服务发展”的部门职责。经过去年的又一次奋力拼搏，我们圆满完成“十一五”时期各项任务，实现了北京质监事业的跨越式发展。

在这五年里，我们圆满完成了市委、市政府交办的各项任务，共承担市政府重要实事任务10余项，市政府折子、新农村折子和大气污染治理等折子工程20余项。及时组织并妥善处置了河北三鹿奶粉三聚氰胺引发的重大食品安全事件，计量诚信工程建设、食品、特种设备等高风险产品的质量安全监管工作为首都的社会稳定做出了积极贡献。出色完成首都重大活动的保障任务，2007年由我局牵头负责的全市产品质量和食品安全专项整治工作受到了国务院检查组的充分肯定，为举办奥运会营造了良好的产品质量社会环境。在2008年奥运会和2009年国庆保障工作中，积极开展基于风险评估的监管活动，全面动员和充分发挥全系统干部职工的积极性、创造性，扎实开展监管和演练活动，有效合理调配管理资源，重大活动期间全市未发生特种设备、食品安全事故，连续创造了“焰火产品无事故，食品供应、质量双保障，特种设备无故障运行”的历史纪录。服务大局勇于创新，管理能力不断提高，及时总结奥运、国庆六十周年风险管理工作的成功经验，率先全面开展了质量监督风险研究和管理工作。大力推进首都标准化工作，促进了首都经济社会全面协调可持续发展。建设中关村标准检测认证公共服务平台和中关村国际标准大厦，推进中关村国家自主创新示范区建设。一批保障民生和服务首都经济发展的国家质检中心相继建设完成，首都技术检测体系实现跨越式提升。大力开展舆论宣传，营造质监事业发展的良好氛围。转变政府职能，建设服务型政府，实施了“16+1”服务窗口的行政许可管理新模式。自身建设进一步加强，建设和完成了财务ERP管理系统，预算编制和执行的管理水平得到提高；信息化水平不断提升，核心业务信息化覆盖率达90%以上；干部队伍建设进一步加强，建立了绩效考核评价体系。全面推进了党建工作和党风廉政建设，精神文明建设和文化建设取得显著成效。

“十一五”时期，通过广大干部职工的共同奋斗和努力拼搏，全市质监工作取得了历史性的成就。去年，市政府与国家质检总局签署了《关于推进北京质量首善之区建设的合作备忘录》，为全市质监事业发展带来了重大机遇，为促进中关村自主创新、加快首都世界城市建设增添了新动力。

大事记

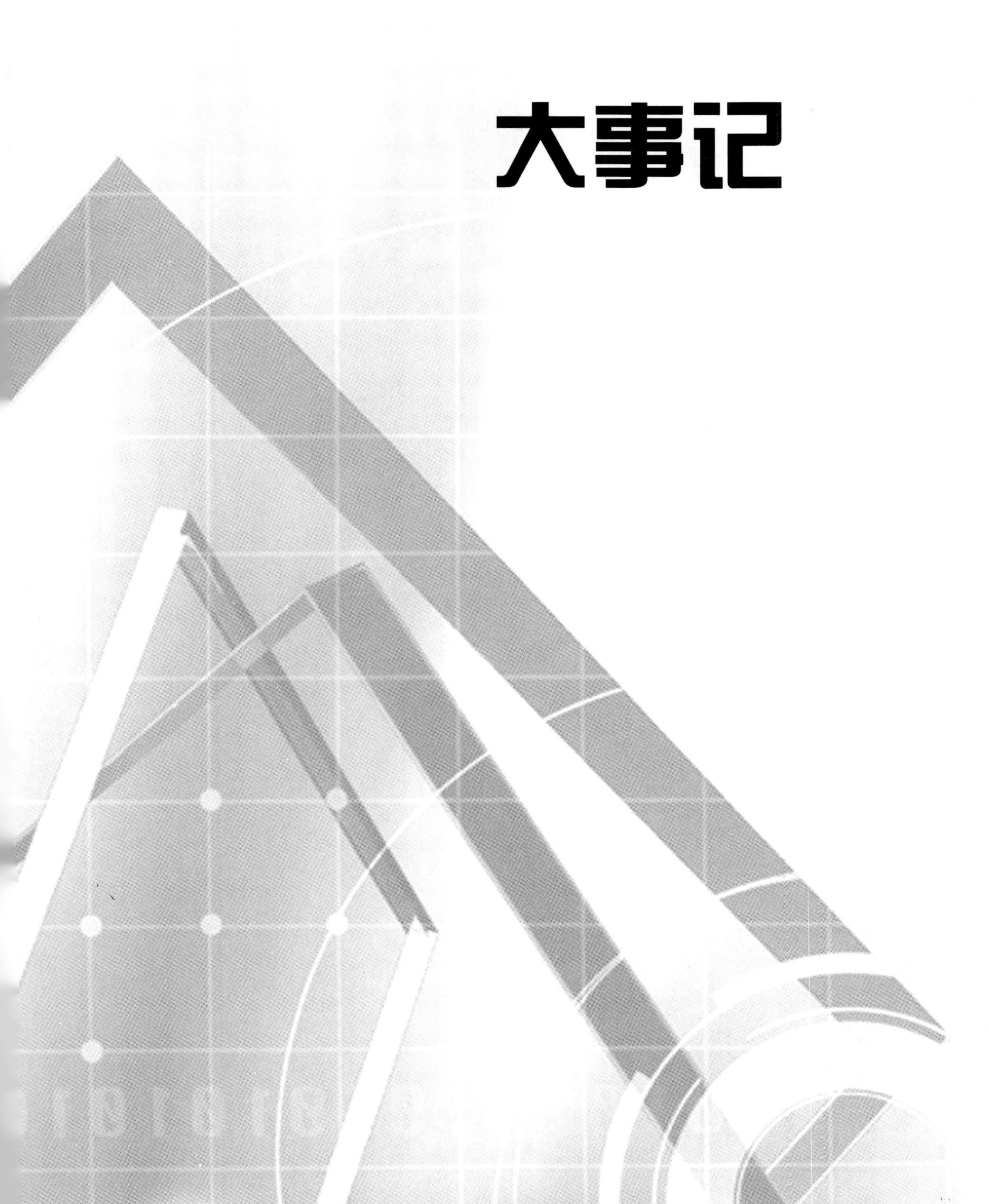

2010年北京市科学技术大事记

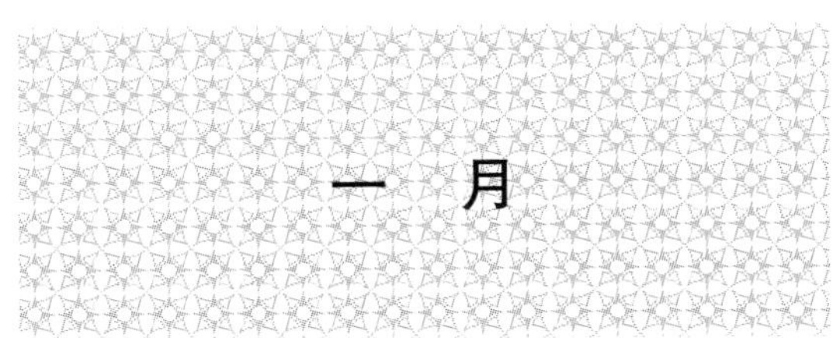

一　月

7日，市科委主任闫傲霜带队赴航天科工集团就落实2009年7月市政府与航天科工集团签署的战略合作框架性协议、推动项目在京落地和产业化进行了座谈。双方在生物医药、新能源汽车等领域达成开展研发和产业化合作意向。

8日，由市教委、市科委共同主办的北京青少年科技创新"雏鹰计划"全面启动，将首都丰富的科技成果，转化为面向中小学生的科技教育资源，促进科技成果进入中小学课程教学体系。

11日，中共中央、国务院在人民大会堂举行国家科学技术奖励大会。北京地区共有76个项目获得国家科学技术奖，占全国通用项目获奖总数的26.3%。

是日，电动车辆国家工程实验室落户北京理工大学，标志着电动车辆国家工程实验室正式落户北京。该实验室的主要功能定位是技术创新、测试检验、工程服务、人才培养和技术交流。

12日，市科委在新发地农产品批发市场开通了24小时农产品安全快速检测车。普析品牌农产品安全快速检测车率先在新发地农产品批发市场应用，对进出该批发市场的农产品实行24小时检测、追溯，保障农产品供应安全。

13日，"北京抗体药物研发平台启动仪式"在解放军总医院举行。市科委与解放军总医院就联合共建"北京细胞工程和抗体药物重点实验室"签署合作协议，将建设重点实验室和中试平台，在5年内研发成功系列抗体药物，推动北京抗体药物产业规模达到50亿—100亿元，使北京在短期内成为国内抗体药物研发及产业化中心。

是日，市科委联合中科院地理科学与资源研究所成立了"固废处理处置科技创新服务联盟"与"污染场地修复科技创新联盟"。固废联盟主要面向北京市急需解决的环境问题；污染场地联盟将为污染场地修复与资源持续利用提供技术支撑与解决方案。

14日，市科委邀请我国驻美、英、法、德、俄、印和欧盟等13个国家和地区的科技参赞对国家北京生物医药创新孵化基地和生物医药重点企业进行了调研考察，并就如何充分利用国际资源，促进"科技北京"建设与北京生物医药产业跨越发展听取建言献策。

20日，市科委与奥地利欧洲一体化和经济发展署（AEI）在人民大会堂签署全面科技合作协议，双方将通过互派科技人员、管理专家等高层次人员的交流与访问，共同组织会议和培训，联合开展研发和示范项目，共同组织展览、推介以及其他形式的活动等合作方式，促进双方间的技术转移和先进产品的应用推广。

是日，由市科委牵头，北京地区19家单位共同发起的"北京生产力促进服务联盟"成立，将围绕北京的功能定位，开展高质量、高水平、有针对性的产业促进服务工作。

21日，市政府副秘书长李福祥、戴卫在市政府召开有关部门和区县48个单位负责人参加的"科技北京"行动计划折子工程协调会，旨在加快推动"科技北京"建设，继续实施"科技北京"行动计划。

是日，"2010年北京技术市场工作会"召开。2010年北京技术市场技术合同成交额突破1200亿元，比上年增长20.35%，占全国的40.68%。

26日，北京市政府正式对外发布针对威胁北京市民健康的十大危险疾病的《首都十大危险疾病科技攻关与管理实施方案》。

是日，财政部、科技部、发展改革委、工信部四部委采取试点城市示范运营现场考察与汇报答辩相结合的形式，共同组织专家组在北京召开“节能与新能源汽车示范推广试点城市实施方案论证会”。

二　月

1日，市委、市政府召开“北京市科学技术奖励大会暨2010年北京市科技工作会议”，颁发了2008年度北京市科学技术奖励荣誉证书，总结回顾了2009年全市的科技工作，部署了2010年主要工作任务。

2日，“‘中国移动G3杯’暨第四届北京发明创新大赛”颁奖。大赛颁发发明创新奖100项，其中特等奖1项、金奖19项、银奖30项、铜奖50项；优秀发明奖483项；优秀专项奖10项。

3日，由市科委、市外办和市科协主办的“驻华科技外交官新春招待会”在北京国际饭店举行。来自英国、法国、俄罗斯、意大利、芬兰、以色列、罗马尼亚等60余国家、地区和国际组织的近130位驻华科技外交官以及市政府相关委办局、高科技企业、在京科研机构的代表共计360余人参加招待会。

8日，北京银行与市科委“全面推动‘科技北京’行动计划暨生物医药产业发展战略合作协议签约仪式”在北京银行大厦举行。北京银行将在未来3年内向市科委支持的优质企业和重点项目提供200亿元人民币意向性融资授信额度。

22日，市科委党组书记、副主任杨伟光受市政府的委托，向全国人大常委会科技创新专题调研组报告了近年来北京市贯彻落实《科技进步法》，推动科技创新的情况，为《科技进步法》的实施和国家“十二五”规划纲要编制提供参考依据。

20—24日，市科委主任闫傲霜率北京生物医药代表团出访埃及。代表团与埃方在疫苗、诊断试剂、医疗设备、医疗技术输出、人员培训与交流等方面达成了多个合作意向。

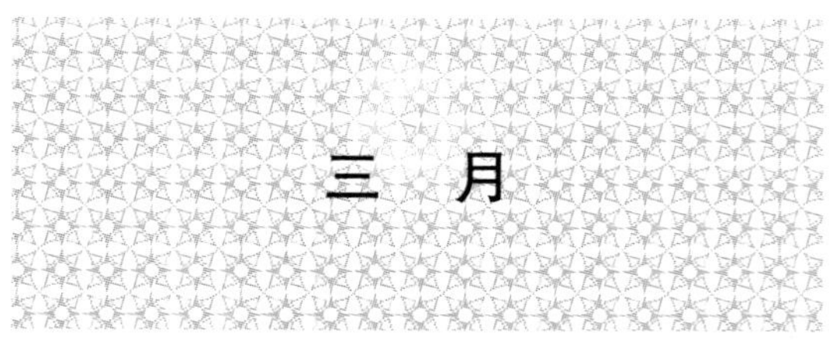

三　月

16日，科技部副部长张来武对北京农业科技园区进行调研考察，并与市科委、昌平区和顺义区科委负责人就国家现代农业科技发展建设的思路进行交流座谈。

18日，中科院与市政府院市合作工作会议举行。双方签署了中科院重大科技项目落户北京协议。市委书记刘淇，中科院党组书记、院长白春礼出席会议并讲话。市长郭金龙主持会议。

19—21日，由市科协、市教委、市科委、市知识产权局、通州区政府、北京青少年科学基金会主办的以“体验·创新·成长”为主题的“第30届安捷伦北京青少年科技创新大赛”落幕。大赛共评出554个项目奖，其中，一等奖95项，二等奖194项，三等奖265项。

22日，由北京发明协会、北京市职工技术协会主办的“‘中国移动G3杯’暨第五届北京发明创新大赛颁奖典礼”举行。经过专家评选和网上投票，在全国26个省市地区的1037项发明项目中，评选出特等奖1项，金奖19项，银奖30项，铜奖60项，优秀奖517项。

是日，由市科委科普专项经费资助、北京环之源文化传播中心策划制作、中央戏剧学院教师及有关专家共同编创，由毕业于中央戏剧学院的年轻演员演出的国内首部以低碳生活、节能减排为主题的科普话剧《幸福的烦恼》在北京大学百年纪念讲堂上演。

26日，由中国运载火箭技术研究院、市教委、市科委、市科协和丰台区政府共同创建，具有航天特色的校外教育机构“钱学森青少年航天科学院”在新落成的丰台区东高地青少年科技馆成立，将设立“钱学森青少年航天科学奖”和“培养人才贡献奖”。

28日，本市首个针对办公室人群的“科学健身个性化指导站”在市科委正式挂牌成立，为特定人群开展健康管理和健身指导提供示范。

31日，由市科委主办、北京生物工程学会和北京生物技术和新医药产业促进中心共同承办、以“生命科学和人类健康”为主题的“第十一届北京生命科学领域学术年会”在北京大学医学部逸夫楼召开。围绕“耐药性病原体”、“基因组医学、独立检测实验室与生物银行”、“技术转移”等生命科学前沿领域难题进行专题研讨。

四　月

1日，科技部与北京市政府举行了部市会商签字仪式暨第一次工作会议。市委书记刘淇，全国政协副主席、科技部部长万钢，市长郭金龙出席签字仪式和工作会议并讲话。万钢与郭金龙共同签署了《科学技术部 北京市人民政府工作会商制度议定书》。

9日，市科委举行北京仁创科技集团向西南旱灾地区捐赠100套价值3000万元的“仁创泉”砂基雨水利用系统仪式。该系统是专门为西南干旱地区“量身定制”的产品。

12日，市科委、中关村管委会举行“中关村生物医药国际论坛”，交流探讨全球生物医药领域的前沿技术发展、国际化合作和加快推进重大新药产业化等焦点、热点问题。

14日，致公党中央常务副主席王钦敏、杨邦杰，致公党北京市委主委李昭玲对北京科技园区建设发展情况进行调研视察。

15日，由市科委主办的主题为“转化医学：医疗资源整合与创新”的“第十届北京生命科学领域学术年会”在北京大学召开。

23日，市科委启动北京生物医药产业跨越发展工程（G20工程）。G20工程3年目标为北京生物医药产业整体规模（不含商业）将从现在的不到400亿元发展到1000亿元。

28日，国家发展改革委、市科委和中关村管委会共同支持的总投资1.2亿元的北京绿色金可生物技术股份有限公司“天然植物提取物多功能生产线”投入使用。这是G20工程启动后第一个重要的代工生产平台正式运行。

五　月

6日，由中国疾病预防控制中心、中国生物技术创新服务联盟与北京贝尔生物工程有限公司联合开发的EV71抗体（IgM）诊断试剂盒（酶联免疫法）和EV71抗体（IgG）诊断试剂盒（酶联免疫法），获得国家食品药品监督管理局颁发的生产文号，成为我国首个获批的EV71抗体诊断试剂盒。

7日，“北京市2010年科普工作联席会议”召开。会议研究讨论了全市科普工作要点和科技周活动方案。副市长苟仲文出席会议并作讲话。

16日，“2010年（第16届）北京科技周主场活动”在国家图书馆文津广场启动。其主题为“携手建设创新型国家——提高科学素质，参与低碳行动”。

18日，解放军总医院、市科委共同举行医院科技成果转化与合作洽谈会。双方签订了《科技成果产业化合作协议》，实现优势互补。

19日，由市科委主办的“第三届生物技术与农业峰会”在裕龙大酒店开幕。大力发展籽种产业，把北京建设成“农业硅谷，籽种之都”，成为峰会的主要议题。

21 日,北京科技大学“重点工程材料服役安全研究评价设施”暨国家材料服役安全科学中心项目在位于昌平的中关村国家工程技术创新基地奠基。市委书记刘淇出席奠基仪式。

是日,在市政府、市科委、市经信委、中关村管委会、昌平区政府的共同推动下,丹麦诺和诺德公司总部及其投资委员会通过决议,5 年投资 1 亿美元扩建其位于中关村生命科学园的全球研发中心。

22 日,由科技部、市科委共同主办的“国家科普能力建设北京论坛”在融金国际酒店举行。论坛围绕科技资源科普化、中国公民科学素质基准的意义和作用、政府如何最大限度地调动社会力量开展科普活动等内容进行主题演讲。

25 日,市科委、市妇联联合举行了“科技北京、妇女践行”——科技服务农家女推进活动。市科委为农家女们送去了系列科技服务“产品”。

5 月 28 日,由市总工会、市科委和市人力社保局共同主办的“北京市职工职业技能大赛”在首钢技师学校举行启动仪式。市委常委、市总工会主席梁伟,副市长苟仲文出席活动并讲话。

27—31 日,“第十三届科博会”在北京国际展览中心举行。市科委主办了“‘科技北京’建设成果展”。国务委员刘延东、市委书记刘淇、市长郭金龙等领导参观了市科委展区。

31 日,市科委、市委宣传部、市发展改革委、市教委、市财政局、市科协、市科研院等 7 部门联合发布《关于加强北京市科普能力建设的实施意见》(京科发[2010]268 号)。

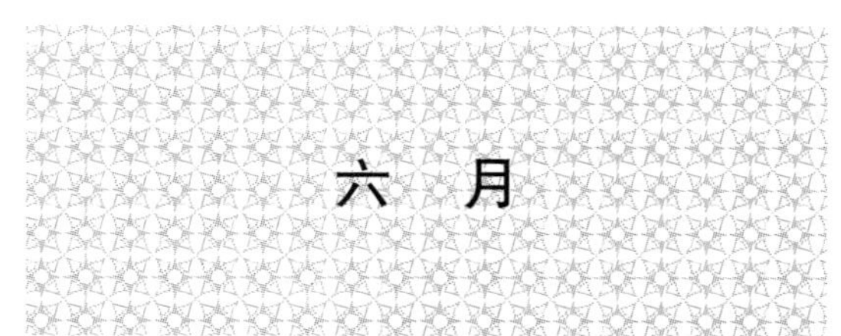

6 月 2 日,市委常委会审议通过《全面推进北京设计产业发展的工作方案》,在北京全面实施“首都设计创新提升计划”。

是日,市科委、中科院北京分院、怀柔区政府召开座谈会,总结了院市共建怀柔科教产业园一年来的进展情况,并就“院市合作高层座谈会”筹备工作进行了研讨。

4 日,由市科委与投资机构、规模企业、专业孵化器及园区等共同搭建的“生物医药领域成果转化与承接平台”正式启动。

5 日,由科技部、市科委、团市委、中国 21 世纪议程管理中心、中国可持续发展研究会主办的“低碳减排 · 青春同行”——科技青年志愿者走进北京可持续发展实验区活动在西城区什刹海街道启动。这是实验区工作机制创新的有效尝试。

7 日,在北京新发地国际绿色物流区举行“十区百社”签约仪式,来自 10 个郊区县的 10 家农产品销售代表与新发地国际绿色物流区签订了《北京十区百社入驻北京新发地国际绿色物流区合同》。

8 日,北京食品安全检测装备工程技术研究中心在平谷区正式揭牌启动。市科委将支持并重点建设仪器性能测试实验室、光学实验室、第三方检测实验室 3 个功能实验室,开展检测仪器性能测试与功能优化、光学仪器关键工艺、关键器件的研究。

25 日,由科技部、外交部和北京市共同主办的“欧洲国家驻华使节节能减排考察活动暨应对气候变化科技行动报告会”在京举行。全国政协副主席、科技部部长万钢、市委常委赵凤桐出席此次活动。

26 日,市科委、市农委、中关村管委会、海淀区政府、中关村发展集团与中国农科院共同签署了《首都农业高端发展“5 + 1”战略合作协议》。

29 日,市委书记刘淇、市长郭金龙共同为总建设面积达 6 万平方米的“中国设计交易市场”揭牌。中国设计交易市场将聚集 100 家以上的国内外著名设计机构和企业,推动北京设计服务业收入实现 1300 亿元。

七 月

1日，市科委召开“纪念建党89周年暨创先争优表彰大会”。会议宣布了中共北京市科委直属机关委员会关于表彰“群众心目中的好党员”的决定，表彰陈肖等13名同志获“群众心目中的好党员”荣誉称号。

14日，北京技术市场协会在国际饭店召开“北京技术市场协会第四届第一次常务理事会”。全国政协副主席、北京技术市场协会名誉理事长林文漪，市人大原主任、北京技术市场协会高级顾问张健民，市科委主任闫傲霜等领导出席会议。

是日，市科委与拉萨市科技局共建的“西藏植物种质资源收集实验室”正式揭牌，以保护西藏高原珍稀药用植物种质资源。

15日，北京有源显示工程技术研究中心在北京大学成立，将以低温多晶硅TFT有源有机显示核心技术为突破口，开发4英寸AMOLED显示屏样品和具有自主知识产权的TFT有源OLED显示屏关键核心技术。

30日，“北京—伦敦低碳经济技术研讨会”在京召开。市科委、英国伦敦发展署共同探讨未来经济的主流模式——“低碳产业模式”。

八 月

5日，“首都科技条件平台工业设计领域平台授牌暨中国工业设计联盟成立仪式”举行，由成员单位组成的中国工业设计技术服务联盟宣告成立。

8日，“中国首届3G应用人才创业创新大赛暨3G应用产业高峰论坛”在人民大会堂举行，启动了“企业无线互联网扶持平台”。“3G应用产业联盟”、“无线互联网知识产权保护联盟”和“3G就业联盟”同时揭牌。

16日，科技部与市政府在京举行“共建国家现代农业科技城签约仪式”。市委书记刘淇，市长郭金龙出席签约仪式。

17日，由北大方正、北人印刷、印刷学院、中科院化学所等17家北京地区的印刷企业、科研院所、高校共同发起的“北京绿色印刷产业技术创新联盟”成立。中科纳新印刷技术有限公司等5家单位共同签署了绿色制版技术产业化战略合作协议。北大方正电子公司等4家单位共同签署了数字喷墨印刷技术产业化战略合作协议。

25日，市科委、丰台区政府、科技部农村中心共同启动了“国家现代农业科技城——新发地国际绿色物流区建设工程”，建立全程检测和追溯管理体系，开展“一站式”服务和电子交易，实行IC卡会员管理和交易结算。副市长夏占义出席启动仪式并讲话。

九 月

12日，北京生物医药产业顾问会在京正式成立，顾问会设9位成员，每年召开3—4次会议，与市长及相关委办局领导就具体议题进行探讨，提出建设性意见和建议。副市长苟仲文出席会议并讲话。

25日，由市科委、市旅游局主办，北京科普基地联盟承办，东城区科委、西城区科委等16个区县科委协办的首届“北京科技旅游月”活动拉开帷幕。市、区县两级科技主管部门与旅游行业的有关部门首次主动融合推出了具有丰富科技内涵的旅游活动。

十 月

25 日，由市科委和国家重大新药创制重大专项实施管理办公室主办的“第十四届北京国际生物医药产业发展论坛”开幕。市委常委赵凤桐、副市长苟仲文等领导出席论坛开幕式。

26 日，“中央企业院校重大科技成果在京转化落地项目签约仪式”举行，集中推介来自中科院、中央转制院所、9 个国防科技工业集团公司、高校及其他在京中央企业的 25 个正在实施的科技成果转化项目落地北京，4 个科技成果承接与转化平台揭牌，首批认定 12 个北京市工程技术中心和重点实验室。市委书记刘淇、市长郭金龙等领导出席签约仪式。

27 日，我国首颗由企业自主运行的高性能对地观测卫星——“北京一号”小卫星圆满完成 5 年设计寿命期内各项任务，进入超期服役期。5 年来，“北京一号”小卫星已获取全球 8.03 亿平方千米的遥感数据。

十一月

5—7 日，由市科委、北京大学、清华大学共同主办的“2010（第五届）动力锂离子电池技术及产业发展国际论坛”召开。论坛主题为“长寿命的动力及储能锂离子电池”。

18 日，“2010 年中国创新设计红星奖颁奖典礼”在北京展览馆举行。来自英国、德国、澳大利亚、美国、韩国、日本等 14 个国家及国内 26 个省市地区的 106 家企业 196 件产品获奖，其中 9 项金奖，10 项最具创意奖，177 项红星奖及 1 项最佳团队奖和 1 项最佳新人奖。

十二月

1 日，由市科委、科技部中国农村技术开发中心、科技部火炬中心、英国外交部科学与创新网络、中英科技创新计划联合主办的“中英现代农业技术转移合作论坛”在京伦饭店举行。市科委与英国国际应用生物科学中心就开展技术交流合作、搭建交流平台、共享信息等方面签署战略合作协议。

2 日，由市科委持续 7 年支持的“基于通信的列车控制系统（CBTC）”取得了突破性的进展，已在轨道交通亦庄线得到示范应用，从调试运行 5 个月的结果显示安全可靠。

5 日，市科委主持召开“首都重大疾病防治科技创新高峰论坛”。副市长苟仲文参加会议并讲话。会议以“融合、创新——科技打造健康城市”为主题，就重大疾病科技发展战略、科技创新与重大传染病防控、科技创新与重大慢病管理、重大疾病面临的科研共性问题及中药十病十药等 5 大专题进行交流与探讨。

24 日，国家 I 类新药“手足口病 EV71 型疫苗的研制”项目取得重大突破。该疫苗获得国家食品药品监督管理局签发的临床研究批件，成为全球首批获准开展临床实验研究的 EV71 型灭活疫苗。

科技管理与服务

综合管理

【中国技术转移机制创新与环境建设研讨会召开】 1月8日，由科技部火炬中心、中国技术市场协会、市科委等单位联合主办的“第二届中国技术转移机制创新与环境建设研讨会”召开。与会技术转移行业专家和代表交流了工作经验。市科委技术交易促进中心在会上作了题为《探索联盟组织创新，打造技术转移品牌》的主题报告。

（技术交易中心）

【海淀区成为首批国家创新型试点城市（区）】 1月10日，在科技部召开的全国科技工作会议上，为北京市海淀区等20个国家创新型试点城市（区）授牌。海淀区是中关村国家自主创新示范区核心区，也是实施“科技北京”行动计划、建设“人文北京，科技北京，绿色北京”的重点区域，在发展战略定位、创新能力提升、创新资源集聚、高新技术产业化、创新人才队伍建设、创新环境优化等方面具有良好的基础和鲜明的特色，并积累了通过体制机制创新推动发展的宝贵经验。

（法规处　高新处）

【北京生产力促进服务联盟成立】 1月20日，“北京生产力促进服务联盟”成立，旨在加快北京地区生产力促进中心创新服务体系的健康快速发展。科技部高新司巡视员耿战修和市科委主任闫傲霜共同为联盟揭牌。市科委、市发展改革委、市经信委、市知识产权局、中关村管委会等有关部门领导、各区县科委、北京地区生产力促进中心、市科委有关直属中心、北京科技咨询业协会会员单位、中关村协会联席会部分会员单位、部分高校科技处以及相关科技中介机构的代表共200多人出席了本次联盟成立大会。生产力联盟是在科技部的大力支持下，由市科委牵头，北京地区的19家单位共同倡议发起成立的。生产力联盟旨在整合、集聚北京地区生产力促进中心和专业化科技中介服务机构的优势服务资源，搭建一个更加有效的北京生产力促进服务体系工作平台。

（高新处　生产力中心）

【“科技北京 成就未来——2010首都科技盛典”举行】 1月23日，由市委宣传部和市科委共同主办，北京科技协作中心承办的主题为“科技北京成就未来”的“2010首都科技盛典”活动在北京电视台1000平方米演播厅举行。全国政协副主席林文漪、市委常委赵凤桐、副市长苟仲文，市科委、市广电局、市教委及市发展改革委和市财政局等相关委办局的领导及60余家中央在京科研院所的领导和科技人员300余人出席了此次盛典活动。盛典活动在《科技的力量》的开场短片中拉开帷幕，戚发轫、闵恩泽、贺福初等10余位科学家作为为科技事业发展作出突出贡献的“科技英雄”代表从幕后走向台前，通过主持人讲述、播放电视短片、现场采访等形式向在座的领导和科技人员介绍他们的事迹，展现出这些科学家甘于奉献的人生态度、勇于创新的科学精神和不为人知的真实生活。其特别之处是被采访嘉宾不仅是代表个人，更重要的是代表了一大批优秀的科研集体和科研人员，通过嘉宾的真实故事折射和展现出中央在京科研院所60年发展、奋斗和辉煌的历程，歌颂科技人坚持真理、不懈追求的人格魅力和非凡气质，展现央地科技界互促互助的团结协作精神。

（协作中心）

【推进首都世界城市建设，积极鼓励跨国公司在京设立科技研发机构】 1月25日，北京三星通信技术研究有限公司再次通过北京市科技研发机构认定。市科委积极鼓励跨国集团公司在京设立科技研究开发机构，集聚国际研发资源，支持国内科研机构和企业与跨国集团公司开展国际科技合作，推进首都世界城市建设，进一步提升首都国际化水平。

（法规处）

【市科委闫傲霜主任到北京机床研究所调研】 1月28日，市科委主任闫傲霜率科委有关处室负责人，对北京机床研究所（集团）所属的北京精密机电有限公司(北京精密公司)、北京精密天工滚珠丝杠股份有限公司(北京天工公司)、北京工研精机股份有限公司(北京工研公司)进行了现场调研。随后,闫傲霜一行赴顺义天竺空港工业开发区的北京工研精机股份有限公司进行调研。闫傲霜在调研过程中对机床所近几年的发展、技术实力给予充分肯定,向机床所的全体干部职工和离退休人员表示了亲切慰问。同时指出,北京机床研究所要紧紧抓住本市发展高端制造业的大好机遇,加快发展在重大项目产业化和推进本市汽车产业发展等方面作出新的贡献。

(法规处)

【北京市科学技术奖励大会召开】 2月1日,"北京市科学技术奖励大会暨2010年北京市科技工作会议"召开。市委书记刘淇、市长郭金龙等领导向获得2009年度北京市科学技术奖励的代表颁发荣誉证书。奖励大会结束后,2010年北京市科技工作会议随即召开。市科委主任闫傲霜在会上作了科技工作报告。闫傲霜指出,今年全市科技工作要着重抓好以下六个方面的工作:一是加强首都科技发展战略研究,深化科技管理体制机制改革。二是全面推进中关村国家自主创新示范区建设,充分发挥示范带动效应。三是推动一批科技成果研发和产业化,建设一批科技产业化基地,加快培育一批新兴产业。四是解决民生关键问题,推动科技成果惠及民生。五是集成政府资源,营造有利于自主创新和成果转化的良好环境。六是转变政府职能,提高科技管理的科学化水平。

(技术交易中心)

【北京市科技法制工作研讨会召开】 3月2日,市科委、市政府法制办共同召开了"北京市科技法制工作研讨会"。市科委副主任朱世龙、市政府法制办副主任王荣梅等领导到会并听取了汇报。市科委科技宣传与软科学处、北京技术市场管理办公室、北京市实验动物管理办公室和北京市科学技术奖励工作办公室等部门负责人,分别就《北京市科学技术普及条例》、《北京市技术市场条例》、《北京市实验动物管理条例》以及《北京市科学技术奖励办法》的执行及法规清理工作情况作了汇报。

(法规处)

【市科委举办"市科委系统信息工作培训会"】 3月26日,为进一步加强信息队伍建设,市科委举办了"市科委系统信息工作培训会"。市科委各处室、直属单位的信息员50余人参加了培训会。培训会上,市委办公厅围绕全市工作大局,就信息工作的基本特点、《北京信息》刊物调整等情况作了介绍,提出新形势下信息工作的要求:①研究信息需求要突出首都特性;②发挥信息资源优势进一步把握大局;③在全球视野下不断优化信息结构;④把握信息报送时机创一流工作标准。市政府办公厅针对如何撰写、报送信息以及编写信息过程中应注意的问题作了解释。

(办公室)

【市科委紧急部署支援青海地震灾区工作】 4月14日,在青海玉树地震发生后,市科委立即组织二十一世纪空间技术应用股份有限公司等企业,应用"北京一号"小卫星,紧急处理完成玉树地震遥感影像图,并快速上报国家有关部门高质量地震遥感影像图,及时为青海玉树地震抗震救灾提供空间信息支撑。下一步,市科委将积极动员和组织首都高科技企业根据灾区的实际需求,发挥北京市高科技企业优势,积极为抗震救灾工作作贡献。

(办公室)

【"院市科技合作"工作小组召开第二次座谈会】 5月7日,市科委与中科院北京分院召开"院市科技合作"工作小组第二次座谈会,听取院市科技合作重点项目进展情况并就下一步工作作出部署。院市科技合作工作小组组长、市科委主任闫傲霜,工作小组副组长、中科院北京分院副院长马扬出席会议并讲话。闫傲霜在讲话中充分肯定了"纳米纤维动力锂离子电池隔膜项目产业化"等3个项目的进展情况汇报,指出要按照工程建设的工作方式,扎实推进院市科技合作重大项目,争取早出实效。她还指出,科技经费支持研发、中试、产业化各阶段,特别强调要在自主创新和成果转化两个方面取得突破。市科委办公室、重大专项办、条件财务处、先进制造与自动化处、科技宣传与软科学处负责人,中科院北京分院科技合作处、中科院理化技术研究所、电工研究所、计算机网络信息中心等单位相关人员出席会议。

(法规处)

【市科委机关党支部举行“科技政策进企业”亦庄行动】 5月7日,按照市科委“双百对接”活动总体部署,市科委机关第二党支部会同北京经济技术开发区科技局党支部、北京法盾知识产权保护中心党支部,针对开发区的企业举办“科技政策进企业”亦庄行动,开展“一企一策”、“政策面对面”、“一对一”帮扶活动,帮助开发区企业用好、用足现有科技政策,更好促进企业开展科技创新活动,加快建立企业为主体、市场为导向、产学研相结合的技术创新体系。下一步,“科技政策进企业行动”将在“三进两促”活动中,围绕企业需求,会同区县、科技园区等部门,针对北京重点产业和战略性新兴产业,继续加大政策进企业的工作力度。

(法规处)

【“设计之都”参展第十三届中国北京国际科技产业博览会】 5月27—31日,第十三届中国北京国际科技产业博览会在中国国际展览中心举行。市委书记刘淇,市科委主任闫傲霜等领导出席开幕式并参观“设计之都”展区。“设计之都”展区以“设计在北京”为主题,分为设计创意产业基地、CDM中国设计交易市场、中国创新设计红星奖和人才涵养四个部分,体现了北京设计业推进“科技北京”建设和产业集聚发展的卓越成果以及设计在城市建设、科技成果转化和企业自主创新的广泛应用。

(工业设计中心)

【市委常委会通过《全面推进设计产业发展工作方案》】 6月2日,中共北京市委召开第144次常委会,市委书记刘淇等领导听取了关于编制《全面推进设计产业发展工作方案》情况的汇报。会议要求,要大力扶持中小企业,聚集高端人才,培育适宜创意设计业发展、自由设计师成长的土壤;积极组建设计产业技术创新联盟,推进产业聚集区建设,加强国际间合作交流,努力与国际设计产业接轨。要把设计产业发展纳入“十二五”规划,切实发挥设计产业作为高端生产性服务业的引领作用,加快推进产业结构调整升级与经济发展方式转变,努力将北京建设成世界设计之都,使之成为首都世界城市的显著标志。

(工业设计中心)

【首都科技条件平台走进中关村科技园区昌平园】 6月10日,市科委条件财务处、北京市可持续发展科技促进中心、昌平区科委共同召开“首都科技条件平台走进中关村科技园昌平园”会议。市科委纪检书记李京瑞出席会议并作讲话,昌平区副区长方炎一并出席。市科委、昌平区科委,中关村科技园区昌平园,北京市可持续发展科技促进中心,首都科技条件平台6大领域平台以及相关基地,昌平区10家科技企业参加会议。中关村科技园区昌平园管委会和首都科技条件平台能源环保领域平台服务单位——北京市可持续发展科技促进中心签署了业务合作协议,分别提供企业科技需求信息和供需对接服务。

(条财处　可持续中心)

【北京市科委举办2010年第一期依法行政培训】 6月24—25日,市科委在昌平区举行“2010年第一期北京市科委依法行政培训班”。市科委副主任朱世龙到会并作讲话。本次培训班邀请了北京大学法学院王锡锌教授、中国人民大学法学院李元起教授和国家行政学院法学部宋功德教授,分别就“当前行政法治建设基本问题”、“法治行政理念”和“行政诉讼与国家赔偿”等问题作了讲解。市科委各处室和直属单位工作人员、市科技行政执法人员近120人参加了培训。

(法规处)

【CDM中国设计交易市场揭牌仪式】 6月29日,是世界工业设计日,市委书记刘淇,市长郭金龙,副市长、市委宣传部部长蔡赴朝等领导共同为CDM中国设计交易市场揭牌。CDM中国设计交易市场由市科委、西城区政府共同建设,北京工业设计促进中心负责实施。这是国内设立的首家设计交易市场,将包括设计交易所、中国创新设计红星奖博物馆、设计招商区、品牌机构入驻区四部分内容，为工业设计、软件设计、建筑环境设计、工程设计、平面设计、工艺美术设计、服饰设计、咨询策划等领域企业提供国际设计信息、一站式交易、互动体验、数据库共享、项目投融资等服务，形成“交易＋展示＋企业”的聚集格局。

（工业设计中心）

【北京技术市场协会第四届第一次常务理事会召开】 7月14日，北京技术市场协会在京召开了北京技术市场协会第四届第一次常务理事会。全国政协副主席、北京技术市场协会名誉理事长林文漪，市人大原主任、北京技术市场协会高级顾问张健民，市科委主任闫傲霜，中国技术市场协会常务副会长吕士良等领导及30余位来自大专院校、科研院所、技术中介组织和企业的常务理事代表出席会议。在国家相关部门和北京市政府的领导下，在市科委和北京技术市场管理办公室的努力下，北京市已形成了一个逐步完善的技术市场管理体系，并不断推动科技成果转化体系的形成和完善。

（技术市场办）

【市科委主任闫傲霜调研首都科技成果产业化公共服务平台】 8月30日，市科委主任闫傲霜、市科委委员刘晖来到首都科技成果产业化公共服务平台调研。对于平台前期的筹备工作闫傲霜表示肯定，对平台下一步的正式运营，闫傲霜指出，科技成果产业化是当前科技工作中的一项重要内容，在新形势下搭建一个公共服务平台，进行科技成果产业化新机制、新模式的探索，意义十分重大，希望平台今后能够在凝聚首都科技资源、推动科技成果产业化、促进首都产业发展上积极探索，在技术转移、军工院所技术托管的服务创新上再下工夫，并抓出实效。首都科技成果产业化公共服务平台是在市科委领导下，由北京科技协作中心主办的面向全社会开展科技成果产业化服务的公益性科技服务机构。平台自启动建设以来，市科委领导高度重视，多次进行工作指导。此次平台试运营之际，闫傲箱等领导莅临指导，对鼓舞平台工作人员士气、推动平台破冰远航意义重大。

（协作中心）

【市科委组织区县科技专项座谈会】 9月16日，由市科委主办，北京生产力促进中心协办的区县科技专项座谈会在昌平区召开。市科委党组书记、副主任杨伟光等领导参加了座谈会。会议对区县专项实施以来的工作进行了梳理，提出了今后的工作方向。杨伟光指出，各区县要主动出击、市区互动、形成合力，区县联动，解决共性问题。更好的发挥区县专项的杠杆和引领作用，提升区县科技服务能力，同时更大程度发挥区县科技经费的支撑作用。

（生产力中心）

【设计产业与首都经济发展论坛】 9月19日，由市科委、市科协主办，北京工业设计促进中心、海淀区科委、海淀区科协协办的“设计产业与首都经济发展论坛”在京召开，市委常委、海淀区委书记赵凤桐等领导出席了论坛。本次论坛围绕“设计产业与城市建设”、“设计产业与结构调整”和“设计产业与自主创新”三个议题，就科学认识设计产业、延伸首都产业结构调整的深度和广度等进行探讨。

（工业设计中心）

【首都科技成果产业化公共服务平台正式启动】 9月25日，首都科技成果产业化公共服务平台正式启动运营，这是市科委面对新形势探索、推动首都科技成果转化工作的又一项重要举措。市科委党组书记杨伟光出席启动仪式，为平台揭幕并作讲话。首都科技成果产业化公共服务平台是在市科委推动下，由北京科技协作中心主办的面向全社会开展科技成果产业化服务的公益性服务平台。平台建设遵循“开放协作，聚集共享，融合创新，全面辐射”的原则，面向包括中央在京科研单位、高等院校和驻京部队科研单位在内的社会各类主体的科技成果产业化需求，提供全流程、全要素服务。平台通过有效沟通，实现对需求的最大汇集；通过开放式服务，实现以首都科技服务资源为基础的公共服务能力的拓展与提升；通过对各类要素的集成与合理配置，实现要素的有效融合与技术、产品和服务创新；通过对科技成果产业化各环节的服务构建，实现对科技成果产业化全过程的服务跟踪；通过与各省市和国外机构的合作，实现平台对技术、产品和服务的多维辐射功能；通过对科技服务体制和机制的完善，推动全社会对首都科技资源的共享。会上，北京科技协作中心分别与总后勤部军需装备研究所、北京产权交易所、北京银行、交通银行签署了服务合作协议。来自中央在京科研单位、高等院校和驻京部队科研单位以及服务机构、合作单位的代表70余人参加了启动仪式。

（协作中心）

【全国政协副主席、台盟中央主席林文漪调研北京DRC工业设计创意产业基地】 10月28日，全国政协副主席、台盟中央主席林文漪在副市长苟仲文、市科委主任闫傲霜陪同下莅临北京DRC工业设计创意产业基地，围绕北京设计产业发展状况进行调研指导。闫傲霜介绍了北京设计产业发展状况及申都工作进展情况，林文漪对申都工作给予了肯定，并指出北京加快设计产业发展具备良好的基础。

（工业设计中心）

【市科委组织区县科技专项课题集中验收】 11月27日，北京生产力促进中心召开“北京市科委区县科技专项课题验收会”，对东城区科委、海淀区科委、大兴区科委等6个区县科委承担的2009年区县科技专项课题进行了验收。集中验收主要侧重于课题完成情况、提升区县科技服务能力的效果等五个方面的考查。各课题承担单位较好地完成了课题任务书规定的各项考核指标，全部通过专家验收。

（生产力中心）

【2010中国农业科技与经济高层论坛举行】 12月7—8日，由北京技术市场管理办公室、中国农科院技术转移中心主办的“2010中国农业科技与经济高层论坛”在京举行。来自国内众多研究院所、高校、企业和金融机构的代表600多人出席了会议。农业部、科技部、市科委、市农委、中关村管委会等单位领导向北京大北农科技集团股份公司、北京奥瑞金种业股份有限公司等12家企业颁发了由中国农业科学院推

出的“2009—2010 重大农业科技产业化进步奖”。本次论坛在全国率先实现了将科技、信息、金融、产业、市场有效对接。由中国农科院等 12 家机构(2 家境外机构)发起设立“中农发展创业投资基金”,已筹集人民币 15 亿元。此项基金的设立,有利于吸引更多社会资本进入,并在资本市场上运作农业科技项目,引领传统农业走融合发展之路,加速农业发展方式的转变,提高农业科技自主创新能力的提升。

(技术市场办)

【首都创新创业孵化体系建设日趋完善】 12 月,市科委创新环境及服务体系建设专项“创业孵化体系建设”课题获批立项,共对 26 家孵化机构给予支持,支持金额达 970 万元,“创业孵化体系建设”课题的实施将进一步提升北京市孵化机构专业服务能力,服务中小科技企业的创新创业。年底,市科委联合相关市属委办局发布《北京市关于进一步加强科技孵化体系建设的若干意见》,根据《意见》精神,市科委认定 20 家北京市高新技术产业专业孵化基地,进一步提升了孵化机构为科技初创企业提供深层次服务的水平,有力支撑了首都战略性新兴产业支柱地位的形成。

(创业中心)

【首都科技成果产业化公共服务平台试点工作效果显著】 年内,为确保首都科技成果产业化公共服务平台的建设和运行能够适应科技成果转化需求,北京科技协作中心先后组织了两批服务试点工作。首批选择了 20 家科研单位、企业和 3 家服务机构,在预先征求企业需求后,由北京科技协作中心牵头与服务机构对接。试点工作重点围绕技术专利趋势分析、专利保护区域现状分析、知识产权保护策略分析及成熟技术的市场化等方面进行。其中,中科院微电子研究所通过对自有等离子技术的专利分析,掌握了世界各国对该技术的研发热点和保护现状,对该所在等离子技术领域迅速发展及在国内提前布局奠定了基础;中科院计算机研究所则通过委托代理机构,为其 AVS 视频编码解决方案寻求到了需方企业,并签订了技术许可合同。第二批试点选择了 10 家生物医药领域企业,重点针对当前我国生物医药产业如何增强知识产权保护风险意识;为企业提供科技成果产业化前专利分析、预警分析、知识产权评估、知识产权权属明晰及界定等专业服务;降低企业科技成果产业化风险,提升科技成果转化效率;完善企业科技成果产业化工作机制等方面进行试点。

(协作中心)

【软科学研究课题征集和立项组织】 年内,围绕“科技北京”行动计划、北京市科技发展战略布局和重大专项、促进科技主管部门管理的规范化和科学化、科技引领区县经济发展和产业升级、科技引领企业技术创新和新兴产业发展等一系列工作的深入开展,市科委共计向社会、委内各专业处室和中心征集选题 56 项,支持经费 1135 万元。

(创业中心)

【北京地区实验动物质量抽检】 年内,市实验动物管理办公室组织实验动物质量检测机构人员对北京地区 20 家实验动物生产许可单位的 46 个种群进行质量抽检(上半年、下半年各 1 次),检查动物种类包括清洁级、SPF 级大鼠和小鼠,普通级豚鼠、兔、犬、猴等 15 个品系,共 760 只实验动物。全年监测结果显示:清洁级以上合格率达到 99.5%,普通级合格率达到 98.5%,其中,有 3 家单位的 2 个品种的小鼠和豚鼠不合格。

(实验动物管理办公室)

【实验动物政策法规宣传及专业技术培训】 年内,市实验动物管理办公室针对执法人员、实验动物质量监督员及从业人员举办 60 期培训班,培训内容涉及依法行政、法律法规、标准规范、专用技术和基础知识。其中,组织实验动物从业人员上岗培训班 45 个,经过行业协会考核,有 3883 名从业人员通过考试,领取了北京市实验动物从业人员上岗证,北京市实验动物从业人员达到 23827 人;组织上岗证换证培训 6 次,培训 74 人;组织 2 期实验动物屏障设施运行管理培训,培训管理干部 36 人;组织 2 期实验动物许可证现场评审标准培训，培训许可单位骨干146人；组织2次设施建设与许可流程培训，培训技术人员118人；组织伦理委员会委员培训1次，参加人数56人；组织心血管疾病动物模型制作技术培训1次，培训10人；组织单位主管领导法规培训1期，170位单位主管领导参加了培训。

（实验动物管理办公室）

【北京市研究开发高层建筑消防救援装备】 年内，市科委支持北京三一重机有限公司开展了高层建筑灭火水源供给装备和超长臂架消防车的研制。高层建筑灭火水源供给装备的实际应用推广，将解决超高层建筑灭火水源供给的世界难题；超长臂架消防车将打破国外的长期垄断，彰显中国制造水平。三一公司将与北京市消防局进行产品实际使用，形成高层建筑消防救援装备示范。

（生产力中心）

【北京成立汽车与装备轻量化技术研发基地】 年内，“汽车与装备轻量化技术研发基地”作为北京市4个产业基地中唯一由央企牵头的研究机构，落户机械科学研究总院。市科委支持机械科学研究总院围绕北汽福田等企业对轻量化技术的要求，开展超高强钢热冲压及应用技术、关键设备的研发工作，打破了国外技术封锁，达到了国际先进水平；为北汽福田建立了生产试验线，完成了2种汽车超高强钢典型件试制及应用；建立了超高强钢热成形及应用技术研发基地，为成立“超高强钢热成形工程研究中心”作好条件准备。

（生产力中心）

【推荐国际科技合作基地搭建高端国际合作平台】 年内，为推动搭建高端国际合作平台，进一步发挥国际科技合作对北京市相关产业的辐射和示范带动作用，全面支撑科技北京行动计划的实施和北京重点产业发展的需求，生产力促进中心开展了推荐科技部2011年度国际科技合作基地的征集及评审工作，向科技部推荐7个国际科技合作基地以备选录。

（生产力中心）

计划实施

【市科委主任闫傲霜赴航天科工集团调研，双方就重点领域合作达成初步意见】 1月7日，市科委主任闫傲霜带队赴航天科工集团，就落实2009年市政府与航天科工集团签署的战略合作框架性协议、推动项目在京落地和产业化进行了座谈。航天科工集团介绍了在信息技术、装备制造、节能环保等产业中已具有一定基础和市场规模的项目，并提出相关项目产业化进展过程中需要协调解决的问题，双方进行了深入沟通。航天科工集团在安全防务、信息技术、装备制造等领域具有技术优势和一定产业基础。市科委主任闫傲霜提出，希望在新能源汽车、生物医药、装备制造等领域与科工集团开展合作，推动军民融合产品的产业化，扩大已具有一定基础的民品产业化规模，对符合首都产业发展导向的产业化项目在资金、政府采购等方面给予支持，促进相关科技成果优先在京转化和产业化。航天科工集团表示，希望建立定期沟通协商机制，协调项目中的重大事项，共同推动重大成果在京落地、产业化。最后双方在生物医药、新能源汽车等领域达成开展研发和产业化合作意向，明确由市科委重大办与航天科工集团经济合作部进行合作沟通协商相关事宜的联络，并准备进一步签署合作协议。

（重大办）

【积极开展对接工作，着力落实“院市科技合作”】 2月10日，市科委发展计划处、政策法规与体制改革处，北京市可持续发展科技促进中心赴中科院工程热物理所就“开展低碳技术研发暨可再生能源示范基地”项目进行调研。中科院电工所、中科院北京分院科技合作处、北京国家技术转移中心等单位的专家和负责人一起参加调研。中科院工程热物理所徐建中院士详细介绍了低碳经济有关发展情况。市科委发展计划处、政策法规与体制改革处就“低碳技术研究机构”建设构想提出建设性意见。同时,还就“可再生能源综合示范基地建设”、“国家级智能电网示范城市建设”等项目情况与专家们进行沟通和交流,共同推进中科院重大项目落地北京工作,推动首都经济社会又好又快发展。

(计划处　政策法规处)

【首都科技条件平台“十二五”规划研讨会召开】　3月11日,首都科技条件平台召开了“十二五”规划研讨会,科技部平台中心、北京市政府研究室、《科技日报》、市科委等单位的领导及研究人员共50余人参加了会议。软件中心向与会人员介绍了首都科技条件平台“十二五”规划纲要。会议系统研究了首都条件平台“十二五”规划的框架设计,讨论了平台的未来发展方向以及到2015年的重点工作。

(技术交易中心)

【区县启动信服通示范工程】　4月29日,“辐射区县的科技中介服务体系建设研讨会”在北京技术交易促进中心召开。密云、房山、通州、延庆、怀柔5个区县科委的相关领导参加了会议,宣布农业技术转移信服通示范工程2010年的建设工作正式启动。为了进一步推进辐射区县的科技中介服务体系建设工作,2010年,计划在密云、房山、通州、延庆、怀柔等区县深化实施农业技术转移信服通示范工程。

(技术交易中心)

【北京市R&D清查办成员单位数据评估会议召开】　5月17日,市科委与市统计局、市教委联合召开北京市第二次全国R&D资源清查领导小组办公室成员数据评估会议。清查领导小组办公室主任、市统计局副局长王红,市科委发展计划处、市教委科研处相关人员参加了会议。市科委、市统计局、市教委分别对负责调查的科研院所、工业企业、高等院校等的工作进展、数据质量评估、存在问题及解决方案等有关情况进行了汇报交流。市科委发展计划处就当前清查工作中存在的突出问题作了总结,并结合“科技北京”行动计划的落实对下一步工作提出了完善建议。

(计划处)

【北京工业设计促进中心承接国家知识产权局软科学研究项目】　5月,北京工业设计促进中心正式与国家知识产权局签订项目任务书,承接软科学研究项目“外观设计单独立法研究”,积极落实科技工作与国家项目对接,深入贯彻“科技北京”行动计划。项目组汇集工业设计、外观设计专利审查与管理、立法研究等多领域专家,计划用一年时间对我国主要地区工业设计发展现状进行调研,重点分析不同区域、不同类型设计机构对外观设计单独立法的需求,借鉴美国、欧洲、日本和韩国等国家的立法模式,对我国外观设计单独立法的利弊进行探讨并给予立法建议。

(工业设计中心)

【“北京技术市场发展形势通报会”召开】　8月17日,“北京技术市场发展形势通报会”在京召开,副市长苟仲文等相关领导出席了会议。会议通报2010年上半年,全市输出技术合同19725份,成交额达到797亿元,同比增长了47%,达到“十一五”同期历史最高点。北京技术市场保持快速发展势头,对带动全市经济结构优化调整,促进经济又好又快发展作出了重要贡献。

(技术市场办)

【北京市发布《关于大力推动首都功能核心区文化发展的意见》】　11月4日,北京市发布《关于大力推动首都功能核心区文化发展的意见》,其中在建设一批有国内外影响力的文化创意产业集聚区中提到重点推进北京DRC工业设计创意产业基地等国家级和市级文化创意产业集聚区建设，大力发展设计策展、传媒广告、信息咨询服务等以文化为内涵、科技为手段的新兴行业。依托中关村科技园区德胜园和雍和园，发展工业设计等适合核心区发展的高端业态。培育“红星奖”的国际知名度，打造“北京设计”品牌，构建高新技术产业与文化创意产业有机融合的产业平台。进一步吸引具有国际影响力的设计机构落户，汇聚国内设计顶尖品牌，推动首都设计服务业跨越式发展。

（工业设计中心）

【2010年北京技术市场成果显著】 年内，北京技术市场成交技术合同50847份，比上年增长1.8%，技术合同成交总额1579.5亿元，比上年增长27.8%，比2006年翻一番，占全国的40.4%。主要运行指标实现两个突破：一是技术合同成交总额突破1500亿元；二是技术交易额（扣除非技术交易部分）突破1000亿元。

（技术市场办）

展、促进和谐社会建设、提升人才培养质量等方面展开合作，内容涉及科技创新、政策研究、教育培训等九个领域。

（技术交易中心）

【服务中央科研院所需求征集说明会举行】 年内，为落实“科技北京”行动计划以及充分发挥中央在京科研院所、高等院校的科技资源优势，加快首都科技成果产业化公共服务平台建设，北京科技协作中心举行了服务中央科研院所需求征集说明会，70多家中央在京科研院所、高等院校的近百名科技管理人员参加了本次会议。本次需求征集将力争实现对中央在京科研单位科技服务需求的最大汇聚，协作中心将组织专业队伍对各单位的服务需求信息进行筛选、分类和分析，建立基础信息数据库，并纳入首都科技成果产业化公共服务平台的服务事项，力争使首都科技成果产业化公共服务平台成为中央在京科研单位科技成果转化的好帮手，成为首都经济社会发展的助推器。

（协作中心）

辅助决策

【首都科技条件平台加盟中国科技资源共享网】 1月15日，科技部平台中心召开首都科技条件平台加盟中国科技资源共享网工作研讨会。平台中心、平台信息技术中心、市科委及其直属单位有关人员参加会议。会议对首都科技条件平台加盟共享网的加盟思路、展现方式、主要内容以及典型模式推广等问题进行了讨论和交流。

（技术交易中心）

【大兴区与北京石油化工学院签署战略合作框架协议书】 10月27日，大兴区人民政府与北京石油化工学院共同签署了战略合作框架协议书。协议书约定合作双方将在推动经济社会发

科技条件

【市领导到首都科技条件平台进行调研】 3月15日，市委书记刘淇，市长郭金龙等市领导围绕“转变经济发展方式，增强自主创新和科技成果转化能力”主题，到首都科技条件平台进行专题调研。在调研中，市领导了解到条件平台创立两年间累计转化科研成果400余项，给企业带来经济效益40多亿元等情况，刘淇在讲话中强调，要充分发挥首都科技条件平台作用，进一步增强自主创新能力，加快科研成果产业化，推动产业结构调整和优化升级。

（技术交易中心）

【技术转移领域平台进行授牌仪式】 5月17

日，首都科技条件平台技术转移领域平台授牌仪式举行。25家技术转移领域平台成员单位共计60余人参加了会议。会议提出技术转移领域平台成员单位与技术转移领域平台建立长效对接渠道，充分利用平台的科技资源为企业服务，支撑产业发展。

（技术交易中心）

【中科院研发实验基地与技术转移领域平台签署合作协议】 6月17日，中科院北京国家技术转移中心作为中科院研发实验服务基地的运营单位与市科委直属的北京技术交易促进中心、北京生物技术和新医药产业促进中心、北京新材料发展中心、北京科技信息发展中心、北京市可持续发展科技促进中心、北京生产力促进中心、北京科学仪器装备协作服务中心签署了合作协议，旨在建立多方良好的合作机制，促进科技资源与企业需求的有效对接，加快首都科技条件平台科研成果产业化。

（技术交易中心）

【中低速磁浮交通技术转向工程化实施】 年内，市科委对北控磁浮承担的"中低速磁浮交通示范线支撑关键技术研究"项目给予支持，全面解决运营示范线建设面临的关键建设问题及配套体系，保障S1线建设启动实施。目前，我国首条采用中低速磁浮交通模式建设的轨道交通线路S1线已正式开工。S1线建成以后将是国内首条，世界第二条，也将是世界最长的中低速磁浮交通运营线。

（生产力中心）

【高铁关键零部件加工设备交付使用】 年内，市科委组织优势单位开展了大型精密数控装备产业化关键技术的研究，北京第一机床厂生产的高效重型专用龙门加工中心和精密高效数控磨床在北车集团南口机车车辆厂交付使用。此设备满足了高铁动车组、轨道加工的要求，解决铁轨和机车关键零部件的加工工艺问题，为用户提供成套技术解决方案。此设备在中国北车集团等用户示范应用，逐步实现该领域产品替代进口。

（生产力中心）

科技服务

【第四届北京发明创新大赛隆重颁奖】 2月2日，北京发明协会和北京市职工技术协会共同主办的"中国移动G3杯"暨第四届北京发明创新大赛隆重颁奖。大赛面向全国以"全民参与建设科技北京，职工创新展现发明魅力"为主题展开，共收到来自北京、新疆、湖北、辽宁、台湾等全国25个省市参赛项目988项，经过专家评审与公众网上投票最终产生大赛发明创新奖100项（其中特等奖1项、金奖19项、银奖30项、铜奖50项）和优秀发明奖483项。

（技术交易中心）

【2010年设计创意领域人才招聘会】 3月5日，北京工业设计促进中心在DRC基地举行"2010年设计创意领域人才招聘会"。此次招聘会邀请了洛可可工业设计公司、北京故宫宫

苑、华新创意等设计公司，针对各高校艺术设计类相关专业的应届毕业本科生、研究生及社会人员进行招聘。来自清华大学美术学院、中央美术学院、北京理工大学等20多所高校的近千名毕业生参与。

（工业设计中心）

【市科委设计中心助中国企业产品荣获德国设计“红点奖”】 3月9日，2010德国“红点奖”评审结果揭晓。北京工业设计促进中心推荐参评“红点奖”的联想（北京）有限公司、宁波欧琳厨具有限公司、光彩无限创意中心3家中国企业的6件产品获奖。2009年11月至2010年2月，设计中心根据协议积极组织中国产品参评2010红点奖，并全程为企业提供报名指导，解决它们遇到的各种问题。红点奖源自德国，是世界知名设计竞赛中最大、最有影响力的竞赛之一。

（工业设计中心）

【2010年度中国创新设计“红星奖”首次面向外资企业开放征集】 3月15日，2010年度中国创新设计“红星奖”首次面向外资企业开放征集。2010年“红星奖”主要有以下几个特点：一是扩大征集范围；二是国际化的宣传推介；三是提高国际评委比例。随着4年来的发展，“红星奖”在国内外的影响力日益扩大，世界著名的大企业、设计机构等纷纷要求参评“红星奖”。自2010年起，由在中国注册的外资企业设计、生产或在中国市场有批量销售的产品均可参评“红星奖”，中外高水平的设计将在此展开角逐，这也是“红星奖”成为国际设计大奖的标志之一。

（工业设计中心）

【“李宁杯”大学生创意设计大赛启动】 4月1日，由市科委支持，北京工业设计促进中心和李宁（中国）体育用品有限公司共同主办的“李宁杯”大学生创意设计大赛在北京DRC工业设计创意产业基地启动。大赛面向全国所有高校，在校学生不分专业均可免费参加，获奖设计师可以获得与李宁公司签约设计开发新产品的机会。

（工业设计中心）

【美铝公司工业设计展览室在北京DRC工业设计产业基地正式启动】 4月29日，美铝公司工业设计展览室在北京DRC工业设计产业基地正式启动，北京工业设计促进中心与美铝公司技术研讨会同时举行。美铝中国重视设计创新和可持续发展，通过技术创新和设计创新，为中国创造和企业创新提供研发和创新技术支持。DRC基地美铝展览室将展示30多种美铝从全球各地收集的重点行业应用、创新产品，包括著名的ARJ21支线飞机、全铝轮毂和苹果笔记本电脑铝壳等。

（工业设计中心）

【169个项目获市科技型中小企业技术创新资金】 4月30日，“北京市科技型中小企业技术创新资金”如期启动申报。市科委会同中关村管委会、海淀园管委会等北京地区有关推荐单位对申报科技部创新基金项目开展宣传培训，统一评审标准和立项支持标准，并汇总北京地区的立项项目上报科技部。该资金在企业及项目的申报条件、支持方式、支持强度、工作流程等方面参照科技部创新基金相关规定执行，并优先支持符合北京产业发展方向的项目及企业。市科委委托北京高技术创业服务中心负责组织开展“创新资金”项目申报受理工作。7月24日，根据《北京市科技型中小企业技术创新资金管理办法（试行）》，市科委确定2010年度北京市科技型中小企业技术创新资金立项项目169项，资助经费总计7085万元。

（创业中心）

【市科委与空间技术研究院就科技成果转化进行研讨】 5月6日，为落实市委市政府与九大军工集团战略合作框架协议，在数次接触交流的基础上，市科委赴航天科技集团中国空间技术研究院就推进航天民用成果转化专题座谈。中国空间技术研究院介绍了航天高科技成果、产学研合作与创新工作、国防实验室等技术创新平台建设、重点专业发展与基础创新研究等相关情况，就重点实验室、工程研发中心认定、市级科技成果申报评选、人才选拔和培养、成果转化项目支持等进行了交流。市科委重点介绍了科技资金支持重点及方式、科技研究开发机构认定、科学技术成果奖励的组织及评审等相关情况，并与中国空间技术研究院就提出的每一项具体工作建立了对接渠道。

（重大办）

【工业设计快速成型科技平台揭牌仪式】 5月11日，“工业设计快速成型科技平台揭牌仪式”在北京DRC工业设计创意产业基地举行，市科委工业设计促进中心与北京上拓科技有限公司共同为“DRC快速设计制造技术服务平台”揭牌，“上拓科技”也正式成为DRC工业设计快速成型科技平台运营商。

（工业设计中心）

【应急维稳单兵装备在上海世博会应用】 5月，市科委的应急维稳单兵装备系统课题在多用户接入、基于图像融合的处置现场综合信息感知、应急维稳现场快速三维建模等关键技术取得突破，样机达到国际先进水平，实现了安保技防领域高端产品的国产化。应急维稳单兵装备在上海世博会安保系统中示范应用，同时单兵系统配合上海特警总队使用特种装备，制定并演练了公交车人质解救任务等各种突发事件的预案，执行效果得到了世博局领导的认可。

（生产力中心）

【大学生服务平台建设】 5月，以市科委人才中心大学生实习服务平台为基础，与北京工业大学相联合，成功申报了市教委的“北京市高等学校市级校外人才培养基地”，并于10月正式挂牌。

（人才中心）

【首都科技条件平台走进中关村科技园区昌平园】 6月10日，市科委、北京市可持续发展科技促进中心、昌平区科委共同召开“首都科技条件平台走进中关村科技园昌平园”会议。市科委、昌平区科委，中关村科技园区昌平园，北京市可持续发展科技促进中心，首都科技条件平台六大领域平台以及相关基地，昌平园10家科技企业参加会议。首都科技条件平台是“科技北京”计划的重要组成部分，平台最大限度地整合了北京市的各类科技资源，为在京企业降低研发成本，提升北京企业自主创新能力作出很大的贡献。中关村科技园区昌平园有很多优秀企业，首都科技条件平台走进昌平园，与昌平园的企业展开供需对接，不仅可以进一步满足企业科技需求，扶持企业科技建设，同时也有助于首都科技条件平台了解企业实际需求，更加有效、专业地开展服务。会中，昌平园管委会和首都科技条件平台能源环保领域平台服务单位北京市可持续发展科技促进中心签署了业务合作协议，分别提供企业科技需求信息和供需对接服务。

（条财处　可持续中心）

【市科委推动首钢总公司高铁轮对项目与丰台对接】 6月18日，市科委主任闫傲霜与丰台区委书记李超钢、代区长崔鹏、副区长孔令斌、首钢总公司总经理王青海、常务副总经理徐凝、副总经理孙伟伟交流座谈，推动首钢总公司高铁轮对项目与丰台对接。首钢总公司技术研究院介绍了钢铁轮对项目内容和进展情况。项目采用整体规划、分步实施的方式，分三步在北京建设高铁客车轮对组装线、轮对维修线、车轮精加工生产线和车轴精加工线，拟采取中外合资的方式，采用国外技术，从坯料全部进口逐步实现由首钢自主供应。丰台区介绍了丰台区轨道交通产业发展情况。丰台区有轨道交通企业100多家，聚集了中国中铁等10多家轨道交通龙头企业，基本覆盖铁路领域各个方面，相关核心技术处于国内或国际领先水平，形成了轨道交通的整个产业链。市科委指出高铁轮对项目具有自主创新、集成创新、消化吸收再创新等特点,市科委将与丰台区共建科技部批复的北京国家轨道交通高新技术产业化基地,建立与首钢、丰台区的固定联系渠道,对高铁轮对项目落地过程中存在的问题予以协调,共同推动项目落地。

(重大办)

【刘淇、郭金龙出席中国首家设计交易市场启动建设揭牌仪式】 6月29日,市委书记刘淇、市长郭金龙为中国设计交易市场揭牌,标志着国内首家设计交易市场正式启动建设,北京设计产业迎来了又一个发展契机。预计10月份正式运营的中国设计交易市场,总建设面积达6万平方米,包括交易服务区、“红星奖”博物馆、设计招商区、品牌机构区等四个部分,旨在打造一个资源聚集、交易活跃、服务创新、高效便捷的高水平、国际化的设计交易市场和服务平台,并力争用3年左右的时间,聚集100家以上的国内外著名设计机构和企业,推动北京设计服务业收入实现1300亿元。

(高新处 工业设计中心)

【“首都科技条件平台工业设计领域平台授牌暨中国工业设计联盟成立仪式”举行】 8月5日,“首都科技条件平台工业设计领域平台授牌暨中国工业设计联盟成立仪式”举行,标志着全国首家工业设计领域平台正式纳入首都科技条件平台。工业设计领域平台由市科委组织,依托北京工业设计促进中心在DRC基地建设打造。工业设计领域平台是市科委根据工业设计领域产业链上下游特点,整合国内外技术设备供应商、技术应用商、高校研发机构等设备和服务资源搭建的专业化服务平台,以满足工业设计技术应用及服务需求,推动北京设计产业发展,促进首都自主创新能力提升和创建世界“设计之都”。

(工业设计中心)

【市科委主任闫傲霜调研中国电科院昌平智能电网产业基地】 8月6日,市科委主任闫傲霜带队赴中国电力科学研究院昌平智能电网产业基地调研,与中国电力科学研究院副院长于永

清、副总工程师汤广福等相关部门负责人进行座谈。闫傲霜参观了国家电网公司重点实验室——电力系统电力电子实验室以及高压直流换流阀制造车间。电力系统电力电子实验室是中国电科院历时10年自主研制、开发、建设完成。实验室是世界上同类规模最大、功能最全、综合实力最强、国际一流的实验室,成为我国直流输电等重大装备国产化、产业化的重要支撑服务平台。该实验室为高压直流输电技术自主创新、科技成果转化及产业化提供全工况现场模拟仿真全套试验。闫傲霜指出,市科委将一如既往地关注和支持中国电科院在科技创新方面的突破、科技成果产业化的发展,并以科委重大专项办公室为牵头部门,从促进产业化项目实施、高新技术企业发展、建立北京市企业重点实验室、科学技术成果奖励、条件平台等方面为中国电科院提供服务与支持。

(重大办 交易中心)

【“李宁杯”大学生创意设计大赛终评】 9月10日,北京工业设计促进中心与李宁公司继去年成功举办“宁视东方体验月”活动之后,2010年又共同推出“‘李宁杯’大学生创意设计大赛”,使全国大学生拥有更广阔的展示平台,发掘选拔更多的设计新星。大赛共征集到作品3224件,其中“红星奖”五周年海报作品2239件,运动主题作品985件。大赛最终评出入围作品200件,一、二、三等获奖作品14件。

(工业设计中心)

【2010中国创新设计红星奖终评】 9月20日,2010中国创新设计“红星奖”终评在京举行。中国工业设计协会理事长朱焘、市科委委员刘晖出席。2010年是中国创新设计“红星奖”诞生五周年,来自英国、德国、澳大利亚、日本等7

个国家和地区的12位具有国际影响力的评委，对从1072家企业的5132件产品中入围的227件产品进行了终评，产品覆盖地域达国内26个省市地区以及欧亚美三大洲的14个国家。对于“红星奖”今年首次开放外资机构的征集，评委们给予了高度的评价，认为这是“红星奖”跻身国际著名奖项的一个重要标志，这也必将激发中国设计企业创新的积极性，加速中国设计的国际化。

（工业设计中心）

【中央企业院校重大科技成果转化落地项目签约】 10月26日，“中央企业院校重大科技成果在京转化落地项目签约仪式”在北京召开。市委书记刘淇、市长郭金龙、常务副市长吉林、市委秘书长李士祥、市委常委赵凤桐、副市长苟仲文等领导出席签约仪式。来自中央单位、市相关部门、区县、高校院所的200余名代表参加了签约仪式。签约仪式的主旨是宣传、展示北京市在深入实施“科技北京”行动计划、支持中央企业院校科技成果转化落地方面取得的新进展、新突破。签约仪式由现场签约、揭牌仪式、展览展示等部分组成，集中推介来自中科院、中央转制院所、9个国防科技工业集团公司、高校及其他在京中央企业的25个正在实施的科技成果转化项目，并为4个科技成果承接及转化平台、新认定的12个在京中央企业院校所属工程技术研究中心、重点实验室揭牌。推介的成果转化项目都具有创新水平和成熟程度高、市场前景好、目标市场明确、企业整体实力较强、产业化实施步骤清晰、符合首都产业定位和要求等特点。

（重大办　生产力中心）

【2010中国创新设计“红星奖”颁奖典礼在京举行】 11月18日，“2010中国创新设计‘红星奖’颁奖典礼”在北京展览馆举行。本届红星奖吸引了来自国内26个省、市、地区及美国、英国、德国、法国、澳大利亚、韩国、日本等14个国家1072家单位的5132件作品参评，最终106家企业的196件作品获奖，其中包含9个金奖、10个最具创意奖、177个红星奖及1个最佳团队奖和1个最佳新人奖。

（工业设计中心）

【承办第五届中国北京国际文化创意产业博览会设计创意馆】 11月18—21日，第五届中国北京文化创意产业博览会在中国国际展览中心举行。本届文博会的设计创意馆由市科委主办、北京工业设计促进中心承办。设计创意馆的主题为：“设计 · 北京 · 未来”，向世人展现北京优秀的设计理念与成果。展馆面积约2500平方米，分为主题形象区及“设计与城市”、“设计与产业”、“设计与公众”、“设计与世界”等4个板块，吸引了42家企业和机构参展，其中有6家设计企业与国内相关机构就设计项目合作签约，实现交易额732.2万元。

（工业设计中心）

【第十四届京港会——“战略性新兴产业发展论坛暨重大科技项目发布会”在香港举行】 11月25日，“战略性新兴产业发展论坛暨重大科技项目发布会”在香港举行。本届大会由北京市科委、中关村管委会、香港贸易发展局、香港工业总会联合主办。会议主题为“重大科技成果助推战略性新兴产业发展”。京港两地有关领导及金融界、产业界、科技界等社会各界人士100余人出席大会。本次大会旨在向香港充分展示北京战略性新兴产业的发展趋势,促进北京科技资源与香港金融资本有效融合,推动战略性新兴产业发展。本届京港会,市科委利用现有各种渠道,面向全北京征集战略性新兴产业领域的重大科技项目,并从中筛选出北京地区73家企业的91个项目赴港对接、融资,融资额达42亿元,其中中央在京院校企业项目16个,市级院校企业项目17个,民营及外资企业项目58个。涉及生物医药、新能源、新材料、电子信息、现代农业、节能环保、先进制造七大领域。大会重点发布了生物医药、新能源汽车、新材料3个领域的9个重大科技项目,涉及融资额7.3亿元。生物医药领域重点发布项目包括北京航空航天大学的"医疗器械创新性技术服务平台"项目、北京凯佰特科技有限公司的"医院中子照射器"项目。新能源汽车领域重点发布项目包括:北汽福田汽车有限公司的"动力电池及管理系统研发"项目、"中重卡混合动力汽车开发"项目;北京汽车新能源汽车有限公司的"北京牌纯电动轿车电驱动关键技术研究与工程样车开发"项目。新材料领域的"烧结钕铁硼稀土永磁产业化建设"项目、"纳米绿色印刷技术"项目。通过本次论坛及发布会,从科技角度向香港充分展示了国家及北京市发展战略性新兴产业的定位及政策举措,为吸引港方关注内地战略性新兴产业发展、引导港方投资奠定了基础,同时也对促进港方金融资本优势与北京科技资源优势相结合、共同培育和发展战略性新兴产业起到了很大的推动作用。

(高新处)

【市科委推动铁科院轨道交通科技产业园落户丰台】 11月28日,市科委主任闫傲霜、副主任张继红、委员张虹与丰台区委书记李超钢、代区长崔鹏共同到中国铁道科学研究院调研,就推动铁科院轨道交通科技产业园项目落户丰台等事项与铁科院领导进行深入座谈交流。铁科院院长康伟韬、院党委书记王君历、副院长王忠文、董守清、么军、赵有明等参加座谈。市科委主任闫傲霜指出,铁科院轨道交通科技产业园项目对于北京市轨道交通产业链建设具有积极推动作用,市科委对项目的相关成果产业化、重点实验室及工程中心建设将全力给予支持,与丰台区共建科技部批复的北京国家轨道交通高新技术产业化基地,搭建公共服务平台,将与丰台区共同努力,推动铁科院轨道交通科技产业园落户丰台。

(重大办)

【2010年北京市科委系统财务人员继续教育培训班圆满结束】 11月29日,由市科委、市科委人才交流中心举办的"2010年北京市科委系统财务人员继续教育培训班"所有课程全部结束。来自科委系统及市属科研院所和高新技术行业单位520余名财务人员参加了此次培训。培训班对会计基础工作规范存在的必要性、事业单位会计的特点、计报表规范性、财务杠杆效应等问题作了详细的解析和讲解。参加培训的学员通过这次培训课程了解自己在岗位工作中的不足,全面加强财务工作的办事能力,规范财务工作流程和提高工作质量和效率。

(人才中心)

【"汽车永磁液冷缓速器研制(一期)"项目结题并通过验收】 11月,市科委支持的重大科技成果转化落地项目——"汽车永磁液冷缓速器研制(一期)"结题并通过验收。经过项目组(北京汽车工业控股有限责任公司、北京北齿有限公司、北京工业大学和北汽福田汽车股份有限公司)近一年半时间的联合研制、攻关,开发出具有完全自主知识产权的前置、后置和中置式三个系列共19套适配于北汽福田欧曼重型货车和欧V大客车的永磁液冷缓速器样机产品,并通过相关性能测试、道路模拟试验和车载试验,为汽车永磁液冷缓速器进一步产业化奠定了基础。

(重大办)

【建设"文化创意与品牌建设"沙龙,加强区县与咨询机构互动】 12月,北京科技咨询业协会、北京生产力促进中心联合组织了以"文化创意与品牌建设"为主题的沙龙活动。来自11家咨询机构,以及区县科委、生产力中心、企业的代表共32人参加了此次活动。文化创意产业是北京发展的重点产业之一,主办方邀请咨询机构讲授企业品牌建设和创意农业发展，集合来自政府、企业、咨询、科技服务等不同体系的人员，从不同角度阐释对文化创意产业的理解，加强政府、咨询机构的互动与交流。

（生产力中心）

【一批奥运科技成果应用于广州亚运会建设】 年内，市科委支持的一批科技奥运成果继2008年北京奥运会和2010年上海世博会中充分应用后，又在2010年广州亚运会的安保系统、支撑服务、后勤保障、场馆建设等多个领域均实现应用。在安保系统方面，北京市科技成果转化企业同方威视技术股份有限公司成为2010年广州亚运会唯一的X射线机安保设备供应商，承担了亚运会全部近500台X射线检查系统的建设。中软公司的“广州市流通领域亚运食品安全监管系统”项目，实现亚运食品安全监管的跨部门跨机构合作，从而有效提升了亚运食品流通环节的安全监管力度。在支撑服务方面，北京超图软件股份有限公司的SuperMap GIS平台项目承担了本次亚运会的GIS安全体系建设。该系统通过整合多种城市资源信息，为亚运会指挥调度人员提供一个能够快速、准确、有效地处理竞赛指挥、接待服务、组织管理、交通服务和赛场突发事件等各类事件的综合平台。在赛事直播方面，新奥特（北京）视频技术有限公司，继北京奥运会、上海世博会之后，独家承建了亚运会IBC赛事资料共享系统，为亚洲及全球媒体记者提供赛会背景材料、比赛项目信息、参赛国家及组织、运动队及运动员信息以及开闭幕式、各项正式及表演项目的比赛、计时成绩等信息服务，保障了全国乃至全世界观众第一时间观看亚运会的各项精彩赛事。在后勤保障方面，北京四方继保自动化股份有限公司的“CSC2000变电站综合自动化系统”项目，承担了亚运会所有场馆、亚运村、运动员村的保电工程，涉及42个变电站。在场馆建设方面，北京良业照明工程有限公司作为灯光照明工程指定供应商，除了承担广州市亚运改造工程外，并承建了包括亚运会开闭幕式主会场海心沙、亚运城、奥体中心、广州国际体育演艺中心、天河体育中心、自行车馆等多个亚运项目的照明工程。北京绿茵天地体育产业股份有限公司的“预制型复合橡胶跑道”此次应用于佛山世纪莲体育场亚运会运动员训练场。在本届亚运会上，市科委支持的上述高新技术成果转化项目成功应用，受到媒体和公众的广泛关注。科技推动进步，成果转化于北京，运用于全国，这充分展示了北京市强大的科技创新实力。

（高新处）

【认定高新技术成果转化项目64项】 年内，市科委共认定成果转化项目64项，其中：信息22项，占34.38%；生物工程与新医药15项，占23.43%；光机电一体化12项，占18.75%；新材料8项，占12.5%；环保及资源综合利用7项，占10.94%。

（创业中心　转化中心）

【企业享受专项资金支持21867.84万元】 年内，本市企业享受专项资金支持总额为20478万元，全部为成果转化项目资金。支持成果转化项目304项，支持承担单位225家。

（创业中心　转化中心）

【认定高新技术企业1242家】 年内，本市共认定了1242家企业为高新技术企业。其中，中关村国家自主创新示范区内企业890家，各区县352家。为帮助企业更深入地理解和运用国家高新技术企业认定政策，本市动员和组织各区县科委和中关村各园区管委会，对超过10000家企业进行了政策培训，并开设专门的辅导服务窗口和咨询电话，开展政策宣传和讲解。截至年底，本市累计认定高新技术企业6467家。

（创业中心）

【推荐国家重点新产品计划项目224项】 年内，北京创业服务中心共受理和咨询2010年度国家重点新产品计划备选项目153项，对其中140项符合申报要求项目进行了网上评估。经市科委审定，最终报送科技部127项，待审定。

（创业中心）

【推荐国家火炬计划项目82项，北京市火炬立项95项】 年内，北京创业服务中心配合市科委组织项目申报、专家评审等工作。最终从95个申报项目中筛选出82项推荐为2011年国家火炬计划备选项目。配合市科委完成了2010

年度北京市级火炬计划项目征集和立项工作，共有95个项目入选。

（创业中心）

【北京市科技新星培训工作稳步发展】 年内，由市科委人才中心承办的北京市科技新星培训工作得到进一步推进。科技新星春季英语班授课形式丰富，课程不仅提高了学员的语言表达水平和学术交流能力，而且拓宽了知识层面，还加深了彼此间的了解。科技新星计划入选人员年度性的春、夏、冬季交流活动顺利举行，交流活动通过科技政策宣讲、老星成长经验介绍、新星分组交流等方式，使新星进一步理解北京市科技发展的趋势与要求，促进他们与市科委工作紧密结合，也是增进沟通了解、催生合作的有效途径。

（人才中心）

【北京市优秀人才培养资助工作顺利完成】 年内，市科委人才中心继续承担市委组织部委托的北京市优秀人才培养资助工作，顺利完成了申报材料的收取、材料初审、筹备召开专家评审会、开展后续培养以及往年资助项目的汇总整理等工作。本年度共接受资助申报材料1646份，最终有331人获得资助。在市委组织部的指导和人才中心领导关心下及相关人员的共同努力下，资助工作得到市委组织部、评审专家、基层单位以及受资助人员的肯定和认同，为进一步深入开展工作奠定了良好的基础。

（人才中心）

【课题研究工作成果显著】 年内，市科委人才中心在课题研究方面取得了较为明显的进展。先后承担了市人力社保局的“北京市大学生村官考核指标体系研究”；市委组织部的“北京市优秀人才资助实施机制研究”、“北京市优秀人才培养资助工作专家数据库的构建”等相关课题。其中，“北京市大学生村官考核指标体系研究”课题已经顺利结题并获得市人社局有关领导的高度肯定。

（人才中心）

【助力高层次实习人才发展——平台促进校企项目合作洽谈】 年内，市科委人才交流中心的大学生服务平台，积极促进北京工业大学和兆维科技、商路通科技公司进行校企项目合作洽谈。由学校导师、博士、研究生和企业工程师、技术骨干组建的合作团队，相继承担了“基于USB通讯模式的图像采集系统实现”、“呼叫中心媒体服务器与终端、SIP服务器与终端系统设计开发”等攻坚项目的研发工作，取得良好的效果。通过促进学校与企业需求相结合进行项目开发，锻炼在校研究生及导师与时俱进的研发能力，也为企业节省了人力物力，是一种很好的高效研发方式。

（人才中心）

【人事档案的管理、人事代理】 年内，市科委人才交流中心依托自身优势运用多种形式，努力为人事代理单位做好服务。为近140家高新技术企业和市科委系统、市经信委系统、市科研院系统、市知识产权局系统等近60家科技界系统事业企业单位提供人事档案和人事代理服务，解除他们的后顾之忧，为北京市科技人员提供良好配套服务。中心共管理档案13800份，全年调入档案2630份、调出1479份；集体户口810人；人事代理单位共230户，4897人；接收毕业生520人；认定职称75个；并为灵活就业人员办理养老、医疗、失业保险等事宜。

（人才中心）

研究与开发

社会发展科技

【市科委与市规化委开展工作对接】 1月5日，市科委赴市规化委开展调研，并与市规化委各级领导及部分企业代表进行座谈，双方围绕北京城市建设与发展的热点难点和瓶颈问题，如城市总体规划、轨道交通、低碳城市、水资源等方面，本着“规划先行，科技支撑”的原则，商讨2010年工作重点。双方提出“双介入机制”，在规划工作中融入科技成果，在科技工作中加入规划内容，双方将继续梳理现有成果并积极开展对接，共同推进下一步工作。

（社发处）

【“固废联盟”与“污染场地联盟”在京成立】 1月13日，在市科委的倡导和支持下，市可持续发展科技促进中心与中科院地理科学与资源研究所在北京举行“固废处理处置科技创新服务联盟”（固废联盟）与“污染场地修复科技创新联盟”（污染场地联盟）成立暨揭牌仪式。固废联盟的成立将秉承“联合、开拓、沟通、服务”的理念，以搭建政府、企业以及科技界三者信息沟通的平台为手段，通过整合北京固废领域的优势资源，提升行业自主研发技术能力，促进固废领域的技术集成与应用，推进固废产业快速发展，同时解决北京市所面临的急需解决的环境问题。污染场地联盟将遵循“开放、流动、联合、共享”的理念，在整合污染场地修复领域优势资源的基础上，实现技术、资源和服务三个层面的突破，从而为污染场地修复与资源持续利用提供技术支撑与解决方案，推进技术的应用与发展，进而推动污染场地修复产业化进程。两个联盟的组建对于落实“科技北京”行动计划，改善人居环境，实现“绿色北京”，建立以企业为主体、市场为导向、产学研相结合的技术创新体系，促进北京经济社会协调发展具有重要的推动意义。

（社发处　可持续中心）

【北京水处理科技需求与产业发展研讨会召开】 1月27日，北京水处理科技需求与产业发展研讨会召开。为整合北京市水处理领域优势科技资源，提升水处理技术产业化能力，市科委社发处组织清华大学、中国农业大学、北京市水利科学研究所等14家在京科研单位召开此次会议。会上各参会单位的专家积极发言，就污水处理、城市污水处理厂再生水回用、安全供水、南水北调进京后的水量与水质保障、水污染物排放标准的制定、河道水生态环境、饮用水处理膜技术研发与膜材料应用，以及垃圾渗沥液处理和城市污水处理厂污泥处理处置等问题进行了探讨，提出了自己的意见和建议。通过此次研讨会，了解了各单位的工作开展情况、业务成果及研究方面的最新动态。

（社发处　可持续中心）

【“北京城市轨道交通网络化运营研究”课题结题】 1月28日，由市地铁运营公司承担的北京市科技计划项目“北京城市轨道交通网络化运营研究”课题通过了验收。该课题通过对北京及国内外城市轨道交通网络运营需求和发展调查，总结出北京城市轨道交通网络化运营发展、现状及面临问题，提炼出解决和应对北京轨道交通目前面临问题的研究需求主要在以下六个方面：①路网规划、设计和建设服务于网络化运营研究需求；②网络化运营组织及协调机制研究需求；③安全保障研究需求；④资源配置及共享研究需求；⑤运营管理信息化研究需求；⑥标准和规范研究需求。并在此基础上对待研究的62项课题进行归纳凝练，提出17项科技需求。该成果为市政府的公共交通政策和企业的运营管理决策提供重要参考依据，对建立安全、高效的北京城市轨道交通网络化运营，改善北京市交通环境，带动北京市经济发展、社会和谐具有促进作用。

（社发处）

【市科委与市水务局共同推动国家水专项在京落地工作】 3月22日，国家水专项北京课题启动会在京举行，北京市副市长黄卫与住建部建筑节能与科技司司长陈宜明共同为启动仪式揭牌，市水务局局长程静主持启动仪式。市政府副秘书长安钢，市发改委副主任刘印春，市环保局总工程师周扬胜，国家水专项河流组组长王子健等领导出席会议。为解决北京市水环境问题，市科委会同市水务局和其他部门开展了一系列的科技研发及示范项目，累计投入科技经费3亿元，实施了30余项科技项目，其中重大科技项目16项。这些项目的实施取得了丰硕的成果，对北京市水环境的改善发挥了重要的支撑作用。

（社发处）

【市科委主任闫傲霜到北京碧水源公司膜产业基地调研】 6月29日，市科委主任闫傲霜带队赴北京碧水源公司膜产业基地调研，并与碧水源公司董事长文剑平、副董事长刘振国等相关部门负责人进行座谈，怀柔区副区长吴群刚、市科委副主任张继红陪同调研。碧水源公司是国家首批高新技术企业、国家第三批创新型试点企业、首批中关村国家自主创新示范区创新型企业、科技奥运先进集体。碧水源公司在怀柔区“中关村雁栖创新基地”建成亚洲最大的膜技术研发中心和生产基地，膜和膜组器年产能力分别达到200万平方米和100万吨/天，与清华大学合作建成国际一流的碧水源—清华环境膜研发中心，具有国际高水平的自主研发能力，承担着国家“863”项目、国家水专项、国家科技支撑计划、国家火炬计划、国家重点环境保护实用技术等国家重大项目课题，形成碧水源污水资源化事业的强力支撑。闫傲霜指出，随着环境保护工作的开展，如何保护好、利用好有限的水资源显得尤为重要。希望碧水源公司的膜材料能创出品牌，替代进口，以膜产品为核心，扩大规模，加大科技创新，带动行业发展，提升水处理行业水平。

（社发处）

【北京启动实施国Ⅴ机动车排放标准相关研究】 年内，市科委和市环保局联合启动北京市率先实施国Ⅴ机动车排放标准相关研究工作，针对满足国Ⅴ排放标准的国家油品标准尚未制定的问题，专门研究制定了满足国Ⅴ排放标准的北京市地方油品标准，并对燃油生产及推广应用的经济性进行分析，提出北京市国Ⅴ排放标准管理措施，以保证北京市按计划在2012年左右率先实施国Ⅴ机动车排放标准，进一步改善北京大气环境质量。

（社发处）

【市科委、市环保局共同研究公交客车噪声控制问题】 年内，市科委和市环保局共同召开技术研讨会，来自市公交总公司、市劳动保护研究所、清华大学、北汽研究总院的专家，以及北汽福田、丹东黄海、厦门金龙、金华青年、郑州宇通、苏州金龙、厦门金旅、安徽安凯、康明斯、菲亚特动力科技、广西玉柴等11家全国主要的公交客车和发动机生产企业代表，交流开展公交客车降噪技术研究的意向与经验、思路与方向。市科委于2010年启动科技计划项目“北京道路交通噪声综合防治研究”，组织产学研机构联合承担，工作重点锁定公交车声源噪声控制和轨道交通噪声监测与评价，研究制定北京市公交车噪声排放限制标准。本次研讨会为噪声监管部门、研究机构与公交客车用户和生产企业提供了一个对接交流的平台，达到了预期目的。

（社发处）

【市科委谋划三元工业园低碳建设科技之路】 年内，市科委组织清华大学、华北电力大学、北京工业大学、北京市节能环保中心、北京市可持续发展促进会等单位的专家，从工业园整体低碳规划、低碳工艺生产线、建筑及公共设施节能节水以及园区实时在线资源消耗监测等方面研究三元工业园低碳建设的技术方案，为打造“低碳、安全、高效”的三元工业园推荐技术产品。三元低碳工业园建成后，日处理鲜奶能力将达到1200吨，比现有4个分厂的生产能力翻一番，但万元产值能耗、水耗将分别降低26%和21%，三元低碳工业园将会成为亚洲最大、资源利用水平国内最高的乳制品生产工业园。

（社发处）

【郊区供水模式与安全保障体系研究课题通过专家验收】 年内，由市水利水电技术中心承担的北京市科技计划课题“郊区供水模式与安全保障体系研究”顺利通过专家验收。该课题针对北京市村镇供水建设管理的实际情况和特点，从水源保护、处理技术、消毒技术、控制技术、管网及运行管理等方面进行了全面系统的研究。课题在全国率先组织编写了《村镇供水工程技术导则》(DB11/T547—2008)和《村镇集中式供水工程运行管理规程》(DB11T/468—2007)、《村镇供水工程自动控制系统设计规范》(DB11/T 341—2006)和《村镇集中式供水工程施工质量验收规范》(DB11/T 469—2007)四项北京市地方标准;完成了《村镇地下水"氟、砷、氨氮、盐"去除工艺与设备手册》、《饮用水水质标准及分析检测方法》两本实用手册;出版了一本面向基层供水管理人员的培训教材《北京市村镇供水工程运行维护指南》;建立了一套较为完善的村镇供水标准体系,填补了国家村镇供水建设管理技术的空白。课题建立了"村镇供水管材及相关设备数据库";建成了大兴区大刘各庄单村供水工程、密云县太师屯沣泉集中水厂两处示范工程;支撑政府主管部门印发了《村镇供水安全保障工作方案》和《北京市村镇供水管理指导意见》;开展市级村镇供水管理人员培训2500余人次。课题成果为"十一五"时期农民安全饮水建设与管理工作提供了依据,尤其是在2005—2008年全市农民安全饮水工程建设中起到了重要的技术支撑作用,推动了199万农民安全饮水工程的顺利实施,使全市农民饮水水质型问题基本解决,走在了全国前列。这对于降低地方病的发病率,提高农民生活质量,改善农村基础设施建设,促进社会主义新农村建设,逐步实现城乡一体化发挥了重要作用。该成果已在国内部分省市借鉴应用,对全国其他地区的饮水安全工程建设和运行管理发挥了积极的作用,取得了显著的经济、社会效益。

(社发处)

【ATM机犯罪预警设备研发成功】 年内,市科委"自助银行ATM机犯罪智能监控预警关键技术的研究"课题顺利通过验收,该工作获得一项国家发明专利和一项软件著作权,开发的ATM机犯罪智能监控预警技术填补了国内技术空白。课题组针对ATM犯罪常见的键盘贴膜、插卡口非法改装、出钞口封装,敲砸ATM机、ATM机旁的暴力行为、非法广告和误导信息张贴行为等,有针对性的开发了智能行为识别设备,可对ATM机场景中人的正常、异常行为检测,判断人的某些行为是否是异常行为操作,并将信息及时传送到ATM机监控管理中心,实时给出提示信息。该设备还具备物品遗忘识别功能,可及时以语音方式对取款人进行提醒。该设备的开发成功,实现了从传统的被动型"事后查证"到主动型"事前预警"的跨越,可明显提高ATM机的安全防范能力,降低ATM犯罪成功率。目前该设备已在北京、重庆、青海等省市进行推广应用。

(社发处)

【攻克高层建筑消防技术迫在眉睫】 年内,市科委联合北京市公安局消防局、清华大学、北京市三一重机有限公司开展超高层建筑消防综合救援指挥系统研究。其中"超高层建筑灭火水源的供给装备研制"课题,利用三一泵送混凝土的优势技术解决现在北京高楼消防水源供给的难题。

(社发处)

【自主知识产权的列车控制系统进入产业化发展新阶段】 年内,由市科委连续7年支持的"基于通信的列车控制系统(CBTC)"取得了突破性的进展,已在轨道交通亦庄线得到示范应用,自今年7月起进行调试运行,迄今持续了近5个月,调试结果显示安全可靠。亦庄线将于今年年底前开通运营,自主创新的CBTC系统也将进入实际运营的产业化新阶段。基于通信的列车控制系统(CBTC)是一种采用先进的通信、计算机技术,连续控制和监测列车运行,是地面控制系统和列车传输信息的双向传输系统,属于移动闭塞系统。而传统的信号系统采用的是"车—地"通信,是地面控制系统向列车传输信息的单向传输系统,属于固定闭塞系统。使用CBTC系统可以实时精确地掌握列车的位置,最小运营间隔时间从设计上可以缩短到90秒以内,极大地提高轨道交通的运力。同时,CBTC系统还具有系统扩展性好、施工维护简单、传输方式优越等优点。该项目是北京市与首都高校长期深入开展科技合作的产物和典型代表。北京交通大学是CBTC项目关键技术的研发单位，充分利用了轨道信号控制与安全国家重点实验室的创新团队与研究成果。北京市轨道交通建设管理公司和北京市地铁运营公司同属市属国有企业。市科委积极推动市属国有企业成为科技成果转化平台和承接中央单位科技成果的载体，增强了市属国有企业的研发意识，推动了国有企业的研发投入，进一步提高了国有企业的自主创新和科技成果转化能力。

（社发处）

农业科技

【北京新发地开通24小时农产品安全快速检测车】 1月12日，市科委在丰台区新发地农产品批发市场举行了“北京食品安全重大科技成果应用——农产品安全快速检测车交接仪式”。市科委党组书记杨伟光出席仪式并讲话。这是市科委落实“科技北京行动计划”，支持北京新发地农产品批发市场，依靠科技创新提升农产品安全保障手段的重大举措，通过“新发地农产品安全科技示范工程”项目中取得的阶段性成果——农产品安全快速检测车率先在新发地应用，对进出新发地农产品批发市场的农产品实行24小时检测、追溯，进而保障新发地农产品供应安全。

（农村处　农村中心）

【“双百对接”活动直通车直达悼陵监村】 1月20日，市科委党组书记杨伟光、市科委农村发展中心、北京科技开发交流中心及市农林科学院工程咨询中心、西城区体科所、北京理德斯普企业管理咨询有限公司的领导和专家到昌平区悼陵监村进行双百活动调研，昌平区副区长方炎出席了此次活动。活动中专家对悼陵监村4个发展规划作了汇报。市科委党组书记杨伟光在听完专家汇报后，表示村域发展首先要找准发展定位，要重点解决京郊农村发展中同质化、单一化、粗放化三个问题，并指出悼陵监村要以“诗境家园＋康体乐园”为基本建设内容，力图找到解决一产和三产融合问题的途径，并对下一步工作作出具体部署，扎实稳步推进工作。

（农村处　农村中心）

【大兴区科委启动“双百对接”活动】 1月22日，市科委农村发展中心组织市农林科学院、北京农学院、市技术交易中心、市科技协作中心、市自然科学基金委员会办公室、软件与信息服务促进中心、科学仪器装备协作服务中心等北京市科技系统党支部代表与大兴区科委及10个对接村党支部共同举行了大兴区“双百对接”活动启动仪式。市科委农村发展中心领导宣布大兴区的10个村党支部与市科技系统党支部对接的名单。市农林科学院、北京农学院等市科技系统单位领导分别介绍了本单位服务范围及人才、技术科技优势，并与10个村党支部书记就新品种、新技术推广、学生社会实践、技术培训等方面进行了深入交流与沟通。市科技系统党支部表示将充分发挥各自科技资源优势，结合各村实际情况，加强对口技术支撑，促进基层党组织建设，提升服务能力和水平，夯实创新型镇村建设基础，促进农民增收致富，以使“双百对接”活动能够达到“双赢”局面。

（农村中心）

【市科委科技下乡系列服务活动拉开帷幕】 2月2日“北京市科委科技下乡系列服务活动——健康养殖到地头，专家服务活动”在密云县正溪肉鸡养殖协会拉开帷幕。市科委依托农村科技服务港，以农村科技协调员基层工作站为载体，以“12396北京新农村科技服务热线”为手段，不断创新“三下乡”活动内容、手段和机制。本次活动采取“三联机制”，依托市农林科学院畜牧所禽类产业科技资源工作站以及信息所农业信息科技资源工作站的科技优势，组织养殖专家、信息专家，及时帮助养殖户解决家禽养殖中的困难和问题。

（农村中心）

【三项农业科技成果转化资金项目通过验收】 2月5日，市科委农村中心在中国农业机械化科学研究院主持召开了“高地隙自走式喷杆喷雾机中试”、“5BW50型多功能种子包衣丸化关键技术装备”、“水禽脱羽关键技术设备中试示范”三项2007年度农业科技成果转化资金项目验收会。由技术、财务方面7位专家组成的验收专家组分别听取了项目执行情况汇报，审核了相关技术资料，认为三个项目严格按照《农业科技成果转化资金项目管理暂行办法》和合同书的要求执行，组织管理规范，经费使用合理，完成了合同书规定的各项任务和考核指标，一致同意通过验收。

（农村中心）

【农村中心党支部与首批村支部结科技对子】 2月10日，市科委农村中心4名青年党员干部邀请市农林科学院综合所规划专家赴怀柔区九渡河镇庙上村、红庙村、西水峪村党支部调研，开展农村中心支部首批对接活动，与庙上村、红庙村、西水峪村党支部结成科技对子，扎实开展具体帮扶工作。实现明确一名对接联系人，开展一次经济社会发展研讨，推广一项实用技术，解决一个实际生产生活问题，组织参与一次基层党日活动，总结一套对接工作的模式方法的工作效果。

（农村中心）

【“三下乡”活动温暖门头沟区群众心】 2月21日，农村科技服务港邀请中国农业大学果树专家孟召清教授，先后赴门头沟区斋堂镇、雁翅镇开展果树冬季修剪科技下乡服务活动，为30余名农村科技协调员、种植大户送去科技套餐。通过科技三下乡活动，提高了果树种植户的修剪技术，提高管理水平，确保2010年取得好收成，促进农民增收。进一步促进农村科技服务港与科技协调员互动，摸清、收集基层科技需求，创新科技服务内容、手段和机制，为北京都市型现代农业发展提供科技支撑。

（农村处　农村中心）

【山区综合发展资源站积极开展山区对接服务工作】 2月23至3月26日，由农村科技服务港牵头，山区综合发展资源站先后组织果树、林业、养殖、花卉、观光休闲、循环农业等领域20多名专家，到11个基层工作站及对接村开展科技培训与科技服务，重点是针对养殖、果树冬季修剪、林下经济等科技需求进行现场指导。针对田间冬季修剪的技术难题，在怀柔区九渡河镇杏树台村工作站开展培训12次，培训科技协调员及农民近100人次，发放技术资料100余份。发放的《栗蘑生产实用技术手册》，《口袋书——板栗篇》，《循环农业》等科普培训资料，能够有效提升农民种植、管理板栗的水平，引导农民注重发展生产，同时注重保护生态环境。此类系列科技服务活动深受京郊百姓的欢迎。

（农村处　农村中心）

【农村中心深入红庙村开展“双百对接”活动】 3月12日，市科委农村中心组织北京工业设计促进中心、新材料中心、北京工美集团有限责任公司相关人员，并邀请北京“花灯王”王燕敏等灯笼工艺顶级专家，深入怀柔区九渡河镇红庙村开展服务，扎实推进“双百对接”活动。对接小组听取了九渡河镇红灯笼产业发展情况的总体介绍，实地调研了灯笼生产工艺流程，具体分析了手工制作的技术瓶颈问题。对接小组肯定红庙村短短两年时间灯笼产业发展成效，同时重点围绕该村灯笼产业制作成本过高、产能低下、工艺亟待提升等具体问题讨论了解决方案。

（农村中心）

【农村中心联合软件中心支部开展党员培训活动】 3月16日，市科委农村中心支部联合软件中心支部开展党员培训活动，邀请国家发展改革委经济体制与管理研究所专家，就农村信息化建设等相关工作作专题讲座。专家重点讲述了农村信息化的内涵、全国典型信息化模式，围绕北京如何实现工业化与信息化有机融合、构建北京信息化金融投融资机制等方面提出独到见解。农村中心青年党员也结合具体业务，与大家共同回顾了北京市郊区信息化Ⅲ期建设工程的经验与心得。

（农村中心）

【农村中心与湖北英山共同推进农村科技服务体系建设】 3月17日，市科委农村发展中心与来京考察调研的湖北省英山县科技局负责人就农村科技服务体系建设举行座谈会，探讨农村科技服务体系建设与发展的模式。会上，农村中心主任赵卫东介绍了北京市科委推进“首都农村科技服务体系建设”的情况。英山县科技局负责人希望能与农村中心建立长期联系，重点在农村科技服务体系建设方面借鉴北京市科委的经验，探索出符合湖北特点的基层农村科技发展的服务体系新模式。

（农村中心）

【市科委农村发展中心召开市级资源站工作会】　3月17日，农村科技服务港组织召开了市级资源站工作会，24家市级资源站负责人参加了会议。在各相关单位的共同努力下，北京市农村科技服务体系建设工作取得了初步成效，形成了以农村科技服务港、基层工作站、协调员为主的三层工作网络体系框架。市科委通过建设农村科技协调员市级资源站，为基层工作站、农民专业合作组织及协调员提供专业化的科技服务，建立专家服务指导的长效机制，形成以产业链条和技术领域带动整个工作体系的崭新局面。目前全市已建立市级资源站共24家。

（农村中心）

【农村科技成果荣获“2009年信息北京十大应用成果”称号】　3月18日，在“2010年度电子政务与信息安全工作会暨2009年信息北京十大应用成果评选颁奖仪式”上，由市科委农村发展中心推荐参选的“12396北京新农村科技服务热线”荣获“2009年信息北京十大应用成果”称号，“农村科技服务港资源网络服务平台”和“北京优质安全农产品配送电子商务平台”荣获“2009年信息北京十大应用入围成果”称号。这三项信息应用成果主要围绕农村科技服务平台建设、信息服务新模式建设、农业信息物流体系建设方面的需求，研发出基于互联网、通讯网等多种信息传播途径的多样化信息产品，应用于京郊农业农村的实际生产生活中，起到示范带动作用。

（农村中心）

【农村科技服务港开展蜂产业发展需求调研】
3月29日，农村科技服务港协同市农林科学院信息所养蜂研究室就首都生态涵养区蜂产业发展开展需求调研。重点围绕如何充分利用首都科技资源优势，联合科研单位开展技术攻关，发挥龙头企业及农民合作组织的带动作用，解决制约蜂产业发展的难题，探索具有首都蜂产业发展特色的沟域经济发展模式，推进具体工作。

（市科委农村处　市科委农村中心）

【农村科技服务港被推荐参加“首都市民学习品牌”认定】　3月30日，市科委推荐农村科技服务港参加“首都市民学习品牌”认定。“首都市民学习品牌”是指利用人才、教育、科技、文化、自然等资源，依托一定场所，面向社会、有计划定期为广大市民提供终身学习服务，具有一定学习规模，在一定区域内形成较大影响，并具有鲜明特色和一定引导、示范作用的公益性市民终身学习活动。

（农村中心）

【致公党中央领导视察北京农业科技园区建设】　4月14日，致公党中央常务副主席王钦敏、副主席杨邦杰等一行对北京农业科技园区进行调研考察，并与市科委、昌平区和顺义区的领导交流座谈。致公党北京市委主委李昭玲、中共北京市委统战部副部长李卫东、市科委主任闫傲霜、昌平区委书记侯君舒、顺义区副区长燕瑛等陪同调研。致公党调研组先后实地考察了北京国际鲜花港、国家精准农业研究示范基地、特菜基地和小汤山国家农业科技示范园。调研期间，市委常委、统战部部长牛有成会见致公党调研组并进行座谈交流。致公党中央领导对北京农业科技园区建设给予了充分肯定。

（农村处　农村中心）

【饲用基因工程酶新产品中试项目通过验收】
4月15日，市科委组织专家对北京挑战农业科技有限公司承担的农业科技成果转化资金项目“饲用基因工程酶新产品中试”进行验收。该项目建立了一条年产400吨饲用基因工程酶新产品的中试生产线，完善了饲用基因工程酶中试生产工艺参数，制定了饲用基因工程酶产品企业质量标准，开发了适用于肉鸡、蛋鸡、仔猪、生长肥育猪和小麦型日粮用的饲用基因工程酶组方6套，开展了相关的饲养试验，研究了饲用基因工程酶新产品在上述动物日粮中的应用配套技术，确定了适宜的添加量。

（农村处　农村中心）

【农业走廊明星协调员培训项目通过专家验收】 4月20日，农业走廊明星协调员培训项目通过专家验收。项目实施依托顺义区北石槽镇御杏园、北京绿神鹿业有限责任公司、朝阳区孙河乡协调员工作站、密云县河南寨镇京栗园合作社、小汤山镇酸枣岭生态民俗村秋叶残阳休闲渔场5家农村科技协调员工作站，在京承路沿线朝阳区、顺义区、昌平区、怀柔区、密云县建立5个参与式培训基地，建立农村科技服务港大讲堂。该项目自实施以来，通过“1+1+1”（科技协调员+科技导师+助教）科技帮扶模式，培育出60名“明星协调员”，带动二级农村科技协调员和果农5000余人。

（农村中心）

【高品质畜禽产品关键检测技术研究及示范应用课题通过验收】 4月20日，市科委农村处组织专家对北京市检验检疫科学技术研究院承担的“高品质畜禽产品关键检测技术研究及示范应用”课题进行验收。该课题所建立的禽流感病毒RT-LAMP方法检测下限可达1皮克，与荧光RT-PCR方法灵敏度相当，比常规RT-PCR灵敏度高10倍，比胶体金试纸条灵敏度高104倍，2—3小时即可出结果；所建立的蓝耳病RT-LAMP检测方法的灵敏度比荧光RT-PCR检测方法高10倍，比常规RT-PCR高103倍。两种检测方法快速、准确、操作简便，适合养殖场使用，将示范应用于北京畜禽养殖企业，能为动物疫病快速检测及国内畜禽产品生产控制提供有效技术支撑。

（农村处　农村中心）

【农村科技服务体系工作交流会召开】 4月23日，农村科技服务港召开2010年度农村科技服务体系交流会。团市委、13个郊区县主管领导以及相关联络人参加会议。会议发布2010年农村科技服务体系工作规划及重点任务，宣讲北京科技计划项目经费管理办法及星火计划管理办法的调整变化，介绍首都食品安全联盟成员的实际需求，以及新发地绿色物流区与区县基地对接的具体情况。

（市科委农村处　农村中心）

【昌平区国家级星火项目通过验收】 4月26日，市科委组织专家对“优质苹果开心树形配套技术推广”等3个国家级星火项目进行验收。星火项目重点围绕昌平苹果产业提升以及昌平新农村建设对科技的需求，开展苹果高光效开心树形及配套技术、节能环保技术的示范与推广，取得显著成效。通过项目实施，支持北京日川河果树研究开发中心和北京圣金硕林果研究开发中心，加大对高光效开心树形及配套栽培技术的示范与推广。目前，已在北京周边及山东、河北、山西、陕西等5个省市建设示范基地52个，技术培训3000余人次，现场观摩5000余人次，推广50多万亩，辐射10万亩，平均亩增收2500—9800元，实现技术向华北地区的辐射和服务，提高全国苹果生产管理技术水平。同时，支持在昌平区流村镇菩萨鹿村示范绿色节能建材、污水处理等技术，累计新建抗震节能环保示范房屋14套，建筑面积2380平方米；新建小型污水处理设施2座，日处理污水能力达25吨；应用节能保温材料，完成旧宅改造示范20户，辐射带动南口、长陵等镇村新建节能住宅180套，有效改善了农村生态环境和农民居住条件，提升民俗旅游水平，促进当地生态旅游产业的发展。

（农村中心）

【新型肥料产业化科技保障建设项目通过验收】 年内，项目集成京内外12家优势科研单位、龙头企业的相关资源，形成产、研、商一体化的运作机制，构建起新型肥料产业化科技保障体系，并在三个方面实现突破。第一，提高了企业自主创新能力，项目共获得11项发明专利和实用新型专利，研发出延迟释放型控释肥料、生物有机肥、保水型有机复合肥、抗重茬制剂等26种新型肥料，为新型肥料技术升级与产业化提供了技术储备。第二，推动了新型肥料行业发展，项目研发出连续型树脂包衣及规模放大设备，进入该领域国际前沿技术行列，并研制出S型控释肥中试设备，填补了国内空白。第三，创造了显著的社会经济效益，项目研制出的延迟释放型控释肥料新品种，实现了控释肥全量一次性接触施肥的目标，提高了氮素利用率，降低了养分损失对环境的污染，如甜瓜控释专用肥相比常规施肥减少氮肥用量40%的前提下增产20%。各类新型肥料累计推广面积447.4万亩,实现社会经济效益6.3亿元。

(农村处　农村中心)

【提高畜禽健康养殖水平的饲料添加剂产业化关键技术实现新突破】　年内,为提高北京生物饲料添加剂的创新能力和动物性食品的安全性,市科委整合北京生物技术领域的科技资源和人才优势,探索产学研结合新机制,着力开展天蚕素抗菌肽产业化关键技术研究和示范基地建设。目前,天蚕素抗菌肽表达量由1.1毫克/毫升提高到3.0毫克/毫升,表达量提高近3倍,生产成本降低80%以上,年产5000吨天蚕素抗菌肽的产业化生产基地已建设完成。该产品的研发和应用,可提高养殖业水平,减少畜禽发病和死亡,降低饲用抗生素用量,解决动物性食品抗生素残留问题,增加养殖业效益和农民收入。

(农村处　农村中心)

【市科委党组书记杨伟光走访慰问协调员吴军伶】　年内,市科委党组书记杨伟光率领有关单位领导一行赴怀柔区开展农村科技服务体系建设调研。杨伟光书记代表市科委走访慰问北房镇韦里村典型协调员吴军伶。在吴军伶家中,杨书记亲切地询问了吴军伶收入和生活情况,详细了解了由吴军伶带领残疾人和贫困户创办的"北京林生泽种植业合作社"发展状况,聆听了吴军伶自己琢磨的一套"科技经",并实地参观了养殖基地和林地养殖模式。用"自幼身残意志刚、创业功成在家乡、携手办起合作社、带领邻里奔小康"这样一段话高度赞扬协调员吴军伶。市科委在积极推进农村科技服务体系建设中,培养出植根于农村、服务于农民的协调员,吴军伶就是其中的典型。

(农村处　农村中心)

【市科委五项创新工程促都市型现代农业发展】　年内,市科委五项创新工程促进都市型现代农业的发展。第一,实施籽种产业科技支撑工程,以农业育种基础研究创新平台为基础,建设种业企业交易创新中心和全国首个现代农业生物技术种业孵化器,建立蔬菜及杂交小麦良种繁育基地1.3万亩,形成研发、生产、交易三位一体的籽种产业体系。第二,实施食品安全科技支撑工程,抓住食品检测的关键节点,凝聚在京食品检测科技资源,建设以新发地农产品批发市场、爱农信息驿站为载体的农产品检测、监测和追溯体系,为首都农产品安全提供科技保障。第三,实施设施农业科技支撑工程,在京郊建立12个蔬菜新品种展示基地,展示新品种200多个,推广30种高产抗病优质蔬菜新品种,20项设施蔬菜高产集成栽培技术,推广安全高效设施蔬菜生产1万亩。第四,实施农产品加工科技支撑工程,建立果品加工共性技术研发平台,通过新型装备应用,提升企业加工生产水平;超高压技术实现突破,并将建设我国首个超高压食品生产基地。第五,实施新型农民培养工程,探索科研、教育、推广一体化模式,建立了22个资源站、6个推广教授工作站,完善新型农村科技培训服务体系,实现科技成果惠及农民。

(农村处　农村中心)

高新技术及其产业

电子信息技术

【北京第三届优秀软件构件评选颁奖典礼举行】 1月6日，由市科委支持，北京软件行业协会、北京软件与信息服务业促进中心和北京软件产业基地公共技术支撑体系主办，北京软件产品质量检测检验中心与北京大学承办的北京第三届优秀软件构件评选颁奖典礼举行。本届优秀软件构件评选的主题是“实现科技资源开放共享　推进自主创新能力提升”。作为首都科技条件平台电子信息领域平台的重要活动之一，本届评选活动是探索科技资源对接企业需求、将资源优势转化为自主创新支撑力的有益实践。构件评选旨在宣传构件技术，帮助企业降低开发成本、提高生产效率、加强业内沟通、培育典型优秀企业及产品，全面展示北京市科技企业发展的丰硕成果。活动期间，主办单位积极为企业和高校连续开办多场技术培训、讲座以及交流会，共享当前的最新技术理论和观点，搭建了用户对优秀科技产品和服务的认知平台。

（软件检测中心）

【“十一五”制造业信息化科技示范工程成果显著】 3月15日，科技部组织专家对北京生产力促进中心承担的北京市制造业信息化科技示范工程进行验收。“十一五”期间，北京制造业信息化科技示范工程完成37家重点示范企业，推广48家应用企业，为270家企业提供了信息化服务，涵盖电子信息产业、汽车产业、装备制造业、生物医药产业、新能源产业、都市工业等6大重点领域。

（电子信息与装备制造处）

【凝练科技成果情报，提供要素式情报服务】 3月，根据市科委指示，北京科技成果产业化情报系统（情报系统）工作启动了市领导批示重大科技项目的动态情报报送工作。在市科委总工办的指导下，起草《北京科技成果产业化重大项目进展情报报送办法》，拟定委内动态情报报送流程与职责划分，制定相关模板。年内，情报系统向市领导报送6期《北京科技成果产业化专报》，涉及生物医药、都市型现代农业、城市管理、中央在京单位项目落地等内容。围绕领域重大科技成果在京落地的工作进展，落地过程中遇到的资金、人才、政策、基础设施等问题，向市领导提供决策情报服务，促进科技成果转化要素的优化组合和高效配置。

（科技信息中心）

【联想移动智能终端“乐Phone”上市】 5月17日，市科委支持联想集团研发的乐Phone手机在全国上市销售，首销当日订购数量突破10万。该产品的上市，打破国外产品的垄断局面，带动移动互联网产业上下游共同发展，促进北京市电子信息产业核心竞争力的提升。

（电子信息与装备制造处　科技信息中心）

【情报系统（一期）上线，形成重大科技成果汇集平台】 5月18日，北京科技成果产业化情报系统（一期）上线，着力形成全市重大科技成果汇聚平台，为在京科研院所、高等院校及大型骨干企业等成果产出单位提供重大科技成果信息直报系统，围绕科技成果转化创新链条中科技研发、成果转化、市场导入和产业化四个阶段，追踪成果单位在每个阶段的技术、人才、资金等成果转化要素需求，并通过市科委相关处室和中心的科技成果情报加工等工作，为相关部门提供实时追踪科技成果转化进程的“全景式”信息服务。截至年底，情报系统（一期）收录科技成果信息188项，领域中心利用该系统提炼出的各类情报信息300多条。收录和提炼的科技成果信息为各领域的项目储备工作奠定了基础。

（科技信息中心）

【《中文办公软件基本要求及测试规范》通过国家标准审定】 5月28日，《中文办公软件基本要求及测试规范》国家标准专家审定会召开。审定会上，专家组听取了《中文办公软件基本要求及测试规范》编制组的编制说明、征求意见反馈处理及标准条文的相关说明，对提交的标准送审稿进行了审查，认为该规范明确规定了中文办公软件应满足的基本要求，并制定了相应的符合性测试规范，为中文办公软件的设计、开发及测试提供了依据。专家组一致同意该规范通过审查。《中文办公软件基本要求及测试规范》的制订和实施有望引导中文办公软件向高标准、高质量发展，对提高我国中文办公软件的整体质量具有积极的促进作用。

（软件检测中心）

【第十四届中国国际软件博览会】 6月2—4日，第十四届中国国际软件博览会在北京展览馆举行，本届软博会以市科委近两年来在科技体制机制创新、前沿科技成果等方面为重点内容进行宣传展示。展区分为“产业联盟及首都科技条件平台展示区”及“前沿科技成果展示区”，总面积达423平方米。其中，“产业联盟及首都科技条件平台展示区”通过展板、宣讲等形式向社会各界展示了6个领域平台及14个研发试验服务基地的建设情况及服务特色，并在展会上发放科技条件平台服务目录及相关材料300余套。通过本次展会充分展示了条件平台在积极探索促进首都科技资源向社会开放共享的新机制、新模式和新方法，打造首都科技条件平台“北京模式”的品牌形象，为全社会科技创新，特别是为科技型中小企业自主创新提供有力保障。

（科技信息中心）

【整合多种异构信息源，夯实情报系统基础资源建设】 7月，北京科技成果产业化情报系统开展二期建设，目标定位为服务科委业务管理工作，开展多源数据资源整合及智能分析工具的开发。目前整合权威机构的亿条以上科技数据包括全国各地区、各行业经省、市、部委登记认定的科技成果，中外专利，期刊论文、学位论文、会议论文、中外标准、法律法规等科技文献，规模企业、对外贸易等国家统计数据，以及集成了国内唯一拥有两岸四地及海外媒体版权的专业化科技资讯平台，是国内数据资源汇聚程度最高的平台之一，为系统服务奠定了数据资源基础。

（科技信息中心）

【北京渲染平台与微软公司就高性能计算达成合作共识】 10月29日，微软公司全球科学计算到访北京软件产品质量检测检验中心。北京渲染平台作为首都科技条件平台的重要组成部分，是支撑北京文化创意和设计产业发展的公共技术服务平台。该平台采用核心平台与节点平台协同工作的整体构架，四个节点平台覆盖工业设计中心、紫金数码园、大兴国家新媒体基地和石景山数字娱乐基地。北京渲染平台先后为北京奥运会、国庆六十周年庆典《复兴之路》和世博会的多个场馆提供了视频技术支持，并完成了中国首部3D电影《猴王出世》、张艺谋导演的《图兰朵》视频和传统文化巨制电视剧《三国》等一系列经典创意产品的渲染服务。来访者在充分认可北京渲染平台对外提供数字媒体公共技术与支撑服务的模式同时，表示微软公司将对北京市巨大的创意设计市场投入更多的市场资源和技术支持，并将和北京渲染平台在微软最新的HPC（high performance compute）产品和MOM（microsoft operations manager）产品上开展用户体验和用户培训的合作，将更多的前沿技术引入到创意设计领域中。

（软件检测中心）

【“面向行业/领域的IT资源挖掘、验证和组织关键技术及系统”会议召开】 11月12日，由北京软件产品质量检测检验中心组织，会同上海、广东、西安等10个孵化器、产业基地及大学科技园区代表，在科技部有关专家指导下举行“863”重点项目“面向行业/领域的IT资源挖掘、验证和组织关键技术及系统”总体组会议，共同探讨了“整合开放共享资源，完善创新服务体系”的新型合作模式。各孵化器基地为了能更好地协同资源，达到面向领域，扶持创新企业的目标，决定成立IT资源共享与服务技术创新联盟。联盟首批服务行业领域集中在集成电路、文化创意、软件产业、信息安全四个方面。联盟成立后将定期就资源共享、技术转移、培育创新服务模式等方面进行专题座谈。

（软件检测中心）

【长风联盟荣获“全国信标委SOA标准工作组优秀成员单位”称号】 12月10—11日，全国信标委SOA标准工作组2010年第二次全会召开。长风联盟作为SOA标准工作组副组长单位以及下设基础标准专题组副组长单位荣获了全国信标委授予的“2010年全国信息技术标准化技术委员会SOA标准工作组优秀成员单位”称号。长风联盟积极配合全国信标委SOA工作组，多次参与SOA技术产品与国标的相关讨论，并全程参与了两项SOA国标的制定。同时，长风联盟组织神州数码、东方通等10多家企业和中科院计算所等科研院所完成了我国首个集成多家企业技术精华而形成的《长风联盟SOA套件互操作标准规范》已顺利通过长风联盟标准委员会的评审，并作为长风联盟标准正式发布，这些规范的形成为推进联盟标准成为国家标准起到重要作用。

（长风联盟）

【基于龙芯CPU的计算机进入小规模应用阶段】 年内，市科委支持的被列入2010年“折子工程”的龙芯CPU的产业化工作进展顺利，已经在教育等行业进行了10万余套试点应用。在硬件方面，完成基于龙芯二代CPU台式机的整机研发、评测及小批量生产，完成龙芯可信计算安全中间件及安全样机开发，曙光公司推出的龙芯防火墙成功应用于西藏文化共享工程，基于龙芯多核CPU的刀片服务器产品进入了应用阶段；在软件应用方面，完成操作系统、办公套件向龙芯CPU的移植，完成电子教室解决方案的开发。

（电子信息与装备制造处　科技信息中心）

【电子纸显示驱动专用集成芯片实现产业化】 年内，市科委支持汉王科技等公司开展手持阅读终端及专用控制芯片研发。年底，电子纸显示专用控制芯片已经完成研发并形成规模量产，在汉王电纸书B10等系列型号的产品中得到应用，同时，主要用户还包括欣博阅、易万卷、长城、鑫瑞智、北洋、惠泰威、深创、西湖电子、万利达等。

（科技信息中心）

【西站地区物联网应用成果显著】 年内，市科委支持神州数码信息系统有限公司自主研发的智能视频监控系统成功在西站城管指挥中心和北京市公安局西站分局部署应用。智能视频监控系统可根据特定的监测要求，如人流密度、运动方向等，进行实时视频信息的处理、报警、搜索和回放。通过智能视频监控系统的应用，提升了西站地区突发事件预警能力，减少了漏报情况发生，方便了对告警信息的查询和回溯。同时，该系统利用GIS展示监控区域各救援部门的空间位置，为突发事件救援提供辅助决策。

（科技信息中心）

【建成全国首个城市保障性住房管理和决策支持平台】 年内，在市科委支持下，北京市公共租赁住房发展中心和北京市建设信息中心共同建设完成城市保障住房管理和决策支持平台。该平台在国内率先集成了公租房、经济适用房和限价商品房的建设、审核、配租、配售、公示等功能，自2009年底上线试运行至2010年底，日均浏览量2032次，月均受理约4000条申请信息。该平台已储存保障家庭配租信息23万余条，配售信息3万余条，房源项目信息260余个。通过课题的实施，加强了政府与社会公众之间的沟通，使住房保障工作更加规范、公正、透明、高效，为深化和提升住房保障管理与决策水平提供了有力支撑。

（科技信息中心）

【推动科技成果产业化情报系统工作体系建设】 年内，北京科技成果产业化情报系统工作以促进重大科技成果产业化为核心，积极推动情报工作体系的搭建、形成科技成果产业化创新工作模式。在科委内部建立沟通渠道，开展20多次需求调研和业务讨论，全面掌握科委内部管理业务流程及业务需求，着力实现情报系统业务支撑作用。委外邀请信息、情报、经济管理等领域专家，汇聚万方数据公司、知识产权出版社、市情报所等数据资源机构，围绕系统建设、资源整合、管理机制、运营模式等展开40余次研讨座谈。利用外部各类社会资源，形成合力，推动情报系统工作的建立，形成信息来源广、运转高效的情报工作机制。

（科技信息中心）

先进制造技术

【电动车辆国家工程实验室落户北京理工大学】 1月11日，在北京理工大学国际教育交流中心举行了"电动车辆国家工程实验室揭牌仪式"，标志着电动车辆国家工程实验室正式落户北京。工信部副部长苗圩、市委常委赵凤桐共同为电动车辆国家工程实验室揭牌。自"九五"以来，市科委在三个五年计划里持续支持北京理工大学进行新能源汽车特别是纯电动汽车的研发工作。北京理工大学先后攻克了纯电动汽车网络控制技术，整车电池更换技术等核心技术，在国内纯电动汽车领域始终保持领先地位。电动车辆国家工程实验室是国家发展改革委"十一五"期间重点规划建设的工程实验室，是新能源车辆研究和成果产业化的重要平台。其主要功能定位为：技术创新、测试检验、工程服务、人才培养和技术交流。电动车辆国家工程实验室落户北京，为本市新能源汽车特别是纯电动汽车的科技创新、产业化提供了强有力的支撑。

（先自处）

【北京市节能与新能源汽车示范推广试点实施方案通过论证】 1月26日，财政部、科技部、国家发展改革委、工信部四部委共同组织的专家组在北京召开了"节能与新能源汽车示范推广试点城市实施方案论证会"。本次论证采取试点城市示范运营现场考察与汇报答辩相结合的形式。科技部"863"计划节能与新能源汽车重大项目的11位专家组成论证会专家组，市科委、市发展改革委、市经信委、市财政局等委办局和北京市公交集团公司、北汽控股等单位的相关负责人参加了论证会。北京市新能源汽车示范工作是以公共交通、环卫、出租车领域的纯电动汽车示范应用为牵引，在奥运科技成果的基础上，加速相关技术在大客车、环卫车和乘用车方面的应用，同步完成充电基础设施建设，形成新能源汽车开发、产业化和测试评估基地，该项目至2012年达到5000辆新能源汽车在北京市的规模应用。

（先自处）

【市科委主任闫傲霜到北大方正集团调研】 4月8日，市科委闫傲霜主任带队赴北大方正集团调研，并与方正集团董事长魏新、副总裁张炳贤等就推动方正集团、中科院化学所在绿色制版项目上加快合作，方正集团重大产业化项目落地北京等进行座谈。闫傲霜指出，推动绿色制版技术在京落地具有重要意义，方正集团和中科院化学所就此开展了大量细致的具体工作，在制版和印刷软件的合作开发方面已经取得明显成效，并可望基于方正的行业积累和营销网络支撑绿色制版技术更好地进行市场推广布局。闫傲霜希望双方加强资源整合、加快合作步伐，下大决心坚定不移地将项目在京产业化的工作抓紧抓好，尽早在应用方面取得突破性进展。针对方正集团新近开发成功的喷墨数码印刷系统等重要技术，闫傲霜表示北京在这一领域具有突出的科研资源、产业配套和用户集群方面的优势，在京打造涵盖具有自主知识产权的绿色制版技术、先进印刷技术以及高端国产装备在内的产业链具有重要价值，要充分发挥市科委的组织协调作用和产学研用相结合的优势，加强技术攻关的同时注重创新机制体制，努力促成这一重大科技成果在京产业化。闫傲霜最后表示，北京市高度重视科技成果落地的工作并设立了重大科技成果转化和产业化投资专项资金，方正集团有很好的技术积累、人才储备和创新创业的文化传统，尤其是激光照排系统从实验室成果到产业化技术开发、再到大规模推广应用的成功历程对当前开展科技成果转化具有宝贵的价值,希望方正的经验能为更多科技项目产业化提供借鉴和支持。双方一致表示要开展积极对接并建立沟通机制,共同遴选、推动有发展前景的重要项目落地北京。

(先自处)

【新型离子膜电解槽技术取得重大突破】 5月10日,蓝星(北京)化工机械有限公司、北京化工大学联合承担的"高效节能型氧阴极离子膜电解槽的开发与生产示范"项目中,小型试验和中试试验两个课题顺利通过由市科委组织的结题验收,标志我国在国际上率先攻克了氧阴极离子膜电解槽关键技术,在氯碱工业核心装备方面取得了自主知识产权并达到国际领先水平。为解决我国氯碱工业高耗能问题,市科委2008年设立了"高效节能型氧阴极离子膜电解槽的开发与生产示范"重大项目。在该项目支持下,蓝星(北京)化工机械有限公司与北京化工大学产学研联合,顺利攻克了纳米碳材料负载的金属纳米粒子复合催化剂制备技术,并研制出符合氯碱电解生产用氧阴极电极材料和电极,解决了氧阴极离子膜电解槽产业化装置研制中的核心问题,在国内首次开发出ODC(氧阴极)低槽电压离子膜法电解制烧碱技术,达到国际领先水平,是国际氯碱工业领域的重大技术突破,可使我国氯碱工业降低电能消耗30%。该项目已申请国家专利6项,国际专利1项,并建立了200吨/年新型氧阴极离子膜电解槽试验装置,为我国氧阴极离子膜电解槽高端装备产业化奠定了坚实基础,将对我国氯碱工业的节能减排产生巨大推动。

(先自处　新材料中心)

【市科委主任闫傲霜到首钢总公司调研】 6月11日,市科委主任闫傲霜到首钢总公司调研,并与首钢总公司董事长朱继民、常务副总经理徐凝、总经济师毛武等负责人交流座谈。闫傲霜指出,作为首钢搬迁调整的重要项目,首钢京唐钢铁公司建设中突出自主创新,既有原始创新、集成创新、又有引进吸收再创新,其节能减排、高效清洁技术水平及生产工艺水平处于国内外领先地位,她建议首钢在运行中做好数据采集,充分体现出自主创新的重要作用。随后,闫傲霜一行与朱继民等首钢负责人座谈,就市领导批示的关于搭建科技成果承接转化平台、推进高铁轮对项目及锂电池隔膜产业化等工作进行了认真研究,并就首钢今后如何发展高端产业、推进在北京地区的转型发展等方面的工作进行了沟通。朱继民首先向市科委对首钢长期以来的大力支持表示感谢,他表示首钢搬迁后,将进行高难度的产业转型,急需科技的大力支持,首钢希望与市科委共同研究,共同推进,闫傲霜主任此次调研、座谈非常及时、重要。闫傲霜指出,首钢产业调整应该充分发挥首都的科技资源优势,加大与科研院所的合作,集中力量发展优势非钢产业、环保产业以及战略新兴产业。她希望首钢能够抓住机遇、加快发展,并表示市科委将予以大力支持,力争为首钢取得更大的成绩作出积极贡献。

(先自处)

【北京有源显示工程技术研究中心落户北京大学】 7月15日,北京有源显示工程技术研究中心在北京大学成立。为抢占新型平板显示技术的战略制高点,更好地支撑首都战略性支柱产业——电子信息产业的发展,市科委启动"TFT有源OLED显示屏关键技术研发"科技计划项目,并以北京大学有源显示研究中心为依托,建设北京有源显示工程技术研究中心。北京有源显示工程技术研究中心整合了北京大学信息科学技术学院微电子专业、化学与分子工程学院有机材料和高分子应用专业、物理学院光电子专业等方面的优势学术和科技资源,在筹建过程中围绕有源有机发光显示(AMOLED)器件设计和工艺研发已开展了大量有特色的创新性工作,并与京东方、彩虹、阿格蕾雅等相关企业建立了密切联系。

(先自处)

【北京绿色印刷产业技术创新联盟在京成立】 8月17日,"北京绿色印刷产业技术创新联盟揭牌暨战略合作签约仪式"举行,市委常委赵凤桐出席了仪式。为深化"科技北京"行动计划的实施,加速绿色制版技术、数字喷墨印刷等重大科技成果的在京转化,市科委积极组织北大方正、北人印刷、印刷学院、中科院化学所等17家北京地区的印刷企业、科研院所、高校共同发起成立“北京绿色印刷产业技术创新联盟”,希望以绿色制版技术和数字喷墨印刷技术为两大抓手,着力打造首都绿色印刷产业链条,促进北京印刷行业相关单位实现上下游协同发展,推动北京印刷产业尽快实现绿色化、高端化。会上,中科纳新印刷技术有限公司、北大方正电子公司、北人股份公司、北京印刷学院、北京日报社5家单位共同签署了绿色制版技术产业化战略合作协议。北大方正电子公司与北京印刷学院、中科院化学所,北人股份公司4家单位共同签署了数字喷墨印刷技术产业化战略合作协议。北京绿色印刷产业技术创新联盟成立及相关战略合作签约,标志着首都印刷产业已进入绿色化、高端化发展新阶段。

(先自处　新材料中心)

【科技项目驱动首都太阳能光伏装备制造业快速发展】 年内,市科委科技项目推动首都科技企业发展取得又一重大成果,北京七星华创电子股份有限公司顺利签订了1.7亿元的高产能等离子体增强化学气相沉积(PECVD)和自动化扩散炉设备生产订单,这标志着北京企业成功抢占太阳能电池生产设备高端市场。2006年以来,在市科委项目支持下,七星电子公司、清华大学等产学研结合,顺利攻克PECVD、扩散炉等太阳能光伏装备制造关键技术,产品技术达到国际先进水平,有力推动了我国太阳能光伏装备国产化进程,促进了北京太阳能光伏装备业的发展,同时也取得了良好的经济效益。截至年底,相关科技项目成果已累计为七星电子公司带来近4亿元的新增经济效益,显著提高了其应对金融危机的能力。市科委已启动实施“100MW太阳能电池关键装备研制与整线集成”重大科技项目,支持首都太阳能领域优势企业围绕光伏装备整线集成及工程服务技术开展攻关,进一步推动首都太阳能光伏装备制造业集群式发展,力争尽快把北京打造成为国内太阳能光伏装备高端制造中心与技术服务中心。

(先自处　新材料中心)

【北京市非晶产业发展又获重大进展】 年内,在市科委多年的持续支持下,北京非晶合金技术研发与产业化生产获得多项关键技术突破,已初步实现了非晶带材的国产化,并围绕国产非晶带材的应用形成了产业链上下游企业间战略合作和整体快速发展态势。年内,本市非晶产业又取得三方面的重大进展:一是万吨级非晶带材产业化关键技术获得突破。3月24日,由安泰科技公司承担的市科技计划项目“万吨级非晶带材关键技术开发及产业化”顺利通过结题验收。在该项目的支持下,安泰科技公司成功攻克了多项万吨级非晶带材产业化关键技术,建成了具有完全自主知识产权的万吨级非晶带材生产线,产品性能指标达到了国际先进水平,销售订货已超过2000吨,使我国成为全球第二个拥有万吨级非晶带材生产能力的国家。二是国产非晶带材配电变压器形成批量生产能力。围绕国产非晶带材的应用开发,“首都非晶产业联盟”成员单位齐心协力,形成了富有成效的上下游战略合作。年初,处于产业链下游的变压器企业中兆培基公司采用国产非晶带材试制生产的非晶配电变压器经检测,已完全达到了相关高效节能变压器国家标准的要求。同时,科锐配电公司采用国产非晶带材研制出的风电用非晶变压器已进入试验阶段。非晶产业链下游企业采用国产非晶带材已累计生产配电变压器1000余台,初步形成了国产非晶带材配电变压器批量生产能力,打破了国外非晶带材及其应用技术的垄断局面。三是国产非晶带材配电变压器实现批量挂网运行。中兆培基公司采用国产非晶带材中标生产的首批60台配电变压器已交付使用,成功实现了国产非晶配电变压器的批量挂网运行,挂网运行的配电网涵盖了河北、山西、河南、辽宁等省,运行状况良好并得到了应用企业的一致好评。为进一步加快本市非晶产业整体发展,完善本市非晶制造业产业链建设,市科委启动“非晶合金带材应用技术开发及产业化”重大科技项目,组织产业链上下游企业围绕风力发电用非晶变压器和高效非晶电机开展联合攻关,着力推动北京非晶产业整体发展,并努力为北京节能减排任务的落实和低碳经济发展提供有力支撑。

（先自处　新材料中心）

【企业在线管理服务平台助力中小制造企业信息化】 年内，在市科委一般课题支持下，北京恩维协同科技有限公司开始研发基于互联网的企业在线管理服务平台。该平台可为中小制造企业提供软件在线服务（SaaS）模式的可个性化定制的企业管理信息化服务，服务内容涵盖企业生产管理、供应链管理等核心业务，可有效降低企业信息化成本，提高企业管理效率，增强企业竞争力。年内，该课题已经结题，平台产品成功上线，并已为北京鼎瑞医疗装备有限责任公司、北京东方力量时装公司等中小制造企业提供示范性在线管理服务，应用效果良好。该平台已入选市经信委推进企业"工业化与信息化融合"专项工作内容，在平谷区开展应用推广。企业在线管理服务平台的应用，探索出一种符合中小制造企业业务管理特色的创新服务模式，对北京中小制造企业信息化建设具有示范作用。

（先自处　软件中心）

【市科委调研数字电视产业联盟，寻求提升数字电视产业链的切入点】 年内，市科委在清华大学与北京数字电视国家工程实验室的联盟企业进行座谈，以寻求提升数字电视产业链的切入点。北京数字电视国家工程实验室由北广、京东方、中国普天等7家企业及研究机构组成，总投资1亿元，旨在促进联盟企业的业务范围覆盖数字电视产业链各个环节。座谈会上，联盟企业建议北京今后应该加大研发投入，促进数字电视标准、三网融合、环保、节能、三网互动、三屏融合等方面的研究及应用，并建立三网融合演示中心或示范平台，以保持北京在我国数字电视传输标准国标化推广及下一代技术标准中的龙头地位。

（先自处　软件中心）

【北京汽车与装备轻量化技术研发基地取得重大成果】 年内，市科委支持机械科学研究总院围绕北汽福田等企业对轻量化技术的要求，开展超高强钢热冲压及应用技术、关键设备的研发工作；为北汽福田建立生产试验线，完成两种汽车超高强钢典型件试制及应用；建立超高强钢热成形及应用技术研发基地，促进"超高强钢热成形工程研究中心"的成立。

（电子信息与装备制造处）

生物工程与新医药技术

【抗肿瘤基因治疗Ⅰ类新药——OrienX010获得SFDA临床批件】 1月，在ABO联盟的合力支持下，经过4年多的努力，联盟成员单位北京奥源和力生物技术有限公司自主研发的抗肿瘤基因治疗Ⅰ类新药——重组人GM-CSF单纯疱疹病毒注射液（OrienX010）获得国家食品药品监督管理局颁发的药物临床试验批件（批件号：2009L11659）。OrienX010的获批，成为我国继自主研发的世界首个基因治疗药物"今又生"之后，在癌症基因治疗药物研发上取得的又一重大突破。奥源和力也成为我国第一个重组人GM-CSF减毒HSV-1载体肿瘤基因治疗药物获准临床试验的公司。

（生物中心）

【何维一行就北京对接国家重大专项有关工作进行了考察】 2月5日，重大新药创制科技重大专项实施管理办公室主任、卫生部科技教育司司长何维一行就北京对接国家重大专项有关工作进行了考察。科技部中国生物技术发展中心副主任贾丰等领导陪同考察，中关村管委会、市药监局、北京经济技术开发区管委会、中关村大兴生物医药基地、中关村昌平园等单位的有关领导参加了此次会议。会议由市科委党组书记、副主任杨伟光主持，北京生物技术和新医药产业促进中心就北京对接重大新药创制科技重大专项的工作进展和下一步工作思路做了汇报。何维在会上指出，北京在对接重大新药创制科技重大专项的工作中成果显著。当前，国务院提出大力发展战略新兴产业，重大新药创制专项在解决老百姓用药问题的同时需要对产业发展有推动作用，需要与最活跃的区域建立紧密联系。北京作为全国的首善之区是国家重点发展的核心区域，希望北京进一步探索对接国家重大专项的体制机制创新，将区域发展与国家专项紧密结合，产生一批重磅品种、突破一批关键技术、提升一批核心能力，认真谋划“十二五”重点工作，成为国家重大专项的战略支撑点。

（生物中心）

【仿制药沟通会召开】 3月16日，北京生物技术和新医药产业促进中心组织奥得赛、科信必成、万生药业等9家京区重点企业就北京仿制药产业现状与面临的问题及如何推动产业发展等进行了深入的调研与沟通。各企业代表一致认为发展仿制药产业符合我国产业现状，是快速做大产业规模，推动产业跨越发展的重要手段。北京拥有发展仿制药的资源优势和基础，推动仿制药产业发展很必要也很及时。为进一步提升仿制药产业对跨越发展的贡献率，建议政府从对达到国际GMP标准的产品区别定价、设立鼓励首仿资金、接轨国际标准、建设特色高端原料药基地、宣传京药品牌等几方面着力推动。大家一致同意建立定期沟通机制，围绕北京仿制药产业发展的共性问题进行定期沟通，推动北京仿制药产业快速发展。

（生物中心）

【北京医疗器械产业创新联盟召开第一届常务理事会筹备会】 3月，北京医疗器械产业创新联盟召开了成立后的第一届常务理事会筹备会，会议讨论通过了联盟的组织形式，将采取包括常务理事单位和普通会员单位在内的会员制，设立常务理事会作为决策机构。理事会秘书处设在生物中心，负责联盟的运行工作。会议还讨论确定了联盟2010年的重点工作：一是树立北京医疗器械产业形象，策划以“北京医疗器械产品保障生命健康”为主题的优秀产品移动展示活动；二是开展国际合作，引进吸收国际先进技术和项目，计划以联盟为整体开展与美国俄亥俄州的医疗器械技术合作；三是定期以联盟为单位与临床医院和监管部门进行沟通，开发更具临床适应性、安全性和可靠性的新产品。

（生物中心）

【“第十届北京生命科学领域学术年会”召开】 4月15日，以“转化医学：医疗资源整合与创新”为主题的“第十届北京生命科学领域学术年会”召开。会议旨在推动转化医学的发展，提升医疗健康领域的创新能力。市科委主任闫傲霜、北京大学医学部常务副主任方伟岗、中国疾病预防控制中心副主任刘剑君，中国工程院侯云德、王陇德、程京、张礼和、童坦君等多位院士，以及来自京区生命科学研究机构、医院、生物技术公司的专家学者、企业界代表共400余人参会。

（生物中心）

【“北京生物医药产业跨越发展工程暨‘G20’工程”启动】 4月23日，“北京生物医药产业跨越发展工程暨‘G20’工程”启动，这是落实“科技北京”行动计划和建设中关村国家自主创新示范区的重要举措；是北京市深入调整产业结构，进一步加快经济增长方式转变的重要内涵；更是北京在全国率先启动，培育战略性新兴产业的重要行动。市委常委赵凤桐、副市长苟仲文、市委副秘书长李福祥、市政府副秘书长戴卫等相关领导，以及相关委办局、企业、金融机构和新闻媒体代表参加了此次活动。

（生物中心）

【“国家北京生物医药创新孵化基地”揭牌】 4月23日，“国家北京生物医药创新孵化基地”启动，作为北京对接“重大新药创制”等国家重大科技专项而启动的重点建设项目，孵化基地将成为实施“北京生物医药产业跨越发展工程”的重要载体，打造“官、产、学、研、资”有机结合的现代化、国际化、综合性创新药物研发和产业化大平台，全国最具实力的生物医药研发和产业化基地，全面提升京区生物医药产业的国际竞争力和可持续增长能力。

（生物中心）

【《推动北京生物医药产业跨越发展的金融激励试点方案及工作管理办法》出台】 4月23日，《推动北京生物医药产业跨越发展的金融激励试点方案及工作管理办法》由市科委会同中国人民银行营业管理部、北京银监局联合发布。按照中关村国家自主创新示范区“先行先试”的原则，设立科技专项资金，引导商业银行、担保公司等金融机构加大对北京生物医药产业的金融支持力度，切实改善科技型生物医药企业融资难的状况。

（生物中心）

【EV71诊断试剂获批生产文号】 5月6日，ABO联盟与中国CDC合作开发的EV71抗体（IgM）诊断试剂盒（酶联免疫法）和EV71抗体（IgG）诊断试剂盒（酶联免疫法）获得了国家食品药品监督管理局颁发的生产文号，是我国首个获批的EV71抗体诊断试剂盒。是ABO联盟与中国CDC以“新发传染病快速应急反应体系”为核心，构建产学研合作平台，继甲型H1N1流感检测试剂盒成功上市之后的又一重大成果，充分体现了ABO联盟整合资源、联合研发的优势，体现了“北京机制”的创新性和高效性。

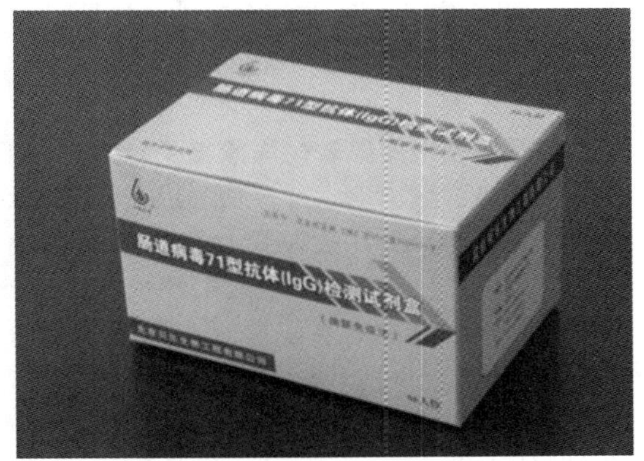

（生物中心）

【市委组织部专题调研ABO联盟领军人才引进情况】 5月12日，市委组织部专题调研了ABO联盟领军人才引进情况并指出联盟应秉承“以需引人、按需选人”的原则，多角度对人才进行评价，并协调国家、北京等相关部门，对专业人士开展专业培训，将ABO联盟打造成人才集聚的产业联盟。

（生物中心）

【“第三届国际生物技术与农业峰会·北京”召开】 5月19—20日，以“北京：农业硅谷籽种之都”为主题的“第三届国际生物技术与农业峰会·北京”召开，围绕打造现代农业高端产业、农业投资新热点、打造北京种业总部经济促进区域农业经济发展、现代生物技术和种业发展、生物技术促进畜禽籽种产业发展等当前形势下的热点话题展开研讨。峰会搭建了农业科技国际交流平台，为把北京打造成为生物农业的创新中心，农业新技术新品种的辐射中心，跨国公司汇聚的国际交流中心和人才中心创造了有利条件。会议邀请了41位演讲嘉宾，吸引了300余位业内代表参加。市委常委赵凤桐出席了大会并致词。

（生物中心）

【北京生物医药展团出席全球最大生物技术展会(BIO)】 5月,由亦庄、大兴、昌平三大园区,3家首批G20企业、7家ABO联盟成员以及一批国际公共服务平台等21家机构组成"北京展团",首次以"北京·全球创新城市"的统一形象亮相BIO,成为大会中唯一以城市为单元的展团,引起广泛关注。此次出访是国际社会对北京生物医药产业的一次全面审视。

(生物中心)

【"生物医药领域成果转化与承接平台"正式启动】 6月4日,"生物医药领域成果转化与承接平台"正式启动,平台从承接优秀成果落地出发,构建了"供需对接"、"成果评价"、"引导资金"、"孵化空间"、"技术服务"、"政策帮扶"、"宣传展示"七大行之有效的支撑体系。启动仪式上,签署了"桑枝总生物碱"等6个项目的落地协议;受市科委委托,北京生物技术和新医药产业促进中心与相关机构签署了共建平台引导资金、孵化及产业化空间、技术服务支撑3份合作备忘录,为优秀成果在京落地做好全方位物质准备。

(生物中心)

【首批"G20"企业北京以岭药业参松养心胶囊和连花清瘟颗粒在大兴生产基地正式投产】 6月,首批"G20"企业北京以岭药业参松养心胶囊和连花清瘟颗粒在大兴生产基地正式投产,预计参松养心胶囊年产10亿粒,2010年实现销售2亿元;连花清瘟颗粒年产3亿—5亿袋,2011年销售额突破1亿元,从而使北京生物医药领域亿元品种数量突破60个。

(生物中心)

【"G20"工程亮相第二届全国健康科技高层论坛暨新特药博览会】 7月8—10日,"G20"工程亮相第二届全国健康科技高层论坛暨新特药博览会,全国政协副主席、科技部部长万钢,科技部党组书记李学勇,卫生部副部长刘谦,总后卫生部副部长王玉民等有关领导视察了北京展团,对北京对接国家重大专项、启动G20工程、塑造京药品牌等工作给予了充分肯定。

(生物中心)

【默克雪兰诺有限公司中国区总部在京投入运营】 7月27日,默克雪兰诺有限公司中国区总部在京投入运营,项目总投资3亿元人民币,将成为北京生物医药产业跨越发展的重要力量。

(生物中心)

【全球最新第三代长效胰岛素"来得时"(SoloStar®)预灌装注射剂生产线项目在北京经济技术开发区开工】 7月,全球最新第三代长效胰岛素"来得时"(SoloStar®)预灌装注射剂生产线项目在北京经济技术开发区开工,项目计划总投资6亿元,占地8380平方米,建筑面积14426平方米,扩建后总厂房面积为27563平

方米，预计2012年建成后产能达5000万支，年产值达30亿元。

（生物中心）

【北京生物技术和新医药产业促进中心与美国俄亥俄州生物技术协会（BioOhio）签署合作备忘录】 7月，北京生物技术和新医药产业促进中心与美国俄亥俄州生物技术协会（BioOhio）签署合作备忘录，双方将就推动两地在医疗器械、心血管疾病防治等领域开展合作。在医疗器械领域，将以北京医疗器械产业创新联盟为依托，与俄亥俄州医疗器械企业开展技术研发和产品引进等方面的合作；在心血管疾病领域，将以心血管疾病诊断和治疗为重点，推动京区相关机构与俄亥俄州克利夫兰医疗中心等心血管疾病医疗机构开展合作。

（生物中心）

【聚高端智力，规划“中国药谷”】 8月3日，市科委与大兴区政府，邀请全球知名产业集群研究机构美国摩立特集团、上海世博园规划机构久谦企业管理咨询有限公司、国家战略新兴产业规划单位国家发展改革委产经所等国内外知名机构专家，就将大兴生物医药产业基地打造为“中国生物医药产业跨越发展主阵地、北京世界城市建设新地标”的“中国药谷”规划进行研讨。与会专家指出：“中国药谷”要着眼于未来规划，进一步明确功能定位，从产业领域、价值链、产业集群等多个维度出发制定园区发展路线图，抢占产业价值链的高端环节；分层次从“差异化”战略、“客户”战略出发建立引领中国生物医药产业的总部基地、创新基地、高端制造基地，有效地将首都科技资源优势、临床资源优势转化成首都的城市竞争力和产业发展竞争力，成为引领全国生物医药发展的增长极。

（生物中心）

【抗体产业技术创新（北方）战略联盟扩大会议召开】 8月5日，“抗体产业技术创新（北方）战略联盟扩大会议”召开，中国医科院肿瘤研究所、北京义翘神州公司、百泰药业公司、北京万泰药业公司等13家新成员正式加入北方抗体联盟，联盟成员达20家。会议讨论通过北方抗体联盟章程，第四军医大学陈志南院士当选第一任理事长，北京生物技术和新医药产业促进中心主任雷霆当选为第一任秘书长。

（生物中心）

【副市长苟仲文调研北京中药龙头企业】 8月18日，副市长苟仲文调研北京中药龙头企业，视察了北京绿色金可生物技术股份有限公司、北京同仁堂股份有限公司、北京以岭药业有限公司等北京中药产业重点龙头企业，就绿色金可“天然植物提取物多功能代工线”和两家“G20”企业有关进展情况进行了调研。

（生物中心）

【“以同仁堂为龙头推动北京中医药产业发展战略座谈会”召开】 8月25日，“以同仁堂为龙头推动北京中医药产业发展战略座谈会”召开，来自同仁堂、中医科学院、市科委及20余家企业、院所和相关政府部门领导和专家围绕“北京中医药产业发展战略和如何发挥龙头企业作用”进行了深入研讨，副市长苟仲文出席会议并讲话。苟仲文充分肯定了同仁堂、以岭药业等中药企业对推动北京医药产业发展作出的贡献，并指出：中医药产业是北京的优势和特色产业，是调整首都经济结构，转变经济增长方式的重要抓手，抓好中医药产业是对北京“做优一产、做强二产、做大三产”的重要体现；以同仁堂、以岭等为代表的国有企业、高新技术企业应在产业发展中起到引领作用，成为“G20”工程的先行者，成为“三个北京”的实践者，成为整个中医药行业的领跑者；政府应在产业发展中发挥重要的引领作用，各相关委办局要协调推进，在促进中医药总部发展、产学研用机制、临床应用、种植研究、出口以及相关政府采购政策等方面形成合力，推动中医药产业发展。同时要求市国资委将“以同仁堂为龙头带动北京中医药产业发展”列入北京国有企业带动产业发展计划中。

（生物中心）

【北京生物医药产业顾问会成立】　9月12日，北京生物医药产业顾问会成立，德福资本首席执行官李振福、吉林修正药业集团股份有限公司董事长修涞贵等9位专家成为顾问会成员，为北京生物医药产业的发展献言献策。

（生物中心）

【“第101次生命科学前沿研讨会——肿瘤蛋白质转化医学研讨会”召开】　9月15日，“第101次生命科学前沿研讨会——肿瘤蛋白质转化医学研讨会”召开，对推动首都重大疾病转化医学发展、加快肿瘤等危险疾病临床诊疗技术的进步、提高人民健康具有重要意义。程书钧、沈岩、饶子和、陈志南、李宁和洪涛等多位院士出席会议。

（生物中心）

【“G20”工程和ABO联盟亮相“2010年日本国际生物技术展览会”（BIO Japan 2010）】　9月29日至10月1日，北京生物技术和新医药产业促进中心和北京生物制品研究所在“亚洲热点”峰会上分别作了《北京生物医药产业——中国的活力所在和发展方向》和《中国疫苗产业的形势和发展趋势》的主题报告，全面展示了“G20”工程以来，首都的创新发展环境、重大创新成果和日益与国际接轨的创新能力，成为BIO Japan上中国元素的集中体现。

（生物中心）

【市委书记刘淇率队视察了ABO联盟成员北京义翘神州生物技术有限公司】　10月11日，市委书记刘淇率队视察了ABO联盟成员北京义翘神州生物技术有限公司（神州细胞工程有限公司），刘淇对该公司“以CRO服务带动研发技术水平提升”的产业发展模式和“以人才引人才”的人才聚集模式表示充分肯定，对公司以抗体等高附加值的科技创新为动力、加快生物医药产业发展的做法表示认可。同时，要求有关部门要进一步提高服务意识，为企业的创新和发展提供支持。

（生物中心）

【北京民海生物技术有限公司引进法国赛诺菲巴斯德公司“人二倍体细胞狂犬疫苗”项目签约发布会举行】 10月22日，北京民海生物技术有限公司引进法国赛诺菲巴斯德公司“人二倍体细胞狂犬疫苗”项目签约发布会举行，副市长苟仲文出席并致词。该疫苗是全球人用狂犬疫苗评价的“金标准”，是赛诺菲巴斯德公司成立113年来第一个对外产品转化项目，也是我国继引进美国默沙东公司乙肝疫苗后的第二个成熟疫苗品种。

（生物中心）

【北京生物技术和新医药产业促进中心与美中医药开发协会（SAPA）签署了合作备忘录】 10月24日，北京生物技术和新医药产业促进中心与美国最大的生物医药华人组织——美中医药开发协会（SAPA）签署了合作备忘录，双方将进一步深化战略合作，以主席论坛等活动促进北京生物技术和新医药产业促进中心与SAPA成员间的信息交流，并在人才团队、项目和企业来京发展等多方面开展合作。

（生物中心）

【“推动北京生物医药产业跨越发展的金融激励试点方案第二批金融机构签约仪式”举行】 10月25日，“推动北京生物医药产业跨越发展的金融激励试点方案第二批金融机构签约仪式”举行，第二批“金融激励试点单位”包括中国工商银行北京市分行、中国建设银行北京市分行、中国民生银行总行营业部、华夏金谷担保有限公司、金达信用担保有限公司、中担投资信用担保有限公司。

（生物中心）

【北京生物医药投资联盟签约仪式】 10月25日，“北京生物医药投资联盟签约仪式”举行，

该联盟是由中国国际金融公司、上海涌通投资管理中心、晨兴集团、北京德福投资有限公司、北京生物技术和新医药产业促进中心针对生物医药产业特点共同组建的投资联盟，目前联盟已锁定资本规模共计60亿元。

（生物中心）

【“北京国际生物医药产业发展论坛·2010”举行】 10月25—27日，市科委联合多家单位主办的“北京国际生物医药产业发展论坛·2010”召开，共商北京生物医药产业发展大计，邀请到来自跨国公司、国内优秀企业、科研院所及卫生部、科技部、国家发展改革委及北京市相关委办局的代表600余人参会，其中外方代表110余位，包括40位来自美国强生等跨国制药公司的高级管理人员。市委常委赵凤桐、副市长苟仲文、国家中医药管理局副局长于文明、国家重大新药创制重大专项实施管理办公室主任何维等领导出席了开幕式。

（生物中心）

【“布尼亚病毒疫苗合作开发启动会”召开】 10月，“布尼亚病毒疫苗合作开发启动会”召开，会议由ABO联盟秘书处联合有关成员单位北京生物制品研究所、中国药品生物制品检定所及中国疾病预防控制中心病毒病预防控制所共同举办。会议确定：一是由新型布尼亚病毒引发的疾病病死率高达10%，无特效治疗方法，有必要开展疫苗研发；二是由“病毒所”向中检所和北生所提供1株毒株以开展相关预实验研究；三是ABO有关成员单位联合开展该病毒的微生物学、流行病学、免疫学领域初步探索性研究。中国医药集团、北京生物技术和新医药产业促进中心、西北民族大学等相关人员参加了本次会议。

（生物中心）

【“系统作物设计前沿实验室”正式启动运行】 11月21日，“系统作物设计前沿实验室”正式启动运行，该实验室由世界著名植物分子生物学家、耶鲁大学终身教授邓兴旺博士带领的高技术创新团队与北京首都农业集团有限公司共同建设。“实验室”以智能不育分子设计技术为核心，通过现代生物技术和常规育种技术相结合，高效开展水稻、小麦、玉米、棉花、大豆等作物的新品种培育及产业化，实现主要农作物由“经验育种”向“精确育种”的战略性转变。市委常委赵凤桐在讲话中充分肯定了国际一流学术团队与首农集团的合作，要求总结经验，推广高技术团队与北京产业结合、加速成果转化落地的创新模式。同时表示“实验室”应作为科技部与北京市共建“国家现代农业科技城”的重要内容，给予大力支持。

（生物中心）

【“超级细菌应对策略”前沿讨论会召开】 12月10日，“超级细菌应对策略”前沿讨论会召开，会议由ABO联盟与中国疾病预防控制中心、解放军疾病预防控制所、中国药品生物制品检定所、北京协和医院、中国医学科学院、军事医学科学院、四川大学华西医院等机构共同举办。会议讨论认为，市科委前期启动的以ABO联盟为承担单位的“首都新发传染病快速应急反应体系”建设已取得成效。此次“超级细菌”的防控工作应与其充分衔接。针对“超级细菌”的控制策略，专家建议，一是加快“超级细菌”快速检测试剂盒的推广应用，共同推动解放军疾病预防控制所研制出的“超级细菌”快速检测试剂盒在临床上推广使用；二是积极开展新型抗生素的研发。目前，北京科润维德公司已与四川大学华西医院合作，共同进行新型生物抗菌药物的研制。

（生物中心）

【“北京生物医药创新孵化基地建设”项目进行结题前检查】 12月14日，国家重大新药创制重大专项实施管理办公室的专家对“北京生物医药创新孵化基地建设”项目进行结题前检查。目前“孵化基地”中3家机构通过美国FDA的GLP审查；5家单位动物实验室通过国际实验动物评估和认可委员会（AAALAC）认证；“阿德福韦酯片”、“甲型H1N1流感疫苗”等一批品种获得或正在申报新药证书。

（生物中心）

【“京台生物医药合作论坛”在台中市召开】 12月15日，由北京生物技术和新医药产业促进中心、北京医药行业协会、台湾海峡两岸民间交流促进会、中华中药商业同业公会全联会共同举办的“京台生物医药合作论坛”在台中市召开。会上,北京生物医药行业协会与台北市西药代理商业同业公会就促进京台两地合作与交流、北京奥得赛化学股份有限公司与台耀化学就共同在京设立原料药研发与合成平台、北京四环生物制药有限公司与永昕生物医药股份有限公司就共同开发国际市场分别签署了合作协议。

(生物中心)

【北京以“三集”推动重大疾病科技攻关】 年内,市科委和市卫生局全力推进“首都十大危险疾病科技攻关与管理实施方案”,以“集中人民健康重大问题、集聚社会各方优势资源、集成各类高新科技成果”(“三集”)的工作思路,推动首都十大危险疾病科技攻关工作全面开展。同时,以“方案”的实施为手段,对接及促进国家“艾滋病和病毒性肝炎等重大传染病防治”和“重大新药创制”重大专项在京的顺利实施,科技对维护市民健康的作用日益凸显。

(生物医药处)

新材料与新能源技术

【全国生物材料大会召开】 4月15日,全国生物材料大会在成都召开。两院院士、国家自然基金委员会特邀顾问师昌绪,中国工程院李恒德院士、周廉院士、张兴栋院士、邱贵兴院士、卢世璧院士、戴尅戎院士,中科院沈家骢院士、卓仁禧院士等业界顶级专家和学者,科技部和国家食品药品监督管理局等部门的领导以及生物材料企业界和投融资界嘉宾共计1100余人出席了本次大会。本次大会以先进生物材料及其在组织工程和再生医学中的应用为中心,集中展示了我国生物材料科学与工程的最新进展,以及取得的国际先进水平成果。

(新材料中心)

【中国碳纤维发展战略研讨会在京召开】 5月27—29日,由国家碳纤维工程技术研究中心、碳纤维制备技术国家工程实验室、碳纤维制备及工程化国家工程实验室共同主办,北京新材料发展中心承办的“中国碳纤维发展战略研讨会”在北京顺利落幕。本次会议的主要目的是针对我国碳纤维产业的现状、存在的问题以及未来发展方向展开深入研讨。国家发展改革委、科技部、工信部、国防科二局、中科院高技术局等部门主管领导,师昌绪院士、季国标院士、杜善义院士、周国泰院士、姚穆院士等权威专家,“863”新材料领域专家组组长徐坚以及国内主要的碳纤维厂商等共计150余名各界代表参加了此次会议。受市科委的委托,北京新材料发展中心围绕碳纤维产业化关键技术及关键工艺,先后组织实施了一系列重大科技项目,并取得了显著进展。

(新材料中心)

【2010(第五届)动力锂离子电池技术及产业发展国际论坛开幕】　11月4—7日,由市科委、北京大学、清华大学共同主办,北京新材料发展中心与新材料产业杂志社承办的"2010(第五届)动力锂离子电池技术及产业发展国际论坛"拉开帷幕。本届论坛针对业界普遍关注的"长寿命的动力及储能锂离子电池"为主题展开了激烈地研讨。会议吸引了包括中国工程院院士陈立泉、杨裕生,美国能源部官员戴夫·豪厄尔等国内外50多位锂电领域的资深专家,以及来自日本、韩国、英国、德国、澳大利亚、新加坡等国内外锂电领域的知名生产企业、著名科研单位、相关咨询机构及政府主管部门的300余名代表,从产业政策、技术研究及产业进展等不同角度探讨了动力锂离子电池方面的最新进展。本届论坛将对促进北京锂离子领域与国外的交流与合作,支撑首都新能源汽车产业的快速发展,吸引更多的国内外资源服务于北京经济社会发展产生积极影响。

（新材料中心）

知识产权

专利管理与服务

【在京重大项目专利服务】 1月25日，国能风力发电有限公司兆瓦级垂直轴风机（样机）在平谷区正式下线。市知识产权局积极协调国能风力发电有限公司与业界著名专利服务中介机构签订合作协议，对该项目核心技术的专利布局提供服务，委托中国商标专利事务所，完成"垂直轴风力发电机专利申请分布的初步分析"。

（办公室）

【国家知识产权局领导调研亦庄中小企业】 2月23日，国家知识产权局专利管理司司长马维野在市知识产权局副局长周砚的陪同下，来到北京亦庄经济技术开发区就中小企业知识产权情况进行专题调研。国家知识产权局专利管理司企业处处长彭茂祥和市知识产权局产业促进处处长马鸿雅等陪同调研。

（产业处）

【第四届全国专利周北京地区活动启动】 11月8日，以"实施专利战略 转变发展方式"为主题的第四届全国专利周北京地区活动开幕式在中国技术交易所举行。市知识产权局副局长周砚、市科委委员陈力工、中关村管委会副主任李石柱、海淀区区长助理卜永祥、中科院北京分院党组书记何岩以及中国技术交易所总裁郭书贵出席了开幕式。来自企业、科研院所、金融机构、中介机构代表及主要新闻媒体参加了开幕式。

（办公室）

【中小企业知识产权战略推动工程启动】 11月，市知识产权局在北京经济技术开发区正式启动中小企业知识产权战略推进工程，进一步推进首都知识产权战略实施，助力首都中小企业经济发展方式转变，确定北京经济技术开发区和中关村生命科学园为北京市首批中小企业知识产权战略推进工程实施单位。

（产业促进处）

【北京企事业单位国外专利申请成绩喜人】 12月1日，市知识产权局召开北京市2010年资助向国外申请专利工作交流大会。国家知识产权局专利管理司巡视员吴宁燕、市知识产权局副局长周砚出席会议并讲话。据悉，经国家知识产权局、财政部审核批准，2010年全市129家单位的527项《专利合作条约》（PCT）申请获得中央财政资助共计2875万元，资助额度继续位居全国各省市之首。

（办公室）

【丰台区重奖专利授权及转化项目】 年内，为进一步激励发明创造，开发和利用区域创新资源，大力提高区域自主创新能力，丰台区政府出台实施《丰台区专利奖励及转化资助办法》，设立专利奖励及转化资助资金，每年专项支出1000万元用于重奖专利授权和转化项目。《办法》侧重对发明专利申请及授权的奖励，规定对全区具有较高科技含量并可预见有较好的经济效益和社会效益的转化项目给予资助，对联盟内符合条件的项目将给予优先资助。

（办公室）

【出台专利商用化管理办法】 年内，为深入推进首都知识产权战略实施，激励和支持专利技术商用化，促进知识产权的权利流转和实施，北京市知识产权局、市财政局共同发布《北京市专利商用化促进办法》，对全市专利权人在专利商用化过程中符合特定条件的专利转让、许可行为进行资助。《办法》共18条，规定市级财政部门设立专项资金，用于对通过专利转让、专利许可等方式实现专利商用化的突出项目进行资助。

（管理处）

【出台加强市属国有企业知识产权管理指导意见】 年内，为深入推进首都知识产权战略实施，促进首都经济增长方式转变，大力服务世界城市建设。市知识产权局、市国资委共同发布《关于加强市属国有企业知识产权工作的指导意见》，围绕进一步加强市属国有企业知识产权创造、管理、保护、运用等方面的9项工作任务及措施，重点提出要建立推进市属国有企业知识产权工作联席会议制度、负责指导和研究企业重大知识产权工作事项和问题;针对重点领域、重要产业特点和发展趋势,指导企业制定、完善和实施企业知识产权战略。

(产业促进处)

专利保护

【十一届中国国际汽车展览会展会知识产权保护】 4月23日至5月2日,第十一届中国国际汽车展览会在中国国际展览中心新馆和本馆两个展区(整车展区和零部件展区)同时举行。市知识产权局副局长潘新胜前往指导工作,指出展会知识产权保护要为中央单位服务,为品牌展会护航,进一步做好展会的知识产权保护工作,为把北京建设成为"世界城市"营造良好的知识产权保护环境。

(执法处)

【北京12330进驻第十届国际交通展】 5月26—28日,北京12330进驻第十届国际交通展,提供展会知识产权保护咨询,促进展会知识产权环境健康发展。在为期三天的展会上,北京12330为公众发放知识产权宣传材料1000余份,解答咨询数十件。

(北京12330)

【北京12330连续四年进驻科博会】 5月27—31日,北京12330进驻科博会,提供展会知识产权保护咨询。自2007年以来,北京12330在市知识产权局的指导下,配合行政执法工作,已连续第四年进驻科博会,现场接收侵犯知识产权的举报投诉,提供法律咨询服务,宣传知识产权保护知识。在为期五天的展会上,北京12330为公众发放知识产权宣传材料3000多份。

(北京12330)

【朝阳区出台知识产权保护政策】 7月29日,由朝阳区知识产权联席会议办公室主办的"朝阳区促进保护知识产权签约仪式暨政策发布会"在望京科技创业园举行,市知识产权局副局长王淑贤、朝阳区副区长阎军应邀出席并讲话。7月1日,朝阳区出台的《朝阳区知识产权促进与保护的若干措施》及8个配套办法正式实施,标志着朝阳区知识产权促进与保护"1+8"政策体系的正式形成。

(办公室)

【建立专利案件合作审查机制】 11月9日,市知识产权局与国家专利复审委员会签订《国家知识产权局专利复审委员会与北京市知识产权局专利案件办理工作合作协议》。双方在加快专利行政案件的处理速度,提高专利案件办理效率,建立务实高效的专利案件合作机制,提高专利执法行政效能等方面建立广泛的合作。

(执法处)

【北京知识产权保护专项执法行动启动】 11月,为深入贯彻落实国务院全国知识产权保护与执法工作电视电话会议精神,根据北京市政府《打击侵犯知识产权和制售假冒伪劣商品专项行动实施方案》的工作部署,市知识产权局成立市知识产权局系统专项行动领导小组,制定《北京知识产权系统专项工作方案》,以专利行政执法为重点,全面启动知识产权保护专项工作。

(执法处)

知识产权统筹协调

【与昌平区签订合作协议】 1月30日,市知识产权局与昌平区政府在昌平区举行《合作发展实验室经济构建知识产权示范区框架协议》推进会。市知识产权局局长刘振刚、昌平区区长金树东等领导出席会议。

(办公室)

【北京地区"专利金奖"成绩喜人】 2月1日,第十一届中国专利奖颁奖仪式在京举行。此次中国专利奖共颁发金奖15项,优秀奖170项。其中,北京地区专利获得中国专利金奖4项，占27%；获得中国专利优秀奖33项，占17%。同时，北京市知识产权局获得中国专利奖最佳组织奖。

（办公室）

【中关村“知识产权推进工程”】 3月，市知识产权局会同中关村管委会正式启动“中关村国家自主创新示范园区知识产权推进工程”，成立中关村国家自主创新示范园区知识产权推进工程领导小组，制定《中关村国家自主创新示范园区知识产权推进工程工作方案》，建立中关村企业专利申请绿色通道，推动中关村重点产业联盟知识产权推进计划、中关村百家创新试点企业引优扶强计划、中关村知识产权质押贷款处置试点工作等工作的实施。

（办公室）

【区县知识产权专业支持战略合作】 3月，全市区县知识产权局长会暨“区县知识产权专业支持战略合作协议”签约仪式在京举行。市知识产权局局长刘振刚及各区县、经济开发区知识产权局局长、主管副局长、知识产权中介机构负责人参加会议和签约仪式。

（办公室）

【国家审查员基地落户北京】 8月31日，国家知识产权局专利局北京（中关村）审查员实践基地试点活动在中国化工集团公司总部正式启动，标志着国家知识产权局专利局北京（中关村）审查员实践基地建设工作迈出了具有实质性意义的一步。国家知识产权局专利局人事教育部副部长赵喜元、国家知识产权局专利局化学发明审查部副部长张伟波、市知识产权局副局长周砚出席了启动仪式。中关村知识产权促进局局长徐正祥主持启动仪式。

（中关村促进局）

【2010全国直辖市知识产权工作会召开】 10月20—22日，由市知识产权局承办的2010直辖市知识产权工作会在京召开。天津、上海、重庆等市知识产权局及深圳市市场监督管理局的主要领导参加会议。各单位参会代表通报了本地区知识产权工作情况，交流了工作经验和做法，并围绕知识产权融入区域经济建设，促进产业经济发展方式转变，编制地方知识产权“十二五”发展规划等开展了深入交流和研讨。

（办公室）

质量技术监督

标　准

【“劳动保护等系列标准研究”课题启动会召开】 1月19日，质检公益性行业科研专项“劳动保护等系列标准研究”课题启动会在北京市标准化研究所召开，国家标准委、国家中医药管理局、市质监局、市质量监督标准化研究所、中国劳动保障科学研究院、中国劳动学会劳动标准专业委员会、上海中医药大学曙光医院等单位的代表出席了会议。在启动会上，市质量监督标准化研究所介绍了课题总体情况，各子课题承担单位分别向国家标准委汇报了各自子课题的研究计划，四家课题承担单位相互交流沟通，对课题研究和协调配合提出具体看法和意见。国家标准委服务业部处长姬二明对会议进行了总结并对课题研究提出具体要求。姬二明还强调必须严格按照课题预算和财政部、科技部联合颁发的《公益性行业科研专项经费管理试行办法》的要求进行经费的分配及使用。最后，项目牵头单位北京市标准化研究所与各子课题承担单位签订合作合同，标志着“劳动保护等系列标准研究”课题正式启动。

（质监局）

【市质监局召开地方标准立项协调会】 2月5日，市质监局召开了2010年地方标准立项协调会，各委办局标准化工作的负责人参加了会议。会上市质监局通报了2010年北京市地方标准立项申报情况和审查结果，各相关委办局结合本部门、本行业特点，围绕今年地方标准项目进行了广泛的沟通和协调。本次会议的召开，对加强地方标准管理工作中各行政部门之间的沟通与协调，以及提升地方标准的有效性发挥了积极的作用。今后，地方标准立项协调会制度将作为地方标准管理工作的一项长效机制推行，并借此构建全市地方标准管理工作的平台，逐步在本市各行政主管部门之间树立沟通、共享的标准化工作意识，建立沟通与协调的工作机制，使地方标准能够更好地为促进本市经济和社会发展发挥作用。

（质监局）

【东城区国家级城市公共服务标准化示范区第一次调研完成】 2月5日，东城区国家级城市公共服务标准化示范区项目第一次调研顺利完成。此次调研由东城区质监局标准化主管局长范明带队，示范区领导小组办公室工作人员及北京大学公共经济管理研究中心研究人员共同对11家项目承担单位、2个街道的3家社区服务站进行了现场调研，总计300多人次参加了调研座谈。通过座谈进一步了解和掌握了示范区标准化工作的亮点、特点及整体状况，各项目承担单位承担的主要服务职能与事项、资料收集整理情况、业内专家的情况及标准化工作现状，以及各单位标准体系建设与项目执行存在的主要困难和问题，明确了下一步示范区工作推进的思路、步骤和重点。

（质监局）

【"空间科学及其应用标准体系研究和重要标准制定"课题启动会召开】 2月26日，质检公益科研专项"空间科学及其应用标准体系研究和重要标准制定"课题启动会在西郊宾馆召开，国家标准委、市质监局、市标准化研究所、中科院光电研究院、北京大学、中科院高能物理所、中科院国家天文台、中科院力学所、北京航空航天大学等单位的代表出席了会议。市标准化研究所作为课题牵头承担单位，中科院光电研究院作为课题协作单位，将共同完成该课题的研究工作。与会领导对项目的实施提出了具体的要求和建议，市质监局和工业二部表示将为项目研究提供支持。

（质监局）

【落实"专业法规学习利用年"主题教育活动】 3月1日，顺义区质监局在全局开展"专业法规学习利用年"主题教育活动，标准化科认真学习文件精神，结合工作实际贯彻落实三项措施：①结合指导思想和工作目标，制订学习计划，并认真贯彻执行，努力将学习成果运用到具体执法工作中去。②明确执法目标任务和日常工作，具体任务落实到人，责任到人，争取保质保量完成工作任务。③通过学习法律法规，转变观念，创新工作思路，更好的服务地区标准化工作。

（质监局）

【《标准生活》系列节目开播新闻发布会】 3月11日，市质监局和北京电视台生活频道共同召开标准化推广系列节目《标准生活》开播新闻发布会。市质监局副局长姚娉、北京电视台《生活面对面》栏目制片人、市质监局标准化处负责人以及《中国质量报》、《京华时报》、北京人民广播电台、北京电视台、《北京日报》、《北京青年报》、《法制晚报》、《北京晨报》、《新京报》等多家新闻媒体参加了此次新闻发布会。此次与北京电视台《生活面对面》栏目携手推出的《标准生活》系列节目，将于3月15—20日每晚19点—19点30分连续播出六集，3月20日后改为每周播出一集。以"享受标准化，开启新生活"为节目理念的《标准生活》，内容主要涉及与百姓生活密切相关的各类标准，以生动多样的方式，深入浅出地为百姓讲解标准知识，提供生活窍门，引导市民享受更有质量的生活。

（质监局）

【朝阳区质监局宣传能源效率标识】 3月15日，朝阳区质监局参加了在常营地区开展的315宣传活动，发放能源效率标识宣传单约300份，解答咨询十多人次，提醒消费者购买电冰箱、洗衣机、自动电饭锅等家用电器或者其他有关产品时注意识别能源效率标识。

（质监局）

【《盲人保健按摩服务规范》等两项地方标准修订工作启动会召开】 3月18日，《盲人保健按摩服务规范》、《保健按摩操作规范》地方标准修订工作启动会在京民大厦召开。会议由市标准化研究所所长乌晋林主持，市残联正局级巡视员、理事梁田，市质监局标准化处处长陈言楷，盲人按摩指导中心主任刘洪波等相关领导以及项目组专家和相关成员参加了启动会。参会人员一致认为，通过对两个地方标准的修订，能够进一步提高标准的可操作性、实用性，使其真正成为盲人按摩机构管理的规范性文件，用以提高盲人按摩行业管理能力和提升从业人员服务水平及操作技能，对促进盲人按摩行业健康有序发展，保护、传承盲人按摩行业事业，打造盲人按摩行业品牌具有重要意义。

（质监局）

【《地理标志产品保护体系示范》科研专项通过验收】　3月18日，在梦溪宾馆召开《地理标志产品保护体系示范》科研专项验收会。经验收组专家讨论和评议，《地理标志产品保护体系示范》科研专项通过验收。

（质监局）

【《森林生态系统健康经营与评价规程》地方标准通过审查】　3月18日，市质监局召开《森林生态系统健康经营与评价规程》地方标准审查会，国家林业局、北京林业大学、中国林业科学研究院、中国科学院动物研究所、河北农业大学、北京市林业勘察设计院、北京市西山试验林场等单位的专家参加了会议。该标准的制定为科学编制森林经营方案以及森林保护与利用对策提供指导，提高现有森林资源健康水平，改善首都生态环境具重要意义。专家听取了标准编制情况汇报，对标准逐条进行了认真审查和充分讨论，一致同意通过标准审查。

（质监局）

【《生鲜乳收购站建设与管理技术规范》地方标准通过审查】　3月24日，市质监局召开《生鲜乳收购站建设与管理技术规范》地方标准审查会，全国畜牧总站、北京奶牛中心、北京农职院、北京农学院、延庆县农业局、昌平区农业局等单位的专家参加了会议。专家听取了《生鲜乳收购站建设与管理技术规范》的编制情况汇报，认为该标准的实施将为有效规范北京市生鲜乳收购站建设和管理、规范生鲜乳收购行为等操作提供了很好的技术支撑，为奶源的安全供应提供重要的保障。专家对标准逐条进行了认真审查和充分讨论，一致同意通过标准审查。

（质监局）

【2010年北京技术标准制修订补助项目申报受理工作结束】　3月31日，2010年北京技术标准制修订补助项目申报结束。市质监局相关负责人表示，通过打造一批符合北京市重点产业发展方向、达到国际或国内先进水平的标准，进一步提高北京市的城市管理水平，服务首都产业结构的调整优化，形成优势产业，提升北京产品在国际、国内市场的竞争力。此次申报受理工作，以充分发挥技术标准在增强自主创新能力、建设创新型城市中的积极作用为目标，重点对高新技术标准、资源节约与环境保护标准、现代都市型农业标准、现代制造业标准、现代服务业标准、城市管理与公共服务标准、公共安全标准、城市规划与工程建设标准、首都历史文化相关标准等九大技术标准领域和重点标准提供制（修）订补助资金。

（质监局）

【《露地花卉布置技术规程》等四项地方标准通过审查】　3月，市质监局召开《四季秋海棠生产技术规程》、《非洲凤仙生产技术规程》、《主要花坛花卉产品等级》、《露地花卉布置技术规程》等四项花卉相关地方标准审查会，中国林业科学研究院、中国农业大学、北京林业大学等单位的专家参加了会议。四季秋海棠和非洲凤仙是近年来北京地区春夏季生产量和用量最大的花坛花卉，标准的制定能够为生产者提供科学的技术指导，对提升全市园林景观效果，推进北京地区花卉产业良性发展具有重要作用。《主要花坛花卉产品等级》和《露地花卉布置技术规程》将对规范花卉市场，提升全市花坛花卉生产质量和应用水平，提高露地花卉布置水平，美化首都环境，打造国际大都市形象，促进生态文明建设具有重要意义。专家听取了标准的编制情况汇报，对标准逐条进行了认真审查和充分讨论，一致同意通过标准审查。

（质监局）

【市质监局着力建设首都质监行政许可标准化服务窗口】 4月1日，北京市16个区县的质量技术监督行政许可审批窗口全部正式运行，市质监局运用标准管理信息系统，将单一窗口的受理模式转变为“18+1”的受理模式。市质监局还搭建了网上申报系统、业务流程管理系统、文件流转配送管理系统，使行政许可流程更加畅通便捷。在加强对行政许可窗口工作人员的行政许可资格培训、行政许可标准体系培训、信息系统使用培训、业务服务培训的基础上，市质监局还专门制定了《行政许可窗口工作标准》、《行政许可窗口服务规范》和《行政许可控制程序》。此举既方便了申请人，也促进了代码信息的应用和更新；实现了所有行政许可事项（除食品和相关产品生产许可）全过程在信息系统中运行，有利于许可信息的传递、追溯、沟通、提示、查询、统计分析、监管。

（质监局）

【开展第一季度企业标准核查工作】 4月6日，顺义区质监局开展2010年第一季度企业标准核查工作。出动执法检查20余人次，共核查出有问题的企业标准30余份，对其中违反国家法律法规和强制性标准、缺少强制性指标等问题，顺义区质监局工作人员均作出责令改正和取消备案的处理，并加强标准化执法和宣传，增强企业标准化意识，从而提高产品质量。

（质监局）

【完成标准制（修）订补助资金项目初审工作】 4月6日，按照市质监局2010年工作部署，顺义区质监局充分发挥质监为企业服务的职能，采取多项措施完成申报。顺义区质监局工作人员认真对申请单位进行初审，提高工作效率，按照要求严格审查企业申报材料，为企业申请补助资金。至申报截止日期，共有3家单位报送标准制（修）订，申请项目共15份，标准内容涉及现代都市型农业、公共安全等领域。

（质监局）

【国家标准委调研北京市电动汽车标准化工作】 4月7日，国家标准委副主任方向一行到市质监局调研本市电动汽车标准化工作情况。市质监局副局长姚娉，国家标准委、市发展改革委、市科委、市交通委、北京理工大学、北京汽车新能源有限公司、北汽福田汽车工程研究院、市公交集团以及市质监局标准化处的负责人参加调研。会上，市科委负责人首先介绍了北京市电动汽车产业的发展现状、未来的发展方向及发展规划。市发改委简要介绍了电动汽车充电站建设工作的进展情况。北京理工大学王震坡副教授就北京市新能源汽车的发展现状、奥运会期间的试点运行经验，以及目前正在进行的相关标准研究的进展等情况作了介绍。方向一行先后到北汽福田汽车公司和市公交集团电动汽车充电站现场调研。姚娉表示，希望得到国家标准委的大力支持和指导，通过开展标准化工作，充分调动企业技术优势，促进北京市电动汽车产业的快速发展，发挥首都的示范效应，在推动新能源汽车标准化工作中有所作为。

（质监局）

【东城区建设城市公共服务标准化示范区调研考察工作圆满完成】 4月7—23日，由东城区标准化示范区领导小组办公室组织的城市公共服务标准化考察团对上海市、南京市、杭州市、宁波市和山东省聊城市4省5市进行了考察学习。通过考察学习，考察团获得了各地方标准化工作的先进思路和宝贵经验，不仅对标准化工作的理论认识有了提高，也对实践活动中的工作方法有了进一步的认识。考察团成员一致认为，通过调研考察，更加深刻地认识到在公共服务标准体系中，提供公共服务所依据的法律法规是标准体系的重要组成部分，标准体系建立的大部分工作是对法律法规的梳理和整合，最新标准的制定是对法律法规的补充完善。调研考察结束后，各成员单位均进行了总结，学习研究考察中收集到的信息资料，交流心得体会，并认真撰写了考察报告。

（质监局）

【2010 年北京市标准化工作会议召开】 4 月 8 日，2010 年北京市标准化工作会议在北京会议中心召开。各委办局、各区县政府、市属总公司（集团公司）主管标准化工作负责人等 300 余人参加了会议。会议由市质监局副局长姚娉主持，市质监局局长赵长山作全市标准化工作报告，国家标准委主任纪正昆，北京市副市长苟仲文出席会议并讲话。市公安局、海淀区政府、中国蓝星（集团）股份有限公司负责人作了典型发言。

（质监局）

【北京市"十二五"标准化发展规划编制工作启动】 4 月 8 日，市质监局召开北京市"十二五"标准化发展规划编制工作启动会，会议由市质监局标准化处处长陈言楷主持，北京市各委办局标准化负责人参加了会议。会上，陈言楷介绍了"十二五"标准化发展规划编制工作的重要意义以及规划编制的框架结构，并对编制工作提出了具体要求，要求各行业主管部门从战略高度认识标准化发展规划编制工作，加强组织领导，把规划编制作为推进和实现本行业标准化工作科学发展的重要内容，切实组织好力量，按照主管部门统筹，行业主管部门具体负责，分类指导、共同推进的原则，抓好规划的编制工作。

【全国标准化工作会议在北京举行】 4 月 13 日，国家标准委在京召开全国标准化工作会议（行业）。国家质检总局党组书记、局长王勇到会并作讲话。国家质检总局党组成员、国家标准委主任纪正昆作了报告。王勇充分肯定了一年来在各部门、各行业的共同努力下全国标准化工作取得的成绩。并对做好标准化工作提出了几点要求。纪正昆在报告中回顾了 2009 年的标准化工作，并指出，2010 年要着力从农业强基础、工业上水平、服务拓领域、国际谋突破 4 个方面扎实工作，促进标准化工作再上新台阶。会议还为 2008—2009 年度由行业部门推荐的获得一等奖和二等奖的 28 项标准颁发了中国标准创新贡献奖。

（质监局）

【讨论"十二五"期间标准化工作规划】 4 月 20 日，针对新的形势和本地区经济发展，顺义区质监局确定了"十二五"期间标准化工作规划，在新的五年规划中，顺义区质监局将继续加强对本区企业标准化工作的指导和监督，积极指导企业建立、完善和有效实施企业标准体系，鼓励企业加强对标准化的投入力度，提高指导企业开展标准化工作的有效性，强化其符合强制性标准的自觉性。不断提高本辖区企业标准化整体水平，引导企业积极开展采用国际标准和国外先进标准工作。

（质监局）

【市质监局副局长姚娉带队考察江苏省标准化工作】 4月，市质监局副局长姚娉率标准化处、标准化研究所和东城区质监局的负责人赴江苏省考察交流标准化工作。姚娉一行与江苏省质监局相关负责人就推进标准化工作的经验和做法进行了交流，考察了江苏省服务标准化试点项目，详细了解了江苏省质监局引导企业参与国家标准和行业标准制定、同相关行业主管部门共同建立的“2 + X”服务标准化推进模式、推进地方标准的实施及效果评价等方面的工作。同时，市质监局也介绍了奥运标准成果转化、标准体系建设、城市建设与管理标准化、东城区城市管理与公共服务标准化试点等工作的进展情况。

（质监局）

【《旅游星级饭店服务质量标准》等三项地方标准通过审查】 5月19—20日，市质监局召开《旅游星级饭店服务质量》、《旅店业公共用纺织品》、《北京人家服务标准与评定》三项地方标准审查会，市旅游行业协会、市公安局、市卫生局、市工商局、北京联合大学、北京经济技术职业学院等单位的专家参加了会议。与会专家分别听取了三项地方标准编制起草组关于标准内容和编制情况的汇报，对标准逐条进行了认真审查和充分讨论，专家组一致同意三项标准通过审查，建议起草单位根据专家意见修改，尽快形成标准报批稿，报市质监局批准发布。

（质监局）

【举办“企业标准化工作指南系列地方标准师资培训班”】 5月24日，市质监局标准化处举办了“企业标准化工作指南系列地方标准”师资培训班。标准化处处长陈言楷在开班前做了培训动员。来自各区县质监局和市专业标准化技术委员会标准化工作的负责人参加了本次培训。标准主要起草人就标准条文进行了讲解，取得了较好的培训效果。

（质监局）

【标准化教育论坛在京举行】 5月27日，中国标准化研究院与电气电子工程师学会（IEEE）在北京联合举办标准化教育论坛。来自中国、美国、韩国和欧洲的专家出席会议并就标准化教育模式与经验、标准化教育的发展趋势等论题展开了研讨。此次论坛的召开体现了我国标准化教育水平正在逐年提高。标准化教育活动主要采用标准化知识宣传、短期培训班、高校与科研机构或企业联合培养标准化人员、组织标准化讲座等方式。按照中国标准化研究院对标准化教育发展的构想，未来我国的标准化教育工作将进一步充实教学内容、拓展教育对象、创新教育形式、整合教育资源，针对不同人群开展不同形式的教育培训工作。

（质监局）

【包装与环境标准化国际论坛在京举行】 5月31日，国际标准化组织（ISO）和国家标准委在京共同举办了“2010年ISO包装与环境技术委员会年会暨包装与环境标准化国际论坛”。本次会议的代表包括食品、饮料、乳品、啤酒、医药和电器等产品领域中的世界500强企业和我国的上市公司以及包装材料的生产加工、包装废弃物的回收再利用、物流和外贸企业相关人员，还包括产品设计、质量检验、标准制修订、环境保护等方面的专家。有代表称，本届年会和论坛代表构成了一个巨大的产业链，蕴含着低碳经济的巨大潜力。

（质监局）

【顺义区质监局采取多项措施服务企业，提高企业标准化水平】 5月31日，为适应新形势对标准化工作的要求，满足企业标准化工作发展的需要，更好地指导企业开展标准化工作，进一步提高企业标准化管理水平，市质监局组织制定并发布了《企业产品标准编写指南：第1部分 标准的机构和通用内容的编写》、《企业产品标准编写指南：第2部分 主要技术内容的编写》、《企业标准制定原则和程序》和《企业产品标准备案》等4项地方标准。

（质监局）

【顺义区质监局积极推进2010年采标工作】 5月31日，顺义区质监局采取多项措施推进采标工作：一是确定重点，2010年主要以电线电缆和家用电器产品为主，结合高新技术企业和采标换证企业推广；二是主动联系和走访企业，详细了解企业状况和生产情况，讲解申报流程，指导企业准备申报材料；三是强化服务意识，认真办理复核程序，按照要求严格审查企业申报材料。采用国际标准是国家推行的一项重要技术经济政策，是促进企业技术进步的重要手段，也是推进首都标准化战略的重要内容。

（质监局）

【平谷区蔬菜、食用菌标准化示范区顺利通过目标考核】 6月1日，市质监局组织考核专家组对平谷区夏各庄镇花名蔬菜产销合作社、马昌营镇政府和北京奇兵食用菌产销专业合作社承担的第六批全国农业标准化示范区计划项目——平谷区蔬菜生产标准化示范区和食用菌生产标准化示范区进行了目标考核。考核组对其示范效果和取得的成绩给予了充分的肯定，认为示范区建设和其他科研开发项目紧密结合、共同推进是该项目建设的亮点，能充分发挥人员、资金、技术等综合优势，建成的集种植、采摘、观光休闲为一体的观光园社会、经济和生态效益都很显著。

（质监局）

【昌平草莓地方标准发布实施】 6月1日，市质监局发布《无公害食品 昌平草莓日光温室生产技术规程》（DB110114/T006—2010）和《无公害食品 昌平草莓育苗技术规程》（DB110114/T007—2010）两个地方标准，自2010年7月1日起实施。

（质监局）

【市质监局召开电动汽车产业标准化工作组成立会】 6月3日，市质监局召开"北京市电动汽车产业标准化工作组成立会暨第一次工作会议"。会议由市质监局主持，标准化处处长陈言楷介绍了目前北京市电动汽车产业标准化工作的现状，并提出北京市电动汽车产业发展的需求。会上，工作组成员对由电动汽车整车及关键零部件标准体系、电动汽车充电系统标准体系和电动汽车运行管理与服务标准体系构成的电动汽车产业标准体系中充电系统标准体系框架进行了认真研究及讨论，初步确定了电动汽车充电系统标准体系框架。

（质监局）

【北京地区第五阶段车用燃油标准及指标交流研讨会召开】 6月8日，“北京市实施国Ⅴ标准相关技术和问题研究”项目课题组在福建大厦二层会议室召开北京地区第五阶段车用燃油标准及指标修订研讨会。市环境保护局、市质监局、市机动车排放管理中心、市标准化研究所、中国石油化工股份有限公司石油化工科学研究院等单位相关负责人出席会议。会议由市质监局标准化处邓换哲主持。市环保局处长李昆生在会上谈了“绿色北京”和“科技北京”行动计划以及十六阶段措施要求，强调了修订燃油标准的重要性和紧迫性，希望大家从大局出发支持这项工作。邓换哲介绍标准制修订工作的程序及方法，简要说明了目前北京燃油标准的相关情况。与会成员针对北京实际情况就北京第四阶段车用燃油标准以及北京制定地方燃油标准进行了讨论，初步达成共识。

（质监局）

【国家标准委副主任孙晓康调研北京市电动汽车标准化工作】 6月8日，国家标准委副主任孙晓康一行到北汽福田汽车公司调研北京市电动汽车标准化工作。市质监局副局长姚娉、北汽福田汽车公司以及市质监局标准化处的负责人参加了调研。调研中，北汽福田汽车公司负责人介绍了福田公司电动汽车的研发与生产情况以及公司以标准化为手段加强管理的情况。姚娉表示，希望北京企业能够充分发挥技术优势，在国家标准委的大力支持和指导下，参与电动汽车相关国家标准的研究制定工作，提升北京市电动汽车产业发展的整体水平。孙晓康对北汽福田公司通过标准化工作规范生产技术、提升企业管理水平所取得的成效给予了充分地肯定。并指出，电动汽车作为国家重大专项，相关技术还需不断完善。

（质监局）

【密云县樱桃、奶牛标准化示范区通过目标考核】 6月8日，市质监局组织考核专家组对北京聚拢山生态农业开发有限公司和北京华盛养殖场承担的第六批全国农业标准化示范区计划项目——密云县樱桃生产标准化示范区和奶牛养殖标准化示范区进行了目标考核。北京市第六批全国农业标准化示范区共30项，密云县涉及2项。经过3年的示范推广，完成了项目计划任务。

（质监局）

【家具有害物释放公共检测服务平台顺利通过市科委验收】 6月9日，市科委组织专家对市标准化研究所和市质监所共同承担的政府科技专项任务“家具有害物释放公共检测服务平台”（编号：Z0006265040191）课题进行了结题验收。验收会专家组由中国家具协会副理事长朱长岭等5位木材、家具领域的专家组成。他们听取并审议了课题组的研究报告并审阅了相关技术文件，经过质询答疑和充分讨论，“家具有害物释放公共检测服务平台”课题顺利通过了市科委的结题验收。

（质监局）

【中瑞标准合作庆祝活动在京举行】 6月10日，国家标准委与瑞典标准协会共同主办的中瑞标准合作庆祝活动在北京举行。中瑞两国标准化机构及企业代表近100人参加了庆祝活动。此次庆祝活动既是中瑞双方关于标准英文版合作成果的庆祝仪式，也是中瑞标准化合作向更广更深领域发展的良好开端。中瑞标准英文版的成功合作意味着中国国家标准英文版以及欧洲标准中文版的翻译及销售数量将不断增加，并将进一步促进中瑞之间，乃至中欧之间的贸易便利和商贸往来。

（质监局）

【豆芽菜标准化生产走进BTV】 6月10日，北京电视台生活频道《标准生活》栏目播出通州区北京东升方圆农业种植开发有限公司应用标准化管理模式进行豆芽菜生产的工作流程。豆芽菜标准化生产节目的播出，让广大市民进一步了解了标准化技术在现代农业发展中的重要作用，同时也向社会公众展示了标准化工作成果。

（质监局）

【东城区城市公共服务标准化示范区工作会召开】 6月11日，东城区城市公共服务标准化示范区领导小组办公室召开“东城区城市公共服务标准化示范区建设工作会议”。东城区副区长郭怀刚参会并讲话。会议由东城区质监局局长张勇主持，副局长范明首先代表领导小组办公室对东城区示范区建设前期工作作了阶段性总结；李晓林对各示范项目承担部门搭建的标准体系基本情况作了说明。这次会议是在东城区城市公共服务标准化示范区建设的重要节点时期召开的一次关键性会议，对各项目承担单位继续深入开展示范区项目建设工作具有很强的指导和推动作用。

（质监局）

【《朝阳区技术标准制（修）订资助暂行办法》发布实施】 6月12日，朝阳区质监局与朝阳区知识产权局联合发布了《朝阳区技术标准制（修）订资助暂行办法》（朝质监[2010]39号）。此举意在充分发挥技术标准在自主创新、产业竞争和国际贸易中的重要技术支撑作用，鼓励区内企事业单位积极参与技术标准研制工作。《办法》根据《中华人民共和国标准化法》和《朝阳区知识产权促进与保护的若干措施》等相关规定制定。《办法》规定，朝阳质监局每年第一季度受理上年度批准发布实施的技术标准资助申请并初审，朝阳质监局会同朝阳知识产权局等部门对受理的资助申请进行评审，并根据评审结果决定资助项目及额度。本办法自2010年7月1日起实施。

（质监局）

【门头沟区玫瑰花栽培标准化示范区顺利通过目标考核】 6月17日，市质监局组织考核专家组对门头沟区妙峰玫瑰种植专业合作社承担的第六批全国农业标准化示范区计划项目——门头沟区玫瑰花栽培标准化示范区进行了目标考核。考核组对其示范效果和取得成绩给予了充分的肯定，并希望门头沟区妙峰玫瑰种植专业合作社及相关部门继续加大农业标准化工作力度，不断总结标准化示范区建设的经验，加强标准的实施和监管，细化生产记录，加强标准化宣传培训，带动门头沟区农业标准化工作再上新台阶。

（质监局）

【顺义区樱桃、蔬菜、果品、生态农业标准化示范区顺利通过目标考核】 6月18日，市质监局组织考核专家组分别对由北京顺丽鑫生态观光农业园有限公司、北京万科艺园农业科技发展有限公司、北京永新源生态农业有限公司、北京市安利隆生态农业有限责任公司承担的第六批全国农业标准化示范区计划项目——顺义区樱桃、蔬菜、果品、生态农业标准化示范区进行了目标考核。考核组对四个示范项目的示范效果和取得成绩给予了充分的肯定，并希望示范区项目承担单位及相关部门继续加大农业标准化工作力度，不断总结标准化示范区建设的经验，加强标准的实施和监管，细化生产记录，加强标准化宣传培训，带动顺义区农业标准化工作再上新台阶。

（质监局）

【平谷区推荐申报第七批国家农业标准化示范区】 6月28日，根据市质监局《关于申报国家农业标准化示范区项目的通知》要求，平谷区质监局从积极性较高，工作基础较好的市级标准化基地项目中择优筛选，最后确定推荐具有一定规模、较好的生产条件及管理基础的北京市华都峪口禽业有限责任公司蛋种鸡养殖项目申报作为第七批国家农业标准化示范区，并将《国家农业标准化示范区任务书》等材料上报市质监局。

（质监局）

【2010中国安全食品品牌峰会在京举行】 6月29日，中国农业标准化·食品安全发展论坛2010安全食品品牌峰会暨推进采用安全标准行动全国首个食品安全标准化示范区发布会在北京人民大会堂召开。大会发布了中国首家食品安全标准化示范区、2010中国采用安全标准企业、中国质量稳定食品品牌企业。与会专家表示，食品安全关系到广大民众的身体健康和

生命安全，标准化是做好食品安全工作的基础。期间，还举办了推进采用安全标准行动全国首个食品安全标准化示范区发布会。华润雪花啤酒、酒鬼酒公司、旺旺集团、漯河永利食品、漯河平平食品等55家品牌为中国采用安全标准企业、中国质量稳定食品品牌。

（质监局）

【中关村国家高新技术产业标准化示范区顺利通过验收】 6月29日，中关村国家高新技术产业标准化示范区顺利通过国家标准委验收。国家标准委副主任方向、国家标准委工业二部主任刘霜秋、副主任戴红，市质监局副局长姚娉，中关村管委会纪检书记蒋苏生参加了专家验收会。国家标准委组织的验收专家组听取了中关村标准化示范区试点工作情况汇报，审阅了试点建设材料并进行了质询，现场考察了闪联信息技术工程中心有限公司、东土科技两家示范企业，专家组认为，中关村标准化示范区已全部完成了试点各项任务指标，实现了总体建设目标，试点工作取得了显著成效。国家标准委希望北京市抓住中关村国家自主创新示范区建设的机遇，继续推动高新技术标准化工作再上台阶。

（质监局）

【顺义区质监局对区内电器销售单位第五批能效标识监督进行检查】 7月6日，顺义区质监局对北京国泰商业大厦、北京顺义西单商场、北京大中电器有限公司顺义分公司、北京苏宁电器有限公司顺义店四家企业正在销售的家电张贴能效标识情况进行了检查，共检查了近千种产品，并向企业宣贯第五批能效标识产品目录。检查中，执法人员发现，企业对于部分新颁布的能效标识产品未及时张贴能效标识，执法人员依据《能源效率标识管理办法》进行了责令改正处理。并指导企业加强日常管理，宣传国家法规，从而保障商家和消费者的利益。

（质监局）

【顺义区质监局开展商品条形码监督检查】 7月6日，顺义区质监局对顺义区大型超市销售商品条形码情况进行监督检查。共检查6家大型超市近千种销售商品的条形码，对于涉嫌未核准注册的商品，执法人员依据《商品条码管理办法》进行了处理，并指导企业加强日常管理，规范进货渠道，从而保障商家和消费者的利益。

（质监局）

【宣传DB11/T 1000地标】 7月7日，应北京普析仪器仪表有限责任公司的请求，联系北京市机电产品标准质量检测中心副主任，《企业标准化工作指南》系列地方标准起草人郭建国作为主讲老师，组织了对近期发布实施的《企业产品标准编写指南:第1部分 标准的结构和通用内容的编写》(DB11/T 1000.1—2009)、《企业产品标准编写指南:第2部分 主要技术内容的编写》(DB11/T 1000.2—2009)、《企业标准制定原则和程序》(DB11/T 1001—2009)等地方标准进行培训，该公司30多名中层技术管理人员和标准化人员参加培训。

（质监局）

【全国农业标准化示范区抽查组到通州区检查工作】 7月11日，由国家标准委组织的全国农业标准化示范区抽查组来到通州区北京东升方圆农业种植开发有限公司检查指导国家级农业标准化示范区建设情况，通州副区长于世疆、北京市质监局副局长姚娉及相关部门的领导参加了检查活动。抽查组听取了北京东升方圆农业种植开发有限公司负责人关于开展农业标准化示范区建设情况的汇报，现场检查了生产车间和检测设施，抽查了示范区建设工作的相关材料，对示范区建设工作进行了综合的考评。考核结束后，通州副区长于世疆发言，对抽查组认真负责的考核工作表示感谢,并指示通州区有关部门要进一步做好全区的农业标准化工作,全面提升通州区农业标准化工作水平。

(质监局)

【全国农业标准化示范区抽查组专家到怀柔区检查指导工作】 7月12日,国家标准委率专家组到怀柔区抽查国家级虹鳟鱼农业标准化示范区——北京顺通虹鳟鱼养殖中心的建设成效。北京市质监局副局长姚娉,怀柔区区委常委、副区长赵文广参加活动,怀柔质监局局长孙明传、党组书记刘善林、主管标准化工作的副局长黄剑锋及相关人员陪同。北京市质监局副局长姚娉对专家组的到来表示欢迎,强调了国家级农业标准化示范区建设的重要性,肯定了怀柔区质监局在建设国家级农业标准化示范区过程中付出的努力。专家组一行听取了示范区的工作汇报,实地检查了示范区的建成情况,详细查验了各项资料,对国家级虹鳟鱼农业标准化示范区——北京顺通虹鳟鱼养殖中心建成后所取得的成效给予充分肯定。

(质监局)

【东城区建设国家级城市公共服务标准化示范区工作进入分标准体系专家评审阶段】 7月15日,在东城区城市公共服务标准化示范区领导小组办公室的指导下,东城区商务委召开了东城区社区商业建设标准体系中期评审会,邀请5位标准化领域和社区商业领域专家对东城区商业建设标准体系进行评审。专家组听取了编制组的汇报,审阅和质询了相关资料文件,对东城区商业建设标准体系给予很高评价,一致同意标准体系通过中期评审,并提出了下阶段改进建议。东城区质监局副局长范明带领示范区领导小组办公室成员和北大研究机构人员出席了专家评审会。目前,东城区城市公共服务标准化示范区建设工作已经进入了分标准体系中期专家评审阶段,共有12个项目承担单位的13个分标准体系需要完成专家评审,现已有信息办、行政服务中心、城管监督中心、卫生局、教委和商务委等6家单位召开了专家评审会并通过体系评审,通过率达到了100%,受到了专家组的一致好评和认可,预计整个中期评审工作将于7月底前全部完成。

(质监局)

【《北京市“一日游”服务质量要求》地方标准通过审查】 7月16日,市质监局召开《北京市“一日游”服务质量要求》地方标准审查会,中国社科院旅游研究中心、中国标准化研究院、北京联合大学旅游学院、北京第二外国语学院旅游管理学院、中青旅控股股份有限公司、北京春秋旅行社有限公司等单位的7位专家参加了会议。专家听取了《北京市“一日游”服务质量要求》的编制情况汇报,对标准逐条进行了认真审查和充分讨论,认为《北京市“一日游”服务质量要求》对在京旅行社“一日游”服务质量要求和流程进行了规范,有利于维护旅游者和从事“一日游”业务旅行社的合法权益,全面提升“一日游”的服务水平,引导北京市“一日游”服务市场的健康发展。专家一致同意通过标准审查,建议标准起草单位根据专家意见修改,尽快形成标准报批稿。

(质监局)

【建立部门业务配合机制,提高企业标准化管理水平】 7月23日,标准化与质量部门就生产许可证获证企业标准化监督检查工作进行了研讨,明确了监督管理流程和方式,初步建立起部门间对于标准化问题的信息交流机制和反馈处置机制,为有效管理生产许可证获证企业建立了机制保障。

(质监局)

【《公墓建设规范:第1部分 骨灰安葬设施》地方标准通过审查】 7月28日,市质监局召开《公墓建设规范:第1部分 骨灰安葬设施》地方标准审查会,民政部社会事务司、民政部一零一研究所、北京工业大学、北京市园林科学研究所、北京市殡葬管理处等单位的专家参加了会议。会议听取了《公墓建设规范:第1部分 骨灰安葬设施》的编制情况和标准筛选原则的汇报,对标准逐条进行了认真审查和充分讨论,认为该部分规范的内容齐全,所确定的技术指标科学严谨,能满足北京市公墓建设技术管理需求,一致同意通过标准审查,建议标准起草单位根据专家意见修改,尽快形成标准报批稿,报市质监局批准发布。

(质监局)

【顺义区局开展生产单位前五批能效标识监督检查】 7月29日,按照市质监局工作部署,顺义区质监局对区内涉及前五批实施能源效率标识管理的产品生产企业进行执法检查。按照《中华人民共和国节约能源法》和《能源效率标识管理办法》,共对四家生产企业的能效标识备案、粘贴标识和实施情况进行了检查,对于发现的问题,已经指导企业进行改正,督促企业严格按照能效标准进行生产、销售和进口。

(质监局)

【通州区食用菌、白灵菇、豆芽、乌鸡、观赏鱼标准化示范区顺利通过目标考核】 7月30日,市质监局受国家标准委的委托,组织有关专家对列入第六批全国农业标准化示范区计划项目——北京市通州区食用菌生产标准化示范区、白灵菇生产标准化示范区、豆芽生产标准化示范区、乌鸡养殖标准化示范区、观赏鱼养殖标准化示范区共5个项目进行了目标考核。北京市第六批全国农业标准化示范区共30个项目,通州区涉及5项,经过3年的示范推广,完成项目计划任务。

(质监局)

【"北京市地方标准管理办法和编制要求"培训班圆满结束】 8月5日,为提升北京市地方标准的编制质量,提高标准起草组的工作效率,市标准化研究所举办了"北京市地方标准管理办法和编制要求"培训会,涉及农业类、环保节能类和城市管理类的23项地方标准的主要起草人参加了培训。市质监局标准化处和市农业局农产品质量安全处的领导出席了会议。培训主要是对《北京市地方标准管理办法(试行)》进行详细的解读,并依据《标准化工作导则:第1部分 标准的结构和编写》(GB/T 1.1—2009),针对标准起草过程中经常出现的问题进行案例分析,使得起草组了解标准制修订流程、掌握各阶段需完成的工作,培训取得了良好的效果。

(质监局)

【ISO发布由我国提出并积极推动制定的规范】 8月9日,《集装箱 RFID 货运标签系统》(ISO/PAS 18186)新闻通报会在北京召开。国家质检总局党组成员、国家标准委主任纪正昆和交通运输部副部长高宏峰出席并讲话,中国标准化协会理事长李忠海出席会议。纪正昆在讲话中指出,近年来,我国实质性参与国际标准化活动的能力不断提升。《集装箱 RFID 货运标签系统》(ISO/PAS 18186)的发布和实施,是我国在国际标准化领域的又一重要成果。据了解,国际标准化组织可公开提供的规范(ISO/PAS)是为了满足市场需求和新技术自身快速发展需要,由ISO正式发布的一种准国际标准的规范性文件。高宏峰指出,要成为集装箱强国,就要加快推进集装箱运输领域的标准化进度,尽快与国际接轨,并力争使我国更多的国家

标准上升为国际标准。

（质监局）

【参与节目录制宣传能效标识】 8月29日，按照市质监局的工作部署，朝阳区质监局协助北京电视台制作了一期节目，介绍了我国能效标识制度，宣传了节能意识，提倡节能。节目于9月初在北京电视台生活频道播出。

（质监局）

【信息通信领域第十五届全球标准合作大会召开】 8月30日至9月2日，信息通信领域第十五届全球标准合作大会（GSC－15）在北京召开，包括国际电信联盟（ITU）、欧洲电信标准化协会（ETSI）、美国电信行业协会（TIA）在内的27个全球主要电信标准化组织和论坛联盟的150余名代表参加了会议。工信部副部长奚国华出席开幕式并致词。奚国华指出，本届大会以“超越危机的标准化合作”为主题，非常契合发展实际，具有十分重要的现实意义。本届大会由中国通信标准化协会主办，各国代表就泛在网（物联网）、智能电网、智能交通、云计算、IPTV、应急通信、下一代网、宽带无线接入、节能减排、移动通信、网络安全、知识产权等20个热点议题展开了广泛讨论，会议形成了“加强泛在网交流与合作”等30项决议。GSC首次在中国召开，标志着中国在国际信息通信标准化领域的地位和影响力进一步增强。

（质监局）

【《北京市“十二五”时期标准化发展规划》征求意见会召开】 8月30日至9月1日，编制组分四组召开《规划》征求意见会。市发展改革委、市规划委、市科委、市经济信息化委、市农委、市市政市容委、市住房城乡建设委、市交通委、市教委等40多个委办局的相关人员、57个全市“十二五”专项规划主要编制人参加了征求意见会。会上，与会专家对《规划》的主要内容提出了中肯的意见，建议《规划》内容结构进一步调整完善，更好地从建设世界城市的高度，全面推进首都标准化发展战略的实施。

（质监局）

【朝阳区蔬菜标准化示范区通过目标考核】 8月31日，市质监局组织考核专家组对朝阳区北京朝来农艺园有限责任公司承担的第六批全国农业标准化示范区计划项目——朝阳区蔬菜标准化示范区进行了目标考核。朝阳区蔬菜标准化示范区圆满完成项目计划任务，考核组对其示范效果和取得成绩给予了充分的肯定，专家组希望北京朝来农艺园有限责任公司及相关部门继续加大农业标准化工作力度，不断总结标准化示范区建设的经验，加强标准的实施和监管，细化生产记录，加强标准化宣传培训，带动朝阳区农业标准化工作再上新台阶。

（质监局）

【顺义区开展能效标识专项执法检查集中行动】 8月31日，按照市质监局《关于开展能效标识专项执法检查集中行动的通知》要求，顺义区质监局对区内涉及前六批能效标识的生产和销售企业进行了深入细致的执法检查，共出动执法人员26人次，检查了3家生产企业和4家销售企业，做到企业覆盖率和产品检查覆盖率达到100%，未发现企业有生产、进口、销售不符合强制性能效标识的用能产品和未办理能效标识备案的产品，使用的能效标识符合规定要求。企业整体运行良好。

（质监局）

【东城区城市公共服务标准化示范区通过中期评审】 8月31日至9月1日，由市质监局组织并邀请国内知名专家组成的评审组，对东城区国家级城市公共服务标准化示范区建设进行中期专家评审工作。标准化领域和公共管理领域的6名专家组成的专家组对东城区城市公共服务标准化示范区试点项目进行了评审，听取了项目建设情况的汇报，审阅了相关资料和文件，并对社区卫生服务管理中心和城管监督中心进行了实地检查。专家组对示范区探索区域公共服务建设的新模式，构建“四位一体”政府公共服务体系、创新工作模式和科学编制公共服务标准体系等给予了充分肯定，一致同意东城区城市公共服务标准化示范区建设项目通过中期评审。

（质监局）

【朝阳区质监局进行能效标识执法检查】 8月，按照《关于开展能效标识专项执法检查集中行动的通知》（京质监标发［2010］269号）文件的要求，朝阳局对朝阳区内的5家大中型家电超市企业销售的家用电磁炉、自镇流荧光灯、家用电冰箱、空调等产品粘贴能源效率标识的情况进行了检查，检查涉及海尔、苏泊尔、美的、欧司朗等品牌的一百多个商品。这些商品基本上都加贴了能源效率标识，标识符合要求。检查人员随机抄取了几个商品的规格型号，登陆中国能效标识网查询，涉检商品进行了备案。检查中也发现有的电饭锅没有加贴能效标识，原因是2010年3月1日前生产的商品，处于2010年3月1日至2011年3月1日过渡期内。

（质监局）

【延庆县蛋鸡、蔬菜标准化示范区通过目标考核】 9月1日，受国家标准委的委托，市质监局按照《全国农业标准化示范区管理办法》要求，组织有关专家对列入第六批全国农业标准化示范区计划项目——延庆县蛋鸡养殖、蔬菜种植两个标准化示范区进行了目标考核。考核组听取了项目承担单位北京德青源农业科技股份有限公司、北京绿富隆农业股份有限公司所作的示范区工作总结，并进行了实地检查，向有关人员了解情况，查阅实施方案、工作计划、工作总结、生产记录、统计报表等材料。经过严格的考核评分，两个示范区均获高分，顺利通过了考核评审。在延庆县质监局标准化工作人员和承担单位的共同努力下，截至目前，延庆县已建立国家级标准化示范区7家，有效推动了县域农产品质量提升和新农村建设。

（质监局）

【顺义区2家企业获得标准制（修）订补助资金】 9月2日，2010年北京市技术标准制修订补助资金项目名单正式对外公布。顺义区2家企业获得标准制（修）订补助资金。标准内容涉及现代都市型农业、现代制造业领域。这项活动提高了企业参与制修订标准的积极性，同时也提升了企业竞争力和地区标准化水平。

（质监局）

【怀柔区大枣、核桃准化示范区通过目标考核】 9月10日，市质监局组织考核专家组对第六批全国农业标准化示范区计划项目——怀柔区大枣生产标准化示范区、核桃生产标准化示范区共2个项目进行了目标考核。目标考核组分别听取了示范区工作总结，进行了实地检查，向有关人员了解情况，查阅了实施方案、工作计划、工作总结、生产记录、统计报表等材料，并进行了考核打分，考核组认为通过核桃生产标准化示范区的示范带动，使核桃的种植、深加工、销售形成完整的产业链。

（质监局）

【门头沟区薄皮核桃标准化示范区通过目标考核】 9月13日，市质监局组织中国林科院林业研究所、中国农业大学的专家对门头沟区第六批国家级标准化示范区进行考核验收。在考核中，专家组听取了项目承担单位门头沟区雁翅镇负责人的工作汇报，对管理文件、标准文件、技术文件、培训讲座等相关记录进行了查阅，并按照《全国农业标准化示范区管理办法》要求，逐项进行了评审，经过严格的考核评分，门头沟区雁翅镇大村口子沟薄皮核桃生产标准化示范区项目通过目标考核。在门头沟区质监局和相关单位的共同努力下，截至目前，门头沟区已经成功建立四家国家级农业标准化示范区。

（质监局）

【昌平区板栗、柿子、食用菌标准化示范区通过目标考核】 9月16日，市质监局组织有关专家对列入第六批全国农业标准化示范区计划项目——昌平区板栗、柿子、食用菌3个农业标准化示范区项目进行了目标考核。市质监局副局长姚娉，昌平区副区长苏卫东，昌平区有关部门相关领导参加了考核验收会。目标考核组听取了示范区工作总结,进行了实地检查,向有关人员了解情况,查阅了实施方案、工作计划、工作总结、生产记录等材料,并进行了考核打分,3个示范区项目都通过了考核。姚娉指出,昌平区国家级农业标准化示范区项目建设取得了良好效果,辐射带动作用突出,这得益于区委区政府的高度重视,专家的指导支持,以及相关制度的贯彻落实。下一步工作中按照《北京市农业标准化基地管理办法(试行)》以及《北京市农业标准化基地等级划分与评定规则》的要求,进一步加大农业标准化工作力度,为新农村、"三大北京"和世界城市的建设作出更大贡献。

(质监局)

【《住宅采暖室内空气温度测量方法》地方标准通过审查】 9月20日,市质监局召开《住宅采暖室内空气温度测量方法》地方标准审查会,来自中国建筑科学研究院、国家建筑工程质量监督检验中心、市政府供热专家顾问组、清华大学工程热物理研究所、中国计量科学研究院、中国标准化研究院、北京天箭星节能科技公司等单位的专家参加了会议。与会专家听取了标准编制组的编制情况汇报,并对标准送审稿进行了审查,经认真讨论,认为标准的颁布、实施可以减少供热纠纷的发生,为"建设节约型社会"提供依据,还能对市政府规定的供热温度范围很好地加以调节,避免造成生活舒适度下降和能源浪费,满足供热行业主管部门监管和指导供热企业应用的要求,为建设和谐社会提供有力保障。专家组一致同意《住宅采暖室内空气温度测量方法》通过审查。

(质监局)

【鼓励企业参与标准制定】 9月20日,市质监局向平谷区农委、旅游局、农业局、果办、农业合作社、马坊工业园区、滨河工业园区、兴谷经济开发区等单位转发了《关于进一步加强北京市地方标准管理工作的通知》(京质监标发[2010]291号)、《关于申报2011年北京市地方标准制修订项目计划的通知》(京质监标发[2010]259号)、《北京市技术标准制(修)订专项补助资金管理办法》等文件,强调各单位、部门对此给予高度重视,结合2011年工作重点,统筹考虑即将在新农村建设、高新技术、服务业、环境保护、资源节约、低碳经济等重点、特色领域开展的标准化工作,对没有国家标准、行业标准而又需在本市范围内统一的技术要求,积极参与北京市地方标准制修订,提出北京市地方标准制修订项目,提高标准化水平。

(质监局)

【昌平草莓地理标志产品保护进行公告】 9月25日,国家质检总局受理了昌平草莓地理标志产品保护的申请,经形式审查合格,并进行了公告(2010年第105号公告)。

(质监局)

【海淀区京西稻农业标准化示范区通过验收】 9月28日,海淀区上庄镇国家级京西稻农业标准化示范区经过3年建设,完成了各项指标。专家表示,示范区建设起到了良好的示范作用,有效带动周边地区开展京西稻的标准化生产,辐射面积达到133公顷,因此,应使京西稻农业标准化示范区成为海淀区农业生产的示范标杆,并进一步带动农民增产、增收。

(质监局)

【中美标准圆桌会议在京举行】 9月29日,国家标准委为了落实第20届中美商贸联委会会议精神,受国家质检总局的委托,和美国商务部共同主办了中美标准圆桌会议。国家标准委副主任石保权、美国驻华使馆公使衔商务参赞蔡瑞德(William Zarit)、国家质检总局国际司副司长孔晓康、美国商务部标准联络官海迪女士出席了会议。在本次会议上,中美两国来自政府和民间的标准化和认证认可领域的专家和学者,对"能效标准"、"节能认证"、"电动车充电站"和"太阳能面板"等四个专题展开了交流和讨论,促进了两国在节能、环保标准与认证领域的相互了解,进一步推动中美两国的标准化和认证认可领域的交流与合作,为促进两国经济的繁荣与发展提供更为广泛、坚实的技术基础。

(质监局)

【北京标准化协会举办第41届世界标准日纪念活动】 10月14日,为纪念第41届世界标准日,北京标准化协会主办的"纪念第41届世界标准日”大会在京举行。北京市质监系统、北京标准化协会会员单位和部分在京企事业单位的标准化工作人员 50 余人参加了此次会议。北京标准化协会理事长郭浚清出席会议并宣读主题为“标准让世界更畅通”的第 41 届世界标准日祝词。北京市标准化研究所副所长刘雪涛向与会代表介绍了 2010 年“北京标准化协会第四届标准化论文征文”活动的征集评选工作情况。本次征文主题为“低碳经济与标准化”，征文活动得到了来自于政府管理部门、科研机构、高等院校、企业和个人的热烈响应与支持。专家评审组在众多的来稿中，依据征文主题，优选出 28 篇论文，经过初审、会审等环节，分别评选出《以城市公共服务标准化来看 GB/T 24421.2 的适用性》等优秀奖 10 篇和《节能减排与标准化》等鼓励奖 18 篇。

（质监局）

【大兴区两个国家级农业标准化示范区通过验收】 10 月 15 日，市质监局组织有关专家对大兴区甘薯和蔬菜两个国家级农业标准化示范区项目进行考核验收。市质监局副局长姚娉，大兴区常务副区长谈绪祥，大兴区质监局、区农委、区种植中心等相关部门的主要领导参加了考核验收会。验收考核组首先听取了示范区工作总结，随后分别到基地实地考察了蔬菜和甘薯的种植情况，向有关人员了解情况，查阅了农业标准化示范区的实施方案、工作计划、工作总结、生产记录等材料，并进行了考核打分，两个示范区均通过考核验收。会上，市质监局副局长姚娉指出，希望大兴区继续总结农业标准化示范区的好经验和做法，加大标准化体系建设，发挥区域优势，加大农业标准化工作力度，质监部门继续发挥技术保障作用，通过标准化工作的深入开展，推动农业产业升级，促进区域经济发展。

（质监局）

【房山区三个国家级农业标准化示范区项目通过验收】 10 月 19 日，市质监局受国家标准委的委托，组织有关专家对房山区果品、蔬菜、食用菌 3 个国家级农业标准化示范区项目进行了目标考核。市质监局副局长姚娉，房山区副区长马继业，房山区有关部门领导参加了考核验收会。目标考核组听取了示范区工作总结，实地检查了示范区建设情况，并进行了考核打分。3 个示范区项目均以高分通过考核验收。姚娉肯定了房山区农业标准化工作取得的成绩，她强调，房山区区委、区政府一直很重视农业标准化工作，希望今后相关部门继续采取更加积极有效的措施，运用好标准化方法，不断稳步推进农业标准化工作，使农业标准化示范区更好的发挥辐射带动作用，提高农业生产技术和管理水平。

（质监局）

【丰台区企业获标准突出贡献奖】 10月19日，北京凯恩帝数控技术有限责任公司、中食恒信（北京）质量认证中心有限公司、北京谊安医疗系统股份有限公司、中国建筑一局（集团）有限公司、北京首钢资源综合利用科技开发公司、北京博奇电力科技有限公司、北京倚天凌云云母科技有限公司、北京动力源科技股份有限公司8家企业因参编创新标准获丰台区政府奖励资金总计200万元，标准涉及资源节约与环境保护、公共安全、现代制造业标准等23项，其中国家标准17项、行业标准5项、地方标准1项。8家企业获丰台区政府授予的2009年度标准突出贡献奖。

（质监局）

【出台地方标准《住宅物业服务标准》】 10月22日，市质监局、市住建委联合发布了《住宅物业服务标准》（DB11/T 751—2010）。该《标准》分为五级，对物业服务事项做了科学分类和细化，对进一步明确物业服务提高质量，规范物业服务行为，促进业主和物业企业间和谐互信关系的建立都将起到积极作用。《标准》的发布有利于业主发现物业管理的核心价值，其核心价值是通过日常的管理服务使物业保值增值，有利于实现对物业服务内容的量化考核，有利于构建质价相符的物业服务市场环境。

（质监局）

【《电动汽车电能供给与保障技术规范》两项指导性技术文件出台】 10月25日，市质监局批准了《电动汽车电能供给与保障技术规范车载充电机》、《电动汽车电能供给与保障技术规范》两项指导性技术文件。作为电动汽车电能补给的重要设备，充电机能否达到标准化生产、实现技术指标的一致性并建立统一的设计、生产和试验标准，对于电动汽车产业发展和商业化应用至关重要。目前，国内外电动汽车还处于试验和示范运行阶段，非车载充电机和车载充电机的设计和产业化还很不成熟，国内外相关技术标准较少，影响电动汽车产业的发展。该两项标准是根据北京市发展电动汽车的总体规划、为满足电动汽车发展所需的电能供给与保障的需要，结合已有的国内外标准和北京市电动汽车多年的示范运行经验编制的。标准的实施将有助于完善北京市电动汽车电能补给设施的建设，为电动汽车的推广和应用奠定基础。

（质监局）

【中俄标准化机构双边会谈和中俄标准研讨会在京举行】 10月27—28日，中俄标准化机构双边会谈和中俄标准研讨会在北京举行。27日，国家标准委副主任石保权在京会见了俄罗斯联邦技术法规与计量署副署长亚历山大·扎吉高尔金一行，双方就中俄两国标准化情况进行了详细介绍，并就进一步加强双边合作以及在国际标准化组织中互相支持进行了深入交流。28日，国家标准委与俄罗斯联邦技术法规与计量署共同举办了中俄标准研讨会。国家标准委副主任石保权、俄罗斯联邦技术法规与计量署副署长亚历山大·扎吉高尔金出席了此次会议。中俄两国来自政府和民间的标准化专家和学者，就能源、能效、纳米、企业参与标准化活动等领域展开了交流与讨论，促进了两国在上述领域的相互了解，进一步推动了中俄两国在标准化领域的交流与合作，为促进两国经济的繁荣与发展提供了更为广泛、坚实的技术基础。

（质监局）

【平谷区《地理标志保护产品专用标志使用单位年度评价表》形成】 10月，经过反复调查和研究，平谷区《地理标志保护产品专用标志使用单位年度评价表》形成。这个评价表的作用在于通过评价，规范专用标志使用单位，量化地理标志保护产品的作用和效益，体现标准体系在地理标志产品保护工作中的作用。

（质监局）

【《保健按摩操作规范》等两项地方标准通过审查】 11月9日，《保健按摩操作规范》、《盲人保健按摩服务规范》两项地标审查会召开，来自中国残联、中国按摩学会、中国残疾人就业服务中心、中国盲人按摩指导中心、中国残疾人就业服务中心、中国盲人按摩指导中心、北京按摩医院、北京中医药大学东直门医院、北京盲人学校、北京中医药大学等单位的专家参加了会议。与会专家分别听取了两项标准的标准内容和编制情况的汇报，对标准逐条进行了认真审查和充分讨论，专家组一致认为，《保健按摩操作规范》的修订以中医理论为指导，按照保健按摩的基本要求，对保健按摩操作进行了规范。《盲人保健按摩服务规范》的修订结合盲人保健按摩行业的实际情况及未来发展的需要，具有一定的前瞻性。与会专家一致同意该两项地方标准通过审查。

（质监局）

【市畜牧兽医总站举办2010年北京市地方标准宣贯培训班】 11月12日，市畜牧兽医总站在朝阳区蟹岛会议中心举办了“2010年北京市地方标准宣贯培训班”，参加培训班的有市各区县动物疫病预防控制中心的畜牧管理人员80余人。培训内容为《畜禽养殖场鼠害控制与效果评价》、《蛋用种鸡生产技术规范》、《肉用种鸡生产技术规范》、《种猪生产技术规范》、《种猪场建设规范》等五项北京市地方标准，标准起草专家对标准发布实施的目的、意义、作用和标准内容作了详尽的讲解，通过此次培训，将进一步加强全市畜牧业标准化工作，使标准更好地服务于畜牧业，必将推动全市畜牧养殖业向标准化道路迈进。

（质监局）

【市标准化研究所党支部联手怀柔雁栖“不夜谷”共同推进标准化建设】 11月17日，按照《北京市质监局在基层党组织和党员中深入开展创先争优活动的实施方案》的要求和部署，结合党建工作计划和“三进两促”活动，市标准化研究所深入到怀柔区雁栖镇，指导怀柔雁栖“不夜谷”国家级服务业标准化示范区拟建项目的标准体系建设。怀柔区雁栖“不夜谷”是北京市为实现山区经济循环快速发展推出的“沟域经济”示范点之一，是采取统一规划、政府扶持、集体搭台、农民主体、社会参与，集生态治理、新农村建设、民俗旅游业、观光农业发展为一体的山区区域经济发展新模式。

（质监局）

【“特色农业多功能开发利用标准与示范研究”项目启动会召开】 12月6日，2010年度质检公益性行业科研专项“特色农业多功能开发利用标准与示范研究”项目启动会在标准大厦召开。北京市标准化研究所作为项目总承担单位，中国标准化研究院、北京三分之一文化传播有限公司、安徽省标准化研究院作为项目协作单位组成课题组，共同参与该课题研究。国家标准委、市质监局以及课题组成员单位的代表参加了本次项目启动会。会议由市标准化研究所主持，参会单位对项目总体工作方案、子项目研究计划及经费问题进行了讨论，修改完善了项目总体工作方案。国家标准委的领导作了总结并对课题研究提出了要求。

（质监局）

【国家标准委召开地方标准化暨企业标准化工作座谈会】 12月7—9日，国家标准委在北京组织召开了“地方标准化暨企业标准化工作座谈会”，北京、天津、河北、内蒙古、辽宁、上海、江苏、浙江、安徽、福建、山东、河南、广东、海南、广西、重庆、贵州、陕西、甘肃、宁夏等省、市、自治区的质监局标准化处处长参加了会议。会议还邀请了中国标准化研究院质量管理分院、国家标准馆有关负责人参会。与会代表研究探讨了2011年地方标准体系建设、地方标准制修订、标准宣贯实施、标准化试点示范区建设、标准化保障能力建设，“十二五”期间地方标准化工作的指导思想、工作目标、主要任务、保障措施等；研究了企业标准化工作，分析了当前企业标准化良好行为试点工作开展情况，研究了进一步推进标准化良好行为企业创建活动的原则、工作机制和方式方法等。

（质监局）

【中关村科技创新和产业化促进中心、中关村国际标准大厦揭牌】 12月31日，中关村科技创新和产业化促进中心、中关村国际标准大厦揭牌仪式在翠宫饭店举行。市委书记刘淇、市长郭金龙、市委秘书长李士祥、市委常委赵凤桐、副市长苟仲文、市委副秘书长崔述强、市政府副秘书长戴卫等领导，市质监局局长赵长山、副局长喻红及相关部门负责人参加了揭牌仪式。会议由副市长苟仲文主持，市委常委赵凤桐介绍了中关村科技创新和产业化促进中心、中关村国际标准大厦情况。市委书记刘淇、市长郭金龙共同为中关村科技创新和产业化促进中心、中关村国际标准大厦揭牌。中关村国际标准大厦是推动中关村示范区标准创新试点工作的重要项目。通过吸引国际标准化组织在中关村发展，加强中关村企业、产业技术联盟和行业组织与国际标准化组织的战略合作，以促进先进技术标准化、创新成果产业化为核心，突出抓好科技研发、成果产业化与技术标准同步发展，使中关村成为世界先进技术标准创制和应用的引领辐射区。

（质监局）

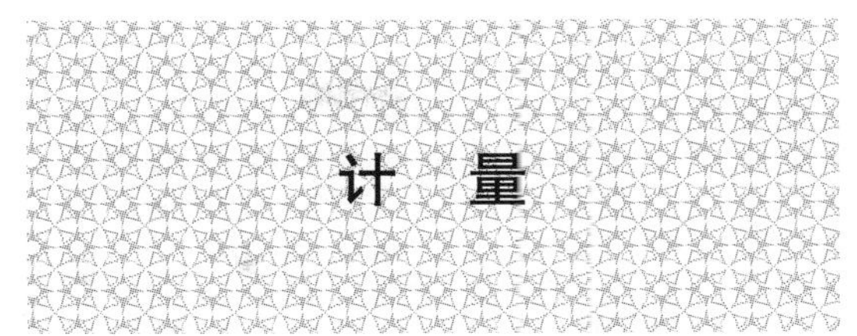

计 量

【积极开展农资计量监督检查活动】 3—10月，为维护农资市场计量秩序，保护广大农民合法权益，以服务春耕、秋种（收）为重点，组织开展了以“计量服务夏粮收购”、“计量服务农副产品销售”等专项监督检查整治活动，加大了监督检查力度。全市共出动执法人员530多人次，检查涉及农资计量的单位243家，抽查在用计量器具650台件，抽查农资类定量包装商品380批次。

（刘 勇）

【开展计量宣传工作】 5月20日，市质监系统统一行动，大力宣传计量进社区和实验室开放日等活动。针对消费者反应加油机加油量不准和市场秤具不准等问题，分别在电视台、广播电台进行专题宣传，讲述加油机管理情况和汽车油箱原理等常识，消除消费者对加油量的认识误区。讲述电子秤防作弊的常识，提高百姓自我防范能力。通过加大宣传力度，进一步提高了计量工作的社会认知度和影响力。

（吕建忠）

【开展“5·20”世界计量日主题宣传活动】 5月20日，由市质监局主办，市计量院和海淀区质监局在海淀区曙光街道文化广场承办了“5·20”世界计量日主题宣传活动。国家质检总局计量司司长韩毅、市质监局主管计量工作的总工程师朱佩芬等领导出席活动。市计量院医检室、光学室的技术人员在市计量院院长张宝珠的带领下，到现场为市民提供血压计、眼镜、衡器等计量器具的咨询服务，并通过发放计量常识宣传手册、制作宣传展板等方式，向广大市民宣传民生计量工作对于百姓日常生活的重要作用和实际意义。

（李　红）

【开展定量包装商品监督检查工作】 5月、9月，市局组织开展两次定量包装商品市级专项抽查，共抽查了90家定量包装商品生产企业约148批次产品，主要包括食用油、大米、肉制品、酱油、饮料等12类产品。组织完成对大米、调味料等10类定量包装商品的国家监督抽查。共抽查26家企业，54批次产品。针对国家监督抽查发现的问题，召开了2010年定量包装商品净含量国家计量监督专项抽查情况分析会议。

（刘　勇）

【开展计量比对工作】 5—9月，围绕着医疗卫生和环境监测两个计量重点领域，市监局组织全市法定计量检定机构和部分计量授权机构，对医疗、环保领域常用的数字心电图机、酸度计开展了计量检定比对活动。计量比对工作由市计量检测科学研究院作为主导实验室，参比实验室包括北京市19个法定计量检定机构及部分计量授权机构。本次计量比对重点对检定人员能力、操作过程、检定记录和检定证书等方面进行比对。参加比对的法定计量机构、计量授权机构人员都能够按照检定规程的要求，完成计量检定工作，但在检定操作过程中，也发现了原始记录、检定证书内容不齐全等问题。9月20日，召开计量比对总结会议，对2010年计量比对工作进行了总结，印发了比对分析报告，分组讨论了2011年比对项目，并对数字心电图机、酸度计检定工作做了技术交流，对不确定度分析、规程要求、检定操作等方面进行研讨。通过比对工作，进一步强化责任意识、提高检定质量、提升服务能力，充分发挥技术机构的计量保障作用，满足行政执法、服务区域经济能力。

（谭云超）

【市开展数字心电图机的计量比对工作】 6月22日，为加强对北京市计量检定机构的监督管理，确保量值传递的准确可靠，提升全市计量检定机构的检测能力及工作水平，市质监局对本市法定计量检定机构、计量授权机构开展数字心电图机的计量比对工作，市计量院召开了数字心电图机比对工作的首次会议。主导实验室以及全市18个建立数字心电图机计量标准的参比计量测试所出席了此次会议。会议旨在落实数字心电图机的比对工作计划，对有关工作进行部署和安排。

（李　红）

【市计量院通过加油机燃气表OIML证书试验指定机构资质复评审】 7月13日，国际法制计量组织（OIML）中国秘书处组织专家评审组，对市计量院承担的燃气表、加油机OIML证书试验指定机构资质进行了现场复评审。评审组

参观了试验现场，调阅了质量管理文件和设备档案，审查了四年来所做试验的报告和原始记录，对试验人员的实际操作能力进行了考察，对授权签字人及试验人员进行了现场提问。根据OIML证书制度及相关国际建议，评审组建议国际法制计量组织（OIML）中国秘书处继续授权北京市计量院开展燃气表和加油机OIML证书试验工作。

（李　红）

【市计量院迎接全国省级法定计量检定机构监督检查】　8月10—11日，市计量院接受来自广东、福建、海南、江西质监系统领导与专家组成的全国省级法定计量检定机构监督检查第五小组的检查。检查组对市计量院在制度建设、能力建设、行为规范、数据证书等四大方面16项内容进行全面检查。国家质检总局副巡视员马肃林、市质监局总工程师朱佩芬分别到市计量院参加首、末次会议，并作讲话。本次监督检查是根据国家质检总局开展“质量提升年”活动的整体部署和《法定计量检定机构监督管理办法》的规定，为了规范法定计量检定机构行为，提高法定计量检定机构检测工作质量而开展的。

（李　红）

【选调各区县优秀青年技术骨干培训工作】8月15日至11月15日，市质监局开展第一期计量检测优秀青年技术骨干培训工作。此次培训工作纳入市质监局人才培训工作计划，选调了各区县14名长度、热工专业计量专业技术人员到市计量院进行为期3个月的脱产培训。市计量院作为承办单位，从组建培训团队、制定培训方案、推举学员班长、抓好培训管理等方面，采用专家辅导、专题讲座、量值比对试验及不确定度评定讲座等方法，理论联系实际组织培训。培训工作将建立长效机制，利用市计量院的科研、实验、检测条件，为全市计量检测人才搭建学习、交流和培训平台。

（谭云超）

【开展各区县法定计量检定机构交叉检查工作】　8—10月，市质监局组织全市各区县质监局计量监督科科长，分成5个执法小组，从制度建设、能力建设、检定行为、数据证书四个方面，对全市法定计量检定机构进行监督交叉检查。重点检查法定计量检定机构计量标准器及其配套设施周期检定情况；人员持证及培训情况；技术档案及体系运行管理情况；检定证书及原始记录情况；实验室及检测服务情况等内容。重点检查四表、眼镜、大衡器、加油机、出租汽车计价器、定量包装商品检测等市质监局布局授权项目。检查工作分为区县法定计量检定机构自查、交叉检查和监督抽查三个部分。通过交叉检查、问题整改，提升了北京市法定计量检定机构的工作质量和服务水平、切实加强技术机构自身建设，确保监管到位。

（谭云超）

【开展计量检测技能大比武活动】　9月16日，由市质监局计量监督处和市计量检测科学研究院牵头，开展全市各区县法定计量检定机构计量检测技能大比武活动。为促进全市法定计量技术机构科学发展，进一步深化计量检定人员对检定规程的理解，提高检定人员的业务水平和工作能力，进行大比武活动选取全市食品、药品生产企业常用的电子天平作为考核项目。市质监局精心组织，成立了以总工程师朱佩芬为组长的领导小组，全市各区县计量检测所派出两名计量检定人员参加了理论知识考核、现场操作考核。考核完毕后，专家对考试题目及检测过程进行了讲解。计量检测技能大比武活动为全市法定计量检定机构提高理论应用水平、提升实际操作技能提供了一个新的技术平台，通过考核形式，促进检定人员实际应用及解决困难的能力。

【《住宅采暖室内空气温度测量方法》北京市地方标准通过审查正式颁布】 9月，市计量院热工室编制的北京市地方标准《住宅采暖室内空气温度测量方法》，通过市局标准处审查，并将于10月1日正式颁布。该标准规定了住宅采暖室内空气温度测量的测量仪器、测量条件测量方法等相关要求。

（李　红）

【开展"2010年度北京市法定计量检定机构知识竞赛"活动】 10月21日，市质监局开展全市"2010年度北京市法定计量检定机构知识竞赛活动"。经过前期计量检测技能技术大比武活动理论知识及天平检定操作考核，评出前六名法定计量技术机构参加知识竞赛，每个参赛代表队派出3名参赛选手，分别进行计量法律法规、法定计量检定机构考核规范及计量标准考核规范、电子天平检定知识3轮次必答题，20道抢答题和1轮次风险题的竞赛。最终海淀区计量检测所获得一等奖，门头沟区、大兴区计量检测所获得二等奖，房山区、顺义区、昌平区计量检测所获得三等奖。

（谭云超）

【组织计量许可证规范培训工作】 10月，市质监局组织计量器具生产企业、制造计量器具许可证考评员和区县质监局计量行政管理人员，对《制造计量器具许可考核通用规范》（JJF1246—2010）进行了宣贯。同时，进一步修订和优化了有关计量行政许可事项工作标准、流程，坚持每月对计量行政许可受理、评审、办理等环节进行管理和评价，努力提升计量服务水平。

（陈京桦）

【第一期计量检测优秀青年技术骨干培训工作结束】 11月15日，市质监局在市计量院召开"第一期计量检测优秀青年技术骨干培训总结会"。为加强各区县质监局计量检测人才队伍建设，加大计量检测技术骨干的培养力度，依据《关于选调优秀青年技术骨干参加北京市计量检测科学研究院第一期计量检测技术培训的通知》，由区县计量检测所选调的14位优秀青年技术骨干，于8月15日至11月15日，在市计量院进行了为期三个月的进修学习。

（李　红）

【《电能质量分析仪》、《过程仪表校验仪》地方规范通过审定】 12月1日，北京市计量检测科学研究院起草的《电能质量分析仪》、《过程仪表校验仪》校准规范通过审定。审定委员会审查了规范起草组提供的技术资料，认真听取了《电能质量分析仪》、《过程仪表校验仪》校准规范的编制说明，审阅了验证试验报告及不确定度评定报告。委员们对规范报审稿逐项条款进行了严格的审议。对于两项北京市地方规范，审定委员会一致认为：资料齐全，符合审定要求；规范格式符合国家计量校准规范编写规则；校准项目全面，方法正确，可操作性强。与此同时，审定会委员们提出修改意见。建议《过程仪表校验仪》、《过程仪表校验仪》校准规范按审定委员会提出的意见修改后，报市质监局批准，颁布实施。

（李　红）

【"出租车计价器检定管理系统"项目通过鉴定】 12月2日，由市计量院承担的国家质检总局科技计划项目"出租车计价器检定管理系统”项目通过鉴定。鉴定专家组成员参观并察看了系统的运行过程。一致认为:①课题组提供的技术文件和资料完整齐全。②该课题研制的出租车计价器检定管理系统以现行国家检定规程为依据,在软件功能、系统结构、网络数据共享和数据安全等方面有所突破。系统的功能在达到了任务书要求的基础上,还具有无线遥控、检测车型扩展等功能,具有较强的创新性和实用性。③该课题研制的出租车计价器检定管理系统工作可靠、自动化程度高,能明显提高检测的工作效率,检测结果准确,具有良好的推广价值。对于“出租车计价器检定管理系统”项目,专家组给予了较高的评价,认为该套管理系统达到了国内先进水平,应进一步推广应用。

(李　红)

【“计量网络信息管理系统”通过鉴定】 12月14日,由市计量院承担的国家质检总局科技计划项目“计量网络信息管理系统”科技成果通过鉴定。7个单位组成专家鉴定委员会,对该课题作出以下结论:“计量网络信息管理系统”的科技成果在计量行业内处于国内先进水平。

专家组特别提出:该系统以现行“计量标准考核规范”、“法定计量检定机构考核规范”以及市计量院质量管理体系文件为依据,系统设计科学合理,在系统结构、软件功能、网络和数据安全等方面有所突破。本系统的研制成功在计量院的计量管理工作的高效化、制度化、科学化建设中发挥了重要作用。

(李　红)

【计量检测服务城南医疗卫生单位】 年内,市质监局以医疗卫生单位服务为重点,充分发挥计量工作在城市南部地区医疗卫生单位中的重要作用,提升区县技术机构检测能力,建立X光机、医用超声诊断仪计量标准;创新检定方式,实现市区两级优势互补、相互协作的医用计量器具检定新模式,服务城南医疗卫生单位,采取“体检式服务”、“一站式服务”等多种方式,确保计量器具受检率。进一步加强对医疗卫生单位的监督检查,确保医疗计量准确,推进诚信计量工作的开展。

(吕建忠)

【开展计量认证能力验证工作】 年内,为加强对计量认证获证实验室的证后监管,市质监局对55家获证实验室开展了监督评审工作;分别委托国家食品质量安全检验中心和北京市药品检验所作为主导实验室,对食品卫生指标“牛肉中金黄色葡萄球菌和沙门氏菌”和药品含量“注射液中氧氟沙星含量测定”两个检验项目开展了能力验证和比对活动,进一步提升了食品、药品检测实验室的检测水平和准确性。

(杨利民)

【开展计量认证获证单位调研工作】 年内,市质监局在对全市400多家获得计量认证资质认定实验室进行全面调查了解的基础上,组织相关行业主管部门负责人,对行业主管部门实验室管理职责、协同共管的工作机制等方面的内容进行了深入的探讨,形成了调研报告。报告提出了加强实验室监督管理的一系列工作建议,为下一步开展分类分级监管、风险评估预警、部门协同共管、政策奖惩引导等工作方法提供决策依据。

(杨利民)

【开展计量认证评审员培训工作】 年内,市质监局组织开展计量认证评审员集中培训工作,共有118人参加了此次培训,使计量认证评审员对计量认证管理要求和评审准则有了更加深入的认识,提高了评审员的业务素质和责任意识。

(杨利民)

【加强供热量监管工作】 年内,市质监局加强热量表型式批准和制造许可证考核工作，从源头上把好质量关。开辟绿色通道，及时完成了6家室温检测机构的计量认证工作；组织开展了北京市热量表生产、修理、销售和使用环节的专项检查和本市生产企业热量表质量监督抽查；积极与政府有关部门沟通协调，主动参与《北京市推进供热计量改革综合工作方案》的制定，进一步明确了各部门的职责和供热单位的主体责任；积极做好大口径热量表检定装置的筹建和现有热量表检定装置的更新改造工作。

（陈京桦）

【开展商品过度包装监督检查工作】 年内，围绕节约资源、保护环境主题，积极开展限制商品过度包装计量专项检查，全年共抽查流通领域和生产领域企业133家，共抽查粽子、红酒、月饼、茶叶、杂粮、化妆品6类商品约174批次。通过限制过度包装计量监督抽查和一系列宣传教育活动，提高了本市六类商品包装合格率，有效抵制了致使商品价格虚高、浪费资源、污染环境的过度包装行为，保护了消费者利益，为建设资源节约型、环境友好型城市作出了贡献。

（刘 勇）

【开展能源计量检测专项工作】 年内，市质监局选取了150家重点用能单位，深入用能单位开展能源计量检测，科学分析出具了150份能源计量检测报告书，对1890台电力变压器、制冷机、泵机组、风机组、锅炉等重点用能设备进行了检测和能效对标分析，提出节能建议520余项，预计可节约能源约7.4万吨标准煤。督促不符合规定要求的用能单位进行整改，完成514台的重新安装，检定未检能源计量器具约2095件，帮助150家用能单位完善了节能计量管理制度，建立健全了能源计量器具管理台账。

（刘 勇）

【开展能源计量综合平衡测试服务活动】 年内，市质监局从食品制造业、电子生产制造业、大型酒店三个行业中，选取了30家重点用能单位深入开展能源计量综合平衡测试服务活动，实施能效评价试点，推动用能单位能源消耗计量与控制一体化建设，帮助用能单位挖掘节能潜力，提高能源利用效率。

（刘 勇）

【研究制定能源计量相关计量技术规范与评价标准】 年内，市质监局总结和分析几年来能源计量工作成果，调研上海市、重庆市等相关兄弟省市能源计量评价规范制定和工作推进情况，编写了《北京市能源（资源）计量技术评价规范》初稿。

（刘 勇）

【开展能源计量培训工作】 年内，市质监局为了加强能源计量的宣传与培训，提升能源计量工作的社会认知度，召开了能源计量工作启动会，约450人次参加；召开现场交流座谈会260多次，约2600人次参加。通过工作启动会、交流座谈会等形式，宣传了能源计量工作，提高了用能单位对能源计量在节能增效中重要技术基础作用的认识，促进了用能单位加强能源计量管理。

（刘 勇）

【开展“推进诚信计量、建设和谐城乡”的主题行动】 年内，市质监局根据总局推进诚信计量、建设和谐城乡行动安排和目标要求，结合本市基本情况，制发了《北京市质监局推进诚信计量、建设和谐城乡行动计划（2010—2012）》，在全市范围内开展了“推进诚信计量、建设和谐城乡”的主题行动。计划利用三年时间，在集贸市场、加油站和眼镜制配场所、医院、餐饮业和商店等六大场所推动诚信计量体系建设。全年，北京市实施计价秤统配统管的170家集贸市场和500家加油站全部实现诚信计量自我承诺并公示社会，同时在此基础上，经检查验收，全市树立了14家集贸市场和40家加油站作为诚信计量管理示范单位。

（王建伟）

【开展计量体系建设工作】 年内，中石化北京石油分公司、中石油北京石油分公司、北京供电公司、北京市燃气集团、北京市自来水集团分别制定了本公司推进诚信计量工作计划，特别是中石化北京石油分公司以开展测量管理体系认证工作为抓手，全面推进本公司诚信计量体系建设，年内通过认证考核。在实现诚信计量自我承诺工作中，中石化北京石油分公司制定了统一的诚信计量承诺书，并在本市500多家中石化所属加油站张贴并公示社会，起到了良好的示范带头作用。

（王建伟）

【深入计量惠民工作】 年内，市质监局积极开展计量惠民活动，各区县质监局局结合本地区实际，主动与当地药监部门配合，积极开展对便民药店的血压计、体重秤免费检定活动；充分利用计量进社区、计量进乡村活动和本地区西瓜节、苹果节、红叶节等特色节日深入开展免费检定活动。

（王建伟）

特种设备

【开展特种设备分级分类监管工作】 2月26日，依托清华大学、北京师范大学等技术支持单位，市质监局开展了特种设备风险评估工作，对八大类特种设备的风险及其等级进行评估与排序，同时还分别对影响这八类特种设备安全的部件性质、监管环节、监管体系等三大类的风险控制点进行了评估，并提出工作对策与建议。通过对风险控制点的综合分析与研判，最终形成了风险评估结果，对八大类产品风险进行了分级。

（质监局）

【开展特种设备三级组织网络建设工作】 年内，经报请市领导批准，市质监局与市安监局多次进行协调，就北京市基层安全生产管理机构开展特种设备日常监管工作达成了一致意见。向市安委会上报了《关于印发进一步加强乡镇街道特种设备安全监管工作意见的报告》，明确了乡镇街道特种设备安全监管工作内容以及与质监部门工作的衔接程序，进一步完善了基层特种设备安全监管组织网络建设。

（质监局）

【老旧住宅电梯安全隐患预警评价工作圆满完成】 年内，市质监局根据市政府折子工程第175项“加强老旧楼房公共设备设施安全维护”的相关工作要求，深入开展全市老旧住宅电梯安全隐患预警评价工作。对全市5916台使用年限超过12年的住宅电梯进行筛选，将2009年度定期检验不合格（复检合格）、群众举报投诉较多、通过监督检查发现问题相对集中的200台电梯纳入预警评价范围，并制定专项工作方案，将具体工作任务分解到9个区质监局。目前，200台电梯的预警评价工作已全部完成，并将预警评价结果通报了相关部门，圆满完成了市政府折子工程。

（陈　辉）

【开展电梯安全信息监测平台试点工作】 年内，根据市政府关于“利用物联网技术建设城市生产安全监测监控系统”的相关要求，积极运用现代化科技手段及管理理念，创新在用电梯安全管理机制，不断推进电梯安全信息监测平台建设。2010年市质监局召开专题研讨会，制定了《电梯运行安全管理信息系统试点工作实施方案》和《电梯运行安全管理信息系统安全技术规范（试行）》。选取了40家电梯日常维护保养单位共计167台电梯作为试点，建立在用电梯安全信息监测平台，对电梯日常安全运行状况、日常维保状况及故障报警进行实时传输和数据统计，为下一步电梯物联网的建设积累了经验、奠定了基础。

（陈　辉）

【制定人员密集场所自动扶梯地方标准】 年内，为确保地铁、车站、机场及商场、超市等人员密集场所自动扶梯及自动人行道的运行安全，市质监局组织制定了《重型自动扶梯、自动人行道技术要求》（DB11/T705—2010），并于3月9日发布，7月1日起实施。《重型自动扶梯、自动人行道技术要求》主要结合地铁、车站、机场及商场、超市等人员密集场所自动扶梯及自动人行道持续运行时间长、载荷重等特点，对自动扶梯和自动人行道的主要部件设计使用寿命、主体结构和控制功能、驱动系统及安全保护装置等提出了具体的要求。进一步提高了自动扶梯及自动人行道的运行安全。

（陈　辉）

【开展气瓶专项整治工作】　年内，市质监局协调市市政市容委、市城管执法局、市工商局、市安监局、市发改委，共同研究制定了《北京市联合开展液化石油气掺混二甲醚问题专项整治行动方案》，集中力量联合开展液化石油气掺混二甲醚问题专项整治行动。贯彻落实《国务院关于进一步加强企业安全生产工作的通知》（国发〔2010〕23 号）文件精神，在全市范围内开展“两站”集中治理工作。共检查了 169 个充装站和 36 个检验站，通过规范和强化气瓶“两站”安全管理，有效落实了气瓶充装站和检验站安全主体责任，遏制和减少了气瓶安全事故。

（周　沛）

【开展战略性研究工作】　年内，市质监局组织相关部门负责人对“十一五”期间特种设备安全监察工作进行总结，编制了《北京市“十二五”期间特种设备安全与节能专项规划》、《检验检测机构发展规划及科技发展规划》。积极参与国家质检总局“十二五”国家科技支撑计划项目。针对北京市特种设备安全监察工作存在的实际问题，开展了特种设备安全监察宏观战略管理研究。

（质监局）

【开展特种设备事故调查处理事务中心建设工作】　年内，为了更加有效、迅速处理特种设备突发事件，经市编办批准，市质监局在市特检中心加挂“北京市特种设备事故调查处理事务中心”牌子，并受市质监局委托，承担特种设备事故防范和调查处理的辅助性工作。通过对事务中心的建设，完善了事故调查处理中心制度建设，制定了特种设备事故报告程序、事故调查处理工作程序、档案管理制度、统计报送制度以及内部管理制度等制度性文件。提高了特种设备事故调查处理人员实际工作水平。

（质监局）

【开展轨道交通线特种设备安全监察和服务保障工作】　年内，为确保新建轨道交通如期开通运营，保障新建的轨道交通中的特种设备能够安全、稳定的运行，市质监局成立了轨道交通特种设备领导小组，制定了专项工作方案，安排专人负责每条线路特种设备安全工作，开展安全检查和检验检测工作，督促责任单位及时整改安全隐患，为新建线路的按期开通提供了有力保障。

（质监局）

【开展节能监管工作】　年内，为进一步开展高耗能特种设备节能监管工作，市质监局确定 7 家节能示范锅炉房和 3 项锅炉节能技术；完成了工业燃煤锅炉能效测试和锅炉设计文件节能审查试点；完成 800 名锅炉管理人员和 5450 名锅炉作业人员节能知识考核；加强与市市政市容委的协调配合，形成锅炉节能监管联动工作机制；开展锅炉水处理检验，完成锅炉水处理达标任务。为下一步高耗能特种设备节能监管工作的全面开展奠定了基础。

（质监局）

【采取多种形式，开展特种设备宣传工作】　年内，市质监局以“安全生产月”活动为契机，制定特种设备宣传工作方案，组织开展特种设备进企业、进社区、进校园等活动；参加首都之窗、城市管理广播访谈，与新闻媒体面对面解答市民普遍关注的电梯、大型游乐设施安全问题；与北京电视台《标准生活》栏目合作，宣传《客运架空索道维护保养规则》强制性地方标准；承办国家质检总局等部门主办的“情系特种设备　平安快乐成长”特种设备安全专题晚会，组织部分区县质监局、市特检中心、特种设备生产使用单位代表及来自首都中小学的学生代表 2000 余人一同观看文艺演出，提升了中小学生的安全意识。通过加强宣传，进一步提高了特种设备工作的社会认知度和影响力。

（质监局）

高校科技

科技工作

【召开北京高校工程研究中心建设经验交流会】 6月3日,市教委召开了"北京高校工程研究中心工作座谈会",会议邀请国家工程中心主任、教育部工程中心主任分别作经验交流。北京高校科技主管部门负责人和北京高校工程研究中心共70人参加了经验交流会。

(张年武)

【市教委科研计划2011年度项目确定】 12月,市教委完成2011年科研计划项目审批,共批准来自28所高校的科研项目481个。其中,"科技发展计划"重点项目40个、面上项目242个,"人文社会科学研究计划"重点项目26个、面上项目173个。批准项目资助经费总额6173万元,其中"科技发展计划"项目经费4987万元,"人文社会科学研究计划"项目经费1186万元。

(车庆珍 翟 昊)

【科技人员及投入】 至年底,北京地区62所设有理工农医类高校(含22所附属医院)共有教学与科研人员62847人,其中具有教授职称6877人,高级职称7162人;研究与发展人员33937人;科技经费投入共180.78亿元,其中政府资金投入126.55亿元,企事业单位委托投入47.46亿元。市属19所设有理工农医类高校(含13所附属医院)共有教学与科研人员24661人,其中具有教授职称1142人,高级职称3237人;研究与发展人员11206人;科技经费投入共18.29亿元,其中政府资金投入12.99亿元,企事业单位委托投入4.65亿元。

(张 豫)

【科技活动】 至年底,北京地区66所设有理工农医类高校(含22所附属医院)共有科研活动机构427个;开展科技课题41471项,其中研究与发展课题37845项,R&D成果应用及科技服务课题3626项;派遣进修访问学者4807人次,接受进修访问学者5837人次;出席国际学术会议22161人次,交流论文13876篇。19所市属设有理工农医类高校(含13所附属医院)共有科研活动机构共69个;开展科技课题7121项,其中研究与发展课题6828项,R&D成果应用及科技服务课题293项;派遣进修访问学者627人次,接受进修访问学者439人次;出席国际学术会议3422人次,交流论文2383篇。

(张 豫)

【科技产出】 至年底,北京地区高校共出版科技专著513部,大专院校教科书595部,编著440部;发表学术论文70627篇,其中在国外学术刊物发表17432篇;SCI收录论文(科学引文索引)13057篇、EI(工程索引)15042篇、ISTP(科技会议索引)8100篇;鉴定成果348项,获奖成果402项,其中国家级奖项73项,省部级奖项256项。市属高校出版科技专著177部,大专院校教科书278部,编著159部;发表学术论文15841篇,其中在国外学术刊物发表1914篇;SCI收录论文(科学引文索引)1381篇、EI(工程索引)1875篇、ISTP(科技会议索引)1628篇;鉴定成果70项,获奖成果58项,其中国家级奖项10项,省部级奖项23项。

(张 豫)

【科技推广】 至年底,北京地区高校共签订技术转让合同1009项,总金额8.83亿元,实际收入4.71亿元;专利出售109项,合同金额1.31亿元,实际收入0.59亿元;申请专利8393项,授权5356项,其中申请发明专利7312项,授权3442项。市属高校签订技术转让合同190项,总金额0.95亿元,实际收入0.40亿元;专利出售17项,合同金额527.5万元,实际收入409.1万元;申请专利1106项,授权774项,其中申请发明专利683项,授权307项。

(张 豫)

【特色教育资源库建设项目成果显著】 年内,在市教委、北京教育网络和信息中心、高等学校等诸多方面的大力支持和项目成员的共同努力下,特色教育资源库建设项目经过5年的发展,在网络资源建设理念、内容、方法、技术,以及组织管理、人才培养、服务学科发展等方面取得了显著进展。目前,本项目已经验收271个涵盖电影、服装、设计、音乐、舞蹈、印刷、体育、建筑等领域的主题资源包,整合了图片近158万张,音视频6.5万个,文字3061万字,网页设计11.9万个,初步形成了北京高校特色教育资源体系,为各高校教学科研和社会服务提供了大量的优质文化艺术教育信息资源支持,荣获"2009信息北京十大应用成果"。8月,该项目2011年度项目申报工作顺利完成。经审定,承担2011年特色教育资源库建设项目的高校有11所,包括北京第二外国语学院、北京工业大学、北京服装学院、北京电影学院、北京印刷学院、中国戏曲学院、北京建筑工程学院、北京舞蹈学院、中国音乐学院、首都体育学院和首都医科大学。预期建设主题资源包53个,其中二期建设主题资源包9个,新建主题资源包44个。

(张　豫)

【北京地区高等学校第二次全国R&D资源清查】 年内,为落实《关于开展第二次全国R&D资源清查的通知》(国统字[2009]57号)精神,组织实施好北京地区R&D资源清查工作,市教委制定了《第二次全国R&D资源清查总体工作方案》,并严格落实。经过前期的方案研制、调查准备、正式填报、数据处理、综合评估等工作,已经发布《北京市第二次全国R&D资源清查主要数据公报》。为了更好地落实《北京地区高等学校第二次全国R&D资源清查工作方案》,做好R&D统计数据的相关分析研究工作,市教委召开了三次研讨会,对于充分利用北京地区高校第二次全国R&D资源清查数据,加强北京地区高校科研队伍建设,提高科研统计人员工作能力和统计业务水平,起到了良好作用,为下一年的科研统计工作打下了坚实的基础。

(张　豫)

【3家技术转移中心被认定为北京市技术转移中心】 年内,市教委、市经济与信息化委在低碳能源、绿色电力、通讯网络等领域认定清华大学低碳能源技术转移中心、华北电力大学绿色电力技术转移中心和北京邮电大学通讯网络技术转移中心为北京市技术转移中心。

(张年武)

【5家大学科技园被认定为北京市大学科技园】 年内,市教委联合市科委、中关村管委会共同认定了北京印刷学院科技园、首都医科大学科技园、北京农学院科技园、中国政法大学科技园和北京联合大学科技园为北京市大学科技园。截止到年底,北京市大学科技园达到26家。

(张年武)

【1家大学科技园被认定为国家大学科技园】 年内,科技部、教育部认定中国矿业大学科技园为国家大学科技园。截止到12月31日,北京市共拥有国家大学科技园15家,居全国各省、市、自治区之首。

(张年武)

【7所市属高校正式启动股权激励试点工作】 年内,中关村国家自主创新示范区领导小组在全市范围内推行股权激励试点工作,确定了在北京工业大学、首都师范大学、北京工商大学、北京信息科技大学、北京建筑工程学院、北京印刷学院、北方工业大学等7所高校实施股权激励试点工作。

(张年武)

【市教委社科计划2011年度项目确定】 年内,根据市教委、市财政局《北京市属高等学校科学研究项目管理办法(暂行)》的有关规定,经过项目立项诸环节,市教委确定社科计划资助项目199项,其中重点项目26项。

(车庆珍)

【增列北京市哲学社会科学研究基地】 年内,市社科规划办与市教委在高等学校批准建立了6个"北京市哲学社会科学研究基地"。截止到12月底,在普通高等学校中市社科规划办和市教委已经联合建立了37个北京市哲学社会科学研究基地。

(车庆珍)

【市教委组织教育系统有关单位参加北京市第十一届哲学社会科学优秀成果评奖】 年内,市教委组织包括高等学校、成人教育机构及中小学在内的有关单位参加了北京市第十一届哲学社会科学优秀成果评奖活动。在本次评奖中,教材不在参评范围内。本次评奖共收到申报参评成果487项,共评出获奖成果209项,其中特等奖1项,一等奖39项,二等奖169项。教育系统获奖173项,其中特等奖1项,一等奖35项,二等奖137项,分别占各项获奖成果的100%,89.74%,81.06%,占获奖成果总数82.78%。

(车庆珍)

【北京地区高校"北京市重点实验室"新增工作顺利完成】 年内,市教委、市科委决定在信息科学领域、生物工程与新医药领域、节能减排领域、文化创意产业领域等四大领域的"教育信息技术"、"网络系统与网络文化研究"、"病毒肿瘤学"、"呼吸疾病"等8个研究方向增补部分北京地区普通高等学校"北京市重点实验室"。批准增补认定北京大学等15所北京地区普通高等学校的15个实验室为北京市重点实验室。至此,市教委、市科委在北京地区普通高校建设的"北京市重点实验室"已达86个。

(翟 昊)

研究生教育工作

【完成研究生课程进修班备案登记】 2月20日,市学位办公室印发《关于申报2010年举办研究生课程进修班有关工作的通知》,北京地区共有29个学位授予单位申报举办研究生课程进修班,其中:高等学校21所,科研机构8所;共申报305个班。按照国务院学位办公室《关于委托省级学位与研究生教育主管部门对举办研究生课程班进行登记备案工作的通知》的规定要求进行审核,同意22个学位授予单位(高等学校18所,科研机构4所)举办265个研究生课程进修班(在京204个班,在外省合作办班61个)。

(唐 皓)

【同等学力人员申请硕士学位外国语水平和学科综合水平全国统一考试】 5月30日,市教委举办北京地区同等学力人员申请硕士学位外国语水平和学科综合水平全国统一考试。全市约2.5万名考生分别在中国人民大学、北京师范大学、北京科技大学、中国地质大学(北京)、宣武区招生考试中心5个考点、456个考场参加考试。北京地区共有25278人报考,比去年增加1283人。报考外国语水平考试考生13555人,与去年(13549人)基本持平。其中,报考英语等5大语种外国语水平考试的考生13326人,其他小语种3人。考试成绩合格的考生4948人,合格率为36.5%;报考学科综合水平考试考生11722人,比去年增加1276人。其中报考26种学科综合水平考试的考生11720人,动力工程及工程热物理无人报考。考试成绩合格的考生3084人,合格率为26.3%。

(侯东云)

【28篇论文被评为全国百篇优秀博士学位论文】 10月18日,教育部、国务院学位委员会印发了《关于批准2010年全国优秀博士学位论文的决定》(教研[2010]3号),批准"历史话语的挑战者——库切四部开放性和对话性的小说研究"等100篇学位论文为全国优秀博士学位论文;"习惯形成、宏观政策与经济增长"等334篇学位论文为全国优秀博士学位论文提名论文。北京地区共有13个博士学位授予单位的28篇博士学位论文被评为全国优秀博士学位论文,30个博士学位授予单位的85篇博士学位论文获得提名。

(侯东云)

【在职攻读硕士学位入学全国联考】 10月30—31日,市教委举行在职人员攻读硕士专业学位入学全国联考。北京地区报名考生共17862人,报考27125科次,其中,招生单位自命题1689科次。报考人数比去年增加927人。报考人数较多的前5个学位类别分别是:工程硕士9107人;艺术硕士2047人;教育硕士1328人;公共管理1213人;法律硕士1130人。全市共设中国人民大学、北京师范大学、中国农业大学、中国地质大学(北京)、北京科技大学和宣武区招生考试中心等6个考点、620个考场。

(侯东云)

【北京市重点学科中期检查】 11—12月,市学位办组织专家组对406个北京市重点学科建设项目进行了中期检查。通过检查,共有98个学科被确定为优秀,300个学科被确定为良好,8个学科被确定为合格。北京市重点学科项目经过3年的建设,在学术队伍、科学研究、人才培养、条件平台、学术交流等方面都取得了很大进展,取得了一批标志性成果。

（姜世军）

【北京市重点学科增列】　年内,北京市重点学科增列工作批准增列了59个学科点为北京市重点学科,包括在京中央高校39个学科、市属高校15个学科、军队及科研单位5个学科。所增列的北京市重点学科涵盖9个学科门类,涉及资源与环境、城市建设与管理、城市交通与安全、信息传感网与物联网、现代制造、生物医药、都市农业和新农村建设等近期北京市经济社会和科技发展需求迫切的领域。

（姜世军）

【新增硕士专业学位培养单位】　年内,北京地区高校新增硕士专业学位授权点155个,共29个专业学位类别,其中市属高校新增硕士专业学位授权点37个,共19个专业学位类别。至此,北京地区高校共有299个专业学位类别授权点,38个专业学位类别。

（侯东云）

【北京地区博士、硕士学位授权一级学科点审核工作】　年内,按照国务院学位委员会《关于委托省(自治区、直辖市)学位委员会、中国人民解放军学位委员会进行博士学位授权一级学科点初审和硕士学位授权一级学科点审核工作的通知》(学位[2010]18号)精神,市教委、市学位委根据《北京市学科建设与发展的中长期规划》组织开展了北京地区博士学位授权一级学科点的初审和硕士学位授权一级学科点审核工作(均不含自行审核单位)。本次共有43个单位申报的一级学科博士点100个、84个单位申报的一级学科硕士点299个。通过资格审查,其中:破格申报博士一级学科点8个,破格申报硕士一级学科点19个,申请认定硕士一级学科点8个(不占限额)。根据增列博士学位授权一级学科点和硕士学位授权一级学科点的条件,市学位委按照规定程序,严格组织评审,经第三届北京市学位委员会第四次全体会议审议,在国务院学位委员会下达给北京市的指标限额(68个)内,初审通过一级学科博士点68个;在指标限额(289个)内,审核通过一级学科硕士点281个;另外,认定一级学科硕士点8个(不占限额指标);并将评审结果上报。

（侯东云）

【第三届北京市优秀博士学位论文评选出50篇优秀博士学位论文】　年内,2010年北京市优秀博士学位论文评选工作自4月6日下发《北京市教育委员会关于做好2010年本市优秀博士学位论文评选工作的通知》(京教研[2010]10号)后正式启动。经过学位授予单位初选、学科评选组专家会议评审、评选专家委员会评审,最后从57个单位申报的166篇博士学位论文中评选出50篇北京市优秀博士学位论文。在入选的50篇优秀博士学位论文中,人文社会科学类(含哲学、经济学、法学、文学、历史学、管理学)博士学位论文共19篇,占优博论文总数的38%,自然科学类(含理学、工学、农学、医学)博士学位论文共31篇,占优博论文总数的62%。在入选的50篇优秀博士学位论文中,高校有43篇,占优博论文总数的86%,科研单位及军队院校共7篇,占优博论文总数的14%。在高等学校入选的43篇优秀博士学位论文中,中央在京高校为36篇,占优博论文总数的84%,市属高校为7篇,占优博论文总数的16%。

（侯东云）

合作与交流

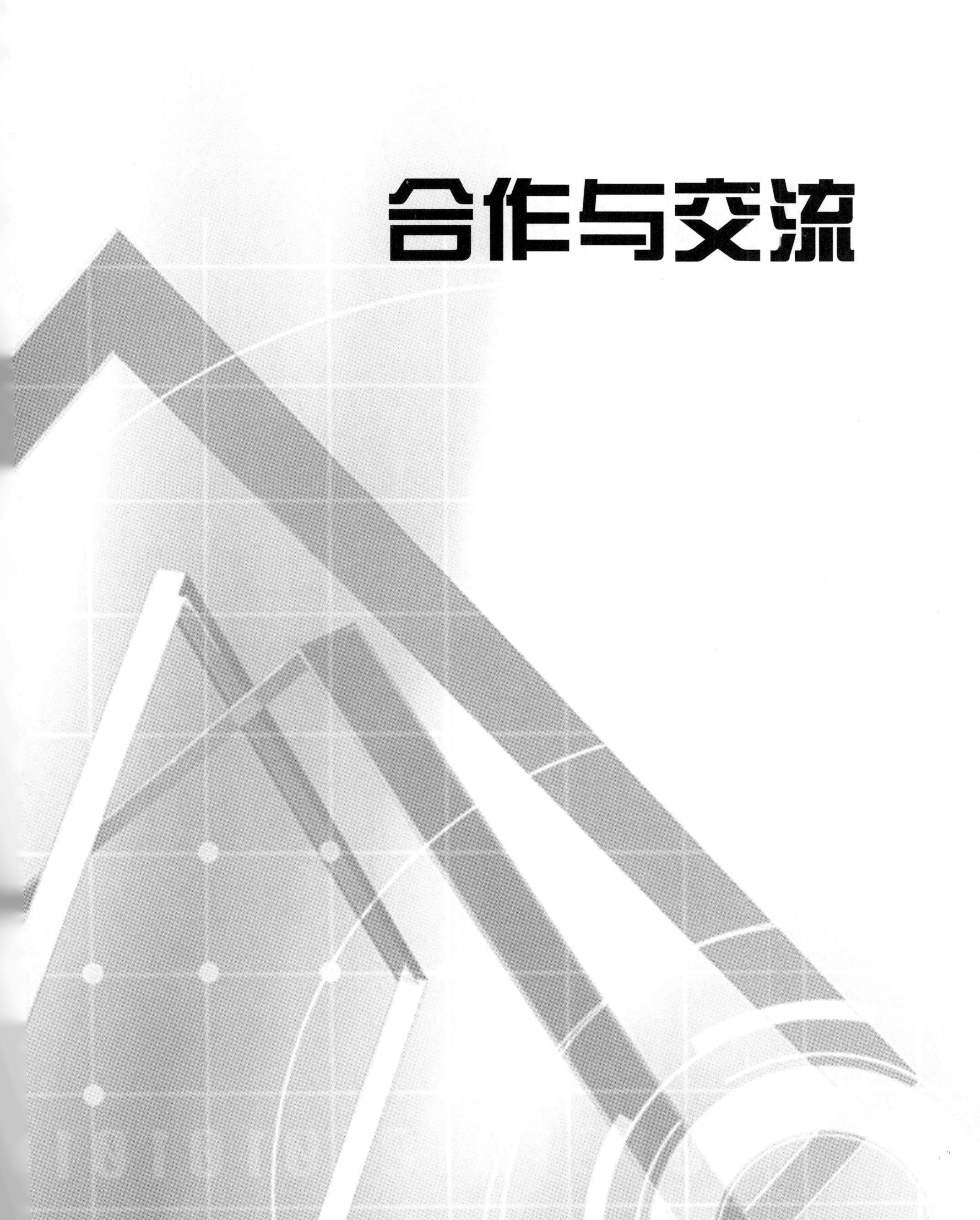

国内合作与交流

【北京农林科学院科技团队赴嘉兴开展合作对接】 3月2日，在北京技术交易促进中心和嘉兴市科技局的组织下，北京市农林科学院等专家团队，与嘉兴市各县（市、区）政府部门、涉农院校、企业的领导和科技人员，开展科技对接活动。北京市农林科学院蔬菜中心在嘉兴成功筛选出适合嘉兴当地生产条件的奥运蔬菜特异新品种14个种类52个品种。建立市级奥运蔬菜引种试种基地1个，建立专业化奥运蔬菜示范生产基地6个，建立奥运蔬菜中试（试验）基地9个，速冻生产基地1个，总面积880亩。来自嘉兴的近40家企业代表，与北京市农林科学院科技团队的各路专家积极对接交流，并达成了"观赏鱼（发财鱼）种苗引种"、"西瓜嫁接技术"、"山羊人工授精"等一批技术合作意向。

（技术交易中心）

【"十五"科技成果"农药残留胶体金检测方法"落地浙江】 3月4日，在北京技术交易促进中心的推动下，国家"十五"科技成果"农药残留胶体金检测方法"落地浙江嘉兴绿环生物奥运蔬菜生产基地。农药残留胶体金检测方法是"十五"国家科技攻关计划"食品安全关键技术"项目的重大科技成果，申请国家发明专利19项。北京技术交易促进中心将北京万华生物公司的"农药残留胶体金检测方法"转移到嘉兴绿环生物公司，使绿环生物奥运蔬菜基地成为国内首家应用"农药残留胶体金检测方法"的示范基地。本次技术转移的合作，将有助于创出嘉兴南湖高端蔬菜品牌，逐步形成以嘉兴南湖为基地、辐射并覆盖长三角地区的高端蔬菜市场空间。

（技术交易中心）

【46家单位赴天津市宝坻区和蓟县投资考察和产业对接】 3月10日，受天津市宝坻区和蓟县政府的委托，北京市对口支援和经济合作办公室及北京科技开发交流中心组织46家单位72人赴当地投资考察和产业对接。20家京企与宝坻、蓟县达成初步合作意向，其中拟投资共建科技产业园或生产基地的企业达10家，并拟在两地政府支持下，以市场化方式合作建设北京—宝坻或北京—蓟县经济科技合作产业园。

（开发交流中心）

【"奥运蔬菜"走进上海世博会】 4月9日，北京技术交易促进中心、国家蔬菜工程技术研究中心相关领导及专家携奥运蔬菜种子与上海技术交易所、青浦区科委、青浦区农业技术委在青浦区白鹤镇举行"奥运蔬菜转化世博蔬菜"项目合作签约与种子移交仪式。此次种子交接活动是奥运蔬菜转化为世博蔬菜的转折点，北京专家将60多个品种的奥运蔬菜种子移交给上海世博蔬菜种植公司。北京技术交易促进中心通过与上海技术交易所创新驿站工作网络的对接，与5家蔬菜种植公司联络后，确定其为"奥运蔬菜转化世博蔬菜"种植点。奥运蔬菜转化为世博蔬菜，丰富世博蔬菜、拥抱健康世博，势必大大丰富市民和游客的餐桌。

（技术交易中心）

【中国创新设计红星奖应邀登陆义乌文博会】 4月20—23日，应义乌文化产品交易博览会执委会邀请，中国创新设计红星奖组织历届获奖产品70余件登陆义乌文博会，启动2010年全国巡展。许多参展的外商都对红星奖获奖产品表现出极大的采购意向，其中一家瑞典采购商认为东菱和万利达两个品牌的豆浆机，从外观和性能等方面都已达到满足欧洲消费者需求的水平，他们愿意一次性买断其在欧洲的独家代理权。这也证明红星奖所代表的中国产品设计水平已经达到国际水准，红星奖获奖产品也由此打开了国际市场。

（工业设计中心）

【2010中国创新设计红星奖应邀亮相首届中国（深圳）国际工业设计博览会暨第二届中国（深圳）国际工业博览会】 4月24—27日，受深圳市政府的邀请，2010中国创新设计红星奖全国

巡展第二站在深圳华南城首届中国(深圳)国际工业设计博览会暨第二届中国(深圳)国际工业博览会上展出。全国政协副主席何厚铧,中国国际贸易促进委员会副会长张伟,深圳市政协主席王顺生,深圳市委常委、副市长陈应春等领导参观了红星奖展区。为期4天的博览会,红星奖展区吸引了数十万人前来参观。另外,红星奖巡展也在当地企业中产生了极大的影响,许多企业纷纷表示要参加2010红星奖,希望通过参与红星奖提升企业的设计创新水平。

(工业设计中心)

【红星奖参展首届中国·福州海峡版权(创意)产业精品博览交易会】 5月18—22日,首届中国·福州海峡版权(创意)产业精品博览交易会在新落成的福州海峡国际会展中心举行,中国创新设计红星奖应邀参展。"版博会"开展当日,福建省省长黄小晶、福州市市长苏增添等领导参观了红星奖展区,并对工业设计推动经济发展的作用给予了高度评价。

(工业设计中心)

【红星奖应邀亮相成都"2010四川创新设计与产品提升对接推进大会"之中国西部创新设计精品展】 5月19—21日,受四川省科技厅邀请,中国创新设计红星奖携35件优秀获奖产品亮相成都"2010四川创新设计与产品提升对接推进大会"之中国西部创新设计精品展。四川省委常委、国资委党委书记王少雄,四川省副省长李成云,四川省科技厅厅长彭宇行,成都市副市长白刚参观红星奖展区。红星奖此次四川之行,不仅仅是展出了优秀的设计,传播设计理念,对接设计资源,也是四川把发展设计产业提升到促进经济发展重要地位的标志,突显了红星奖在促进区域乃至全国设计产业发展中的重要作用。

(工业设计中心)

【奥运蔬菜科技成果落地四川】 5月28日,四川省科技交流中心与北京市农林科学院蔬菜中心、北京万华生物工程有限公司等单位,联合签署了奥运蔬菜科技成果在四川推广转移的合作协议。北京市农林科学院蔬菜中心提供包括奥运蔬菜的优良品种、安全生产技术、安全流通储藏、鲜切菜加工技术规范等在内的奥运蔬菜科技成果,并委派专家指导示范基地建设、科研试验和成果推广。北京万华生物工程有限公司将应用"农残胶体金试纸检测方法"指导四川省奥运蔬菜基地安全生产的"流程规范",建立生产基地的"安全蔬菜自检体系",实现从源头把关,以工业化理念管理蔬菜生产,建立从"农田到餐桌"的全程质量安全可追溯示范体系,打造"100%无农药残留"的四川省奥运蔬菜高端精品品牌。四川省科技交流中心将提供奥运蔬菜科技成果的示范推广场地,对承接奥运蔬菜科技成果的企业、单位等提供相应的支持。

(技术交易中心)

【CDM中国设计交易市场商业模式设计"workshop"】 5月29日,北京工业设计促进中心举办了"CDM中国设计交易市场商业模式设计workshop"。本次活动旨在为加深与设计企业、设计服务企业和设计需求企业的沟通,了解企业的需求,探讨中国设计交易市场的商业模式,以更好地服务企业。设计中心主任陈冬亮与参会的十几家国内外设计服务企业、大型生产制造企业等交流了中国设计交易市场的发展情况。陈冬亮在会上表示,北京市科委高度重视设计创新在推动企业发展中的作用,中国设计交易市场就是由北京市科委主办,北京工业设计促进中心承办,为设计买卖参与者搭建的一个服务平台,该平台日后将为设计交易的参与者提供信息交流、政策辅导、专家咨询、人才培训、技术服务、交易促进、宣传推广等配套服务。

(工业设计中心)

【北京技术交易促进中心设立"长三角分中心"】 6月25日,由北京技术交易促进中心、浙江嘉兴市科技局、嘉兴市南湖区人民政府三方组建的"嘉兴市长三角技术转移促进中心"(暨"北京技术交易促进中心长三角分中心")正式举行签约仪式。市科委委员张虹、浙江省科技厅副厅长王宏理、嘉兴市副市长柴永强等领导出席并致词。北京市与浙江嘉兴市在技术转移领域的合作已开展了4年,北京技术交易促进中心长三角分中心的设立，有利于深化京浙两地间的技术转移合作机制，探索首都科技成果面向长三角城市带和产业集聚区域的辐射、转移与推广，通过开展协同创新的技术转移跨区域服务，提高北京技术转移服务业的综合竞争力。

（技术交易中心）

【红星奖应邀亮相大连2010设计节暨国际设计博览会】 6月29日至7月1日，中国创新设计红星奖受大连市工业设计协会邀请，亮相大连2010设计节暨国际设计博览会。开幕当天，辽宁省副省长滕卫平等领导参观了红星奖展区，赞赏红星奖获奖产品都体现了中国设计的最高水平，设计对产业的发展尤为重要。展览期间，红星奖展区的多功能全地形沙滩车、可回收办公椅，无线一体电脑等成为亮点，吸引了众多参观者的青睐。红星奖面向当地企业进行设计对接，激发企业自主创新的积极性，为大连成为东北亚设计、制造、服务综合型城市助力。

（工业设计中心）

【红星奖应邀亮相2010中国国际消费电子博览会】 7月8—11日，中国创新设计红星奖应青岛市工业设计协会邀请，组织70余件历届获奖产品亮相2010中国国际消费电子博览会。红星奖作为本届博览会最具影响力的"设计创造未来"主题展览的活动之一，掀起消费电子产业的设计创意浪潮。展览期间，红星奖展区展示的多功能全地形沙滩车、可回收办公椅、无线一体电脑等别具创意的产品，吸引近万名观众参观。

（工业设计中心）

【北京生产力中心与新疆生产力中心共同推进援疆进程】 7月20日，北京生产力促进服务联盟与新疆地区生产力促进中心共同召开京疆合作洽谈会，来自新疆的5家生产力促进中心和北京生产力促进联盟20多家生产力中心会员单位出席了会议。北京生产力促进中心将整合北京地区科研院所、高校、高新技术企业以及北京生产力促进服务联盟等机构的优势资源，着力推进科技创新体系建设，为新疆当地先进制造业、现代农业、科技服务业等产业的发展开展科技成果转化、咨询和人才培养等多项服务活动，加快推动资源优势向经济优势转化，增强当地的自我发展能力，推进新疆经济社会发展和科技进步。

（生产力中心）

【高端设计人才聚集工程启动】 7月20日，"北京工业设计促进中心—清华大学设计管理工程硕士专业学位研究生班"在DRC工业设计创意产业基地举行开班典礼，标志着"高端设计人才聚集工程"正式启动。清华大学设计管理工程硕士专业学位研究生班首次在北京开设，25名来自联想、中国移动、北京汽车研究总院、兆维、李宁等企业的总经理、设计总监、市场主管等成为该班的正式学员。双方将继续加强官、产、学、研的紧密合作，共同培养符合企业需求的实践型设计人才，营造人才发展的良好环境，促进优秀人才脱颖而出，为建设科技北京，将北京建设成为世界设计之都奠定坚实的人才

基础。

（工业设计中心）

【嘉兴市政府与北京市农林科学院签署长期战略合作协议】 7月23日，嘉兴市科技局领导带领嘉兴龙头企业有关人员来到市农林科学院，签署了嘉兴市人民政府与北京市农林科学院长期战略合作协议。合作协议的宗旨为依托市农林科学院在农业科技方面显著的科技优势，充分利用嘉兴市突出的区位优势和良好的经济发展基础、丰富的农业资源条件，并结合浙江及嘉兴发展现代农业的科技需求，继续深入开展嘉兴市奥运蔬菜科技成果的引进工作，通过进一步拓宽合作领域，加快农业科技成果的转化及其产业化。

（技术交易中心）

【笔记本电脑设计产业对接研讨会】 7月27日，由市科委工业设计促进中心、昆山经济技术开发区管委会、赛迪传媒共同主办的笔记本电脑设计产业对接研讨会在DRC工业设计创意产业基地举行。本次研讨会为笔记本生产厂商与设计机构提供了一个对接交流的平台，目的在于发挥北京设计产业优势，对接国内笔记本电脑制造企业和世界最大的笔记本电脑生产基地，通过设计对接，提升国内企业的设计水平，促进地区间的产业优势互补。联想、海尔、方正、汉王、华旗等6家国内笔记本电脑一线制造商和洛可可、嘉兰图、易造、新觉、东成新维等12家北京著名设计公司及清华大学美术学院、北京航空航天大学、北京工商大学、首钢工学院等8家设计院校参与了此次活动。

（工业设计中心）

【香港创新科技及知识产权界与北京技术转移机构交流】 9月9日，由北京国际技术转移协作网络组织的香港创新科技及知识产权界与北京技术转移机构交流洽谈会在北京金龙潭大饭店召开。香港立法议员谭伟豪带领香港中文大学、香港理工大学、香港科技大学、香港浸会大学、香港生产力促进局、香港科技园公司等10家机构的技术转移负责人参加了会议。市科委副主任朱世龙接待了香港考察团，市科委国际合作处及北京技术转移协作网络成员单位科威国际技术转移有限公司、中国医药成果转化中心等参加了会议。会上，京港双方分别介绍了两地开展技术转移的现状，提出了技术转移过程中遇到的知识产权纠纷问题，讨论了如何推广知识产权保护政策，完善知识产权纠纷仲裁等议题，并就两地加强技术转移交流合作进行了深入探讨。

（技术交易中心）

【首届曹洽会高新技术成果对接会成功举行】 9月17日，由河北省科技厅与唐山市政府共同主办，北京科技协作中心等单位协办的“首届中国·曹妃甸临港产业国际投资贸易洽谈会高新技术成果对接会”在唐山市开滦宾馆举行。科技部国际合作司副司长马林英，河北省科技厅副厅长连小勇出席并讲话。唐山市委副书记周仲明主持会议，市委常委、副市长吴海英致词。市人大常委会副主任唐凤岗，市政协副主席秦少清，中国科学院、河北省科学院、北京大学、天津大学等30多家高校、科研院所的专家、教授出席会议。此次高新技术成果对接会为唐山企业与京津高校、科研单位搭建交流与合作的平台，创造相互了解，相互依托的良好条件。经过认真筛选，本次对接会唐山市签约6个科技合作项目，分别是：唐山尚新融大电子产品有限公司与航天科工集团三院第35研究所北京华航海鹰新技术开发有限公司签订的“工业企业电能质量管理与节电信息化管理系统”和“宇航级MIL-STD-1553B总线耦合器”项目；唐山国丰钢铁有限公司与北京科技大学签订的“国丰1号1780m^{3}高炉专家系统开发”项目；唐山市磁石矿冶科贸有限公司与徐州东亚钢铁有限公司签订的“节能型氧化球团焙烧矩形竖炉”项目；唐山绿野农林种养殖有限公司与河北农业大学签订的“共建精品蔬菜产业发展基地”项目；河北兆康制药有限公司与中科院微生物研究所和中科院唐山高新技术研究与转化中心签订的“共建富集微量元素功能性酵母联合研发中心”项目；唐山市科技局与河北省科学院科技处的科技合作项目。

（协作中心）

【中国创新设计红星奖应邀参展中国浙江宁波科技人才周暨工业设计博览会】 9月18—20日，中国创新设计红星奖应邀在中国浙江宁波科技人才周暨工业设计博览会上展览。开幕当天，宁波市委副书记、市长毛光烈等领导到红星奖展区进行了参观，毛光烈表示：宁波作为设计制造业的基地，要鼓励更多的企业单位和个人报名参与红星奖，鼓励当地企业的自主创新。此次红星奖宁波之行，为宁波引入设计资源，推动设计与制造的融合，加速宁波经济增长方式由“宁波制造”向“宁波创造”跃升。

（工业设计中心）

【首都科技条件平台参加第十九届全国发明展】 9月，“第十九届全国发明展览会”在西安国际展览中心举行。首都科技条件平台组织了基地和领域平台共12个项目参评第十九届发明展览会奖。此奖项是中国发明协会为鼓励发明创新，促进发明成果、专利技术的转化实施而设。最终首都科技条件平台推荐的12个项目获得6项金奖，2项银奖和一项IFIA最佳创新发明奖。

（技术交易中心 马正运）

【“北京创意之旅”活动】 10月14—23日，市科委工业设计促进中心科普培训部接待了来自武汉工业学院、大连大学两个学校的56名师生参加“北京创意之旅”的活动。师生们参观了包括早晨设计、北京现代汽车有限公司、嘉兰图、华新意创等近20家企业和设计类公司。“北京创意之旅”活动开展至今已有5年，活动针对各院校的具体情况制定专门的考察方案，利用北京丰富的设计资源为即将就业的大学生们提供一个多视角了解设计产业的平台，让学生深入到企业、设计园区进行实地考察，更近距离接触到真实的职业设计环境，与知名设计师面对面交流，开拓设计视野、增强设计认知，明确学习定位，更有针对性地提升自身综合素质。通过活动，师生们拓宽设计眼界，了解设计产业的现状及未来发展趋势，欣赏到目前国内顶级的设计作品、园区。

（工业设计中心）

【北京科技协作中心与佳木斯高新区签署合作协议】 10月15日，北京科技协作中心与佳木斯高新技术产业开发区围绕着推进再制造产业园建设、共享科技信息资源等内容进行了深入探讨，签署了《北京科技协作中心与佳木斯高新技术产业开发区科技合作框架协议书》。双方将围绕《协议》细化并落实下阶段具体工作内容，充分发挥首都科技成果产业化公共服务平台的信息和资源优势，以佳木斯高新技术产业开发区为首个试点，扎实推进科技成果产业化的区域合作。

（协作中心）

【市科委与和田地区地委、科技局共同推进援疆工作】 10月29日至11月4日，中共和田地区地委委员吾提库尔·阿里木、和田地区科技局及相关县市负责人等赴京进行了为期7天的学习考察。市科委等领导与考察团一行进行了充分交流。11月1日，援疆规划编制座谈会在北京技术交易促进中心举行。北京技术交易促进中心研发部全体人员、和田地区科技考察团以及来自中国医科院药用植物研究所、中国农业大学、中北国技（北京）科技有限公司、和君咨询公司的代表20余人参加了此次会议。科技援疆规划的编制工作自4月启动，经过多次前期走访调研和两地项目征集，目前规划初稿已初步编制完成，并报送至援疆规划前方指挥部。援助项目覆盖科技培训交流、行业关键技术研发转移、科技服务组织、信息网络、科学技术普及等五个领域的23个子项目，形成相互支撑、相互关联、相互补充的一个科技服务综合平台。

（市科委办公室）

【红星奖应邀亮相2010滨海新区首届（国际）工业设计成果展交会】 11月8—10日，中国创新设计红星奖应天津市工业设计协会邀请，组织40余件历届获奖产品亮相2010滨海新区首届(国际)工业设计成果展交会。红星奖的展出是滨海首届工业设计展交会上的一大亮点，展出产品有节能环保的太阳能音响、具有情趣的香料娃娃和油醋瓶、结合了赵州桥拱形原理的“弓”篮球鞋、融入紫禁城中国传统文化元素的Hi-Fi高端音响，以及天津本土企业设计的个性化园林工具等，涉及家居用品、电子消费品、交通工具、家用电器等七大门类，独具创意的设计令人耳目一新。这次“红星奖”获奖产品的集中展示，提升了获奖企业产品在消费群体中的认知度，让天津市民更多地了解了设计的魅力，同时借助2010滨海新区首届(国际)工业设计成果展交会的平台，带动区域内自主创新能力升级，促进环渤海设计产业发展。

(工业设计中心)

【北京·浙江嘉兴创业投资项目洽谈会召开】 11月16日，北京创业投资协会联合嘉兴市科技局、嘉兴科技城管委会、嘉兴市南湖区政府，举办了“北京·浙江嘉兴创业投资项目洽谈会”。本次会议组织了中国风险投资、中国科招、中富投资、博大环球等近10家北京创业投资协会会员单位，与浙江嘉兴地区高新技术企业、海外领军人才创业项目、地方创业投资机构、地方政府创业投资引导基金等30余家单位开展了交流与项目对接。期间，长三角技术转移促进中心、北京创业投资协会与浙江红土创投、新创风投等7家技术转移与风险投资机构，发起成立了“创新嘉兴投资服务联盟”，为促进京浙两地的技术转移、风险投资、私募基金等专业机构，围绕技术转移与产业化合作，开展协同创新服务。

(技术交易中心)

【第五届北京文博会“京台文化创意交流论坛暨北京前门台湾文化商务区设计及文创项目洽谈会”举行】 11月19日，第五届北京文博会“京台文化创意交流论坛暨北京前门台湾文化商务区设计及文创项目洽谈会”在台湾会馆举行。本次活动由北京市政府台办、第五届北京文博会组委会办公室、东城区政府、台北市文化局、台北市文化基金会、台北世界贸易中心等单位主办，前门大街管委会、北京市文化创意产业促进中心、北京工业设计促进中心、北京台湾文化商务区等单位协办。北京市政府台办主任马玉萍，东城区区长牛青山以及第五届文博会组委会办公室、北京市文化创意产业促进中心、北京市台联、东城区台办及各委办局领导出席论坛的开幕式。

(工业设计中心)

【第十四届京港洽谈会“战略性新兴产业发展论坛”在香港举行】 11月25日，第十四届京港洽谈会“战略性新兴产业发展论坛暨重大科技项目发布会”在香港举行。论坛由市科委、中关村管委会、香港贸易发展局、香港工业总会联合主办。会议主题为“重大科技成果助推战略性新兴产业发展”。大会旨在向香港充分展示北京战略性新兴产业的发展趋势，促进北京科技资源与香港金融资本有效融合，推动战略性新兴产业发展。论坛重点组织了北京生物医药、新能源汽车、新材料三个战略性新兴产业领域的产业技术联盟代表，向与会来宾介绍了北京在三个领域的发展现状、未来发展趋势及投资热点。市科委面向全北京征集了战略性新兴产业领域重大科技项目，并从中筛选出北京地区73家企业的91个项目赴港对接、融资，融资额达42亿元，其中中央在京院校企项目16个，市级院校企项目17个，民营及外资企业项目58个，涉及生物医药、新能源、新材料、电子信息、现代农业、节能环保、先进制造七大领域。大会重点发布了生物医药、新能源汽车、新材料三个领域的9个重大科技项目，涉及融资额7.3亿元。

(技术交易中心)

【首都科技条件平台淄博工作站授牌仪式在淄博召开】 12月2日，“首都科技条件平台淄博工作站授牌仪式暨济南都市圈技术转移联盟工作交流会议”在山东省淄博市召开。北京市科委，山东省科学院生产力促进中心，淄博市科技局以及相关院所的专家和泰安、莱芜、德州等济南都市圈技术转移联盟的相关成员单位参加了会议。会上向山东淄博生产力促进中心授淄博工作站牌，下一步通过济南都市圈技术转移联盟辐射到整个山东省，使首都科技条件平台发挥更大作用。

（技术交易中心）

【红星奖应邀亮相广州第五届中国工业设计周】 12月9—11日，应广东省工业设计协会邀请，中国创新设计红星奖组织30余件历年获奖产品亮相广州第五届中国工业设计周。第五届中国工业设计周以“改变·创新”为主题，集结展出了红星奖、红点、IF等国际知名奖项获奖产品，为广东省呈现了一场设计的盛宴。展览期间，广东省副省长佟星，广东省委常委、副省长肖志恒等领导参观了红星奖展区，并对红星奖给予了高度评价。红星奖展区作为本次设计周的一大亮点，展品中的创维、TCL液晶电视等吸引众多群众的关注；当地企业为获得红星奖而倍感自豪，纷纷表示要积极参评。荷兰飞利浦、德国博世、瑞士ABB等世界级品牌的参展，突显红星奖的国际化品质，引起人们的赞叹。

（工业设计中心）

【第十三届京台科技论坛举行】 12月15日，“第十三届京台科技论坛”在台湾举行。本届论坛以“加强京台交流、共享合作成果”为主题，以促进战略性新兴产业合作为主线，设立主题论坛、专业论坛及成果交流会共计18场。市科委副主任郑焕敏出席论坛并重点介绍了北京市的科技资源环境、科技创新氛围、重点发展的科技产业以及与台湾的合作机遇。台湾创业投资商业同业公会、怡和创业投资集团、亚太智慧财产权发展基金会负责人分别作了主题发言。

（技术交易中心）

【组织京台科技论坛数控分论坛收获颇多】 12月15日，第十三届京台科技论坛在台中市举行。北京市由市领导率团参加。北京生产力促进中心负责支撑京台科技论坛数控分论坛的组织工作。北京生产力促进中心组织联盟骨干企业北京京城机电控股有限责任公司、北京第一机床厂、北京第二机床厂有限公司、北京东方精益机械设备有限公司以及清华大学、北京工业大学等高校代表13人赴台参会和交流考察。“数控机床在精密工业之应用论坛”取得了预期目标。通过本次论坛，探讨了轨道交通、航空航天工业和汽车工业等对数控机床之需求，加强了京台两地在数控装备企业的交流与合作。

（生产力中心）

国际合作与交流

【“科技参赞服务北京行动”在京举行】 1月14日，应北京市科委邀请，我国驻美、欧、英、法、德、俄、印等13个重要国家和地区的科技参赞来到北京经济技术开发区，参加由科技部国际合作司和北京市科委共同主办的“科技参赞服务北京行动”。他们对国家北京生物医药创新孵化基地和生物医药重点企业进行了调研考察，与市科委、北京经济技术开发区、大兴生物医药产业基地和中关村生命科学园的负责人就如何充分利用国际资源，促进北京生物医药产业跨越发展进行了讨论。还与市科委举行了座谈，听取了“科技北京”工作重点和重点领域国际合作需求介绍。副市长苟仲文出席了活动。科技部合作司参赞王启明、市科委主任闫傲霜、市科委党组书记杨伟光陪同考察，并参加了座谈会。座谈会上，市科委主任闫傲霜介绍了“科技北京”行动计划的核心内容、2010年北京科技工作重点以及北京国际科技合作的主要工作。市科委相关处室负责人介绍了北京生物医药跨越发展、电动汽车、节能与环保、都市型现代农业、科技政策等领域的国际科技合作需求。本次活动拉开了科技参赞参与“科技北京”建设的序幕。

（国际合作处）

【市科委与欧洲一体化和经济发展署签订全面科技合作协议】 1月20日，在胡锦涛总书记和奥地利总统菲舍尔的共同见证下，北京市科委与奥地利欧洲一体化和经济发展署（AEI）在人民大会堂签署了全面科技合作协议。这是北京市科委围绕“2812 科技北京建设工程”，启动建设国内外一体的国际科技合作渠道和工作网络的标志性成果。国情国力的新变化，对首都科技工作提出了新的要求。要求北京以国际城市的高端形态来谋划工作，充分利用好国内和国际两个资源，推动首都高端化、国际化发展。市科委将进一步加强与科技部、国家发展改革委、商务部等部委的交流与沟通，继续推动与欧、美、日等重点国家创新管理机构建立合作关系，在国家间科技合作协定的框架下，探讨具体合作机制；加强与我国驻外机构科技处组、主要国家驻华使馆科技与经济处的联系和信息沟通，加大北京科技工作战略重点的对外宣传与推广。通过加强国际科技合作渠道和网络建设，促进国际科技合作，充分发挥科技对解决首都经济社会发展关键问题的支撑作用，对高技术产业发展的引领作用。

（国际合作处）

【红星闪耀驻华科技外交官新春招待会】 2月3日，中国创新设计红星奖15件优秀获奖产品亮相“驻华科技外交官新春招待会”。此次“驻华科技外交官新春招待会”由北京市科委、北京市政府外事办公室和北京市科协共同主办，来自60多个国家、地区和国际组织的近130位驻华科技外交官以及市政府相关委办局、高科技企业、在京科研机构的代表360余人参加了此次活动。外交官们对富有中国传统文化特色的“皇家普洱茶”、节能环保的“阅读灯”、美观且具有生活情趣的“柠檬挤”等一些优秀的中国设计产品很感兴趣，表示将推荐本国企业参评。

（工业设计中心）

【“巧娘工作室”为科技外交官送上新春祝福】 2月3日，作为市科委“双百对接”项目成果之一，“巧娘工作室”亮相“驻华科技外交官新春招待会”，展出5年来的优秀成果以及20余位“巧娘”现场制作的手工艺品。北京市副市长苟仲文、市科委主任闫傲霜、市妇联副局级巡视员王淑存等领导出席，来自英国、法国、俄罗斯、意大利、芬兰、以色列、罗马尼亚等60余国家、地区和国际组织的近130位驻华科技外交官前来参观，并对“巧娘工作室”精湛的手工艺作品表示赞叹。现已在全市18个区县建立了270

个“巧娘工作室”、23家“巧娘手工艺品专卖店”和“专卖柜台”，吸引了包括国际奥委会主席罗格在内的各国宾客来访。

（工业设计中心）

【北京赴首尔参加“世界设计城市峰会”】 2月22—25日，应韩国首尔市政府邀请，由北京市政府副秘书长戴卫带队，市科委高新处处长刘晖等一行人赴韩出席了“世界设计城市峰会”。“世界设计城市峰会”是为庆祝首尔市当选2010年“世界设计之都”而举办，旨在讨论世界金融危机期间如何通过设计重振城市经济。2006—2008年“世界设计之都”当选城市都灵、赫尔辛基以及北京、伦敦、埃因霍温等世界31个城市的市长及代表团应邀参会。会上，北京与其他城市共同签署了《首尔设计城市宣言》，提出将设计视为城市核心竞争力，从而促进经济繁荣、改善人民幸福指数、推动可持续发展。峰会期间，首尔市市长吴世勋单独会见了北京代表团，对北京参加此次峰会表示感谢，并希望北京能于9月再次赴韩参加“首尔设计节”。首尔作为本次峰会的具体承办机构，与北京之间的交流合作签署了合作谅解备忘录，标志着两市政府在设计领域建立了战略合作关系。

（工业设计中心）

【“CDM中国设计交易市场计划2010米兰设计周”发布会】 3月10日，由北京工业设计促进中心和意大利著名设计杂志ABITARE组织的“CDM中国设计交易市场计划2010米兰设计周”发布会在北京798艺术区举行。意大利驻中国大使馆科技参赞朱赛贝饶博士、意大利RCS传媒集团卓意传播机构等以及来自全国近50余家设计、创意企业代表和媒体记者出席了发布会。2010年，CDM中国设计交易市场以推人、推奖、推设计的主题重归米兰，从而激活中国设计元素，将中国设计推向世界。计划今后每年推出一些年轻的原创设计师、推出中国创新设计红星奖，并通过务实的“买卖方式”来推动中国设计投资和知识产权保护。

（工业设计中心）

【中国创新设计红星奖亮相意大利米兰设计周】 4月14—19日，中国创新设计红星奖亮相意大利米兰设计周，展出中国优秀设计产品，让国际设计界、传媒了解中国设计的方向，将中国设计推向世界。红星奖此次展出的十余件产品，代表了中国设计的最高水平。

（工业设计中心）

【“中国设计交易市场”设计主题展在米兰开幕】 4月15日，由北京工业设计促进中心以及意大利著名设计杂志ABITARE共同发起的中国设计交易市场（CDM）在米兰托尔托娜设计图书馆隆重开幕。这是2010年米兰国际设计周规模最大的中国设计主题展，也是中国设计首次以国家馆的姿态亮相被称为设计界的奥斯卡的米兰设计周。北京工业设计促进中心以及中国家具协会、香港家具协会、中国原创设计师代表团、国际设计界、传媒领域的两百多位代表出席了开幕活动。2010年在世界走出经济低谷的大背景下，中国设计交易市场通过“推人、推奖、推设计”的方式，向世界证明中国制造向中国创造转型的决心和实力。

（工业设计中心）

【丹麦诺和诺德公司扩建在京全球研发中心】5月21日,诺和诺德公司总部及其投资委员会通过决议:5年投资1亿美元扩建其位于中关村生命科学园的全球研发中心。该项目将引进诺和诺德公司最大的业务板块糖尿病研究,建成后将成为跨国医药公司在中国设立的最大全球研发中心之一。

(生物中心)

【北京市科委与荷兰应用技术研究所就科技领域合作进行探讨】 5月26日,北京市科委与荷兰应用技术研究所共同探讨在科研领域的合作问题。荷兰应用技术研究所于1932年通过荷兰国家立法形式成立,以提升荷兰工业及政府的创新能力为目标,更有效地应用本国科学技术,其研究重点领域包括生活质量、工业创新、国防安全、能源、交通、环境及信息化社会等7大领域。该所位于埃因霍温市的霍尔斯特中心,拥有12家分支机构,研发人员超过4500人。作为具有代表性的开放式高科技创新园区,集聚了超过50家高科技企业及8000余名研究人员,园区产业涉及领域包括机发光二极管照明、电子电路设计开发、材料分析等。荷方希望与北京市科委签署科技合作谅解备忘录,确定合作双方的联系人、合作领域及协调机制等。拟在2010年9月荷方代表团再次访华时在北京签署该备忘录。

(国际合作处)

【欧洲驻华使节节能减排考察暨应对气候变化报告会举行】 6月25日,由科技部、外交部及北京市共同主办的"欧洲国家驻华使节节能减排考察活动暨应对气候变化科技行动报告会"在京举行。此次活动的主要目的是为了配合我国气候变化整体外交,宣传科技在节能减排方面发挥的重要支撑作用,以及我国节能减排和应对气候变化所取得的成就。来自法国、意大利、西班牙、荷兰、挪威、葡萄牙、瑞士、奥地利、爱尔兰、希腊、冰岛、卢森堡及欧盟的13位驻华大使参加此次活动。全国政协副主席、科技部部长万钢,外交部副部长傅莹,北京市委常委赵凤桐出席此次活动。活动中,各国使节参观了北汽福田汽车股份有限公司的新能源汽车展示、纯电动汽车充电站、节能减排实验室,对中国及北京在交通领域的节能减排技术和措施有了直观的认识。

(国际合作处)

【中国创新设计红星奖初评】 7月27日,中国创新设计红星奖初评在北京DRC工业设计创意产业基地举行。来自北京、广东、台湾等6个省市地区的12位评委对红星奖参评产品进行了评审。2010年共有1000多家企业的5000多件产品参评,企业和产品数量分别比去年增加了41%和34%,覆盖国内26个省市地区和英国、德国、日本、韩国、美国等14个国家。世界500强企业西门子、诺基亚、博世、LG电子、ABB集团、SCA包装集团和国际知名设计公司英国设计顾问公司、丹麦CBD设计公司、韩国一诺设计等都踊跃参评。评委们一致认为2010年红星奖参评产品的整体水平高于历届,产品更加多样化,更具创新性。

(工业设计中心)

【北京—伦敦低碳经济技术研讨会在京召开】7月30日,"北京—伦敦低碳经济技术研讨会"在北京召开。北京市科委、英国伦敦发展署、北京市可持续发展科技促进中心以及首都新能源产业技术联盟等数十家企业、科研机构参加了此次研讨会。此次研讨会上,英国伦敦发展署总裁彼得·毕晓普从英国低碳城市建设的规划、思路、成绩以及低碳奥运的理念带给我们一些深入的思考。北京市科委副主任朱世龙肯定了英国伦敦发展署和北京市科委良好的合作关系,下一步希望加大合作力度,通过高层互访、人员交流、共同组织活动等,进一步推进双方在低碳技术等领域的具体合作。

（国际合作处　可持续中心）

【“北京设计之夜”活动】 9月3日，作为国际设计艺术院校联盟—清华·北京大会重要组成部分的“北京设计之夜”活动在清华大学美术学院隆重举行，该活动由市科委和清华大学支持，北京工业设计促进中心与清华大学美术学院联合主办。市科委副主任朱世龙、清华大学副校长谢维和、国际设计艺术院校联盟主席克瑞斯汀·格勒林等出席活动。参加活动的有国际设计艺术院校联盟全体执委以及来自世界各国50多所著名设计大学和国内设计院校、公司、企业的设计专家、学者共200人。大会由“中国当代艺术设计语境下的多元与创新”论坛、“北京设计之夜”活动与中国创新设计红星奖展览三部分组成。“北京设计之夜”活动的目的在于增进北京与国际设计教育领域在设计教育和产业发展方面的交流，增强世界对北京设计的认识，学习国外先进经验和理念，以提高北京乃至中国的设计教育水平，推动北京设计产业向国际化发展迈进。

（工业设计中心）

【北京科威国际技术转移有限公司与加拿大WORL Discoveries公司签署合作协议】 9月30日，北京科威国际技术转移有限公司在国贸饭店与加拿大安大略大学WORL Discoveries公司签署了生物质能源技术转移合作协议。北京市科委副主任朱世龙、加拿大安大略省研究与创新部副部长George Ross，加拿大驻中国大使馆科技一秘/经济专员Perter Molnar，加拿大驻中国使馆经济参赞Yijun Song出席签约仪式并先后致词。双方代表就北京与加拿大安大略省开展国际技术转移合作进行了深入的探讨并达成一致意见。双方将利用国际技术协作网络渠道，引导安大略省创新资源对接北京技术需求，共同开展具体业务合作。

（技术交易中心）

【瑞士洛桑生命科学园医药代表团参观首都科技成果产业化公共服务平台】 10月14日，以瑞士洛桑生命科学园董事穆雷聂赫为团长的瑞士洛桑生命科学园医药代表团一行13人，来到首都科技成果产业化公共服务平台参观，并与8家中方药企进行工作交流。洛桑生命科学园医药代表团成员来自瑞士多家著名医药企业和医药专利服务机构，包括细胞技术公司Stemedica、疫苗生产企业Mymetics、医药专利服务机构Andre Roland SA等。此次交流活动是首都科技成果产业化公共服务平台成立后发挥自身优势所举办的第一次高水平、专业性企业间的交流对接活动，通过搭建该交流平台，为双方下一步开展实质性合作奠定了基础。

（协作中心）

【韩国生物膜污水处理技术落地北京怀柔】 10月15日，韩国（株）世纪综合环境公司的“利用大气露出型生物膜的污水处理工艺”在怀柔区渤海镇六渡河村“新农村建设污水处理科技示范项目”中应用。在北京国际技术转移协作网络（BITTN）的组织下，中韩两国技术转移机构——北京市可持续发展促进会、北京庆北技术服务有限公司，通过近一年时间的技术考察、互访交流，促成该项目的应用。

（技术交易中心）

【北师大研发实验服务基地质谱中心与布鲁克合作实验室揭牌】 10月15日，由北京师范大学研发实验服务基地主办，美国布鲁克·道尔顿公司合办和赞助的“北京师范大学研发实验服务基地质谱中心成立三周年庆典暨与美国布鲁克·道尔顿公司合作实验室揭牌仪式”在北京师范大学举行。来自北京地区的50余位业内人士出席了庆典及揭牌仪式。质谱中心和布鲁克公司合作实验室的建立，通过引进国外的先进仪器设备，整合国际上的科技资源为北京地区的企业提供服务，实现了优势互补，同时也对学校教学、科研、社会服务三大职能提供了强大支撑。

（技术交易中心）

【“2010科技北京国际论坛——城市安全技术交流会”召开】 11月3日，由北京科技协作中心、中国安全防范产品行业协会主办，北京科技协作中心承办的“2010科技北京国际论坛——城市安全技术交流会”在京举行。此次会议秉承“协作、创新、发展”的理念，是一场高层次、高水平、高科技的对话。会议邀请了俄罗斯非政府安全委员会主席卡拉班诺夫、以色列海尔兹利亚跨学科中心反恐主义和政策战略研究所资深研究员伊利卡蒙博士、美国联合技术公司研究中心高级研究员张昕等6位中外知名专家参会并作报告。报告涉及莫斯科城市安保的整体情况和技术手段、非政府安全结构在综合安全和城市安保方面的作用、以色列在反恐方面的经验、新型太赫兹安检成像技术的探索与研究等内容。中外专家从城市安防的综合管理体系、防范手段、技术应用等方面进行了充分探讨和全面交流。

（协作中心）

【“红点之夜”交流活动在京举行】 11月16日，德国红点奖与北京工业设计促进中心联合在当代万国城“空中连廊”举办北京“红点之夜”交流活动。此次活动为2010北京文博会设计创意展系列活动之一。今年“红点之夜”首次来到中国大陆，与北京工业设计促进中心共同邀请包括25家中国获奖企业在内的80余位企业代表及专业人士参加，设计师们届时有机会与红点奖主席彼得·扎克零距离交流，共同分享设计经验与成功喜悦。“红点之夜”也为中外设计界搭建了一个广阔的交流平台，使中国企业了解国际工业设计潮流和发展趋势，更好地把握国际优秀设计的评价标准，进一步推动中国设计与国际的对接，促进北京成为世界性的设计创新城市。

（工业设计中心）

【“中芬金桥（北京）创新中心”落户中关村软件园】 11月22日，由北京市科委、中关村管委会、芬兰赫尔辛基投资促进局联合主办的北京—赫尔辛基新一代信息技术转移合作论坛暨企业对接会在中关村软件园举行。中芬近50家企业的代表参加了对接会。本次活动旨在推进中芬两国高科技企业在金融投资、技术创新、项目开发、业务合作等诸多领域的高端合作。其间，为加强两地企业创新合作，促进两地企业到对方发展软着陆而设立的“中芬金桥（北京）创新中心联合办公室”落户中关村软件园。由科技部和芬兰就业与经济部共同支持的中芬金桥科技创新中心旨在促进中芬两国高科技企业高端合作，帮助两国高技术企业到对方投资发展，实现企业跨国发展的软着陆，推动两国企业和机构在信息技术创新领域的共同发展。中关村软件园将发挥作为政府促进软件产业的抓手和联系企业的纽带作用，依托政府搭建的国际交流合作平台，创新合作模式，在人才引进、科技交流、金融服务、中介促进等方面开展业务。

（国际合作处）

【日本贸易振兴机构北京代表处来访首都科技成果产业化公共服务平台】 11月24日，日本贸易振兴机构北京代表处知识产权部部长谷山、副部长高村、顾问小池及其助理一行在中日技术创新产业推进基地秘书长尹昌来的陪同下来到首都科技成果产业化公共服务平台访问。日方介绍了日本贸易振兴机构的主要职能和业务范围，北京科技协作中心对首都科技成果产业化公共服务平台的功能定位、服务模式、服务内容等方面进行了介绍。双方围绕下一步即将签署的《北京科技协作中心与日本贸易振兴机构北京代表处合作备忘录》的相关内容展开交流。双方一致表示，希望以此次合作为契机，在推动双方科技成果转化的重点领域和重点项目上取得突破，共同推进中日双方的科技成果产业化取得成效。

（协作中心）

【中英农业服务平台助力国家现代农业科技城建设】 12月1日，由北京市科委、科技部中国农村技术开发中心、科技部火炬中心、英国外交部科学与创新网络、中英科技创新计划联合主办，科技部国际合作司、农村科技司，英国投资贸易总署、英国国际农业技术中心等给予指导和支持的“中英现代农业技术转移合作论坛”——“国家现代农业科技城”高端合作论坛之一在北京举行。本次论坛论坛组织了英国洛桑研究院、英国国际应用生物科学中心、英国政府化学家实验室、英国莫登集团、东茂林研究所、华威大学等11家英国农业科技创新组织、知名研究院所和大学、跨国公司、科技型企业，带来30多个农业技术转移合作项目，涉及技术领域包括：畜牧疾病防控、生物育种、植物保护及生物防治、精准灌溉技术、食品安全检测、食品保鲜、土壤检测等。此次论坛是国家现代农业科技城建设启动以来的第一次重要国际活动，是以技术转移为桥梁，将英国的现代农业先进技术和“国家现代农业科技城”的建设需求和发展需求结合起来的有益探索。论坛旨在打造中英高端农业服务平台、助力国家现代农业科技城建设，并以此为契机，努力拓展和推动北京与世界主要农业科技创新国家的现代农业国际合作与交流，推动英国现代农业高新技术成果在北京的展示、示范和推广应用。

（国际合作处）

【北京工业设计促进中心应邀出席韩国2010好设计奖颁奖典礼】 12月7—12日，应韩国设计振兴院的邀请，北京工业设计促进中心赴韩国出席2010好设计奖颁奖典礼。为了推动中韩两国设计产业的发展，北京工业设计促进中心与韩国设计振兴院签署了《关于韩国设计振兴院好设计奖和北京工业设计促进中心红星奖达成共识和合作的谅解备忘录》，此次中国创新设计红星奖与韩国好设计奖的联手合作，旨在以优秀的设计产品来支持企业的发展，帮助增强两国消费者对优秀设计产品的理解，将给中韩两国设计产业创造出更多的发展机遇和空间，这标志着两国设计界的沟通交往又走上了一个新的台阶。同时，中国创新设计红星奖作为中国设计的代表，再次应邀组织30余件产品参加2010韩国设计展，在世界最佳设计展区与IDEA、G-MARK、韩国好设计奖、澳大利亚国际设计奖等来自14个国家的优秀设计产品共同展出。此次展出彰显了中国设计的水平和魅力，通过与世界著名奖项的交流，提升中国设计的国际影响力，红星奖作为中国设计的代表在国际舞台上的地位也日益显著。

（工业设计中心）

【清华大学美术学院与波音公司创新设计实验室揭牌仪式】 12月15日，由北京工业设计促进中心牵线，清华大学与波音公司联合建设的创新设计实验室揭牌仪式在清华大学美术学院举行。波音公司此次与清华大学美术学院联合建设创新设计实验室是希望依托清华的设计研发实力，联合开展用户体验研究，为全球乘客打造全新的航空体验。这不仅是北京设计产业在产、学、研结合中的又一项工作成果，同时也代表了工业设计跨学科、跨领域、跨国界协同发展的主流趋势。

（工业设计中心）

【日本知财流通研究会成员来访平台】 12月24日，由日本贸易振兴机构北京代表处知识产权部部长谷山稔男率领的知财流通研究会成员单位代表一行9人来到首都科技成果产业化公共服务平台参观、交流。日方人员听取了首都科技成果产业化公共服务平台的建设与运营情况介绍，并就他们关心的知识产权保护、技术托管服务、技术转移服务流程等问题与平台工作人员进行了认真探讨，希望进一步加强沟通，努力在促进科技成果转化及知识产权交流等方面开展合作。日方人员分别来自日本科学技术振兴机构北京代表处、索尼（中国）有限公司、日立（中国）有限公司、青棠顾问有限公司等企业。

（协作中心）

科学技术普及

城乡科普

【中国科协、北京市科协举行科普惠农座谈会】 2月2日，“中国科协、北京市科协科普惠农座谈会”在密云县河南寨镇南金沟屯村的中国科协科普示范绿化基地举行。中国科协办公厅副主任、机关服务局局长李晓亮，中国科协科普部副部长高勘，北京市科协副主席周立军，密云县副县长杨珊等领导及北京农学院的农业科技专家出席会议。出席会议的领导向南金沟屯村的北京黍谷山农业种植园赠送了科普设备、资料、科普书籍、春联，向基层科技工作者致以春节的祝福。

（李　磊）

【立春时节忙下乡　科普之春送科技】 2月4日，市委宣传部、市科协、市农委共同在顺义区南彩镇河北村举办“2010年北京市科技套餐配送工程、北京科普之春暨‘三下乡’活动启动仪式”。在启动仪式上，主办单位先后向南彩镇河北村赠送科技图书等科普资料以及除草机、地膜、生物农药等生产资料和过年礼物。来自市农林科学院、市林业保护站的两位老师分别从土壤测土施肥技术、果树病虫害生物防治技术两方面为农民培训。电教室里，通过“农业快车”网页链接的远程教育农业培训课程也吸引了不少兴致勃勃的村民。市科协的工作人员分组指导大家如何通过“首都科技网”寻找、选择、收看自己需要的远程授课内容。启动仪式结束后，多位著名果树专家走进顺义区双河果园，为农民讲解果树的田间管理、病虫害防治及高产增收的新技术、新成果，现场示范苹果、樱桃的冬季剪枝与管理技术。

（李　磊）

【市科协举办区县科协科普工作培训班】 4月1—2日，市科协在朝阳区蟹岛会议中心举办区县科协科普工作培训班，全市16个区县科协负责惠农、益民计划实施工作的人员和部分街道、乡镇科协的主管领导共50余人参加了培训班。培训期间，学员集体参观考察了朝阳区来广营地区茉藜园、绣菊园社区和地区的温馨家园。

（李　磊）

【中国科协领导调研北京社区科普益民计划】 4月6日，中国科协书记处书记程东红和科普部、计财部有关领导到北京调研社区科普益民计划。在朝阳区绣菊园社区、茉藜园社区，中国科协领导参观了社区科普展室，听取了社区科普工作汇报，观看了来广营地区科普工作宣传片，并参观了以水资源利用、节能减排、农业发展史为主要内容的来广营地区科普文化中心。在宣武区牛街青少年科学俱乐部，中国科协领导参观了石膏制作、电子制作、益智玩具、棋类、化学实验、电脑制作等。在西便门东里社区，听取了社区建设“蓝魔方”科普活动室及科普活动开展情况汇报。程东红充分肯定了北京市社区科普益民计划实施3年来取得的成效。

（李　磊）

【省市科协来京考察交流社区科普益民计划】 4月16日，辽宁省科协党组书记、副主席康捷，党组成员、副主席金太元、王元立，副巡视员谷军及相关部室一行15人，来到北京市科协考察交流社区科普益民计划。北京市科协副主席周立军主持座谈会，并简要介绍了北京市实施社区科普益民计划的有关情况和下一步工作设想，科普部部长阎仁浩汇报了益民计划取得的成效，北京科普发展中心副主任潘梅汇报了户外科普园地的建设情况。康捷介绍了辽宁省科协开展科普工作的有关情况。北京市科协党组书记、常务副主席田小平参加了座谈并对社区科普益民计划的实施背景、奖补对象、资金监管、成效评估等方面，作了进一步的阐释。

（市科协）

【“西城区低碳生活再设计主题活动月”启动仪式暨“废品再设计”创意大赛颁奖典礼】 5月6日，“西城区低碳生活再设计主题活动月”启动仪式暨“废品再设计”创意大赛颁奖典礼在DRC基地隆重举行，此次活动由市科委北京工业设计促进中心和北京市西城区科学技术协会联合主办。此次“低碳生活再设计主题活动月”

旨在倡导低碳生活，普及设计知识，将“再生资源回收利用”、可持续理念引入社区，提升公众环保意识，激发生活中的设计灵感，将设计的快乐带给每个居民，创造新的生活方式。市科委北京工业设计促进中心作为全国首家政府成立的推动设计产业发展的促进机构，通过培训、展览等方式，向大众普及设计知识，传播设计理念。

（工业设计中心）

【“防灾减灾日”科普宣传教育活动在京举行】 5月8日，由中国科协主办，市科协和海淀区政府承办的“防灾减灾日”科普宣传教育活动在海淀区厂洼社区举行。活动由市科协副主席周立军主持，中国科协书记处书记程东红致词，专家代表何永年主任和社区居民代表姚世焕发言，中国科协科普部部长杨文志、副巡视员周济，海淀区委常委、宣传部部长李彦来等有关单位领导，相关学会的专家教授参加了科普活动。有关单位积极参与，组织了丰富多彩的科普宣教活动；新闻媒体也对本次活动给予了高度关注，进行了现场采访。活动启动仪式上，向北京市海淀区厂洼社区赠送了防灾减灾科普图书、灾害应急物品。活动受到了广大社区居民的热烈欢迎，厂洼社区周边的数百名社区居民闻讯后也纷纷来到现场参加活动。

（李　磊）

【第四届“全球华人非常短片创意大赛”颁奖典礼落幕】 5月31日，由北京科技开发交流中心、亚太传媒集团、北京电影学院、新浪网主办的第四届“全球华人非常短片创意大赛”在清华大学落幕。大赛从2006年至今，共举办4届，参赛作品共近9万件，获奖作品总计34项。大赛联合两岸三地上百家电视台、入口网站、手机门户网站、平面媒体共同协办，得到了政府部门、影视界、传媒界、时尚界、学术界、动漫界、广告界以及企业界的大力支持，是一场跨媒体、跨产业、跨区域的年度创意盛典。

（开发交流中心）

【低碳减排绿色生活讲座举行】 6月3日，北京环境科学学会、宣武区环保局、宣武区广外街道办事处联合在宣武区广外街道社区服务中心多功能厅举办了“6.5世界环境日——低碳减排绿色生活”环保讲座，主题为“低碳生活从我做起”。特邀市政协常委、北京南海子麋鹿苑博物馆副馆长郭耕主讲。宣武区广外街道办事处的工作人员和19个街道的居民共计100余人参加。

（环境科学学会）

【启动第十二届“北京科普之夏”活动】 7月17日，市科协主办的第十二届“北京科普之夏”在朝阳区奥林匹克文化广场启动，主题为“坚持科学发展，走进低碳生活”。科普之夏活动持续到8月31日，历时近两个月。全市预计开展各类活动2000余项，其中重点活动400余项。为进一步加大北京市社区科普工作的力度和覆盖面，活动首次在16个区县同时开展。

（市科协）

【区县科协工作会召开】 11月17—19日，市科协召开区县科协工作会，各区县科协领导30多人参加。会议介绍了北京市科普惠农、科普益民两项计划的实施情况和“十二五”即将实施“社区科普益民计划”的有关情况，对“十二五”北京市科普惠农、益民两个计划实施方案（讨论稿）和关于加强农村科普示范基地的建设方案作了说明。各区县科协领导根据区县科协工作实际，围绕“科普惠农、益民两项计划”、“实施纲要工作”、“科普资源共建共享及资源配送”、“加强区县科技园区科协组织建设”等议题进行了研讨，提出了意见和建议。

（李　磊）

【市科协召开新农村发展与建设工作委员会工作会议】 12月4日，市科协召开新农村发展与建设工作委员会工作会议，委员会主任王有年主持会议，副主任周立军，顾问王贺祥，委员方志远院士、王秋生、刘月娥,北京气象中心、市农林科学院、市农职院的代表以及市农技协会的有关领导近20人参加会议。委员会秘书、科普部部长阎仁浩汇报了北京市科协2010年农村科普工作和2011年工作思路;学会联合办公室副主任张鸿博介绍了北京市“农民致富科技套餐配送工程”取得的成效和好的做法;市农技协会秘书长李华汇报了农技协会2010年工作和2011年工作思路。委员会副主席周立军对2010年的农村科普工作和北京市农技协的工作给予了充分肯定,对明年的工作安排提出了要求。新农村发展与建设工作委员会顾问、委员和各位领导对“十二五”北京市科普惠农兴村计划实施方案、北京市农村科普示范基地建设方案、“十二五”北京市社区科普益民计划实施方案进行了研讨,并提出了宝贵意见。

(市科协)

【中关村科技园区大兴生物医药产业基地院士专家工作站授牌仪式举行】 12月19日,中关村科技园区大兴生物医药产业基地院士专家工作站授牌仪式在北京以岭药业有限公司举行。该工作站是市科协在中关村科技园区内成立的首家园区院士专家工作站。中国工程院院士王永炎、吴以岭、程书钧,市科协党组书记、常务副主席夏强,国家发改委办公厅主任师荣耀,大兴区委书记、北京经济技术开发区工委书记林克庆,市科协副主席周立军,大兴区委组织部部长王有国,以及中关村管委会和大兴区有关单位领导参加了仪式。

(郭建伟)

【实施科普惠农兴村计划和社区科普益民计划】 年内,“科普惠农兴村计划”投入789万元,奖补21个农民专业合作组织、25个农村科普示范基地、13名农村科普致富带头人、10名农业科技服务专家、10名专业技术指导员。“社区科普益民计划”投入1300万元,奖补74个优秀科普社区、18个优秀基层科普场馆、200名优秀社区科普宣传员;资助2个重点新城新建社区、3个经济适用房社区,8个户外科普园地。两项计划资金量大,覆盖面广,对区县科普工作起到了积极的推动作用,受到了基层的普遍欢迎。

(李　磊)

青少年科普工作

【北京启动青少年科技创新“雏鹰计划”】 1月8日,由市教委、市科委共同主办,市可持续发展科技促进中心、中科院科学传播办公室、天地生科学文化传播中心、地理科学与资源研究所协办,北京教育科学研究院、北京青少年科技创新学院承办的北京青少年科技创新“雏鹰计划”的启动仪式在中科院地理科学与资源研究所举行。各区县教委、科委主管领导、部分中小学校校长、“雏鹰计划”资源单位负责人、部分市人大代表、政协委员约300人参加了本次启动仪式。此次活动标志着面向全市中小学生培养创新人才的“雏鹰计划”正式启动。“雏鹰计划”是市教委与市科委联合推出的面向全市中小学开展的创新教育新模式,旨在实现以下三个主要目标:一是建立科研机构与中小学校的合作机制,形成科技资源转化为中小学创新教育课程资源的工作体系;二是组建三个分别由指导专家、骨干教师、志愿者构成的工作团队,为全面提高北京市中小学校利用科技资源开展科技创新教育的水平提供支持和服务;三是要将创新教育课程资源充分地应用于学校课程与教学体系内,切实提高北京市中小学生的创新精神和实践能力。

(市科委)

【第十期“青少年科技后备人才早期培养计划”启动】 1月10日,第十期北京青少年科技后备人才早期培养计划启动会在人大附中举行。市科协青少部部长李海宁主持会议并讲话。他总结了2009年“计划”开展情况,提出了2010年“计划”实施的方向及目标,并提出导师应多鼓励学生开展尝试性实验,发掘他们的创新思维。学校的科技教师应是学生发散性思维学习和创新精神培养的直接引导者。“计划”顾问邓希贤教授在发言中强调“人才培养要更多地注重科学思维，应鼓励学生独立思考”。与会导师们还交流了活动开展的经验体会，就如何在科技教育方法上突破传统，根据学生自己选题开展实验，通过多方的努力发展更多的苗子，培养出更优秀的人才提出了许多建议。来自中科院、大学实验室的导师、后备人才基地学校教师和区县科协代表 80 余人参会。

（王　斌）

【第十届北京市青少年机器人创意比赛圆满结束】　2 月 6 日，第十届北京市青少年机器人创意比赛在北方交通大学附中举行。本次竞赛共有 64 所中小学、科技馆、少年宫的 67 件作品参赛。来自 16 个区县和北京市青少年科技馆、中国儿童中心的 158 名中小学生参加竞赛。本次竞赛的主题是“群星璀璨世博会——创建美好城市生活”。竞赛最终评出一等奖作品 22 件，二等奖 22 件，三等奖 23 件。东城区 25 中“球漂式太阳能海啸水灾水情检测报警装置”、海淀区人大附中“能听会看的智能服务机器人”、西城区展览路第一小学“行人安全提示器”等一等奖作品中，将有 10 件参加北京创新大赛终评，6 件参加全国机器人比赛。

（李　野）

【第 30 届安捷伦北京青少年科技创新大赛隆重举行】　3 月 19 日，第 30 届安捷伦北京青少年科技创新大赛在通州区台湖学校拉开帷幕。副市长黄卫，中科院副秘书长潘教峰，市科协副主席贺慧玲，通州区代区长岳鹏，市科委副主任朱世龙，市教委副主任郑萼，市知识产权局副巡视员付晓辉，通州区副区长于世疆，第八届“市长奖”评委会副主任、中科院院士匡廷云，本届大赛评委会主任、中科院院士陈香美，安捷伦科技全球副总裁霍丰，安捷伦科技大中华区副总裁付向东和参赛学生代表 400 余人出席开幕式。副市长黄卫为获得第八届“北京青少年科技创新市长奖”及“提名奖”的同学颁发了奖牌及证书。本次大赛以“体验 · 创新 · 成长”为主题，包括开幕式、答辩与评审、展示与交流、专项奖颁奖晚会、教师与学生论坛、颁奖典礼暨闭幕式等六个环节。今年共有 1268 项优秀作品参加市级初评，164 个初高中项目参加现场终评。大赛期间，由 40 余名各学科专家组成评审委员会，本着“公开、公正、公平”的原则，按 13 个学科对学生进行问辩。大赛还对科学幻想绘画、优秀科技实践活动以及科技后备人才早期培养计划进行展示。本次大赛邀请澳大利亚、丹麦、德国、意大利、日本、韩国、马来西亚、新西兰、新加坡、乌克兰、美国等 11 个国家的 14 个单位参加比赛。

（市科协）

【市委书记刘淇出席北京青少年科技创新大赛主题活动】　3 月 19 日，市委书记刘淇，市长郭金龙到通州区台湖学校出席北京青少年科技创新大赛主题活动。在项目展示区，刘淇、郭金龙饶有兴趣地观看了学生科技项目的演示。市科协党组书记、常务副主席田小平向市领导汇报了青少年科技创新活动的情况及北京市为落实《全民科学素质行动计划纲要》采取的工作。刘淇作重要讲话。参加活动的市领导还有李士祥、梁伟、黄卫，孙康林等。

（市科协）

【创新大赛优秀科技教师论坛、“植物与环境”论坛举行】　3 月 19 日，以促进科技教师间交流和提高教师研究性教学能力为目的，优秀科技教师论坛在通州区台湖学校举行。参加论坛的有本次大赛的 16 个区县推荐的 20 名优秀科技教师及北京市科技示范校教师百余人。101 中马丽霞、宣武区青少年科技馆刘海燕、密云县大城子中心学校朱秀荣等三名科技教师作了优秀活动方案演讲。科技教育专家王素作以“世界城市 · 青少年科技教育”为主题的专题讲座，受到辅导员的热烈欢迎。3 月 20 日，旨在促进青少年保护环境和生物多样性意识的提高，推动青少年科技创新教育活动的普及，举行“植物与环境”论坛。论坛的主题是“探索自然、保护环境、建设绿色北京”。

（市科协）

【市科协举办青年科技工作者学术演讲展示活动】　4 月 17 日，市科协举办青年科技工作者学术演讲展示活动。北京社会公益周期间，市科协在地坛公园推出了特色活动项目：科技让生活更美好——青年科技工作者学术演讲展示。北京中医药学会陈鹏、北京纺织工程学会姜延、北京中西医结合学会刘馨雁等6位青年科技工作者进行了学术演讲。

（市科协）

【第十届北京市青少年机器人竞赛举行】 4月18日，第十届北京市青少年机器人竞赛在北方交通大学附中举行。东城区、西城区、海淀区、通州区等15个区县和北京市青少年科技馆、中国儿童中心等132支代表队，363名中小学生参加比赛。竞赛分为机器人基本技能比赛、机器人足球比赛、FLL机器人工程挑战赛、VEX工程挑战赛4项，按小学、初中、高中分组展开激烈竞争。经过激烈角逐，北京市青少年科技馆、中国儿童中心、西城区青少年科技馆、朝阳区青少年活动中心、171中等9区县28所学校分获各组一等奖。

（市科协）

【北京学生赴美参加Intel ISEF载誉归来】 5月9—14日，被誉为“高中生科学世界杯”的第61届英特尔国际科学与工程学大奖赛在美国加利弗尼亚州圣荷塞州立大学举行。大奖赛吸引59个国家和地区的1611名学生。4中申靓博和谭侃然获得能源与交通科学团体二等奖，101中孟祥博获得植物科学四等奖和Google专项奖，101中黄宇晴获得工程学四等奖和安捷伦专项奖。

（董金荣）

【北京市第十八届科技辅导员论文征集活动成绩揭晓】 5月17日，北京青少年科技教育协会主办的“北京市第十八届科技辅导员论文征集活动”经专家评审，成绩揭晓。8中高颖、崇文区青少年科技馆陈晓玲、怀柔一中宋旭等11篇论文获一等奖，和平里四小刘力军等21篇论文获二等奖，昌平二中樊俊霞等17篇论文获三等奖。本次活动以“青少年科技创新人才成长规律的探索”为主题，共征集东城区、西城区、宣武区、崇文区、怀柔区、大兴区、昌平区、延庆县、密云县等9区县和北京教学植物园科技教师的论文49篇。

（市科协）

【“我的低碳生活”北京市青少年科学调查体验活动启动】 5月19日，“我的低碳生活”——2010年北京市青少年科学调查体验活动在北京小学启动。今年活动的主题是“我的低碳生活”。北京小学300名学生通过观看低碳展板、环保科普剧表演、利用长余辉储能发光材料亲自动手制作会发光的画等多项科普活动，感受“低碳”生活的理念，培养了他们科学研究的兴趣。

（董金荣）

【胡锦涛总书记参加青少年“体验科学 快乐成长”活动】 5月31日，在“六一”国际儿童节到来之际，中共中央总书记、国家主席胡锦涛亲临中国科技馆新馆，同少年儿童代表一起参加“体验科学、快乐成长”活动。北京景山学校、海淀区上地实验学校、19中、东城区青少年科技馆、北京大学附小、东城区分司厅小学、海淀区上地实验小学、东城区府学胡同小学、朝阳区和平街一小、育新学校、西城区展览路一小、西城区复兴门外一小等学校的2500名少年儿童参加活动。

（李　野）

【北京科技教师参加全国“科教技能”培训班】 6月19—23日，为落实《全民科学素质行动计划纲要》，中国青少年科技辅导员协会在河南省郑州市举办科技辅导员“科教技能”培训班，北京青少年科技教育协会组织东城区、西城区、门头沟区、朝阳区、丰台区、北京市青少年科技馆等单位37名科技教师参加。培训班邀请了上海科技艺术教育中心高级教师曹晓清，上海市科普促进会高级教师叶乾鹏、陈玲菊，上海市宝山区少科站刘国璋分别作“科技教师创新能力的建设”、“模型制作与科技创意”、“青少年科普活动方案的设计与实施”等报告。河南省科协科普资源办公室主任段春旻就“青少年科普活动中的DV制作”进行讲解。与会人员还参观考察了河南省博物馆和郑州市科技馆。

（李　野）

【第十届中国青少年机器人竞赛在北京举行】 7月18—24日，由中国科协主办，中国科协青少年科技中心、北京市科协、北京市教委、北京市科委、北京工业大学承办的“第十届中国青少年机器人竞赛”在北京工业大学举行。32个省市自治区的33个代表队1308名学生参加机器人创意比赛、机器人基本技能比赛、机器人足球比赛、VEX机器人工程挑战赛、FLL机器人挑战赛等比赛。北京市共36个项目101人参赛。在各项竞赛中均取得好成绩。其中,机器人基本技能比赛:史家小学、北京工业大学附中;FLL机器人挑战赛:北京理工大学附小、中国儿童中心;机器人足球比赛:展览路一小、中国儿童中心、北京第156中学,机器人创意比赛:8中、西城区青少年科技馆、北京大学附小、中国人民大学附中,VEX机器人挑战赛:中关村三小,共12项获得一等奖,31人获得金牌。

(市科协)

【北京代表队蝉联第25届全国青少年科技创新大赛金牌数第一】 8月7—12日,主题为“创新·体验·成长——走近低碳生活”的第25届全国青少年科技创新大赛在广东省科学中心举行。中国科协常务副主席、书记处第一书记邓楠,广东省委副书记、省长黄华华,教育部副部长陈小娅,团中央书记处书记罗梅,广东省副省长宋海,中国科协副主席、中国工程院院士黄伯云,中国科协副主席、中国工程院院士陈赛娟,中国科协书记处书记程东红等领导出席了开幕式。本届大赛有全国31个省、自治区、直辖市及香港、澳门特别行政区和新疆生产建设兵团、军队子女学校共35支代表队539名学生、200名科技辅导员参加,共有391个学生科技创新项目、200个科技辅导员科教创新项目、180项优秀科技实践活动、152幅少年儿童科学幻想绘画作品参加竞赛和展示,还有13个国家的58名青少年携带24个项目参加大赛的展示和交流活动。北京青少年在专项奖的评比中,共获得了专项奖21项。北京市在组队参加大赛的同时,还分别组成市科协团、北京市青少年科技馆团、海淀团、东城团、西城团,共组织200余名科技教师赴广东观摩了全国创新大赛。

(董金荣)

【北京学生参加全国科普日主场活动】 9月18日,由中国科协和北京市政府主办的全国科普日主场活动在中科院奥运科技园区举行。东城区、西城区、海淀区、朝阳区、通州区、门头沟区的3200余名学生参加主场活动。在主题展览、创意大赛展示区、模型区、全国学会展示区,北京经济技术开发区实验学校、奋斗小学、中关村一小、大峪中学的700余名少年儿童饶有兴趣的参加低碳节能互动活动,从实验中增强节能理念。在青少年玩世博、科普大篷车活动区及国家天文台等中科院研究所展区,通州区台湖学校、次渠中心校、电子信息学校的1400余名学生在此学习研究科普知识,理解“人人讲低碳、处处有低碳”的低碳理念。朝阳区陈经伦中学分校的900名学生在国家动物博物馆参观动物标本展览。

(市科协)

【“大手拉小手——科技专家进校园”科普报告会在全市举行】 9月16日,“大手拉小手——科技专家进校园”科普报告会在平谷区拉开帷幕。在平谷三中、平谷五小等5所学校分别邀请中科院植物研究所关秀清副研究员、中国地震局地球物理研究所林云芳研究员、中科院大气物理研究所周家斌研究员等就“奇妙的植物世界”、“神奇美妙的南极”、“天有可测风云”作专题科普报告,千余名中小学生聆听了专家报告。9月17日,昌平一中、昌平二中、昌平前锋学校、昌平实验学校、昌平昌盛园小学等5所学校5000余名师生,聆听了老科学家作的科普演讲。“大手拉小手——科技专家进校园”科普报告会分为上下半年进行,上半年在6个区县展开,共举办了30场科普报告会,11000余名中小学生参加活动。

(董金荣)

【全国青少年科学影像节北京学生获佳绩】 9月17—19日,首届全国青少年科学影像节在北京举行,活动主题是“我的低碳生活”,面向全国征集科学DV、科普动漫、科技摄影等作品。北京代表队共获得一等奖作品5项,二等奖作品4项,三等奖作品6项。史家胡同小学的滕达老师荣获“科学DV优秀辅导教师”称号。北京青少年科技活动中心获得优秀组织奖。在影像节期间,市科协青少年部组织北京市青少年参加了影像节活动。获得科学DV一等奖的刘锐枫、刘昊嵋同学全程参加首届全国青少年科学影像节展评活动,并在展评期间动手拍摄了《探访汽车与能源》宣传片,荣获最佳选题奖。

（董金荣）

【2010年“我有一双灵巧手”科技制作竞赛圆满结束】 11月21日,由北京市科协青少年部与北京学生活动管理中心共同举办的2010年“我有一双灵巧手”科技制作竞赛在北京市少年宫举行。今年的竞赛活动有所创新,增加了学生现场技能测试,即学生利用指定器材搭建回力车和投石机,直接考察学生的实际动手能力。15个区县和北京市青少年科技馆申报科技制作作品190件,其中小学项目134项,初中项目56项。作品与技能测试的成绩加权,作为竞赛的总成绩,共评出一等奖40项,二等奖58项。

（市科协）

【“明天小小科学家”奖励活动,北京市30名高中生参加终评】 11月22日,由中国科协、教育部、周凯旋基金会联合举办的“明天小小科学家”终评活动在人大附中落下帷幕,来自全国的100名选手参加决赛,北京队有30名选手参加终评,获奖总数再夺全国第一。中国科协常务副主席邓楠,香港周凯旋基金会周凯旋,王乃彦、黎乐民、林群等院士出席活动并为获奖选手颁奖。

（刘　然）

【第16届北京市中小学生自然科学知识团体竞赛圆满结束】 12月25日,第16届北京市中小学生自然科学知识团体竞赛(即决赛)在史家小学举行,主题是“低碳、绿色、生命”,来自全市各区县的30支代表队,150余名选手参加了团体竞赛。市科协秘书长吕家香、市科协青少部部长李海宁和东城区科协常务副主席李晓康观看了比赛并为获奖选手颁奖。各代表队经过激烈角逐,通州区代表队夺走高中组与初中组的冠军,东城区代表队荣获小学组冠军。石景山区、西城区、东城区代表队分别获得了北京天文馆设立的小学、初中和高中组的“天文星光”专项奖。延庆县、西城区、丰台区代表队分别获得了周口店遗址博物馆设立的小学、初中和高中组的“周口店遗址小卫士”专项奖。东城区代表队摘得工体富国海底世界设立的“富国海底全场总冠军”奖。全市共有101016名中小学生参加了第16届中小学生自然科学知识竞赛网上答题活动。

（王　斌）

【第十八届全国青少年科技辅导员论文征集活动评选揭晓】 年内,为贯彻《全民科学素质行动计划纲要》,促进未成年人科学素质的提高,主题为“青少年科技创新人才成长规律的探索”的第十八届全国青少年科技辅导员论文征集活动举行,东城区、西城区、大兴区、通州区、怀柔区、昌平区、密云县、延庆县等区县32所中小学共申报论文49篇,45篇论文获奖,其中原崇文区青少年科技馆陈晓玲、西城区青少年科技馆刘建华、北京教学植物园常正斯、延庆八中周艳强、怀柔一中宋旭等5篇获一等奖、28篇获二等奖、12篇获三等奖。

（市科协）

重点科普活动

【市科协常委会科普工作委员会工作会议召开】 1月8日,科普工作委员会在中国科技馆(新馆)召开工作会议,委员会主任、市科协副主席王渝生主持会议,中国科技馆馆长徐延豪到会致词,委员会副主任张兆民、周立军、李春霞,委员会顾问张开逊、任定成、翟立原,委员许健民、王迎春、王学勤、王建一、陈家林及有关单位负责人近20人参加会议。市科协科普部部长阎仁浩汇报了北京市科协2009年的科普工作和2010年的工作设想。委员们对进一步推进首都科普工作进行了讨论和审议,对首都科普工作的世界城市眼光,围绕党和政府中心工作的公众科普调查,科协提供的公众科普渠道,首都科学讲堂的受众人群,指导基层科协工作等方面提出了建设性意见。委员会副主任、市科协副主席周立军向委员们介绍了市科协的科普工作思路和重点工作，要求科协相关部门要根据委员的意见和建议在工作中积极落实。

（李　磊）

【“院士与企业面对面”系列之生物医药领域专题活动举行】 1月20日，在市科协、中关村管委会的支持下，北京民营科技实业家协会CTO俱乐部和北京药学会联合主办的“院士与企业面对面系列活动之生物医药领域专题活动”在翠宫饭店举行。本次活动邀请到了中国工程院微生物药物学与肿瘤药理学专家甄永苏院士，就抗肿瘤药物研究开发的机遇与挑战进行主题演讲，对其实验室在抗肿瘤药物方面的研究方向和研究成果向参会的企业负责人作了介绍。

（民协）

【第八届北京公共卫生国际论坛召开】 1月26日，第八届北京公共卫生国际论坛开幕。北京市疾病预防控制中心和北京预防医学会邀请了世界卫生组织、美国、加拿大、澳大利亚等国的公共卫生专家，以及北京和国内各省市的专业人员，针对全球蔓延的甲型H1N1流感疫情，共同评估疫情发展的态势、交流防控的经验和研究成果，探讨未来应对的策略。论坛内容涉及了甲型H1N1流感流行病学特点及防控策略，疫苗接种经验和效果评价，临床医疗救治情况以及健康教育等诸多方面。

（向世进）

【海外驻京机构与中关村企业面对面系列活动非洲专场举行】 1月29日，北京民营科技实业家协会与中非民间商会在翠宫饭店共同举办了海外驻京机构与中关村企业面对面系列活动——非洲专场，主题是“新希望、新机遇，走进非洲”。活动分别就非洲的经济发展状况、商贸环境、中非合作现状、中非文化差异、中国企业的投资机会等话题进行演讲。时代集团、北京华旗资讯（爱国者）数码科技有限公司、三一电气有限责任公司、北京创毅视讯科技有限公司等近30余家企业代表参加此次活动，并结合本企业自身业务就所关心的问题与嘉宾进行了交流。

（民营科技家协会）

【《全民科学素质纲要》实施工作电视电话会议召开】 2月10日，地方《全民科学素质纲要》实施工作电视电话会议在广电总局召开。中国科协书记处书记程东红及23个成员单位、北京市有关单位的领导出席会议。会议传达了国务委员刘延东听取《全民科学素质纲要》实施情况汇报会上的讲话和国办会议精神。

（牛　萍）

【中国科协与京津冀科协学会工作交流会召开】 2月23日，2010年度中国科协与京津冀科协学会工作交流会在北京举行，三地四方科协学会部及北京市科协学会联合办公室共40余人参加了会议。京、津、冀科协分别介绍了近期的主要工作，天津市科协学会部部长李刚重点介绍了2010年的精品科技期刊建设、专著出版基金资助等七项工作的设想；河北省科协学会部部长王培悦重点介绍了本省学会工作政策的制定与发布、学会组织建设等方面工作及设想；北京市科协学会部部长刘晓勘重点介绍了学术交流方面的“一十百千工程”、学会建设方面的“百强社团计划”等主要工作及设想。

（刘元昕）

【生物质成型燃料技术推介会召开】 2月26日，为发展绿色经济、循环经济、建设低碳城市，北京环境科学学会在大兴区召开了“低碳节能减排研讨会”，市环科院、北京工程技术咨询公司、北京盛昌绿能科技有限公司及延庆县、大兴区、顺义区、密云县的23名专家，共同探讨了替代能源——生物质成型燃料的作用与技术推广应用。代表们考察了大兴区礼贤生物质成型燃料厂和房山区林业局复兴苗圃生物质成型燃料锅炉房。

（环境科学学会）

【密云水库流域森林景观恢复项目研讨会召开】 3月3—4日，北京林学会与世界自然保护联盟中国办公室（IUCN）联合开展的“密云水库流域森林景观恢复与生计改善（LLS）”项目活动之一——密云水库流域森林景观恢复项目

医院杨慧霞教授、中国医学科学院阜外心血管病医院李一石教授、世界高血压联盟主席刘力生教授、中国医学科学院阜外心血管病医院黄洁教授、首都医科大学附属北京安定医院王传跃教授、卫生部中日友好医院俞红霞教授、北京军区总院张薇薇教授分别报告了女性孕期感染与先心病、围产期心肌病发生与治疗、女性冠心病危险因素、女性高血压特征与防治、女性心脏移植的特点、女性心脏病与精神疾患、女性吸烟与卒中、脑卒中与认知功能障碍。近200名代表参加会议。

（药理学会）

【市政府办公厅印发通知总结“十一五”期间纲要工作】 4月17日，市政府办公厅印发了《关于做好“十一五”期间北京市全民科学素质建设工作总结的通知》，全面梳理和总结“十一五”期间北京市全民科学素质建设工作，进一步推动北京市全民科学素质行动实施工作。

（牛　萍）

【世界地球日宣传活动举行】 4月22日是第41个“世界地球日”，北京地质学会与市国土资源局、市地质矿产勘查开发局在王府井大街共同举办地学科普宣传活动，主题是“珍惜地球资源、转变发展方式、倡导低碳生活”。倡导市民节约集约利用资源的意识，使降低污染的低碳的理念成为生活习惯。此外，北京地质学会用地热与地震知识展板、矿石标本展览、发放资料、专家咨询等方式，参加了在地坛公园举行的“首届首都青少年公益节暨北京社会公益活动”。

（地质学会）

【专家研讨绿色胶粘剂在食品包装中的应用】 5月5日，北京粘接学会召开绿色胶粘剂在食品包装中的应用研讨会。会议邀请有关专家作了“国内食品软包装复合粘合剂的发展趋势”和“水性聚氨酯改性技术的进展”的专题报告。与会代表围绕主题报告进行了座谈。学会理事长钱志国出席会议并作了总结发言。

（粘接学会）

【2010中国竞争情报国际高峰论坛举行】 5月7—8日，由北京科学技术情报学会主办，博锐奕典信息技术（北京）有限责任公司承办的2010中国竞争情报国际高峰论坛在首都师范大学举行。与会专家介绍了国内外竞争情报最新热点和应用案例，分析了国内外经济形势和发展趋势，为参会企业面临的个性化问题提供解决思路和方案，探讨了企业情报系统建设和情报应用过程中的各种问题。18个科研单位、大学院校的116位代表参加了会议。

（科技情报学会）

【经济—科技—社会—法制协同发展理论研讨会召开】 5月11日，北京系统工程学会召开“经济—科技—社会—法制系统协同发展理论研讨会”。与会专家经研讨认为，目前在我国经济科技的持续高速发展的同时，法律与经济、科技和社会的不和谐问题日益突显。运用系统科学理论和方法研究解决经济—科技—社会—法制系统协同发展具有重要的理论和现实意义。为深入贯彻科学发展观，推动法制建设和法学研究的科学化和信息化建设，有必要召开一次大型学术研讨会即第三届全国法制/法治系统工程研讨会。

（系统工程学会）

【北京安贞医院“院士专家工作站”启动仪式举行】 5月17日，北京科技周首都医科大学附属北京安贞医院分会场系列活动——首都医科大学附属北京安贞医院“院士专家工作站”启动仪式在安贞医院心外科大楼报告厅开幕。市委常委赵凤桐，中科院陈润生院士、工程院程京院士及首都医科大学、市卫生局、市科委领导出席活动。市委常委赵凤桐向首都医科大学附属北京安贞医院授予“院士工作站”牌匾。首都医科大学附属北京安贞医院院长张兆光向受聘院士颁发入站聘书。

（姚仪骞）

【第十届功能性纺织品及纳米技术应用研讨会召开】 5月17—19日，北京纺织工程学会与中国纺织科学研究院等共同举办的第十届功能性纺织品及纳米技术应用研讨会召开。美国新泽西理工大学迈克尔·贾菲教授、日本远红外线应用研究会秘书长江川芳信、韩国远红外线协会秘书长崔泰燮及总后勤部军需装备研究所、东华大学、西安工程大学、中国纺织科学研究院的专家作了学术报告。研讨会共收到论文140余篇,会前进行了论文评选。部分获奖论文在大会上作了交流。中国工程院梅自强院士为获奖者颁奖。国内外高校专家学者还带来了新材料、新纤维的最新研究成果。160余位国内外代表出席。

(纺织工程学会)

【中国废弃电器电子产品处理基金研讨会召开】 5月21日,国家发展改革委产业经济与技术经济研究所主办,《中国科技投资》杂志社承办,北京技术经济和管理现代化研究会协办的"中国废弃电器电子产品处理基金"研讨会召开。受环保部委托,由国家发展改革委产业经济与技术经济研究所承担,中国家电协会等10家单位共同参与的"废弃电器电子产品处理基金"研究课题最近基本完成。课题组负责人、国家发展改革委产业研究所许江萍博士报告了课题研究成果。各子课题负责人介绍了各自有关处理基金的研究结果。环保部、财政部、国家发改委、商务部、工业和信息化部等有关部门的代表,就加快该政策制定的步伐提出了若干建议。中国家电协会等参加课题研究专家提出了相关政策建议。有关环保部门、生产企业和回收处理企业负责人就该基金征收范围、征收和补贴水平、管理权限划分及监管权限模式进行了深入的讨论。近百人出席了会议。

(技术经济和管理现代化研究会)

【北京电子学会构建三网融合技术论坛召开】 5月21日,由北京电子学会主办,学会广播电视委员会承办的"紧扣政策主线,构建三网融合"技术论坛在北广大厦举行。论坛围绕首都"三网融合"建设的未来发展,加强行业和产业、产品和运营、管理与需求、技术与模式之间的合作,确立国家标准体系,强化管理、监督,保障信息安全,以及三网融合的理念、政策、技术、产品和运营等内容进行了研讨。中广信通文化传媒有限公司(中广互联)总裁曾会明、北京歌华有线电视网络股份有限公司副总经理罗小布、北京交通大学张思东教授、中国电子技术标准化研究所高级工程师范科峰和中国传媒大学曹三省副教授分别作了"三网融合新政解读与分析"、"转变思维、改变观念、迎接三网融合"、"关于三网融合的思考"、"三网融合下的家庭物联网应用探索"、"下一代融合网络下的媒体服务环境及其支撑技术"等演讲。120余位代表出席了会议。

(电子学会)

【生物膜动态与功能国际学术研讨会召开】 5月25日,由生物膜与膜生物工程国家重点实验室主办、北京细胞生物学会承办的生物膜动态与功能国际学术研讨会在清华大学生命科学馆召开。美国国立卫生研究院珍妮·E. 欣肖和利奥尼德·切尔诺教授、清华大学生命科学学院院长施一公和俞立教授、美国哈佛大学汤姆·拉波波特院士、英国剑桥大学哈维·麦克马洪教授、以色列特拉维夫大学迈克尔·科兹洛教授、德国马克斯普朗克生物物理研究所莱因哈德·扬教授和北京大学的程和平教授等国内外在该领域作出杰出成就的科学家作大会报告。会议就生物膜的融合和裂解、囊泡的形成以及细胞内膜的塑形等议题展开交流,展示了国内外在该领域的最新研究成果。来自各大科研院所的教授及研究生100余位代表参会。

(细胞生物学会)

【市科协决策咨询工作委员会召开工作会议】 5月25日,市科协决策咨询工作委员会召开工作会议。会议由市科协常委、决策咨询工作委员会主任吴季松主持。市科协副主席赵继林、市政府研究室副主任王明兰、市人大常委会教科文卫委办公室副主任颜振军、市科协副主席殷琼、市科协决策咨询委员会副主任罗忠仁等出席。会议通报了上半年开展决策咨询工作情况和关于学术交流综合性论坛候选项目及评审情况,并对第35次专家季谈会和决策咨询专题论坛的选题进行了研讨。与会领导和专家围绕城市垃圾处理对策、北京种业之都建设、在世界城市建设中北京的综合应急管理目标及挑战、北京新兴产业发展等问题进行了交流研讨,并就今后做好市科协决策咨询工作提出了意见。

（调宣部）

【信息时代如何提高企业竞争力沙龙举行】 5月28日，由北京数字科普协会和北京企业技术开发研究会共同主办的“信息时代如何提高企业竞争力”沙龙举行。中国人民大学信息学院陈禹教授作了“信息资源的开发、信息时代的战略管理、企业文化”的报告；西门子（中国）IT解决方案和服务集团首席顾问刘铁男作了“ITSM管理理论与实践交流”的报告。与会者进行了交流研讨。

（数字科普协会　企业技术开发研究会）

【北京农药学会召开农产品和食品安全技术交流会】 5月28日，由北京农药学会、岛津公司和农业部农药化学与应用重点开放实验室共同举办的农产品和食品安全分析技术交流会在中国农科院植物保护研究所召开。会议由副理事长郑永权主持。叶纪明副所长和吴孔明所长分别致词。农业部药检所残留室主任单炜力博士就中国农药残留风险评估研究作报告；中国农科院植保所董丰收博士和徐军博士也分别就手性农药残留分析技术的研究进展和国际食品法典农药残留限量标准制定及相关程序向与会人员作了介绍。岛津公司则对离子阱-飞行时间质谱及多维气相/气质系统在农药残留分析中的应用进行了说明。来自全国各地17个单位80余位专家参加了交流。

（农药学会）

【“重视危机干预　促进社会和谐”专家研讨会召开】 6月3日，北京心理卫生协会在北京科技活动中心召开“重视危机干预　促进社会和谐”专家研讨会。中国心理学会犯罪心理学专家罗大华教授，中国心理卫生协会理事李占江教授，协会各专业委员会专家31人到会。会议针对近期引起广泛关注的富士康公司员工自杀现象展开讨论。徐东就心理危机产生的根源与预防发言。赵玉萍针对富士康企业连续跳楼事件引起的思考的发言。刘视湘谈及对学校咨询室的建设问题的意见。罗大华就我国社会发展处于历史转型期间，出现的社会必然矛盾、心理危机及立法问题提出看法。杨凤池讲述了“建立社会心理危机干预的专项科研基金，依靠心理咨询社会团体的力量，整合众多业内人士的资源，将心理危机干预做到位”。其他专家也发表了意见。

（心理卫生协会）

【“建设世界城市”专题讲座举办】 6月18日，市科协举办“建设世界城市”专题讲座，邀请市委研究室副主任江涛主讲。江涛就“世界城市”概念提出的背景、内涵以及建设“世界城市”的目标与任务等内容进行了讲解。市科协系统社团，区县科协、高校、厂矿科协组织和科协机关、事业单位的领导和专职工作人员150余人听讲。

（人事部）

【市科协举办2010年专兼职干部研修班】 6月22日，北京市科协系统2010年专兼职干部研修班在昌平开班，来自各区县，基层科协，市级学会、基金会和市科协机关、事业单位的近100名专兼职干部参加了为期4天的集中学习。本届研修班安排了科协工作概论、美国公民科学素质标准等基础知识课程，国际性会议的筹划与运作管理等实用技能课程，科技社团发展与社会建设、低碳经济发展与新能源技术创新、首都文化创意产业发展现状等理论课程，北京市实施全民科学素质行动计划现状及发展、部分学会和基层科协典型经验介绍等实践交流课程四个模块的课程。

（人事部）

【北京老科总组织专家考察北京沟域经济发展】 7月2—6日，北京老科技工作者总会在市农委和市山区办的支持下，组织中国农科院协会、中国农业大学协会、北京林业大学协会、首都经贸大学、北京农业职业学院和区县老科协的专家40余人，分别赴延庆县百里山水画廊、门头沟区爨柏沟域和妙峰山景区考察北京市沟域经济发展情况。老科总常务副会长张大力、罗忠仁，副会长李如理一同参加考察。

（老科总）

【第三届北京海智网交会启动】 7月12日，第三届北京海智网交会启动。大会的主题为“绿色创造未来”。来自美国、日本、加拿大、英国、法国、澳大利亚等国的108位专家的146项科技成果和国内企业、各省科协的近20项需求项目在海智网交会平台展示。通过海智网交会平台,为全国各地的企业寻找合作伙伴,提供技术、人才、投资融资等方面的服务。

（国际部）

【2010年京津冀区域协作发展论坛举行】 7月14—15日,由京津冀三地科协、社科联共同主办的“2010年京津冀区域协作发展论坛”在天津举行。天津市委常委肖怀远出席会议并讲话。本次论坛以“战略性新兴产业与京津冀区域协调发展”为主题,来自三地的13位知名学者在论坛作了主题发言。中国科学院何祚庥院士应邀作“京津冀区域发展低碳经济的必由之路——一个即将在广大农村、中小城镇崛起的战略新兴产业”特邀报告,北京技术经济和管理现代化研究会副会长、中国创业投资与高科技杂志社社长许江萍作“天津滨海新区产业发展的机遇和挑战”主题发言。来自京津冀三地的150余位学者参与论坛交流,论坛共征集论文82篇。

（学会部）

【2010北京地质考察夏令营】 7月15日,由澳门科学发展基金会主办,北京自然博物馆承办的2010北京地质科普夏令营正式开营。54名两地中学生在历时6天的行程中,对北京地区丰富的地质资源进行了科学考察。该项夏令营活动目的为启发两地学生的创新思维,激发学生科学探索的兴趣,培养学生“爱科学、学科学和用科学”的精神,同时促进两地学生相互学习交流。本次夏令营的考察行程、考察点设置以及有关实验、讲座由北京自然博物馆有关专家设计,包括北京自然博物馆、地质博物馆、冰川博物馆等科普场馆的参观及就地质主题安排的专家讲座,包括周口店古人类遗址、延庆硅化木国家地质公园、门头沟下苇甸寒武纪奥陶纪分界地层、岳家坡植物化石挖掘点、房山石花洞地质公园等多处地质景观点的参观、考察及挖掘活动,并走进中国科学院的重点研究室,去探寻更精深的科学奥秘。

（市科委　北京自然博物馆）

【北京市科委公示第四批创新型科普社区】 7月16日,北京市第四批创新型科普社区答辩评审会召开。来自16区县科委主管科普工作的负责人,申报社区(村)代表及其所属街道(乡镇)代表共计90余人参加了本次答辩评审会。共有来自全市16区县的28家社区(村)申报了北京市第四批创新型科普社区。申报单位重点就社区创建内容、创建目标、创建前后的对比情况、申请经费的详细使用情况、协作单位落实情况、项目实施进度等进行了汇报,并就专家所提出的问题进行了答辩。第四批创新型科普社区自申报工作启动以来,受到了区县、街道和社区的高度重视,通过前期对创新型科普社区的辅导培训,使创建单位对创建工作有了更加系统和详细的了解,并积极准备创建内容,各区县推荐的符合创建要求、实效性强的单位最终参加了答辩。19家社区进入公示并在专家的指导下完善相关创建方案。

（市科委）

【全国水生野生动物保护科普宣传月在京启动】 7月18日,由农业部水生野生动植物保护办公室和各省级渔业行政主管部门主办,全国水生野生动物保护分会、野生救援协会(WildAid)、全国各地水族馆、保护区、救护中心等百余家单位共同承办的全国水生野生动物保护科普宣传月活动在北京举行启动仪式。此次活动的主题为“关爱水生动物,从我做起”。本次宣传月活动于7月18日至8月17日在全国展开,全国水生野生动物保护分会、国际环保组织野生救援协会、香港海洋公园、内地各水族馆、水生野生动物保护单位等近百家单位将共同参与,使本次活动成为我国有史以来规模最大、持续时间最长、活动内容最丰富的一次水生野生动物保护宣传公益活动。期间,还举办短信大赛、绘画比赛、征文比赛等形式多样的宣传活动,并播放水生野生动物宣传片,旨在唤起全社会对水资源环境和水生动物的关注和关爱。

（市科委）

【2010年北京两界联席会议高峰论坛举行】 7月29日,市科协、市社科联共同主办的2010年北京自然科学界、社会科学界联席会议高峰

论坛在紫玉饭店举行。市科协名誉主席、中科院院士陈佳洱，市政协原副主席、市社科联主席满运来出席会议并致词。两界顾问和市科协、市社科联领导许健民、何祚庥、刘秀晨、曹凤国、王友彭、李皓、张明国、史秋秋、陈之昌、田文、王学勤等出席论坛。本次论坛以"低碳经济与世界城市建设"为主题，共有7位专家作论坛发言。专家们的报告客观分析了现实，并围绕主题提出了针对性对策建议，对相关部门科学决策具有十分有益的作用。市科协、市社科联及两界相关学会负责人出席了论坛。

（学会部）

【大钟寺古钟博物馆举办历史情景短剧《天地同和》汇报演出】 7月30日，《天地同和》历史情景短剧汇报演出在大钟寺古钟博物馆战国编钟厅正式拉开帷幕。市文物局、海淀区文委及各博物馆有关领导观看了节目。该剧是大钟寺古钟博物馆利用馆藏资源，弘扬钟铃文化，挖掘博物馆文化市场，传承文化精髓，在文化创意产业上的一次有益尝试。《天地同和》通过对话、编钟和乐舞再现春秋战国时期，楚国拟打造鎛钟赠送曾国侯君姬乙的故事，从新的角度展现了博物馆藏品的魅力，体现2400年前楚曾两国之间的来往和友情，深化了观众对展品认识，用新的方式和视角赋予展品新的内涵和生命力，使观众耳目一新。

（市科委　大钟寺古钟博物馆）

【第三届两岸四地可持续发展教育论坛在京举行】 8月1—2日，第三届两岸四地可持续发展教育论坛在北京举行。论坛旨为促进中国大陆、香港、台湾、澳门两岸四地的可持续发展教育信息交流，分享各方的先进经验与成果。由中国环境科学学会、环保部宣教中心，以及香港中文大学教育学院、台湾中华环境教育学会、澳门圣若瑟大学和澳门绿色环境保护协会联合举办的本届论坛，吸引了两岸四地150多位相关学者、地方环保部门代表、绿色学校校长和教师参与。在本届论坛上，与会代表们就两岸四地的基础教育、高等教育和非正规教育三大领域中的低碳生活、可持续发展教育的现状，以及最新研究和实践成果等内容进行了广泛深入地交流研讨。在主办方安排下，与会代表还分别到清华大学、北京大学、中国科技馆、北京节能中心以及北京南锣鼓巷社区进行了参观，就大学、社区和社会环境教育机构的环境教育工作等进行了现场交流。

（市科委）

【超滤和膜生物反应器技术交流会举办】 8月3日，北京水利学会举办超滤膜生物反应器技术交流会。GE水处理及工艺过程处理集团中国区经理罗敏博士就超滤膜在大型给水和污水回用中的应用现状与全球发展趋势，以及这一技术在全球20年发展历程与经验作了主题发言，与会人员进行了交流研讨。会议由市水利科学研究所总工刘洪禄主持。30余名专家参加了交流。

（水利学会）

【北京粘接学会粘接技术北京论坛召开】 8月5日，北京粘接学会粘接技术北京论坛召开。与会专家学者围绕世界粘接技术发展方向进行了交流研讨。与会专家一致认为，环保、新能源等新型胶粘剂是世界胶粘剂的发展方向。论坛对2010北京国际粘接技术研讨会的特邀报告内容进行了审议，并确定了"粘接科技 支撑未来"为2010北京国际粘接技术研讨会主题。论坛由理事长钱志国主持。

（粘接学会）

【国内首个以展现低碳技术的大型户外科普标志物群亮相奥林匹克森林公园】 8月12日，由市科委联合朝阳区科委、北京世奥森林公园开发经营有限公司、北京天鸿圆方建筑设计有限责任公司在奥林匹克森林公园设计建设的国内首个以展现低碳技术科研项目的大型户外科普标志物群正式与公众见面并由市科委在奥林匹克森林公园组织召开了专家现场验收会。作为北京奥运会的休闲花园和北京市最大的公共公园，森林公园通过与10余所高校、院所合作承担了科技部、国家发展改革委，北京市科委、北京市08办、朝阳区科委等10余个科技项目，将生态技术研究应用于公园挖湖堆山、再生水系、节能减排、绿色环境等设计和重点工程建设的方方面面。为将园内应用的绿色低碳技术显浅而生动地向公众进行传播,2010 年,由市科委科普专项经费资助了“奥运森林公园户外科普导览标志物建设”项目。该户外科普标志物群拣选奥林匹克森林公园内应用的包括智能化灌溉系统、跨城市干道的生态廊道、与景观廊架结合的太阳能光伏发电系统、人工湿地系统和地源热泵系统、光导照明系统等12项适于户外展示的技术,借助艺术手法,在技术应用所在地,以15处景观标志物的形态呈现在公众面前。

(市科委)

【2010年北京市全民科学素质建设工作会议召开】 8月13日,市政府召开北京市实施《全民科学素质行动计划纲要》工作会议。市委常委赵凤桐、副市长苟仲文出席会议,苟仲文发表讲话,从建设“三个北京”和世界城市的高度强调了实施《纲要》的重要性和紧迫性。来自本市各成员单位以及区县的主管领导参加了会议。会议由北京市科协党组书记夏强主持。市科协副主席周立军汇报了北京市“十一五”期间《全民科学素质行动计划纲要》实施情况,播放了汇报短片。市科协副主席王渝生介绍了《北京市全民科学素质行动“十二五”规划》(征求意见稿)的编制情况。

(牛　萍)

【北京市实施全民科学素质行动纲要工作会议召开】 8月13日,北京市实施《全民科学素质行动纲要》工作会召开。市委常委赵凤桐、副市长苟仲文出席会议。市科协党组书记夏强主持会议。市科协副主席周立军汇报了北京市“十一五”期间《全民科学素质行动纲要》的实施情况,副主席王渝生介绍了《北京市全民科学素质行动“十二五”规划》(征求意见稿)编制情况。会议还对此项工作的工作机制调整作了说明。苟仲文强调,一要理解和领会刘淇书记、郭金龙市长在多次会议的讲话精神,提高对做好全民科学素质工作的认识;二要围绕服务全市中心工作和提高城市社会管理的大局,做好全民科学素质的建设工作;三要发挥首都优势,形成工作合力,提升全民科学素质。35家市级单位负责人和16位区县主管领导参加了会议。

(科普部　办公室)

【中关村企业家商事调解中心成立】 8月18日,北京民营科技实业家协会与海淀区法院共同主办的调解中心揭牌暨企业家商事特邀调解员续聘仪式举行。市科协副主席田文、市工商联副主席李燕平、海淀区法院副院长石金平、民协副会长张本正等出席并讲话。截至目前,商事特邀调解员参与调解的案件累计71起,其中调解成功的57起,成功率约80%,案件标的累积达1500多万元,得到了法院和社会各界的肯定。调解中心已在电子产品贸易领域成立了第一个分会——中关村电子市场调解委员会,房地产、知识产权等领域的调解分支机构也将逐步成立。

(民协)

【第二届天文科普教育论坛召开】 8月19—21日,北京市第二届天文科普教育论坛举行。论坛由北京青少年科技活动中心、北京天文学会、北京天文馆及JOC光电集团共同主办。本次论坛的主题为“仰望星空,关注未来”。云南天文台高级工程师高衡、研究员鲍梦贤,北京天文馆副馆长景海荣等天文专家作了学术报告。论坛上,与会者在天文科普教育方面开展了深入学习和交流,并进行了户外天文观测及生态地质考察活动。各区县科协的领导和学校的80余位老师参加了论坛。

(天文学会)

【第三届种子健康与农业发展国际研讨会在京召开】 8月25日,由丹麦国际种子健康中心、亚洲种子健康中心、非洲种子健康中心、中国农业大学种子健康中心共同主办,中国农业大学种子健康中心、中国植物病理学会种子病理学专业委员会、北京植物病理学会等承办的“第三届种子健康与农业发展国际研讨会暨全国第六届种子病理学学术研讨会”在中国农业大学召开。这是在我国首次举行的种子健康领域国际会议,也是种子健康国际和大区机构第一次将系列性会议委托中国的种子健康机构承办。农业部办公厅主任陈萌山总经济师、中国农业大学副校长孙其信教授、丹麦国际种子健康中心主任伦德博士、非洲种子健康中心主任马巴戈拉博士、国家质检总局动植监管司植检处处长黄亚军、北京植物病理学会理事长王慧敏、中国植物病理学会理事长郭泽建及国际植物病理学会荣誉会员、前副主席、澳大利亚科学与工程院院士唐文华教授等出席开幕式并致词。中国农业大学种子健康中心主任李健强教授主持开幕式。国内外会议代表围绕"健康的种子,健康的人类生活"这一主题,以口头报告、墙报和论文形式开展"种子苗木病害的经济重要性"、"种传病害的治理"、"种子健康检测及诊断新技术"及"检疫性病害与外来生物入侵"等多方面的研讨交流。大会共收录稿件74篇,其中口头报告28篇,墙报24篇。来自美国、德国、丹麦、印度、坦桑尼亚等12个国家以及来自北京、台湾、甘肃、湖南等全国13个省市的代表参加了会议。本次大会还邀请了苗木健康领域国际知名专家、管理技术权威和国内有关部门领导一起,赴云南和宁夏分别举行"种子检测和健康保护支持水稻生产"和"中美植物检疫法规和无性繁殖材料进出境"圆桌会议,就水稻种子健康与水稻和产、国际间苗木交流与贸易等问题开展深入研讨。

(植物病理学会)

【市科协举办科技传播沙龙】 8月25日,北京市科协和北京科技记者编辑协会共同组织"科技传播沙龙——北京渍涝及泥石流风险与防范"主题沙龙活动,邀请市政府专家顾问团成员、北京减灾协会常务理事吴正华研究员作报告。20余家媒体的记者参加活动。

(调宣部)

【2011年全国冷藏链制冷设备行业发展论坛举行】 8月26—27日,北京制冷学会在北京召开了主题为"创新冷藏链价值,发挥制冷设备作用"的2010全国冷藏链制冷设备行业发展论坛。中国制冷学会副秘书长杨一凡作了"我国冷藏链制冷设备行业发展形势分析报告"主题报告。国家商用制冷设备质量监督检验中心常务副主任刘小朋作了"现有标准规范对冷藏链制冷设备行业的影响"的报告;学会常务理事冷藏运输专业委员会主任李援朝作了"冷藏运输装备创新探讨"的报告;英格索兰冷王中国区高级服务总监刘纯杰作了"优化冷藏供应链解决方案"的报告;北京国际饭店工程部主管李凤云作了"商用制冷设备在招投标环节的建议"的报告;北京华夏通商科技发展有限公司总经理商立军作了"蓄冷式保温箱在冷藏链行业的综合应用价值"的报告;杜邦(中国)研发管理有限公司高级经理黄广宇作了"冷媒替代在冷藏链设备中的低碳技术与商业价值"的报告;智通慧达品牌营销机构高级顾问董彦峰作了"冷藏链制冷设备企业如何创新品牌营销"的报告;产业在线冷链产品经理杨萍作了"低碳经济下的冷链产业"的报告。50余位专家参加了论坛。

(制冷学会)

【希望公益基金会举办援助灾区公益活动】 8月31日,市希望公益基金会与北京图书大厦、北京人民广播电台故事广播共同发起的"阅读点亮希望星光"大型公益活动,在清华科技园国际会议中心举办了"阅读点亮希望星光"嘻哈包袱铺相声专场演出。活动创始人高晓攀表示希望通过演出献爱心,让那些渴望读书的孩子们得到帮助,并向为玉树地震灾区和舟曲泥石流灾区及其他贫困地区捐赠图书的企业和个人表达谢意。

(希望公益基金会)

【中日首都城市规划与防灾应急管理研讨会举行】 8月31日,由北京减灾协会、清华城市规划设计研究院、日本明治大学危机管理研究中心共同举办的中日首都城市规划与防灾应急管理研讨会在清华大学举行。日本明治大学公共政策、危机管理和都市开发事业本部、行政管理研究等方面8位专家,中方清华大学、市气象局等20余位专家参加研讨。日本青山佾教授作了"东京城市规划与防灾应急管理"的学术报告,北京减灾协会科普委员会主任郑大玮教授作"北京建设世界城市综合应急能力提升的思考"的学术报告。双方专家围绕大城市灾害种类发展演变、危害治理防范、救灾与避难场所等内容进行了研讨。

(减灾协会)

【北京农产品质量安全学会对一果园作土壤质量测评】 9月1日,北京农产品质量安全学会委托挂靠单位北京农产品质量检测与农田环境监测技术研究中心实验室,完成了对顺义区双河果园土壤样品的室内检测及评价工作。检测结果表明果园土壤环境质量和肥力质量均良好,符合国家对于有机果园发展要求。学会秘书长已将检测报告交与双河果园负责人。此项工作是2010年学会承担的“科技套餐工程”项目内容之一。

(农产品质量安全学会)

【2010京津沪穗连五城市科协学术年会举行】 9月1日,2010京津沪穗连五城市科协学术年会举行。年会围绕“新经济、新城区、新发展”的主题,对低碳经济与绿色经济、城市交通发展与城区规划、区域协调发展等议题进行了深入研讨。北京石油化工学院原院长佟泽民教授作了题为“建设城市高效能源体系,应对低碳时代挑战”的主题报告,北京环境保护科学研究院和北京工业大学的代表在交流中,分别论述了美国加利福尼亚州的低碳政策对北京的启示以及发展低碳经济与北京可持续发展的关系。五城市科协学术年会已举办16年,每次会议就城市发展中的重要问题展开研讨,为政府部门提供专家建议。

(学会部)

【2010年(第13届)北京科技交流学术月开幕式暨四国低碳节能学术研讨会举行】 9月16日,2010年(第13届)北京科技交流学术月开幕式暨四国低碳节能学术研讨会举行。中国科协副主席、书记处书记齐让,北京市委常委赵凤桐出席会议。本届学术月主题是“人文北京·科技北京·绿色北京——推动自主创新,加快经济发展方式转变”,包括21项综合性学术论坛在内的149项活动,将在学术月期间集中开展。中国工程院院士、北京制冷学会副理事长、清华大学教授江亿作了“城市消费领域的节能和减碳”的大会主题报告。开幕式结束后,举行了“2010四国低碳节能学术研讨会”。北京市各委办局的领导,意大利、埃及、希腊等国的专家学者,市属学会、基层科协与老科技工作者代表200余人参加了开幕式及研讨会。

(学会部)

【北京蔬菜安全生产与流通技术论坛举行】 9月16日,由北京市科协主办、北京蔬菜学会承办的“北京蔬菜安全生产与流通技术论坛”在文津国际酒店举行。市科协副主席贺慧玲、农业局副局长吴宝新出席。司力珊、尹作丰、陈连武、欧阳喜辉、李明远、张德纯、郑建秋、何洪巨、郑淑芳等专家分别就北京蔬菜生产现状与发展趋势、蔬菜市场流通现状与问题、蔬菜质量安全认证与品牌建设、安全蔬菜话农药、蔬菜无公害生产与控制农业面源污染、欧洲蔬菜生产概况、农产品冷链新技术应用等内容作了报告。100余位代表参加研讨。

(蔬菜学会)

【设计产业与首都经济发展论坛召开】 9月19日,由市科协、市科委主办,海淀园管委会和北京数字科普协会承办的“设计产业与首都经济发展论坛”在海淀区马奈草地国际俱乐部举行,协会理事长盛智龙主持论坛。市委常委、海淀区委书记赵凤桐,市科协常务副主席夏强等领导出席。市科协副主席田文、市科委委员刘晖、海淀区常务副区长杨志强致词。与会专家围绕“设计产业与城市建设”、“设计产业与结构调整”和“设计产业与自主创新”等议题,就如何科学认识设计产业,如何延伸首都产业结构调整的深度和广度进行探讨。两院院士周干峙对北京建设世界城市发表了意见。清华大学柳冠中教授作了题为“设计产业的机制创新”的报告。北京工业设计促进中心主任陈冬亮、海淀园管委会常务副主任王际祥和北京航空航天大学费新碑教授,分别就北京市、中关村核心区如何大力发展设计产业,推进科技北京建设,如何实施“首都设计产业提升计划”,如何建设海淀数字设计产业高地提出思路、措施和建议。北京纽曼公司总经理程静结合企业发展情况介绍了纽曼创新之路,梅赛德斯奔驰汽车集团前设计总监哈罗德·莱斯科先生介绍了德国设计产业发展情况。100余位代表出席。

(数字科普协会)

【世界城市·社会建设论坛举行】 9月27日,

由市委宣传部、市委社会工委、市社科院、石景山区委区政府共同主办的世界城市·社会建设论坛在石景山区举行。论坛由石景山区区长周茂非主持,市委常委梁伟讲话,民政部政策研究中心主任王齐彦、市委宣传部副部长傅华、北京工业大学人文社会学院院长陆学艺致词。市委社会工委委员、市社会办副主任张坚,石景山区委书记荣华作主题发言。论坛围绕社会建设与世界城市的关系,社会建设在北京建设"世界城市"进程中的重要作用等问题进行了研讨,对在建设"世界城市"的时代背景下,社会组织如何实现创新发展提出了对策和建议。市科协副主席赵继林及各相关单位领导出席。

(学会部 调宣部)

【第十一届北京青年学术演讲比赛决赛举行】 9月28日,第十一届北京青年学术演讲比赛决赛在北京工商大学举行。本届演讲比赛自4月份开始筹办,吸引了全市理、工、农、医、交叉等40余家学(协)会、基层单位的800余名选手参赛。经过初赛、复赛两轮9场次的比赛,有8家单位的12名选手进入决赛。决赛邀请了北京科技情报学会、北京农学会、北京免疫学会等学会的5位知名专家担任比赛的评委。本届比赛在强调学术性的同时,更加关注科普宣传与听众参与。在比赛当天还随机抽取5名观众担任本场比赛的群众评委。

(学会部)

【第二届首都创新论坛召开】 9月28日,第二届首都创新论坛在北京经济技术开发区召开。本届论坛主题为"世界药谷的创新之翼"。中科院院士、天然药物及仿生药物国家重点实验室学术委员会主任张礼和作"创新型国家及我国医药事业对药学工作者的要求"演讲;北京经济技术开发区管委会巡视员杜新安作"南部新区生物医药产业的创新发展之路"演讲;中科院遗传发育所研究员马润林作"功能基因组与生物技术——我们的机遇和挑战"演讲;中国工程院院士李连达作"中医药研究的问题与建议"演讲;中国工程院院士侯云德作"迎接生物经济时代的崛起——我国生物医药产业的发展战略与对策"演讲。百泰生物药业董事长白先宏、北京泰德制药有限公司总经理刘红星、北京金豪制药股份有限公司董事长张誌、北京同仁堂股份有限公司董事长顾海鸥、百奥维达中国基金合伙人李毅先后就企业创新模式分析,国内企业面临的国际竞争,如何创新中医药产品、发扬中医药文化等方面介绍了企业在创新发展中的经验和思路。与会专家进行了研讨。200余位代表参加了论坛。

(科普部)

【北京电视台教育频道播出《科技北京在行动——创意之都》专题片】 10月5日,北京电视台教育频道播出《科技北京在行动——创意之都》专题片,片中市科委向公众展示了北京工业设计的发展及给人们带来的改变,围绕积极推进设计创新提升计划、北京工业设计促进中心的建立和发展、北京DRC工业设计创意产业基地孵化设计企业的建设、中国创新设计红星奖的发展历程等方面,阐述在市科委领导下设计对北京社会、经济发展起到的重要作用。

(工业设计中心)

【北京建设世界城市综合应急管理论坛举办】 10月13日,北京减灾协会举办北京建设世界城市综合应急管理论坛。论坛按照世界城市的高端安全需求,分析了未来北京城市综合应急管理面临的新挑战,与会专家分别从综合应急防灾减灾能力、北京建设世界城市目标、城市防汛减灾、世界城市粮食安全、综合应急救援体系建设、大伦敦应急管理研究等方面作了主题发言,探讨了北京城市综合减灾和安全发展的总体思路和战略目标。协会常务副会长、市政府副秘书长安钢,市气象局副局长王迎春出席并讲话。60余位专家参加了会议。

(减灾协会)

【信息服务创新理论与实践高层论坛举行】 10月18—19日,北京科学技术情报学会高等院校科技情报专业委员会在北京科技活动中心举办信息服务创新理论与实践高层论坛。刘勇教授、薛芳愉教授、温俊宝教授、熊丽教授、颜务林教授、赵世华教授、王梦丽教授、丁立平教授、季淑娟教授、严潮斌教授、张春红副教授分别作了"信息与和谐"、"学科服务的探索与实践"、

"学科建设与信息服务"、"图书馆学科服务创新思考"、"对图书馆服务深度的反思"、"信息服务创新理论与实践——交流·联系·创新·发展"、"信息素质教育师资队伍培养模式"、"科学构建军队院校图书馆信息服务"、"高校区域性联合信息服务模式研究与实践"、"以需求定服务做大资源体系"、"数字加工服务的创新模式与发展"的报告。与会专家围绕推动北京地区科技信息服务建设与发展主题进行了交流。

（科技情报学会）

【市领导调研北京科学中心建筑设计方案征集工作】 10月20日、27日，市委常委梁伟、赵凤桐分别两次到市科协调研北京科学中心建筑设计方案工作，参观了北京科学中心建筑设计方案的建筑模型，听取了市科协关于北京科学中心建筑设计方案征集工作的专题汇报，对北京科学中心的前期筹备工作给予了肯定，并提出了意见和建议。市科协党组书记、常务副主席夏强陪同调研，市科协副主席和局级领导参加了汇报。

（北京科学中心筹备办）

【2010年科技论坛召开】 10月21日，由市政协科技委、市科协共同主办的2010年科技论坛在北京科技活动中心召开。论坛围绕"加强科学普及 提高科学素质"的主题，充分发挥市政协委员、专家学者以及首都科技界的智力优势，开展研讨交流。市科协副主席、中国科技馆原馆长王渝生，市政协委员、北京国际城市发展研究院院长连玉明等7位专家分别作了主题发言。会议深入研讨了世界城市建设背景下的首都科普能力建设和科学素质提升等内容，探索了突破瓶颈制约的路径与措施。副市长苟仲文、市政协副主席熊大新出席并讲话，市科协党组书记、常务副主席夏强主持论坛。市政协科技委领导焦志忠、田小平、陈昕，市科协领导贺慧玲、周立军、田文、吕家香，以及首都精神文明办、市教委、市科委、市人力社保局、市农委、市广电局、各区县科协、市属学术团体负责人参加了会议。

（市科协）

【北京城市发展战略研讨会召开】 10月22日，由北京自然辩证法研究会主办、中国社科院哲学所科技哲学研究室协办的"北京城市发展战略研讨会"在中国社科院哲学研究所举行。理事长、中国人民大学王鸿生教授，中国社科院哲学研究所副研究员段伟文分别致词并就会议主题发表演讲。北京建筑工程学院韩增禄教授、中国人民大学孙久文教授、中国人民大学林坚教授、中共中央党校钱俊生教授、北京师范大学田松副教授、卫生部干部培训中心李传俊教授分别就如何把北京建成历史文化内涵深厚、城市功能健全、人与环境和谐、宜居的世界城市及有关问题作了报告。与会专家围绕"城市发展理念"、"区域发展战略"、"水资源与垃圾处理"、"城市外观和内涵的和谐"等内容展开研讨。40余位专家、学者参加了研讨。

（自然辩证法研究会）

【中国铁道博物馆正阳门馆正式对外开放】 10月23日，位于天安门广场东南侧的中国铁道博物馆举行开馆仪式并正式对外开放。中国铁道博物馆由原京奉铁路正阳门东车站改建，该车站是近代中国铁路早期车站的代表作，它始建于清光绪1903年，一百多年来曾经见证了许多重大历史事件。1959年，北京站建成通车，它才完成了历史使命。2001年该车站被列为北京市文物保护单位。建设中国铁道博物馆是北京市委、市政府与铁道部共同确定的一项重要工程。按照"尽善尽美、建成精品"的要求，新落成的中国铁道博物馆，集收藏、陈列、宣传、教育等功能于一体，内部建设大气恢宏，建筑面积达9485平方米，主展区展线526米。展馆内容分为蹒跚起步、步履维艰、奋发图强、长足进步和科学发展的中国铁路五个部分，涵盖了从清朝末年（1876年）至今134年的历史。该馆以大量翔实的图片资料和文物、实物展品展现了中国铁路从无到有，从弱到强的发展历程。馆内所陈列的大量文物、实物展品，跨越了百年时空。参观者不仅可以看到清政府为京汉铁路开通所铸的纪念铁碑，国内发现最早的钢轨，具有百年历史的印票机等大量珍贵文物，还可以欣赏到中国铁路现代化建设的最新成果和技术装备。还能欣赏到反映中国铁路建设快速发展的3D影片,并可登乘CRH-3型"和谐号"动车组仿真模拟舱,体验时速350公里的视觉冲击。馆内设置的多媒体互动演示、无障碍通道及专门为老弱、残疾人士准备的轮椅等设施,充分体现了人文关怀的理念。中国铁道博物馆特殊的地理位置,厚重的铁路历史,丰富的文化内涵,为科学普及铁路知识和宣传铁路文化提供了良好平台,成为爱国主义宣传教育的基地,成为向世界展示中国铁路现代化建设成就的窗口。

(市科委)

【世界城市背景下地理信息产业发展高端论坛举行】 10月24日,北京测绘学会主办的世界城市背景下地理信息产业发展高端论坛在中国测绘创新基地举行。陈俊勇院士作"城市建设中大地测量技术的新应用"的报告,李德仁院士作"从数字城市到智慧城市"的报告,刘先林院士作"为信息化服务的测绘新技术应用"的报告。国家测绘产品质量检验测试中心副主任丁明柱作"地理信息产业发展与测绘公共服务"的报告,市测绘设计研究院院长温宗勇作"地理信息应用在世界城市建设中的保障服务作用"的报告,中国测绘科学研究院院长张继贤作"对地观测系统与城市建设"的报告,国家遥感中心副主任景贵飞作"定价话语权与位置信息支持"的报告,理事长杨伯钢作"北京市基础地理信息发展与服务"的报告。

(测绘学会)

【专家研讨北京科学中心建筑方案】 10月25日,北京科学中心建筑方案研讨会在北京科技活动中心召开。原建设部副部长周干峙,中国城市规划设计研究院原院长邹德慈,中国建筑设计研究院副院长、总建筑师、国家工程设计大师、中国建筑学会副理事长崔愷,北京市城市规划设计研究院顾问、教授级高级建筑师董光器,市规划委员会原总工程师孙维絢,中国自然科学博物馆协会理事长徐善衍等6位知名院士、专家出席研讨会,就北京科学中心建筑方案进一步优化设计提出意见和建议。与会专家建议,北京科学中心建筑设计方案应在原建筑基础上进行合理的改扩建,将造型美观与使用性并重,并保持建筑整体风格简洁、轻盈。要充分利用太阳能,提倡低碳建筑设计。

(科学中心筹备办)

【北京激光技术前沿论坛举办】 10月28日,北京光学学会与中国光学学会激光加工专业委员会等6家单位在中国国际展览中心举行"北京激光技术前沿论坛"。北京交通大学光波研究所副所长延风平教授作"掺铥光纤激光器及其应用"报告;中科院半导体研究所全固体光源实验室主任林学春博士作"高功率全固态激光器研究"报告。朱晓鹏博士、崔健丰博士等向大会报告了在高亮度光纤输出半导体激光器和大能量平顶脉冲激光技术的开发方面取得的最新科研成果。奥地利High Q公司专家、美国相干公司亚太区负责人及德国通快中国激光部总经理代表,分别就皮秒/飞秒激光器在微细加工中应用、新型高功率半导体激光器、片状固体激光器技术与应用的最新发展作了介绍。近200位专家出席会议。

(光学学会)

【城市公共安全中的新技术应用论坛举行】 10月31日,北京图像图形学会在清华大学举办城市公共安全中的新技术应用论坛。论坛将图像图形技术在社会公共安全领域的应用分为两个部分进行学术活动。第一部分是规划论坛,以北京图像图形学会的理事会成员为主,介绍了图像图形技术在国内外的动态与应用需求,清华大学的苏光大教授做了"低质人脸图像的重建与人脸识别"的主题报告;秘书长马惠敏副教授作了"基于图像认知的心理分析研究"的报告。第二部分是应用论坛,按专业细分为三个分论坛,第一分论坛为"敏感图像识别"、"生物特征识别研究",第二分论坛为"基于语义的新闻视频分析及检索",第三分论坛即"城市地下三维空间建模研究",与会专家进行了研讨。学会专家60余人参加了活动。

(图像图形学学会)

【中日首都圈水务技术研讨会召开】 11月4—6日,由北京水利学会主办,市水利科学研究所和北京师范大学水科学研究院承办，日本株式会社建设技术研究所协办的中日首都圈水务技术研讨会召开。研讨会由中国水利学会常务副理事长顾浩主持，市水务局局长程静致开幕词。研讨会上，中日双方14名专家围绕北京和东京的水资源开发利用、水资源形势、城市供水管理、城市排水管理、城市水环境管理、地下水开发、节约用水技术、水费体系、水灾与风险管理、水源地生态系统等内容分别作了主题发言。中日双方专家学者结合两座特大城市的共性与差异，从供水管理、排水管理、水环境管理和地下水管理现状、存在问题和解决途径等方面进行了4场专题研讨。北京水利学会16家会员单位代表及北京师范大学师生与日方14位代表共80余人参加了研讨会。

（水利学会）

【北京建设世界城市软实力论坛举行】 11月7日，由北京自然辩证法研究会主办的“北京建设世界城市软实力——教育、科学、文化”论坛于中科院研究生院人文学院举行。20多位专家作了学术报告和发言。论坛针对世界城市的标准，对北京的“软实力”作了细致分析，不仅涉及科技、文化、教育等各方面问题，而且对生态文明、绿色理念与宜居城市问题进行反思，也对城市规划战略布局，区域合作与挑战等给予关注。其中，不少专家对北京发展的总体思考、历史思考、现状透视、发展等提出建议。70余位专家出席论坛。

（郑坤宜）

【市科委探索建设科普基地与社区科普合作的固定机制】 11月11日，由市科委主办，市可持续发展科技促进中心承办的“百家基地对接百家社区”签约仪式暨2010年科普年会在中国儿童中心举行。为进一步贯彻落实《科普法》、《北京市科学技术普及条例》、《全民科学素质行动计划纲要(2006—2010)》，全面实施《关于加强北京市科普能力建设的实施意见》，年内，市科委推出了科技进社区“一十百千”行动计划，并正式启动“百家科普基地对接百家科普社区”活动(“双百对接”活动)。首批择优选出的60家科普教育基地与对接的社区进行了集体签约。根据“双百对接”活动签约内容，各科普基地与科普社区将实现积极互动，各社区和其所在的区县、街道、乡镇，将定期向科普基地提供科普需求，同时配合科普基地开展活动，为科普活动提供活动所需场地、社区工作人员的各种支持等；科普基地每月将为周边社区提供2次科普服务活动，全年累计不低于24次。签约仪式上，还举行了“科技北京 科学生活”社区科普创意大赛的颁奖仪式。本次大赛共收到16个区县上报的561件作品，经过大赛评审会，最终评选出获奖作品30项。

（市科委）

【北京创业板企业知识产权管理研讨会召开】 11月15日，由北京知识产权研究会、首都企业家俱乐部等共同主办的北京创业板企业知识产权管理研讨会召开。北京泽翔律师事务所律师王晓龙、中国知识产权报社记者赵建国、北京科净源科技发展有限股份公司总经理葛敬分别作创业板企业如何做好知识产权相关法律问题的风险防范、创新型中小企业在知识产权管理方面的现状、如何做好创业板企业的知识产权管理的主题报告。与会人员结合主题报告内容交流了知识产权管理的成功经验和管理体会，并围绕创业板企业知识产权管理问题进行了研讨。研讨会首都企业家俱乐部的会员企业代表、北京知识产权代理机构的专利工作者以及相关高校科研人员60余人参加了研讨。

（知识产权研究会）

【中国工艺美术大师高端论坛举行】 11月18日，由北京工艺美术学会、北京工艺艺嘉贸易有限责任公司、北京工美集团有限责任公司、北京工艺美术行业协会共同主办的第五届中国北京国际文化创意产业博览会——中国工艺美术大师高端论坛举行。北京工美集团有限责任公司总经理曹胜龙作主题发言。北京雕漆厂高级工艺美术师、中国工艺美术大师文乾刚，中国工艺美术学会副会长兼秘书长范伟民，《工艺美术家》杂志主编、高级工艺美术师、北京工艺美术大师李苍彦和中国民间工艺美术师滑树林也分别发言。与会专家就中国工艺美术的设计创新和工艺美术产业现状进行了研讨和交流。

（工艺美术学会）

【首都第十七届城市规划建筑设计方案汇报展开幕】 11月20日至12月20日，由市规划委员会主办，市文物局、北京工程勘察设计行业协会、北京土木建筑学会等协办，北京城市规划学会承办的首都第十七届城市规划建筑设计方案汇报展在市规划展览馆展出。今年主题是“人文北京、科技北京、绿色北京”，参展项目中增加了在京设计单位在京外的设计方案。首都城市规划建筑设计方案汇报展已历经17个年头，成为行业成果展示的年会，既是汇报和交流，也是向市民征求意见。

（城市规划学会）

【蔬菜营养品质研究新进展研讨会召开】 11月27日，由市科协主办，北京蔬菜学会承办的蔬菜营养品质研究新进展研讨会召开。研讨内容涉及蔬菜品质代谢调控、风味物质与营养、科学食用、食品安全、仪器分析等。中国农科院蔬菜花卉研究所王晓武研究员作“白菜类作物基因组学研究进展”的报告；中国农业大学资源与环境学院张宏彦教授介绍了养分调控与蔬菜品质的研究；北京工商大学化工学院宋焕禄教授介绍了食品风味提取和鉴定方法；中国疾病预防控制中心王竹研究员介绍了食物营养与标签；加拿大食品安全检验署赵勇博士介绍了加拿大食品安全HACCP管理体系；中国疾病预防控制中心李建文博士介绍了中国食品安全风险评估的情况；岛津公司分析中心靳松博士介绍了蔬菜品质现代分析技术；中国农业大学食品学院范志红教授介绍了蔬菜营养与科学食用方法；市农林科学院蔬菜研究中心宋曙辉副研究员介绍了蔬菜营养配餐；市农林科学院蔬菜研究中心唐晓伟副研究员介绍了蔬菜农药残留分析；市农林科学院蔬菜研究中心何洪巨研究员介绍了蔬菜营养品质研究新进展。与会专家就有关问题进行了研讨。

（蔬菜学会）

【学术演讲进社区活动举行】 11月29日，市科协从第十一届北京青年学术演讲比赛初赛、复赛、决赛众多参赛选手中选拔出的北京土壤学会蔡璐，朝阳医院科协韩加刚、蔡军，北京中西医结合学会刘宝利，北京硅酸盐学会陈婷5位青年科技工作者，到中关村东南小区中科院老年活动中心，开展了“学术演讲进社区”活动。这次“学术演讲进社区”是第11届北京青年学术演讲比赛的后续活动的首场展示活动。中科院老科技工作者协会副理事长兼副秘书长邢福生对本次活动进行总结。

（学会部）

【移动互联网技术与业务发展趋势研讨会召开】 12月2日，北京通信学会举办的移动互联网技术与业务发展趋势研讨会召开。会议由北京通信学会理事、北京邮电大学研究生院常务副院长王文博主持，北京通信学会副理事长、中国移动北京公司总经理何宁致词。北京邮电大学张平教授、工业与信息化部电信研究院规划设计所副所长胡坚波、云巧筑公司总经理邓侃分别作了主题发言。与会专家围绕未来移动互联网技术业务和市场发展趋势、未来移动互联网的商业模式及产业链发展等内容进行了分析与研讨。来自高等院校、科研院所、通信运营商、IT企业及设备厂商的近200余位专家和科研人员出席了会议。

（通信学会）

【神华集团公司院士专家工作站揭牌仪式举行】 12月3日，在神华集团公司总部隆重举行了中国工程院与神华集团公司科技合作协议签字暨院士专家工作站揭牌仪式。中国工程院院长周济，市科协党组书记、常务副主席夏强，神华集团公司董事长张喜武共同为神华集团院士专家工作站揭牌。谢克昌、倪维斗、彭苏萍、钱鸣高、苏义脑、谢和平、袁亮、周世宁等院士作为见证嘉宾参加了签字暨揭牌仪式。签字暨揭牌仪式由神华集团公司副总经理韩建国主持。仪式上，中国工程院副院长谢克昌和神华集团公司总经理张玉卓分别代表中国工程院和神华集团公司在合作协议上签字。张玉卓为第一批获聘神华集团院士专家工作站的谢克昌、倪维斗等8位院士颁发了聘书。仪式后，与会人员参观了神华集团公司生产指挥中心调度实时监控大厅。

（郭建伟）

【北京石油学会举办第八届石油研讨会】 12月3日，北京石油学会经济专业委员会与中国石油大学（北京）工商管理学院联合举办第八届石油研讨会。董秀成教授作“我国天然气价格改革思考”的报告；中国石油规划总院副总经济师赵连增作“我国天然气市场供应与价格”的报告；中国石油规划总院经济所经济师杜敏作“我国天然气需求与价格”的报告；北京煤气热力工程设计院高级经济师郭艳红作“城市天然气价格”的报告。与会专家就国家行政管理、资源供应、市场需求以及下游城市燃气公司等层面对天然气市场现状、发展趋势、天然气用户对价格的承受能力等内容进行了研究和探讨。80余位代表出席会议。

（石油学会）

【北京大北农科技集团股份有限公司院士专家工作站授牌仪式举行】 12月10日，北京大北农科技集团股份有限公司院士专家工作站授牌仪式在北京融金国际酒店举行。北京大北农科技集团股份有限公司院士专家工作站是市科协在民营企业中推进成立的首家院士专家工作站。中国工程院院士范云六、郭予元、夏咸柱、旭日干、刘旭，市科协党组书记、常务副主席夏强，市科协副主席周立军，中国畜牧兽医学会副理事长、秘书长阎汉平，北京市科委委员张虹，中关村管委会副主任王汝芳，农业部科教司转基因生物安全与知识产权处处长林祥明，海淀区科协常务副主席李云飞，大北农集团董事长、总裁、科协主席邵根伙参加了授牌仪式。授牌仪式由大北农集团副总裁、科协副主席宋维平主持。在授牌仪式上，夏强为大北农集团授院士专家工作站牌匾，邵根伙为大北农集团院士专家工作站的首批10名进站院士颁发了聘书。

（郭建伟）

【2010年北京医学会胸外科年会召开】 12月11日，2010年北京医学会胸外科学术年会召开。胸外科分会主任委员支修益教授介绍了北京医学会胸外科学分会的发展情况；胸外科分会副秘书长、北京大学肿瘤医院胸外二科主任杨跃教授在发言中强调了以外科手术为主的肺癌多学科综合治疗及个体化治疗的理念；北京协和医院张志庸教授介绍了GGO诊断技术和外科手术技巧；北京同仁医院胸外科主任李建业教授介绍了原发食管运动障碍性疾病的诊断和微创外科治疗进展情况；北京朝阳医院副院长侯生才教授介绍了我国肺移植的发展；北京协和医院胸外科主任李单青教授就高位食管癌手术、术后并发症等综合问题作了阐述；北京垂杨柳医院胸外科胡小丹介绍了胸腔热灌注治疗恶性胸腔积液的临床治疗；解放军总医院第一附属医院于长海教授提出了通过痰脱落细胞找癌细胞的研究。会议还举行了首届青年医师论坛，8家三甲医院胸外科的9名中青年医生就肺癌、食管癌、纵隔肿瘤等发言。北京和20余个省市的80余家医院的1200名代表参加了会议。

（医学会）

【大气环境监测与治理技术研讨会召开】 12月15日，北京环境科学学会在中国节能大厦召开大气环境监测与治理技术研讨会。中国工程院院士、清华大学教授郝吉明作主题发言。市环科院黄玉虎作“扬尘污染控制和监测技术新发展”的报告；中国环保产业协会在线监测专业委员会副秘书长郭炜作“环境监测技术的现状及发展趋势”的报告；中节能六合天融环保科技有限公司书记王俩作“烟气脱硫技术现状及发展趋势”的报告；副总工程师宋宝华作“重金属污染现状及监测治理技术”报告。与会专家进行了讨论交流。

（环境科学学会）

【北京21世纪科技发展有限公司院士专家工作站授牌仪式举行】 12月20日，北京21世纪科技发展有限公司院士专家工作站授牌仪式在21世纪公司隆重举行。中科院院士童庆禧、薛永祺，中科院研究员迟耀斌，市科协党组书记、常务副主席夏强，中科院遥感所副所长王晋年，英国驻华大使馆科学创新处科技参赞裴大卫，21世纪公司总经理吴双等领导参加了仪式。在仪式上，夏强为院士专家工作站授牌，吴双为首批进站的童庆禧院士、薛永祺院士、迟耀斌研究员以及英国皇家科学院院士马丁·斯维汀颁发聘书。领导和嘉宾参观了21世纪公司“北京一号”小卫星地面测控接收站。

（郭建伟）

【北京日化协会召开知识产权研讨会】 12月23日，北京日化协会举办2010行业知识产权研讨会。科技部政策法规司副调研员张杰军博士、市知识产权局产业促进处副处长黄显智、北京北新智诚知识产权代理有限公司生物化工专利代理部经理景志分别作了“科技创新中的知识产权政策”、“北京市企业专利工作及政策介绍”、“日化领域专利申请及知识产权保护”的主题演讲。日化协会各会员单位、日化企业、高等院校、研究机构的中青年科技工作者40余人参加研讨会。

（日化协会）

【环境伦理的理论与实践研讨会召开】 12月26日，由市科协和市社科联主办，北京环境科学学会和北京伦理学会承办的“环境伦理的理论与实践”学术研讨会在首都师范大学国际文化大厦召开。中国社科院余谋昌、清华大学卢风、北京林业大学人文社会科学学院院长严耕、国家环境工程评估中心研究员任景明、北京市城市规划设计研究院副院长潘一玲、市政工程设计研究总院项目中心副主任史骏、北京环境宣传中心新闻部主任刘敬奇分别作“生态文明时代的环境伦理”、“低碳社会与环境道德”、“中国省域生态文明建设评价”、“完善环境影响评价制度，保障群众环境权益”、“低碳时代的资源与环境”、“从环境伦理的角度去讨论城市污泥处理处置技术”、“从少开一天车反思市民环境伦理诉求”的主题报告，从理论与实践两个层面深入研讨了环境伦理。北京环境科学学会理事长潘曙达和北京伦理学会会长王伟出席并讲话。

（环境科学学会）

【实验动物行业经验交流及科普宣传】 年内，市实验动物管理办公室组织实验动物行业经验交流会1次，78人参加了交流；组织、出版《实验动物信息》12期，累计印数1.5万册；组织专家参与市科普项目，编写《实验动物管理与使用手册》，印数3000册；把内蒙古大学承担的将“实验动物质量追溯体系建设”课题进展做成10块展板，并在2010年第八届中国北方实验动物科技年会上取得良好的宣传效果，为课题完成后的推广打下基础。

（市科委实验动物管理办公室）

【开展北京市公众科学素养调查】 年内，“第八次中国公民科学素质调查北京同步调查”全面展开。此次调查分析了北京的公民科学素质达标率和公民科学素质指数状况，形成与国家调查和其他同步开展调查省市的对接数据。市科协专门组织了调查员培训会，全市16个区县负责全民科学素质工作的人员和本次调查涉及的街道、乡镇主管领导以及社区（村）的调查员参加了培训。

（牛 萍）

【2010年北京科普创作出版专项资金资助作品12部】 年内，北京科普创作出版专项资金工作3月至10月完成了征集、初审、初评、答辩指导和终评各阶段工作任务。共征集选题148项，经过初审、初评、答辩指导和终评，最终《走进绿色照明》、《走进女科学家的世界》丛书、《“北斗”伴咱走天下》、《造物记》、《儿童早期创新教育新途径》、《当艺术遭遇数学》、《胖胖熊系列儿童科普绘本》、《家庭食品安全知识漫谈》、《北京市民低碳生活挂图》、《‘人与地球的明天”科普书系》、《白金十分钟系列光盘》、《家庭安全宣传片》10部图书和2部音像作品获得资助。

（刘 芳）

【北京科普创作出版专项资金资助作品获第一届“中国科普作家协会优秀科普作品奖”】 年内，由北京科普创作出版专项资金资助出版的《月球密码》、《回望人类发明之路》、《潘家铮院士科幻作品集》、《酷蚁安特儿历险记》获第一届“中国科普作家协会优秀科普作品奖”优秀奖，《幼儿必知的30种安全常识》、《不活九十多，就是您的错》、《首都科学讲堂·名家讲科普》丛书和《迷宫趣话》获提名奖。

（刘 芳）

【编写《北京市全民科学素质行动计划“十一五”期间落实情况自查报告》】 年内，为认真贯彻落实国务院办公厅《关于对全民科学素质行动计划纲要落实情况进行督促检查的通知》(国办函[2010]41号)精神，全面梳理近5年来北京市实施《全民科学素质行动计划纲要》情况，进一步推动工作深入开展，市科协按照北京市政府办公厅《通知》要求，认真汇总各单位、各区县的上报材料，总结全市科学素质行动计划落实情况，起草了《北京市全民科学素质行动计划“十一五”期间落实情况自查报告》。

(牛　萍)

区县科技

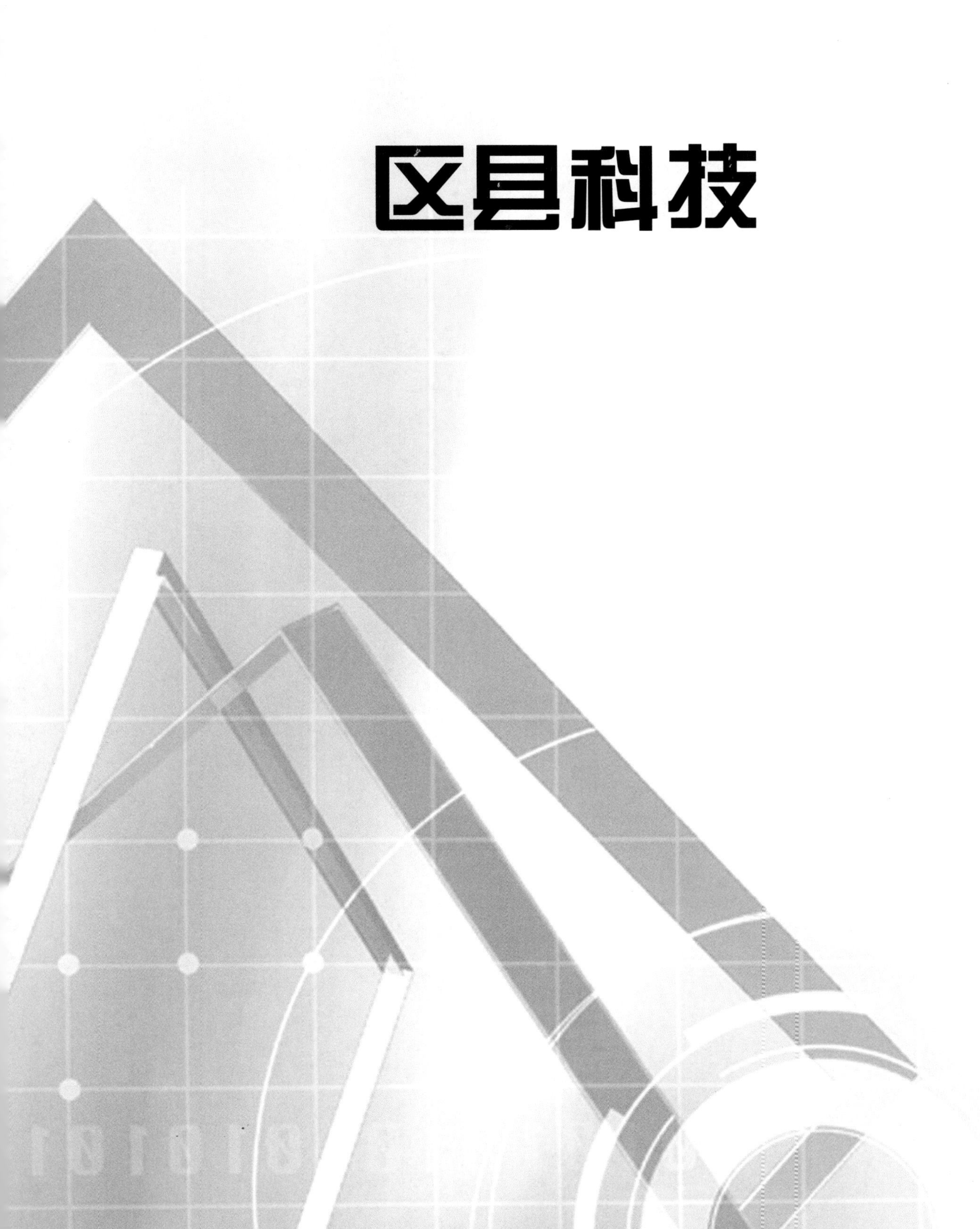

东城区

【举办全国科普统计工作培训会】 5月7日，区科委召开“全国科普统计工作培训会”，区委组织部、宣传部，区教委，区卫生局，10个街道办事处，辖区内11个北京市科普基地等45家单位近50人参加培训会，科技部和北京市专家领导到会，并结合科技部和北京市具体要求作了讲话。

（东城区）

【区科技周开幕】 5月15日，区科协举行东城区科技周启动仪式，区属20多个单位和部门及有关社会单位的近百名工作人员和科普志愿者参加宣传咨询。本届科技周期间以“低碳环保、节能减排、保护生态环境、保障安全健康”为主题，在全区开展各类科普活动430余项，18万群众参与，发放宣传材料12万余份。

（东城区）

【荣获首届“节能中国贡献奖”】 6月25日，中国节能协会发起并会同科博会中国能源战略高层论坛组委会共同举办“节能中国 榜样中国——2010首届节能中国贡献奖”活动，东城区高新技术企业北京高和华泰节能环保科技有限公司荣获“节能中国贡献奖”称号。

（东城区）

【科普之夏活动】 7月22日，第十二届东城科普之夏活动启动仪式在龙潭公园举行。启动仪式上，区科协与北京市科普发展中心合作为广大居民提供了以“节能减排、低碳生活”为主题的大型科普展览。展览包括资源危机、节能小屋、节能环保小知识三部分内容，通过声光电的形式和实物形式展示水循环、水资源消耗、能源危机、新能源利用、交通与环保、节能窗帘、红外燃气灶、节能冰箱、环保涂料、太阳能系统、家庭用水回收系统等节能减排、低碳生活的内容。

（李海曼）

【举办东城区2010年全国科普日活动】 9月18日，东城区2010年全国科普日主会场在青少年科技馆举行。主会场活动包括科技模型制作、科普互动展品、太阳能灶的安装、化学实验、火箭模型发射、机器人制作等内容，200余名青少年和社区居民参加。全国科普日期间，动员全区各街道、区科协各所属团体围绕“节约能源资源，保护生态环境，保障安全健康”和“坚持科学发展、走近低碳生活”的主题重点开展“低碳经济与低碳生活”、“防灾减灾”、“节能减排”、“食品安全”、“健康健身”等方面的科普活动。

（李海曼）

【科技制作技能测试教师培训】 11月3日，区科协、区教委共同举办2010年东城区“动手做”科技制作技能测试教师培训。为考核学生动手能力，北京青少年“我有一双灵巧手”科技制作竞赛活动，增加了学生现场技能测试“快乐搭建”技能竞赛。中鸣数码科技有限公司技术人员对教师进行培训辅导。全区近50名教师参加，亲自动手搭建测试要求任务并体验全过程。

（李海曼）

【组织技术合同认定登记培训会】 11月17日，东城区举办第二次技术合同认定登记培训会，此为两区合并后的首次培训会。会议由区科技创新服务中心副主任杜颖主持，来自中国国际电子商务有限公司、国富通信息技术发展有限公司、北京华宇兴泰公司等两区科技企业近20名相关负责人参加培训。会上，东城区科委副主任李伟冰介绍了两区合并后的机构设置与业务开展情况。市技术市场管理办公室张平通报了北京市技术市场发展情况，并结合《合同法》、《北京市技术市场条例》重点讲解了技术合同撰写、技术合同网上申报实务等内容，并对技术合同认定登记普遍存在的问题进行了现场答疑。

（东城区）

【向企业征求“十二五”科技规划意见】 11月18日，区科委邀请北京玻璃研究院、北京航星科技有限公司、北京金桥恒泰科技有限公司、中国港湾工程有限责任公司等20家驻区央企、市属国企、民营企业、外资企业中的科技企业，召开东城区“十二五”科技发展规划科技企业征求意见座谈会，就“十二五”科技规划征求意见。科技企业的企业家和科技负责人针对“十二五”科技规划，从大力发展南片地区的科技载体建设、建立专利技术交易中心、加强区内职能部门间的政策沟通与协调服务、发展总部基地经济、做好规划与科技企业的对接等方面提出了六条建议，并就东城区科技企业如何协作发展、高新技术企业政策落实等一些问题进行讨论。

（东城区）

【3项目通过科技成果转化立项】 年内，由区科委推荐的北京牛牛基因技术有限公司的“标准培养基及共性关键技术的研制与开发”、北京联飞翔科技股份有限公司的“短程车用锂离子动力电池的产业化”和北京文创科技有限公司的“基于高技术陶瓷材料的旅游新商品开发及应用”等3个项目，通过2010年度北京市促进科技成果转化落地区县项目立项，并获632.9万元的市科技资金支持。

（东城区）

【专利申请量首次突破3000件】 年内，东城区（含原崇文区、原东城区）专利申请量首次突破3000件，达到3511件，同比增长35%。其中最能体现技术含量的发明专利申请1622件，同比增长34%。

（东城区）

【征集区科技项目88项】 年内，共征集区科技项目（包括软课题）88项，涉及电子信息技术、新材料、医药卫生、城市管理、节能环保、体育器械等领域。其中34项确定为区（南北片各17项）科技计划项目（包括软课题），立项支持资金达186万元（其中南片127万元、北片59万元）。

（东城区）

【新增2家创新型科普社区】 年内，区科委组织开展了北京市第四批创新型科普社区建设工作。东直门街道胡家园社区和龙潭街道光明北里社区通过市科委专家组的验收，被认定为市“创新型科普社区”。

（东城区）

【社区科普益民计划】 年内，经区县申报、市科协评审，和平里街道兴化社区、东华门街道韶九社区、景山街道皇城根北街社区、东四街道南门仓社区、崇外街道兴隆都市馨园社区、东花市街道南里东区社区、龙潭街道左安浦园社区、永外街道永铁苑社区，共8个社区获得优秀科普社区。北京文博交流馆、崇文区青春期健康教育中心获得优秀基层科普场馆。李勤英、赵颖等26人获得优秀科普宣传员称号。以上项目及2个户外科普园地，共获北京市“社区科普益民计划”奖励资助资金183万元。用以配备科普器材、科普设施、科普图书等。

（李海曼）

【青少年科技教育】 年内，东城区在第25届全国青少年科技创新大赛中，共获得5项一等奖、4项二等奖、1项三等奖及优秀基层组织单位奖；景山学校同学获得中国科协主席奖；史家胡同小学获科技教育创新十佳学校称号。在第十届北京机器人竞赛中，两区获得一等奖7项、二等奖10项，三等奖16项的好成绩。在第十届中国青少年机器人竞赛中，共获得1项一等奖、8项二等奖、6项三等奖，其中史家小学获得小学组基本技能一等奖。

（李海曼）

西城区

【召开科技协调员启动会】 1月23日，区科委召开科技协调员启动会。参与试点的16个区委办局和7个街道的23名科技协调员及其主管领导参加了此次会议。建立科技协调员队伍，旨在增强领导干部和公务员的科技意识，通过定期培训、专家授课、主题研讨、考察交流等方式，提高各部门自觉运用科技手段解决问题的能力，并培养一批善于运用科技手段解决问题的创新型干部，搭建起各单位间的科技合作交流平台。

（郭志娥）

【全国企事业知识产权试点】 1月,第四批全国企事业知识产权试点工作正式启动,北京市38家企事业单位成为试点单位,西城区内有3家企业入选,为中国移动通信集团公司、北京有色金属研究总院和有研稀土新材料股份有限公司,试点期限为两年。

(郭志娥)

【新增2家市级科普基地】 3月12日,市科委、市科协公布第三批科普基地名单,原西城区有2家基地入选,北京急救医疗培训中心分别被命名为科普教育基地和科普培训基地。原宣武区北京通信电信博物馆入选科普教育基地。

(郭志娥)

【科技促进民生建设项目立项】 4月14日,由区生产力促进中心承担的2010年度区县科技专项“科技促进民生建设研究与示范”项目进行立项论证,经与会专家质询讨论通过该课题论证。该项目由四个子项构成,即“西城区民生科技发展的关键领域选择与对策研究”、“西城区科技工作协调联动机制建设,提升科技协调员素质工程”、“西城区生活垃圾处理现状研究及规划”及“楼门组长智能信息传递系统”。

(郭志娥)

【区科技周活动】 5月14日,原宣武区科技周启动仪式在大栅栏街道举行,区科普联席会成员单位主管领导、科普志愿者、社区居民、青少年、机关干部等100余人参加。在现场,青少年开展科技竞赛活动,居民接受日常急救知识和技能培训、开展健康体能测试。5月15日上午,原西城区科技周启动仪式在中国地质博物馆前广场举行,辖区7个街道、相关部门和部分学协会共20余家单位到场,以低碳生活展示、健康知识咨询、宣传资料发放等方式进行科普宣传,吸引近万人次参与。科技周期间,原西城区和原宣武区共举办科普活动百余场次,受益人数达20余万人。

(樊士广)

【市重点科技项目通过验收】 6月13日,由区科委、金融街街道办事处共同承担的“以安全为特色的现代社区试点研究”课题通过专家验收。该课题为2008年北京市重点科技项目“现代社区建设科技支撑研究”子课题之一,项目完成后,建成180平方米的金融街街道地震主题体验馆,形成以宏汇园、砖塔、民康3个社区卫生服务站为样板的健康管理示范基地,并完成金融街重点人群监控系统,实现了网上监控率达100%。

(郭志娥)

【琉璃厂艺术产品设计项目验收】 12月23日,由区科委承担的2009年北京市区县科技专项“琉璃厂‘老字号’古书画艺术产品物质载体设计创意研发中心建设”项目通过专家验收。通过项目实施,建成古书画艺术产品物质载体科技研发平台,老字号文化产品衍生品设计、研发平台,信息、培训、品牌推广和整合营销服务中心等公共平台,并在“学习科学发展观——百位书法名家书法展”、为首都国庆60周年北京市筹备委员会制作的数万个证书以及琉璃厂国际绘画艺术大奖暨“超越梦想、铸就辉煌”主题绘画等项目中应用。

(郭志娥)

【高新技术企业发展】 截至12月31日,西城区共有高新技术企业148家,其中德胜科技园117家。全年德胜科技园内高新技术企业实现总收入161亿元,同比增长40.5%,上缴税费9.7亿元,同比增长51.6%。

(郭志娥)

【新增1家创新型科普社区】 年内,椿树园社区入选北京市第四批创新型科普社区。西城区共有市级创新型科普社区11家,区级创新型科普社区5家。

(郭志娥)

【技术合同成交总额实现增长】 年内,全区共成交技术合同7539项,成交总额136.6亿元,同比增长8.8%。其中:输出技术3893项,比上年下降11%;输出技术成交额70.5亿元,比上年增长81.9%。全区共吸纳技术3646项,比上年下降20.4%;吸纳技术成交总金额66.1亿元,比上年下降24.3%。

(郭志娥)

【专利授权量增长】 年内,西城区共申请专利2834件,同比下降17%。其中发明专利1830

件，占申请总量的64.6%，企业申请1722件，占申请总量的60.8%。全年授权专利1868件，同比增长14%，其中发明专利771件，占授权总量的27.2%。

（郭志娥）

【企业信用及投融资体系建设】 年内，区科委通过开展企业调研、走访重点高新技术企业、召开业务知识培训等方式，推进企业投融资体系建设。17家企业通过中关村科技担保公司获得贷款担保，担保金额3.95亿元。中关村企业信用促进会会员企业达到234家，比上年增加35家。

（郭志娥）

【科技人才创新计划】 年内，区科委召开西城区科技人才交流座谈会，完成科技人才队伍数据的摸底调查，实施青年科技人才创新计划；支持8个项目，支持金额24万元；申报优秀人才资助项目，2人获国务院特殊津贴。

（郭志娥）

【编制可持续项目指南】 年内，区科委编制完成《西城区可持续发展项目建议征集指南》。《指南》明确了公共卫生与市民健康促进、特殊社会群体扶助体系、宜居社区建设与现代化城区管理、环境生态建设与低碳生活方式倡导、区域发展战略研究与新兴产业培育五个领域作为重点支持领域。

（郭志娥）

【社区科普益民计划】 年内，经各街道推荐，区科协调研论证审核，报请市科协、市财政局批准，原西城区4个社区、1个科普场馆、1个户外科普园地和14名个人受到市“社区科普益民计划”奖励资助，获得费用共计92万元。原宣武区4个社区、1个科普场馆、1个户外科普园地和12名个人受到市“社区科普益民计划”奖励资助，获得费用共计91万元。其中优秀科普社区各获奖励10万元；优秀科普场馆各获奖励5万元；户外科普园地各获奖励40万元；优秀科普宣传员各获奖励5000元。

（樊士广）

【青少年科技竞赛】 年内，西城区参加第25届全国青少年科技创新大赛，共获得青少年科技创新成果项目一等奖4项，二等奖3项，三等奖2项，少年儿童科学幻想绘画一等奖5项，获得全国“十佳优秀科技实践活动奖”1项，1名教师获“十佳优秀科技辅导员奖”，区青少年科技馆获得“基层赛事”优秀组织单位奖。

（樊士广）

朝阳区

【区科技周举行】 5月19日—21日，由区政府主办，区科协、区科委、区精神文明建设委员会办公室共同承办，主题为“科学发展、共建文明、节能减排、低碳生活”的朝阳区科技周举行。本次科技周是整合朝阳区的科技资源，共有23家科技企业，32家科研院所、大专院校、专业学协会、科技团体参加展览展示活动，吸引了近3万市民前来参观。

（朝阳区）

【科普之夏活动】 7月17日，由市科协主办，朝阳区科协承办，小关街道办事处协办的主题为“坚持科学发展，走进低碳生活”的第十二届北京科普之夏启动仪式在小关奥林匹克文化广场举行。活动现场采用文娱表演、展览展示和互动体验的方式，宣传低碳理念、展示低碳科技展品，使百姓在寓教于乐中感受科技引领低碳生活的魅力。专家现场为市民讲解室内外环境污染、节约能源、节约资源等问题，向市民普及降低污染、改善环境、节能降耗、预防疾病的科普知识，倡导绿色、低碳生活方式。

（刘伟凡）

【成立科技人才俱乐部】 7月22日，朝阳科技人才俱乐部成立。该俱乐部是由区生产力促进中心、区知识产权服务中心联合区内11家企业发起的以朝阳区科技界人士为主体的非正式联谊组织，俱乐部接受区科委（知识产权局）的工作指导，坚持以“以人为本，共同发展”的宗旨，通过思想交流、信息交流、经验交流，实现“资源共享，优势互补，相互合作，共同发展”的目标。

（刘伟凡）

【“奥运森林公园户外科普导览标志物建设”项目通过验收】 8月12日，“奥运森林公园户外科普导览标志物建设”项目通过市科委组织的专家验收。该项目是由北京市科普专项资金支持，由朝阳区科委、世奥森林公园经营公司共同承担的科普项目，由北京天鸿圆方建筑设计有限公司进行方案设计和施工建设。项目筛选出奥林匹克森林公园中集成应用的适合展示的生物速分、人工湿地、太阳能光伏发电、地源热泵、生物降解、光导照明等10余项绿色低碳技术，凝练科普宣传文字内容，以石材、钢化玻璃等材料为主，设计建成了14处户外科普导览标志物，为游客提供科普体验的同时加强生态、低碳等科技知识的宣传。

（刘伟凡）

【19家企业被认定为市专利试点单位】 年内，根据《北京市企事业专利试点管理办法（修订稿）》的要求和2010年北京市专利试点工作安排，区知识产权局积极组织区内企业申报“北京市专利试点单位”，共有包括北京中冶设备研究设计总院有限公司、北京奥尔环境艺术有限公司在内的19家企业被认定为“2010年北京市专利试点单位”，试点期为1年。

（朝阳区）

【出台知识产权保护政策】 年内，朝阳区在争创发展方式转变示范区进程中，围绕促进自主创新，加大投入、完善体制机制，从知识产权创造、运用、保护和管理四个运行环节出发，出台了《朝阳区知识产权促进与保护的若干措施》，《措施》包括加强领导、加大投入、支持创造、注重应用、鼓励维权、完善管理、引导中介服务等方面内容。同时还发布了《朝阳区知识产权联席会议制度》、《朝阳区专利资助及奖励办法》、《朝阳区知识产权维权援助暂行办法》等8个配套规定，保证《措施》的贯彻落实，形成了区域知识产权促进与保护的“1+8”政策体系。

（朝阳区）

【安全生产综合监管调度系统的研发与应用项目通过验收】 年内，“朝阳区安全生产综合监管调度系统的研究与应用”项目通过市科委组织的专家验收。该项目致力于解决朝阳区安全生产综合监管工作开展中存在的工作任务日益加重和监管人员专业检查能力不足、政府与企业间沟通渠道不畅、应急救援资源缺乏有效整合等问题。历时两年，取得了建设朝阳区安全生产综合监管调度指挥中心，为安监局、安全生产相关管理部门、街乡执法检查小组配备执法宝PDA 400台，完成4000余家重点监管企业的“四至”信息采集及GIS地图标注，开发完成朝阳区安全生产综合监管调度系统并在街乡试用等大量成果。

（刘伟凡）

【12个项目列入国家重点新产品计划】 年内，朝阳区12个项目被列入2010年国家重点新产品计划，占本市总数10%。本次被列入国家重点新产品计划的12个项目的共同特点是具有创新性，技术含量高，拥有自主知识产权，其中大部分项目单位都得到过本区科技政策扶持，经济效益好，具有较好的市场前景。

（刘伟凡）

【摩托罗拉科技发展合作项目通过验收】 年内，2009年度朝阳区摩托罗拉科技发展合作项目——POC移动终端客户端系统顺利通过专家验收。项目针对传统集群系统发射功率大、保密性和抗干扰性差等缺点，将手机、对讲机合一，根据手机终端平台的演进开发了基于Windows Mobile和Andriod操作系统的MPTT标准的POC客户端，完成了对6款EVDO智能终端的适配并实现商用，符合摩托罗拉MPTT spec 7.0及中国电信商用网络的功能和性能测试要求。

（刘伟凡）

【专利申请和授权稳步增长】 年内，朝阳区专利申请量累计12115件，同比增长25.96%，其中发明专利、实用新型专利和外观设计专利分别为7341件、3548件和1226件；专利授权量累计6605件，同比增长47.96%，其中发明专利、实用新型专利和外观设计专利分别为2019件、

3229 件和 1357 件。

（刘伟凡）

【高新技术企业认定】 年内，朝阳区认定高新技术企业共计 130 家，其中园区外高新技术企业 94 家，电子城科技园区高新技术企业 36 家。区企业占总数的 10.7%。截至年底，朝阳区共有高新技术企业 562 家。

（刘伟凡）

【市级以上科技计划项目立项】 年内，全区共有 19 个项目被列入国家级重点新产品计划和火炬计划，15 个项目列入市级火炬计划，13 个项目获得国家和北京市中小企业创新基金支持，8 家企业入选市首批技术先进型服务企业，14 家企业获“市制造业信息化优秀示范企业”和“北京市制造业信息化示范企业”称号。

（刘伟凡）

海淀区

【海淀区成为首批国家创新型试点城市（区）】 1 月 10 日，全国科技工作会议上为试点城市（区）授牌。作为中关村国家自主创新示范区核心区的海淀区，成为国家创新型试点城市（区），对于加快海淀区发展，带动中关村国家自主创新示范区建设具有重要意义。

（海淀区）

【海淀区股权激励试点单位占全市一半】 3 月 13 日，根据国务院批复精神，海淀区积极推进股权激励试点工作，海淀区域内目前获批进行试点工作的单位共22 家，占全市 40 家的 55%。海淀区组培室成为实施试点单位中首家区属科研机构。海淀区将继续推进股权激励试点工作，通过政策引导，积极鼓励示范区内大学、科研院所和企业吸引更多的高素质创新创业人才，推动示范区不断研究开发出高水平的科研成果。

（海淀区）

【科普之春系列活动启动】 4 月 10 日，海淀区科普之春系列活动暨“健康社区行、服务为人民”系列义诊活动在东升乡前屯社区正式启动。市科协副主席周立军、市科协科普部副部长张仕贤，海淀区科协常务副主席李云飞，302 医院院长吕吉云，东升乡党委副书记、人大主席、乡科协主席张军出席启动仪式。此次活动是海淀区科普之春系列活动的组成部分之一，解放军 302 医院在现场为群众提供疾病的预防、治疗、保健知识，指导居民对一些常见病、多发病的规范预防和治疗，免费测血糖、血压等，现场免费发放各类防病治病健康知识手册，使广大居民在家门口就可享受到高品质的医疗服务。

（刘　传）

【中关村国际研讨会举行】 5 月 18 日，由区科协主办的“中关村与全球科技创新中心”国际研讨会举行，市委常委赵凤桐出席会议。区内科研院所、高校的有关领导，区委、区政府有关部门领导，中关村园区企业家参加研讨会。英国、以色列、瑞士、加拿大、德国的驻华使馆科技参赞和代表应邀出席研讨会并发言。本次研讨会的主题是从国际视角，探讨中关村如何通过学习借鉴世界各国在推动高新技术及其产业方面的成功经验，增强创新能力，参与全球合作，成为具有全球影响力的科技创新中心。

（刘　传）

【召开专家建议工作十周年纪念大会】 6 月 22 日，区科协召开专家建议工作十周年纪念大会。会议由区科协常务副主席李云飞主持。中国科协调研宣传部副部长罗晖，市科协党组书记、常务副主席田小平，区政协主席彭兴业，区委常委、宣传部长李彦来，中科院院士何祚庥，中国老科协副会长何永年，市老科总常务副会长罗忠仁出席大会。区科协专家建议组全体成员，市区属相关学、协会领导，大学科协领导，区政协科协界委员参加了会议。区科协副主席凌丽作了“咬定‘专家建议’工作十年不放松 为治国理政建言献策近千项”的工作总结报告。

（刘 传）

【海淀区专家库正式启动】 9月25日，由区科委承担建设的海淀区专家库正式启动。海淀区专家库由区科委在原有的科技项目评审专家库基础上新建，旨在实现全区各部门共享评审专家资源。海淀区专家库现有专家2867人次，覆盖海淀区核心区建设政策体系12亿支持资金的全部领域，设两级目录，涉及25个学科领域，专家覆盖面广，使用安全性高，同时专家库设有信息反馈功能，区科委对专家库实行动态管理，根据需要定期进行新入库专家征集工作，及时对专家库进行补充、更新，保证专家库中的专家信息充实，专家可用度高。

（海淀区）

【召开调整北京市空气质量标准研讨会】 10月9日，区科协召开调整北京市空气质量标准研讨会。会议由区科协常务副主席李云飞主持。中国工程院院士任振海，中国环境科学研究院副院长、研究员柴发合，市环境保护局教授级高工赵越，市气象局研究员苏福庆，中国气象局研究员王强等出席研讨会。中科院大气物理所研究员王庚辰作了主题为“调整北京市环境空气质量监测和标准的建议”的发言。与会人员提出从环境对人体影响的程度的数据资料、区域环境空气质量的形成因素、监测操作的可行性及政府监管的具体措施等方面对建议的具体内容进行修改完善。

（刘 传）

【科技专项通过验收】 11月27日，区科委承担的科技服务能力建设——区县科技专项“提升科技服务能力，促进海淀‘两村’建设”项目通过市科委组织的验收。2009年区科委启动实施区县科技专项项目，经过课题的实施，区科委完成了核心区创新要素聚集、新农村建设、科委自身信息化建设等工作，逐渐闯出一条“队伍精品化、农业高端化、模式多元化”的特色之路，为区内新农村建设提供了有力的科技和智力支撑。

（海淀区）

【新增3个“北京市创新型科普社区”】 12月26日，随着第三批“北京市创新型科普社区”公布，海淀区马连洼街道百草园社区、北太平庄街道首都体育学院社区、紫竹院街道厂洼社区以及永定路街道入选。

（海淀区）

【38个项目入选国家火炬计划】 年内，国家科技部公布了2010年度国家火炬计划立项清单，共1799项入选，北京市共有91个项目入选，其中海淀区共有38项，占北京市的42%，区科委推荐的项目共有16个项目入选国家火炬计划。

（海淀区）

【荣获“全国科技进步先进区”】 年内，科技部确认，通过2007—2008年度全国县（市）科技进步考核，海淀区被评为“2007—2008年度全国科技进步考核先进区”；林抚生、孙宝启、王际祥荣获“2007—2008年度全国县（市）科技进步工作先进个人”光荣称号。

（海淀区）

【58个项目列入北京市级火炬计划】 年内，市科委为2009年度北京市级火炬计划执行单位颁发了证书。经北京市专家评审，海淀区推荐的58个项目列入北京市级火炬计划，并获得证书，占全市的41%。

（海淀区）

【64个项目入选国家重点新产品计划】 年内，国家重点新产品计划项目揭晓，海淀区共有64项，占北京市的50%以上。区科委推荐的项目共有44个项目列入国家重点新产品计划，较2008年、2009年两年度的总和25项有明显的增加。

（海淀区）

丰台区

【举办“百姓科普旅游月”活动】 9月19日，区科协举办“全国科普日”暨“第四届百姓科普旅游月”活动，邀请市区领导以及15个区委办局、群众团体，21个街乡（镇）社区（村），10个科普教育基地、场馆，累计46个单位的领导和相关人员参加了活动。会上，向群众赠送场馆参观票6000余张，表彰了家庭数字技能大赛先进单位，给千灵山石灰生成过程科普教育基地授牌。云岗中学学生在仪式上宣读了“小手拉大手”低碳科普倡议书。科普日期间，我区组织各种科普活动30余项，受众3万余人。

（丰台区）

【开展科技咨询服务】 10月，区科协、区老科协邀请市农林科学院专家到长辛店镇中华名枣博览园，为大枣种植提供技术咨询服务，受到长辛店镇农技人员的欢迎与好评。

（丰台区）

石景山区

【国家可持续发展实验区建设】 3月15日，石景山区被科技部批准为国家可持续发展实验区，石景山区成为继西城区、怀柔区之后北京市第三个国家级可持续发展实验区。对此，成立了以书记荣华、区长周茂非为组长的涉及全区48个委办局及首钢总公司的实验区建设领导小组，出台了《区委区政府关于建设国家可持续发展实验区的实施意见》和《石景山区国家可持续发展实验区第一阶段（2010—2011）工作任务分解》，编制《石景山区建设国家可持续发展实验区普及读本》丛书，全力推进可持续发展实验区建设。

（王亚智）

【知识产权举报投诉服务中心揭牌】 3月26日，石景山区召开2010年知识产权联席会议工作会。市知识产权局副局长王淑贤、副区长李艳、市知识产权投诉服务中心主任王连洁、区知识产权联席会成员单位相关领导参加会议。会议通报区知识产权联席会成员单位调整情况和《2010年石景山区“4·26”知识产权宣传月活动方案》，对获得2009年度知识产权政策奖励资金的企业颁发证书，并举行北京市保护知识产权举报投诉服务中心（北京12330）在本区设立“石景山（CRD）保护知识产权举报投诉服务中心”揭牌及签约仪式。

（耿 璐）

【首批“创新科普工作室”】 4月14日，中国华录、科影国际等12家企业被评选为石景山区首批创新科普工作室，将在资金、项目申报等方面获得相关支持。“石景山区创新科普工作室”评选是提高区域科普创新能力，探索科普促进特色产业发展的重要举措之一。

（孙爱强）

【19个企业项目列入市2009年度火炬计划】 4月，市科委公布2009年度北京市火炬计划入选企业名单，由石景山园推荐的合康亿盛、天山新材料、暴风网际、景山创新等19个企业项目全部被列入北京市2009年度火炬计划，比2008年度增加9家企业。其中文化创意5项，电子信息技术5项，新能源与高效节能4项，先进制造技术3项，新材料技术2项；均为区重点发展的高新技术产业领域。

（耿 璐）

【国家级专利试点企业授牌仪式】 4月21日，国家级专利试点企业授牌仪式在北京会议中心召开，石景山园企业阿尔西公司作为在全国范围内评选出的北京市有代表性的38家企业之一，被授予国家级专利试点企业称号。阿尔西公司的脱颖而出，为园区及石景山区企业在专利创造、运用、保护和管理等各方面起到积极示范作用。

（耿 璐）

【北京百万家庭数字生活技能大赛】 从4月22日至9月10日，区科协、信息办、妇联、教委、广电中心、《石景山报》六家单位联合开展了

"2010年北京百万家庭数字生活技能大赛"石景山区赛事活动。经推荐的家庭以总分第一的优异成绩进入北京市总决赛并取得三等奖，其中数码摄影和数码DV竞赛分别获取一等奖各1名，二等奖共5名，三等奖2名，优秀奖4名。同时成功承办了"2010年北京百万家庭数字生活技能大赛"全市总决赛，为本项赛事开启了新的运作模式。

（于 娜）

【"4·26"世界知识产权日】 4月26日，石景山区开展"4·26"世界知识产权日宣传咨询活动。本次活动由区知识产权局、区科委、石景山管委会联合区文委、区法院等知识产权联席会成员单位，在石景山区无冒充专利示范商场沃尔玛广场举行，主题是"保护知识产权，促进CRD创新发展"。通过发放知识产权宣传材料，宣传"12330"保护知识产权投诉举报服务热线，悬挂"杜绝盗版出版物、争做文明健康公民"等宣传横幅，设立知识产权法律咨询台等方式，向广大群众宣传知识产权知识。现场共发放《中国知识产权报》、保护知识产权宣传光盘、宣传页及书籍、宣传纪念品1000余份，在全区范围内营造保护知识产权，促进CRD创新发展的社会氛围。

（曹 杰）

【首届石景山区科普节】 5月15日，2010年北京石景山区科技周暨首届石景山区科普节在北京国际雕塑公园开幕。市科协副主席周立军、区纪委书记刚杰，市科委、区科委、区科协相关部门领导及北京科普发展中心、北京科技报社、首钢动漫基地、石景山驻地军区部队、北方工业大学和园区企业等50余家单位、1000余人参加了开幕式。科普节以"创新 科技 和谐 发展"为主题，通过主题展览、科普宣传、文娱表演和科技产品体验等活动方式，为广大市民提供"科技提高生活品质、产品服务惠及民生"的体验平台。本次活动由市科委、市科协、区政府共同主办。

（董广萍）

【认定为国家级示范中心】 5月31日，区生产力促进中心被科技部认定为国家级示范生产力促进中心。该中心以增强区域自主创新能力为核心，不断整合社会资源，重点服务高新技术和文化创意企业，加速科技成果转化落地，对提高企业核心竞争力，促进区域经济结构转型升级发挥重要作用。

（王 云）

【"虚拟教学推广示范基地"揭牌】 9月1日，区委书记荣华、市教育工委副书记唐利军，在9中开学典礼上为"中关村科技园区石景山园虚拟技术研发基地"和"虚拟教学推广示范基地"揭牌。9中积极探索教学模式，成立石景山区"虚拟教学推广示范基地"，与"中关村石景山园虚拟技术研发基地"建立合作关系，将虚拟现实技术应用于教学推广实验。研发基地总结推广实验的经验，对产品进行修改、补充，完善产品的使用功能，实现与市场需求有效对接，对完善本区产学研一体化建设具有积极推动作用。

（裴菊芳）

【博士后科研工作站成立】 9月27日，经国家人力资源和社会保障部、全国博士后管理委员会的严格评审，园区企业东方信联"博士后科研工作站"获批成立，成为石景山区第一家博士后科研工作站，也是北京市获批成立的24家工作站之一。

（韩 娜）

【获社区科普创意大赛一等奖】 11月11日，古城街道选送的科普文艺作品《我登上了月球》获"科技北京 科学生活"社区科普创意大赛一等奖。此次大赛由市科委主办，分为科普文艺作品创作、科普征文、科普摄影、科普演讲、DIY作品制作5个比赛项目，在全市选送561件作品中，本区41位居民选送30件作品，其中8件作品分获一、二、三等奖和入围奖。

（孙爱强）

【恒实基业获科技部项目支持】 11月，石景山园企业恒实基业的"双功率智能高频电刀关键技术研究及系列产品开发"项目获科技部"十二五"首批国家科技支撑计划资金400万元支持。该课题属于"医学影像等中高端医疗器械研发"项目，进行双功率系统技术等15项核心技术研发，其关键技术达到国际先进水平，对提升国家高频电外科系列产品的整体水平具有重要的推动作用。

（高延娜）

【青少年科技教育】 年内，区内中小学生参加北京市科技创新大赛，获一等奖7项，二等奖12项，三等奖24项；参加北京市机器人大赛，17人获奖。参加首届石景山小学“雏鹰杯”科普剧表演赛；参加全国青少年科技创新大赛，获得全国一等奖2项，二等奖3项，三等奖1项；佳汇中学张林森同学“模块式鞋底自动化清洁消毒机”发明项目在全国青少年科技创新大赛上分别获得高士其科普奖和茅以升科学技术奖；在北京市自然知识竞赛中，石景山区获全市第二名。

（石景山区）

昌平区

【市科委主任闫傲霜调研科技农业发展情况】 1月7日，市科委主任闫傲霜、区长金树东、副区长苏卫东，来到小汤山现代农业科技示范园，参观了三叶兰花生产基地，并听取了园区在利用科技手段大力发展现代农业方面的情况介绍。副区长苏卫东详细介绍了昌平区在依靠科技支撑，大力发展高端农业方面的产业基础、优势条件和工作规划。市科委主任闫傲霜为昌平区颁发了“全国科技进步先进县（市）”牌匾。

（昌平区）

【召开“昌平大学科技园与工商银行昌平支行对接”专题会】 3月3日，区科委组织中国政法大学、中国石油大学、华北电力大学、北京农学院、中央财经大学5所高校的主管副校长和大学科技园负责人，以及工商银行昌平支行有关人员，共同召开“昌平大学科技园与工商银行昌平支行对接专题会”，为驻区高校及大学科技园搭建融资服务平台。副区长方炎出席了会议。

（昌平区）

【国家科技部领导到昌平区调研】 3月15日，科技部副部长张来武来到昌平区考察现代农业科技发展情况，区领导侯君舒、金树东、孙启、方炎、苏卫东，市科委主任闫傲霜、市农林科学院院长李云伏等领导和专家一同考察。

（昌平区）

【举办青少年科技创新大赛】 4月，由区科协与区教委、区计生委、区地震局、区旅游局、中国石油大学理学院共同举办第五届昌平区青少年科技创新大赛。本届大赛自2009年下半年启动以来，吸引了全区34所学校，1200多名学生参加，共收到作品135件，96个作品分获大赛一、二、三、等奖。

（昌平区）

【举办公务员科普知识大赛】 5月16日，区科协与区人力社保局共同举办了昌平区第二届公务员科普素质大赛，全区有500多名公务员参加了网上答题，选拔10个委办局和10个镇、街道共20支代表队参加了现场决赛，活动取得了圆满成功。9月20日区科协与区人力社保局共同举办了公务员科学素质大讲堂活动，全区有500多名公务员参加。这些活动的开展，促进了公务员对科学知识的学习和科学素质的提高。

（昌平区）

【科普之夏】 7月17日，昌平区科协在南口镇南厂西社区举办“昌平区2010年度‘科普之夏’系列活动”启动仪式及主题文艺演出活动。启动仪式上，科协主席王秋生讲话，社区主任李富强发言，区科协党组书记李树伟宣布昌平区科普之夏系列活动启动，南口镇副镇长谷天庆出席。启动仪式由昌平区科协副主席田野青主持。区科协在活动现场展出“低碳生活 节能减排”展板50块，发放环保袋、扑克牌、《科普知识手册》等科普宣传品6种2000多件。

（昌平区）

【举办技术市场政策培训会】 11月12日，由区技术市场管理办公室牵头，区科委和昌平科技园联合举办“昌平区2010年技术市场政策培训会”。邀请北京技术市场管理办公室有着多年技术市场工作经验的两位专家，对与会的50多家单位的70余名参会人员讲解了技术市场优惠政策、技术合同分类及认定登记流程和注意事项。

（昌平区）

【启动温泉采摘设计项目】 12月5日，由启动温泉采摘设计项目中心代表区科委委托市农林科学院专家，开展温泉采摘示范项目的研发工作，并签署正式合作协议。该示范项目是区科委2011年四大特色科技示范项目之一，旨在针对昌平地区资源特点和产业需求，进行特色产品研究与开发，增加昌平特色产品种类，树立昌平特色产品品牌，拓展农民增收渠道，满足当今广大群众新的消费需求，为做大做强特色产业起到示范作用，带动昌平特色产业大发展。

（昌平区）

大兴区

【举行“双百对接”启动仪式】 1月22日，区科委在大兴宾馆举行大兴区“双百对接”活动启动仪式，市科委农村发展中心、市农林科学院、北京农学院、市技术交易中心、市科技协作中心、自然科学基金会办公室、软件与信息服务促进中心、科学仪器装备协作服务中心等市科技系统党支部代表，区科委、十个对接村党支部及相关镇农业负责人等60余人参加了此次活动。

（大兴区）

【召开重大科技项目管理工作会】 3月30日，区科委在生物医药基地召开重大科技项目管理工作会，就重大科技项目资金使用、管理等涉及的财务制度、准则及项目执行中所遇到的财务问题进行了细致的解答，民海生物、以岭药业、生物医药基地有限公司、新媒体产业基地等企业参加会议。

（大兴区）

【启动“爱鸟周”主题活动】 4月6日，大兴区“走进自然，关爱野生动物，促进生态和谐”——“爱鸟周”主题活动启动仪式在北京野生动物园举行。启动仪式由区科协副主席主持，区园林绿化局、区财政局、区教委、榆垡镇等单位领导出席启动式。

（大兴区）

【举行产业基地授牌仪式】 4月28日，联合国工业发展组织国际太阳能中心北京太阳能研发与产业基地授牌仪式在北京天普太阳能工业有限公司举行，联合国工业发展组织投资与技术司司长梁丹、驻华代表处项目调查员马健、国际太阳能中心主任喜文华，中国农村能源行业协会太阳能热利用专业委员会主任罗振涛，市经信委员会副主任姜贵平、区领导谢冠超及联合国工业发展组织国际太阳能中心，市经信委，区科委、区发改委、区经信委等单位相关领导出席此次活动。

（大兴区）

【青少年科学调查体验活动】 5月12日，“2010年大兴区青少年科学调查体验活动暨大兴一小‘节能减排，让繁星回归夜空’”启动仪式在大兴一小举行。区教育工会主席杨子仲、区科协副主席李建国、区校外办主任巴文丽出席启动式，450余名小学生参加。北京天文馆副馆长景海荣为大兴一小的天文小组授旗。区政协副主席、区科协主席刘月娥针对全球气候变暖的严峻形势揭示关注环境问题，践行低碳生活的重要意义，号召青少年从小爱科学、学科学、用科学，为共建美好新社会作出自己的贡献。区教委党组书记、区政府教育督导室主任李广成宣布活动启动。活动共展出展板96块、互动展品15件，发放低碳宣传挂件600个。

（吕新颖）

【科技专家进校园】 5月13日，大兴区2010年“大手拉小手——科技专家进校园科普报告会”在大兴三小、大兴五小、观音寺小学、庞各庄镇第二中心小学、北京师范大学大兴附中5所中小学开讲。全区1500名中小学生参加本次报告会。报告会邀请了中科院老科技工作者专家讲师团的高付元老师、陈佐忠教授、林云芳研究员、蔡则怡研究员、仪垂贵教授分别作了5场专题讲座。

（吕新颖）

【都市型果蔬科技产业示范工程项目通过验收】 7月2日，区县科技专项——“大兴区都市型果蔬科技产业示范工程”课题，经专家组论证通过验收。

（大兴区）

【开展农村科技协调员信息化培训】 7月19日，大兴区长子营镇组织20余名农村科技协调员在北蒲洲村数字家园参加了信息化培训。培训内容为该镇科技协调员知识服务平台的应用。

【夏玉米生物防治现举行启动仪式】 7月26日，区植保站召开大兴区夏玉米生物防治现场会暨“十亿头赤眼蜂放飞大兴区夏玉米田”行动启动仪式。市农业局、市植保站、区农委、区财政局、区科委、区种植业服务中心的相关领导和镇级都市型现代农业基础建设工程项目区负责人共70余人参加了此次会议。

（大兴区）

【举办科技政策法规培训班】 11月4—5日，区科委组织开展了大兴区科技政策法规培训活动。专题讲解了国家星火计划、科技型中小企业技术创新基金的申报流程及支持领域；重点新产品计划简介、申报流程及支持领域；北京市科技计划项目（课题）管理办法和项目评审的相关政策。

（大兴区）

【大兴生物医药产业基地院士专家工作站授牌仪式举行】 12月19日，中关村国家自主创新示范区大兴生物医药产业基地院士专家工作站授牌仪式在北京以岭药业有限公司举行。中国工程院院士王永炎、吴以岭、程书钧进站。市科协党组书记、常务副主席夏强，大兴区委书记、北京经济技术开发区工委书记林克庆，市科协党组成员、副主席周立军，中关村管委会副主任周云帆，大兴区委常委、组织部部长王有国等领导及市科协、区发展改革委、区科委、区经信委等部门和单位参加了仪式。

（吕新颖）

房山区

【2项北京市星火计划课题通过验收】 5月11日，“琉璃河镇肉鸭产业提升工程”、“大石窝镇菱枣主题园科技示范”2项国家科技计划项目衔接——北京市星火计划课题通过市科委验收。

（王文伟）

【区科委加盟首都科技条件平台技术转移领域平台】 5月17日，市科委技术交易促进中心对房山区科委正式授牌为首都科技条件平台技术转移领域平台加盟单位。依托首都科技服务平台，通过加盟的方式，开通信息窗口把科技资源集中起来，为企业服务，从不同领域和具体业务的各个方面进行全方位服务，涉及协同科研单位项目落地、贷款贴息、科技保险、研发机构登记、技术转移等。

（刘冬玲）

【举办2010年“科普之夏”活动启动仪式】 7月17日，区科协举办“房山区2010年‘科普之夏’活动”启动仪式。区科协主席祝庆忠参加并主持仪式。参加活动的有拱辰街道办事处主任陈广利、副书记隗福壮，区科协副主席高德民、张志，区科协秘书长苏春林以及14个北京市优秀科普社区负责人及其所在乡镇科协秘书长、80多位社区优秀科普宣传员。启动仪式上，区科协分别向14个优秀科普社区发放科普光盘25套、科普图书2000册、科普展板40块，科普资料2000多份。同时还邀请房山区第一医院神经内科主任医师张宗欣作卫生健康讲座。

（房山区）

【3个高成长企业自主创新科技课题通过验收】 10月21日，“房山区豆类籽种创新基地建设”、“冰鲜牛肉系列产品开发”、“樱桃谷sm3

鸭祖代新品种引进及配套繁育技术研发”3个高成长企业自主创新科技课题通过市科委验收。

（王文伟）

【“北京少年科技园”挂牌启动】 10月27日，“北京少年科技园”在房山五中挂牌启动。市科协党组书记、常务副主席夏强，市科协秘书长吕家香，区委副书记、区长祁红，区委常委、组织部长孙强，以及区科协主席安保良，区教委主任郭志族，区科协副主席高德民、张志，区科协秘书长苏春林等参加了启动仪式。启动仪式上，与会领导为房山、平谷、顺义、通州、大兴、怀柔六家少年科技园授牌。

（房山区）

【房山区科委生产力促进中心成立】 11月，经区编办批准，区科委生产力促进中心成立。区科委生产力促进中心为区科委下属的全额拨款事业单位，其主要职责是：提供科技、经济、人才、政策等方面的信息服务；负责在京大专院校、科研院所科技成果和专利技术在本区的推广转化工作；承担区科委委托的有关科技项目申报工作。

（李晓明）

【2个项目列入市科委科技计划】 年内，由房山区农业科学研究所承担的“食用菌科普展厅建设提升”项目、房山世界地质公园博物馆承担的“博物馆展陈展示设计提升方案”项目被列入市科委科技计划。

（徐璐璐）

【技术合同成交总金额再上新台阶】 年内，全区共认定登记各类技术合同157项，合同成交总金额2.54亿元，其中技术交易额2.54亿元。较上年增长151%。

（王　勇）

【专利授权量稳步增长】 年内，全区专利申请量达到441件，其中，发明专利162件，实用新型专利187件，外观设计专利92件。专利授权量达到321件，其中发明专利34件，实用新型专利201件，外观设计专利86件。

（王　勇）

怀柔区

【“农村科技协调员创业服务体系”课题通过验收】 6月11日，“农村科技协调员创业服务体系及生产性服务业科技支撑体系培育示范”课题通过验收。该课题以四季花卉园区、北京蓝天白鸽种植合作社等4个特色产业基地为依托，对花卉、特色杂粮、食用菌及樱桃等40余个新品种进行了示范种植，示范面积达到1325亩，建设完成“农村科技协调员花卉产业创业服务平台”、“农村科技协调员特色农产品种植、加工、销售创业服务平台”、“农村科技协调员食用菌产业创业服务平台”和“樱桃观光产业农村科技协调员创业平台”，新增协调员工作站4个，新增科技协调员70人（其中40人为星级科技协调员），带动农户550户，累计进行培训35次，培训农民5150人次。

（怀柔区）

【重大项目通过验收】 6月17日，“怀柔区庙城镇千亩绿色蔬菜基地建设”项目通过市科委验收，市科委领导和有关专家参加了验收会。该课题是2008年市科委绿色通道项目，支持资金500万元，通过两年的实施，建成绿色蔬菜基地1258亩，其中绿色蔬菜优良品种科技示范园70亩（日光温室10栋）、设施大棚1108栋，筛选出京丹特色番茄、京研迷你2号黄瓜、小型礼品西瓜京秀和特荬系统4个品系适合本地生长的优良蔬菜品种，并实现了在本乡镇辐射推广。

（怀柔区）

【虹鳟三倍体生产将走向国产化】 9月11日，区科委组织专家对北京卧佛山庄养殖有限公司研究的“虹鳟鱼三倍体种亩制备技术”进行了科技成果鉴定，与会专家在听取汇报后，进行了质询和论证，认为该成果通过多年研究培育出了虹鳟鱼四倍体，并在此基础上，通过虹鳟鱼四倍体和二倍体杂交，生产出了稳定的100%的三倍体虹鳟鱼。这项成果打破了国外垄断生产100%虹鳟三倍体的局面，填补了我国空白。该成果将使虹鳟三倍体生产走向国产化，对发展北京市虹鳟鱼制种产业、减少进口、提升北京市和全国虹鳟鱼生产水平具有重要意义。

（怀柔区）

【北京生产力中心与西水峪村开展“双百对接”活动】 11月3日，北京生产力促进中心党支部按照市科委“双百对接”活动的统一部署与怀柔区九渡河镇西水峪村党支部举行了“双百对接”活动暨民俗景观大道照明示范工程建设协议签约仪式。北京生产力促进中心和桑普公司及西水峪村共建民俗景观大道太阳能LED照明灯示范工程，将提高该村基础设施建设水平，对提升西水峪村民俗旅游业整体水平和对外形象起到重要的推动作用。本次签约活动的圆满成功，是生产力中心与西水峪村开展“双百对接”活动的又一项丰硕成果。

（生产力中心）

【两项市级科技计划项目顺利通过财政评审】 11月25日，由区科委承担的“怀柔生态资源动态信息智能采集系统在沟域经济建设中的应用”课题和“生态涵养发展区乡村旅游可持续发展能力建设”课题通过了市财政局财政评审中心的财政评审。

（怀柔区）

【启动实施“科技怀柔”行动计划】 年内，为贯彻“人文北京、科技北京、绿色北京”发展战略，落实《“科技北京”行动计划（2009—2010年）》，充分发挥科技引领带动作用，切实支撑怀柔创新区域发展模式，增强生态涵养功能，全面建设“京郊经济强区”，怀柔区在全市区县中率先编写完成了《“科技怀柔”行动计划（2010—2012年）》，并征得市科委的同意，进入全面实施阶段。

（怀柔区）

门头沟区

【落实“双百对接”活动】 6月11日，市科委奖励办副主任程宗义与市农林科学院林果所郝艳宾教授等一行4人在区科委副主任田军等人的陪同下，到潭柘寺镇草甸水村同村党支部开展第5次对接活动，为草甸水村无偿提供300亩（8000棵）的核桃实生苗。市科委奖励办党支部将聘请农业技术员为8000棵实生苗进行优质薄皮核桃的嫁接，并举办优质核桃种植管理培训班，重点为草甸水村培养5名具备核桃专业技术的农村科技协调员，为草甸水村实现特色核桃产业打下坚实的基础。

（刘福智）

【聘请专家诊治桑峪村樱桃落果】 6月25日，区科委邀请市科委农村科技服务港部长赵淑红及北京农学院林果所教授张开春到潭柘寺镇桑峪村为樱桃大面积落果进行现场诊断。张开春教授指出落果原因与今年的气候有关，并给出了指导意见。专家表示要与桑峪村保持长期的帮扶关系，将不定期到村里进行科技管理辅导。赵淑红高度肯定了区科委与农村科技服务港科技沟通取得的成效，强调要继续加大科技支撑力度，为新农村建设服好务。

（刘福智）

【首个博士后工作流动站成立】 8月30日，区科委经人社部、全国博士后管理委员会批准，成立北京市门头沟区国家生态修复科技综合示范基地博士后科研工作站。工作站旨在进一步推进企业技术创新，加快新兴产业发展，培养更多适应社会主义现代化建设需要的高层次专业技术人才，提高我国自主创新能力，推进经济结构调整和产业结构升级。

（刘福智）

【食用菌栽培模式现场观摩会】 10月11日，区科委组织的山区设施食用菌栽培模式现场观摩会在妙峰山镇丁家滩食用菌基地召开，市科委农村发展中心项目主管、市农林科学院植物保护环境保护研究所、中国农科院、中国农业大学等多家单位的食用菌栽培专家，延庆县、密云县、怀柔区、房山区等区县科委的项目主管，食用菌产业相关企业、种植户等50余人参加了观摩研讨，妙峰山镇农林科及妙峰山镇丁家滩村食用菌示范基地负责人陪同观摩研讨。与会人员现场参观了山区设施食用菌新品种新技术示范基地，并对“两网一板一灯一缓冲”设施食用菌栽培模式进行了研讨，植保环保所食用菌研究室主任刘宇介绍了项目的实施情况。

（刘福智）

【编制生态城战略性概念规划】 10月，区科委通过国内外多家科研院所的合作，经实地调研、专家研讨、各课题小组分工整合，完成《门头沟生态城战略性概念规划》，该规划为指导门头沟区的生态发展策略提供了理论依据。

（刘福智）

【推进科技孵化中心建设】 年内，区科委通过与石龙工业园管委会等部门积极配合，科技孵化中心已建成，位于石龙工业园内。科技孵化中心大厦占地面积为15940.62平方米，楼群为3栋，包括办公用楼和科研用楼等。孵化中心的建成将为区内中小企业的发展创造良好的外部环境。同时，积极实施科技创新项目，扶持有条件、有实力的企业申请科技创新专项资金，有利于提升本区科技创新能力。

（刘福智）

【举办农民实用技术培训】 年内，区科委组织科技协调员对农民进行实用技术培训，共培训28期，1000人次。通过聘请专家来本区进行培训，共培训4次，培训1500人次。利用远程教育，开展在线培训，共培训10期，培训200人次。

（刘福智）

【实施各类科技项目及科技奖励】 年内，实施科技专项3项，星火专项1项，生态修复项目4项，新农村建设项目3项，绿色通道项目1项，为区域经济发展提供支撑。召开了2009年度的门头沟区科学技术进步奖、科技成果推广奖评审工作会，共评出2009年度区科学技术进步奖22项，科技成果推广奖5项。

（刘福智）

【开展生态修复工作】 年内，在王平镇韭园村等地种植玫瑰、金银花等经济植物各100亩左右，葡萄架行间拟养殖蘑菇100亩。开展金银花、玫瑰等苗木插扦快繁，提高成活率的无土营养栽培研究；在王平镇建生态房3座。实施“门头沟生态修复专项技术创新”等项目，展示、应用各类生态修复技术，探索生态修复与产业发展结合的途径。

（刘福智）

【开展特色农业产品研究】 年内，区科委实施药用植物新品种引进及繁育推广项目。筛选引进繁育五味子等五个药用植物新品种。引进高山雪莲4000株。完成黄芩种植技术规程编制。引进洋兰4种，国兰2种，合计2000余株，杂交兰组培技术完成系统繁殖过程。开展百花山大花杓兰的资源调查和组培技术探索。引种观赏和食用百合5个品种，1000余株。

（刘福智）

【专利授权总量122件】 年内，本区专利申请总量为134件，其中发明专利45件、实用新型专利75件、外观设计专利14件。专利授权总量为122件，其中发明专利25件、实用新型专利84件、外观设计专利13件。

（刘福智）

密云县

【首批“双百对接”启动】 1月14日，县科委召开“双百对接”活动会，首批“双百对接”正式启动。“双百对接”活动即通过科技系统100个支部与创新乡镇100个村支部进行对接，推动科技成果在乡镇应用，培养农村科技致富带头人。对接活动会上，来自河南寨镇金沟村、大城子镇河下村、巨各庄镇查子沟村等 11 个村党支部与市农林科学院畜牧所、林果所，北京工业设计促进中心等科技系统党支部分别介绍了各支部的情况。县科委通过搭建党支部对接平台，帮助村支部理清科学发展思路，应用科技成果，帮助村党支部及党员干部提升带领群众致富的本领，使学习实践活动取得实实在在的效果，切实促进基层组织发展。

（焦 扬）

【市科委主任闫傲霜到密云调研】 1 月 28 日，市科委主任闫傲霜来到北京仁创科技集团公司和北京机床精密机电有限公司调研，并与仁创集团和机床研究所负责人座谈。县科委主任赵宏、县科协主席张敏陪同调研。闫傲霜一行首先参观了北京仁创科技集团密云研究院及中试基地。闫傲霜对仁创集团产品实施效果予以充分肯定，并希望仁创集团尽快把已经成熟的重点技术在城区和区县进行推广，充分应用到城区老旧平房改造以及北京缺水的地方，解决老城区排水难的问题。市科委将更好地发挥组织协调作用，推动仁创集团公司生态沙技术和产品的推广和应用，加快发展沙产品。随后闫傲霜一行到北京机床所精密机电有限公司调研，实地参观太阳能电池刻模机生产线。

（宋玉美）

【“科技三下乡”系列活动启动】 2 月 2 日，市科委农村发展中心“12396”服务“科技三下乡”系列活动启动仪式在密云县正溪肉鸡协会举行。该系列活动以“健康养殖到地头，蛋鸡专家门诊服务活动”为主题，以农村科技协调员基层工作站为载体，以“12396 科技服务热线”为手段，深入基层开展科技服务。市科委农村发展中心代表“科技三下乡”活动组织单位向养殖大户们赠送了科技图书，市农林科学院畜牧所为养殖大户赠送了 100 千克益生菌制剂。同时，现场举办了“12396 北京新农村科技服务热线”农村科技协调员专场咨询服务活动，12396 科技专家针对养殖户们提出的养殖问题进行解答。

（金广生）

【举办板栗管理技术培训】 3 月 11—12 日，县科委邀请市农林科学院板栗专家在高岭镇石匣村、石城镇西湾子村举办富民强县专项“优质板栗产业化开发”板栗管理技术培训。此次培训是“优质板栗产业化开发”项目的重要内容之一，市农林科学院板栗专家通过当面授课和现场演示的方法，为两个村 90 余名板栗种植户系统讲授了板栗种植技术、板栗冬剪、防治病虫害、增加板栗成熟期产量、春季灌溉和施用有机肥等板栗管理实用技术，通过板栗管理技术培训使板栗种植户掌握了一定的实用技术，为提高全村板栗质量和产量奠定了良好的基础。

（李大轩）

【科普之春】 3 月 18 日，县 2010 年“科普之春”启动仪式暨送科技下乡活动在高岭镇举行，县科协组织下属农学会、预防学会、林果学会、畜牧学会、野生动物保护学会等 5 个学会的 20 余名科技人员参加了此次活动。活动期间共组织开展科普活动 74 场（期），发放果树、蔬菜、畜牧、野生动物保护、地震、法规等科普知识资料 32570 册（份），受益群众 28859 人次。

（谢仲国）

【科技部农村科技司副司长贾敬敦到密云调研】 3 月 23 日，科技部农村科技司副司长贾敬敦、市科委农村处处长张平到密云县调研。副县长杨珊陪同调研。县科委相关负责人介绍了密云县科技发展的总体情况。县植保站、北京京纯养蜂专业合作社、北京绿湖工贸有限公司等单位分别就企业的发展规划、产品特点以及拟申报的京郊国际蓝莓产业园建设、有机蜂产品加工技术提升与产业升级、害虫天敌种群工厂化繁育技术研究及生态农业应用等 6 个科技项目作了详细汇报。贾敬敦对密云县发展给予充分肯定，他从项目策划的角度强调县科委要分析市场，提升产业链，重点做好生态友好型产业，依托产业基地，完善产业链、扶持科技龙头企业。杨珊希望科技部和农村司继续关注密云县的经济社会发展，为密云县的发展出谋献策。

（宋玉美）

【举办科技政策培训】 4 月 8 日，县科委与经济开发区管理委员会共同举办科技政策培训会，邀请市科委高新处及政策法规处的有关工程师对北京国电四维电力技术有限公司、万都(北京)汽车底盘系统有限公司等50家高新技术企业、科技型企业的相关负责人进行现场培训指导。培训内容主要包括科技型中小企业技术创新基金(资金)相关政策和材料申报要点解析、自主创新产品认定相关政策和材料申报要点解析等。

(宋立荣)

【科技促进密云旅游产业提升项目启动】 4月16日,县科委举行"科技促进密云旅游产业提升"项目启动仪式。市科委高新处、县旅游局、北京闻言科技有限公司、二十一世纪空间信息技术应用股份有限公司等相关单位负责人参加了启动仪式。参会人员首先观看了宣传片《发展中的密云旅游》,来自北京闻言科技有限公司的相关负责人就项目的进展情况以及下一步计划作了详细介绍。

(马红霞)

【科技项目顺利通过验收】 6月8日,县科委承担的"有机果品生产技术集成与示范"、"库边地区水土流失生态治理技术研究集成与示范"以及"库区生态村综合建设模式与示范"课题顺利通过专家组验收。6月9日"密云县特色生态养殖科技示范及农村科技协调员队伍建设"课题顺利通过专家组验收。8月11日,"绿色玉米汁保健饮料中试及产业化开发"课题通过验收。12月24日,市科委绿色通道项目"密云县中草药栽培管理技术集成与示范"通过验收。

(金广生)

【科普大篷车进校园】 9月,县科技馆联合北京天文馆将科普大篷车、流动天文馆开进石城镇中心小学。活动中共展出科普大篷车"对称反射"、"看得见摸得着"、"锥体上滚"等多项车载展品。

(张宝忠)

【高新技术企业发展迅速】 年内,新增高新技术企业15家,同比增长25%,县内高新技术企业已达39家,数量据生态涵养发展区第二位,企业各项发展指标快速增长。高新技术企业实现销售收入47.5亿元,同比增长25.8%,实现纳税总额2.4亿元,同比增长14.3%。

(宋立荣)

【新型农村综合科技服务平台系统建成】 年内,由县科委承担的"密云县科技馆及新型农村综合科技服务平台建设"市级重大项目"新型农村综合科技服务平台系统"在系统设计、数据库开发及数据采集整理的基础上,组织专家对系统进行了全面测试,并征集用户意见,进一步优化了平台栏目结构,实现栏目管理权限的细分及用户权限的统一管理与统一分配。目前,测试工作已完成,系统运行稳定,远程上传与发布农业科技信息、特色产业、科技企业等相关数据7500条。

(金广生)

【科学技术奖评选表彰】 年内,县内各行业领域共申报科学技术奖励项目45项,经过县科学技术奖励办公室初审,确定38项参评,其中工业项目14项,农业项目11项,社会发展项目13项。经过专家评审、研究审议、媒体公示等程序,最终18个项目获得密云县2010年度科学技术奖。其中,一等奖3个,二等奖6个,三等奖9个。

(宋立荣)

【5项产品通过北京市自主创新产品认证】 年内,北京京润新技术发展有限责任公司申报的电絮凝处理设备、一种新型污水处理装置(CACF工艺处理COD)2项产品和北京斯伯乐科技发展有限公司申报的苯乙烯尾气压缩机高效阻聚剂BL-628YS等产品,顺利通过北京市自主创新产品认证,县自主创新产品已达到27项。

(宋立荣)

【机器人竞赛】 年内,由密云科协选派的4支代表队12名学生参加了北京市第十届机器人竞赛。获得小学组二等奖1项,高中组和初中组的三个项目分别获三等奖。

(吕　青)

平谷区

【中医药“三下乡”活动】 1月23日，区科协组织以“送健康、促科技、传文化”为主题的“北京市科技套餐配送工程——北京市中医药‘三下乡’活动”在平谷区展开。市中医管理局局长赵静、市科协副主席田文、副区长王志勉及相关部门负责人出席活动。活动向镇图书馆代表和乡医代表赠送了图书和针灸包，进行了科普讲座、医疗义诊、针灸教学、专家会诊、慰问等活动。

（平谷区）

【16个乡镇50个村装配科普图书室】 3月24日，区科协将3万册科普图书发放到农民手中。价值50万元的100件书柜和3万册图书陆续发放完毕，完成了为本区16个乡镇的50个村装配科普图书室工作。科普图书的主要内容涉及农业、林业、畜牧业等行业新技术、新品种的推介，果蔬种植管理、病虫害防治、生态环境保护、节约水资源、耕地保护、防灾减灾、卫生与健康、移风易俗和反对愚昧迷信等多方面。

（平谷区）

【科技法律下乡活动】 4月23日，区科协参加了由区政协牵头，在大华山镇举行的“科技法律下乡活动”。区科协副主席汪冀全带领工作人员参与了本次科技法律宣传活动。活动共计发放了《百姓家庭保健护理常识100问》、《循环农业》、《身边科学》、《为新农村建设支招》及相关宣传资料1000余份，并利用科普大篷车放映了《防震减灾》宣传片。

（平谷区）

【科普互动展品进社区】 5月15日，区科协在滨河社区开展了以“携手建设创新型国家——提高科学素质 参与低碳行动”为主题的科普互动展品进社区活动。活动中，区科协青少部为社区居民展示了华容道、军官编队、梵天塔等趣味科普互动展品6套。

（平谷区）

【第十六届平谷科技周开幕式】 5月15日，2010年第十六届平谷科技周开幕式在滨河社区举行。区科协主席王英杰主持开幕式并讲话。滨河街道等相关部门领导出席开幕式。乡镇科协秘书长以及村级科普宣传员和100余名社区居民参加了活动。本届科技周开幕式，活动内容丰富，形式多样。科普大篷车开进活动现场，为在场观众播放健康知识科普系列短片；6套科普展品吸引众多居民和过往群众驻足观看，并积极参与互动；32块科普展板向群众宣传能源、航天、医学健康等科普知识；滨河居委会主任王月波亲自示范，向社区小朋友生动讲解防灾避险常识；活动中，共发放《身边科学》等科普宣传资料400余份。

（平谷区）

【开展“趣味科普进校园”活动】 5月19日，区科协在首都师范大学平谷附中举行趣味科普互动展品展出活动。这些展品是区科协和北京全脑教学技术中心自行研制具有独立知识产权的全新作品。区科协负责设计制作科普互动展品的技术人员，对科普互动展品一一进行讲解并演示。

（平谷区）

【北京食品安全检测装备工程技术研究中心落户平谷】 6月8日，北京食品安全检测装备工程技术研究中心在北京普析通用责任有限公司正式揭牌。该工程中心是北京市首家以企业为主体的市级食品安全检测研发中心，旨在提高企业自主创新能力，加强产学研结合，搭建首都食品安全检测领域集成创新平台，促进以企业为主体、市场为导向、产学研相结合的技术创新体系建设，保障首都食品安全。其重要特色是将创新的重心放在企业，依托首都食品安全科技服务联盟优势科技资源，加强产学研合作服务首都食品安全的同时，增强企业创新力及市场竞争优势，推动企业实现由设备制造商向系统集成服务商的转变。

（陈鹏飞）

【大华山镇桃产业科技服务网络建设通过验收】 6月21日，“大华山镇桃产业科技服务网络建设”项目通过市科委组织的专家验收。该项目于2007年1月实施，引进和培养了科技协调员120名，建立和完善了农民专业合作组织21个、技术服务队16个，有效解决了该镇桃产业发展中存在的技术服务不畅等问题；推广先进实用技术10项，引进新品种39个，累计培训农民6.3万人次。2010年，该镇3.7万亩桃平均每亩增收337元，共增收1247万元，5600户农民户均增收2232元。

（陈鹏飞）

【举办主题科普活动】 8月4日，平谷区科协开展以“坚持科学发展，走进低碳生活”为主题的科普活动。该活动在科普大篷车上播放了《低碳生活》宣传短片。共计发放《身边科学》、《健康知识100问》、《农民科学素质读本》等科技、科普书籍500余册，参与群众达800余人。

（平谷区）

【区域特色产业服务平台及服务体系建设通过验收】 11月5日，市科委组织专家对“区域特色产业服务平台及服务体系建设”课题进行验收。通过课题实施，完成了“2009年北京市平谷区公众科学素养调查”报告；建成了特色果品优质高产栽培示范基地3300亩，惠及果农1500户；开通了10条专家热线；开发了4个优新品种和优质高产栽培技术数据库；建成了4个信息服务站点和4个特色农业技术培训基地；出版了《乡村科技旗手》等培训教材。

（陈鹏飞）

【食用菌产业发展壮大】 年内，建立了食用菌基地500亩。建成菌棒制备和食用菌产品加工厂1个。建立出菌棒培养棚室18栋。引进香菇、毛木耳、灵芝等食用菌新品种4个、推广新技术2项，采用温室大棚栽培等方式，进行集中培训，统一操作规程，提高组织化程度，降低了生产成本，使食用菌生产真正达到了优质、高产、高效，农民从中得到了实惠。年内，食用菌种植规模达到500万棒，年产量500万千克，年效益2000万元，平均单棚年净利润5万元。

（陈鹏飞）

【科技项目引领和支撑区域经济发展】 年内，规划并组织实施了平谷区2010年科技发展计划，该计划共56项科技项目（延续13项），其中科技攻关计划项目50项，涉及工业16项、农业产业化17项、信息化3项、软课题研究2项、医疗卫生5项、能源环保3项、其他4项；科学技术普及计划6项；人才培训计划（12万人次）。通过广大科技工作者和承担单位的共同努力，所有计划项目均顺利实施，取得显著成效。

（陈鹏飞）

【完成平谷区“十二五”期间科技发展规划编制工作】 年内，区科委开展了平谷区“十二五”期间科技发展规划研究，采取召开座谈会和发放调查问卷形式，在多领域开展深入调研，全面了解“十一五”科技发展情况和“十二五”科技发展需求，编制完成了“十二五”科技发展规划，并上报平谷区发改委。

（陈鹏飞）

【高新技术企业发展平稳】 年内，区科委对区高新技术企业承担的“单四极杆气相色谱质谱联用仪技术改进”、“脊柱动态固定支撑系统研发”等10个研发与产业化项目给予支持。区内15家高新技术企业完成产值12.6亿元，实现利润1.2亿元，税收1亿元。

（陈鹏飞）

【建立第一个户外科普园地】 年内，在市科协的大力支持下，区科协申请资金40万元，在滨河社区居民休闲文化园内建立第一个户外科普园地。安装大型互动科普展具7件，包括：防震、避雷、火灾逃生、交通标识认知等项内容。

（平谷区）

顺义区

【举行“双百对接”活动启动仪式】 1月13日，区科委举行“双百对接”活动启动仪式。市农林科学院科研处处长王之岭、北京农学院组织部部长张铁强、市科委工业促进中心相关领导参加了仪式，顺义区有关村党支部领导出席了此次活动。依托市科委搭建的交流沟通平台，使北京农学院、市农林科学院和北京工业设计促进中心的相关党支部与顺义区几个村支部建立联系，帮助村支部理清科学发展思路，应用先进、适用科技成果，提高群众致富增收的本领，使学习实践活动取得实实在在的效果，为村镇的发展、新农村的建设作出新的贡献。

（闫兆东）

【顺义区空港经济开发区知识产权举报投诉工作站揭牌】 4月27日，顺义区空港经济开发区保护知识产权举报投诉服务工作站在空港开发区津蒙大厦举行了建站揭牌仪式。市知识产权局副局长王淑贤、副区长燕瑛为工作站揭牌并作讲话。市知识产权举报投诉服务中心主任王连洁、区知识产权局局长范玉岭和北京天竺空港工业开发公司副总经理李斗共同签署了三方共建协议。

（闫兆东）

【开展农民实用技术培训】 年内，区科委充分发挥基层科技组织、农民专业合作社、农村科技协调员的作用，通过集中授课、播放课件、邀请农业专家深入田间地头实地指导等多种形式，扎实开展农民实用技术培训，11000人次参加培训。

（闫兆东）

【积极推动知识产权工作】 年内，顺义区深入开展专利试点示范工作。新发展专利试点企业11家（累计发展80家），专利示范企业1家。加强企业知识产权申报工作的服务和管理，全区申请专利648件，授权专利434件，均创历史新高。

（闫兆东）

【科技项目运作取得新进展】 年内，区科委根据“科技北京”行动计划的支持重点，围绕临空经济高端产业功能区、北京重点新城建设、现代制造业基地等重点领域的科技需求，着力整合区域科技资源，积极运作各级各类科技项目，加大区域主导产业和重点行业的科技支撑力度。全年申报创新基金、绿色通道等各类科技项目61项，争取上级科技资金4920万元。

（闫兆东）

【广泛开展科普宣传】 年内，全区围绕“科普之春”、“科技周”活动主题，积极协调各镇、街道及各学会组织各类科普活动30次，发放《科普惠农专刊》等科普宣传资料3000份，制作“提高科学素质，参与低碳生活”为主题的科普宣传展板30套，组织实施“北京市第三批创新型科普社区”和“顺义区科普示范村建设工程”。

（闫兆东）

【扎实推进“百家创新型科技企业培育计划”】 年内，按照“百家创新型科技企业培育计划”实施进度的要求，继续深入开展国家级高新技术企业认定工作，不断壮大区域自主创新主体规模。通过集中培训和深入企业一对一辅导，提高服务质量和水平，顺义区获得科技部认定的国家级高新技术企业达到47家。

（闫兆东）

【科研机构建设取得新突破】 年内，组织区内科技企业积极向市科委申报市级研发机构，获准3家，累计发展16家；推动企业利用首都科技资源，强化产学研用联合，与在京大专院校、科研院所加强合作，年内新组建科研生产联合体8家，累计发展197家。

（闫兆东）

【2010年度国家级重点新产品立项】 年内，科技部火炬中心公布的2010年度“国家级重点新产品”及“国家级火炬项目”立项公告显示，顺义区北京江河幕墙申报的“大跨度无立柱节能幕墙”等7家企业产品获得“国家级重点新产品”立项；有3家企业产品获得“国家级火炬项

目”,立项总数占北京市总数5.83%。

(闫兆东)

通州区

【村镇教育资源配置与远程服务平台应用培训】 6月18日,区科协与市农林科学院信息所在区科技馆举行“村镇教育资源配置与远程服务平台”示范应用培训会,来自各街道、乡镇及延庆县部分远程服务示范站点的30多名管理员参加了培训。华中师范大学国家数字化学习工程技术研究中心的技术人员刘清堂、孔维梁、李洁等为管理员授课。“村镇教育资源配置与远程服务平台”是国家“十一五”科技支撑计划重点课题“现代村镇服务业关键技术研究与示范”的重要研究成果。该平台将资源分为基础教育、培训服务、职业教育、高等教育、其他教育五大应用领域。该平台的应用推广,将为各村镇提供优质高效的教育服务。

(马振英)

【科技创新人才专题培训班】 6月21—25日,区科协与区委组织部、区科委在区委党校共同举办“培养科技创新人才 提高自主创新能力”专题培训班。本次培训采取讲座与实地考察相结合的方式,以提高领导干部科技工作管理水平。培训中,邀请中科院、市科委、市知识产权局、区科委、区委党校的专家与领导授课,并组织全体学员参观考察通州区高新技术企业和高效农业项目。本次培训是通州区首次大规模对处级领导干部开展科技专题培训。

(马振英)

【举行“科普惠农中的网络应用”沙龙活动】 12月16日,由中国网络协会网络科普联盟、北京数字科普协会、区科协主办的“科普惠农中的网络应用”沙龙活动在通州金福艺农农业科技发展有限公司会议室举行。北京数字科普协会理事长、中国航天信息中心原主任盛智龙,北京数字科普协会副理事长、原北京市信息办主任华平澜等专家和领导及基层农村科技工作者30余人参加了活动。活动中,与会者就“科普惠农中的网络应用”这个主题进行了研讨,对科普网络资源的整合、如何建立网络科普运营服务长效机制提出了许多建设性意见和建议。

(马振英)

【召开通州区科技工作会议】 12月22日,区科委召开了通州区科技工作会议,会议全面总结了“十一五”以来全区科技工作取得的显著成效,对2011年及“十二五”时期科技工作的思路和任务进行了明确规划;为2008年、2009年获得通州区科学技术奖的单位和个人颁奖,其中包括一等奖11项,二等奖25项,三等奖23项;并对促进全区经济与社会发展的区内优秀科技企业20家、优秀科技带头人60人给予了表彰。

(陈　兵)

【科技企业孵化器建设】 年内,北京京东东岸科技企业孵化器和北京方和正圆科技企业孵化器入驻企业55家,在孵企业总数23家。

(张永浩)

【首都科技条件平台】 年内,区科委积极推进首都科技条件平台建设工作,建立了首都科技条件平台通州工作站,协助企业与科研机构进行对接,解决企业的实际难题,促进企业自主创新。

(张永浩)

【科技政策法规宣传培训】 年内,区科委深入乡镇、街道、园区和科技企业,组织高新技术企业认定培训会11次,参加人员400余人。

(康连元)

【李宁运动科学研究总部创新能力提升建设项目】 年内,市区两级“绿色通道”项目“李宁运动科学研究总部创新能力提升建设”全面完成了预定的任务指标,建成了国际一流的运动生物力学实验室。实验室对公司新研发的篮球、跑步、羽毛球等多款运动鞋进行生物力学定量评估检测并提出了改进建议,使其成功推向市场。依托实验室,与清华大学、香港理工大学等高等院所合作,开展了对多种运动鞋进行产品灵敏度、平衡、地面反作用力、减震效果及后跟控制能力等运动生物力学测试,进行鞋底及足部材料测试及生物力学有限元建模等的研究工作。通过项目的实施,使公司的自主创新能力得到了很大的提升。

(鲁新龙 苏 颖)

【"农村科技协调员培训基地建设"项目通过验收】 年内,区县科技专项"通州区农村科技协调员培训基地建设"项目通过验收。该项目建成了占地100亩的农村科技协调员培训基地,对多种温室墙体材料进行了导热保温性能测试,并采用多种墙体材料及结构建设了不同的温室展示厅,共进行了9类120个品种蔬菜的试种和展示,针对温室立体栽培农作物的需求和果实收获的要求,开发了一种小型移动式可自动连续升降的采摘车样机,先后举办了6次各乡镇科技协调员现场培训观摩会,为全区农村科技协调员提供了一个学习交流农业新技术与展示观摩新品种、新设施的场所。

(鲁新龙 苏 颖)

【设施蔬菜生物防控先导技术的应用项目启动】 年内,市科委重大科技成果转化落地项目"设施蔬菜生物防控先导技术的应用"项目的申报、论证和财务评审工作顺利完成,2010年资金已拨付到位,项目正式启动。

(张春兰 李 杰)

【31项目获国家级科技型中小企业技术创新基金支持】 年内,北京创导高科绝热材料有限公司的"利用林业废弃物锯末生产绝热轻质砖"、北京中欧互联信息技术有限公司的"Autho LMS数据呈现分析工具"和北京博莱德光电技术开发有限公司的"口腔涎腺超细内窥镜系统"项目被列入国家级科技型中小企业技术创新基金项目,共获得支持资金225万元。

(鲁新龙 王万清)

【4项目被列为国家重点新产品计划项目】 年内,北京四环制药有限公司的"马来酸桂哌齐特注射液"、北京中纺锐力机电有限公司的"混合动力客车用开关磁阻电机驱动系统"、北京凯德石英塑料制品有限公司的"8英寸石英保温筒"、北京燕化永乐农药有限公司的"阿维菌素乳油"4个项目被列为国家重点新产品计划项目。

(通州区)

【通州区科学技术奖】 年内,区科委完成2008年、2009年两年度通州区科学技术奖的评选与表彰工作,有59项成果荣获2008年、2009年通州区科学技术奖。其中2008年30项,2009年29项。2008年30项中,一等奖5项,二等奖15项,三等奖10项;2009年29项中,一等奖6项,二等奖10项,三等奖13项。

(鲁新龙 苏 颖)

【科普工作联席会议制度建设】 年内,区科委召开了2010年度通州区科普工作联席会议,通报了关于增加区农业局、区园林绿化局、区气象局、区地震局为区科普联席会议成员单位及部分成员调整决定。组织区内40家相关单位完成了2009年度全国科普工作统计报表培训、申报及汇总工作。为科普基地及相关科普联席会议成员单位下发《科技旅游体验手册》、《科技旅游导游词》等宣传材料330册。

(蔺文颖)

【创新型科普社区】 年内,区科委在北苑街道新华西街社区举行了创建"北京市创新型科普社区"命名揭牌仪式,全面总结了通州区开展创建"北京市创新型科普社区"活动取得的成效和宝贵经验。完成了于家务乡北辛店村第四批科普社区创建申报的立项工作,按计划实施创建。组织社区科普工作者参加市科委组织的科普指导员、信息员培训2期10人次。

(蔺文颖)

【农村远程教育站点建设及培训】 年内,通州区新建农村远程教育站点1个,通州区远程教育站点达到147个。加强与乡镇、专业协会的合作,全年通过专家授课、农民田间学校等形式,共组织开展"节水农业势在必行"、"特菜栽培技术"、"京郊低碳经济适宜技术"等培训537期,培训人数达到18600人次。

(蔺文颖)

【科技直通车】 年内,通州区2010科技直通车参与各种科普宣传、培训以及参观学习、"三下乡”等活动65次，受益20000余人次。发放科普书包、科普扑克、科普围裙、科普扇子、科普海报、农业科技彩页等45000余份。

（蔺文颖）

【专利申请工作】 年内，全区累计申请专利1069件，其中发明专利209件、实用新型专利521件、外观设计专利339件；累计专利授权899件，其中发明专利62件、实用新型专利508件、外观设计专利329件。

（陈　娟）

【科普惠农兴村计划助推新农村建设】 年内，区科协实施了科普惠农兴村计划。计划用“以奖代补、奖补结合”的方式，通过评比、表彰一批有突出贡献的、有较强区域示范作用的、辐射性强的农民专业合作组织、农村科普示范基地、农村科普致富带头人、农业科技服务专家、专业技术指导员等先进集体和个人，通过辐射带动作用，传播科学知识，推广实用技术，带动农民增收致富，促进农村经济发展。通州区有4个集体、3名个人获得北京市2010年度“科普惠农兴村计划”项目奖励；高级农艺师崔秀荣获得中国科协、财政部2010年“科普惠农兴村计划”项目奖励。资金全部用于开展科普活动及进行科普设施建设，极大提升了科普公共服务的能力。

（马振英）

【开展送科技下乡活动】 年内，区科协组织“送科技下乡”活动12次，累计展出科普展板350块，发放科普宣传资料30000份、科技类图书5000册。活动中，区科协充分发挥科普大篷车作用，宣传党的惠民政策、农产品质量安全、循环农业、生态农业和农业科技新成果，邀请科技专家解答农民咨询问题并实行定期定点跟踪服务，为农民提供科技信息，帮助农民增收致富。

【打造科普工作新亮点】 年内，区科协联合专业IT公司，创新科普传播手段和方式，设计开发了拥有自主知识产权、有开创性的“全媒体科普视窗”。“全媒体科普视窗”突破了传统科普画廊地域、展示内容方面的局限，融合通讯、网络、光电、自动化、多媒体等应用领域中最先进的科学技术于一体，通过3G网络更新终端播放的内容并进行远程集中监控管理。支持报纸、杂志、广播、音像、网络、卫星通讯等各种媒体的适时传播，整合了互联网和电讯网络的WAP、GSM、CDMA、GPRS、3G及流媒体等各种技术，使丰富多彩的科普资源实时展现在街头巷尾，最大限度地缩短了群众与最新的科技、生产生活知识之间的距离。全年在区村镇和社区建设12个全媒体科普视窗，扩展了科普知识传播的覆盖面，使广大公众能够紧跟信息时代的步伐，不断提高自身科学素养。中国科协、市科协领导和相关专家多次到通州调研“全媒体科普视窗”，对这款独创性的科普产品给予一致的肯定和好评。

（马振英）

延庆县

【科普示范项目启动】 4月23日，由县科协、县果品中心、中国移动延庆分公司共同出资承办的“科普信息点亮果农移动新生活”科普示范项目正式启动。该项目向延庆县果农大户赠送无线座机1000部，县科协为每部座机补贴话费300元。

（延庆县）

【科技周活动】 5月16日，第十六届延庆科技周在大榆树镇岳家营村举行，市科协副主席田文、县委常委于少东等领导及大榆树镇的村民200人参加了启动仪式。活动向岳家营村赠送图书500册，北京蔬菜学会专家为当地村民进行了技术指导，北京朝阳医院为村民进行了义诊，北京水利学会开展了节水进农村有奖问答活动，受到了村民的热烈欢迎。

（延庆县）

【节约用水主题宣传活动】 5月17日，县科协、县水务局、北京水利学会在延庆四中共同组织开展“节约用水，从点滴做起”主题宣传活动，北京水利学会专家刘延恺老师亲自为160多名师生授课，并进行了有奖知识问答。活动中，共为师生发放《北京之水》等书籍200余本，书包60多个。与此同时，活动举办方在学校操场进行“节约用水，从点滴做起”师生签名活动。800名中学生参加签名活动。

（延庆县）

【中小学生自然科学知识竞赛】 7月3日，县科协、县教委共同举办的2010年延庆中小学生自然科学知识竞赛启动仪式暨航空科普报告活动，在延庆县中小学生社会实践基地礼堂举行。县科协、县教委及延庆五中师生共计600人参加。

（延庆县）

【科技进校园活动】 7月9日，县科协应延庆五中的请求，邀请北京老科总、中科院老科协科普讲师团的教授、主任医师赵思厚，在县中小学生社会实践基地礼堂，为来自延庆五中进行社会实践的师生500多人作了题为“人体、营养与健康”的科普知识讲座。

（延庆县）

【新农村科普教育培训网络平台开通】 11月11日，延庆县新农村科普教育培训网络平台开通仪式在延庆镇中屯村举行。县委常委于少东出席仪式并宣布延庆县新农村科普教育培训网络平台正式开通。

（延庆县）

【开展国际合作】 11月12日，荷兰科伯特生物系统有限公司、北京市植保站、北京绿富隆农业股份有限公司在延庆签订了“生物控制示范区建设”合作协议。“生物控制示范区建设”合作协议的签订，是延庆县国际科技合作的一项重要内容。此项协议的签订，为争取国际合作交流基地和国际科技合作交流中心落户延庆奠定了基础。

（温富彪）

【高新技术企业认定】 年内，经市科委、市财政局、市国税局、市地税局组织专家评审，延庆县北京信达维康异型保温技术有限公司、北京紫光制药有限公司、北京三吉利新材料有限公司、北京艾瑞机械厂、北京中材汽车复合材料有限公司，通过高新技术企业认定。

（崔秀兰 温富彪）

【科技成果推广】 年内，全县共推广春玉米高产栽培技术、测土配方施肥技术、设施农业栽培技术、树形改造技术 、林业害虫的测报及防治技术、节水灌溉技术等农业技术25项，推广面积106万亩；奶牛线性鉴定技术推广10000头、蛋鸡饲养管理技术推广300万只，新增产值17426万元，新增利润18538万元。

（温富彪）

【2项市级科研课题通过专家组验收】 年内，延庆县科委承担的“延庆县有机农业生产示范基地建设”和北京兴利鹏奶牛养殖中心承担的“有机犊牛肉生产体系的建立”课题通过市科委验收。

（温富彪）

【2项课题被列为市级科技项目】 年内，“天敌昆虫工厂化繁育与应用”和“延庆有机谷栽培技术集成与示范”列入北京市科委科技计划项目。

（温富彪）

重大科技成果

2010年度国家自然科学奖二等奖简介（北京地区）

【定量电子显微学方法与氧化钛纳米结构研究】 由北京大学中科院物理研究所杜高辉完成。该项目取得的成果：①在定量电子显微学基础研究方面，首次系统地研究了各向异性晶体、离子晶体和半无穷大晶体的电子衍射，并给出了相应的处理方法，拓宽了传统定量电子显微学的应用领域。代表性论著《高能电子衍射和显微学》由牛津大学出版社出版。解决了精确构建电子散射势，特别是非弹性和离子晶体表面散射势的问题，并给出了定量电子衍射计算所需的大量基本参数，包括元素周期表中前98种中性原子和109种重要离子的电子散射因子的精确解析表达式，107种晶体在任意温度下的Debye-Waller因子，为在更广泛的范围定量开展电子显微研究打下了基础。本项目给出的全部电子散射因子数据已被《国际晶体学表》C卷收录，部分Debye-Waller因子数据被剑桥大学出版社出版的Introduction to Conventional Transmission Electron Microscopy收录。这些基本参数已被国际上众多研究组广泛应用于材料、物理、地质和生命科学等多个研究领域，被十余篇发表在Nature、Science、PRL和PNAS杂志上的论文中使用。②在应用电子显微方法研究纳米结构方面，本项目系统研究了在能源和环保等方面备受关注的氧化钛纳米管结构。A.通过系统的实验观察和对实验数据的定量模拟，推翻了前人提出的TiO_2纳米管结构模型，提出并确定了一个全新的基于层状$H_2Ti_3O_7$的非封闭纳米螺旋管结构模型。B.通过精心设计的实验，推翻了前人提出的该纳米管的两步生长机理，提出了一步直接生长模型。结合实验结果和基于第一性原理的计算，首次提出了一个基于对称层状结构的纳米管的形成机理，证明了表面层的两面氢缺位不对称是驱动纳米管形成的主要因素，层间耦合能的大小决定了纳米管的直径，片层上的残余静电荷主导了纳米管的层数，为可控合成相关纳米管结构提供了理论依据。本项目在这个方向的主要结果被国际上几十个独立研究组的实验证实，提出的纳米管的结构和生长模型促进了后续的氧化钛纳米材料在催化、氢的利用、锂离子和太阳能电池等方面的应用研究。5篇代表性论文被32篇发表在Nature、Adv. Mater.等杂志上的综述论文介绍。项目所提出的非封闭纳米螺旋管结构和一步生长模型已成为该领域的主流模型。该项目历时10余年，出版了一部英文专著，在PRL、Adv. Mater.和APL等刊物上发表SCI收录论文百余篇，其中8篇代表性论著被SCI他引1025次（单篇最高SCI他引301次）。

（梁廷政）

2010年度国家技术发明奖二等奖简介（北京地区）

【纳米尺度硅基集成电路新器件与新工艺技术及其应用】 由北京大学黄如、张兴、张盛东、韩汝琦、刘晓彦、许铭真完成。该项目取得的成果：①研发了面向逻辑应用的系列单栅、双栅/多栅新器件与工艺技术。发明了新型栅制备/超浅结工艺技术、兼具SOI和体硅技术优势的准SOI单栅器件结构、可有效抑制漏电的非对称垂直双栅器件、易实现自对准的平面双栅技术及其三维CMOS集成方法、基于传统微加工方法实现围栅纳米线器件的新技术等，从器件和工艺角度解决纳米尺度IC在面积、速度、功耗、可靠性和可制造性方面相互矛盾的瓶颈问题。②面向射频/混合信号电路集成的要求，发明了新结构高品质因子无源元件技术及新的不改变标准工艺的后CMOS隔离技术，有效解决了衬底损耗和衬底串扰的关键瓶颈问题。③研发了新的可靠性分析和工艺模拟共性技术。提出了比例差值谱方法，研制出微尺度器件可靠性测试分析系统，解决在线获取和区分陷阱参数的难题，可以快捷分析退化过程及预测寿命；

针对纳米尺度IC中超浅结工艺问题,开发了原子级超低能离子注入和退火模拟软件,解决了基于原子模型模拟增强扩散的难题,可获得精确结深。④项目成果用于中芯国际集成电路制造公司以及我国自主研发的关键集成电路设备——大角度离子注入机的开发中,并在韩国三星公司、美国Intel公司和日本富士通公司等国际一流集成电路公司中得到应用。该项目共申请发明专利72项,获得授权38项,推动我国有自主知识产权的IC核心技术专利库的构建;发表论文291篇,包括IEDM和VLSI论文6篇、IEEE EDL/T-ED论文31篇,被SCI收录147篇;培养了博士56人,硕士89人。取得了显著的社会效益和较好的经济效益。

(梁廷政)

【小动物多模态光学分子影像成像方法与系统】 由中科院自动化研究所田捷、杨鑫、秦承虎、杨祥,清华大学白净、张永红完成。该项目属信息处理技术。该项目发明了一套小动物多模态光学分子影像成像方法和系统,通过发明的多角度三维图像获取装置,对生物体内同一靶分子连续、动态地同时进行自发、激发荧光断层成像,结合MicroCT对生物体组织结构成像,利用发明的浑浊介质中光子传输方法以及分子影像分析与处理方法(分割、重建、可视化等),实现荧光光源的精确定位并准确探测荧光强度,实时在体地记录和显示分子水平的事件及其动力学过程。该发明克服了由于生物组织非匀质特性所带来的光传输模型的复杂性和体内光源重建的精度问题,具有实时、在体、低成本、高通量、非接触、非电离辐射、灵敏度高、特异性强等优点。该项目获得授权发明专利23项(包括国际PCT专利1项),软件著作权18项。另有与本项目相关(但未列入申请材料中)的申请并公开的发明专利16项(包括2项国际专利)。部分发明成果2009年获世界知识产权组织颁发的“WIPO最佳发明奖”和第十八届全国发明展览会金奖,以及首届(2008年)北京市发明专利二等奖。该方法已在IEEE TITB、IEEE EMBS、IEEE TBE、Optics Express、NeuroImage等国际杂志上发表SCI检索论文60余篇。

(梁廷政)

【城市客车多能源一体化混合动力系统及其系列化车型应用】 由清华大学欧阳明高、陈全世、卢青春、张俊智、李建秋、高大威完成。该项目技术发明:①在国内外率先提出并研制成功了由油-电、气-电、氢-电不同形式的车载发电系统、一体化纯电驱动系统为核心组成的城市客车多能源一体化混合动力系统,形成了一种新的城市客车节能减排重大产品平台技术。②发明了与气压制动防抱死系统ABS协调工作的制动能量回收技术、蓄电池系统热-电综合管理技术、高效率电动制动空压机和电动转向泵技术等最核心的汽车电动化瓶颈技术,形成了支撑电动化城市客车高效可靠运行的基础。③发明了强实时、多变量、网络化、高容错为特征的多能源混合动力能量管理与综合控制技术,形成了动力系统及整车电子控制的通用技术平台和成套核心技术。④发明了以新型氢气和电气系统集成技术为基础、以氢-电耦合安全性为核心的车载安全系统,实施了国际上第一例客车用氢-电系统台车碰撞试验,建立了碰撞-氢-电等多因素构成的新的汽车安全技术体系。集成上述技术发明,开发了包括氢-电、气-电、油-电在内的系列化新能源城市客车。多能源混合动力系统提出的时间和应用的车型种类均早于和多于国际代表性的美国通用汽车公司E-Flex轿车混合动力系统和德国奔驰汽车公司的系列化客车动力系统。尤其是开发出的系列化车型中的高端产品——氢燃料电池混合动力城市客车经过北京公交同一线路长达1年的对比载客示范运行证实其主要性能指标——燃料经济性明显优于奔驰公司燃料电池城市客车,且整车成本低40%以上。该项目获授权发明专利21项,已受理待授权发明专利19项,软件著作权20项,制定相关标准规范42项(包括1项国家标准),出版著作3部(包括1部学术专著),发表SCI、EI收录论文113篇,培养博士生11名、硕士生77名。该项目发明成果实现了产业化,推广应用于北方、京华、中通、申沃、金龙等国内主要大客车车型,获得经济效益达1.18亿元。

（张思遥）

2010年度国家科学技术进步奖二等奖简介（北京地区）

【枣林高效生态调控关键技术的研究与示范】 由北京农学院、山西省林业有害生物防治检疫局、山西省农业科学院果树研究所、北京林学会、山东农业大学、北京市林业保护站、内蒙古永业生物技术有限责任公司完成。该项目属果树保护学技术领域。该项目取得的成果：①首次创立了枣林高效生态调控的关键理论体系。查明了中国枣林植食性害虫129种，天敌78种。发现了枣林新害虫74种及天敌36种，其中害虫天敌新种1个和害虫新纪录种1个。创建了枣林高效生态调控数据库；创造性地提出生物量多样性指数的计算公式，替代了用物种数量计算多样性指数的方法，计算精准度提高了28.7%；创立了枣林高效生态调控的理论体系，解决了枣林集约化栽植过程中，天敌调控害虫优势种的瓶颈问题，生态调控率提高了26.7%。②首次创建了枣林高效生态调控的关键技术体系。创造性地研究出了抽样调查枣林害虫的新方法，效率由传统2周完成的工作量缩短为10小时，精度由74.3%提高到96.6%；率先研究出利用排粪粒数制定防治指标的新技术，由全年候跟踪减小到8小时就可获得准确的防治指标，准确率由68.2%提高到95.7%以上；首次研究出了枣林害虫生命表并成功用于害虫测报与防治中，精度由常规的73.5%提高到96.8%，防治效果由72.8%提高到93.6%；研发创制了枣林高效生态调控的关键物质体系。首次发现并开发的控制枣林害虫的环保新病毒长效杀虫物质，平均防效达到91.25%；创制研发的新型植物杀螨活性物质，防效88.6%以上，持效期2周以上。③首次创建了枣林高效生态调控的推广应用体系。每亩用药由18次降到7次，益害比由1:203.31增至1:18.22，提高11.16倍，控害率由23.8%提高到89.9%，好果率由72%升到97%。克服了盲目使用化学农药弊端，改变了枣林传统的经营模式，解决了枣林有害生物一直制约枣树发展的重大瓶颈问题，提升了枣果品质与环境保护水平；亩防成本由78元降到46元，平均亩产提高29.31千克。该项目培养硕士86人，博士22人，中青年骨干教师11人；获省部级科技进步奖4项，国家发明专利18项，发表论文94篇，63篇被引用544次。

（张思遥）

【7500kVA大功率IGCT交直交变频系统】 由冶金自动化研究设计院、中科院电工研究所、北京金自天正智能控制股份有限公司完成。该项目属于电力电子与电气传动技术领域。该项目建立了纳秒级IGCT器件开关模型，建立了大功率变频非线性动态系统仿真平台；指出在开关过渡过程中，分布参数、杂散电感是造成IGCT过压损坏、器件能力下降的主要原因，从机（机械结构）、电（电路拓扑）、热（散热计算）、场（磁场分布）多角度入手，提出了减少杂散电感、提高系统效率的新型电路拓扑结构和自主创新的设计方法；研制了结构紧凑、杂散参数小、输出能力大的IGCT功率模块，器件能力提高了3倍，比国外功率模块输出能力高30%；解决了最小脉宽、死区补偿、平滑切换等控制关键技术；研制了多CPU与DSP处理器结合的全数字控制系统，实现了调速系统的高精度、高动态性能；研制成功单机最大输出容量10000kVA的IGCT交直交变频装置。并将IGCT大功率变频系统应用到轨道交通领域，牵引国产高速磁悬浮列车运行成功，投运3年多，系统运行稳定可靠，技术性能满足设计要求，达到国际先进水平。该项目共申请国家专利14项（其中发明专利11项），已获授权专利11项（其中发明专利8项），具有自主知识产权。发表学术论文42篇，其中EI收录25篇。

（张思遥）

【农业化学节水调控关键技术与系列新产品产业化开发及应用】 由中国农业大学、中国科学院兰州化学物理研究所、胜利油田长安控股集团有限公司、新疆汇通旱地龙腐植酸有限责任公司、北京市水务局完成。该项目属于农田水利工程与功能高分子材料学科的交叉研究领域。该项目取得的成果:①创建了农业化学节水协同调控技术的理论体系及其通用模式,揭示农业化控节水技术对土壤、作物的调控效应与作用机理,建立了化控节水技术新产品的综合性能测试方法及研发目标控制技术体系;②提出了“源于自然,用于自然,融于自然”的产品研发理念,创造性地将黏土矿物引入传统保水剂聚合体系中,利用黏土的可分散性和助交联作用,系统解决了产品吸水倍率低、凝胶强度低、耐盐碱性差、价格昂贵等关键问题,成功研制2种新型有机-无机复合型及12种多功能、可降解型保水剂产品,优化了聚合制备工艺参数,系统解决了聚合防粘、造粒和干燥等技术难题;③发明了利用刮板蒸发器浓缩冷冻结晶再用离心、脱水、干燥一体机干燥生产丙烯酰胺晶体的工艺技术,成功解决了流化床干燥生产丙烯酰胺能耗高、投资大、工艺复杂等国际性难题;④创造了从风化煤中提取黄腐酸原液的复合硫酸抽提技术工艺,发明了超低分子量黄腐酸的生物降解—活化—络合组合提取技术,并提出了相关的最优参数;⑤成功实现了2种复合型保水剂产品、1种表土结构改良剂聚丙烯酰胺、系列黄腐酸作物蒸腾调控剂产品的工业化生产,建成总产能达20000吨/年的国内最大的两条农用保水剂生产线;⑥建立了我国北方8种类型区、24种作物农业化学节水调控的模式化实用技术,提出了化控节水技术条件下的高效补充灌溉制度,系统解决了技术的实际应用问题。该项目共申请国家发明专利22项,已获授权4项;发表论文116篇(SCI 54篇、EI 16篇);出版专著6部;鉴定成果3项,获得北京市科学技术奖一等奖1项、中国石油和化学工业协会科技进步奖一等奖1项。项目实施期间,在北京、山东、甘肃、内蒙古等地建立了示范区32个,示范推广总面积累计达59.47万公顷,节水6.48亿立方米;纯收益12.33亿元。

(张　岚)

【特大异型工程精密测量与重构技术研究及应用】 由北京建筑工程学院、武汉大学、解放军信息工程大学、清华大学、北京城建勘测设计研究院有限责任公司、中建一局集团建设发展有限公司完成。该项目取得的成果:①针对特大异型工程体量大的问题提出了基于城市GPS连续运行跟踪站(CORS)快速“按需建网”的精密控制测量技术,提供多种采样频率(最高达10赫兹)的数据,静态定位精度1—2毫米,实时动态定位精度为20毫米;发明了自动高精度三角高程测量技术,精度达到二等水准测量要求,效率比常规水准测量提高6倍以上。②针对特大异型工程实时动态测量精度要求高的问题研制了基于经纬仪(精度±0.02—0.1毫米)、全站仪(精度亚毫米级)以及数码相机(相对精度1/12万)为传感器的高精度三维坐标测量系统,打破了国外同类产品的垄断局面。③针对特大异型工程质量与安全监控困难的问题提出了基于地面激光雷达的精密三维重构技术,解决了大型复杂场景多站海量扫描数据重构的国际难题,建模精度优于仪器精度。④针对特大异型工程结构复杂的问题,提出了特殊的快速施工放样方法并发明了专用测量装置,突破了特大异型工程施工放样的技术瓶颈,提高作业效率5倍以上,精度达到亚毫米级,制定了有关工法和标准。该项目相关成果获省部级科学技术一等奖4项,二等奖4项,获国家级工法1项,制定国家标准1项、行业标准2项,申请专利9项,已授权7项,获软件著作权2项,发表论文64篇,出版专著3部。

(张　岚)

【口腔颌面组织修复及功能重建技术的研究及应用】 由首都医科大学附属北京口腔医院、四川大学、武汉大学口腔医学院、北京大学口腔医学院、中山大学完成。该项目取得的成果:①2001年国内率先引进及发展涎腺内镜微创技术,建立诊疗标准及程序,诊治阻塞性涎腺疾病516例,发现了新病因,发明了治疗性的导管支架,获两项国家专利。2004年构建了涎腺三维仿真成像模拟内镜技术,为慢性阻塞性涎腺疾病提供了一个新的微创诊疗技术,保存了腺体的形态和功能。针对头颈部放疗致涎腺功能丧失的临床棘手问题,研究了小型猪涎腺基因转导技术,2004 年首获重要基因转导技术参数并建立小型猪放射损伤动物模型;2005 年发现转导水通道基因能明显恢复放射损伤的腮腺唾液分泌功能;2007 年获美国 FDA 批准进入临床实验,为此类难治性病症患者提供了新的治疗选择。②研究牵张成骨(DO)关键技术生物学原理。2001 年首次报道牵张速率对下齿槽神经的影响及血管内皮生长因子对下颌牵张骨再生的调控,丰富了该技术的生物学技术理论并用于指导临床;自行研发了并应用输送盘骨牵张再生术再造颏部和下颌髁突,获得国家专利,为严重颌面畸形患者提供了新治疗技术。应用上述技术结合正颌技术治疗 860 例各类颌骨畸形,良好地改善严重颌面畸形的外形及功能。③模拟临床颞下颌关节盘前移位和髁突牵引再生,建立相关动物模型,研究并发现了修复关节盘和重建髁突的机理,提出 TMJ 下腔治疗的新理念。改良了 TMJ 盘修复术式,解决了治疗中的技术难题。④为了改进牙齿及支持组织缺失的修复技术,2004 年率先提出生物牙根再生理念,在小型猪上,2006 年再生出具有咀嚼功能的生物牙根,2007 年利用牙周膜干细胞成功修复牙周炎引起的牙周组织缺损;2006 利用牙胚解离与细胞重组技术发现骨髓基质细胞可转化为牙上皮样细胞,有望成为牙再生种子细胞;2006 年利用骨髓基质干细胞在大型动物成功进行颜面改形;为牙齿及支持组织缺失的生物性再生修复和功能重建提供了新的治疗技术。⑤为了更有效精确的修复重建颌面创伤的形态和功能,通过引进并改良颌骨骨折及继发骨畸形的解剖复位与功能性稳定固定的关键技术和治疗程序,研发了计算机辅助三维 CT 测量系统,发明了三维可调式人工颞下颌关节髁突,良好矫治各类骨折及继发畸形的外形修复和功能重建 1500 例,发展了颌面创伤的诊疗技术。该项目共发表英文论著 77 篇,英文综述论文 4 篇,总影响因子 157,引用 589 次,其中他引 508 次。获国家专利 7 项,国内外专题报告 302 次,项目内培养博士生 52 人,其中获全国百篇优博及北京市优博各 1 人。

(张　岚)

北京市科学技术奖一等奖简介

【大型分布式网络视频分发系统】 由北京蓝汛通信技术有限责任公司等单位完成。该项目属计算机网络、分布式系统、多媒体通信等领域。该项目取得的成果:提出了融合多种网络计算模式的视频分发体系结构及该结构下的资源管理理论和方法,并实现了电信级商业系统,在保障服务质量前提下最小化服务成本,且高效利用网络资源;实现了运维支撑系统,可对近万台服务设备进行负载均衡、自动配置和自动化运维管理,保障服务的可靠、可管和可扩展;提出了媒体相关的安全传输机制,实现了选择性加密、高效密钥分发和基于内容的非法视频检测方法,以较低的额外计算开销保障了系统内容安全。该项目获得中国发明专利 5 项,计算机软件著作权 10 项,北京市自主创新产品 2 项,代表性论文多次发表在网络或多媒体领域的一流学术期刊和国际会议上。在行业标准《互联网内容分发网络定义与基本指标》的制定中,多项成果被纳入到相关指标的定义中。该成果目前已成为政府重要媒体部门、IT 企业和门户网站提供视频服务时的主流服务平台。

(奖励办)

【基于大规模移动位置传感器的城市动态交通信息处理技术与服务系统】 由北京航空航天大学等单位完成。该项目属于城市动态交通信息服务系统。该项目通过基于大规模移动位置传感器的交通信息处理发布技术,提供实时、动态的交通信息,为缓解大型城市交通拥堵提供了具有创新性的解决方案。与目前国外城市采取部署固定道路检测器获取路况的方法不同,该项目将城市行驶车辆视为移动位置传感器,通过计算大规模车辆行驶数据获得道路拥堵信息,从而将投入资金大、建设周期长且维护成本高的交通工程问题转变为实时、海量的信息处理技术问题。该项目首次提出了集启发式路径推测、行驶模式判断、并行路网判断等一系列新算法与新技术,解决了路况计算的效率和准确性问题;提出了一套融合、填补、事件检测等原创技术及算法,解决交通信息的完整性问题;提出了一套可适配多种服务的平台构建技术体系,并创新实现多模式动态交通信息服务。建设了具有完全自主知识产权的动态交通信息处理与服务系统,共申请26项国家发明专利,其中16项已授权。编写国家标准2项,北京地方标准1项,发表SCI/EI检索论文36篇。该项目已接入和处理北京、上海等15个城市共8万余辆车辆数据,是全球首套基于移动位置传感器数据的商用动态交通信息服务系统。

(奖励办)

【微纳结构“自上而下”制备核心技术与集成应用】 由中科院微电子研究所等单位完成。该项目属电子与通讯科学技术、先进制造与纳米技术交叉学科领域。微纳加工技术加工难度极高,仅少数发达国家能够掌握,并形成美国、日本、欧洲三强鼎立的局面。该成果建立了完善的光学掩模及纳米器件微光刻复杂图形数据处理和数据格式体系及光学掩模检测方法,并得到广泛应用。发明了基于自支撑薄膜的高高宽比纳米结构制作方法,成功研制出一批高性能的微纳光学元件,打破了国外对微纳光学关键器件垄断,满足了国家重大工程的迫切需求。解决了基于镂空结构的无损伤纳米图形转移的技术难题,发明氧化硅填充—回刻制备交叉阵列的技术,成功应用于新型纳米器件的研制,促进了我国纳米科技的发展。起草、制定了12项微纳加工技术国家标准,研发工业级光学邻近效应校正和移相掩模技术,提出多项微纳加工可靠性和优良率控制规范,突破了中高端光学掩模产业化关键技术。该项目获授权发明专利29项,论文37篇,提高和拓宽了我国微纳加工技术水平。

(奖励办)

【FTTx—PON网络认证综合测试仪】 由北京信维科技股份有限公司完成。该项目属于电子与信息领域。该项目成果:根据光纤网络的维护现状及未来发展需求提出的、集多种光纤测试仪表功能于一体的光网络综合测试包,适合于各种光网络现场的综合测试分析。在全球率先实现了FTTx接入网络中PON网络测试认证的综合化、一体化,可在单一便携式产品中提供PON多波长光源、在线PON光功率测试、损耗测试、光纤端面检测以及PON专用OTDR测量、可视故障定位测试认证等六大主要测试功能。可以全方位的满足运营商无源光网络建设的测试维护需求。是现有PON网络建设中的综合测试、分析认证、验收、日常维护等必不可少的测试仪器。该项目累计获得7项国家专利、16项计算机软件著作权,通过了工信部通信计量中心的测试认证并获得证书,同时通过了FCC、CE、FDA认证,其功能的高集成度和综合技术性能已超过国外类似产品的技术水平。该项目凭借在技术先进性以及独具的性价比优势获得了国内外用户的一致好评。2009年,以该项目为核心的PON网络测试全方位解决方案入选2009年度中国通信业“二十佳最成功解决方案”。2009年该成果被认定为北京市自主创新产品。

(奖励办)

【新型高性能发光二极管材料与器件】 由北京工业大学完成。该项目属于电子信息领域。该项目成果:高性能LED在显示屏、交通信号灯、汽车尾灯、手机、特种照明等领域取得了广泛应用,但是核心专利基本都是被国外大公司控制。我国申请人未掌握上游核心专利技术,发明专利申请量较少,大都属于外围技术,而且上游技术的专利属于一些边缘性的专利,仅仅是对工艺技术的改进,没有核心技术。该项目主要解决的技术问题是立足于高性能LED的核心技术开展研究,形成新型高性能发光二极管材料与器件一整套的生产工艺及方法,制造出符合标准的高性能产品。提出了具有自主知识产权的新型电流输运增透窗口层结构的高性能正装LED;提出并实现了隧道再生多有源区发光管的构想,克服了普通发光管在提高发光亮度时所遇到的障碍;提出并实现了单芯片白光构想,在同一芯片上输出白光。该项目获专利18项,拥有自主知识产权。

(奖励办)

【首钢京唐钢铁厂工程技术创新】 由首钢总公司等单位完成。该项目属于冶金工程技术领域。该成果按照建设21世纪示范钢铁厂装备高效、产品精品、技术先进、节能减排、循环经济、自主创新的要求,主要研究了沿海建设大型钢铁厂的系统工程技术,包括填海建设钢铁厂的总图布置,吹砂造地工艺,海洋环境下防腐蚀和地基处理工艺;大体积混凝土裂缝防治技术,大型设备制造、安装和施工技术;大型钢铁厂生产工艺自动控制及信息化技术;高效率、低成本、清洁化的洁净钢生产技术等。该项目主要成果:①我国第一个填海建设的钢铁厂,一次性建设规模1000万吨/年级,投资677亿元。依据海洋岸槽发育和海床稳定性、海洋冲淤趋势、海洋动力及流沙运动规律,对项目选址、防洪防捞、防腐蚀及防风固沙等进行了系统研究。②我国第一个采用大面积吹沙造地工艺建设的钢铁厂。该成果一期造地面积11.95平方千米,工程总吹填方量5486万立方米,充分利用了海底丰富的沙源,就地取材,避免了从陆地运输沙石料填海造地而带来的高昂的运输费用的问题,节省了陆地资源。③我国第一个集中采用大型装备和国内外先进技术,按循环经济和自主创新的理念,按新一代钢铁厂的三大功能(冶金产品制造功能、能源转换功能和社会废弃物处理功能),按可循环钢铁制造流程和动态精准设计理论建设的钢铁厂。④依托该成果开展了一系列的科学研究,取得了一批重大科研成果,有力推动了冶金行业和机械制造、电子信息等相关产业的科技进步。项目集成了多项先进技术,对行业起到了示范和借鉴作用,为改善北京环境,实施产业结构调整、节能减排、维护社会稳定作出了重大贡献。

(奖励办)

【低维功能纳米材料的结构性能调控及器件基础】 由北京科技大学完成。该成果属于纳米材料领域。纳米材料与器件是当前材料科学领域中最活跃和最有前途的研究方向。该项目的研究内容主要围绕低维功能纳米材料的控制合成、结构和性能调控以及纳米器件的构建与服役安全等方面展开。主要研究成果:①首次合成了四针ZnO纳米棒,实现了不同形貌ZnO、ZnS一维纳米材料的可控制备,为纳米器件构筑提供了优质材料。率先实验验证并完善了四针ZnO纳米棒的八面体孪晶核生长模型,最先报道了一维ZnO纳米材料的螺旋位错诱导生长,提出了四针ZnS四方相形核与孪晶诱导六方相长大的生长机制。通过优化一维ZnO纳米材料元素掺杂的制备技术,研究掺杂对材料光、电、磁、场发射、力电耦合及力学性能的影响规律,实现了对部分物理性能的有效调控。原位研究了单根ZnO纳米线的力学、电学和场发射性能。在TEM中测量了单根ZnO纳米线的弯曲模量,并以此构建了纳米秤,实现了纳米颗粒质量的准确测量。另外,研究了元素掺杂对ZnO纳米线的电学和场发射性能的影响。②成功构建了高亮度n-ZnO/p-GaN异质结发光二极管,并实现了发光波长的可调制;利用单根ZnO纳米带/线构建了高开关比肖特基/压电耦合开关、反向双二极管、压电二极管、电流换向器和压电子应力传感器等多种纳米器件;制备了基于碳纳米管和一维ZnO纳米材料的大面积冷阴极,获得了非常高的发射电流密度,并在强流发射领域得到应用;组装了新型高效纳米结构太阳能染料敏化电池。针对纳米材料和纳米器件的安全服役,开展了多种纳米电子器件的损伤与失效研究,揭示了一维ZnO纳米材料及其构建的器件在特定使用环境下损伤与失效的规律和机理。项目研发期间在Adv. Mater.、Carbon、Appl. Phys. Lett.、Cryst. Growth Des.、J. Phys. Chem. C、J. Power Sources、Nanotechnology等期刊上发表SCI论文100余篇、会议论文70余篇、国际邀请报告7次。多项研究成果为首次报道,成果被包括Nature Materials、Nano Lett.、Phys. Rev. 和Adv. Mater. 等国际学术期刊引用,论文他引千余次,单篇引用近180次。出版专著1部、参加撰写英文专著1部,获得发明专利13项。

(奖励办)

【轻小型组合宽角航空相机研制及低空UAV航测应用】 由中国测绘科学研究院等单位完成。该项目属于测绘科学技术——摄影测量与遥感技术。该项目成果：研制成功一种轻小型组合宽角航空数码相机，通过新发明的自检校、自稳定技术，解决了国内外市场近几年推出的宽角航空数码相机普遍存在的体积质量大（百千克级），不适用于低空无人机，以及现有低空无人机航测系统测图精度低、工作效率低的难题，所研制的四拼和双拼组合相机连同稳定平台与电源的总质量分别为15千克和5千克，适用于无人飞行器低空航测，使在同平台、同航高条件下测图精度和作业效率均提高1倍。研究集成出两类无人机飞行器低空航测平台：针对国内外市场现有无人机不满足低空航测要求的问题，优化集成国内外无人飞行器和飞控遥测技术，研究试验成功CK-GY04型和手抛型两种固定翼无人机和三种无人氦气飞艇，能达到国家1∶2000、1∶1000和1∶500地形图的航空摄影标准，具有机动灵活、易操作、无需机场起降、适合非航空专业用户等特点。研发出一套无人飞行器低空航测专用软件：能克服万片影像，姿态超限，复杂地形引起影像畸变、匹配失效等难题，使低成本的低空航测完全达到国家航测成图标准。研究开发出一套完整的无人飞行器低空航测内外业生产工艺技术流程：系统集成无人飞行器、成像传感器、数据处理软件的硬软件设施技术，结合我国可实现的野外作业条件及非航空专业作业队伍的能力，研究开发出一套完整的生产流程，经实际生产验证，达到国家测绘标准。该成果适用于防灾救灾与应急测绘、新农村与小城镇建设规划、城市精细化管理与三维规划、影像地籍和线路工程测量等领域，开拓及时测绘与精细测绘的新市场。已获得一项国家发明专利和两项国家实用新型专利。

（奖励办）

【高含沙河流中泥沙对水质的影响过程及机理研究】 由北京师范大学等单位完成。该项目属于环境水利和水体环境学的交叉领域。高泥沙含量是我国许多河流的显著特点，我国河流的泥沙含量约为世界上其他主要河流泥沙含量的10—1000倍，因此国际上有关河流水环境中污染物的迁移转化和水质评价的研究成果大多不适应于我国主要河流。该项目针对我国河流高泥沙含量的特点，以我国河流的主要污染物（耗氧性有机污染物、有毒有机污染物、氮磷化合物和重金属）为研究对象，以黄河、长江和海河为例，阐明了泥沙对水质评价和污染物迁移转化过程的影响，剖析了泥沙对水质的影响机理，取得了开拓性和系统性的重要成果。主要包括：①研究了泥沙对水质测定的影响，首次揭示了泥沙对耗氧性有机污染物测定的影响程度及影响机理。②系统研究了泥沙含量和组成对有毒有机污染物和含氮化合物迁移转化的影响，从多角度剖析了泥沙对水质的影响机理，建立了泥沙对水质的影响模型。③研究了水沙条件变化对污染物迁移转化作用的影响，揭示了水体紊动和再悬浮过程中水、沙、污染物的变化规律。④深入研究了典型污染物在水－沉积物（悬浮颗粒物）界面的化学和生物过程间的相互作用，首次为沉积物中铁氧化物组分结合金属的生物可利用情况提供了直接证据，为制订更准确的沉积物质量标准提供了全新的理论指导。该项目在悬浮泥沙对有毒有机污染物和含氮化合物迁移转化规律、泥沙对水质评价影响等方面的研究处于国际领先地位，发表学术论文130余篇，73篇为SCI收录，影响因子大于3.0的论文37篇，70篇为EI收录；被SCI论文他引564次，被EI论文他引602次。出版专著1部，获国家发明专利5项，研究成果在国内外取得了重要的学术影响。

（奖励办）

【特高压直流试验能力建设及应用技术研究】 由中国电力科学研究院完成。该项目属动力与电气科学技术中电气工程学科，涉及输电、外绝缘和电磁环境等专业领域，是满足我国特高压直流输电工程建设重大需求和实施西电东送战略的关键研究项目。利用特高压直流试验能力建设实现的试验研究手段，目前已开展包括科技部“973”科研项目、国家自然科学基金项目、国家重大科技支撑项目，以及国家电网公司下达的重点科技项目共计77项，包括电磁环境、外绝缘、过电压与绝缘配合、设备绝缘特性等技术领域的超/特高压交直流输电技术研究，以及绝缘特性和电磁环境的海拔修正研究。特高压直流试验基地位于北京中关村科技园区昌平园，征地120亩，租用地270亩。由户外试验场、直流试验线段、电晕笼、试验大厅、绝缘子试验室、避雷器试验室、污秽及环境试验室、电磁环境模拟试验场、直流换流阀试验室、110千伏变电站及其他辅助设施组成。项目科研投资25142万元，配套工程投资57484万元。试验基地工程由我国自主设计、建设，设备全部国产化，是拥有自主知识产权的创新性工程。该项目在功能设计、设备研制、控制及试验技术和工程应用等方面取得50余项重大技术创新，申请专利55项，其中发明专利16项，目前已授权实用新型专利34项，发明专利5项。以该项研究为技术支撑，承担设计院、制造厂等外单位委托的大型技术咨询及服务科研项目60余项，涉及特高压工程设计急需的绝缘特性试验研究、电磁环境分析、主设备研制、试验技术等。并已成功应用于±800千伏向—上特高压直流示范工程、±800千伏锦屏—苏南直流输电工程、±500千伏葛—南同塔双回直流改造工程、±660千伏宁东—山东直流工程的设计、建设中，为西南水电送出工程设计和建设提供了重要技术依据。

（奖励办）

【电动车燃料电池长寿命应用基础研究】 由清华大学完成。该项目属电动汽车和燃料电池应用基础领域。围绕车用燃料电池使用寿命，开展了定寿方法、故障诊断、老化机理、延寿机制等理论和技术研究，主要成果：①首次提出了燃料电池使用寿命预测计算公式，发明了快速评定燃料电池寿命的方法，把寿命测试时间缩减到了250小时，在国际上率先实现了燃料电池快速定寿。②发现了工作中氢气压力降与工作电流及工况等参数的函数关系规律，研究出表征工作过程的反应气压力降准确计算公式，给出了燃料电池堆内积水的预警判据，结合发明的用阻抗判定缺水的方法，得到了燃料电池在线故障诊断方法并建立了故障自处理机制，为燃料电池寿命正常发挥提供了保障，解决了多年来燃料电池离不开线束繁多的“电压巡检器”的国际共性难题。③通过钌示踪方法发现催化剂有从膜电极的阳极迁移到阴极的现象，解释了老化膜质子传导率下降、氢气渗透率增加的原因；发现了电流电压对燃料电池的联合作用机制，改变了之前科学界“电压作用”的认识。④发现微电流怠速运行对燃料电池性能具有恢复功能，打破了多年来人们认为“怠速有损燃料电池寿命”的观念和极力避开怠速的做法；发现“停机后快速放电”能够消除停机对燃料电池寿命的影响；建立了燃料电池优化使用机制，把客车燃料电池寿命从1100小时提升到了2600小时。该项目获发明专利12项，发表相关论文被SCI收录73篇、被EI收录141篇，被SCI论文引用424次，其中他引382次。获国际政府间氢能与燃料电池合作组织（IPHE）颁发的技术成就奖。

（奖励办）

【900吨运架梁一体式架桥机】 由北京万桥兴业机械有限公司完成。该项目属工程施工机械领域。该项目成果：研制出集吊梁、运梁、架梁为一体的架桥机。该架桥机包括主梁机和导梁机两大部分，重点研究了新型的整机结构、载荷分布、平衡系统、转向系统、液压系统、动力系统、走行系统、监控系统、起吊系统、调头装置、紧固装置，以及整机的运动机理、施工方案、施工工艺等。该项目改变了传统的提、运、架的桥梁施工工艺；载荷可分别作用在相邻两孔桥梁上，降低了一孔梁体上的载荷；主梁机可携带导梁机进行工地转移，穿越客运专线高铁隧道，转场方便快捷；采用了三点平衡液压系统，保证了各轮对负荷偏差不超过2%，使大型箱梁在吊运过程中不扭曲变形，进而保证了高铁的质量；采用了调头转向新技术，可实现180°原地转向；采用了PLC电液控制新技术，司机室可单独操控、相互自锁；采用了先进的升吊系统，起吊平稳安全。其主要技术指标：额定起吊能力900吨，跨距51.9米，轮距5.9米，轴距2.25米，爬坡能力3%，最小转弯半径115米，起吊高度6.1米，柴油发动机功率2×419千瓦，主

机外型尺寸69.8米×7.9米×8.6米，导梁尺寸81.9米×2.2米×2.2米，导梁机重量300吨，主机重量436吨。该项目解决了我国高铁50%以上线路在多山地区的峡谷、深沟以及在桥隧相连、双线并行路段施工时，原有桥梁施工设备，即提梁机、吊运梁机、架桥机三台设备在不被拆解状况下无法完成架设的难题，已广泛应用到我国高铁重点建设项目，特别是在武广铁路建设中。该成果拥有实用新型专利权5项，2009年列入北京市火炬计划，2010年被评为国家重点新产品。

（奖励办）

【面向节能减排的过程强化新技术及应用】 由北京化工大学等单位完成。该项目属化学工程领域。该项目取得的成果：发现了超重力环境下分子混合百倍级强化的特征，提出了超重力强化分子混合反应过程的新方法，发明了一系列新工艺及装备，以聚氨酯单体MDI、碳纤维等重大产品过程为工作实施体系，完成了超重力反应与分离技术的工业化应用技术开发，形成了超重力反应和超重力分离过程强化两大工业性技术平台。该成果通过超重力分子尺度上混合百倍级的强化，有效调控了快速反应过程，可显著提高反应选择性和表观反应速度，具有提高产品质量、增产节能之优点。与原工艺相比，采用超重力新技术后，MDI产能提高87%，杂质含量下降了30%，单位产品能耗降低约30%。超重力技术能够同时数量级强化分子混合与传质，可广泛应用于“受微观混合和/或传递限制”的分离、混合和反应等多相体系的深度强化。应用于碳纤维原丝液脱单脱泡，与原釜式工艺相比，残单含量下降90%，碳纤维力学强度提高5%，生产稳定性提高显著。该成果共形成国内外发明专利16项（获得国内发明专利10项，国际发明专利1项），获得实用新型专利1项，技术被欧美同行评论为“国际首创”。

（奖励办）

【地铁换乘车站新型暗挖建造关键技术研究】 由北京城建设计研究总院有限责任公司等单位完成。该项目属于土木建筑工程领域。结合地铁黄庄站工程研究开发“地铁换乘车站新型暗挖建造关键技术”。黄庄站为北京地铁4、10号线的换乘车站，总建筑面积25122平方米，是国内外第一座采用全暗挖技术建造的十字交叉换乘车站，也是国内外迄今为止规模最大、结构体系最为复杂的暗挖地铁车站。工程所面临的主要技术难题是：①结构体系复杂，力学转换多；②建设环境复杂，安全控制标准高；③场地地质缺陷多，对工程影响大；④奥运节点工程，工期紧张，对安全快速施工要求高。项目以大规模的暗挖车站及其环境影响为研究对象，采用理论分析及现场监测等手段，对结构力学转换机理、稳定性控制及地层变形等进行了分析研究，解决工程设计与施工的关键问题，其创新性主要表现在：首次提出并应用了“一次扣拱暗挖逆作法”新技术，形成了设计与施工成套新技术，并取得了发明专利；建立的“双层直墙+单层曲墙”暗挖交叉节点体系，大大简化了结构受力状况，降低了工程难度和风险；研究并应用了多种暗挖进洞技术，提高了工效，缩短了工期；通过对地下管线、不良地质体、长大管棚等相关技术的研究，制定了完善的环境保护和风险控制措施，确保了工程的安全实施。研究成果在黄庄站成功实施，创造了地铁换乘车站暗挖建造技术的新模式。该项成果相继在沈阳、哈尔滨、长春、北京等城市的地铁工程中得到了推广应用，取得了较好的经济和社会效益。“一次扣拱暗挖逆作法”新技术，不仅实现了暗挖车站建造技术的重大突破，而且在城市大规模的地下商业、地下停车场等地下工程建设中具有广阔的推广价值，为促进浅埋暗挖科技领域的进步和发展作出了重要贡献。

（奖励办）

【复杂地质条件下大断面海底隧道施工关键技术研究】 由中铁二十二局集团有限公司等单位完成。该成果属地下工程领域。翔安隧道是我国第一座超大断面海底隧道，隧道穿越全强风化软弱围岩、富水砂层、风化深槽等不良地质，海底硬岩爆破稳定性控制要求高，施工难度大，风险高。该工程需要解决的主要技术难题：软弱地层隧道施工中围岩变形控制、富水砂层施工中防突水、风化深槽施工中复合式帷幕注浆止水及支护、海底硬岩控制爆破临界振动速度控制。该成果结合工程施工中的难题开展了系列研究：①在软弱大断面海底隧道施工，首次采用了改型 CRD 工法和分工序变位控制法，使围岩变形控制在允许范围内。②针对隧道拱顶到砂层底部距离小于安全隔水层厚度的砂层地段，采取洞内超前钢花管注浆加固的辅助工法进行处理；研究了海水对砂层注浆的影响，提出了海水砂层注浆参数，确保了注浆效果，对隧道安全穿越富水砂层起了关键作用。③针对不同地质条件的风化槽，研究应用了复合注浆技术，采用周边浅孔注浆取代全断面帷幕注浆，提出了穿越风化槽综合施工技术。非全断面注浆降低了造价，工期由 8 个月缩短到 2 个月。④研究海底硬岩控制爆破技术，进行了松动圈测试，主洞松动圈范围为 0.2—1.2 米，二衬可以不设钢筋，增加衬砌的耐久性；提出了海底硬岩爆破临界振动速度限值和循环进尺以及覆盖岩层临界厚度。这些成果确保了隧道施工的安全，提高了掘进效率。与国外类似工程比，该隧道质量优、工期短、造价低，经济社会效益显著。

（奖励办）

【基于通信的城轨列车运行控制系统关键技术及其应用】 由北京交通大学等单位完成。该项目属于城市轨道交通技术领域。该项目成果：攻克了基于通信列车运行控制系统（CBTC）核心技术，系统地研究了列车运行控制系统的组成、功能、接口与性能技术规格，自主研发了一套符合国际安全标准、最高安全等级（SIL4）的 CBTC 系统装备，使中国成为亚洲第一个、世界第四个掌握 CBTC 核心技术并开通运用的国家。该项目首次建立了覆盖安全系统全生命周期的移动闭塞系统设计理论及技术体系，提出了列车运行安全控制的模型和算法，并通过国际独立第三方的 SIL4 最高等级安全认证；采用高密度列车追踪防护技术，解决了复杂线路条件下、高速度、高密度列车最小间隔达到 90 秒追踪控制问题，全天候地保证列车安全运行；采用最佳化列车自动驾驶技术，解决了节能优化驾驶、精确停车问题；首次提出了兼容无线自由波、波导管和漏缆等多种媒介的高可信、大容量车地双向传输技术，实现了复杂环境下车地安全信息可信传输；采用基于最小系统及测试案例的仿真、测试、验证技术，实现了原理验证、功能测试、系统集成测试、现场故障数据回放、分析与处理，以及后期系统升级与维护。该成果已在大连中试试验线、北京亦主线和昌平线示范应用，系统综合性能达国际先进水平。示范应用表明，相比引进系统可节约 10% 以上的工程资金。项目成果推广应用，可使工程造价比引进系统降低 20% 以上。

（奖励办）

【北京鸭种质资源创新与应用】 由中国农业科学院北京畜牧兽医研究所等单位完成。该项目以我国原始北京鸭为素材，经过 30 年持续选育 26 个世代，育成了瘦肉型、高饲料效率的 Z 型北京鸭〔农（10）新品种证第 4 号〕和肉脂型、适合烤鸭专用的南口 1 号北京鸭〔农（10）新品种证第 3 号〕2 个配套系，2006 年分别获得国家新品种证书。与原始北京鸭品种 9 周龄体重 2750 克、料重比 3.5—3.8∶1 比较，新培育的北京鸭配套系饲养期缩短到 6 周。Z 型北京鸭体重增加到 3216 克，增加 466 克；料重比降低到 2.26∶1，降低 35.4%—40.5%。南口 1 号北京鸭体重增加到 3586 克，增加 836 克；料重比降低到 2.48∶1，降低 29.1%—34.7%。为提高育种效率，研究发现北京鸭主要经济性状的遗传力和遗传相关，建立了父本与母本品系的选种技术；利用多元回归模型准确估测了北京鸭活体不可度量性状；创建了立体选择北京鸭胸肌重、胸肌率（胸宽 × 龙骨长 × 胸肌厚度）的技术、“料肉比”选种技术；首次克隆了 14 个与北京鸭生长、繁殖性状高度相关的功能基因，获得了 18 个与北京鸭生长、繁殖性状密切相关的可用于分子标记辅助选择的候选基因；研究发现 5 对微卫星标记引物可用于鸭的亲子鉴定，误差小于 10^{-3}；将分子标记技术用于北京鸭品系间的遗传距离估计、配套系杂交利用，提高了新配套系的生产性能。研究了不同生理阶段北京鸭的能量、蛋白质、钙、磷、多种氨酸与维生素A、维生素D、维生素E、烟酸等的需要量与理想氨基酸模型；制定了北京鸭饲养标准，改进了养殖方式。北京鸭新品种极大地提高了养鸭效益，使原有的北京鸭消费市场进一步扩大。

（奖励办）

【广适应高产优质大豆新品种中黄13的选育与应用】　由中国农科院作物科学研究所完成。黄淮海地区是我国大豆第二大产区，大豆年种植面积3500万亩。该项目针对该区品种适应范围窄、单产低、品质差等突出问题，开展广适应高产优质大豆新品种选育与应用研究，取得的成果：①提出了不同纬度与遗传远缘亲本杂交培育广适应大豆的育种理论，创建了广适应高产大豆育种技术体系，以不同纬度、遗传远缘、性状互补三类种质为亲本，以异地加代、早代淘汰、高肥水筛选为手段，在跨区适应性表型鉴定与蓝光受体基因分子鉴定的基础上，结合多个熟期与抗性鉴定，创制出优良新种质308份，为培育广适应高产大豆新品种奠定技术和材料基础。②培育出广适应高产优质大豆新品种中黄13，实现了大豆育种新突破。其突出经济指标：适应性广，7个省市审定，适宜种植区域跨两个亚区13个纬度（29°N—42°N），为国内纬度跨度最大的大豆品种；高产，在黄淮海地区创亩产312.4千克大豆高产纪录，7省市区试，平均亩产176.9千克，增产11.9%，其中安徽区试亩产202.7千克，增产16.0%；优质，蛋白含量高达45.8%，籽粒大，商品品质好；多抗，抗倒伏，耐涝，抗花叶病毒病、紫斑病，中抗胞囊线虫病。③建立了中黄13育繁推一体化推广模式，实现了大面积应用。提出了产地环境条件、群体产量结构、生育时期指标和精确定量栽培技术要点，制定适合不同地区的栽培技术规程，建立了育繁推一体化推广模式，实现13个省市推广应用。2007—2009年推广3101万亩，年种植面积连续3年居全国首位，是15年来唯一超千万亩的大豆品种，占北京地区58.1%，占黄淮地区29.5%，占全国9.0%。累计推广4324万亩。该项目获中国和韩国新品种权各1项；发表论文70篇，其中SCI收录10篇，在PNAS上影响因子达9.432；出版《大豆遗传育种学》和《现代中国大豆》专著2部。

（奖励办）

【首都农林绿地系统综合节水技术示范研究】　由北京市水利科学研究所等单位完成。该成果属于农田水利学、园林植物学与造林学的交叉学科。该项目成果：①首次系统提出了北京地区24种常见设施作物、果树耗水规律、优质高效节水灌溉制度及其灌溉决策模型，建立了一套针对设施农业、果园土壤—植物—大气系统水分迁移的试验研究方法。②揭示了18种典型乔冠草水分—观赏品质的响应关系，筛选出适合于城市绿地的节水抗旱植物材料58种，首次建立了15种适合北京地区的绿地节水型植被配置方案。③发明了具有换向记忆功能的园林喷头、抗堵塞滴头、高性能施肥器等，开发出针对不同用户需求和使用环境的灌溉控制器系列产品、农用井计量控制设备及软件系统。④首次提出了绿地灌溉“清水零消耗”技术模式、设施农业管网“30逆向布置形式”，建立了都市农业、城市绿地节水灌溉系统优化选型配套技术。⑤首次构建了7种生态涵养区节水植被营建技术模式，揭示了生态涵养带典型植被分布、演替及耗水规律，提出了低耗水植被选型、种植密度、林分层次等关键技术参数及生态需水量计算模型。⑥首次提出了以遥感蒸散发（ET）监测技术为基础，以区域层面（SWAT）、地块层面（AquaCrop）、水质控制模型（WQS）等模型为实现手段的区域农业水资源评价方法，构建了基于3S的首都农林绿地系统节水管理信息平台。成果获国家权专利23项，软件著作权18项，发表论文110篇，其中SCI 15篇，EI 22篇。编制标准9项（国家标准2项、行业标准1项、地方标准4项、企业标准2项），为政府部门提供各类决策咨询服务48项。建成不同类型示范区15个，成果在北京都市农业、城市绿地和生态涵养区建设中得到大面积应用，实现节水节肥14%—40%、节能10%—25%、增产10%—33%，累计推广面积145万亩，实现累计节水3.9亿立方米。

（奖励办）

【京津风沙源区生态林修复关键技术的研究与示范】 由北京农学院等单位完成。该项目属于林业生态、水土保持等多学科融合的高新技术领域。主要研发内容包括防沙治沙抗逆性植物材料引种与繁育、风沙地生态林营造技术、生态林分结构优化配置模式,严重退化植被围栏封育、低效防护林修复、风沙区杏树、梨树等经济林生物调控技术、生态树种灌木产业化关键技术的研究与示范。该项目研究成果:解决了风沙源区裸露土地多、起沙扬尘严重,防沙治沙植物新品种和生态树种少,缺少生态树种快速育苗配套技术、困难立地造林成活率低以及高效稳定生态林优化配置模式、生态树种灌木产业化技术体系等关键技术。构建了京津风沙源区生态林修复技术与生态树种灌木产业化技术体系,提出了京津生态林分结构优化配置模式,攻克了困难立地造林的技术难关,创建了低效防护林更新改造与生态树种引种快速选育体系,创建了风沙区林下经济等关键技术,实现了原始技术创新。生态林修复关键技术使造林成活率达到了92%以上,保存率达到了90%以上,示范推广区植被覆盖率提升10%以上。成果已推广到内蒙古、河北、山西及京津地区的14个区县,面积达329.4万亩。该项目发表论文92篇,专著15部,专利5项,制定地标6项,培养博士生7人、硕士生15人。

(奖励办)

【重度感音神经性耳聋致病机制及出生缺陷干预研究】 由解放军总医院完成。该项目涉及耳鼻咽喉科学、遗传学、分子生物学、转化医学等多个学科。重度感音神经性耳聋是导致言语交流障碍的常见致残性疾病,是全球关注的重大公共卫生问题。临床上对重度感音神经性耳聋的治疗、防止因聋致哑的主要手段是实施人工耳蜗植入术,每例治疗及康复费用至少需40万元。该项目自2004年起,进行了中国重度感音神经性耳聋群体主要遗传致聋因素的系统研究,揭示了常见耳聋基因的突变谱、致聋机制及发病规律,明确了中国耳聋群体各主要遗传因素所占比例,为耳聋基因诊断及产前诊断的开展提供了理论依据;在聋病致病机制研究方面取得新突破:提出了GJB2/GJB3双基因遗传致聋的新理论,从功能学角度阐释了SLC26A4突变的致聋机制,阐述了线粒体DNA的主要致聋突变和次要致聋突变及单倍体型对耳聋表型的影响;建立了系列耳聋基因诊断方法;开创了转化医学推动耳科学发展的新局面,为耳聋基因诊断在国内临床应用和推广做好了理论和技术上的准备;在国内外率先建立了重度感音神经性耳聋的预防及出生缺陷干预的理论和方法;建立了全国遗传性耳聋诊断和出生缺陷的预防协作网络,实现了对耳聋出生缺陷的干预。获得了基于聋病基因诊断技术的国家发明专利1项、耳聋患者信息管理软件著作权1项。该成果发表论文69篇,SCI收录12篇,累计影响因子41.426分,总引用次数197次,他引135次,单篇最高影响因子4.523分。研究成果已在全国31家医疗机构推广应用,推动了国内临床耳聋基因诊断工作的开展,对实现规模化的耳聋预防和干预,提高人口素质有着重要的科学意义和社会价值。

(奖励办)

【甲型H1N1流感的临床和应用基础研究】 由首都医科大学附属北京地坛医院等单位完成。该项目属临床医学领域。该项目取得的成果:准确揭示新型甲流的症状、体征、实验室检查等临床特征。确定潜伏期为1—7天。论文被国际广泛引用,成为甲流临床特征的经典研究。揭示体内病毒核酸变化规律,体温正常1周内核酸转阴,可据以设计防控方案。以随机对照试验明确奥司他韦可缩短发热和病毒转阴时间;同时发现中药可明显缓解发热,但不能促进病毒转阴;体外实验直接证实奥司他韦能够抑制病毒颗粒的释放。揭示重症发生及死亡的危险因素、转归规律、继发感染比率;揭示恢复期影像学和肺功能动态变化。建成国际上最大并最为完备的含4110例轻症及重症病例的临床数据库,应用生物信息学技术推进临床研究,得出延期抗病毒治疗有效等重要结论。在病毒学研究领域取得重要发现:①解析NA和HA晶体结构,发现甲流病毒没有15C-洞,引导相应抗病毒药设计;②发现不同流感病毒的NA和

HA 匹配类型和相互作用是基因重组的关键，部分重组病毒感染性强于母代；③发现低病毒量可有效激活宿主天然免疫应答，而高病毒量则抑制这种反应。依据国人特点与国情并参考以上研究，制订了我国《甲型 H1N1 流感诊疗方案(2009 年试行版第一至三版)》，对规范全国诊疗工作，指导我国 2009 年科学防控与诊治甲流发挥了直接的、重要的作用。该成果发表论文 40 篇，其中 SCI 论文 15 篇，主要论文发表于 NEJM、EID、CHEST、Nat Struct Mol Biol 等权威杂志，累计 IF 达 108，一年内 SCI 他引 47 次，引用期刊累计 IF 高达 314，说明该研究具有重要的国际学术影响力。

(奖励办)

【女性盆底功能障碍性疾病的基础与临床研究】 由中国医学科学院北京协和医院完成。该项目属临床医学领域。以压力性尿失禁(SUI)和盆腔器官脱垂(POP)为主要表现的女性盆底功能障碍性疾病(PFD)业已成为影响妇女健康和生活质量的重要问题。经过 10 年努力，在基础和临床方面进行了大量工作，取得成果如下：从组织形态学、神经病理学和分子生物学等进行全面的病因学研究，发现：①SUI 和 POP 患者子宫支持韧带均存在损伤；肛提肌 I 型/II 型纤维的比例在 SUI 患者明显增加，提示盆底肌肉不能产生有效的收缩；②绝经后妇女的肛提肌周围组织和子宫韧带的雌激素受体呈低表达，SUI 组的肛提肌周围雌激素受体表达亦低，解释了临床上雌激素替代疗效不佳且原因不明的问题；③SUI 患者阴道前壁神经末梢分布明显少于 POP 患者，神经损伤又主要发生在前壁，补充和丰富了“吊床理论”；④通过基因芯片技术对 SUI 和 POP 发病相关基因进行了筛选。开展了全国六大区 2 万人流调研，结果表明：中国成年女性尿失禁患病率为 30.9%，压力性、急迫性及混合性尿失禁患病率分别为 18.9%、2.6%和 9.4%。SUI 在 50 岁为患病高峰，分娩是 SUI 发病的独立影响因素，年龄、肥胖、便秘、绝经等为相关因素。探索和推行 PFD 诊治规范化，在全国推广和应用新观念、新理论和新技术。在中国率先施行各种盆底重建术式，并在实践中改进技术，显著降低并发症。研制了盆底缝合器等国家专利，创建“协和式盆底重建术”，比国外产品节省耗费 3/4。该技术疗效肯定，已在全国完成 4000 余例，节省数千万医疗费用，并在港澳及东南亚推广。项目共发表论文 121 篇，其中英文论文 23 篇，专著及音像制品 9 部，专利 4 项。

(奖励办)

【补肾化痰法治疗阿尔茨海默病及其应用技术】 由北京中医药大学完成。该项目属中医中药领域。该项目取得的成果：在引进国外情节记忆量表并中文化之后，建立了一个中文版情节记忆常模及情节记忆损害操作性诊断标准；在研究情节记忆损害操作性诊断标准与 MMSE/IADL/MRI 海马体积测量相关性基础上，建立了一个基于记忆、认知、机能和影像联合使用的 AD 操作性诊断标准，同时编制了《阿尔茨海默病和其他痴呆临床研究指导原则(草案)》和《轻度认知损害临床研究指导原则(草案)》，为补肾化痰法提供了应用工具。采用德尔菲法，制定了以症状贡献值为依据的中医证候分型量化标准，并利用这一标准研究发现了 AD 以肾气亏虚、痰浊蒙窍、瘀阻脑络为主要证候特征，其中肾气亏虚证 AD 患者与总体认知功能损害有关，受年龄增长影响，主要累及右内侧颞叶的 NAA//mI 代谢组比值；痰浊蒙窍证 AD 除了总体认知损害外，还与情节记忆损害、日常生活能力和执行功能有关，不受年龄影响但对肾虚、血瘀、气血不足证具有叠加损害作用，主要累及左内侧颞叶的 NAA/Cr、NAA/mI 代谢组比值，为补肾化痰法提供了立法依据。采用 APPV717I 转基因小鼠，连续给药 8 个月，补肾化痰法能选择性抑制 Aβ 生成酶 PS1 活性而非 BACE1，增强 Aβ 降解酶 NEP 和 IDE 活性，从而调节 Aβ42 生成和代谢平衡，减少 Aβ42 在脑内过度沉积，保护与 AD 早期情节记忆损害有关的海马 CA1 区突触功能。此外，还具有抑制炎症反应和 tau 蛋白过度磷酸化，以及抑制胆碱酯酶活性等作用。这是开发补肾化痰法的重要策略。采用 6 个月随机双盲多奈哌齐平行对照临床试验证明，补肾化痰法治疗 AD

患者肾虚痰浊型主要疗效指标 ADAS-cog 得分显著下降 4.19 分，达到国际公认的有效标准（ADAS-cog 得分减少≥4 分，安慰剂减少 1.83 分，再减少 2.15 分达到 $p<0.05$），且与标准药物盐酸多奈哌齐等效，但在改善记忆和不良反应方面显著优于标准药物。这是评价补肾化痰法的重要证据。

（奖励办）

【大流行流感疫苗、诊断试剂评价关键技术平台体系的建立和应用】 由中国药品生物制品检定所等单位完成。该成果属于药物与生物医学工程领域。该成果首次引入基因序列分析方法，评价毒种的遗传稳定性，检定了反向遗传学技术制备的 H5N1 和甲流流感毒种，从源头上保证了疫苗的质量和安全。建立流感佐剂疫苗体外效力检测方法，将效力试验检测周期从 30 天缩短为 2 天，用于 H5N1 疫苗质量控制。首创了疫苗血凝素含量测定替代方法，率先研制了甲流感血凝素参比品，保证了国际最大规模临床试验提前 1 个月开展。建立了针对不同流感病毒血凝素的通用抗体和相应的定量检测技术，为应对流感病毒变异株大流行储备了关键技术。该成果建立了与国际标准一致的流感疫苗临床试验血清学评价方法，并在 H5N1 和甲流疫苗临床试验中应用，并与 WHO 共同研制了 H5N1 疫苗抗体国际标准品；建立了国际领先水平的大流行流感疫苗质量标准，保证了应急状况下生产的 1.5 亿人份甲流疫苗的安全性和有效性；率先建立了大流行流感病毒核酸和抗原诊断试剂参比品的质量标准。H5N1 核酸参比品用于 30 个国家流感监测网络实验室的考评；甲流诊断试剂参比品保障了甲型 H1N1 流感诊断试剂快速评价和注册检验。该成果发表论文 20 余篇，其中 SCI 收录 14 篇。在该平台技术支持下，我国 H5N1 和甲流疫苗分别于 2008 年和 2009 年获得国家 I 类新药证书并完成国家储备任务。其中，甲流疫苗全世界率先研发成功，先后 9179 万人接种。该成果总体水平达国际先进水平，并在部分关键技术和方法上处于国际领先地位。

（奖励办）

【磁性纳米材料新功能的发现及应用】 由中科院生物物理研究所等单位完成。该项目属于纳米生物前沿交叉科学。综合利用了免疫学、纳米材料、生物和化学等知识，发现 Fe_3O_4 磁性纳米颗粒的新功能，即过氧化物酶（HRP）催化活性，其催化效率、机理以及底物的专一性都与 HRP 相同，据此提出“纳米材料模拟酶”的新观点（专利 200610057413.9）。与 HRP 比较，磁性纳米模拟酶在应用方面有其独到的优势：①稳定。HRP 酶和磁纳米模拟酶催化时，当 pH 值<4 及温度高于 40℃时，HRP 发生蛋白变性而失活。然而磁性纳米模拟酶在 pH 1—12 范围内，温度 4—90℃条件下，仍保持 90% 催化活性。②经济。HRP 酶制作工艺复杂，成本高，磁纳米粒制备工艺简单而且产量高。③循环利用。催化反应结束后，利用磁铁回收纳米粒，反复利用其催化活性不变。④多功能于一体。在磁性纳米粒表面表征探针后，使其集三功能于一体（靶向抗原、磁分离、催化颜色反应），这将拓展磁性纳米粒的应用。自 2007 年发现磁纳米具有过氧化物酶催化活性以来，这一新特征被广泛应用于替代 HRP 酶的各种领域，如免疫检测新技术、体内无标记示踪新技术、环境监测、环境污水处理、葡萄糖检测新方法，有望用于血糖的检测、纳米生物传感器等领域。

（奖励办）

【禽流感病毒 RNA 聚合酶 PA 亚基的结构生物学研究】 由中科院生物物理研究所等单位完成。该项目属于近些年来结构生物学研究领域。该项目取得的成果：流感病毒所造成的流感表现出高传播性和高死亡率的特点，同时，病毒在复制中的高突变性不断产生耐药毒株，给疫苗和药物研发带来巨大挑战。目前，随季节周期性爆发的流感已成为人类健康的重大威胁，研究流感病毒的复制机制和开发广谱性抗流感药物已成为迫在眉睫的研究课题。流感病毒 RNA 聚合酶由 PB1、PB2 和 PA 三个亚基组成，是流感病毒的复制机器，在病毒复制中具有极高的保守性。近 20 年来，针对流感病毒聚合酶的功能研究一直存在很多争论。成果将研究目标锁定在功能研究最欠缺的 PA 亚基上，创新性地将该亚基分段表达，攻克了难以获得大量稳定表达的可溶性蛋白这一结构生物学难关，最终利用X射线晶体学方法分别解析了PA氨基端和PA羧基端与PB1氨基端多肽复合体的晶体结构。研究首次清晰地揭示了PA亚基具有对病毒转录至关重要的核酸内切酶活性，结束了以往关于该活性位于哪个亚基的争论，具有十分重要的科学意义；另外，由于PA蛋白的高度保守性，十分适合作为广谱性流感药物的靶标，这两个晶体结构清晰揭示了其核酸内切酶活性中心和PA与PB1多肽相互作用模式等关键位点的结构，为广谱性抗流感药物的研发提供了结构基础，使基于结构的虚拟筛选和改造成为可能，有利于节省药物筛选的费用和时间。该项目不仅是对流感病毒RNA聚合酶功能研究的重大突破，而且对广谱性抗流感药物研发产生了重要的推动作用。成果于2008和2009年先后两次发表在Nature杂志上。工作一经发表即引起了国际社会的广泛重视和报道，分别入选了"2008年度中国基础研究十大新闻"及"2009年中国高校十大科技进展"。另外，中科院的"2009科学发展报告"选择的15项中国科学家在2008年取得的具有世界水平的突破性研究成果中就包括这项研究成果。多种国外知名杂志将此项工作作为亮点进行了介绍。文章发表至今，已被71篇文章引用。

（奖励办）

【多潜能干细胞建系方法以及向内胚层组织的定向分化研究】　由北京大学完成。该项目在iPS技术研究方面取得了突破性进展，建立了高效诱导人iPS细胞产生的新技术，在国际上首次发现通过p53的干涉和Utf1的转导，能够将人iPS细胞的重编程效率提高100倍；与此同时，还建立了世界上第一株猴的iPS细胞系；此外，在人多潜能干细胞定向分化研究方面也取得了突破性的成果：①首次在国际上建立了ActivinA/RA联合诱导鼠ES细胞向胰岛细胞分化的方法，并首次证明通过该方法诱导获得的人ES细胞来源的胰岛细胞在糖尿病小鼠体内能够逆转糖尿病症状；在此基础上，成为国际上最早报道成功诱导人iPS细胞向功能性β细胞分化的实验室之一。②首次在国际上高效获得了具有生理功能活性的人ES细胞来源的肝脏细胞，并首次在国际上建立了诱导人iPS细胞向功能性肝脏细胞高效定向分化的方法。该项目先后在高水平的国际杂志上发表20多篇学术论文，其中10篇代表性论文他引总次数达到485次，单篇论文最高被引用87次；共申请了国内外相关专利10项，其中三项已被授权；项目还多次受邀在国际学术会议上作大会报告。

（奖励办）

政策法规选

国务院关于进一步加强淘汰落后产能工作的通知

国发[2010]7号

各省、自治区、直辖市人民政府,国务院各部委、各直属机构:

为深入贯彻落实科学发展观,加快转变经济发展方式,促进产业结构调整和优化升级,推进节能减排,现就进一步加强淘汰落后产能工作通知如下:

一、深刻认识淘汰落后产能的重要意义

加快淘汰落后产能是转变经济发展方式、调整经济结构、提高经济增长质量和效益的重大举措,是加快节能减排、积极应对全球气候变化的迫切需要,是走中国特色新型工业化道路、实现工业由大变强的必然要求。近年来,随着加快产能过剩行业结构调整、抑制重复建设、促进节能减排政策措施的实施,淘汰落后产能工作在部分领域取得了明显成效。但是,由于长期积累的结构性矛盾比较突出,落后产能退出的政策措施不够完善,激励和约束作用不够强,部分地区对淘汰落后产能工作认识存在偏差、责任不够落实,当前我国一些行业落后产能比重大的问题仍然比较严重,已经成为提高工业整体水平、落实应对气候变化举措、完成节能减排任务、实现经济社会可持续发展的严重制约。必须充分发挥市场的作用,采取更加有力的措施,综合运用法律、经济、技术及必要的行政手段,进一步建立健全淘汰落后产能的长效机制,确保按期实现淘汰落后产能的各项目标。各地区、各部门要切实把淘汰落后产能作为全面贯彻落实科学发展观,应对国际金融危机影响,保持经济平稳较快发展的一项重要任务,进一步增强责任感和紧迫感,充分调动一切积极因素,抓住关键环节,突破重点难点,加快淘汰落后产能,大力推进产业结构调整和优化升级。

二、总体要求和目标任务

(一)总体要求

1. 发挥市场作用。充分发挥市场配置资源的基础性作用,调整和理顺资源性产品价格形成机制,强化税收杠杆调节,努力营造有利于落后产能退出的市场环境。

2. 坚持依法行政。充分发挥法律法规的约束作用和技术标准的门槛作用,严格执行环境保护、节约能源、清洁生产、安全生产、产品质量、职业健康等方面的法律法规和技术标准,依法淘汰落后产能。

3. 落实目标责任。分解淘汰落后产能的目标任务,明确国务院有关部门、地方各级人民政府和企业的责任,加强指导、督促和检查,确保工作落到实处。

4. 优化政策环境。强化政策约束和政策激励,统筹淘汰落后产能与产业升级、经济发展、社会稳定的关系,建立健全促进落后产能退出的政策体系。

5. 加强协调配合。建立主管部门牵头,相关部门各负其责、密切配合、联合行动的工作机制,加强组织领导和协调配合,形成工作合力。

（二）目标任务

以电力、煤炭、钢铁、水泥、有色金属、焦炭、造纸、制革、印染等行业为重点，按照《国务院关于发布实施〈促进产业结构调整暂行规定〉的决定》（国发［2005］40 号）、《国务院关于印发节能减排综合性工作方案的通知》（国发［2007］15 号）、《国务院批转发展改革委等部门关于抑制部分行业产能过剩和重复建设引导产业健康发展若干意见的通知》（国发［2009］38 号）、《产业结构调整指导目录》以及国务院制订的钢铁、有色金属、轻工、纺织等产业调整和振兴规划等文件规定的淘汰落后产能的范围和要求，按期淘汰落后产能。各地区可根据当地产业发展实际，制定范围更宽、标准更高的淘汰落后产能目标任务。

近期重点行业淘汰落后产能的具体目标任务是：

电力行业：2010 年底前淘汰小火电机组 5000 万千瓦以上。

煤炭行业：2010 年底前关闭不具备安全生产条件、不符合产业政策、浪费资源、污染环境的小煤矿 8000 处，淘汰产能 2 亿吨。

焦炭行业：2010 年底前淘汰炭化室高度 4.3 米以下的小机焦（3.2 米及以上捣固焦炉除外）。

铁合金行业：2010 年底前淘汰 6300 千伏安以下矿热炉。

电石行业：2010 年底前淘汰 6300 千伏安以下矿热炉。

钢铁行业：2011 年底前，淘汰 400 立方米及以下炼铁高炉，淘汰 30 吨及以下炼钢转炉、电炉。

有色金属行业：2011 年底前，淘汰 100 千安及以下电解铝小预焙槽；淘汰密闭鼓风炉、电炉、反射炉炼铜工艺及设备；淘汰采用烧结锅、烧结盘、简易高炉等落后方式炼铅工艺及设备，淘汰未配套建设制酸及尾气吸收系统的烧结机炼铅工艺；淘汰采用马弗炉、马槽炉、横罐、小竖罐（单日单罐产量 8 吨以下）等进行焙烧、采用简易冷凝设施进行收尘等落后方式炼锌或生产氧化锌制品的生产工艺及设备。

建材行业：2012 年底前，淘汰窑径 3.0 米以下水泥机械化立窑生产线、窑径 2.5 米以下水泥干法中空窑（生产高铝水泥的除外）、水泥湿法窑生产线（主要用于处理污泥、电石渣等的除外）、直径 3.0 米以下的水泥磨机（生产特种水泥的除外）以及水泥土（蛋）窑、普通立窑等落后水泥产能；淘汰平拉工艺平板玻璃生产线（含格法）等落后平板玻璃产能。

轻工业：2011 年底前，淘汰年产 3.4 万吨以下草浆生产装置、年产 1.7 万吨以下化学制浆生产线，淘汰以废纸为原料、年产 1 万吨以下的造纸生产线；淘汰落后酒精生产工艺及年产 3 万吨以下的酒精生产企业（废糖蜜制酒精除外）；淘汰年产 3 万吨以下味精生产装置；淘汰环保不达标的柠檬酸生产装置；淘汰年加工 3 万标张以下的制革生产线。

纺织行业：2011 年底前，淘汰 74 型染整生产线、使用年限超过 15 年的前处理设备、浴比大于 1∶10 的间歇式染色设备，淘汰落后型号的印花机、热熔染色机、热风布铗拉幅机、定形机，淘汰高能耗、高水耗的落后生产工艺设备；淘汰 R531 型酸性老式粘胶纺丝机、年产 2 万吨以下粘胶生产线、湿法及 DMF 溶剂法氨纶生产工艺、DMF 溶剂法腈纶生产工艺、涤纶长丝锭轴长 900 毫米以下的半自动卷绕设备、间歇法聚酯设备等落后化纤产能。

三、分解落实目标责任

（一）工业和信息化部、能源局要根据当前和今后一个时期经济发展形势以及国务院确定的淘汰落后产能阶段性目标任务，结合产业升级要求及各地区实际，商有关部门提出分行业的淘汰落后产能年度目标任务和实施方案，并将年度目标任务分解落实到各省、自治区、直辖市。各有关部门要充分发挥职能作用，抓紧制定限制落后产能企业生产、激励落后产能退出、促进落后产能改造等方面的配套政策措施，指导和督促各地区认真贯彻执行。

（二）各省、自治区、直辖市人民政府要根据工业和信息化部、能源局下达的淘汰落后产能目标任务，认真制定实施方案，将目标任务分解到市、县，落实到具体企业，及时将计划淘汰落后产能企业名单报工业和信息化部、能源局。要切实担负起本行政区域内淘汰落后产能工作的职责，严格执行相关法律、法规和各项政策措施，组织督促企业按要求淘汰落后产能、拆除落后设施装置，防止落后产能转移；对未按要求淘汰落后产能的企业，要依据有关法律法规责令停产或予以关闭。

（三）企业要切实承担起淘汰落后产能的主体责任，严格遵守安全、环保、节能、质量等法律法规，认真贯彻国家产业政策，积极履行社会责任，主动淘汰落后产能。

（四）各相关行业协会要充分发挥政府和企业间的桥梁纽带作用，认真宣传贯彻国家方针政策，加强行业自律，维护市场秩序，协助有关部门做好淘汰落后产能工作。

四、强化政策约束机制

（一）严格市场准入。强化安全、环保、能耗、物耗、质量、土地等指标的约束作用，尽快修订《产业结构调整指导目录》，制定和完善相关行业准入条件和落后产能界定标准，提高准入门槛，鼓励发展低消耗、低污染的先进产能。加强投资项目审核管理，尽快修订《政府核准的投资项目目录》，对产能过剩行业坚持新增产能与淘汰产能"等量置换"或"减量置换"的原则，严格环评、土地和安全生产审批，遏制低水平重复建设，防止新增落后产能。改善土地利用计划调控，严禁向落后产能和产能严重过剩行业建设项目提供土地。支持优势企业通过兼并、收购、重组落后产能企业，淘汰落后产能。

（二）强化经济和法律手段。充分发挥差别电价、资源性产品价格改革等价格机制在淘汰落后产能中的作用，落实和完善资源及环境保护税费制度，强化税收对节能减排的调控功能。加强环境保护监督性监测、减排核查和执法检查，加强对企业执行产品质量标准、能耗限额标准和安全生产规定的监督检查，提高落后产能企业和项目使用能源、资源、环境、土地的成本。采取综合性调控措施，抑制高消耗、高排放产品的市场需求。

（三）加大执法处罚力度。对未按期完成淘汰落后产能任务的地区，严格控制国家安排的投资项目，实行项目"区域限批"，暂停对该地区项目的环评、核准和审批。对未按规定期限淘汰落后产能的企业吊销排污许可证，银行业金融机构不得提供任何形式的新增授信支持，投资管理部门不予审批和核准新的投资项目，国土资源管理部门不予批准新增用地，相关管理部门不予办理生产许可，已颁发生产许可证、安全生产许可证的要依法撤回。对未按规定淘汰落后产能、被地方政府责令关闭或撤销的企业，限期办理工商注销登记，或者依法吊销工商营业执照。必要时，政府相关部门可要求电力供应企业依法对落后产能企业停止供电。

五、完善政策激励机制

（一）加强财政资金引导。中央财政利用现有资金渠道，统筹支持各地区开展淘汰落后产能工作。资金安排使用与各地区淘汰落后产能任务相衔接，重点支持解决淘汰落后产能有关职工安置、企业转产等问题。对经济欠发达地区淘汰落后产能工作，通过增加转移支付加大支持和奖励力度。各地区也要积极安排资金，支持企业淘汰落后产能。在资金申报、安排、使用中，要充分发挥工业、能源等行业主管部门的作用，加强协调配合，确保资金安排对淘汰落后产能产生实效。

（二）做好职工安置工作。妥善处理淘汰落后产能与职工就业的关系，认真落实和完善企业职工安置政策，依照相关法律法规和规定妥善安置职工，做好职工社会保险关系转移与接续工作，避免大规模集中失业，防止发生群体性事件。

（三）支持企业升级改造。充分发挥科技对产业升级的支撑作用，统筹安排技术改造资金，落实并完善相关税收优惠和金融支持政策，支持符合国家产业政策和规划布局的企业，运用高新技术和先进适用技术，以质量品种、节能降耗、环境保护、改善装备、安全生产等为重点，对落后产能进行改造。提高生产、技术、安全、能耗、环保、质量等国家标准和行业标准水平，做好标准间的衔接，加强标准贯彻，引导企业技术升级。对淘汰落后产能任务较重且完成较好的地区和企业，在安排技术改造资金、节能减排资金、投资项目核准备案、土地开发利用、融资支持等方面给予倾斜。对积极淘汰落后产能企业的土地开发利用，在符合国家土地管理政策的前提下，优先予以支持。

六、健全监督检查机制

（一）加强舆论和社会监督。各地区每年向社会公告本地区年度淘汰落后产能的企业名单、落后工艺设备和淘汰时限。工业和信息化部、能源局每年向社会公告淘汰落后产能企业名单、落后工艺设备、淘汰时限及总体进展情况。加强各地区、各行业淘汰落后产能工作交流，总结推广、广泛宣传淘汰落后产能工作先进地区和先进企业的有效做法，营造有利于淘汰落后产能的舆论氛围。

（二）加强监督检查。各省、自治区、直辖市人民政府有关部门要及时了解、掌握淘汰落后产能工作进展和职工安置情况，并定期向国家有关部门报告。工业和信息化部、发展改革委、财政部、能源局要组织有关部门定期对各地区淘汰落后产能工作情况进行监督检查，切实加强对重点地区淘汰落后产能工作的指导，并将进展情况报告国务院。

（三）实行问责制。将淘汰落后产能目标完成情况纳入地方政府绩效考核体系，参照《国务院批转节能减排统计监测及考核实施方案和办法的通知》（国发[2007]36号）对淘汰落后产能任务完成情况进行考核，提高淘汰落后产能任务完成情况的考核比重。对未按要求完成淘汰落后产能任务的地区进行通报，限期整改。对瞒报、谎报淘汰落后产能进展情况或整改不到位的地区，要依法依纪追究该地区有关责任人员的责任。

七、切实加强组织领导

建立淘汰落后产能工作组织协调机制，加强对淘汰落后产能工作的领导。成立由工业和信息化部牵头，发展改革委、监察部、财政部、人力资源社会保障部、国土资源部、环境保护部、农业部、商务部、人民银行、国资委、税务总局、工商总局、质检总局、安全监管总局、银监会、电监会、能源局等部门参加的淘汰落后产能工作部际协调小组，统筹协调淘汰落后产能工作，研究解决淘汰落后产能工作中的重大问题，根据“十二五”规划研究提出下一步淘汰落后产能目标并做好任务分解和组织落实工作。有关部门要认真履行职责，积极贯彻落实各项政策措施，加强沟通配合，共同做好淘汰落后产能的各项工作。地方各级人民政府要健全领导机制，明确职责分工，做到责任到位、措施到位、监管到位，确保淘汰落后产能工作取得明显成效。

附件：淘汰落后产能重点工作分工表

国务院

二〇一〇年二月六日

附件：

淘汰落后产能重点工作分工表

序号	工 作 任 务	负责单位	参加单位
1	提出分行业的淘汰落后产能年度目标任务和实施方案，并分解落实到各省（区、市）	工业和信息化部、能源局分别负责	发展改革委、国土资源部、环境保护部、商务部、安全监管总局等相关部门
2	根据国家下达的淘汰落后产能目标任务，制定实施方案，将目标任务分解到市、县，落实到具体企业；将拟淘汰落后产能企业名单报工业和信息化部、能源局	各省、自治区、直辖市人民政府	
3	制定和完善落后产能界定标准	工业和信息化部、能源局分别负责	环境保护部、安全监管总局等相关部门
4	加强投资项目审核管理，严格环评、土地和安全生产审批，防止新增落后产能	发展改革委、工业和信息化部、国土资源部、环境保护部、安全监管总局、能源局分别负责	
5	支持优势企业通过兼并、收购、重组落后产能企业淘汰落后产能	工业和信息化部	发展改革委、国资委、能源局
6	完善差别电价政策，加大对落后产能执行差别电价的力度	发展改革委	工业和信息化部、财政部、电监会、能源局
7	推进资源性产品价格改革	发展改革委	工业和信息化部、财政部、能源局
8	落实和完善资源及环境保护税费制度，强化税收对节能减排的调控功能	财政部	发展改革委、工业和信息化部、国土资源部、环境保护部、税务总局、能源局
9	加强环境保护监督性监测、减排核查和执法检查	环境保护部	工业和信息化部、能源局
10	加强对企业执行产品质量标准情况的监督检查	质检总局	工业和信息化部
11	加强对企业执行产品能耗限额标准情况的监督检查	工业和信息化部、发展改革委、能源局	
12	加强对企业安全生产情况的监督检查	安全监管总局	
13	提高落后产能企业和项目的土地使用成本	国土资源部	
14	采取综合性调控措施，抑制高消耗、高排放产品的市场需求	发展改革委、商务部、财政部	工业和信息化部、能源局等相关部门
15	对未按期完成淘汰落后产能任务的地区严格控制国家安排的投资项目，实行项目“区域限批”	发展改革委、工业和信息化部、环境保护部、能源局等分别负责	
16	对未按规定期限淘汰落后产能的企业吊销排污许可证，银行业金融机构不得提供任何形式的新增授信支持，投资管理部门不予审批和核准新的投资项目，国土资源管理部门不予批准新增用地，相关管理部门不予办理生产许可，撤回已颁发的生产许可证、安全生产许可证	发展改革委、工业和信息化部、国土资源部、环境保护部、人民银行、质检总局、安全监管总局、银监会、能源局分别负责	

续表

序号	工 作 任 务	负责单位	参加单位
17	对未按规定淘汰落后产能、被地方政府责令关闭或撤销的企业，限期办理工商注销登记，或者依法吊销工商营业执照	工商总局	
18	统筹支持各地区开展淘汰落后产能工作，加大对经济欠发达地区的支持和奖励力度	财政部	工业和信息化部、能源局
19	指导、督促地方和企业做好职工安置工作	人力资源社会保障部、发展改革委、财政部	工业和信息化部、能源局
20	提高生产、技术、安全、能耗、环保、质量等国家标准和行业标准水平，做好标准间的衔接，加强标准贯彻	质检总局、国家标准委、工业和信息化部、环境保护部、安全监管总局、能源局等分别负责	
21	统筹安排技术改造资金，落实完善相关税收优惠和金融支持政策，支持对落后产能进行技术改造；对淘汰落后产能任务较重且完成较好的地区和企业，在安排技术改造资金、节能减排资金、投资项目核准备案、土地开发利用、融资支持等方面给予倾斜	发展改革委、工业和信息化部、财政部、国土资源部、人民银行、税务总局、安全监管总局、银监会、能源局分别负责	
22	支持积极淘汰落后产能企业的土地开发利用	国土资源部	
23	向社会公告本地区年度淘汰落后产能的企业名单、落后工艺设备和淘汰时限，定期向国务院有关部门报告工作进展情况	各省、自治区、直辖市人民政府	
24	向社会公告淘汰落后产能企业名单、落后工艺设备、淘汰时限及总体进展情况	工业和信息化部、能源局分别负责	
25	加强工作交流，宣传、推广淘汰落后产能工作先进地区和先进企业的有效做法	工业和信息化部、能源局分别负责	相关部门
26	对各地区淘汰落后产能工作情况进行监督检查，对任务完成情况进行考核，并将情况报告国务院	工业和信息化部、发展改革委、财政部、能源局	监察部、国土资源部、环境保护部、商务部、人民银行、工商总局、质检总局、安全监管总局、银监会、电监会
27	对瞒报、谎报淘汰落后产能进展情况或整改不到位的地区，依法追究该地区有关责任人员的责任	监察部	
28	建立淘汰落后产能工作部际协调机制	工业和信息化部	发展改革委、监察部、财政部、人力资源社会保障部、国土资源部、环境保护部、农业部、商务部、人民银行、国资委、税务总局、工商总局、质检总局、安全监管总局、银监会、电监会、能源局
29	根据“十二五”规划研究提出下一步淘汰落后产能的目标	工业和信息化部、能源局分别负责	相关部门

国务院关于加快培育和发展战略性新兴产业的决定

国发[2010]32号

各省、自治区、直辖市人民政府,国务院各部委、各直属机构:

战略性新兴产业是引导未来经济社会发展的重要力量。发展战略性新兴产业已成为世界主要国家抢占新一轮经济和科技发展制高点的重大战略。我国正处在全面建设小康社会的关键时期,必须按照科学发展观的要求,抓住机遇,明确方向,突出重点,加快培育和发展战略性新兴产业。现作出如下决定:

一、抓住机遇,加快培育和发展战略性新兴产业

战略性新兴产业是以重大技术突破和重大发展需求为基础,对经济社会全局和长远发展具有重大引领带动作用,知识技术密集、物质资源消耗少、成长潜力大、综合效益好的产业。加快培育和发展战略性新兴产业对推进我国现代化建设具有重要战略意义。

(一)加快培育和发展战略性新兴产业是全面建设小康社会、实现可持续发展的必然选择。我国人口众多、人均资源少、生态环境脆弱,又处在工业化、城镇化快速发展时期,面临改善民生的艰巨任务和资源环境的巨大压力。要全面建设小康社会、实现可持续发展,必须大力发展战略性新兴产业,加快形成新的经济增长点,创造更多的就业岗位,更好地满足人民群众日益增长的物质文化需求,促进资源节约型和环境友好型社会建设。

(二)加快培育和发展战略性新兴产业是推进产业结构升级、加快经济发展方式转变的重大举措。战略性新兴产业以创新为主要驱动力,辐射带动力强,加快培育和发展战略性新兴产业,有利于加快经济发展方式转变,有利于提升产业层次、推动传统产业升级、高起点建设现代产业体系,体现了调整优化产业结构的根本要求。

(三)加快培育和发展战略性新兴产业是构建国际竞争新优势、掌握发展主动权的迫切需要。当前,全球经济竞争格局正在发生深刻变革,科技发展正孕育着新的革命性突破,世界主要国家纷纷加快部署,推动节能环保、新能源、信息、生物等新兴产业快速发展。我国要在未来国际竞争中占据有利地位,必须加快培育和发展战略性新兴产业,掌握关键核心技术及相关知识产权,增强自主发展能力。

加快培育和发展战略性新兴产业具备诸多有利条件,也面临严峻挑战。经过改革开放30多年的快速发展,我国综合国力明显增强,科技水平不断提高,建立了较为完备的产业体系,特别是高技术产业快速发展,规模跻身世界前列,为战略性新兴产业加快发展奠定了较好的基础。同时,也面临着企业技术创新能力不强,掌握的关键核心技术少,有利于新技术新产品进入市场的政策法规体系不健全,支持创新创业的投融资和财税政策、体制机制不完善等突出问题。必须充分认识加快培育和发展战略性新兴产业的重大意义,进一步增强紧迫感和责任感,抓住历史机遇,加大工作力度,加快培育和发展战略性新兴产业。

二、坚持创新发展，将战略性新兴产业加快培育成为先导产业和支柱产业

根据战略性新兴产业的特征，立足我国国情和科技、产业基础，现阶段重点培育和发展节能环保、新一代信息技术、生物、高端装备制造、新能源、新材料、新能源汽车等产业。

（一）指导思想

以邓小平理论和“三个代表”重要思想为指导，深入贯彻落实科学发展观，把握世界新科技革命和产业革命的历史机遇，面向经济社会发展的重大需求，把加快培育和发展战略性新兴产业放在推进产业结构升级和经济发展方式转变的突出位置。积极探索战略性新兴产业发展规律，发挥企业主体作用，加大政策扶持力度，深化体制机制改革，着力营造良好环境，强化科技创新成果产业化，抢占经济和科技竞争制高点，推动战略性新兴产业快速健康发展，为促进经济社会可持续发展作出贡献。

（二）基本原则

坚持充分发挥市场的基础性作用与政府引导推动相结合。要充分发挥我国市场需求巨大的优势，创新和转变消费模式，营造良好的市场环境，调动企业主体的积极性，推进产学研用结合。同时，对关系经济社会发展全局的重要领域和关键环节，要发挥政府的规划引导、政策激励和组织协调作用。

坚持科技创新与实现产业化相结合。要切实完善体制机制，大幅度提升自主创新能力，着力推进原始创新，大力增强集成创新和联合攻关，积极参与国际分工合作，加强引进消化吸收再创新，充分利用全球创新资源，突破一批关键核心技术，掌握相关知识产权。同时，要加大政策支持和协调指导力度，造就并充分发挥高素质人才队伍的作用，加速创新成果转化，促进产业化进程。

坚持整体推进与重点领域跨越发展相结合。要对发展战略性新兴产业进行统筹规划、系统布局，明确发展时序，促进协调发展。同时，要选择最有基础和条件的领域作为突破口，重点推进。大力培育产业集群，促进优势区域率先发展。

坚持提升国民经济长远竞争力与支撑当前发展相结合。要着眼长远，把握科技和产业发展新方向，对重大前沿性领域及早部署，积极培育先导产业。同时，要立足当前，推进对缓解经济社会发展瓶颈制约具有重大作用的相关产业较快发展，推动高技术产业健康发展，带动传统产业转型升级，加快形成支柱产业。

（三）发展目标

到2015年，战略性新兴产业形成健康发展、协调推进的基本格局，对产业结构升级的推动作用显著增强，增加值占国内生产总值的比重力争达到8%左右。

到2020年，战略性新兴产业增加值占国内生产总值的比重力争达到15%左右，吸纳、带动就业能力显著提高。节能环保、新一代信息技术、生物、高端装备制造产业成为国民经济的支柱产业，新能源、新材料、新能源汽车产业成为国民经济的先导产业；创新能力大幅提升，掌握一批关键核心技术，在局部领域达到世界领先水平；形成一批具有国际影响力的大企业和一批创新活力旺盛的中小企业；建成一批产业链完善、创新能力强、特色鲜明的战略性新兴产业集聚区。

再经过十年左右的努力，战略性新兴产业的整体创新能力和产业发展水平达到世界先进水平，为经济社会可持续发展提供强有力的支撑。

三、立足国情，努力实现重点领域快速健康发展

根据战略性新兴产业的发展阶段和特点，要进一步明确发展的重点方向和主要任务，统筹部署，集中力量，加快推进。

（一）节能环保产业。重点开发推广高效节能技术装备及产品，实现重点领域关键技术突破，带动能效整体水平的提高。加快资源循环利用关键共性技术研发和产业化示范，提高资源综合利用水平和再制造产业化水平。示范推广先进环保技术装备及产品，提升污染防治水平。推进市场化节能环保服务体系建设。加快建立以先进技术为支撑的废旧商品回收利用体系，积极推进煤炭清洁利用、海水综合利用。

（二）新一代信息技术产业。加快建设宽带、泛在、融合、安全的信息网络基础设施，推动新一代移动通信、下一代互联网核心设备和智能终端的研发及产业化，加快推进三网融合，促进物联网、云计算的研发和示范应用。着力发展集成电路、新型显示、高端软件、高端服务器等核心基础产业。提升软件服务、网络增值服务等信息服务能力，加快重要基础设施智能化改造。大力发展数字虚拟等技术，促进文化创意产业发展。

（三）生物产业。大力发展用于重大疾病防治的生物技术药物、新型疫苗和诊断试剂、化学药物、现代中药等创新药物大品种，提升生物医药产业水平。加快先进医疗设备、医用材料等生物医学工程产品的研发和产业化，促进规模化发展。着力培育生物育种产业，积极推广绿色农用生物产品，促进生物农业加快发展。推进生物制造关键技术开发、示范与应用。加快海洋生物技术及产品的研发和产业化。

（四）高端装备制造产业。重点发展以干支线飞机和通用飞机为主的航空装备，做大做强航空产业。积极推进空间基础设施建设，促进卫星及其应用产业发展。依托客运专线和城市轨道交通等重点工程建设，大力发展轨道交通装备。面向海洋资源开发，大力发展海洋工程装备。强化基础配套能力，积极发展以数字化、柔性化及系统集成技术为核心的智能制造装备。

（五）新能源产业。积极研发新一代核能技术和先进反应堆，发展核能产业。加快太阳能热利用技术推广应用，开拓多元化的太阳能光伏光热发电市场。提高风电技术装备水平，有序推进风电规模化发展，加快适应新能源发展的智能电网及运行体系建设。因地制宜开发利用生物质能。

（六）新材料产业。大力发展稀土功能材料、高性能膜材料、特种玻璃、功能陶瓷、半导体照明材料等新型功能材料。积极发展高品质特殊钢、新型合金材料、工程塑料等先进结构材料。提升碳纤维、芳纶、超高分子量聚乙烯纤维等高性能纤维及其复合材料发展水平。开展纳米、超导、智能等共性基础材料研究。

（七）新能源汽车产业。着力突破动力电池、驱动电机和电子控制领域关键核心技术，推进插电式混合动力汽车、纯电动汽车推广应用和产业化。同时，开展燃料电池汽车相关前沿技术研发，大力推进高能效、低排放节能汽车发展。

四、强化科技创新，提升产业核心竞争力

增强自主创新能力是培育和发展战略性新兴产业的中心环节，必须完善以企业为主体、市场为导向、产学研相结合的技术创新体系，发挥国家科技重大专项的核心引领作用，结合实施产业发展规划，突破关键核心技术，加强创新成果产业化，提升产业核心竞争力。

（一）加强产业关键核心技术和前沿技术研究。围绕经济社会发展重大需求，结合国家科技计划、知识创新工程和自然科学基金项目等的实施，集中力量突破一批支撑战略性新兴产业发展的关键共性技术。在生物、信息、空天、海洋、地球深部等基础性、前沿性技术领域超前部署，加强交叉领域的技术和产品研发，提高基础技术研究水平。

（二）强化企业技术创新能力建设。加大企业研究开发的投入力度，对面向应用、具有明确市场前景的政府科技计划项目，建立由骨干企业牵头组织、科研机构和高校共同参与实施的有效机制。依托骨干企业，围绕关键核心技术的研发和系统集成，支持建设若干具有世界先进水平的工程化平台，结合技术创新工程的实施，发展一批由企业主导，科研机构、高校积极参与的产业技术创新联盟。加强财税政策引导，激励企业增加研发投入。加强产业集聚区公共技术服务平台建设，促进中小企业创新发展。

（三）加快落实人才强国战略和知识产权战略。建立科研机构、高校创新人才向企业流动的机制，加大高技能人才队伍建设力度。加快完善期权、技术入股、股权、分红权等多种形式的激励机制，鼓励科研机构和高校科技人员积极从事职务发明创造。加大工作力度，吸引全球优秀人才来华创新创业。发挥研究型大学的支撑和引领作用，加强战略性新兴产业相关专业学科建设，增加急需的专业学位类别。改革人才培养模式，制定鼓励企业参与人才培养的政策，建立企校联合培养人才的新机制，促进创新型、应用型、复合型和技能型人才的培养。支持知识产权的创造和运用，强化知识产权的保护和管理，鼓励企业建立专利联盟。完善高校和科研机构知识产权转移转化的利益保障和实现机制，建立高效的知识产权评估交易机制。加大对具有重大社会效益创新成果的奖励力度。

（四）实施重大产业创新发展工程。以加速产业规模化发展为目标，选择具有引领带动作用，并能够实现突破的重点方向，依托优势企业，统筹技术开发、工程化、标准制定、市场应用等环节，组织实施若干重大产业创新发展工程，推动要素整合和技术集成，努力实现重大突破。

（五）建设产业创新支撑体系。发挥知识密集型服务业支撑作用，大力发展研发服务、信息服务、创业服务、技术交易、知识产权和科技成果转化等高技术服务业，着力培育新业态。积极发展人力资源服务、投资和管理咨询等商务服务业，加快发展现代物流和环境服务业。

（六）推进重大科技成果产业化和产业集聚发展。完善科技成果产业化机制，加大实施产业化示范工程力度，积极推进重大装备应用，建立健全科研机构、高校的创新成果发布制度和技术转移机构，促进技术转移和扩散，加速科技成果转化为现实生产力。依托具有优势的产业集聚区，培育一批创新能力强、创业环境好、特色突出、集聚发展的战略性新兴产业示范基地，形成增长极，辐射带动区域经济发展。

五、积极培育市场，营造良好市场环境

要充分发挥市场的基础性作用，充分调动企业积极性，加强基础设施建设，积极培育市场，规范市场秩序，为各类企业健康发展创造公平、良好的环境。

（一）组织实施重大应用示范工程。坚持以应用促发展，围绕提高人民群众健康水平、缓解环境资源制约等紧迫需求，选择处于产业化初期、社会效益显著、市场机制难以有效发挥作用的重大技术和产品，统筹衔接现有试验示范工程，组织实施全民健康、绿色发展、智能制造、材料换代、信息惠民等重大应用示范工程，引导消费模式转变，培育市场，拉动产业发展。

（二）支持市场拓展和商业模式创新。鼓励绿色消费、循环消费、信息消费，创新消费模式，促进消费结构升级。扩大终端用能产品能效标识实施范围。加强新能源并网及储能、支线航空与通用航空、新能源汽车等领域的市场配套基础设施建设。在物联网、节能环保服务、新能源应用、信息服务、新能源汽车推广等领域，支持企业大力发展有利于扩大市场需求的专业服务、增值服务等新业态。积极推行合同能源管理、现代废旧商品回收利用等新型商业模式。

（三）完善标准体系和市场准入制度。加快建立有利于战略性新兴产业发展的行业标准和重要产品技术标准体系，优化市场准入的审批管理程序。进一步健全药品注册管理的体制机制，完善药品集中采购制度，支持临床必需、疗效确切、安全性高、价格合理的创新药物优先进入医保目录。完善新能源汽车的项目和产品准入标准。改善转基因农产品的管理。完善并严格执行节能环保法规标准。

六、深化国际合作，提高国际化发展水平

要通过深化国际合作，尽快掌握关键核心技术，提升我国自主发展能力与核心竞争力。把握经济全球化的新特点，深度开展国际合作与交流，积极探索合作新模式，在更高层次上参与国际合作。

（一）大力推进国际科技合作与交流。发挥各种合作机制的作用，多层次、多渠道、多方式推进国际科技合作与交流。鼓励境外企业和科研机构在我国设立研发机构，支持符合条件的外商投资企业与内资企业、研究机构合作申请国家科研项目。支持我国企业和研发机构积极开展全球研发服务外包，在境外开展联合研发和设立研发机构，在国外申请专利。鼓励我国企业和研发机构参与国际标准的制定，鼓励外商投资企业参与我国技术示范应用项目，共同形成国际标准。

（二）切实提高国际投融资合作的质量和水平。完善外商投资产业指导目录，鼓励外商设立创业投资企业，引导外资投向战略性新兴产业。支持有条件的企业开展境外投资，在境外以发行股票和债券等多种方式融资。扩大企业境外投资自主权，改进审批程序，进一步加大对企业境外投资的外汇支持。积极探索在海外建设科技和产业园区。制定国别产业导向目录，为企业开展跨国投资提供指导。

（三）大力支持企业跨国经营。完善出口信贷、保险等政策，结合对外援助等积极支持战略性新兴产业领域的重点产品、技术和服务开拓国际市场，以及自主知识产权技术标准在海外推广应用。支持企业通过境外注册商标、境外收购等方式，培育国际化品牌。加强企业和产品国际认证合作。

七、加大财税金融政策扶持力度，引导和鼓励社会投入

加快培育和发展战略性新兴产业，必须健全财税金融政策支持体系，加大扶持力度，引导和鼓励社会资金投入。

（一）加大财政支持力度。在整合现有政策资源和资金渠道的基础上，设立战略性新兴产业发展专项资金，建立稳定的财政投入增长机制，增加中央财政投入，创新支持方式，着力支持重大关键技术研发、重大产业创新发展工程、重大创新成果产业化、重大应用示范工程、创新能力建设等。加大政府引导和支持力度，加快高效节能产品、环境标志产品和资源循环利用产品等推广应用。加强财政政策绩效考评，创新财政资金管理机制，提高资金使用效率。

（二）完善税收激励政策。在全面落实现行各项促进科技投入和科技成果转化、支持高技术产业发展等方面的税收政策的基础上，结合税制改革方向和税种特征，针对战略性新兴产业的特点，研究完善鼓励创新、引导投资和消费的税收支持政策。

（三）鼓励金融机构加大信贷支持。引导金融机构建立适应战略性新兴产业特点的信贷管理和贷款评审制度。积极推进知识产权质押融资、产业链融资等金融产品创新。加快建立包括财政出资和社会资金投入在内的多层次担保体系。积极发展中小金融机构和新型金融服务。综合运用风险补偿等财政优惠政策，促进金融机构加大支持战略性新兴产业发展的力度。

（四）积极发挥多层次资本市场的融资功能。进一步完善创业板市场制度，支持符合条件的企业上市融资。推进场外证券交易市场的建设，满足处于不同发展阶段创业企业的需求。完善不同层次市场之间的转板机制，逐步实现各层次市场间有机衔接。大力发展债券市场，扩大中小企业集合债券和集合票据发行规模，积极探索开发低信用等级高收益债券和私募可转债等金融产品，稳步推进企业债券、公司债券、短期融资券和中期票据发展，拓宽企业债务融资渠道。

（五）大力发展创业投资和股权投资基金。建立和完善促进创业投资和股权投资行业健康发展的配套政策体系与监管体系。在风险可控的范围内为保险公司、社保基金、企业年金管理机构和其他机构投资者参与新兴产业创业投资和股权投资基金创造条件。发挥政府新兴产业创业投资资

金的引导作用，扩大政府新兴产业创业投资规模，充分运用市场机制，带动社会资金投向战略性新兴产业中处于创业早中期阶段的创新型企业。鼓励民间资本投资战略性新兴产业。

八、推进体制机制创新，加强组织领导

加快培育和发展战略性新兴产业是我国新时期经济社会发展的重大战略任务，必须大力推进改革创新，加强组织领导和统筹协调，为战略性新兴产业发展提供动力和条件。

（一）深化重点领域改革。建立健全创新药物、新能源、资源性产品价格形成机制和税费调节机制。实施新能源配额制，落实新能源发电全额保障性收购制度。加快建立生产者责任延伸制度，建立和完善主要污染物和碳排放交易制度。建立促进三网融合高效有序开展的政策和机制，深化电力体制改革，加快推进空域管理体制改革。

（二）加强宏观规划引导。组织编制国家战略性新兴产业发展规划和相关专项规划，制定战略性新兴产业发展指导目录，开展战略性新兴产业统计监测调查，加强与相关规划和政策的衔接。加强对各地发展战略性新兴产业的引导，优化区域布局、发挥比较优势，形成各具特色、优势互补、结构合理的战略性新兴产业协调发展格局。各地区要根据国家总体部署，从当地实际出发，突出发展重点，避免盲目发展和重复建设。

（三）加强组织协调。成立由发展改革委牵头的战略性新兴产业发展部际协调机制，形成合力，统筹推进。

国务院各有关部门、各省（区、市）人民政府要根据本决定的要求，抓紧制定实施方案和具体落实措施，加大支持力度，加快将战略性新兴产业培育成为先导产业和支柱产业，为我国现代化建设作出新的贡献。

国务院

二〇一〇年十月十日

国务院办公厅转发发展改革委等部门关于加快推行合同能源管理促进节能服务产业发展意见的通知

国办发［2010］25 号

各省、自治区、直辖市人民政府，国务院各部委、各直属机构：

发展改革委、财政部、人民银行、税务总局《关于加快推行合同能源管理促进节能服务产业发展的意见》已经国务院同意，现转发给你们，请认真贯彻执行。

国务院办公厅

二〇一〇年四月二日

关于加快推行合同能源管理促进节能服务产业发展的意见

发展改革委　财政部　人民银行　税务总局

根据《中华人民共和国节约能源法》和《国务院关于加强节能工作的决定》（国发[2006]28号）、《国务院关于印发节能减排综合性工作方案的通知》（国发[2007]15号）等文件精神，为加快推行合同能源管理，促进节能服务产业发展，现提出以下意见：

一、充分认识推行合同能源管理、发展节能服务产业的重要意义

合同能源管理是发达国家普遍推行的、运用市场手段促进节能的服务机制。节能服务公司与用户签订能源管理合同，为用户提供节能诊断、融资、改造等服务，并以节能效益分享方式回收投资和获得合理利润，可以大大降低用能单位节能改造的资金和技术风险，充分调动用能单位节能改造的积极性，是行之有效的节能措施。我国上世纪90年代末引进合同能源管理机制以来，通过示范、引导和推广，节能服务产业迅速发展，专业化的节能服务公司不断增多，服务范围已扩展到工业、建筑、交通、公共机构等多个领域。2009年，全国节能服务公司达502家，完成总产值580多亿元，形成年节能能力1350万吨标准煤，对推动节能改造、减少能源消耗、增加社会就业发挥了积极作用。但也要看到，我国合同能源管理还没有得到足够的重视，节能服务产业还存在财税扶持政策少、融资困难以及规模偏小、发展不规范等突出问题，难以适应节能工作形势发展的需要。加快推行合同能源管理，积极发展节能服务产业，是利用市场机制促进节能减排、减缓温室气体排放的有力措施，是培育战略性新兴产业、形成新的经济增长点的迫切要求，是建设资源节约型和环境友好型社会的客观需要。各地区、各部门要充分认识推行合同能源管理、发展节能服务产业的重要意义，采取切实有效措施，努力创造良好的政策环境，促进节能服务产业加快发展。

二、指导思想、基本原则和发展目标

（一）指导思想

高举中国特色社会主义伟大旗帜，以邓小平理论和“三个代表”重要思想为指导，深入贯彻落实科学发展观，充分发挥市场机制作用，加强政策扶持和引导，积极推行合同能源管理，加快节能新技术、新产品的推广应用，促进节能服务产业发展，不断提高能源利用效率。

（二）基本原则

一是坚持发挥市场机制作用。充分发挥市场配置资源的基础性作用，以分享节能效益为基础，建立市场化的节能服务机制，促进节能服务公司加强科技创新和服务创新，提高服务能力，改善服务质量。

二是加强政策支持引导。通过制定完善激励政策，加强行业监管，强化行业自律，营造有利于节能服务产业发展的政策环境和市场环境，引导节能服务产业健康发展。

（三）发展目标

到2012年，扶持培育一批专业化节能服务公司，发展壮大一批综合性大型节能服务公司，建立充满活力、特色鲜明、规范有序的节能服务市场。到2015年，建立比较完善的节能服务体系，专业化节能服务公司进一步壮大，服务能力进一步增强，服务领域进一步拓宽，合同能源管理成为用能单位实施节能改造的主要方式之一。

三、完善促进节能服务产业发展的政策措施

（一）加大资金支持力度

将合同能源管理项目纳入中央预算内投资和中央财政节能减排专项资金支持范围，对节能服务公司采用合同能源管理方式实施的节能改造项目，符合相关规定的，给予资金补助或奖励。有条件的地方也要安排一定资金，支持和引导节能服务产业发展。

（二）实行税收扶持政策

在加强税收征管的前提下，对节能服务产业采取适当的税收扶持政策。

一是对节能服务公司实施合同能源管理项目，取得的营业税应税收入，暂免征收营业税，对其无偿转让给用能单位的因实施合同能源管理项目形成的资产，免征增值税。

二是节能服务公司实施合同能源管理项目，符合税法有关规定的，自项目取得第一笔生产经营收入所属纳税年度起，第一年至第三年免征企业所得税，第四年至第六年减半征收企业所得税。

三是用能企业按照能源管理合同实际支付给节能服务公司的合理支出，均可以在计算当期应纳税所得额时扣除，不再区分服务费用和资产价款进行税务处理。

四是能源管理合同期满后，节能服务公司转让给用能企业的因实施合同能源管理项目形成的资产，按折旧或摊销期满的资产进行税务处理。节能服务公司与用能企业办理上述资产的权属转移时，也不再另行计入节能服务公司的收入。

上述税收政策的具体实施办法由财政部、税务总局会同发展改革委等部门另行制定。

（三）完善相关会计制度

各级政府机构采用合同能源管理方式实施节能改造，按照合同支付给节能服务公司的支出视同能源费用进行列支。事业单位采用合同能源管理方式实施节能改造，按照合同支付给节能服务公司的支出计入相关支出。企业采用合同能源管理方式实施节能改造，如购建资产和接受服务能够合理区分且单独计量的，应当分别予以核算，按照国家统一的会计准则制度处理；如不能合理区分或虽能区分但不能单独计量的，企业实际支付给节能服务公司的支出作为费用列支，能源管理合同期满，用能单位取得相关资产作为接受捐赠处理，节能服务公司作为赠与处理。

（四）进一步改善金融服务

鼓励银行等金融机构根据节能服务公司的融资需求特点，创新信贷产品，拓宽担保品范围，简化申请和审批手续，为节能服务公司提供项目融资、保理等金融服务。节能服务公司实施合同能源管理项目投入的固定资产可按有关规定向银行申请抵押贷款。积极利用国外的优惠贷款和赠款加大对合同能源管理项目的支持。

四、加强对节能服务产业发展的指导和服务

（一）鼓励支持节能服务公司做大做强

节能服务公司要加强服务创新，加强人才培养，加强技术研发，加强品牌建设，不断提高综合实力和市场竞争力。鼓励节能服务公司通过兼并、联合、重组等方式，实行规模化、品牌化、网络化经营，形成一批拥有知名品牌，具有较强竞争力的大型服务企业。鼓励大型重点用能单位利用自己的

技术优势和管理经验，组建专业化节能服务公司，为本行业其他用能单位提供节能服务。

（二）发挥行业组织的服务和自律作用

节能服务行业组织要充分发挥职能作用，大力开展业务培训，加快建设信息交流平台，及时总结推广业绩突出的节能服务公司的成功经验，积极开展节能咨询服务。要制定节能服务行业公约，建立健全行业自律机制，提高行业整体素质。

（三）营造节能服务产业发展的良好环境

地方各级人民政府要将推行合同能源管理、发展节能服务产业纳入重要议事日程，加强领导，精心组织，务求取得实效。政府机构要带头采用合同能源管理方式实施节能改造，发挥模范表率作用。各级节能主管部门要采取多种形式，广泛宣传推行合同能源管理的重要意义和明显成效，提高全社会对合同能源管理的认知度和认同感，营造推行合同能源管理的有利氛围。要加强用能计量管理，督促用能单位按规定配备能源计量器具，为节能服务公司实施合同能源管理项目提供基础条件。要组织实施合同能源管理示范项目，发挥引导和带动作用。要加强对节能服务产业发展规律的研究，积极借鉴国外的先进经验和有益做法，协调解决产业发展中的困难和问题，推进产业持续健康发展。

国务院办公厅转发科技部农业部关于发挥科技支撑作用促进当前农业抗灾保丰产意见的通知

国办发[2010]27号

各省、自治区、直辖市人民政府，国务院各部委、各直属机构：

科技部、农业部《关于发挥科技支撑作用促进当前农业抗灾保丰产的意见》已经国务院同意，现转发给你们，请认真贯彻执行。

国务院办公厅

二〇一〇年四月二十七日

关于发挥科技支撑作用促进当前农业抗灾保丰产的意见

科技部　农业部

今年以来,我国农业灾害多发重发,西南地区发生历史罕见的特大旱灾,北方冬麦区持续低温,东北、西北气温回升缓慢,农业生产形势极为严峻。为充分发挥科技在农业抗低温和干旱等灾害中的基础支撑作用,现提出如下意见。

一、抓紧实施科技人员深入基层服务农业专项行动

积极组织动员科研院所、高等院校和农技推广部门等力量,派遣科技人员深入基层开展科技服务。深入开展万人抗旱保春耕科技服务团各项工作,积极推进百日科技服务行动。建立健全科技人员包乡包村联户的责任制度,确保每一个乡镇和村庄都有科技人员服务在生产一线。尽快制定分区域、分品种、分农时的抗低温抗旱、病虫害防控等农业抗灾应对技术和补救措施,进一步完善工作预案,最大限度减轻灾害损失。

二、加快开展农业抗灾实用技术产品遴选与成果转化推广

加快农业极端天气灾害中长期预测预报技术应用。根据各地区不同情况,抓紧筛选一批针对性强、实用度高和见效快的作物与畜禽新品种,以及栽培、养殖、节水灌溉、增温保墒等适用技术和产品。西南旱区要重点筛选和推广抗耐旱水稻、玉米、马铃薯等农作物品种,以及节水抗旱栽培技术和产品;北方地区要重点筛选和推广抗耐低温小麦、玉米、马铃薯等农作物品种,以及保墒增温耕作栽培技术和产品,并通过编制抗低温抗旱技术手册等形式,将技术尽快送到农民手中。

三、切实加强农业抗灾技术研发与储备

进一步加大农业抗灾技术研发与技术储备支持力度,重点开展监测预警技术和集雨、蓄水等防旱工程技术研究,发挥工程防灾效能;积极推进农作物耐抗逆机理研究和品种选育,发挥生物抗灾作用;大力加强种植模式和种植结构研究,发挥结构避灾作用。抓紧开展农业防灾减灾新技术、新材料和新产品研发,以及农业灾害应急与风险管理研究,并切实加快应用进程。

四、大力开展农民培训与技术试验示范

通过农业科技专家大院、农村科普示范基地、农民田间学校、现场观摩会、科技大集等多种形式,进一步加强农民科技培训,确保农民及时掌握各项农业抗灾技术措施要领。按照“科技人员直接到户、良种良法直接到田、技术要领直接到人”的推广机制,加大科技示范户培养力度,切实发挥示范辐射作用。充分发挥粮食丰产科技工程示范点和粮棉油高产创建示范点等项目基地的作用,进一步加强新品种、新技术的集成示范和推广应用,并大力推进整乡整县成建制示范推广。

五、进一步加大农业科技抗灾投入力度

积极调整科技经费支出结构，抓紧制定相应资金支持和补助方案，支持科技人员进村入户，加快各项农业抗灾措施的落实进度。各级科技和农业部门要进一步开拓工作思路，探索增加农业科技资金投入的有效途径和机制，积极采取措施引导社会各方面加大对农业科技，特别是对当前农业抗灾技术和产品研发、推广工作的投入。

六、着力加强组织领导

强化科技、农业部门间的协调配合机制，抓紧组建农业抗低温抗旱科技专家委员会，加强对科技抗灾工作的指导。积极组织动员各地产业技术创新战略联盟和现代农业产业技术体系投入当前农业抗灾工作，充分发挥基层农技推广体系和新型农村社会化科技服务体系的重要作用，进一步形成农业科技抗灾保丰产的工作合力。

国家发展改革委关于印发加强区域产业创新基础能力建设工作指导意见的通知

发改高技[2010]2455号

各省、自治区、直辖市及计划单列市、新疆生产建设兵团发展改革委：

为深入贯彻落实党中央、国务院关于提高自主创新能力、建设创新型国家的决策部署，国家发展改革委将围绕构建和完善各具特色和优势的区域创新体系，鼓励和引导地方建立长效的工作和投入机制，进一步加强区域产业创新基础能力建设，加快促进经济发展方式转变和结构调整。现将《加强区域产业创新基础能力建设工作指导意见》印发你们，请在工作中认真执行和落实。

附件：加强区域产业创新基础能力建设工作指导意见

国家发展改革委

二〇一〇年十月十三日

附件：

加强区域产业创新基础能力建设工作指导意见

为深入贯彻落实党中央和国务院关于提高自主创新能力、建设创新型国家的决策部署，全面推进实施《国家中长期科学和技术发展规划纲要（2006—2020年）》和国家自主创新基础能力建设规划，进一步加强产业创新基础能力建设，构建和完善各具特色和优势的区域创新体系，提出如下指导意见。

一、加强区域产业创新基础能力建设的意义

区域创新体系是国家创新体系建设的重要组成部分，区域产业创新基础能力是区域创新体系建设的关键。加强区域产业创新基础能力建设，主要是建立和完善由国家和地方工程研究中心、工程实验室、企业技术中心、公共技术服务平台等创新平台构成的多层次产业创新支撑体系，对促进经济社会的持续快速健康发展具有重要的现实意义。

（一）加强区域产业创新基础能力建设是推进创新型国家建设的重要举措。围绕推动经济社会发展真正转向依靠创新驱动和提高劳动者素质的轨道，发挥不同区域产业创新资源的特点和优势，构建各具特色的区域创新体系，有利于实现自主创新能力的统筹协调发展，全面提升国家的整体创新能力，加快国家重大战略的实施进程，推进创新型国家建设。

（二）加强区域产业创新基础能力建设是夯实国家自主创新支撑体系的迫切需要。大力推进产业创新平台建设，促进国家和地方相关创新平台的优化布局与合作，进一步加强创新资源的高效整合和开放共享，有利于促进区域创新体系与技术创新体系、知识创新体系、国防科技创新体系和科技中介服务体系等建设的相互融合，真正形成全方位推进国家创新体系建设的协调发展格局。

（三）加强区域产业创新基础能力建设是调整产业结构和转变经济发展方式的重要手段。针对国民经济发展的战略需求，着力区域创新基础能力的薄弱环节，通过强化产业创新平台建设，突破一批制约区域经济社会发展的关键共性技术，加快推进相关重大创新成果的产业化，有利于提升不同区域产业的层次和技术水平，进一步促进科技经济更加紧密结合，并不断探索创新驱动发展的新模式、新途径。

（四）加强区域产业创新基础能力建设是推进实施区域发展总体战略的重要支撑。围绕区域经济发展的战略需求，大力加强产业创新平台建设，提升区域创新基础能力，有利于推进建立区域间的协作创新机制，为西部开发、东北老工业基地振兴、中部崛起、东部率先发展提供动力支撑，加快推动形成主体功能定位清晰、东中西部良性互动的区域协调发展格局。

二、指导思想和基本原则

（一）指导思想

以科学发展观为指导，以促进结构调整和培育战略性新兴产业为主线，以推进经济发展方式转变为目标，按照国家自主创新基础能力建设规划明确的“着眼长远发展，优化整体布局，完善体制机制，提升创新能力”总要求，整合集聚创新资源，统筹创新平台建设，促进产学研用结合，大力提升区域产业创新基础能力，为经济社会持续健康发展和创新型国家建设提供有力支撑。

（二）基本原则

合理规划、特色发展。根据区域产业特色、资源禀赋和区位优势等，合理规划产业发展的区域创新基础能力建设方向和重点，加强国家和地方不同层面创新资源的有效对接，建设特色鲜明的多层次区域创新体系。

创新机制、整合资源。着眼国家创新体系建设的需要，探索建立国家和地方产业创新平台共享开放的运行机制和发展模式，有效整合区域创新资源，推进跨区域的产学研用合作，实现创新资源的优化配置和高效利用。

国家引导、地方为主。加强国家宏观政策和规划导向，发挥市场配置资源的基础性作用和公共财政投入的引导作用，鼓励和调动地方大力支持和加强自主创新基础设施建设，形成国家和地方相互联动的创新机制。

三、主要任务

（一）促进区域经济持续创新发展。提升区域产业创新基础能力，重点是围绕国家创新型城市、国家高技术产业基地建设以及地方特色产业链、地方主导产业发展确定的重点领域，强化产业创新平台建设，大力推进关键共性技术的研发和产业化，加快发展高技术产业，培育战略性新兴产业，调整振兴重点产业，广泛推广应用高新技术改造提升传统产业，不断注入区域经济持续增长动力。

（二）建立多层次区域创新体系。加大支持力度，进一步提升国家产业创新平台的能力和水平，充分发挥其对地方自主创新和经济发展的支撑和引领作用。鼓励和支持地方产业创新平台建设，促进跨区域、跨行业的联合，加快推进国家地方联合工程研究中心、国家地方联合工程实验室（以下简称“国家地方联合创新平台”）等创新平台布局，促进国家和地方产业创新平台的有机衔接和合作，强化不同区域研发、系统集成和工程化的能力，构建辐射带动作用强的区域创新源，推动形成各具特色、优势明显、高水平、多层次的区域创新体系。

（三）建立创新平台的高效运行机制。发挥市场配置资源的基础性作用和宏观政策规划的引导作用，推动技术、人才和资金等资源向创新平台的集聚，提高创新平台的运行效率和水平。探索长效的产业创新平台建设管理运行模式，推动建立国家地方互动协作的工作体系，大力推进产学研用的广泛合作，逐步形成利益共享、风险共担的创新机制，实现创新资源合理配置和高效利用。

（四）加速创新人才培养和集聚。依托产业创新平台和重大项目建设，凝聚和造就高端科技人才、管理人才，引进一批战略科学家和学术带头人，培养一批高素质的创新人才团队。建立和完善创新平台人才评价、激励机制，探索产学研用联合培养创新人才的新模式，推进建立创新人才在企业、高等院校、科研院所之间的流动机制，使创新平台真正成为创新人才的重要集聚地和各显其能的用武之地。

四、保障措施

（一）强化规划政策引导。根据国家自主创新基础能力建设的总体部署和要求，各省级发展和改革委员会（以下简称“各省级发展改革部门”）要结合本地经济和社会发展实际，会同有关方面研究制定本地自主创新能力建设规划，明确思路、发展方向、重点任务和目标，加强统筹协调，采取有针对性的政策措施，指导推进本地创新平台的建设。

（二）加强组织管理规范。各省级发展改革部门要把提升区域产业创新基础能力作为一项长期、日常的重要基础性工作来抓。要按照《国家高技术产业发展项目管理暂行办法》、《国家工程研究中心管理办法》、《国家工程实验室管理办法（试行）》、《国家认定企业技术中心管理办法》等有关规定，加强对国家工程研究中心、国家工程实验室、国家认定企业技术中心等建设和运行管理的指导，落实相关配套条件；根据《国家地方联合创新平台建设实施办法》（见附件），负责组织实施国家地方联合创新平台的建设。同时，要兼顾当前和长远，加强统筹，紧密结合本地区产业、经济的发展需要，对本地产业创新平台建设进行合理规划和布局，制定完善相应的管理规范，并加强与国家产业创新平台的有机衔接与合作。

（三）加大政府支持力度。国家发展和改革委员会（以下简称“国家发展改革委”）将进一步强化对产业创新平台建设的引导，会同有关部门研究制定鼓励产业创新平台建设的具体政策措施。省级发展改革部门要建立支持本地产业创新平台建设的计划支撑体系，安排专项资金和制定完善相关政策，创新支持方式和模式，激励、引导各方面共同推进国家和地方创新平台的建设，促进创新平台在产业标准、技术服务与扩散等方面发挥更大的作用。国家鼓励和支持跨区域和跨行业的创新平台建设。

（四）推进实施国家地方联合创新平台建设。围绕经济社会发展的战略需求和国家自主创新基础能力建设规划，加强区域创新基础能力建设，国家发展改革委将有计划、有步骤地布局一批国家地方联合创新平台。对符合条件的省级工程研究中心、工程实验室可命名为国家地方联合工程研究中心、工程实验室，或作为现有国家工程研究中心的分中心、国家工程实验室的分实验室，并对西部地区中部分特色突出、辐射带动作用强和行业影响明显的上述创新平台给予一定的资金支持。对于拟安排国家投资补助的西部地区国家地方联合创新平台，按照国家的统一规定和要求，原则上由相应的省级发展改革部门择优选择确定。

（五）探索创新管理方式。国家发展改革委要加强对国家地方联合创新平台建设的监督检查。各省级发展改革部门要加强对国家和地方创新平台建设的跟踪分析、研究，及时总结经验和教训，提出改进的对策措施和建议，积极促进创新平台与本地产业发展需求的紧密结合，切实发挥创新平台的功能和作用；要建立合理的动态考核评价体系和优胜劣汰的管理运行机制，加强对国家地方联合创新平台、地方创新平台的评估和检查，促进创新平台的良性发展。

附件：国家地方联合创新平台建设实施办法。

附件：

国家地方联合创新平台建设实施办法

第一章　总　　则

第一条　为加强和规范国家地方联合创新平台的建设和运行管理，制定本办法。

第二条　本办法所称国家地方联合创新平台是指国家地方联合工程研究中心和国家地方联合工程实验室。

第三条　国家地方联合创新平台建设应围绕国家创新型城市、国家高技术产业基地建设以及地方特色产业链、地方主导产业发展对技术进步的迫切需求，建立工程化研究、验证的设施和有利于技术创新、成果转化的机制，加快科研成果向现实生产力转化，为实现区域经济持续发展提供技术支撑。

第四条 国家地方联合创新平台应承担以下主要任务：

（一）根据国家相关批复文件的要求，实现设定的研究开发和成果转化目标；

（二）开展产业关键共性技术开发，并为行业提供技术开发及成果工程化的试验、验证环境；

（三）承担国家、地方和行业下达的科研开发及工程化研究任务，并依据合同按时完成任务；

（四）将承担国家、地方和行业任务所形成的技术成果通过市场机制向行业转移和扩散，起到科研与产业之间的桥梁和纽带作用。

第五条 国家发展改革委负责对国家地方联合创新平台进行有关命名的审查，并给予相关的政策支持。各省级发展改革部门负责会同本级政府其他相关部门制定和发布本地创新平台建设的规划和有关政策等指导性文件，进行国家地方联合创新平台的组织申报、初审、评价等管理。

第二章 申报和审查

第六条 国家发展改革委负责对申报的国家地方联合创新平台进行复核，并对通过复核的创新平台进行命名。

第七条 省级发展改革部门负责国家地方联合创新平台的申报和审查工作，主要包括：

（一）组织本地区符合条件的单位申报国家地方联合创新平台，指导申报单位编制国家地方联合创新平台方案。

（二）组织对方案进行初审，并提出审核意见。

（三）将通过初审的项目、审核意见及相关材料一并报送国家发展改革委申请复核。

第八条 拟申请国家地方联合创新平台的单位，应编制国家地方联合创新平台方案（编制提纲见附件）并向省级发展改革部门申报。方案需由符合省级发展改革部门规定资质的工程设计、咨询单位编写。

第九条 申请国家地方联合创新平台应具备以下条件：

（一）已经批复为省级工程研究中心、工程实验室等创新平台并运行1年以上。

（二）地方政府已有明确的财政资金支持计划或安排。

（三）符合区域发展规划和产业总体布局，属于地方主导产业、特色产业、国家创新型城市、国家高技术产业基地规划等确定的重点领域。

（四）能为解决当地产业或经济发展的瓶颈问题提供共性技术支撑，并对当地相关产业发展、结构调整有较好的辐射、带动作用。

（五）承担单位具有明显的创新资源优势，有比较好的技术研发、系统集成和工程化能力，有相应的基础设施配套条件。

（六）建设方案、目标和任务定位比较明确、合理，技术发展方向符合国家的产业技术政策。

第三章 建设和运行

第十条 国家发展改革委将根据年度国家投资预算，对西部地区中部分特色突出、辐射带动作用强和行业影响明显的国家地方联合创新平台给予一定的国家投资补助。

给予国家投资补助的国家地方联合创新平台，按照国家的统一规定和要求，原则上由相应的省级发展改革部门择优选择确定。

国家发展改革委负责对安排国家投资补助的国家地方联合创新平台建设情况进行跟踪、核查，并根据项目实施进展下达国家投资计划。

第十一条 省级发展改革部门负责对国家地方联合创新平台建设和运行进行管理,主要包括:

(一)指导和协调推进国家地方联合创新平台的建设工作,组织国家地方联合创新平台的验收工作以及验收后的运行管理和考核评价等工作;

(二)对于国家安排投资补助的国家地方联合创新平台,根据国家发展改革委的批复要求,组织项目单位编制项目资金申请报告,进行项目的审理和批复,并将批复文件及相关资料上报国家发展改革委备案,作为安排和下达国家投资计划的依据;

(三)根据国家有关规定建立相应的管理制度,完善管理规范,及时协调解决项目建设过程中的问题,配合有关部门做好相关工作;

(四)对国家地方联合创新平台项目安排配套资金,并通过相关计划支持其发展。

第十二条 项目承担单位负责国家地方联合创新平台的具体实施工作。

(一)按照有关批复文件的要求,落实建设与运行的支撑条件,筹措建设和运行经费,保障国家地方联合创新平台正常运行;

(二)承担国家和省有关部门委托的研发任务,保证国家地方联合创新平台的开放和共享,为国家和省相关重大战略任务、重点工程提供研发和试验条件;

(三)按照有关要求向审核部门报送项目实施情况和运行情况。

第十三条 项目承担单位应按照省级发展改革委部门批复资金申请报告的总体目标组织实施建设工作。实施过程中,项目出现重大情况需调整的,应编制项目调整报告报省级发展改革部门。对不能完成总体目标的项目,省级发展改革部门可根据国家地方联合创新平台实际运行状况,对国家地方联合创新平台提出重组、整合或撤销的意见,并上报国家发展改革委复核;对其他不影响项目总体目标实现的调整,由省级发展改革部门审核调整并抄报国家发展改革委。

第十四条 项目承担单位在每年 1 月底以前,将项目进度情况、存在的问题和解决措施等内容以书面形式报省级发展改革部门。省级发展改革部门于每年 2 月底以前,以正式文件向国家发展改革委提交项目进展情况报告。

第十五条 项目实施达到总体目标后,项目承担单位应及时做好项目验收准备工作,编制项目验收报告,并向省级发展改革部门提出项目验收申请。省级发展改革部门对项目验收报告的完整性进行审查后,组织专家组进行验收。省级发展改革部门根据专家组验收意见批复项目验收报告并报送国家发展改革委。

项目验收编制大纲由省级发展改革部门参照《国家工程研究中心管理办法》、《国家工程实验室管理办法(试行)》另行规定。

第四章 考核与评价

第十六条 项目实施过程中和验收后,省级发展改革部门组织对项目进行中期评估和后评估。

第十七条 国家地方联合创新平台实行优胜劣汰、动态调整的运行评价管理机制。省级发展改革部门委托中介评价机构对国家地方联合创新平台每 3 年进行一次运行绩效评价并于评价年的 8 月底前出具审核意见报国家发展改革委。国家发展改革委进行复核后统一对外发布。

评价办法参照国家相关管理办法的有关评价规定要求。

第十八条 国家地方联合创新平台考核评价结果分为优秀、良好、基本合格、不合格。评为基本合格的国家地方联合创新平台,国家发展改革委将给予警示。评为不合格的国家地方联合创新平台,予以撤销。

第五章 监督管理和法律责任

第十九条 国家发展改革委负责对国家地方联合创新平台情况进行稽查。省级发展改革部门和项目单位应配合财政、审计、监察等部门做好稽查、审计、监察和检查工作。

第二十条 凡不涉及保密要求的国家地方联合创新平台项目,均应采取适当方式向社会公开。

第二十一条 项目单位有下列行为之一的,可以责令其限期整改或取消命名,收回国家已拨付资金,并可视情节轻重提请或移交有关机关依法追究有关责任人的行政或法律责任:

(一)提供虚假情况,骗取国家补贴资金的;

(二)转移、侵占或者挪用国家补贴资金的;

(三)其他违反国家法律法规和本办法规定的行为。

第二十二条 各省级发展改革部门和评估、咨询单位及有关责任人在审查、评估、咨询、稽查、检查等过程中弄虚作假、玩忽职守、滥用职权、徇私舞弊、索贿受贿的,依法追究有关责任人的法律责任;构成犯罪的,由司法机关依法追究刑事责任。

第六章 附 则

第二十三条 本管理办法自发布之日起实行,由国家发展改革委负责解释。

附件:

国家地方联合创新平台方案编制提纲

一、摘要(4000字以内)

1. 国家地方联合创新平台名称
2. 国家地方联合创新平台法人概况
3. 项目方案编制依据
4. 国家地方联合创新平台提出的主要理由
5. 国家地方联合创新平台发展战略与经营计划
6. 国家地方联合创新平台建设内容、规模、方案和地点
7. 国家地方联合创新平台主要建设条件
8. 国家地方联合创新平台建设取得的成绩
9. 结论与建议

二、国家地方联合创新平台建设的依据、背景与意义

1. 国家地方联合创新平台所在区域相关产业已是地方相关规划确定的发展重点,目前产业发展面临的瓶颈问题,及对区域经济社会发展的影响和作用。

2. 国家地方联合创新平台所在产业领域的主要发展状况及趋势预测。国家地方联合创新平台建设对当地相关产业发展、结构调整将产生的影响、作用和意义。

3. 国家地方联合创新平台所在产业领域的国内外市场状况分析与发展趋势预测，以及国内外技术发展状况、方向分析与趋势预测。国家地方联合创新平台在同行中所处的水平和影响力。

三、主要方向、任务与目标

1. 国家地方联合创新平台的发展战略与思路
2. 国家地方联合创新平台的主要发展方向
3. 国家地方联合创新平台的主要任务
4. 国家地方联合创新平台的近期和中期目标

四、组织机构、管理与运行机制

1. 国家地方联合创新平台法人单位情况
2. 国家地方联合创新平台的机构设置与职责
3. 主要技术带头人、管理人员概况及技术队伍情况
4. 运行机制和激励机制

五、国家地方联合创新平台发展现状

1. 研发、工程化和试验验证条件建设情况
2. 现有技术、设备和工程状况
3. 原材料、动力、供水等配套及外部协作条件
4. 主要技术、工艺设计方案

六、其他需说明的问题

七、相关附件（地方对拟申报国家地方联合创新平台的省级创新平台的批复文件及批复时所依据的环评、土地或房屋、资金、法人等证明材料）。

国家发展改革委办公厅关于当前推进高技术服务业发展有关工作的通知

发改办高技[2010]1093号

北京市、天津市、河北省、辽宁省、上海市、江苏省、浙江省、广东省、四川省、湖北省、湖南省、重庆市、深圳市、大连市发展改革委：

高技术服务业是高技术产业的重要组成部分和增长引擎，对于推进产业结构优化升级，提升产业竞争力具有重要支撑作用。大力发展高技术服务业，是促进高技术产业规模持续增长，提升高技术产业发展质量的必然选择，也是加快培育战略性新兴产业，实现“中国制造”向“中国创造”转变的迫切需要。高技术服务业主要包括信息技术服务、生物技术服务、数字内容服务、研发设计服务、知识产权服务和科技成果转化服务等知识和人才密集、附加值高的相关行业。

当前，我国正处于加快调整经济结构，转变发展方式的关键时期，全社会对高技术服务的需求日益增长，以加工制造为主的中小企业对研发设计服务和信息服务，高新技术企业对知识产权服务和科技成果转化服务等均提出了新的更高的要求。经国务院同意，目前我委正会同有关部门着手

研究起草加快发展高技术服务业的指导意见。为从实践中探索高技术服务业发展规律，经研究，我们拟在部分省市先期开展高技术服务业创新发展工作，为今后全面部署高技术服务业工作奠定基础。现将有关工作事项通知如下：

一、工作思路

以科学发展观为指导，以做强做大高技术服务业为目标，依据地方条件和比较优势，着力推动重点领域改革，通过先行先试，完善体制机制；着力加强政府引导，促进产业集聚，创新服务模式；着力在带动性强的关键领域实现重点突破，加快建立健全高技术服务业体系，为高技术产业发展和产业结构调整提供有力支撑。

二、主要任务

（一）重点培育信息技术服务、生物技术服务、数字内容服务、研发设计服务、知识产权服务和科技成果转化服务等高技术服务行业。

（二）依托国家创新型城市建设，选择部分城市建立国家高技术服务产业基地，推动重点城市在服务模式、体制机制、政策措施、支撑体系建设等方面探索和完善推进高技术服务业发展的工作思路，促进高技术服务业集聚化。

（三）逐步建立和完善高技术服务业统计体系。经商国家统计局相关司局，各省市可按初步提出的高技术服务业统计目录进行统计试点工作（按照现行《国民经济行业分类》统计目录，高技术服务总量统计主要包括：一是第“G”类，信息传输、计算机服务和软件业；二是第“M”类，科学研究、技术服务和地质勘查业；三是第“L”类中的7450小类，即知识产权服务）。

三、工作重点

（一）信息服务

一是发展面向市场的高性能计算和云计算服务。加强对全国高性能计算中心的统筹规划，鼓励现有公立计算中心转变机制，采取单独和合作成立服务企业等方式，为全社会提供计算服务。大力发展云计算模式的平台运营和应用服务，促进已在内部应用云计算技术的企业进一步对外开展相关服务，推动有条件的制造企业通过云计算模式向服务转型。根据工作情况，选择部分城市作为云计算试验城市，组织国内骨干企业开展云计算服务。

二是开展物联网和下一代互联网应用服务。重点在精细农牧业、工业智能生产、交通物流、电网、金融、医疗卫生等领域开展物联网特色服务示范。按照国家统筹规划，加快互联网由IPv4协议向IPv6协议的转换，大力推动下一代互联网技术的应用，积极探索新技术条件下的服务模式创新。

三是促进软件服务化发展。推动软件开发与管理咨询的融合，提升龙头软件企业的咨询和服务能力，促进国内重点软件企业面向金融、电信、制造业等行业的知识库建设（包括标准规范、业务模型、数据模型、应用软件构件、行业信息化分析报告和软件解决方案等）。对引导软件企业提供SaaS（软件即服务）模式服务的应用聚合平台和技术服务平台加大推广应用力度，加强政府和企业业务外包管理支撑系统软件研发与应用，促进能源、交通等关键领域的实时数据库、智能管理信息系统软件研发和相关业务服务外包。

四是引导数字文化产业创新发展。加强数字动漫及数字影视、网络出版、3G手机内容服务等领域关键技术开发和应用平台建设，包括高计算能力的实时渲染系统研发和应用、中国风格动漫技法数字化与推广应用、自主动漫和游戏开发系统、数字出版服务平台、3G手机内容服务相关技术开发和服务模式创新、数字音视频及语义智能搜索引擎研发及应用、网络协同创作服务平台等。

(二)生物技术服务

大力发展临床前研究、药物安全性评价、临床试验及试验设计等专业化第三方服务,降低创新成本,提高创新效率;充分发挥现代中药、基因技术等研发优势,大力发展具有中国特色的药物研发外包服务;开展生物数据挖掘,建立生物信息共享体系,实现生物数据资源共享,为生物产业的快速发展提供关键数据资源和技术支撑服务。

(三)研发设计服务

在笔记本电脑、3G 手机等重点领域扶持发展一批高水平的设计企业,鼓励制造企业联合,或与相关企业合作成立专业设计服务企业;加强研发设计领域共性和基础性技术研发,在特色产业集群优势明显、研发设计服务需求迫切的重点地区,依托产业基地建设一批研发设计公共服务平台,通过扶持一批高水平设计企业,提升当地产业的产品研发设计能力。

(四)技术创新服务

一是提高知识产权服务能力。进一步开放专利等知识产权信息资源,鼓励全社会开发利用各类知识产权信息资源。在知识产权软件服务、专业知识产权数据库服务、知识产权咨询服务、知识产权质押贷款和其他投融资服务等增值服务领域扶持一批服务企业。支持各地有条件的公共知识产权机构进行企业化转制改革试点,或采取单独和合作成立服务企业等方式,为全社会提供高水平知识产权服务。

二是健全科技成果转化服务体系。支持各地积极探索,对各类技术转移机构加强引导,完善体制机制,建立有利于科技成果转化的市场环境。在节能环保、信息、生物、新材料、新能源等战略性新兴产业相关领域,扶持一批专业化的技术成果转化服务企业。鼓励现有科技成果转化服务企业进一步拓展服务领域,构建多领域、网络化的技术成果转化服务体系。引导科研院所和科技园区的科技成果转化机构采取单独或与社会投资机构合作等多种方式成立主营科技成果转化专业服务企业,提高科技成果转化效率。

四、工作要求

(一)要建立必要的工作组织协调机制,进一步解放思想、大胆实践,协调当地相关行业管理部门,推动高技术服务业体制机制创新,积极探索和创新高技术服务产业化发展模式。

(二)要研究制定相关政策措施。要根据本地区产业特色和对高技术服务的需求,会同地方相关部门,研究制定促进高技术服务业发展的政策措施,对重点领域尽可能给予政策和资金支持。

(三)要从本地区实际出发,组织编制本地区推进高技术服务业工作方案,于 2010 年 7 月 30 日前报我委(高技术司)。工作方案应包括总体工作思路、工作目标、主要任务和政策措施等。在总结工作方案实施情况的基础上,及时组织编制本地区高技术服务业发展规划。

(四)要建立并不断完善高技术服务业统计体系。各地发展改革委应与当地统计部门密切配合,结合当地实际情况,从 2010 年开始做好高技术服务业统计试点工作。

(五)要结合国家创新型城市建设,遴选部分重点城市建立高技术服务产业基地。请在高技术服务业工作方案中提出基地建设相关建议,包括基地建设工作思路、工作目标、主要任务和政策措施等内容。高技术服务产业基地认定有关工作另行通知。

(六)要及时总结工作情况,分析存在问题,提出政策措施建议,并及时将相关工作情况报送我委(高技术司)。

我们将与相关方面协调配合,及时总结先行先试地区的工作经验,推广成功模式,逐步形成政策措施建议。并将视情况对有典型示范作用的高技术服务产业基地重点项目,采取后补助方式给予一定资金支持。

国家发展改革委办公厅
二〇一〇年五月十二日

北京市人民政府关于修改《北京市科学技术奖励办法》的决定

北京市人民政府令 第222号

（2010年8月13日）

《北京市人民政府关于修改〈北京市科学技术奖励办法〉的决定》已经2010年6月8日市人民政府第68次常务会议审议通过，现予公布，自公布之日起施行。

市长 郭金龙
二〇一〇年八月十三日

北京市人民政府关于修改《北京市科学技术奖励办法》的决定

市人民政府决定对《北京市科学技术奖励办法》作如下修改：

一、第六条增加一款，作为第四款："市科学技术奖励工作办公室承担评审委员会的日常工作。"

二、第七条修改为："国家机构以外的社会组织或者个人利用非财政性经费设立面向本市的地方性科学技术奖项，应当向市科学技术行政部门办理登记手续。"

"社会组织或者个人经登记设立面向本市的地方性科学技术奖项，在评审、奖励活动中不得收取任何费用。"

三、第十一条第一款修改为："市科学技术奖分设重大科技创新奖、一等奖、二等奖、三等奖。其中，每年一等奖为30项左右，二等奖为60项左右。奖金数额由市科学技术行政部门会同市财政部门规定。"

四、第十四条修改为："各专业评审委员会负责对候选项目进行初审，根据市科学技术行政部门制定的评审标准和评价指标实行记名投票，提出奖励项目的初审结果。"

五、第十五条第二款修改为："市科学技术行政部门组织有关专家对奖励项目有异议的进行复审,并记名投票表决,作出复审意见,提交评审委员会。”

六、第十六条修改为:“评审委员会根据奖励的重点,对初审结果和复审意见进行综合评议,并记名投票表决,提出项目获奖人选和奖励等级的评审意见。”

七、第十七条修改为:“市科学技术行政部门对评审委员会提出的市科学技术奖的获奖人选和奖励等级的评审意见进行审核后,报市人民政府批准。”

八、第二十六条中的“社会力量”改为“社会组织或者个人”。

本决定自公布之日起施行。2002 年 4 月 11 日北京市人民政府第 93 号令发布, 2007 年 3 月 7 日北京市人民政府第 187 号令修改的《北京市科学技术奖励办法》根据本决定修正后,重新公布。

北京市科学技术奖励办法

(2002 年 4 月 11 日北京市人民政府第 93 号令发布
根据 2007 年 3 月 7 日北京市人民政府第 187 号令第一次修改
根据 2010 年 8 月 13 日北京市人民政府第 222 号令第二次修改)

第一条 为了奖励在本市科学技术进步活动中做出突出贡献的个人和组织,调动科学技术人员的积极性和创造性,加速本市科学技术进步,促进首都的经济建设和社会发展,根据《国家科学技术奖励条例》等有关规定,结合本市实际情况,制定本办法。

第二条 市人民政府设立北京市科学技术奖(以下简称市科学技术奖)。

市科学技术奖用于奖励本市行政区域内对科学技术创新和发展做出突出贡献的组织和个人,重点奖励在本市国民经济和社会发展规划纲要确定的重点发展行业和科技发展重点领域中取得的技术成果、采取产学研联合创新机制研究开发并在本市实施应用的技术成果、拥有自主知识产权或者形成国家或者国际标准的技术成果等。

第三条 本市科学技术奖励贯彻尊重知识、尊重人才的方针,鼓励自主创新、促进科学研究、技术开发与经济建设、社会发展密切结合,加速科教兴国和可持续发展战略的实施。

第四条 市科学技术奖的评审、授予,实行公开、公平、公正的原则。

第五条 市科学技术行政部门负责市科学技术奖评审的组织和管理工作。

第六条 市人民政府设立北京市科学技术奖励评审委员会(以下简称评审委员会)。评审委员会下设若干专业评审委员会,依照本办法的规定,负责市科学技术奖的评审工作。

评审委员会由政府相关部门主管科技工作的负责人和行业领域专家组成,其中行业领域专家比例不少于50%。评审委员会组成人员的人选,由市科学技术行政部门提出,报市人民政府批准,任期三年。

各专业评审委员会由相关专业领域的专家组成,各专业评审委员会的人选由市科学技术行政部门确定。

市科学技术奖励工作办公室承担评审委员会的日常工作。

第七条 国家机构以外的社会组织或者个人利用非财政性经费设立面向本市的地方性科学技术奖项,应当向市科学技术行政部门办理登记手续。

社会组织或者个人经登记设立面向本市的地方性科学技术奖项,在评审、奖励活动中不得收取任何费用。

第八条 市科学技术奖的奖励范围包括：

（一）通过原始创新、集成创新、引进消化吸收再创新取得的技术成果，应用于经济建设和社会发展，拥有自主知识产权，并取得较大经济效益或者社会效益的；

（二）在产品、工艺、材料等方面研究开发共性技术和关键性技术，实施后取得较大经济效益或者社会效益的；

（三）在转化、推广科技成果并使之产业化中，取得显著经济效益或者社会效益的；

（四）在科学技术基础性工作和社会公益性科学技术事业中取得较大经济效益或者社会效益的；

（五）阐明自然现象、特征、规律，在学术上有新见解，得到国内外学术界公认的基础研究成果，对科学技术发展具有重要价值的；

（六）研究成果对推动决策科学化和管理现代化，促进科技、经济与社会协调发展起重大作用的；

（七）外国组织或者个人同本市的组织或者个人合作研究、开发的重大科学技术成果；

（八）对提高公众的科学文化素养具有明显成效的科普作品。

第九条 下列成果不属于市科学技术奖的评审范围：

（一）涉及国防、国家安全并由于国家安全和保密原因不能公开的成果；

（二）正在研究且不能在其他领域应用的成果；

（三）存在知识产权以及有关完成单位、完成人员等方面争议的成果；

（四）已申报其他省（部）级科技奖励的成果。

第十条 市科学技术奖每年评审奖励一次，由市人民政府颁发证书和奖金。奖励经费由市财政列支。

第十一条 市科学技术奖分设重大科技创新奖、一等奖、二等奖、三等奖。其中，每年一等奖为30项左右，二等奖为60项左右。奖金数额由市科学技术行政部门会同市财政部门规定。

对于完成取得重大经济效益或者社会效益的科技创新的组织和个人，可以授予重大科技创新奖。有关重大科技创新奖的评审事项，由市科学技术行政部门报市人民政府决定。

第十二条 市科学技术奖单项奖励授奖人数一等奖不超过15人，二等奖不超过10人，三等奖不超过6人。获奖人员按贡献大小排序。

重大工程类和重大推广类成果，依据单位申报，奖项可以仅授予组织。

第十三条 市科学技术奖的候选项目由本市行政区域内的下列组织推荐：

（一）国家及本市有关部门；

（二）所在区、县人民政府；

（三）市科学技术行政部门认可的其他组织和个人。

第十四条 各专业评审委员会负责对候选项目进行初审，根据市科学技术行政部门制定的评审标准和评价指标实行记名投票，提出奖励项目的初审结果。

第十五条 市科学技术奖初审结果实行公告异议制度。初审结果在市科学技术行政部门指定的媒体上公布，公告期为30天。公告期内对初审结果有异议的，可以提请复审。

市科学技术行政部门组织有关专家对奖励项目有异议的进行复审，并记名投票表决，作出复审意见，提交评审委员会。

第十六条 评审委员会根据奖励的重点，对初审结果和复审意见进行综合评议，并记名投票表决，提出项目获奖人选和奖励等级的评审意见。

第十七条 市科学技术行政部门对评审委员会提出的市科学技术奖的获奖人选和奖励等级的

评审意见进行审核后，报市人民政府批准。

第十八条 市政府有关部门按照各自的职责协同做好市科学技术奖的评审监督工作。

第十九条 获得市科学技术奖的组织，应当从实施获奖项目的收益中提取一定比例，奖励获奖项目的主要完成人员。

第二十条 市科学技术奖的获奖人申请市科技计划项目时，在同等条件下，可以优先立项。

第二十一条 市科学技术奖重大科技创新奖、一等奖、二等奖的获奖项目，符合国家级科学技术奖申报条件的，由市科学技术行政部门负责推荐。

第二十二条 评审专家及相关工作人员应当遵守评审工作规定，不得与获奖候选人单独接触，不得透露评审项目的技术内容及评审情况；涉及当年申报奖励项目或者与申报奖励项目的组织或者个人有利害关系的，应当回避。

第二十三条 对弄虚作假、剽窃他人成果等骗取奖励的，由市科学技术行政部门报经市人民政府批准，撤销其奖励，追回奖金和证书，并在相关媒体予以公布。

第二十四条 评审专家及工作人员在评审工作中有弄虚作假、徇私舞弊以及其他违反评审规定行为的，由其所在主管部门依法给予行政处分；由市科学技术行政部门报经市人民政府批准，取消其评审专家资格。

第二十五条 推荐单位提供虚假材料，协助他人骗取市科学技术奖的，由市科学技术行政部门取消其三年内的推荐资格，并在相关媒体予以公布。

第二十六条 社会组织或者个人未经登记，擅自设立面向本市的地方性科学技术奖项的，由市科学技术行政部门予以取缔。

社会组织或者个人经登记设立的面向本市的地方性科学技术奖项，在评审、奖励活动中收取费用的，由市科学技术行政部门没收其所收取的费用，可以并处所收取费用的1倍以上3倍以下的罚款；情节严重的，撤销登记。

第二十七条 本办法自2002年5月8日起施行。1988年市政府发布的《北京市科学技术进步奖励办法》（京政发［1988］121号）同时废止。

北京市人民政府关于印发《北京市促进软件和信息服务业发展指导意见》的通知

京政发［2010］4号

（2010年3月10日）

各区、县人民政府，市政府各委、办、局，各市属机构：

现将《北京市促进软件和信息服务业发展的指导意见》印发给你们，请结合实际贯彻落实。

北京市人民政府

二〇一〇年三月十日

北京市促进软件和信息服务业发展的指导意见

软件和信息服务业是国家重点发展的战略性新兴产业，也是本市在全国处于领先地位并具有全球化发展潜力的重要产业。做大做强软件和信息服务业，对于进一步提升本市信息产业的国际竞争力、转变经济发展方式、实现信息化与工业化的有效融合具有重大意义。为抓住建设创新型城市和中关村国家自主创新示范区的发展机遇，把软件和信息服务业打造成本市重大战略性支柱产业，提出如下指导意见。

一、指导思想

以科学发展观为指导，把全面提升软件和信息服务业发展能力作为迎接新机遇和新挑战的战略任务，重点提升自主创新能力、高端发展能力和对国际资源的调动能力，努力创造发展环境更优、企业规模更大、创新水平更高、新兴产业成长更快的局面，推动软件和信息服务业又好又快发展并实现新的突破。

二、总体目标

到2012年，全市软件和信息服务业实现总收入超过4000亿元，增加值在全市地区生产总值中的比重超过12%，从业人员达到50万人，并培育出年营业收入超过100亿元的企业。2012年后，要在新起点上继续发展，保持本市软件和信息服务业全国第一的地位，强化首都支柱产业地位，使北京成为在全球有重要影响力的软件和信息服务业中心城市之一；把中关村国家自主创新示范区核心区建成全国最大的软件技术创新基地、新兴产业孵化基地、居世界前列的软件和信息服务产业集聚区。

三、重点任务

（一）以基础软件和工业软件为核心，打造中国核心软件产品主要生产基地，软件产业收入达到1000亿元。

结合实施国家科技重大专项，大力促进操作系统、数据库、3S（遥感技术、地理信息系统和全球定位系统）软件、信息安全软件等软件产品的发展，加快工业软件的产业化步伐，培育以移动平台软件为代表的高端嵌入式软件产业，支持软件产品的服务化转型，显著提升软件业的自主化、产业化水平。

（二）围绕十大应用领域，鼓励研发行业解决方案，信息技术服务业收入超过1000亿元。

以交通（重点是高速铁路、轨道交通等）、能源（重点是新能源、智能电网等）、制造业、物流、政务、金融、电信、传媒、医疗、医保社保等行业和领域的大型信息系统工程为核心，增强高端咨询能力、设计规划能力，形成一批大型综合解决方案，成为国家信息化工程的主要建设者和高端集成服务商。

（三）引领新一代互联网技术应用，强化中国互联网中心地位，互联网内容产业收入达到1000亿元。

保持本市在门户网站、搜索引擎、网络游戏等方面的领先优势，大力发展电子商务、社区网络、网络视频、数据库服务、数字出版等新兴内容产业，打造全国网络电视基地，不断提高创意能力、增值能力、聚合能力和传播能力。

（四）加快推进三网融合发展，提升信息传输服务业的水平，成为1000亿元级的全球信息传输新枢纽。

面向3G移动通信网络、20兆入户宽带网络和交互式有线电视网络等新网络平台，发展位置服务、智能导航、视频监控、网络电视等新型运营业务，不断提高网络增值服务水平。发展数据中心、呼叫中心、容灾备份中心等信息化基础设施服务产业，积极支持各大集团总部在京建立专业化的指挥调度中心和商务信息中心，拥有一批辐射全球的商务信息总部。

（五）巩固本市在全国IT服务外包产业和软件出口领域的领军城市地位，提升外包层级，成为出口超过100亿美元的服务外包中心。

积极扩大外包企业规模，提升承接离岸服务外包的能力和水平，发展外包交付和再发包中心，强化本市在国内服务外包产业的领先地位。支持国际知名企业在京扩大研发中心和地区总部，使本市成为跨国公司首选的全球软件和信息服务业总部基地之一。

（六）大力发展软件和信息服务业新型业态，成为中国新兴产业发展最活跃、成长最迅速的城市。

紧紧抓住云计算和物联网等新技术带来的产业创新机会，引导和推动新一轮创业浪潮的兴起，通过产学研联盟等方式，培育新的产业增长点，积极打造世界级创新型软件和信息服务业企业。

四、保障措施

（一）加强统筹协调，建立推进机制和服务体系。

建立指导软件和信息服务业发展的统筹协调机制，明确部门分工，加快协调推进。将软件和信息服务业纳入全市国民经济和社会发展计划、中关村国家自主创新示范区发展规划，促进其快速发展。

加强专业化促进机构和行业协会建设，支持建立数据调查、资质评估、项目监理、质量测试、咨询设计、国际市场服务等方面的中介服务体系。

（二）突出扶持重点，建设引领产业发展的核心企业群体

实施“打造一批大集团、聚集一批大总部、做强一批高端企业、培育一批高成长企业”的“四个一批”工程。集中资源扶持大企业、新型企业和快速成长的企业，重点支持10家左右领军企业和300家左右骨干企业。

加强银企合作，促进企业兼并重组。加强市、区县联动，积极推进有重大发展潜力的项目。鼓励和支持区县引进国内外知名IT企业总部落户北京。

（三）集成使用政策，完善政策体系。

以降低企业运行成本作为改善发展环境和完善产业政策体系的核心，进一步加大在人才、科技、技术改造、高技术产业化、知识产权保护等方面的政策扶持力度，同时通过整合利用各项政策措施，共同推进软件和信息服务业的发展。

（四）加大政府投入，改善投融资环境。

在政府设立的产业引导资金中，保证有一定比例的资金用于软件和信息服务业，为重大研发和产业化项目以及促进企业兼并重组、建立投融资体系、培育新型业态、扩大市场应用、建设公共服务平台等提供资金支持。

发挥中小企业投融资平台的作用，建立与担保公司、政策性银行和商业银行的合作渠道，切实解决软件和信息服务业企业融资难问题，为企业兼并重组等项目提供金融支持。

支持在京设立软件和信息服务业投资基金，吸引风险投资和产业投资等各类投资机构在京集中，使本市成为软件和信息服务业的资本中心。

（五）加强自主创新，突破关键技术。

鼓励企业承接和参与国家科技重大专项。对承担国家科技重大专项和本市重大科技项目的本市软件和信息服务业企业，落实地方配套资金。

鼓励体制、机制创新，支持开展以企业为主体的自主创新活动，在云计算、物联网、基础软件、移动计算、可信计算等重点和新兴产业领域，加大研发投入力度，实施技术标准战略，支持技术联盟发展。

（六）加强人才引进和培养，强化人才优势。

在全球范围内引进产业发展急需的高端人才，尤其是新兴产业领军人才和世界级技术专家。充分利用好中央“千人计划”和本市“海聚工程”的平台，凝聚大批掌握前沿技术的创新创业人才。

完善对高级管理人才和技术人才的引进和奖励政策，加大奖励力度，将重点信息服务业企业纳入人才奖励范围。

做好软件和信息服务业引进人才和接收急需专业毕业生的有关工作，保障重点企业的人才需求。

（七）合理规划布局，建立一批新的产业发展基地。

继续建好中关村软件园。在中关村国家自主创新示范区核心区内，高起点规划建设新的世界级软件园区。

按照城市功能定位的要求，对云计算产业园、物联网产业园、导航产业园、数字高清产业基地等新的信息服务业基地进行科学、合理的规划布局。

充分利用传统工业调整的厂房资源和其他存量房产地产，支持建设公共服务平台、小型产业集聚区和专业楼宇，降低创业型小企业的成本。

（八）优化市场环境，完善市场体系。

加强软件和信息服务业企业的产权、技术、产品和服务等要素市场体系建设。建立面向国际的软件和信息服务交易市场，扩大本市作为全国市场中心的影响力。

引导信息服务市场的有效扩大。3 年内实现市、区县两级政府信息化建设投资的 100% 和运行维护投资的 80% 外包给软件和信息服务业企业。鼓励在京中央单位、大型企事业单位将 IT 相关业务分立成专业化公司或者对外发包。

进一步完善市场秩序，健全行业资质等级制度。研究建立云计算、云服务等新型服务业态的市场准入和监管制度。

加大软件和信息服务业的知识产权保护力度，严厉打击各种侵权盗版行为，使本市成为全国软件知识产权保护最好的城市。

北京市人民政府批转市科委关于《北京市促进设计产业发展指导意见》的通知

京政发[2010]29号

(2010年10月12日)

各区、县人民政府,市政府各委、办、局,各实属机构:

现将市科委《北京市促进设计产业发展的指导意见》批转给你们,请结合实际认真贯彻执行。

北京市人民政府

二〇一〇年十月十二日

北京市促进设计产业发展的指导意见

设计是集成科学技术、文化艺术与社会经济要素,基于智力和创意,利用现代科技手段,提升生产、生活价值和品质的创新活动。为推进"人文北京、科技北京、绿色北京"和北京世界城市建设,提升自主创新能力,加快经济发展方式转变,建设中关村国家自主创新示范区,支持本市各类设计创新活动,现就进一步促进北京设计产业发展工作提出以下指导意见:

一、提高认识,明确目标定位

设计产业是生产性服务业的重要组成部分,大力发展设计产业是推动生产性服务业与国际接轨的重要途径。当前,北京正处在科技、文化与经济深度融合发展的关键时期,加快推进设计产业发展,是推动传统产业升级、拓展现代服务业发展领域,提升自主创新能力,推动产业结构调整,实现经济发展方式转变的重要举措,对打造城市品牌、增强城市综合竞争力、提升北京国际形象、加快建设世界城市具有重要意义。

(一)指导思想

落实"人文北京、科技北京、绿色北京"和建设世界城市目标,以提高自主创新能力为核心,以实施"首都设计产业提升计划"为主线,重点提升国际化水平和品牌建设能力,努力形成企业主体地位更加突出、市场运行机制更加完善、人才资源更加聚集、产业融合作用更加明显的新局面,推动设计产业又好又快发展。

（二）基本原则

坚持设计创新与科技创新相结合，提高设计产业自主创新能力；坚持发展大型企业与培育中小企业相结合，扩大设计产业规模；坚持走出去与引进来相结合，提升设计产业国际化水平；坚持政府引导和市场调节相结合，营造产业发展良好环境。按照《国民经济行业分类》标准的行业分类办法，结合北京特点和优势，重点发展工业设计、建筑设计、工程设计、规划设计、集成电路设计、服装设计、工艺美术设计、平面设计、展示设计、电脑动漫设计、时尚设计等一批产业规模较大、集聚效应明显、具有一定国际影响力的设计行业。

（三）发展目标

推出5至10名具有国际影响力的设计大师，培育设计产业100强企业及一批优秀中小设计企业，建设一批设计产业集聚区，到2012年，设计产业收入突破1300亿元。用5至10年时间，推动北京成为全国设计核心引领区和具有全球影响力的设计创新中心，将北京建设成为世界设计之都。

二、实施企业成长工程，提升产业竞争力

（一）支持重点设计企业做大做强

实施"设计百强企业"计划，支持一批成长性好的优秀设计企业，将其培育成为自主创新能力强、具有较强国际影响力和竞争力的龙头品牌设计企业。通过"一企一策"的支持方式，为企业提供特色服务，采取多种鼓励办法帮助企业入选设计百强企业。

（二）扶持中小设计企业做专做精

努力解决中小设计企业面临的突出问题和困难，加大力度扶持各类中小设计企业的创业和创新发展，改善中小企业生存发展环境，帮助其加强专业服务能力建设，开拓国内外市场，培育一大批"专、精、特、新"并具有较强竞争力的小企业。

（三）鼓励企业加强技术创新

鼓励各类设计企业开展技术创新和重大专业技术攻关，促进理论研究，面向优势行业，加大设计技术和设计成果的推广应用力度，结合设计新技术的发展及行业应用特点，不断创新设计产品和服务。

（四）鼓励组建设计产业联盟

鼓励龙头设计企业牵头组建各类设计产业联盟，吸纳国际知名设计机构与设计师加入，打造联盟品牌，开拓市场，承接国内外订单，为企业提供设计咨询、技术服务、市场信息和人才服务。促进设计行业交流合作，鼓励设计企业联合，推动设计企业资源共享、协同发展。

（五）推进企业聚集发展

鼓励建设一批优势互补、特色鲜明、功能齐备的产业园区，推动设计产业集群化发展。打造西城核心设计示范区；推动海淀集成电路设计和电子产品设计、东城工艺美术设计、朝阳艺术时尚与展示设计、顺义汽车设计、石景山动漫游戏设计和工程设计、昌平现代装备设计、大兴工业设计、通州体育休闲设计等集群发展。

（六）加强专业孵化体系建设

鼓励设计企业、高等学校、科研院所及各类社会力量在设计产业聚集区建设设计产业科技企业孵化器，支持其专业化、市场化发展，提升科技条件、技术转移、专业咨询、投融资和市场推广等方面专业服务能力，不断完善创业孵化功能，为大学生创业就业创造条件，推动中小设计企业聚集和成长。

（七）促进设计条件资源开放共享

鼓励设计产业领域的公司制、市场化的科技条件平台建设，整合设计院校、科研院所、企业的科技

条件资源,运用市场化机制,促进条件资源的开放共享,为中小设计企业提供专业的科技条件服务。

(八)完善设计公共服务平台

建设“北京设计博物馆”,搭建各类设计技术公共服务平台、信息服务平台、成果转化平台,集成国内外优质设计资源,为企业成长提供品牌推介、国际交流、技术转移、科技创新、信息共享、人才培训、知识产权服务、政策和法律咨询等系统服务。

三、实施市场建设工程,扩大产业规模

(一)推进设计交易市场建设

健全设计商品、原创设计、设计服务等各项专业化设计要素市场。推动创意研发、展览展示、产权评估、物流交易等一系列产业链要素建设,促进相关服务与贸易的发展。制定交易规则,规范交易流程,创新业务模式。依托中国技术交易所、中国文化产权交易所、北京国际版权交易中心,完善设计交易市场体系,大力推进中国设计交易市场建设,实现设计交易国际化。

(二)建立设计合同登记制度

将设计合同纳入现有技术市场合同登记制度,鼓励企业、设计机构等对设计项目合同进行登记,促进设计市场交易规范化。

(三)加强行业市场化建设

加强各类行业协会组织建设,发挥其行业规范和促进职能;在暂不具备认定标准的设计行业开展设计企业和设计师资格认证的试点工作;推进已具备行业认证标准的行业与国际接轨。探索建筑设计、规划设计与国际接轨的行业管理模式以及各种经济类型企业的准入制度;鼓励建筑企业申办建筑设计资质;完善设计人才信用评价和管理制度。

四、实施人才建设工程,推进产业持续发展

(一)创新人才培养模式

大力支持设计教育,加强高等院校学科建设,创新教学模式,加大人才培养力度。鼓励产学研联合培养符合市场需求的实践型设计人才。鼓励社会力量兴办设计职业教育机构。鼓励企业选派设计人员出国培训、工作。鼓励符合条件的设计园区、设计企业设立博士后科研工作站及人才培养基地。

(二)实施“百名设计大师”计划

建立设计大师认定制度,鼓励各行业推荐优秀设计人才,对接国际标准,培育100名具有国际影响力的设计大师,鼓励其参与国际交流活动、开展国际合作项目、加入国际行业组织,提升国际知名度。

(三)积极引进高端设计人才

鼓励国内外优秀设计人才来京创业或从事设计创新工作,鼓励企业招聘国内外高端设计人才。

(四)扶持自由设计师成长

培养一大批自由设计师,鼓励设计产业集聚区、企业设计部门和设计企业为自由设计师开设工作平台,建立活动登记台账制度,形成自由设计师动态数据库,为自由设计师成长和创业创造便利条件。

五、实施国际对接工程,拓展产业发展空间

(一)引入国际知名设计机构和品牌活动

在国家及本市相关部门的支持、协调下,大力吸引国际设计组织、跨国公司和境外著名设计机

构来京设立设计中心或分支机构，在京举办设计创新活动和商业活动。

（二）积极参与国际设计组织和重要活动

全面对接国际标准，鼓励设计企业、设计机构和设计师参与国外重大设计活动、展览。发展设计服务贸易，承接国际设计服务外包业务。鼓励有条件的企业在境外建立设计机构，加入国际设计组织。

（三）建设国际合作平台

鼓励设计企业、机构和设计师参与国际设计领域竞争，与国际设计组织建立交流合作机制，与国际设计企业、机构及设计师建立多种形式业务往来，参与国际标准的制定，开展国际设计项目合作，共享设计信息渠道。

六、实施品牌塑造工程，增强产业辐射能力

（一）打造“北京设计”品牌形象

继续扩大“中国创新设计红星奖”等品牌奖项的国际影响力，推动其成为北京举办、代表中国、具有国际影响力的著名奖项。努力将“北京国际设计周”、“北京服装周”等活动打造成国际知名的设计品牌。鼓励社会力量参与举办设计活动，提高市民参与度。

（二）进一步加大“北京设计”对全国的辐射

利用“北京设计”的品牌优势，加强品牌宣传推广渠道建设，调动首都各类资源，积极组织品牌设计机构、优秀设计师及行业组织开展路演、论坛、洽谈等多种形式的市场推广活动，推动北京优势设计资源与京外地区需求对接，实现北京的设计优势向全国和国际辐射。

七、实施产业融合工程，增强产业支撑能力

（一）组织实施设计示范项目

组织设计企业在汽车、装备制造、消费电子、医疗器械等北京市当前重点发展的制造业领域内，启动实施一批示范工程和示范项目，带动制造业企业增强设计应用水平，提升自主创新能力和产品附加值。

（二）加快设计和工业对接

鼓励工业企业与设计院校、设计企业、设计机构共同开展设计项目研发，采用专业设计服务，提升工业产品的设计水平，丰富产品品种，提升企业形象，增强市场竞争力。

（三）鼓励大型制造企业建立设计创新中心

鼓励制造业领域有条件的龙头骨干企业建立设计创新中心和设计机构，为本企业或行业内其他企业开展产品设计服务，对符合条件的设计创新中心，由市科委组织认定并予以挂牌。

八、完善政策体系，优化产业发展环境

（一）加大财政资金支持力度

加大财政资金对设计产业的支持力度，采取贷款贴息、无偿资助、股权投入、后补贴等方式，重点支持企业、科研院所、高校、设计机构围绕设计产业关键领域、薄弱环节开展自主创新的设计项目，举办重大宣传、展示活动，开展国际交流；支持设计产业园区培养设计人才，为大学生创业和自由设计师开展业务提供配套服务。发挥财政资金的杠杆作用，引导社会资金投入设计产业。

符合条件的设计领域科技企业孵化器，可申请认定为北京市高新技术产业孵化基地。经认定的孵化基地和在孵企业可享受相关政策支持。

支持各类企业建立设计创新中心，对符合条件的给予认定，经认定的设计创新中心可享受相关政策支持。具体实施办法由市科委制定。

（二）进一步落实税收优惠政策

鼓励符合条件的设计企业参与高新技术企业认定。经认定的高新技术企业，减按15%的税率征收企业所得税。

2009年1月1日至2013年12月31日，设计企业经认定为技术先进型服务企业且年检合格后，减按15%的税率征收企业所得税；发生的职工教育经费按不超过企业工资总额8%的比例据实在企业所得税税前扣除，超过部分，准予在以后纳税年度结转扣除；对符合条件的离岸服务外包业务收入免征营业税。

支持设计企业技术研发和自主创新。企业开发新技术、新产品、新工艺发生的研究开发费用，可根据国家有关规定，在计算应纳税所得额时加计扣除。未形成无形资产计入当期损益的，在按照规定据实扣除的基础上，按照研究开发费用的50%加计扣除；形成无形资产的，按照无形资产成本的150%摊销。企业由于技术进步，产品更新换代较快的固定资产，可以按照税法规定采取缩短折旧年限或者采取加速折旧的方法。

鼓励设计企业进行技术转让和技术改造。对设计单位和个人从事符合条件的技术转让、技术开发业务和与之相关的技术咨询、技术服务业务取得的收入，免征营业税。对设计企业在一个纳税年度内技术转让所得，符合国家税收减免规定的，按照有关规定对企业所得税予以减免。

（三）加强金融服务

支持有条件的设计企业做大做强实现上市。根据企业发展阶段和条件，对处于培育期、辅导期、申报期的企业给予相应支持。鼓励设计企业进入中关村代办股份转让系统等场外交易市场挂牌交易。

建立中小设计企业融资担保机制。支持和引导担保机构为设计企业特别是中小设计企业融资提供担保，并鼓励金融机构开展设计企业知识产权质押贷款业务试点。

鼓励金融机构面向设计产业开展科技保险产品试点，探索信托产品创新和应用。在设计行业中开展股权投资创新、科技保险、股权激励等试点工作。

（四）加强政府采购支持

落实政府采购自主创新产品的各项制度，将经过认定的设计产品（服务）纳入《北京市自主创新产品目录》，扩大对设计产品（服务）的政府采购范围，本市各级政府机关、企事业单位和团体组织使用财政性资金采购设计产品（服务）的，在同等条件下要优先购买列入目录的产品（服务）。

（五）优化人才发展环境

在相关专业技术职称体系中增设设计专业门类，按照专业技术职务评审办法进行评审。

对设计产业发展急需的高层次专业技术人才，符合本市相关规定的，市有关部门、区县政府协助其解决户口入京、子女入托或就学等问题。

符合《北京市引进人才和办理〈北京市工作居住证〉的暂行办法》的设计人才，按照相关规定可为其办理北京市工作居住证，并享受相关待遇。

符合条件的高端设计人才推荐其入选“千人计划”与“北京海外人才聚集工程”、“新世纪百千万人才工程”和“中关村高端领军人才聚集工程”，享受相关优惠政策，并给予配套奖励。

市政府对经认定的设计大师给予奖励，所得奖金免征个人所得税。对符合条件的设计大师优先推荐其参与“五一劳动奖章”、“先进工作者”等评选。鼓励设计企业开展股权激励工作，对企业以股权、期权等形式给予设计人才的奖励，按照国家有关税收优惠政策执行。

设计相关专业博士后科研工作站按照本市关于博士后工作的相关政策给予支持。

九、健全工作机制，完善组织保障

（一）加强设计产业组织机构和工作机制建设

建立北京市推进设计产业发展工作领导协调机制，统筹制定全市设计产业发展的政策方向和重大战略，制定北京市设计产业发展规划。

加强服务机构建设，开展设计产业发展的政策宣传、战略研究、活动组织、企业服务、市场促进工作。

（二）加强设计产业知识产权保护工作

加强知识产权宣传教育，提高设计企业知识产权保护意识。鼓励设计公司及相关企业申请知识产权，引导设计公司及相关企业申请外观设计专利、实用新型专利、发明专利和进行版权登记。加大设计产业知识产权保护力度，营造良好环境。

（三）完善设计产业统计制度

建立设计产业统计制度和统计指标体系，及时准确跟踪、监测、分析和反映设计产业发展状况，把握设计产业经济运行态势。建立重点企业跟踪直报制度和设计产业统计公报制度，及时发现企业生产经营中存在的主要矛盾和问题，做好设计产业经济运行的预警预报工作。

（四）加强科普宣传工作

在全市开展设计创新宣传、科普、交流等活动，充分利用广播电视、报刊杂志、互联网络、户外广告以及其他各类媒体，增强对“百强设计企业”、“百名设计大师”以及对设计产业做出突出贡献的机构、企业和个人的宣传力度，提高社会认知程度，拉动全社会设计服务需求。

北京市人民政府关于推进首都科技金融创新发展的意见

京政发[2010]32号

（2010年10月21日）

各区、县人民政府，市政府各委、办、局，各市属机构：

为深入贯彻落实科学发展观，切实加强科技和金融的资源结合，促进经济发展方式转变，提高自主创新能力，结合本市实际，现就全面推进首都科技金融创新发展提出如下意见：

一、指导思想和工作目标

指导思想。以邓小平理论和“三个代表”重要思想为指导，深入贯彻落实科学发展观，抓住建设中关村国家自主创新示范区的有利契机，坚持先行先试原则，完善科技金融体系，构建科技金融创新机制，促进科技与金融有机结合，加快首都科技金融创新发展，全面推进“人文北京、科技北京、绿色北京”建设，为建设中国特色世界城市奠定基础。

工作目标。在市委、市政府及市金融服务工作领导小组领导下，通过创新科技金融产品，完善科技金融市场，聚合科技金融组织，聚集科技金融人才，建立起与首都科技地位相匹配、与首都金融资源相适应的科技金融服务体系，把北京建设成为具有国际影响力的科技金融创新中心。

二、加快建设中关村科技金融创新中心

（一）推进首都科技金融综合改革试验。支持海淀区充分发挥创新资源优势，重点在科技金融主体聚集、多层次资本市场服务体系建设、金融工具创新、公共服务平台建设等方面开展先行先试。着力集聚各类科技金融主体和要素，支持以科技企业为主要服务对象的金融机构总部及区域总部落户发展。研究探索在中关村科技金融创新中心（以下简称创新中心）开展区域性股权交易市场、保险机构（含社保机构）股权投资业务、小额贷款公司引入外资和吸引民间资本等试点工作，综合运用短期融资券、中期票据、集合票据、集合资金信托计划、企业债券、无担保债券等各种金融工具支持科技企业发展。

（二）优化创新发展环境与服务。统筹利用中关村发展专项资金和海淀区相关资金，研究制定鼓励天使投资发展的政策，健全和完善创业投资风险补偿政策，落实好本市促进股权投资基金发展的政策措施。进一步加大对入驻创新中心金融机构的政策扶持力度。打造科技金融公共服务体系，建立科技金融综合统计分析平台，协调整合政策、资金、项目、信息等资源，为创新中心内的金融机构提供全面高效的工作、人才和生活服务支持。研究探索行政管理体制改革试点工作，优化投融资审批环境，将外资审批、消防等方面的行政审批权限进一步下放到海淀区。

三、加快完善科技信贷支持体系

（三）建立政银企专项工作机制。由市金融局会同人民银行营业管理部、北京银监局、中关村管委会等相关部门以及各区县政府、在京银行业金融机构共同构建政银企科技金融专项工作机制，推动建立协调联动机制、合作创新机制、信息共享机制、风险共担机制、联合信贷机制和信用增进机制，建设网上信息交流和融资服务平台。

（四）建立风险评估咨询机制。组建科技信贷风险评估咨询专家库，建立科技信贷风险评估专家咨询机制，为商业银行审批科技企业贷款提供专家人选，鼓励金融机构对重点科技项目提供专业化的融资咨询服务，组织金融专家和科技专家为科技企业融资活动提供志愿服务。

（五）鼓励设立科技信贷专营机构。积极落实相关支持政策，鼓励银行业金融机构进一步增加为科技型企业服务的特色支行、信贷专营机构、科技金融事业部等机构，并实施单独的考核和奖励政策，建立授信尽职免责制度，简化贷款审批流程，提高审批效率和放款速度。

（六）深化小额贷款公司试点工作。积极探索多种形式的小额贷款公司设立模式，实施贷款投向的分类指导和监管，鼓励结算银行为小额贷款公司提供融资支持，构建良好的小额信贷支持服务体系。鼓励小额贷款公司为中关村国家自主创新示范区内的科技企业提供资金支持，适当放宽小额贷款的额度限制。

（七）逐步扩大科技信贷创新产品规模。在中关村国家自主创新示范区内，鼓励扩大中小企业信用贷款试点规模，增加合作银行数量，鼓励其在风险可控前提下提高对中小企业信用贷款的审批效率。积极开展知识产权质押贷款，市知识产权局和市工商局等有关部门要为开展知识产权质押贷款创造条件；推广海淀区知识产权质押贷款贴息政策，鼓励有条件的区县研究制定业务风险补贴等政策措施支持开展知识产权质押贷款。探索知识产权质押贷款质权处置途径，扩大知识产权质押贷款规模。

（八）鼓励开展科技金融服务创新。鼓励银行业金融机构开发适合多个企业参与的集合信贷产品，对技术联盟、战略联盟、销售联盟，或是紧凑的上下游企业自律组织联盟进行集合授信支持。鼓励通过并购贷款支持科技企业发展；支持金融机构开展软件外包贷款、集成电路贷款、文化创意贷款、节能减排贷款等产品和服务创新；采用股权质押贷款、保理、融资租赁等多种融资手段，拓宽企业融资渠道。鼓励金融机构及相关中介机构为科技企业做好结算咨询、财务顾问等金融服务。

四、加快拓展科技企业市场融资体系

（九）推动科技企业在创业板上市。加快建立推动企业创业板上市的政策支持体系、上市培育体系和信息支撑体系。加强对科技企业改制、上市过程的综合配套服务，鼓励科技企业改制并给予费用补贴，有针对性地组织上市培训工作，建立北京市企业上市资源数据库和企业上市网。发挥中关村国家自主创新示范区科技企业资源丰富的优势，集中力量培育一批创新能力强、成长快、前景好的创业板上市企业，做大做强中关村板块。

（十）推动债务融资创新。加快推动科技企业在银行间市场融资，与银行间市场交易商协会建立长期全面合作机制，积极支持中债信用增进投资公司在京发展。建立科技企业在银行间市场融资的绿色通道，鼓励其发行短期融资券、中期票据、集合票据等融资工具。大力发展企业票据融资市场，扩大票据发行规模。拓宽科技企业债券融资渠道，满足企业中长期发展资金需求。积极推动科技中小企业发行集合债券，并给予政策支持。

（十一）发展中关村代办股份转让系统。支持中关村代办股份转让系统制度创新，探索建立做市商制度和资本市场转板制度，增进市场流动性和活跃度。大力培育试点企业资源，进一步扩大试点规模。把中关村代办股份转让系统建设成为统一监管下的全国性场外交易市场。

（十二）发展各类产权交易市场。创新技术交易服务模式，大力扶持技术投资机构发展，推出技术投资基金和科技信托基金，广泛吸引社会资本参与科技成果产业化，支持中国技术交易所发展成为具有国际影响力的技术交易市场。加快发展知识产权交易市场，创新版权产业投融资模式，鼓励设立新媒体版权权益投资基金，推动设立文化产权交易所。依托北京环境交易所建立环境权益交易平台，以市场化机制推动节能减排创新试点和节能环保技术发展。

五、加快发展股权投资服务体系

（十三）发展天使投资和创业投资。积极落实国家对创业投资企业发展的税收优惠政策，创业投资企业采取股权投资方式投资于未上市中小高新技术企业2年以上的，可以按照其投资额的70%，在股权持有满2年的当年抵扣该创业投资企业的应纳税所得额；当年不足抵扣的，可以在以后纳税年度结转抵扣。推动国家产业技术研发资金在京参股设立创业投资基金。鼓励天使投资和创业投资对具有创新精神、自主技术和市场潜力的科技企业直接投资。

（十四）发展股权投资基金。充分发挥北京股权投资发展基金引导作用，发挥科技产业投资基金、绿色产业投资基金和文化创意产业投资基金的带动作用，鼓励市场化股权投资机构在京注册发展，形成“1＋3＋N”的股权投资市场机构体系。鼓励各类资金投资于北京股权投资发展基金和其他市场化股权投资基金，鼓励社保基金、银行资金、保险资金、信托资金、境内外合格机构投资者和成熟个人投资者支持本市股权投资基金业发展。

（十五）发展股权投资基金管理机构。鼓励在京股权投资管理机构提升管理水平，加强团队建设，优化投资管理。吸引一批优秀的外资股权投资机构在京设立管理公司，发起设立股权投资基金，对外资股权投资基金在资本金结汇等方面给予先行先试的政策支持。推动外资与境内股权投资机构的合资合作，提升股权投资管理的国际化水平和国际竞争力。

（十六）建设股权投资服务平台。加强股权投资基金与银行、证券、保险等相关金融机构的合作，为股权投资机构在基金设立募集、中介服务、项目退出等环节，提供专业化服务。建立市、区县两级政府和北京股权投资基金协会一体化、一站式股权投资服务体系。市金融局和相关部门要加大对股权投资机构吸引聚集力度，制定有利于股权投资在京注册、发展的便利机制和激励机制；区县政府要做好落地服务工作；北京股权投资基金协会要加强对会员的服务与自律管理。

六、加快完善科技保险创新体系

（十七）完善创新科技保险产品。创新保险对科技企业的服务模式，将保险服务拓展到企业成长的各个阶段。鼓励和推动科技企业投保企业财产险、高管和关键研发人员意外与健康险、关键研发设备险等科技保险，按照规定对投保企业给予保费补贴。建立科技企业保险理赔绿色通道，提高科技保险理赔服务水平。

（十八）推进中关村科技保险创新试点。加大对中关村自主创新产品的保险支持力度，建立并完善政府采购首台（套）重大技术装备、自主创新产品首购风险的保险补偿机制，通过政府保费补贴、投保与招投标评分相结合等办法，降低首台（套）使用方风险。鼓励中关村企业、保险公司和商业银行联合开展国内外应收账款信用保险及贸易融资创新。积极争取中关村科技企业商业补充养老保险、补充医疗保险的税收优惠政策。鼓励保险资金通过债权、股权等方式投资中关村科技企业。

（十九）发挥高新技术企业出口信用保险作用。推动中国出口信用保险公司加大对中关村高新技术企业的支持力度，提供专业、高效的风险管理咨询和评估服务，对企业自身信用评级和海外买家资信调查费用给予优惠，对购买统保保险的科技企业给予保险费率优惠。按本市支持企业短期出口信用险相关规定，对有关投保企业给予保费补助。

七、加快发展科技企业信用增强体系

（二十）加大融资性担保支持。积极落实国家对融资性担保机构的各项奖励政策，鼓励担保机构加入再担保体系。加大市与区县对政策性担保机构的支持力度，鼓励政策性担保机构对战略性新兴产业领域的高新技术企业扩大担保规模。

（二十一）建立信用信息归集和共享机制。充分利用人民银行企业和个人征信管理系统，依法归集和整合工商、税务、海关等部门的科技企业基础信用信息，建立北京市科技企业信用信息系统，完善科技企业信用信息库。建立和完善企业信用信息共享机制，进一步促进科技企业信用信息的采集、使用和共享，推动统一征信平台建设。

（二十二）强化科技企业信用评价。政府部门、金融机构、投资机构、信用评级机构、会计师事务所等机构共同开展对科技企业的综合信用评定，充分发挥信用自律组织作用，建立完善的企业信用评价体系。建立信用增进机制，创新信用增进模式，采取企业集合增信、担保公司联合增信、再担保公司放大增信规模、投保信用保险增信的方式，为科技企业融资提供信用增进服务。树立守信企业典型，每年评选奖励若干信用良好企业，鼓励金融机构为其降低综合融资成本。

（二十三）发展科技金融中介组织。发展律师、注册会计师、资产评估、信息咨询、资讯、信用管理等科技金融中介服务。规范信用评级机构及其从业人员的行为，增强信用评级机构的公信力，推动提高评级报告质量，扩大评级报告的应用范围。培育一批首都金融中介机构优质资源，发挥行业协会作用，推动中介机构加强科技金融服务。

八、加快构建科技金融组织保障体系

（二十四）发挥投融资服务平台作用。加大对重点领域和重点项目的投融资支持力度，通过金融手段促进中央企业科技成果转化和项目落地，为科技企业和自主创新项目提供综合性金融服务。

（二十五）创新组合金融服务模式。组合银行、证券、保险、基金、信托、租赁、天使投资、创业投资、股权投资、担保等各类机构，创新融资方式和服务模式，形成满足不同类型、不同成长阶段科技企业的金融服务联盟。金融服务联盟以多种形式搭建覆盖范围广、功能齐全的融资支持服务平台，为科技企业提供集中统一的结构融资服务。

（二十六）聚集科技金融专业人才。支持各类高等院校培训高层次的科技金融创新人才。引进国际著名工商管理培训机构，加强本土培训机构发展。组织科技企业金融培训班，建立由金融管理部门、金融机构、专家学者、专业人士和科技创业者等参与的科技金融讲师团。组织在京金融和科技人才开展国内外交流合作，加大海外高层次科技金融人才引进力度。每年从金融机构和科技企业中评定若干科技金融人才，并给予政策奖励。

本意见实施过程中遇到的问题由市金融局牵头组织协调。

北京市人民政府
二〇一〇年十月二十一日

北京市人民政府办公厅转发市经济信息化委《关于加强技术改造工作的意见》的通知

京政办发[2010]18号

（2010年6月1日）

各区、县人民政府，市政府各委、办、局，各市属机构：

市经济信息化委《关于加强技术改造工作的意见》已经市政府同意，现转发给你们，请认真贯彻落实。

北京市人民政府办公厅
二〇一〇年六月一日

关于加强技术改造工作的意见

实施技术改造是党中央、国务院的一项重大决策，是促进产业持续健康发展的重要举措，对转变经济发展方式、提升企业综合竞争力、优化产业结构、增强产业发展后劲、实现做强第二产业的目标具有重要意义。当前，本市已进入全面建设“人文北京、科技北京、绿色北京”和世界城市的战略发展阶段，要实现高端、高效、高标准的发展目标，走内涵式发展道路，必须进一步加强技术改造工作，加快信息化和工业化融合（以下简称两化融合）的步伐，使现有产业始终保持较强的竞争力。现就进一步加强本市技术改造工作提出如下意见：

一、指导思想

深入贯彻落实科学发展观，以市场为导向，以企业为主体，以结构调整为主线，以技术创新为动力，以提高经济效益为中心，把技术改造作为统筹推进“调整振兴、两化融合、自主创新、节能减排、兼并重组、淘汰落后”等工作的战略性手段，完善政策措施，创新体制机制，引导社会投入，全面推动经济内涵式发展。

二、工作目标

围绕国家重点产业振兴规划和本市产业调整振兴实施方案的实施，通过技术改造促进产业发展显效益、结构调整上水平、企业发展上层次、两化融合上台阶。完成高污染、高耗能、高耗水和“五小”企业退出的阶段任务；进一步提高节能减排水平，使工业单位产值能耗、水耗等指标优于国家下达的任务目标，工业企业污染物排放全面稳定达标，绿色生产体系初步形成；不断优化工业结构，使高技术产业和现代制造业增加值占工业增加值的比重逐年增加；形成一批掌握核心技术和自主知识产权、具有自主创新能力的优势企业；两化融合取得显著进展。

三、重点任务

（一）支持电子信息、软件和信息服务等产业加快前沿技术自主化进程，提高国际竞争力

支持集成电路、高世代平板显示核心技术和先进生产线建设，改造升级现有装备和生产线；支持新一代移动通信设备研发生产、计算机研发能力建设和下一代互联网推广应用；支持软件及信息服务业加快发展；支持制造业向高端生产性服务业升级发展。

（二）支持生物和医药、新能源、新材料等产业加快关键技术产业化，尽快发展成为主导产业

重点支持化学药、中药、医疗器械等优势领域的改造升级工作，积极培育生物制药、生物农业、工业生物等潜力领域，提高服务配套能力；大力推进风电、太阳能等新能源领域的技术研发和关键零部件、装备生产制造；支持石化、建材等新材料产业加快结构调整、实现升级换代。

（三）支持装备制造、汽车和交通设备、都市型工业等产业加大产品升级换代力度，提高工艺和质量，加速产业升级

推进装备制造业重大技术装备自主化，提高实验设备、基础配套件和基础工艺水平；支持汽车产业扩能和技术升级，以小排量车型为重点，引进适应市场需求的新车型和换代车型，投产自主开发的新车型和改进车型，加快推进关键零部件技术产业化、自主化、系统化和模块化，支持电动汽车

等新能源汽车整车和关键系统在研发和制造环节实现突破;支持都市型工业装备自主化和关键技术产业化,淘汰落后工艺和设备,丰富产品种类,提高产品质量。

(四)支持骨干企业将技术改造与兼并重组相结合,提高规模经济水平和核心竞争力

支持骨干企业以技术改造为契机,通过实施跨国、跨地区、跨行业的联合、兼并、重组,引进国内外先进技术和装备,提升技术水平和产品层次,完善产业链配置;支持已开展兼并重组的骨干企业实施技术改造,整合资源,调整产品结构,提高企业规模经济水平和产业集中度。

(五)支持中小企业加强研发、更新装备、改进工艺、丰富品种、改善管理,走"专、精、特、新"的发展道路

积极通过金融信贷、信用担保等政策,支持中小企业引进先进技术、工艺和设备,向"专、精、特、新"方向发展;支持和鼓励中小企业集聚发展,并与大企业形成协作配套关系,提高应变能力和抗风险能力;支持建设中小企业公共技术服务平台;支持中小企业开展信息化建设和开拓国内、国际两个市场。

(六)支持镇村企业聚集发展、特色发展和统筹协调发展,形成与区域产业发展协作配套的特色产业基地

支持镇村企业淘汰落后技术和产能,发展特色产业和优势产业,促使产业布局由"小、散、乱"向龙头带动、聚集发展的模式转变,最终在全市形成20个左右与所在区县功能定位相符合的特色产业基地,并与所在区县工业园区形成在产业链上配套、在生产上协同的紧密型合作关系,成为工业园区在空间和产业链上的自然延伸。

(七)支持企业节能减排和淘汰落后,构建绿色生产体系

产业结构调整由注重"关停并转"向"创新驱动、内涵挖潜"转变。支持企业升级改造和淘汰落后并举,推广普及新技术、新产品、新材料及新装备,淘汰落后技术、产品和生产方式。坚持节约生产、清洁生产,支持工业污染防治技术应用和废物综合利用。注重在技术改造中节约能源、降低消耗和保护环境,大力发展低碳经济和循环经济。

(八)支持技术成果产业化,提升企业自主创新能力

鼓励企业采用自主创新技术和自主品牌产品。优先支持重大自主创新技术产业化项目和采用较多自主知识产权、自主品牌产品的项目。支持企业与高等院校、科研院所形成紧密型合作关系,共建国家工程(重点)实验室、国家工程研究(技术)中心、企业技术中心、研发中心等,突破关键共性技术,加快研发成果产业化进程。支持企业通过技术改造形成专利等无形资产,培育一批具有自主知识产权的知名品牌,显著提升全市产业的竞争力和综合实力。

(九)支持企业采用安全性能可靠的新技术、新设备、新工艺和新材料,提高安全生产保障能力

鼓励企业采用全球定位系统(GPS)、地理信息系统(GIS)和物联网技术等先进适用技术手段,对重大危险源进行监控,消除安全隐患,提高对重大危险源动态监控监管能力。鼓励技术改造项目采用国际先进标准,提高安全生产保障水平。鼓励企业加大安全投入,推广普及安全高新技术,淘汰安全性能低的落后技术、工艺和产品,提高安全装备水平。加快重点行业、重点领域中安全管理关键共性技术开发,推动科技兴安战略的实施。

(十)支持两化融合,提升企业综合集成能力

支持信息技术在工业产品研发设计、生产制造、经营管理、市场营销等业务环节的融合渗透;支持企业应用企业资源计划(ERP)、供应链管理(SCM)、客户关系管理(CRM)等软件和电子商务系统,提高经营管理水平;支持企业应用计算机辅助设计(CAD)、计算机辅助制造(CAM)、计算机集成制造系统(CIMS)等技术开展网络化设计和制造,促进企业产品设计、制造模式和企业间协作模式创新。

四、保障措施

(一)加强组织领导

建立北京市企业技术改造联席会议制度,负责协调全市技术改造工作,研究解决相关问题,并发布年度技术改造指导目录和重点项目。联席会议的召集单位为市经济信息化委,成员单位为市发展改革委、市科委、市财政局、市人力社保局、市国土局、市环保局、市规划委、市住房城乡建设委、市水务局、市商务委、市国资委、市国税局、市地税局、市质监局、市安全监管局、市统计局、市金融局、市知识产权局、中关村管委会、北京经济技术开发区管委会等部门、单位和各区县政府。各区县经济和信息化主管部门负责制定各区县技术改造工作计划并予以落实。

(二)完善投融资体系

加强统筹协调,充分利用全市现有各类产业发展资金支持技术改造工作,保障重点技术改造项目所需资金。对纳入国家重点产业振兴和技术改造投资计划的技术改造项目,按照有关规定给予配套政策和资金支持;对市级重点技术改造项目,给予贷款贴息、投资入股、拨款补助等支持。拓宽融资渠道,创新融资方式,鼓励重点技术改造项目实施单位通过企业债券、中期票据、短期融资券、集合票据、上市、风险投资、信托等方式进行融资。对国家重点产业振兴规划和本市产业调整振兴实施方案范围内的技术改造项目,引导金融机构加大信贷支持力度。完善中小企业技术改造的投融资支持体系,提高为中小企业融资服务的水平。进一步规范中小企业创业投资引导基金发展,加强融资担保、再担保工作。建立健全中小企业上市融资服务平台。鼓励区县政府设立技术改造专项资金或安排资金支持技术改造工作,结合各区县产业特点和资源优势,扶持区域特色产业和优势产业发展。

(三)健全服务体系

市各有关部门要加强政务公开,优化办事流程,为技术改造项目的实施提供优质服务。通过绿色审批通道机制,加快办理本市重点技术改造项目的相关审批手续。推进技术改造"一站式"在线审批工作,提高审批效率。建立健全企业技术改造统计体系。充分发挥行业协会和各类中介机构在技术改造中的作用,支持信息服务、评估咨询、招投标、融资担保等相关业务发展。

(四)加强项目管理

加强技术改造项目核准备案管理,逐步将单位产值能耗、水耗、单位土地面积投资强度、技术改造项目性质是否符合所在区县功能定位及园区产业定位,作为项目核准备案的重要考核指标。按照"改造一批、投产一批、储备一批"的思路,建立健全项目库制度,对储备、在建和投产的各类项目实行全流程管理,指导督促企业严格执行建设项目安全设施"三同时"制度,重点加强后评价管理。

(五)健全政策法规体系

认真贯彻《中华人民共和国科技进步法》等法律法规,落实国家相关补贴、税收优惠等政策,推动本市技术改造的立法工作,形成本市支持企业技术改造的政策法规体系。

(六)加强人才队伍建设

引导企业建立和完善内部激励机制,落实鼓励岗位成才的有效措施,形成尊重人才、凝聚人才的氛围。广泛开展多层次、多渠道、多种形式的技能培训,不断提高职工对先进设备、工艺的掌握能力和水平。对企业关键岗位紧缺急需的优秀人才,可以按照本市有关政策予以引进。

北京市科学技术委员会关于印发《北京市科技计划项目(课题)管理办法(试行)》的通知

京科发[2010]52号

(2010年2月2日)

各有关单位:

为加强我市科技计划项目的管理,实现项目管理的科学化、规范化和制度化,我委组织制定了《北京市科技计划项目(课题)管理办法(试行)》,现予印发,请遵照执行。2002年6月公布的《北京市科技计划项目管理办法》废止。

北京市科学技术委员会

二〇一〇年二月二日

北京市科技计划项目(课题)管理办法(试行)

第一章 总 则

第一条 为优化科技资源配置,规范北京市科技计划项目(以下简称"项目")和北京市科技计划课题(以下简称"课题")管理,提高项目(课题)质量和管理效率,根据北京市科技计划管理要求和北京市财政科技经费管理要求,参照国家科技计划项目管理有关规定,制定本办法。

第二条 本办法适用于由北京市科学技术委员会(以下简称"市科委")立项,并由北京市财政科技经费(以下简称"科技经费")拨款支持的项目和课题。其中,课题包括项目下设课题和其他工作任务确定的课题。

第三条 项目(课题)指为落实国家政策方针,依据北京市经济社会发展的主要目标,由市科委研究确定并组织安排在北京地区注册的法人单位承担的科学技术研究开发、成果转化应用等任务。

第四条 项目(课题)管理应遵循公开、公平、公正原则,体现服务型政府的科技管理职能,强化需求调研与项目凝练、行政决策与专家论证相结合,注重对项目(课题)的调度检查、总结验收和相关责任主体信用管理。

第二章　管理组织

第五条　项目实行“项目-课题制”管理，即将项目的任务和目标分解落实到若干课题任务中组织实施。

第六条　市科委是项目（课题）的主管部门，负责项目（课题）计划的组织和管理。项目主持单位（以下简称“主持单位”）是项目的组织实施单位，课题承担单位（以下简称“承担单位”）是课题的实施单位。

第七条　市科委主要职责包括：

（一）制定项目（课题）管理制度并监督执行；

（二）负责项目（课题）凝练与立项决策，主持项目（课题）招标，签订《北京市科技计划课题任务书》（以下简称《课题任务书》）；

（三）负责项目（课题）的调度评议和监督检查，处理有关问题；

（四）组织项目（课题）的验收（结题）工作，确认项目（课题）完成或结题，进行成果管理；

（五）监督、指导项目（课题）档案的形成与积累，组织项目（课题）档案评估和确认；

（六）负责对项目（课题）相关责任主体进行信用管理；

（七）按照电子政务建设的相关要求进行项目（课题）信息化管理；

（八）按照国家档案管理的有关规定进行项目（课题）档案管理。

第八条　主持单位主要职责包括：

（一）负责项目可行性研究，组织编制《北京市科技计划项目实施方案》（以下简称《项目实施方案》）并落实课题任务，协助市科委组织项目（课题）实施方案专家论证，协助市科委进行项目下设课题招标，与承担单位一起和市科委签订《课题任务书》；

（二）组织项目实施，落实配套条件和经费，监督承担单位落实课题实施的配套条件和经费，保证项目负责人及主要参加人员的稳定；

（三）监督课题的实施，协调解决有关问题，提出项目调整、变更备案、终止结题申请，审核下设课题调整、变更备案、终止结题申请，及时向市科委报告项目（课题）实施中的重大事件，协助市科委完成项目（课题）的调度评议和监督检查等工作；

（四）负责编制项目验收（结题）材料，审查下设课题验收（结题）材料，协助市科委完成项目（课题）验收（结题），按市财政局要求完成项目绩效考评，负责项目及下设课题相关文件的档案归档及技术保密工作；

（五）负责就项目成果知识产权与有关单位做出书面约定，提出成果应用和推广计划；

（六）协助市科委开展与项目相关的国际合作、人才培养、科技宣传等工作；

（七）配合市科委完成其他相关工作。

第九条　主持单位应具备下列基本条件：

（一）在北京地区注册，具有独立法人资格；

（二）具备完善的财务、档案和保密管理制度；

（三）项目负责人具有本专业领域高级技术职称或相当资格，原则上年龄不超过60周岁，且在项目任务执行期内在职，具有较强的项目组织管理和协调能力，身体健康并能切实履行职责；

（四）具有组织项目实施的管理团队和专业人员；

（五）符合市科委对主持单位的信用要求。

第十条　承担单位主要职责包括：

(一)开展课题可行性研究,提出《课题实施方案》,配合市科委、主持单位完成课题实施方案专家论证,与主持单位一起和市科委签订《课题任务书》;

(二)落实课题实施的配套条件和经费,保证课题负责人和研究团队的稳定;

(三)负责课题的实施,及时解决出现的问题,提出课题调整、变更备案、终止结题申请,及时向市科委和主持单位报告课题实施中的重大事件;

(四)配合市科委完成课题验收(结题)、成果管理等相关工作,协助主持单位完成项目绩效考评,负责课题的档案归档及技术保密工作;

(五)负责课题研究成果知识产权保护,并予以有效管理和充分使用;

(六)配合市科委完成其他相关工作。

第十一条 承担单位应具备下列基本条件:

(一)在北京地区注册,具有独立法人资格;

(二)具备完善的财务、档案和保密管理制度;

(三)课题负责人具有本专业领域高级技术职称或相当资格,原则上年龄不超过60周岁,且在课题任务执行期内在职,具有较强的课题组织管理和协调能力,身体健康并能切实履行职责;

(四)在相关研究领域具有较高的研究开发水平和技术优势,具有完成课题所需的研究团队和基础条件;

(五)符合市科委对承担单位的信用要求。

第十二条 在项目(课题)的可行性研究、方案论证、年度评议和验收等环节应组织专家咨询。专家咨询意见应作为项目(课题)管理与决策的重要参考依据。咨询专家及专家组应具备如下基本条件:

(一)具有良好的科学道德和职业道德,能够客观、公正、实事求是地提出咨询意见;

(二)从事与所咨询项目(课题)相关的专业研究,具有高级技术职称或相当资格,熟悉相关领域的科技、经济发展状况,了解科技活动的特点与规律,经验丰富,有突出业绩,在本领域或行业内具有较高的水平;

(三)身体健康,能够承担相关工作;

(四)符合市科委对咨询专家的信用要求;

(五)专家组成员的知识构成应在科技、经济、管理等方面具有代表性和互补性,专家组具有相应的综合分析判断能力。

咨询专家在为项目(课题)提供咨询的过程中须遵守独立、保密、回避等原则。

第三章 需求调研及重点任务确定

第十三条 市科委按照北京市委市政府的中心工作要求,结合《北京市中长期科学与技术发展规划纲要》和“科技发展五年规划”等相关规划的实施以及社会的项目(课题)建议(附件:《××年度北京市科技计划项目(课题)建议表》),开展年度需求调研。

第十四条 市科委根据年度需求调研情况,凝练北京市重点领域和产业发展的重大科技需求,确定北京市科技计划年度重点工作和任务及科技经费总预算,组织有资质的单位提出年度项目(课题)。

第四章 立项管理

第十五条 市科委按照年度科技计划和科技经费预算要求组织立项。项目(课题)立项一般包括提出项目(课题)、项目可行性研究、项目(课题)实施方案论证与财政预算评审、下达项目任务、课题招标和《课题任务书》签订等。

第十六条　市科委根据年度重点任务和科技经费总预算,研究拟定项目及主持单位。

第十七条　主持单位按项目任务要求组织开展可行性研究并进行专家咨询,编制《北京市科技计划项目可行性研究报告》(以下简称《项目可行性研究报告》)并报送市科委。

第十八条　市科委对《项目可行性研究报告》进行研究和决策。确定的项目,由主持单位组织编制《项目实施方案》及下设课题的《课题实施方案》、《招标课题任务说明》并报市科委审查。市科委审查通过后组织项目(课题)实施方案专家论证。通过论证的项目及下设课题按要求进行财政预算评审。

第十九条　通过论证的项目,主持单位将《项目实施方案》、经过财政预算评审的《课题实施方案》、《招标课题任务说明》一并报市科委审核确认。市科委确认后下发《关于下达××年度北京市科技计划"××××"项目任务的通知》(以下简称《项目任务通知》)。

第二十条　需招标的课题,由市科委组织、主持单位协助进行招标。

第二十一条　主持单位根据确认的《课题实施方案》组织承担单位编制《课题任务书》,报市科委签订后执行。

第二十二条　其他工作任务确定的课题,承担单位自行组织可行性研究,编报《课题实施方案》,市科委组织专家论证。通过论证的课题,按要求进行财政预算评审,《课题实施方案》报市科委审核确认。承担单位根据确认的《课题实施方案》编制《课题任务书》,报市科委签订后执行。

第五章　实施管理

第二十三条　项目(课题)实施管理采取日常沟通、调度评议、监督检查等形式。

第二十四条　市科委对项目(课题)进行调度和检查,监督项目(课题)执行情况。跨年度项目(课题)由市科委按年度进行项目(课题)评议,并据此确定下一年度计划。

第二十五条　《项目任务通知》及《课题任务书》原则上不做调整。对执行中出现的问题,主持单位(承担单位)应及时采取措施协调解决并向市科委报告;确需调整、终止的,应及时提交书面申请,经市科委批准后执行。市科委也可根据执行情况做出项目(课题)调整、终止结题决定。

第二十六条　项目(课题)管理实行重大事件报告制度。对项目(课题)实施过程中取得的重大进展,或发生的可能影响任务按期完成并难以协调解决的重大问题,主持单位(承担单位)、项目(课题)负责人应及时报告并提交书面材料,市科委根据具体情况进行相应处理。

第二十七条　除须报市科委批准的调整内容以外,其他不影响任务完成的《项目任务通知》及《课题任务书》内容发生变化,主持单位、承担单位应报市科委确认备案后进行变更。

第六章　验收(结题)管理

第二十八条　项目(课题)任务期满即进入验收阶段。课题应在任务期满后三个月内完成验收工作,项目应在全部下设课题完成验收(结题)工作后一个月内完成验收工作。

项目(课题)验收由市科委组织,一般包括验收准备、专家验收、验收确认。

第二十九条　市科委在项目(课题)任务期满前开展调度,拟定验收计划。主持单位(承担单位)根据验收计划,结合任务完成情况进行验收准备,及时向市科委提交验收材料。市科委结合对验收材料的审核和对项目(课题)完成情况的考查,确定专家验收方案。

第三十条 市科委组织验收专家组对项目(课题)任务完成情况进行验收评议,形成专家验收意见。

第三十一条 专家建议通过验收的项目(课题),市科委进行验收确认,对通过验收确认的出具《北京市科技计划项目(课题)完成确认书》。专家建议不通过验收或验收确认未通过的项目(课题),市科委可予以终止或在两个月内再次组织验收。

第三十二条 终止的项目(课题)按结题处理。主持单位(承担单位)按要求提交结题材料,由市科委审核后出具《北京市科技计划项目(课题)结题确认书》。

第七章 经费管理

第三十三条 市科委依据《项目任务通知》和《课题任务书》,按科技经费拨款程序拨付科技经费。

项目(课题)经费管理按照《北京市科技项目经费管理办法》执行。项目(课题)经费应纳入单位财务统一管理,单独核算,专款专用。

第三十四条 市科委按照《北京市科技项目经费监督管理暂行办法》,综合利用财务报告、专题检查、经费审计、绩效考评、受理举报等方式,对项目(课题)经费实施监督。

对于下一年度延续拨款的课题,承担单位应按要求在规定时间内进行年度经费审计。

第三十五条 项目(课题)经费清算与返还。

(一)对于通过验收项目(课题)的结余资金,主持单位(承担单位)应及时全额返还市科委。

(二)终止的项目(课题)应予以清算。主持单位(承担单位)应及时清理账目与资产,进行经费审计,按市科委的结题处理意见返还相应经费。

第八章 成果管理

第三十六条 市科委依据《关于加强国家科技计划成果管理的暂行规定》和《北京市专利保护和促进条例》有关规定,与主持单位、承担单位就项目、课题可能产生的成果及其形成的知识产权在《项目任务通知》和《课题任务书》中进行书面约定。主持单位应对项目及下设课题可能产生的成果知识产权与有关单位进行书面约定并监督执行。

项目(课题)产生的科技成果,主持单位(承担单位)按照国家科技成果登记的有关规定进行登记。市科委定期向社会公布科技成果,加快成果应用和产业化。

第三十七条 项目(课题)产生的科技成果涉及保密、转让、科技奖励等内容的按有关规定和办法执行。

第九章 档案与保密管理

第三十八条 市科委依据《中华人民共和国档案法》、《中华人民共和国保守国家秘密法》和《科学技术保密规定》有关规定,与主持单位、承担单位就项目、课题的档案与保密工作在《项目任务通知》和《课题任务书》中进行书面约定并监督执行。

第三十九条 项目(课题)档案与保密工作纳入北京市科技计划项目(课题)管理全过程。档案管理按照《北京市科技计划项目(课题)档案管理办法》执行。涉密项目(课题)的保密工作按照《北京市科技计划国家科技秘密项目(课题)保密管理办法》执行。

第十章 信用管理与责任追究

第四十条 市科委在项目(课题)管理的全过程建立信用管理制度,对相关责任主体在项目(课题)立项、实施、验收(结题)、绩效考评等各个阶段履行承诺、奉行科技界公认行为准则的情况进行记录、评价和管理。

第四十一条 市科委机关工作人员在项目(课题)管理过程中须认真履行科技行政管理职责,不得承担项目(课题)及其中的有关任务。出现玩忽职守、失职渎职、以权谋私、弄虚作假、谎报瞒报,或转移、挪用、挤占项目(课题)资金等行为之一的,一经查实,视情节给予批评教育或行政处分。情节严重,构成犯罪的,移交司法机关追究其刑事责任。

市科委以外的其他责任主体(包括主持单位、承担单位、项目负责人、课题负责人、咨询专家等)在项目(课题)立项、实施和验收(结题)过程中,出现违法违纪行为、侵犯他人知识产权或其他合法权益及科研不端行为、无正当理由贻误完成或没有完成其职责范围内工作等行为之一的,一经查实,视情节予以取消其相关资格或停拨及追回科技经费等处理,并按行政隶属关系向其主管单位通报有关情况。情节严重,构成犯罪的,移交司法机关追究其刑事责任。

第四十二条 有关单位和个人对市科委依本办法做出的有关处理决定不服的,可依据《中华人民共和国行政复议法》申请行政复议,或依据《中华人民共和国行政诉讼法》向人民法院提起行政诉讼。

第十一章 附 则

第四十三条 本办法的配套细则及相关管理办法由市科委另行制定。

第四十四条 本办法自发布之日起三十日后试行。

第四十五条 本办法由市科委负责解释。

北京市科学技术委员会 中国人民银行营业管理部 中国银行业监督管理委员会北京监管局关于印发推动北京生物医药产业跨越发展的金融激励试点方案及工作管理办法的通知

京科发[2010]169号

(2010年4月8日)

各有关单位:

为落实《北京市人民政府贯彻落实国务院〈促进生物产业加快发展的若干政策〉实施意见》(京政办发[2009]108号)和《北京市调整振兴生物和医药产业实施方案》,推动金融机构加大对北京生物医药企业的支持力度,实现北京生物医药产业跨越发展的目标,北京市科学技术委员会、中国人民银行营业管理部、中国银行业监督管理委员会北京监管局制定了《推动北京生物医药产业跨越发展的金融激励试点方案》、《推动北京生物医药产业跨越发展的金融激励试点工作管理办法》,现印发给你们,请结合实际认真贯彻执行。

附件:《推动北京生物医药产业跨越发展的金融激励试点方案》
《推动北京生物医药产业跨越发展的金融激励试点工作管理办法》

北京市科学技术委员会
中国人民银行营业管理部
中国银行业监督管理委员会北京监管局
二〇一〇年四月八日

附件:

推动北京生物医药产业跨越发展的金融激励试点方案(试行)

为落实《北京市人民政府贯彻落实国务院〈促进生物产业加快发展的若干政策〉实施意见》(京

政办发[2009]108 号)和《北京市调整振兴生物和医药产业实施方案》,构建符合北京生物医药产业创新发展的政策环境和市场环境,提出“推动北京生物医药产业跨越发展的金融激励试点方案”。

一、试点目的

生物医药产业是北京市重点支持发展的战略支柱产业,但由于高投资、高风险、高回报、长周期等产业特点,生物医药企业一直面临融资难的问题,制约了企业的快速发展。为实现北京生物医药产业跨越发展的目标,北京市科学技术委员会(以下简称“北京市科委”)、中国人民银行营业管理部(以下简称“人行营业管理部”)和中国银行业监督管理委员会北京监管局(以下简称“北京银监局”)等单位共同推出“推动北京生物医药产业跨越发展的金融激励试点方案”,按照“先行先试”的原则,通过设立科技专项支持资金,引导金融机构、中介机构为北京生物医药企业的创新发展提供优质服务,着力营造有利于北京生物医药产业实现跨越发展的投融资环境。

二、试点内容

试点的核心内容是:以企业信用为基础,以财政扶持为引导,通过市场化的信用约束与激励机制,促进金融机构、中介机构为北京生物医药企业的创新发展提供快捷、优质的金融服务。试点工作初期,通过构建信用服务平台,以信用贷款、保证担保贷款、抵质押担保贷款等授信方式,着力缓解生物医药企业融资难问题。

三、运行模式

试点工作将以政府引导、市场运作,财政扶持、风险自担为基本运行模式。这一模式力求发挥相关市场主体的专业优势,调动市场主体参与试点工作的积极性,实现资源的高效配置。

四、组织体系及职责

为保障试点工作扎实、有序、高效地开展,组成两级组织管理体系,即领导小组和办公室。

试点工作领导小组由北京市科委领导任组长,人行营业管理部、北京银监局等单位的主管领导组成。主要职责是制定、完善试点工作的相关政策、制度,指导试点工作健康、扎实地开展。

领导小组下设办公室,由北京市科委生物医药处、条件财务处、高新技术产业化处及人行营业管理部征信管理处、北京银监局政策法规处和北京生物技术和新医药产业促进中心(以下简称“生物中心”)等组成,办公室设在生物中心。主要职责为,落实金融激励试点工作管理办法,负责激励资金的审核与拨付;负责试点工作相关参与单位的监督、管理和服务;负责试点工作相关政策宣介,调研北京生物医药企业的发展状况,遴选支持企业;负责建立北京生物医药企业信用管理信息系统,并与中国人民银行征信系统对接;负责定期组织召开工作会议,掌握工作进展,参与试点相关市场主体的日常沟通,试点工作情况的定期统计与交流,以及完成领导小组交办的其他工作等。

五、市场参与主体

参与试点工作的市场主体包括:

(一)符合本方案支持条件的在本市注册的生物医药企业。

(二)为企业提供授信服务的商业银行。

（三）为企业提供信用增级服务的担保机构。

（四）以独立第三方身份对企业进行信用评级的信用评级机构。

六、支持对象及原则

试点工作设立风险补贴专项资金，主要用于对试点商业银行、担保机构提供风险补贴，以提高商业银行、担保机构对生物医药企业的风险容忍度，加大对生物医药企业的金融支持力度。

（一）对商业银行的风险补贴（含小额贷款公司）

商业银行可根据企业的实际情况，为企业提供包括但不限于信用贷款、抵质押担保贷款、保证担保贷款等授信服务；也可由商业银行牵头，为企业提供组合贷款。对商业银行的贷款风险补贴限于其对入选的北京生物医药企业开展的信用贷款、抵质押担保贷款、保证担保贷款等授信业务。风险补贴将依据商业银行相关授信业务的风险程度，实施有差别的补贴政策，具体原则依照试点工作管理办法执行。

（二）对担保机构的风险补贴

对担保机构的风险补贴包括其为企业提供的借款保证等授信保证业务，并弱化反担保措施；风险补贴将依据担保机构相关授信业务的风险程度，实施有差别的补贴政策，具体原则依照试点工作管理办法执行。

七、监督管理及相应措施

（一）北京市科委负责对专项激励资金的使用进行规划、监督、检查，以及对后续的专项资金使用绩效评价工作。

（二）人行营业管理部、北京银监局依职责对参与试点工作的相关市场主体进行监管工作。

（三）参与试点工作的商业银行、担保机构和评级机构，应当秉持各自的执业准则开展工作，对于不能履行职业责任的机构，试点工作领导小组办公室有权终止其参与试点工作的资格，除失去相应的资金支持外，还将由监管部门依照相关法规对其进行相应的处理。

（四）对于能够良好履行借款本息偿还责任的试点企业，在今后申请北京市科委专项资金支持时，可获得一定的优先权；如企业不能良好地履行借款本息的偿还责任，今后将失去申请北京市科委专项资金支持的资格。

推动北京生物医药产业跨越发展的金融激励试点工作管理办法（试行）

第一章 总 则

第一条 为落实《北京市人民政府贯彻落实国务院〈促进生物产业加快发展的若干政策〉实施意见》（京政办发[2009]108号）和《北京市调整振兴生物和医药产业实施方案》，按照《推动北京生物医药产业跨越发展的金融激励试点方案（试行）》工作要求，制定本办法。

第二条 推动北京生物医药产业跨越发展的金融激励试点方案的资金从北京市科学技术委员

会（以下简称“北京市科委”）专项资金中列支。

第三条　本办法所指试点工作市场主体，为经试点工作领导机构确定的金融机构、中介服务机构，以及符合本办法支持条件的北京市生物医药企业。

第四条　参与试点的市场主体，应按照本管理办法开展工作。

第二章　领导管理机构与职责

第五条　试点工作领导小组

为保障试点工作健康、扎实推进，北京市科委、中国人民银行营业管理部（以下简称“人行营业管理部”）和中国银行业监督管理委员会北京监管局（以下简称“北京银监局”）等单位组成试点工作领导小组。试点工作领导小组由北京市科委领导任组长，人行营业管理部、北京监管局等单位的主管领导组成。

试点工作领导小组的主要职责是，负责试点工作相关的政策设计、制度安排，审批试点工作管理办法，指导试点工作全面开展，以及未来试点工作的政策调整与制度完善。

第六条　试点工作领导小组办公室

领导小组办公室由北京市科委生物医药处、条件财务处、高新技术产业化处及人行营业管理部征信管理处、北京银监局政策法规处和北京生物技术和新医药产业促进中心（以下简称“生物中心”）等组成。办公室设在生物中心。

领导小组办公室的主要职责是，负责落实试点工作管理办法，负责专项资金的审核与拨付；负责试点工作相关参与单位的监督管理；负责调研北京生物医药企业的发展状况，遴选支持企业，以及相关政策宣介；负责定期召开工作会议，掌握工作进展，试点工作情况的定期统计，参与试点工作相关市场主体的日常沟通与交流，以及完成领导小组交办的其他工作等。

第三章　市场主体及运行模式

第七条　试点工作市场主体

参与试点工作的市场主体包括：

（一）符合以下条件的生物医药企业

1. 在本市工商管理部门登记注册、具有独立法人资格的生物医药企业。

2. 在人行营业管理部征信管理部门申领贷款卡，并在中国人民银行征信中心建立信用档案的生物医药企业。

3. 企业上年度销售收入在100万元以上，具体分为四种情况：

（1）上年度销售收入规模在100万元～1000万元之间，与上一年度相比销售收入增长率不低于25%或利润增长率达到10%。

（2）上年度销售收入规模在1000万元～5000万元之间，与上一年度相比销售收入增长率不低于20%或利润增长率达到10%。

（3）上年度销售收入规模在5000万元～1亿元之间，与上一年度相比销售收入增长率不低于15%或利润增长率达到10%。

（4）上年度销售收入规模在1亿元以上，与上一年度相比销售收入增长率不低于10%或利润增长率达到10%。

4. 企业最近一次信用评级为BB级（含BB^-）以上。

5. 优先支持具备以下条件之一的企业：

(1)入选“北京生物医药产业跨越发展工程”。

(2)近三年内取得过新药证书。

(3)拥有临床Ⅱ期以上在研品种。

(4)拥有近三年取得的技术服务合同。

(5)近三年内获得国家或北京市科技资金支持。

(6)企业核心人员入选国家或北京人才计划。

(二)为企业提供贷款的商业银行。北京银行、北京农村商业银行、交通银行北京市分行、招商银行北京分行、中国光大银行北京分行、浦发银行北京分行、南京银行北京分行、国家开发银行北京市分行等8家作为第一批参与试点工作的商业银行，以及北京市中关村小额贷款股份有限公司。

(三)为企业提供信用增级服务的担保机构。北京中关村科技担保有限公司、北京晨光昌盛投资担保有限公司等2家作为第一批参与试点工作的担保机构。

(四)以独立第三方身份对企业进行信用评级的信用评级机构。

第八条 运行模式

试点工作将以政府引导、市场运作，财政扶持、风险自担为基本运行模式。这一模式将在政府的政策导向作用下，通过运用市场化的信用约束与激励机制，发挥相关市场参与主体的专业优势，调动市场主体参与试点工作的积极性，实现资源的高效配置。

第四章 财政支持对象及原则

第九条 财政专项支持资金的用途

试点工作设立财政专项支持资金，主要用于为参与试点的商业银行、担保机构提供风险补贴，以提高商业银行、担保机构对生物医药企业的风险容忍度，加大对生物医药企业的金融支持力度。

第十条 对商业银行风险补贴的原则

给予商业银行贷款风险补贴，可用于补充商业银行的贷款风险准备，提高商业银行对入选企业贷款的风险拨备比率，以增强商业银行对入选企业放贷的信心；补贴还可用于商业银行对生物医药行业研究、生物医药企业信贷产品创新研究、市场开发、团队建设、员工培训等方面，以增加商业银行对生物医药行业的了解和关注度。

对商业银行风险补贴的原则，将依据商业银行相关授信业务的风险程度，实施有差别的补贴政策。补贴范围包括但不限于商业银行为本市生物医药企业提供的信用贷款、保证担保贷款、抵质押担保贷款等授信业务，以及由商业银行牵头，为企业提供的组合贷款等。

第十一条 对担保机构风险补贴的原则

给予担保机构的担保风险补贴可用于其风险拨备、行业研究、产品研发等。

对担保机构的担保风险补贴原则，将依据担保机构相关授信业务的风险程度，实施有差别的补贴政策。补贴范围包括但不限于担保机构为北京生物医药企业提供的融资担保服务，并弱化反担保措施。

第五章 风险补贴的标准和额度

第十二条 对商业银行贷款的风险补贴(含小额贷款公司)

（一）商业银行向企业贷款的额度和期限，由试点商业银行根据申请企业的实际情况确定。

（二）试点商业银行实施快捷贷款审批程序，商业银行在接到企业借款申请五个工作日内，应答复企业能否受理其借款申请。

（三）试点商业银行可根据自身的风险控制与承受能力，在商业银行贷款基准利率的基础上，各自制定上浮标准，但上浮幅度原则上不得超过贷款基准利率的40%。

（四）年度信用贷款和知识产权质押担保贷款（包括组合贷款中信用贷款和知识产权质押担保贷款部分）累计发放额1亿元（含）以上的商业银行，风险补贴的比例为贷款额的3.5%；年度信用贷款和知识产权质押贷款累计发放额在0.5亿元（含）~1亿元的商业银行，风险补贴的比例为贷款额的3%；年度信用贷款和知识产权质押贷款累计发放额在0.1亿元（含）~0.5亿元的商业银行，风险补贴的比例为贷款额的2.5%。

（五）商业银行给企业发放的保证担保贷款和抵押担保贷款，试点商业银行执行贷款基准利率，风险补贴的比例为贷款额的0.2%。

（六）实际贷款期限应在6个月（含）以上，贷款期限少于6个月的贷款额，减半计入应补贴贷款总额。

（七）贷款风险补贴仅限于商业银行对企业发放的贷款，不包括票据业务等其他授信业务。

（八）单一商业银行年度信用贷款及知识产权质押贷款的风险补贴金额不超过400万元；年度抵押担保贷款及保证担保贷款的风险补贴金额合计不超过200万元；以后根据贷款发放情况相应增减。

第十三条 对担保机构的担保风险补贴

（一）试点担保机构为企业提供贷款担保服务的，应实行快捷担保审批程序，弱化反担保措施，并在接到企业担保申请十个工作日内，答复企业能否受理其担保申请。

（二）对生物医药企业提供贷款担保的担保机构，实行基准担保费率。

（三）担保风险补贴比例为年担保贷款额的0.5%。

（四）担保期限在6个月（含）以上的担保额可享受担保风险补贴。

（五）单一担保机构年度担保风险补贴总额不超过300万元，以后根据贷款担保的实际情况相应增减。

第六章 风险补贴的申报、审定和执行

第十四条 年度末，试点商业银行、担保机构申请贷款风险补贴资金支持时，应提交下列材料：

（一）《年度贷款风险补贴申请报告》或《年度保证担保补贴资金申请报告》，以及《年度贷款发放明细表》或《保证担保贷款明细表》。

（二）提交相应的贷款合同或担保合同的复印件。

（三）试点工作领导小组办公室要求的其他文件。

第十五条 试点工作领导小组办公室收到试点商业银行和担保机构的风险补贴申请材料并审核完毕后，将风险补贴资金拨付给试点商业银行和担保机构。

第七章 监督管理及奖惩措施

第十六条 北京市科委负责对专项激励资金的使用进行监督、检查，以及组织对后续的专项资金使用绩效评价工作。

第十七条 试点工作领导小组及办公室，负责对相关市场主体的监管工作，保障试点工作扎实、有序、平稳、健康地开展。

第十八条 参与试点工作的商业银行、担保机构和评级机构，应当服从领导小组及其办事机构的指导和监管，在季度末10天内，按季度向试点工作领导小组办公室报送《贷款项目情况季度统计表》、《担保项目情况季度统计表》、《企业评级季度统计表》，并加盖公章。

第十九条 参与试点工作的商业银行、担保机构和评级机构，应秉持各自的执业准则开展工作，对于不能履行职业责任的机构，试点工作领导小组办公室有权终止其参与试点工作的资格，除失去相应的资金支持外，还将由监管部门依照相应法规对其进行相应的处理。

第二十条 对于能够良好履行借款本息偿还责任的试点企业，在今后申请北京市科委专项资金支持时，可获得一定的优先权；如企业不能良好地履行借款本息的偿还责任，今后将失去申请北京市科委专项资金支持的资格。

第八章 附 则

第二十一条 本管理办法解释权归试点工作领导小组办公室。

第二十二条 本管理办法执行半年后，视试点情况可对相关规定进行相应的调整。

第二十三条 本管理办法自发布之日起试行。

北京市发展和改革委员会关于印发《北京市工程研究中心管理办法》和《北京市工程实验室管理办法》的通知

京发改[2010]652号

（2010年5月7日）

各区县发展改革委，北京经济技术开发区管委会：

为进一步贯彻落实市委市政府《关于增强自主创新能力建设创新型城市的意见》，完善本市自主创新体系，加快“科技北京”建设，提升本市自主创新能力，我委制定了《北京市工程研究中心管理办法》和《北京市工程实验室管理办法》，现予以公布，请遵照执行。

特此通知。

二〇一〇年五月七日

北京市工程研究中心管理办法

第一章 总 则

第一条 为贯彻落实市委市政府《关于增强自主创新能力建设创新型城市的意见》,加快创新型城市建设,加快"科技北京"建设,加强市级工程研究中心建设与运行管理,提高自主创新能力,推动重点产业领域发展,参照《国家工程研究中心管理办法》,结合本市实际,制定本办法。

第二条 北京市工程研究中心(以下简称"工程中心")的申报、审核、评价等活动应当遵守本办法。

本办法所称工程中心,是指本市根据建设创新型城市和产业结构优化升级的重大战略需求,以充分发挥北京雄厚的科教资源优势,提高自主创新能力、增强产业核心竞争能力和发展后劲为目标,组织推动具有较强研究开发和综合实力的高等院校、科研机构和企业等建设的研究开发实体。工程中心是本市创新体系的重要组成部分。

第三条 工程中心的宗旨是以促进地区经济和行业发展为出发点,以市场为导向,以重点产业领域关键共性技术的研发和产业化为任务,加快推进科研成果向现实生产力转化,促进产业技术进步和核心竞争能力的提高。

第四条 工程中心的主要任务:

(一)根据首都经济和产业发展的需求,研究开发产业技术进步和结构调整急需的关键共性技术。

(二)以市场为导向,把握技术发展趋势,开展具有重要市场价值的重大科技成果的工程化和系统集成。

(三)通过市场机制实现技术转移和扩散,持续不断地为规模化生产提供成熟的先进技术、工艺及其技术产品和装备。

(四)通过对新引进技术的消化、吸收和再创新,广泛开展国际合作与交流,促进自主创新能力的提高。

(五)实行开放式服务,承接各级党政机关、高等院校、科研机构或企业委托的工程技术研究、设计和试验任务,进行工程化的辐射和推广,并为其提供技术验证和咨询服务。

(六)为行业培养工程技术研究与管理的高层次人才。

(七)为培育国家级工程研究中心做好储备。

第二章 申报与审核

第五条 市发展改革委负责制定并发布工程中心有关政策文件,指导、组织工程中心的审核、评估等工作。

第六条 各区县、北京经济技术开发区发展改革部门(以下简称"主管部门")负责组织本地区工程中心的申报、初审、推荐和监管等工作,督促协调工程中心的建设与运行。

第七条 市发展改革委根据产业发展规划和自主创新相关政策，每年适时发布工程中心以及创新能力建设项目征集工作有关通知，明确工程中心建设重点领域和申报时限要求等事项。

第八条 拟申请工程中心的单位（以下简称“申报单位”）须按照市发展改革委的相关要求，结合自身的优势和具体情况，提出工程中心申请报告（编制提纲见附件一），经主管部门审查后报市发展改革委。

第九条 申报单位应具备以下条件：

（一）符合市发展改革委发布的工程中心建设相关文件和通知要求；

（二）具有一批有待工程化开发、拥有自主知识产权和良好市场前景、处于国内领先水平的重大科技成果，具有国内一流水平的研究开发和技术集成能力及相应的人才队伍；

（三）具有以市场为导向，将重大科技成果向规模生产转化的工程化研究验证环境和能力；

（四）具有通过市场机制实现技术转移和扩散，促进科技成果产业化，形成良性循环的自我发展能力；

（五）原则上采用公司法人形式；

（六）建立完善的人才激励、知识产权管理等管理制度。

第十条 鼓励由相关领域中的优势企业、科研单位、高校、社会投资机构联合申请建设工程中心。鼓励跨行业的建设形式，促进技术创新和产业发展。鼓励跨区域的建设形式，避免资源浪费。鼓励引进海外一流技术人才和管理人才。

第十一条 主管部门应认真审查本地区相关单位提出的申请，按照市发展改革委有关通知要求，将通过初审的工程中心申请报告（一式四份）及相关申报材料报送市发展改革委。

第十二条 市发展改革委接收主管部门提出的申报文件后，组织专家根据本办法有关规定对工程中心申请报告进行评审。评审重点包括工程中心建设的意义与必要性、申报单位的条件、发展目标等。评审过程中，可要求申报单位就有关问题进行说明。

第十三条 市发展改革委根据专家评审意见，必要时可征求有关部门和区县政府的意见，对工程中心申请报告进行审核，按照综合评估结果择优批准。

第十四条 市发展改革委应在接收主管部门提出的申报文件起 90 个工作日内完成工程中心的审核工作。

第十五条 市发展改革委批准申请报告后，工程中心统一命名为“xx 北京市工程研究中心”。

第十六条 主管部门根据本市有关规定建立相应管理制度，加强对工程中心相关工作的监督管理，配合有关部门做好稽查、检查和审计等工作。

第十七条 对于自市发展改革委正式批准申请报告之日起，两年内未完成组建工作的工程中心，由市发展改革委撤销其工程中心称号。

第三章 评 价

第十八条 工程中心实行动态调整的运行评价制度，市发展改革委每两年对正式核定的工程中心进行一次评价。

第十九条 评价程序

（一）数据采集。工程中心应于评价当年 3 月 30 日前将评价材料报主管部门。评价材料包括：工程中心年度工作报告（编制提纲见附件二）、工程中心数据填报表（附件三）及其相关附件和证明材料。

（二）数据初审。主管部门对工程中心上报的材料进行审查，并出具审查意见，于当年 4 月 20

日前报市发展改革委。

（三）数据核查与分析。市发展改革委委托相关中介评估机构对工程中心上报的材料及相关情况进行核查，按照工程中心评价指标（附件四）的规定进行计算、分析，得出评价结果，形成评价报告。

（四）市发展改革委对评价结果和评价报告进行审核。

第二十条 工程中心评价结果

（一）评价得分80分及以上为优秀。

（二）评价得分60分（含60分）至80分之间为合格。

（三）有以下情况之一的评价为不合格。

1. 评价得分低于60分；

2. 无不可抗拒因素，逾期一个月不上报评价材料；

3. 上报材料内容和数据严重虚假；

4. 有偷税、骗取出口退税及其他重大违规、违法行为。

第二十一条 市发展改革委对评价结果予以公布，并将其作为工程中心管理的重要依据。

第四章 资金补助

第二十二条 工程中心创新能力建设项目所需资金采用以企业投资、科研单位投资等社会投资为主，政府补助资金为辅的原则筹措落实。

第二十三条 对于通过核定的工程中心，可提出创新能力建设项目补助资金申请。申请创新能力建设项目补助资金的工程中心，须委托具有甲级资质的工程咨询机构（或相当资质的工程设计机构）编制工程中心创新能力建设项目资金申请报告（编制提纲见附件五），报送相应主管部门。

第二十四条 主管部门审查通过后，将工程中心创新能力建设项目资金申请报告报送市发展改革委。市发展改革委委托有关评估咨询机构对项目资金申请报告进行评估或组织专家进行论证，必要时，可征求有关部门或区县政府的意见，根据本市高技术产业发展情况和资金情况，综合平衡后，批复项目资金申请报告。

第二十五条 对曾获得或已申请其他市级政府资金（如工业发展专项资金、中小企业发展专项资金、中关村科技园区发展专项资金、科技三项费用等）支持的工程研究中心创新能力建设项目，原则上不再给予政府资金支持。

第二十六条 工程中心应积极申报成为国家级工程研究中心。对获得国家认定的国家工程研究中心，本市将根据国家补助资金额度，对工程中心给予一定资金补助支持。

第二十七条 工程中心创新能力建设项目申请市政府补助资金的申报、审批和管理，按照《关于印发北京市发展和改革委员会政府投资管理暂行规定的通知》（京发改［2004］2423号）和《北京市发展和改革委员会关于政府投资管理有关问题的补充通知》（京发改［2006］1175号）执行。

第二十八条 政府补助资金主要用于购置工程化、产业化研发所需的软、硬件设备，建设工程化的验证和测试环境等。

第二十九条 对于连续两次评价结果为优秀，且承担的创新能力建设项目完成情况较好的工程中心，围绕新的发展方向和目标，为提高持续创新能力，也可提出新的创新能力建设项目申请资金补助。

第五章 变更与处理

第三十条 工程中心应严格执行经市发展改革委批复的申请报告和资金申请报告。如出现以下两种情况需要调整的,应及时报告:(一)对于不影响实现工程中心功能和任务的调整,由主管部门负责审核,报市发展改革委备案;(二)对于发生重大变化,影响实现工程中心功能和任务的调整,由主管部门提出调整请示报市发展改革委审核。

第三十一条 对于无法按期完成创新能力建设项目的工程中心,主管部门要及时找出原因,明确相关责任,提出处理意见报送市发展改革委。市发展改革委根据具体情况给予通报批评、收回补助资金、撤销工程研究中心称号等处理。对情节恶劣或后果严重的,建议有关部门依法追究有关负责人的责任。

第三十二条 对于评价结果为不合格的工程中心,市发展改革委撤销其工程中心称号。

第六章 附 则

第三十三条 各主管部门可参照本办法制定本区(县、北京经济技术开发区)北京市工程研究中心管理实施细则(进一步细化辖区内北京市工程研究中心及创新能力建设项目的申报、管理、验收等程序)。

第三十四条 本办法自发布之日起施行。

第三十五条 本办法由市发展改革委负责解释。

北京市工程实验室管理办法

第一章 总 则

第一条 为贯彻落实市委市政府《关于增强自主创新能力建设创新型城市的意见》,加快创新型城市建设,加快“科技北京”建设,加强市级工程实验室建设与运行管理,提高自主创新能力,提升产业核心竞争力,促进产业技术进步,参照《国家工程实验室管理办法》,结合本市实际,制定本办法。

第二条 北京市工程实验室(以下简称“工程实验室”)的申报、审核、评价等活动应当遵守本办法。

本办法所称工程实验室,是指本市根据建设创新型城市的重大战略需求,以充分发挥北京雄厚的科教资源优势,提高自主创新能力、增强产业核心竞争能力为目标,突破产业结构调整和重点产业发展中的关键技术装备制约,强化对国家、本市重大战略任务、重点工程的技术支撑和保障,依托企业、转制科研机构、科研院所或高校等设立的研究开发实体。工程实验室是本市创新体系的重要组成部分。

第三条 工程实验室的宗旨是围绕本市重大工程建设和产业发展的迫切需求,加强关键技术供给,提升产业持续发展能力;充分利用现有研发基础和条件,发挥政府的引导作用,以增量投入带动原有创新资源的优化配置;充分发挥产学研等各方优势和积极性,针对不同行业特点和实际情况,采取灵活有效的组织形式和运行机制。

第四条 工程实验室的主要任务是开展重点产业核心技术的攻关和关键工艺的试验研究、重大装备样机及其关键部件的研制、高技术产业的产业化技术开发、产业结构优化升级的战略性前瞻性技术研发,以及研究产业技术标准、培养工程技术创新人才、促进重大科技成果应用、为行业提供技术服务等。

第五条 市发展改革委采用专家评审、竞争择优的方式推进工程实验室建设,并对工程实验室建设项目予以适当投资补助。

第二章 组织管理

第六条 市发展改革委负责制定并发布工程实验室有关政策文件,指导工程实验室的建设发展,组织评审、审批工程实验室建设项目资金申请报告,并对符合条件的工程实验室予以命名。

第七条 各区县、北京经济技术开发区发展改革部门(以下简称"主管部门")负责本地区工程实验室建设项目的申报、初审、推荐和监管等工作,督促协调工程实验室的建设与运行。

第八条 市发展改革委根据产业发展规划和自主创新相关政策,每年适时发布工程实验室创新能力建设项目征集工作有关通知,明确工程实验室创新能力建设项目的重点领域和申报时限要求等事项。

第九条 工程实验室项目建设单位主要负责:

(一)按照有关批复文件的要求,实施工程实验室建设项目。落实工程实验室建设与运行的支撑条件,筹措工程实验室的建设和运行经费,保障工程实验室正常运行。

(二)承担各级部门委托的研发任务,保证工程实验室的开放和共享,为重大战略任务、重点工程提供研发和试验条件。

(三)按照有关要求向主管部门报送建设项目实施情况和工程实验室的运行情况。

(四)为培育国家级工程实验室做好储备。

第三章 申报与审理

第十条 拟申请工程实验室建设项目的单位(以下简称"申报单位")须按照市发展改革委的相关要求,结合自身的优势和具体情况,委托具有甲级资质的工程咨询机构(或相当资质的工程设计机构)编制工程实验室建设项目资金申请报告(编制提纲见附件),报送相应主管部门。

第十一条 申报工程实验室建设项目应具备以下基本条件:

(一)符合市发展改革委发布的工程实验室建设相关文件和通知要求;

(二)长期从事相关领域的研发,具有主持国家、本市重点科研项目的经历,具备良好的产学研合作基础;

(三)应在本领域具有先进的研发试验设施和相应的技术创新团队,拥有一批能够带动产业发展的高水平研发成果和技术储备;

(四)提出的北京市工程实验室定位明确,发展思路清晰,任务、目标合理,管理体制和运行机制规范。

第十二条 主管部门审查通过后，将工程实验室建设项目资金申请报告报送市发展改革委。市发展改革委委托有关评估咨询机构对项目资金申请报告进行评估或组织专家进行论证，必要时，可征求有关部门或区县政府的意见，根据本市高技术产业发展情况和资金情况、综合平衡后，批复项目资金申请报告。

第十三条 市发展改革委批复项目资金申请报告后，工程实验室统一命名为"xx北京市工程实验室"。

第十四条 对曾获得或已申请其他市级政府资金（如工业发展专项资金、中小企业发展专项资金、中关村科技园区发展专项资金、科技三项费用等）支持的工程实验室创新能力建设项目，原则上不再给予政府资金支持。

第十五条 工程实验室应积极申报成为国家级工程实验室。对获得国家认定的国家工程实验室，本市将根据国家补助资金额度，对工程实验室给予一定资金补助支持。

第十六条 工程实验室建设项目申请市政府补助资金的申报、审批和管理，按照《关于印发北京市发展和改革委员会政府投资管理暂行规定的通知》（京发改[2004]2423号）和《北京市发展和改革委员会关于政府投资管理有关问题的补充通知》（京发改[2006]1175号）执行。

第十七条 政府补助资金主要用于购置工程化、产业化研发所需的软、硬件设备，建设工程化的验证和测试环境等。

第四章 监督管理

第十八条 主管部门根据本市有关规定建立相应管理制度，加强对工程实验室相关工作的监督管理，配合有关部门做好稽查、检查和审计等工作。

第十九条 工程实验室实行动态调整的运行评价管理制度，评价的指标体系和具体要求参照《北京市工程研究中心管理办法》相应条款执行。

第二十条 对于无法按期完成建设项目的工程实验室，主管部门要及时找出原因，明确相关责任，提出处理意见报送市发展改革委。市发展改革委根据具体情况给予通报批评、收回补助资金、撤销工程实验室称号等处理。对情节恶劣或后果严重的，建议有关部门依法追究有关负责人的责任。

第五章 附 则

第二十一条 各主管部门可参照本办法制定本区（县、北京经济技术开发区）北京市工程实验室管理实施细则（进一步细化辖区内北京市工程实验室及创新能力建设项目的申报、管理、验收等程序）。

第二十二条 本办法自发布之日起施行。

第二十三条 本办法由市发展改革委负责解释。

北京市科学技术委员会 北京市发展和改革委员会 北京市财政局关于印发《国家科技重大专项地方配套管理办法》的通知

京科发[2010]272 号

（2010 年 5 月 26 日）

市经济信息化委、市水务局、市农委、市卫生局、中关村管委会、北京经济技术开发区管委会，各有关单位：

为规范我市国家科技重大专项地方配套各项工作，市科委、市发展改革委、市财政局共同研究制定了《国家科技重大专项地方配套管理办法》，并已通过市政府专题会议审议。现印发给你们，请遵照执行。

特此通知。

附件：国家科技重大专项地方配套管理办法

北京市科学技术委员会
北京市发展和改革委员会
北京市财政局
二〇一〇年五月二十六日

附件：

国家科技重大专项地方配套管理办法

第一章　总　　则

第一条　为鼓励本市单位承担国家科技重大专项项目，保障国家科技重大专项顺利实施，促进重大科技成果在本市转化和产业化，根据国家有关规定和《北京市中长期科学和技术发展规划纲要（2008—2020 年）》，制定本办法。

第二条　本办法所称的国家科技重大专项（以下简称重大专项）是指经国务院批准的 2006 年

至2020年国家重点实施的11个民口科技重大专项。

第三条 市政府设立国家科技重大专项配套资金(以下简称重大专项配套资金),支持在京具有独立法人资格的单位在重大专项实施过程中,开展共性技术研究、重大关键技术研究开发和重大技术装备、创新产品进入市场的产业化前期工作。

第四条 重大专项资金配套和管理采取"统筹资源、突出重点、注重绩效、分类配套"的原则。

第二章 组织管理体系

第五条 在北京市重大科技成果转化和产业项目资金联席会议(以下简称联席会议)下设国家科技重大专项审核工作小组(以下简称审核工作小组),由市科委、市财政局、市发展改革委组成,办公室设在市科委。

国家重大专项实施过程中涉及的其他部门,作为联席会议列席单位。

第六条 重大专项配套工作由联席会议、审核工作小组、各专项牵头部门根据各自职责,分别负责管理。

联席会议统筹重大专项实施及资金配套工作,审定项目资金配套方案、政府股权投资方案,审定重大项目资金配套方案调整,确定出资部门和额度。

审核工作小组负责综合平衡各专项配套工作,汇总各专项项目、课题申报、批准及承诺、推荐情况,汇总各专项牵头部门提出的项目资金配套方案、股权投资方案,提交联席会议审议等工作。

各专项牵头部门负责收集在京单位申报国家科技重大专项及获得批准的情况,提出项目资金配套初步方案和股权投资方案,组织实施项目资金配套方案和股权投资方案,建立符合重大专项特点的配套管理机制,提出政府股权退出的时机和具体方案,提出项目配套资金调整建议等。

第七条 市财政局负责提出重大专项配套资金的管理和使用要求;组织审核并批复重大专项配套资金的总预算和年度预算;组织开展重大专项配套资金的审核、监督与检查等相关工作,指导和监督预算执行,审核、批复专项实施中的重大预算调整;批复重大专项配套资金等决算工作。

第三章 资金配套原则

第八条 重大专项配套资金,由联席会议成员单位及相关牵头部门年度预算和市财政新增财力统筹安排,纳入本市重大科技成果转化和产业项目资金范围。

第九条 重大专项配套资金结合组织实施要求和项目特点,重点支持承诺将研究成果在京落地和产业化的项目,采取直接补助和股权投资等方式。

采取股权投资方式支持的项目参照《中关村国家自主创新示范区重大科技成果转化和产业化股权投资暂行办法》执行。

第十条 实行分类配套。

明确由北京市政府承担的"极大规模集成电路制造装备及成套工艺"专项地方配套经费由财政新增财力和该专项牵头部门予以保证,按国家要求予以配套。

对其他民口专项的项目、课题,结合成果落地和产业化意向,按在京单位实际获得中央经费的15%—20%予以配套。

特殊情况,由专项牵头部门提出初步配套方案,报审核工作小组汇总,提交联席会议审定后予以配套。

第四章　配套项目管理

第十一条　对于已由部门出具地方资金配套承诺函和推荐意见的项目，各专项牵头部门应向审核工作小组及时提交地方资金配套承诺函和推荐意见，审核工作小组汇总后提交联席会议审议。

对新申请出具地方配套承诺函的项目、课题，由专项牵头部门结合本部门预算情况和成果落地的内容及意向，初拟配套意见，报审核工作小组提交联席会议审议。通过审定的项目、课题，由市科委统一出具资金配套承诺函。对在项目、课题申报初始阶段要求出具地方配套意见的情况，由专项主管部门出具推荐意见。

第十二条　各专项牵头部门负责配套项目的管理工作，推动项目适时在京落地、成果转化。

第十三条　项目、课题单位要及时向专项牵头部门报送项目、课题申报、立项、批准、执行和验收等重要情况。各专项牵头部门负责与对应中央有关部门或重大专项组织单位联系，了解专项阶段课题设立、实施计划、实施进展等，定期收集项目、课题立项、批准及进展情况，提交审核工作小组，由审核工作小组汇总上报联席会议。

第五章　资金配套审核管理

第十四条　项目、课题承担单位在获得立项批准后十个工作日内到专项牵头部门备案。

第十五条　重大专项配套资金按照项目、课题实施进度情况和审定的支持方式，实行一次核定，分次拨款。

专项牵头部门根据项目、课题任务合同书和中央资金到位情况，提出配套资金拨付建议。

第十六条　专项牵头部门要加强项目、课题跟踪和检查。发生项目、课题变更、中止、撤销等情况，应及时调整或取消配套资金。发现项目、课题单位在配套资金的使用和管理上存在弄虚作假或违规等行为，应及时终止配套资金拨付，并追索已拨付款项；对情节严重的，要追究项目、课题单位的法律责任。

第六章　附　　则

第十七条　本办法由联席会议负责解释。

第十八条　本办法自二〇一〇年六月三日起实施。

北京市科学技术委员会等部门关于加强北京市科普能力建设的实施意见

京科发[2010]268 号

(2010 年 5 月 31 日)

各有关单位：

为贯彻落实国务院《国家中长期科学和技术发展规划纲要(2006—2020 年)》(国发[2005]第044 号)、《全民科学素质行动计划纲要(2006—2010—2020)》(国发[2006]7 号)和科技部等 8 部门《关于加强国家科普能力建设的若干意见》(国科发政字[2007]32 号),加强北京市科普能力建设,促进首都科普事业发展,进一步激发全社会创新热情,营造良好的科技创新氛围,加快推进学习型城市建设,提高首都公众科学素质,结合北京市实际情况,提出以下意见：

一、加强科普能力建设的指导思想

以邓小平理论和"三个代表"重要思想为指导,深入贯彻落实科学发展观,贯彻落实党的十七大、十七届三中全会精神,按照建设"人文北京、科技北京、绿色北京"以及世界城市发展的要求,以建设社会主义核心价值体系为根本,围绕中央和北京市的有关文件精神,围绕《科技北京行动计划》的具体任务与目标,立足现有基础,面向未来需要,坚持政府引导和全社会参与、公益性与市场机制相结合的原则,全面落实《国家中长期科学和技术发展规划纲要》和《全民科学素质行动计划纲要》确定的有关任务,充分发挥首都科技资源密集的优势,创新机制,注重实效,以构筑科技传播体系和科学教育体系、搭建科普工作社会组织网络、加强科普人才队伍建设、强化政府科普工作宏观管理以及繁荣科普创作为重点,统筹规划、全面实施、强化保障和工作任务落实,推动首都科普能力稳步增强,为全民素质提升和首都创新城市建设做出贡献。

二、加强科普能力建设的建设目标

经过 10 年左右的时间,全面建设与首都科技教育资源实力相匹配以及与首都经济社会发展阶段相适应的科普服务能力,努力形成一个比较完备的公众科学教育和传播体系,推出一批符合时代精神的优秀科普作品,打造一批国内外知名科普活动品牌,建立一支结构合理的高素质科普队伍,构建一个有效运行的科普工作组织网络,建设一批功能健全的科普基础设施和科普教育基地,营造一个激励全社会广泛参与科普事业发展的社会环境,推动本市科普能力的不断增强,促进公民科学素质不断提高。

三、加强科普能力建设的主要任务

(一)全面提升科普产品的供给能力

1. 繁荣科普创作,大力提高本市科普作品的原创能力

进一步完善市科普创作出版资金的社会征集与资助工作,鼓励原创性优秀科普作品的不断涌

现。针对新时期公众需求和欣赏习惯的变化,结合现代科技发展的新成就和新趋势,大力倡导自然科学和社会科学结合,知识性和娱乐性结合,专业科技人员与文艺和文学创作人员、媒体编创人员相结合。使科普创作做到既要普及现代科学技术知识,大力弘扬科学精神、倡导科学思想、传播科学方法,又要掌握和创新科普作品的创作技巧,做到内容与形式的有效统一。推动全社会参与科普作品创作,既要引导文学、艺术、教育、传媒等社会各方面的力量积极投身科普创作,又要鼓励科研人员将科研成果转化为科普作品。

促进科普与文化创意产业的融合,激发公众学科学的热情,扩大科普内需。采用市场机制与政府支持相结合的手段,推出一批科普影视作品、精品专题栏目和动漫作品。

2. 把科普展品和教具的设计制作与研究开发作为科普作品创作的重要内容

以博物馆、科研机构、高等院校、高新技术企业、文化创意机构等为基础,扶持与培育一批具有较强开发创作能力的科普研发中心。针对科普场所建设和中小学校科技教育的现状及需求,重点开展科普展品和教具的基础性、原创性的研究开发。制定科普展品和教具的技术规范,鼓励和引导一批科研机构、高等院校、企业等社会力量开展科普展品和教具的设计和研究开发。

3. 整合社会资源,建立科普资源中心

在整合北京地区科普资源的基础上,建立首都科普资源中心,重点建设资源导航平台、资源数据库平台、科普服务与研发平台和孵化合作平台,为社会提供科普咨询服务。支持科普的决策与管理者、场馆及大众媒体中的专业科普工作者、科技教师、基层科普工作者及其他致力于科普事业的个人和机构的科普活动开展,并为其提供业务培训、交流。建设15分钟城市社区科普服务圈和30分钟村庄社区科普服务圈。

(二)构筑科技传播体系,拓展更加广泛的科技传播渠道

1. 加强大众媒体的科技传播力度

综合类报纸、期刊和电视、广播、互联网等大众媒体要设立科普类专题、专栏、专版或频道,增加播出时间、版面,提高质量和水平。要逐步提高编创水平,打造精品科普栏目,满足广大公众不同层次和形式的需求。建立以社会效益为主的科普类节目收视评价体系,推动科普节目制作社会化,丰富节目来源。发挥网络等新兴媒体的科技传播作用,打造和扶持一批富有特色的、高水平的科普网站或栏目。扩大科普出版物的覆盖面,大力扶持科普出版物在农村的发行工作。

2. 加强科普基础设施建设

科普基础设施在建设的形式上,强调寓普于(娱)乐、寓普于游、寓普于景(观)、寓普于艺(术);在建设的内容上,强调科学知识、科学理念的宣传及技术知识的扩散,逐步推进科普向休闲、旅游、文化等行业渗透;在机制建设上,强调建立政府与企业或产业合作建馆机制。使科普基础设施建设在结构布局与空间布局上更加合理。

充实专题类场馆的建设数量。推进南城科普场馆建设;配合重大科技项目和工程的实施,建立一批现代科技展示基地、科研成果宣传基地、科学理念展示基地;鼓励以“区县联动”方式,在东、西两带建立一批区域科学活动中心或户外科学苑;要在建设“市区合作”或“政企合作”的平台上,建立产业科技馆或博物馆、生态型科普基地。

加强科普场所展品、展示内容和活动形式的研究开发,逐步提高科普展览、展品设计制作水平和能力。推进科普基地的科普能力建设。将通过建立科普基地联盟方式,实现互惠、互利,合作共荣,借以确立科普基地的整体社会形象与良好地位,为公众提供更好的科普产品与服务。

3. 加强公共场所的科技传播工作

引导公园、商店、书店、医院、影剧院、图书馆、体育场所等公共场所逐步增加科普宣传设施,将科普宣传嵌入人们休闲、购物、医疗、健身之中。

以科普展厅建设、科普景观标志物设置、科普游览线路设计、宣传牌示设置、宣传内容安排、特色导游词和广播词编制等为提高科普能力的工作重点，逐步提升动植物园、地质公园、矿山公园、自然保护区、湿地保护区、森林公园、风景名胜区等场所科普能力。

以展示都市型现代农业中循环农业、生态农业、科技农业、休闲农业等理念为科普宣传重点，完善科普宣传设施，逐步提升观光农业的科普能力。

鼓励工业企业特别是高新技术企业申报全国工业旅游示范点，支持工业旅游景点单位提升科普能力。以科学规划旅游线路、增加参观景点、提高互动体验参与性、建设科普展厅（或博物馆、科技馆）为科普能力提升重点，以现代工业发展、节能减排、技术创新、企业自主知识产权、产品质量提高、企业文化为科普宣传重点内容，逐步增加工业旅游的科普元素。

4. 建立科技传播走廊

采用多元化投资方式，在北京地区自然地质遗迹、具有保存价值的自然科学观测站和实验站以及具有科技发展历史价值的建设项目等地点建设一批永久性纪念标志物，使其成为京城新的系列科普观赏景观和科普基地。

采用市场运作方式，开发建设一批集科普、旅游观光、度假、休闲、健身、娱乐于一体的知识密集型的科普旅游文化场所，并以此带动其他相关产业的发展。

以北京地区及周边自然、地质、科技历史遗址、博物馆、科技馆、国家重点试验室、高新技术企业为依托，建立主题科学传播走廊，并在此基础上编制科普地图册和科普资源图集，引导公众在休闲、旅游、度假时探索科学、学习科学知识。

5. 推进区（县）域、基层单位科普能力建设

结合新的北京城市总体规划的要求，区（县）域科普工作从全市一级将重点引导区（县）域从资源统筹、共享的角度，破除行政区划，在更广阔的视野范围内建立新型区域科普合作机制，构建新的区域科普发展模式。鼓励和支持各区县在科普功能定位上，把握好“四个结合”，即，与区县经济社会总体发展方向相结合，与区县未来新兴产业相结合，与区县自然、文化、历史基础相结合，与区县内场馆、院所、高校、企业的资源相结合。鼓励以城带乡、城市反哺乡村，积极推进城区与郊区、平原与山区、南城与北城的科普协调发展。在“校区合作”平台的基础上，开展镇域科普，鼓励“区区（县）联动”的科普平台建设，支持农业高新产业园配备科普设施和相关实验仪器设备，支持社区科普活动室建设及配备相关设施，支持乡村配备农业实验、检测箱。根据《北京市科学技术普及条例》关于区县科技馆和青少年科技馆的建设要求，继续实施针对现有区县成人科技馆发展的“区县科技馆振兴计划”。加强创新型科普社区建设和科普示范区建设。逐步提高各区（县）和镇（乡）、各部门、公共场所、专业科普机构和场所自身开展科普活动的能力。

（三）完善中小学科学教育体系，提高科学教育水平

1. 促进中小学科学课程的改革与发展

积极倡导各区县中小学校逐步开设科学课程，推进以科学探究为核心的科学教育改革，定期开展中小学科学教育质量评价，推广优秀的科学教育改革经验，促进科学课程教育质量的不断提高。

加快师范院校教师培养课程的改革，为中小学输送高质量的科学课程教师。鼓励和引导高等学校、科研院所、科技类博物馆的科研人员利用自身优势，支持和参与中小学科学课程教材建设、教学改革和科学课程教师培训。

2. 加强中小学科学教育基础设施建设

建立健全科学教育实验室，使中小学校尤其是小学及边远农村学校实验室数量、实验室的仪器设备，能够基本满足科学课程教学的需要。科学教育的教学仪器、实验材料、工具及多媒体等多种科学教育资源的研发与配备，要体现“以科学探究为核心”的科学教育理念。采取有效措施，进一

步培养中小学生对科学的兴趣,提高其操作和动手能力,形成爱科学、讲科学、学科学、用科学的良好氛围。

加强中小学图书室建设,充实科技类图书,加快解决本市中小学特别是边远农村学校图书馆规模偏小和科技类图书数量严重不足的情况。

3. 积极开展多种形式的未成年人科普活动

加强现有青少年宫、儿童活动中心等未成年人校外活动场所的科普教育功能,推动中小学校与就近的高等学校、科研院所、科技场馆建立相对稳定的联系,充分利用校外的科学教育资源,开展教学和课外科技活动。推动科普场所与中小学校教育的衔接。建立中小学校与科普场所的沟通机制,使科普场所及时了解中小学校科技教育的需要,适时推出能够与科学课程有机结合的展览陈列和科普活动。

(四)完善政府与社会的沟通机制,促进公众理解科学

1. 加强重大科技计划项目的科普工作

重大科技计划项目要注重科普资源的开发,并将科技成果面向广大公众进行传播与扩散等相关科普活动,作为科技计划项目实施的目标和任务之一。对于非涉密的基础研究、前沿技术及其他公众关注的国家和本市科技计划项目,其承担单位有责任和义务及时向公众发布成果信息和传播知识。

2. 建立公众参与政府科技决策的有效机制,提高决策透明度

要建立通畅的沟通渠道,听取公众对科技规划和政策研究制定的意见和建议。加强公众对科研不端行为的监督,推动科学道德和科研诚信建设。对于涉及公共安全、社会伦理等与公众利益密切相关的科研项目,要逐步建立听证制度,扩大公众对重大科技决策的知情权和参与能力。

3. 搭建科技成果宣传平台

支持科研院所和社会科技中介、咨询机构搭建科技成果宣传平台。建立和完善科技信息发布机制。在国家和市重大工程项目、科技计划项目和重大科技专项实施过程中,逐步建立健全面向公众的科技信息发布制度,让社会公众及时了解、掌握有关科技知识和信息。

规范商业活动中科技信息传播。大众传媒要担负起向公众准确发布科技信息的责任。对企业产品发布中含有虚假科技信息的行为,相关行政主管部门要予以及时纠正;对利用科技信息的欺诈行为,要依法给予查处。

各级科协组织、有关社会团体、科研机构要采取多种方式,加强面向公众的科技信息咨询,建立通畅的科技信息传播渠道。

(五)加强示范引导,进一步提高科普工作的社会动员能力

1. 深入开展各类群众性科普活动

动员社会各界力量,搭建群众性、社会性、经常性的科普活动平台,继续推进“2810”科普活动品牌工程,加大资源整合力度,提升活动品质,为广大公众参与科普活动创造条件。进一步提高科普活动组织管理的专业化水平,根据经济、社会、科技发展最新动态在内容和形式上不断创新,建立绩效评价机制,定期开展对重大科普活动的效果评估,接受社会监督。建立科普活动集中宣传机制,突出重点,强化特色,确保实效,形成地方和部门联动、集中性和经常性活动相结合的长效机制。

2. 加强不同行业的科普工作

各行业部门要充分发挥优势,根据自身特点和资源,把医疗卫生、计划生育、环境保护、国土资源、农业、体育、气象、地震、文物、旅游、商贸等工作与科普工作有机结合,研究制定行业性科普工作发展规划和指导意见,建设一批具有鲜明特色的行业科普教育基地,大力发展行业的基层科普组织,形成一支高水平的行业科普队伍。调动行业部门积极性,挖掘行业科普资源,体现行业特色,开

展专题性、系列性科普活动。

3. 加强企业科普工作

鼓励企业利用自身的产品、技术、服务和设施优势，向社会开放，面向公众开展形式多样的科普活动。中关村国家自主创新示范区、亦庄经济技术开发区和其他高新技术产业开发区要根据高新技术企业密集的特点，集中展示高新技术成果和产品，让公众了解和感受高新技术及其产业对经济社会发展的巨大作用。鼓励企业捐资捐助社会公益性的科普设施建设和科普宣传活动。充分发挥职工技协、企业科协、企业研发中心等组织机构的作用，积极开展企业职工岗位技能培训、群众性技术创新和发明等活动。积极推进“职工书屋”建设。要把支持和开展科普活动，作为创新型企业试点的重要内容加以推进。

（六）专兼职结合，建设高素质的科普人才队伍

1. 提高科普人员的专业化水平

不断壮大由科技工作者、科学课程教师、科普创作人员、大众传媒的科技记者和编辑、科普场馆的展览设计制作人员、科普活动的策划和经营管理人员、科普理论研究工作者等组成的科普人才队伍。适应市场化进程和现代传媒业发展的需要，在高等院校设立科技传播专业方向，跨学科培养一批科技传播、科普创作和理论研究的创新型人才。

加强具有理工科和文科教育背景的专业化、职业化的科普创编和策划人才队伍建设。开展面向科普工作管理人员、科技场馆展览设计人员、科技记者和编辑、科普导游、科普讲解员的培训，进一步提高科技传播队伍的素质。

积极倡导广大科技人员投身科普事业，让更多最新科学技术成果惠及人民群众。培育一批科普导师，以建设导师工作室方式，为其创造策划与组织创新型科普活动、创作科普作品的良好环境，同时通过“师带徒”的方式，造就一批青年科普人才。

2. 加强科普志愿者队伍建设

组织高等院校教师、学生科普志愿者。通过暑期社会实践和支农支教活动，形成一支能够在基层，特别是深入农村和落后地区开展科普宣传活动的志愿者队伍。组织老专家、老教授发挥专业和技术特长，积极参与科学教育和科技传播工作，广泛开展科普宣传活动。发展城市社区、乡村科普志愿者队伍，培养社区科普指导员、服务员、信息员、监督员。培养大学生村官、科技协调员，积极担当本地科普宣传任务。依托高等院校教师及大学生志愿者在社区建立一批社区科学商店，以解决社区中实用的科学问题。

四、加强科普能力建设的保障措施

（一）进一步加强对科普工作的领导

科普能力建设是政府推进科普工作的重要着力点。要进一步发挥科普工作联席会议制度的组织协调作用，统筹部署，集成资源，引导全社会共同推动全市科普能力建设。科技行政管理部门会同有关部门要按照《科普法》《北京市科学技术普及条例》的要求，通过制定规划和政策、开展监督检查评估等措施，加强对北京市科普能力建设工作的领导。各级科协组织以及工会、共青团、妇联等人民团体在科普事业发展中发挥着重要作用，要积极做好全市科普能力建设的相关组织实施工作。各区县、各行业要根据本地区、本行业的实际，积极推进具有地域特色和行业特色的科普能力建设。

（二）建立政府引导的多元化投入机制

各级政府应当保证科普经费的投入，将科普经费列入各级财政预算，逐步提高科普投入的水平。落实国家发改委、科技部、财政部、中国科协制定的《科普基础设施发展规划（2008－2010－2015）》，加强自然科技类场馆的建设和更新改造工作，加大对科普基础设施建设项目的投资规模

和投资比例。各级政府可通过招标或转让方式，将政府主办的全部或部分科普活动项目委托给社会组织或企业承办；采取提供优惠或创造一定条件的方式，结合当地群众需求，引导科技企业到场馆内或以自办专题常设展厅、咨询工作站等形式兴办科普设施；同时鼓励社会力量和境内外组织和个人捐助或者投资建设新的科普设施、开展科普活动。

（三）完善科普奖励政策

进一步完善北京市科技进步奖科普图书奖的评审标准，逐步将科普影视、科普动漫和科普展教具等科普作品纳入北京市科技进步奖励范围。鼓励社会力量设立多种形式的科普奖。加大对科普工作先进集体和先进个人的表彰和奖励力度。

（四）建立北京市科普能力建设的监测和评估体系

制定科学合理的评价指标，构建科普监测工作网络，及时了解和掌握区县、部门在科普政策实施、科普能力建设中的最新进展和动态，定期开展公民科学素质监测调查和科普工作统计，建立公众反馈制度，为政府决策提供科学的依据。

（五）建立跨部门、跨区域的科普合作制度

在进一步完善市、区（县）两级人民政府科普工作联席会议制度的基础上，通过院所联动开放，市院（中科院）互通、互惠方式，建立市院科普联盟体联席会议制度；围绕城乡区域科普协调发展，建立市区（县）、区域间（区县之间）科普互动联席会议制度，以寻求缩小地区科普工作水平的差别、促进科普一体化；依托京津冀环渤海圈，建立京津冀科普联盟体联席会议制度，逐步实现区域内科普信息、科普场馆、科普人力资源等的共享和相互转移的良好格局。

（六）建立合作与交流机制

充分发挥国内外的科普资源优势，采取“引进来”、“走出去”的方式，建立与海内外、国内外在科普人力资源培训、科普展品研发、科普展览举办等方面的合作与交流机制，促进北京市科普工作的国际化发展。

（七）进一步加强科普理论研究

积极开展前瞻性科普理论研究，为科普工作提供理论指导与支撑。开展不同地区的科普发展战略研究，同时开展政府在科普工作中的作用的研究。开展科普手段与形式的拓展，科普新理念的建立，科普资源的开发与整合效应，科普系统与其他社会系统间的作用和联系，科普工作的组织体系、社会支撑体系，科普活动的模式研究。开展非营利科普型组织的体制与机制及相关政策环境的研究，开展科普与文艺、科普与旅游相互结合的运行机理和模式研究。组织媒体科普宣传的策划与节目制作等方面的理论性研究工作。

科普能力建设是建设创新型城市、世界城市的一项基础性、战略性任务。科技界、教育界和社会各界都要高度重视，切实抓好。各有关部门要认真研究制定加强本部门科普能力建设工作的实施方案，尽快落实，认真执行。

北京市科学技术委员会
中共北京市委宣传部
北京市发展和改革委员会
北京市教育委员会
北京市财政局
北京市科学技术协会
北京市科学技术研究院
二〇一〇年五月三十一日

北京市科学技术委员会关于印发《北京市重点实验室认定与管理暂行办法》的通知

京科发[2010]411号

(2010年8月3日)

各有关单位：

为加强本市重点实验室的认定与管理工作，北京市科学技术委员会制定了《北京市重点实验室认定与管理暂行办法》，现予印发，请遵照执行。

特此通知。

附件：北京市重点实验室认定与管理暂行办法

北京市科学技术委员会

二〇一〇年八月三日

附件：

北京市重点实验室认定与管理暂行办法

第一章 总 则

第一条 为贯彻落实《国家中长期科学和技术发展规划纲要(2006—2020年)》(国发[2005]44号)、《北京市中长期科学和技术发展规划纲要(2008—2020年)》(京政发[2008]20号)、《"科技北京"行动计划(2009—2012年)——促进自主创新行动》，规范和加强北京市重点实验室的认定和管理，参照科技部《国家重点实验室建设与运行管理办法》(国科发基[2008]539号)、《关于依托转制院所和企业建设国家重点实验室的指导意见》(国科发基字[2006]559号)，结合北京市实际，制定本办法。

第二条 北京市重点实验室是北京市科技创新体系的重要组成部分，是国家重点实验室的有益补充和后备军，是开展高水平基础研究和应用基础研究、聚集和培养优秀科技人才、开展学术交流的重要基地，是推进战略性新兴产业发展的助推器，是研究前沿技术、共性关键技术，引领行业技术创新,提升北京市科技攻关能力的重要平台。

第三条 北京市重点实验室是依托有关法人单位组建的具有创新能力的科研实体,实行“开放、流动、联合、竞争”的运行机制和“定期考评、动态调整、分类支持”的管理机制。

第二章 职 责

第四条 北京市科学技术委员会(以下简称市科委)负责组织推进北京市重点实验室建设,主要工作内容包括:

(一)研究制定北京市重点实验室发展的相关政策,宏观指导北京市重点实验室的建设和运行。

(二)编制和组织实施北京市重点实验室总体规划和发展计划。

(三)批准北京市重点实验室的建立、调整、撤销,组织北京市重点实验室的申报、绩效考评、跟踪管理等工作。

第五条 依托单位是北京市重点实验室建设和运行管理的具体负责单位,主要工作内容包括:

(一)落实市科委有关北京市重点实验室认定和管理的相关政策,具体负责北京市重点实验室的申请和日常运行管理,配合市科委做好绩效考评和跟踪管理。

(二)为北京市重点实验室提供相应的支持及后期保障等配套条件,解决实验室运行中的有关问题。

(三)负责聘任北京市重点实验室主任及学术委员会主任。

(四)根据学术委员会建议,提出北京市重点实验室名称、研究方向、发展目标、组织结构等方案报市科委。

第六条 北京市重点实验室的主要任务:

(一)围绕国家和北京市经济、社会和科技发展战略,结合北京市学科发展优势,开展基础研究;针对行业重大技术问题,开展前沿技术、共性关键技术的应用基础研究,获取原始创新成果,增加科技成果的有效供给。

(二)提升依托单位和行业的自主创新能力和核心竞争力,增强技术辐射与扩散能力。

(三)壮大、培养、凝聚一批创新型科技人才。

(四)开展和参与国家和行业技术标准的研究制订。

(五)加强国内外科技合作与交流,充分利用国际资源,推动技术储备。

第三章 申报与认定

第七条 申请认定北京市重点实验室的依托单位应具备以下基本条件:

(一)申报主体:在京注册的法人单位。以联盟等形式共同申请的,必须确立一个主建法人单位,并附有共建协议书,明确各方权责。

(二)研究方向和能力:研究方向符合国家和北京市发展战略,在本领域处于领先地位,具有较强的创新能力,掌握核心技术并拥有自主知识产权,具有较强的行业辐射能力。

(三)人才队伍:有高水平学术带头人,拥有一支数量合理、结构优化、学术水平高、学风严谨、创新意识浓厚、相对稳定的科技创新队伍;拥有强有力的组织机构和管理团队。

(四)运行管理:具备完善的组织体系、管理体制和运行机制,较强的研发组织管理水平,发展计划和目标明确,具有稳定的产学研合作机制,技术创新绩效显著。

(五)支持与投入:依托单位科研投入能力较强,能为重点实验室的运行提供必要的经费支持和条件保障。依托单位为企业的,近三年来年投入科研经费一般不少于企业年销售收入的3%,且在中国境内发生的研发费用总额占全部研发费用总额的比例不低于60%。

(六)对于新成立的机构,主要考察其研究方向、人才队伍、硬件建设、运行管理、科研计划等条件因素。

第八条 市科委按照“成熟一个,审批一个”的原则,依据本办法规定的程序认定北京市重点实验室。认定程序如下:

(一)依托单位填写《北京市重点实验室认定申请书》,向市科委提出申请。

(二)市科委组织有关专家对申报单位及材料进行考核评审,形成专家评审意见。

(三)市科委根据评审意见,审核并认定北京市重点实验室。

第九条 北京市重点实验室经认定后予以授牌,统一命名为“北京市XX重点实验室(依托单位)”,英文名称为“Beijing Key Laboratory of XX,(依托单位)”。

第四章 运行管理

第十条 北京市重点实验室实行依托单位领导下的主任负责制。北京市重点实验室主任由依托单位任命,任期三年,每年在北京市重点实验室工作时间不少于八个月。

第十一条 北京市重点实验室开展研究业务方面相对独立,经济上实行内部独立核算。科研用房相对集中,科研仪器设备能统一管理。

第十二条 北京市重点实验室应设立学术委员会作为学术指导机构,一般由7—15名国内外同行及相关领域知名专家组成,主要负责审议北京市重点实验室的目标、研究方向、重大学术活动、绩效考评自评报告。学术委员会主任由依托单位聘任,任期三年。学术委员会会议每年至少召开一次。

第十三条 北京市重点实验室按照研究方向、研究内容和研究任务设置研究单元、设立自主研究课题。积极开展国内外科技合作与交流。

第十四条 北京市重点实验室实行聘任制或合同制,享有充分的用人自主权,建立岗位聘用与竞争上岗相结合的双向流动机制,始终保持高效精干的队伍。注重吸引国内外优秀人才,培养优秀中青年科技人才。

第十五条 北京市重点实验室应重视和加强运行管理,建立健全内部规章制度,积极创新管理体制和运行机制。

第十六条 北京市重点实验室应统筹制定科研仪器设备的工作方案,有计划地实施科研仪器设备的更新改造、自主研制。鼓励北京市重点实验室将可开放的仪器、设备及成套试验装备加入首都科技条件平台,并充分利用首都科技条件平台仪器设备开展科研工作。

第十七条 北京市重点实验室应加强知识产权保护,对北京市重点实验室完成的专著、论文、软件、数据库等研究成果均应标注北京市重点实验室名称。专利申请、技术成果转让、申报奖励等按有关规定办理。

第十八条 北京市重点实验室应当重视科学道德和学风建设,营造宽松民主、潜心研究的科研环境,开展经常性、多种形式的学术交流活动。北京市重点实验室应建立访问学者制度,并通过开放课题等方式,吸引国内外高水平研究人员来实验室开展合作研究。

第十九条 北京市重点实验室需要更名、变更研究方向或进行结构调整、重组的,须经学术委员会论证,由依托单位书面报市科委批复。

第五章 扶持政策

第二十条 支持北京市重点实验室及其依托单位开展机制创新,中关村国家自主创新示范区研究开发费用加计扣除、科技重大专项列支间接费用试点等各项先行先试政策优先在符合条件的北京市重点实验室及其依托单位推广落实。

第二十一条 市科委通过科技计划项目等方式支持北京市重点实验室加强能力建设,并鼓励、支持其申报国家重点实验室。

第二十二条 鼓励北京市重点实验室成为人才引进和培养的重要基地。北京市重点实验室在职科技人员符合“科技北京百名领军人才培养工程”、“北京市科技新星计划”条件的,市科委将择优资助。

第六章 考 评

第二十三条 北京市重点实验室实行定期绩效考评制度,每三年为一个评估周期。具体考评工作组织专家或委托评估机构实施。考评结果分为优秀、良好、合格、不合格。不合格的,责令限期整改。

第二十四条 出现下列情形之一的,撤销其“北京市重点实验室”资格:

(一)绩效考评不合格,整改后复评仍不合格;

(二)不接受市科委的跟踪管理,或不参加绩效考评;

(三)依托单位自行要求撤销其北京市重点实验室;

(四)北京市重点实验室所在依托单位被依法终止;

(五)北京市重点实验室所在依托单位有违法行为被依法追究刑事责任;

(六)其他市科委认为应该撤销的情形。

第七章 附 则

第二十五条 《北京市重点实验室绩效考评办法》另行发布。

第二十六条 本办法自公布之日起30日后施行。

北京市科学技术委员会关于印发《北京市工程技术研究中心认定与管理暂行办法》的通知

京科发[2010]412号

(2010年8月3日)

各有关单位：

为加强本市工程技术研究中心的认定与管理工作，北京市科学技术委员会制定了《北京市工程技术研究中心认定与管理暂行办法》，现予印发，请遵照执行。

特此通知。

附件：北京市工程技术研究中心认定与管理暂行办法

北京市科学技术委员会

二〇一〇年八月三日

附件：

北京市工程技术研究中心认定与管理暂行办法

第一章　总　　则

第一条　为贯彻落实《国家中长期科学和技术发展规划纲要(2006—2020年)》(国发[2005]44号)、《北京市中长期科学和技术发展规划纲要(2008—2020年)》(京政发[2008]20号)和《“科技北京”行动计划(2009—2012年)——促进自主创新行动》，加强对北京市工程技术研究中心(以下简称“工程中心”)的运行管理，参照科技部《国家工程技术研究中心暂行管理办法》([93]国科发计字060号)，结合北京市实际，制定本办法。

第二条　工程中心是北京市科技创新体系的重要组成部分，是国家工程技术研究中心的有益补充和后备军，是强化企业为主体、市场为导向、产学研结合的技术创新体系建设的重要载体，是推动战略性新兴产业发展的重要力量，是促进重大科技成果在京转化和产业化的孵化器。

第三条　工程中心是依托有关法人单位组建的具有工程技术开发能力的科研开发实体，实行

“开放、流动、联合、竞争”的运行机制和“定期考评、动态调整、分类支持”的管理机制。

第二章 职 责

第四条 北京市科学技术委员会(以下简称市科委)负责组织推进工程中心建设,主要工作内容包括:

(一)研究制定工程中心发展的相关政策,宏观指导工程中心的建设和运行。

(二)编制和组织实施工程中心总体规划和发展计划。

(三)批准工程中心的建立、调整、撤销,组织工程中心的申报、绩效考评、跟踪管理等工作。

第五条 依托单位的主要职责是:

(一)落实市科委有关工程中心认定和管理的相关政策,具体负责工程中心的申请和日常运行管理,配合市科委做好绩效考评和跟踪管理。

(二)为工程中心提供相应的支持及后期保障等配套条件,解决工程中心运行中的有关问题。

(三)负责聘任工程中心主任及技术委员会主任。

(四)根据技术委员会建议,提出工程中心名称、发展规划与目标、组织结构等方案报市科委。

第六条 工程中心的主要任务:

(一)根据北京经济社会发展需要,研究开发本行业领域重大关键性、基础性和共性技术,对有广阔应用前景的科研成果进行系统化、配套化和工程化,为适合企业规模生产提供成熟配套的技术工艺和装备,推动相关行业和领域科技进步和战略性新兴产业发展。

(二)承接企业、科研机构和高校等单位委托的工程技术研究、设计和试验任务,为相关企业提供技术咨询、产品检测、质量监督及技术信息等服务,参与国家和行业技术标准的研究制订,提升行业、领域的科技竞争力。

(三)承接国家和地方科研机构、高校的科技成果,促进产、学、研结合,推进重大科技成果在京转化和产业化。

(四)积极开展国际交流与合作,引进国外最新工艺与技术,并进行消化、吸收与再创新,不断促进自主创新能力的提升。

(五)培养相关行业和领域的高水平工程技术研究人才和管理人才,组织开展本市企业、行业的工程技术人才培训。

第三章 申报与认定

第七条 申请认定工程中心的依托单位应具备以下基本条件:

(一)申报对象应是在本市注册的法人单位,对本领域技术创新及行业进步具有较强的影响力。行业龙头企业申请工程中心,或与科研院所和高校联合出资成立公司法人申请工程中心的,予以优先认定。以联盟等形式共同申请的,必须确立一个主建法人单位,并附有共建协议书,明确各方权责。

(二)符合北京市经济社会发展需要,符合北京市产业结构调整的方向和战略性新兴产业发展的要求;拥有较好的工程技术研究、设计基础和丰富的成果转化背景及经验。

(三)具有技术水平高、工程化实践经验丰富的工程技术带头人;拥有一支数量适当、结构优化、高水平的工程技术研究、开发和实施队伍;拥有强有力的组织机构、管理团队和良好的运行机制。

（四）具备工程技术试验条件和基础设施，有比较完备的检测、分析、测试手段和工艺设备，具备承担综合性工程技术试验任务和服务的能力。

（五）有筹措资金的能力和信誉，能为工程中心的运行提供必要的经费支持、技术支撑及后勤保障。

（六）重视发挥市场作用，能够根据行业发展需求和市场需求，吸纳早期研发成果进入工程中心孵化，并具备吸引外部投资用于成果转化和产业化的影响力。

（七）对于新成立的机构，主要考察其研究开发方向、人才队伍、硬件建设、运行管理、科研开发计划等条件因素。

第八条 市科委按照“成熟一个，审批一个”的原则，依据本办法规定的程序认定工程中心。工程中心的认定程序如下：

（一）依托单位填写《北京市工程技术研究中心认定申请书》，向市科委提出申请。

（二）市科委组织有关专家对申报单位及材料进行考核评审，形成专家评审意见。

（三）市科委根据评审意见，审核并认定工程中心。

第九条 工程中心经认定后予以授牌，统一命名为“北京市 XX 工程技术研究中心（依托单位）”，英文名称为“Beijing Engineering Research Center of XX，（依托单位）”。

第四章 运行管理

第十条 工程中心经费采用多元化投入，以依托单位投入为主。工程中心的经费主要来源于企业销售收入中提取的技术开发费用；承接国家、地方研究开发项目所取得经费；通过面向市场，为行业企业提供有偿服务取得的收入等。

第十一条 工程中心实行依托单位领导下的主任负责制。设主任一人，副主任若干人，组成一个高效、精干、团结的领导班子。领导成员应具有改革创新的精神、较高的业务技术水平，熟悉相关行业国内外的技术发展趋势，有很强的组织管理及社会活动能力。

第十二条 工程中心应设立技术委员会，一般为 7—15 人，由依托单位和国内外同行及相关领域知名专家、产业化方面的企业经营管理专家组成，其中依托单位的委员人数不超过三分之一。技术委员会主要职责是：审议工程中心的发展规划，研究开发工作方向、计划和项目，评价工程设计试验方案，督促检查研究进展，组织学术交流，提供技术经济咨询及市场信息等。工程中心的技术委员会每届任期三年。

第十三条 工程中心实行聘任制或合同制，享有充分的用人自主权，建立岗位聘用与竞争上岗相结合的双向流动机制，始终保持高效精干的队伍。

第十四条 工程中心应积极创造条件，随时吸收和接纳相关研究人员携带科研成果来实现成果转化，进行工程化研究开发和试验。工程中心应当结合自身特点，推动科技成果的转化，加强与产业界的联系与合作，接产企业也可从转化过程开始阶段派人介入。

第十五条 市科委支持工程中心积极开展多种形式的国际、国内合作与交流。鼓励工程中心邀请国外专家、研究人员从事研究和技术开发或联合开发。

第十六条 工程中心建立和完善充分体现市场规律的激励机制和分配机制，推行科技成果入股、科技成果收益分成、科技成果折股等激励方式，对做出突出贡献的科技人员和主要经营管理人员进行奖励。

第十七条 工程中心应重视和加强运行管理，建立健全内部规章制度，积极创新管理体制和运行机制。

第十八条　工程中心需要更名、变更研究方向或进行结构调整、重组的，须经技术委员会论证，由依托单位书面报市科委批复。

第五章　扶持政策

第十九条　支持工程中心及其依托单位开展机制创新，中关村国家自主创新示范区研究开发费用加计扣除、科技重大专项列支间接费用试点、重大科技成果转化和产业化股权投资、政府采购自主创新产品、股权激励、高新技术企业税收优惠等各项先行先试政策优先在符合条件的工程中心及其依托单位推广落实。

第二十条　市科委通过科技计划项目等方式支持工程中心加强能力建设，并鼓励、支持其申报国家工程技术研究中心。

第二十一条　工程中心取得的研究成果在京转化，符合北京市高新技术成果转化项目认定条件的，经认定后可享受高新技术成果转化项目专项资金支持。

第二十二条　工程中心在职科技人员符合“科技北京百名领军人才培养工程”、“北京市科技新星计划”条件的，市科委将择优资助。

第二十三条　鼓励工程中心将可开放的仪器、设备及成套试验装备加入首都科技条件平台，并充分利用首都科技条件平台仪器设备开展科研工作。

第六章　考　　评

第二十四条　工程中心实行定期绩效考评制度。每三年为一个评估周期，具体考评工作组织专家或委托评估机构实施。考评结果分为优秀、良好、合格、不合格。不合格的，责令限期整改。

第二十五条　出现下列情形之一的，撤销其工程中心资格：

(一)绩效考评不合格，整改后复评仍不合格；

(二)不接受市科委的跟踪管理，或不参加绩效考评；

(三)依托单位自行要求撤销其工程中心资格；

(四)工程中心依托单位被依法终止；

(五)工程中心依托单位有违法行为被依法追究刑事责任；

(六)其他市科委认为应该撤销的情形。

第七章　附　　则

第二十六条　《北京市工程技术研究中心绩效考评办法》另行发布。

第二十七条　本管理办法自公布之日起30日后实施。

北京市科学技术委员会关于印发《北京市科技计划管理相关责任主体信用管理办法(试行)》的通知

京科发[2010]458 号

(2010 年 8 月 12 日)

各有关单位:

为提高政府科技资源分配的公正性、有效性和北京市科技计划管理相关责任主体的信用意识与信用水平,加强北京市科技诚信建设,经市科委领导同意,我们制定了《北京市科技计划管理相关责任主体信用管理办法(试行)》,现予印发,本办法将于 2010 年 10 月 1 日起正式执行。

特此通知。

附件:北京市科技计划管理相关责任主体信用管理办法(试行)

北京市科学技术委员会

二〇一〇年八月十二日

附件:

北京市科技计划管理相关责任主体信用管理办法(试行)

第一章　总　　则

第一条　为提高政府科技资源分配的公正性、有效性和北京市科技计划管理相关责任主体的信用意识与信用水平,加强北京市科技诚信建设,依据国家科技部《关于在国家科技计划管理中建立信用管理制度的决定》和北京市科学技术委员会(以下简称"市科委")发布的《北京市科技计划项目(课题)管理办法》,制定本办法。

第二条　本办法适用于参与由市科委列入北京市科技计划,并由北京市财政科技经费拨款支持的项目、课题及专项(以下简称"科技计划任务")的相关责任主体,包括项目主持单位、课题承担单位、专项受托管理及承担单位、项目负责人、课题负责人、咨询专家等。

第三条 科技信用是对个人或机构在参与科技计划相关任务时履行约定义务、遵守科技界公认行为准则的一种评价。

信用管理是指市科委在项目(课题)和专项管理过程中,对相关责任主体从立项、实施到验收(结题)全过程的科技信用状况进行客观记录和评价,并据此进行相关管理和决策的工作。

第四条 信用管理工作应遵循保护科技创新积极性和相关责任主体合法权益的原则,以事实为基本依据,做到客观记录和公正评价,并与项目(课题)及专项管理、科技经费管理等有机结合,协调一致。

第二章 信用记录内容与评价标准

第五条 市科委对相关责任主体的信用记录内容包括基本信息、良好信用和不良信用。

第六条 基本信息指相关责任主体的身份和与科技计划任务相关的信息,如所参与科技计划任务的类型、名称、主要职责和工作内容、参与方式等。

第七条 良好信用的记录内容包括:

(一)守信行为,指相关责任主体从科技计划任务立项、实施到验收(结题)的全过程遵守有关规定,奉行科技界公认的科研行为准则和科技管理工作准则,如期圆满完成其正式承诺内容的行为。

(二)突出贡献,指相关责任主体在其参与科技计划任务的正式承诺内容之外积极开拓创新,并形成对科技界和科技计划管理有益的经验、典范,如创新科技计划组织管理机制、科技研发机制,对本市经济社会发展做出突出贡献等客观事实。

第八条 不良信用记录的内容包括:

(一)失信行为,指相关责任主体主观故意的违反职业道德、违法违纪违规的行为,可分为科研失信行为和管理失信行为。

1. 科研失信行为指违反科技界公认的科研行为准则的行为,如在有关人员职称、简历以及研究基础等方面提供虚假信息,抄袭、剽窃他人科研成果,捏造或篡改科研数据、伪造或不按规定移交相关档案等。

2. 管理失信行为指违反科技管理工作准则的行为,如瞒报或谎报重大事件、恶意串通、行贿、索贿受贿,截留、挤占、挪用、转移科技经费,未经批准擅自调整科技计划任务且造成严重后果,以及违反国家相关法律法规和财经纪律等。

(二)组织实施过失,指由于科技计划任务的承担单位及其相关人员的预测失误、风险估计不足、管理不力、监管不严、措施不当、不尽责等,而造成科技计划任务没有顺利实施,情节严重者导致科技计划任务被撤销、验收未通过的行为。

第九条 市科委依据不同责任主体参与科技计划任务活动的特点,针对各责任主体确定其良好信用和不良信用的记录与评价标准(以下简称"信用评价标准",附件1)。

第三章 信用管理的实施

第十条 市科委依据相关责任主体的正式承诺、北京市科技计划相关管理办法及科技界公认的行为准则,在科技计划管理的立项、实施、验收(结题)、绩效考评等各个阶段,利用立项过程中的方案论证和财政评审、实施过程中的调度评议和监督检查、验收(结题)过程中的专家验收评议与验收确认,以及随时受理举报信息等管理手段,及时发现、调查、确认和客观记录项目主持单位、课题承担单位、项目负责人、课题负责人的科技信用状况，填写《北京市科技计划管理相关责任主体信用记录表》（以下简称《信用记录表》，附件2）。

第十一条 市科委在科技计划任务完成验收（结题）后，对项目主持单位、课题承担单位、项目负责人、课题负责人的《信用记录表》内容进行汇总，并依据信用评价标准，按照信用优秀、信用良好、信用一般、信用不良和信用差五个级别对其参与本次科技计划任务的科技信用进行累计评价，分别用AA、A、B、C、D表示。

第十二条 市科委依据咨询专家在科技计划任务立项、年度评议和验收阶段提供咨询的表现，以及咨询专家独立形成的论证、验收评议个人意见，如实记录咨询专家的科技信用状况，并依据信用评价标准，按照信用良好、信用一般、信用不良三个级别对其本次咨询的科技信用进行评价，分别用A、B、C表示。

第十三条 科技计划管理的参与者均有权监督和报告相关责任主体的信用状况。相关责任主体应协助市科委进行信用调查、记录及维护管理工作。

第十四条 市科委建立"北京市科技计划相关责任主体信用数据库"，对相关责任主体的信用记录和信用评级进行信息化管理，并根据需要进行相关责任主体信用信息查询。

第十五条 相关责任主体信用管理方式如下：

（一）信用评级为AA，市科委在凝练重大科技项目时优先采纳其意见建议。

（二）信用评级为A，责任主体为机构的，市科委在同等条件下优先选择其承担科技计划任务。

（三）信用评级为B，给予其承担及参与市科委科技计划任务的资格。

（四）信用评级为C，责任主体为机构的，市科委取消其相关资格三年，并在其恢复资格后，对其再次参与科技计划任务进行科技信用重点监督；责任主体为个人的，自信用评级生效起三年内不得参与科技计划任务相关工作，市科委对其三年后再次参与科技计划任务相关工作进行科技信用重点监督。

（五）信用评级为D，责任主体为机构的，市科委取消其相关资格五年，并在其恢复资格后，连续三年对其参与科技计划任务进行科技信用重点监督；责任主体为个人的，自信用评级生效起终身不得参与科技计划任务相关工作。

第十六条 相关责任主体信用一旦记录即长期有效，市科委对相关责任主体的信用评级按年度进行更新管理。

第十七条 相关责任主体在信用调查和确认阶段对其信用记录具有申辩权，对已确认的信用记录内容有异议的，可根据国家有关规定按相关程序进行申诉。

第四章 附 则

第十八条 本办法将于2010年10月1日起执行。

北京市人民政府国有资产监督管理委员会
北京市科学技术委员会
关于推进市属国有企业自主创新工作的指导意见

京国资发[2010]18 号

(2010 年 9 月 9 日)

各企(事)业单位:

近年来,市属国有企业(以下简称企业)不断加大科技研发投入,加强管理创新和机制创新,逐步建立产学研相结合的技术创新体系,自主创新能力得到了一定提升。但是企业自主创新意识不强、研发机构较少、研发投入不足、新产品开发速度缓慢、自主创新能力薄弱等问题仍未得到根本改变。为贯彻落实市委、市政府关于加快转变经济发展方式、推进产业结构优化升级的战略部署,进一步增强企业自主创新能力,提高核心竞争力,为建设"科技北京"做出更大贡献,结合我市企业实际情况,提出如下意见:

一、指导思想

(一)牢固树立和落实科学发展观,按照建设"人文北京、科技北京、绿色北京"的要求,突出抓好重点产业、重点企业、重点项目和重点产品,形成重要产业支撑、骨干企业引领、重点项目示范、名牌产品带动的自主创新格局。大力培育战略性新兴产业,积极发展高新技术产业,不断提升传统产业,形成完善的以企业为主体、市场为导向、产学研相结合的技术创新体系。切实提高企业自主创新能力,推动企业成为建设首都创新型城市、建设科技北京的主力军,为北京建设成世界城市做出重要贡献。

二、基本原则

(二)坚持市场机制与政府引导相结合,形成以企业为主体、产学研结合的企业技术创新体系。

(三)坚持自主创新与开放创新相结合,以自主创新为主,根据实际选择原始创新、集成创新和引进消化吸收再创新等创新模式。

(四)坚持高新技术产业化与传统产业升级改造相结合,推进高新技术成果转化,大力促进传统产业改造升级。

(五)坚持突出重点、推动全局、跨越发展相结合,抓好重点产业,形成一批具有国际核心竞争力的骨干企业。

(六)坚持科技创新与机制创新相结合,优化科技发展环境,合理配置科技要素,提升企业创新能力。

三、工作目标

(七)增加企业研发投入。"十二五"期间,大型骨干企业年度研发投入占当年销售收入的比例原则上要达到5%，部分高新技术企业争取达到10%。其他企业根据自身发展需要，安排一定研发经费。

（八）加快技术创新成果转化。构建企业技术创新成果转化平台和多元化投融资体系，突破产业发展关键技术，提高研发生产率以及科研成果转化率，力争实现更多具有国际先进水平的技术创新成果产业化。积极对接北京地区高校院所及央企等中央单位，加强承接其科技成果实现转化及产业化的能力。

（九）增强科技人才队伍建设。建立科技创新人才激励机制，加强高层次创新型人才队伍建设，依托重大科研项目、重点研究机构，引进和培养创新能力强的科技领军人物。

（十）加强知名品牌建设。推动企业知识产权成果应用和产业化，做大做强一批拥有自主知识产权和知名品牌、具有较强国际竞争力的优势企业。

四、工作要求

（十一）加强组织领导。加强对自主创新工作的组织领导，通过政策引导，把自主创新作为企业发展的关键环节抓紧抓好，实施企业技术创新"一把手"工程，主要负责人亲自抓，分管负责人具体抓，形成领导班子齐抓共管的格局。

（十二）实施技术创新工程。实施国家技术创新工程北京市试点，培育创新型企业，利用全市创新服务平台，大力推进产学研合作，促进企业创新发展；鼓励企业牵头围绕战略性新兴产业领域组建产业技术创新战略联盟，支持产业技术创新战略联盟承接重大科技项目。

（十三）加强研发投入与项目支持。以市场需求为导向，加大自主研发投入，积极申报国家和地方的重大科技创新项目及国际合作重大项目。积极探索具有重大影响及示范意义的工业设计重点项目，优先形成一批设计示范成果，切实增强企业设计应用能力。

（十四）加强研发机构建设。推动各级企业建立研发机构，申报市级科技研究开发机构、重点实验室、工程技术研究中心、企业技术中心、工程研究中心。

（十五）建设专业化、市场化的科技企业孵化器，提升专业服务能力，符合条件的企业孵化器可优先认定为北京市高新技术产业专业孵化基地。

（十六）加强产学研合作。与高等学校、科研院所建立紧密合作关系，鼓励企业委托高校、科研院所进行关键技术研究，并给予资金支持；鼓励企业在高校、科研院所建立自主创新实验基地；鼓励企业与高校、科研院所以产学研合作的形式申请市科技计划项目支持；鼓励企业参与首都科技条件平台建设，使用首都科技条件平台的科技资源，提升自主创新水平和研发效率。

（十七）加强科技人才激励和培养。建立健全企业科研人员激励机制，对贡献突出、创造效益明显者实行奖励。积极探索培养人才的新机制，加快培养一批多样化、多层次和多类型的复合型人才。鼓励在中关村国家自主创新示范区的企业探索股权激励试点，对做出突出贡献的科技人员和主要经营管理人员进行激励。支持企业科研人才申报北京市科技新星计划和科技北京百名领军人才培养工程。推荐优秀的科研人才申报国家千人计划和北京海外人才聚集工程。

（十八）增强品牌意识，推进品牌建设，塑造优势品牌。注重理念创新，明确产品定位，提高产品质量，在创品牌、树品牌、推品牌中力求突破。

（十九）加强国际科技合作能力建设。鼓励以企业为主体，产学研联合，组建国际研发战略联盟，开展国际合作研究；鼓励企业"走出去"，设立海外研发中心，充分利用国际创新资源；鼓励企业创新国外智力资源利用机制，吸引国外专家特别是华人专家来华工作；鼓励企业根据需求进行全球创新资源调查，拓展国际合作渠道和网络等方式，增强承接国际技术转移的能力，对接全球产业与创新资源。

五、保障措施

（二十）建立联席会议制度。联席会议由市国资委和市科委组成，负责研究解决企业自主创新过程中的重大事项和问题。市国资委和市科委相关处室组成联席会议办公室，负责指导和协调企业科研、技改、新产品开发、产品质量安全、信息发布与交流、科研人员激励机制、申请相关优惠政策等具体工作。

（二十一）完善考核指标体系。创新管理机制和激励机制，加强对企业自主创新能力考核，将研发投入、承担国家和本市重大科技计划项目、研究开发机构建设、建立长期技术储备等自主创新工作情况逐步纳入到企业负责人经营业绩考核范围。

（二十二）加大资金支持力度。在国有资本经营预算中安排资金支持企业自主创新工作。对研发投入比重大、成效显著、成果转化率高的企业给予一定资金支持。

（二十三）实施重要科技成果奖励政策。鼓励企业积极申报北京市科学技术奖，对企业在重点发展行业和科技发展重点领域中取得的技术成果、采取产学研联合创新机制研究开发并在本市实施应用的技术成果、拥有自主知识产权或者形成国家或者国际标准的技术成果等进行奖励。

（二十四）实施优惠政策，支持自主创新产品的推广应用。对认定为国家高新技术企业、技术先进型服务企业及获得高新技术成果并认定为高新技术成果转化项目的企业，享受相关优惠政策。企业自主创新产品认定为北京市自主创新产品的，通过首购、订购、首台套重大技术装备试验（示范）项目、推广应用等方式优先采购。

（二十五）加强自主创新培训。利用多种形式、渠道，加强企业科技人员自主创新培训工作。

（二十六）加强企业宣传。推广技术创新的典型成功模式，表彰自主创新成效显著的企业以及做出突出贡献的企业员工，推动企业间的技术合作与经验交流。

北京市人民政府国有资产监督管理委员会
北京市科学技术委员会
二〇一〇年九月九日

北京市科学技术委员会关于印发《北京市科学技术奖励办法实施细则》的通知

京科发[2010]538号

(2010年10月15日)

各有关单位:

为贯彻《北京市科学技术奖励办法》,北京市科学技术委员会制定了《北京市科学技术奖励办法实施细则》,已经委主任办公会讨论通过。现予印发,请遵照执行。

北京市科学技术委员会
二〇一〇年十月十五日

北京市科学技术奖励办法实施细则

第一章 总 则

第一条 根据《北京市科学技术奖励办法》(以下简称《办法》),制定本细则。

第二条 本细则适用于北京市科学技术奖(以下简称市科学技术奖)的申报推荐、评审、授奖等各项活动。

第三条 市科学技术行政部门负责市科学技术奖评审的组织和管理工作,北京市科学技术奖励工作办公室(以下简称市奖励办)负责市科学技术奖的受理、形式审查、组织评审、异议处理等日常工作。

第二章 评审组织

第四条 北京市科学技术奖励评审委员会(以下简称评审委员会)由若干委员组成,其中主任委员1人,由市政府主管科技工作的副市长担任,副主任委员1人,由市科学技术行政部门负责人担任,秘书长1人,由市科学技术行政部门分管科技奖励工作的负责人担任。评审委员会委员由市政府相关部门主管科技工作的负责人以及专业评审委员会以外的相关行业领域的专家组成。

评审委员会委员连续任期一般不超过两届,每届任期三年,任期内市政府相关部门主管科技工作的负责人如有变动，由该部门主管科技工作的新负责人自然替补。

第五条 评审委员会的主要职责是：

（一）负责市科学技术奖的评审工作；

（二）对市科学技术奖的获奖人选、奖励等级作出评审意见；

（三）向市政府提出重大科技创新奖授奖项目及其人选建议；

（四）为完善市科学技术奖励工作提供政策性意见和建议；

（五）研究、解决市科学技术奖评审工作中的其他重大问题。

第六条 专业评审委员会由相关专业领域的专家组成。各专业评审委员会设主任委员 1 人，副主任委员 1 至 2 人，委员若干人。委员人选由市奖励办根据当年市科学技术奖的具体情况，从评审专家库中遴选，报市科学技术行政部门批准。委员每年应当更新三分之一以上。

第七条 专业评审委员会的主要职责是：

（一）负责市科学技术奖的初审工作；

（二）为完善市科学技术奖励工作提供政策性意见和建议；

（三）向评审委员会或市科学技术行政部门报告评审工作中出现的重大问题并提出处理建议。

第三章 推荐与受理

第八条 申报市科学技术奖的单位和个人应分类向符合《办法》第十三条规定的推荐单位（推荐人）申报，并提交申报推荐书和相关附件材料。

第九条 本市有关单位或个人与国外学者合作完成的科研项目，其主要学术思想由本单位或个人提出，科技研究工作以国内完成为主，经合作方同意并提供书面证明材料后，可按规定进行申报。

第十条 推荐项目含多个子项目，且子项目已单独推荐获奖的，在总项目推荐时，应剔除已获奖的子项目的内容。

第十一条 推荐参加市科学技术奖评审的成果应当具备下列条件之一：

（一）属于基础研究、应用基础研究类的成果是指对自然界有新的发现，对自然规律有新的认识、解释，在国内外首次阐明；在科学理论、学说上有创见，在研究方法、手段上有创新，对推动学科发展有重大意义，或者对经济建设和社会发展有重要影响，其核心论文应在国内外公开发行的学术期刊上发表 1 年以上，并得到国内外学术界的认同。

（二）属于技术发明类的成果是指运用科学技术知识做出前人尚未做出或尚未公开的新产品、新材料、新工艺及其系统等重大技术发明，具有先进性、创造性，实施应用 1 年以上，取得了显著的经济效益或社会效益。

（三）属于技术开发类的成果是指在技术开发活动中，通过原始创新、集成创新、引进消化吸收再创新完成具有重大市场实用价值的产品、技术、工艺、材料、设计及其成果转化应用，已实施应用 1 年以上并取得了显著的经济效益或社会效益。

（四）属于社会公益类的成果是指在标准、计量、科技信息、科技档案等科学技术基础性工作和环境保护、医疗卫生、自然资源调查和合理利用、自然灾害监测预报和防治等社会公益性科学技术事业中取得的重大成果及其应用推广。要求实行 1 年以上，并取得显著的社会效益或经济效益。

（五）属于重大工程类的成果是指列入国家和北京市经济、社会发展规划的重大综合性基本建设工程、科学技术工程等。要求该工程结束并实施 1 年以上，已经取得显著的经济效益或社会效益。

（六）属于推动决策科学化和管理现代化的软科学研究类成果是指促进科学技术、经济与社会协调发展起重大作用的决策咨询、科技规划、政策法规和管理方法，应有独到见解，并被有关部门采纳应用1年以上，取得明显的经济效益或社会效益。

（七）属于提高公众科学文化素养的科学技术普及类成果是指促进建设创新型城市战略实施、普及科技知识、倡导科学方法、传播科学思想、弘扬科学精神以及在提高国民科学文化素质中发挥重要作用、社会影响程度大的科普作品，并已公开发表1年以上。

第十二条 法律、行政法规规定必须取得有关许可证的项目，如动植物新品种、食品、药品、基因工程技术和产品等，在未获得主管行政机关批准之前，不得推荐参加市科学技术奖评审。

第十三条 凡存在知识产权以及有关完成单位、完成人员等方面争议并正处于诉讼、仲裁或行政裁决、行政复议程序中的，在争议解决前不得推荐参加市科学技术奖评审。

第十四条 市科学技术奖候选人应当是科学技术论著、技术发明、技术开发、成果推广、决策研究等的主要完成人，并具备下列条件之一：

（一）在基础研究或应用基础研究中发现重要科学现象、特征和规律，提出研究方法和手段，解决关键性学术疑难问题；

（二）在产品、工艺、材料及其系统等的研发中做出重要技术发明；

（三）在关键技术、疑难问题的解决中做出重大技术创新；

（四）在成果转化、产业化及推广应用中做出创造性贡献；

（五）在重大工程总体设计、实施中做出创造性贡献；

（六）在推动决策科学化和管理现代化、科学技术普及等工作中做出重要贡献。

第十五条 市科学技术奖候选单位应当是在项目研制、开发、生产、应用和推广过程中提供技术、设备和人员等条件，对项目的完成起到组织、管理和协调作用的主要完成单位。

第十六条 推荐单位（推荐人）认为有关专家参加评审可能影响评审公正性的，可以申请其回避，在推荐时书面提出申请，说明理由并提供相关的证明材料。每项推荐所提出的回避专家人数不得超过3人。

第十七条 连续两年经评定未授奖的市科学技术奖候选人、候选单位，如果再次以相关项目技术内容推荐须隔一年进行。

第十八条 推荐单位（推荐人）负责组织填写并审查申报材料，根据成果创新性、科学技术水平和推广应用情况，提出客观、公正的推荐意见，并将申报推荐书和相关材料提交市奖励办。

推荐单位（推荐人）审查申报材料的主要内容包括：

（一）是否符合市科学技术奖的申报范围和条件；

（二）提供的材料及其附件是否真实、齐全、规范；

（三）主要完成单位、主要完成人资格及排序是否符合规定。

第十九条 市奖励办在30日内完成推荐材料的形式审查。经审查不符合规定的，可以要求推荐单位（推荐人）在10个工作日内补正，逾期不补正或者经补正仍不符合要求的，不予受理并退回推荐单位（推荐人）。

第二十条 通过形式审查的推荐项目，在市科学技术行政部门、市奖励办网站上公布。

第四章 评审标准

第二十一条 《办法》第八条（二）中所称的“产品”包括各种仪器、设备、器械、工具、零部件以及动植物新品种等；“工艺”包括工业、农业、医疗卫生等领域的各种技术方法；“材料”包括用各种技术方法获得的新物质等。

第二十二条 《办法》第八条（七）中所称的“外国组织或者个人”，是指在国际科技交流与合作中对本市科学技术事业做出重要贡献的外国科学家、工程技术人员、科技管理人员或科学技术研究、开发、管理等组织。

第二十三条 《办法》第九条（一）中所称的“涉及国防、国家安全并由于国家安全和保密原因不能公开的成果”，是指在军队建设、国防科研、国家安全及相关活动中产生，并在一定时期内仅用于国防、国家安全目的的成果。

第二十四条 《办法》第九条（二）中所称的“正在研究的成果”，是指正在研究尚未完成的成果；或者已经完成，但不能推广应用的阶段性成果。

第二十五条 市科学技术奖授奖项目应从科学技术水平、经济效益或社会效益以及推动科技进步的作用和影响等方面进行综合评价，具体评定标准如下：

（一）基础研究类

一等奖：在科学上取得突破性进展，发现的自然现象、揭示的科学规律、提出的学术观点或者其研究方法为国内外学术界所公认和广泛引用，推动了本学科或者相关学科的发展，或者对经济建设、社会发展有重大影响的项目。

二等奖：在科学上取得重要进展，发现的自然现象、揭示的科学规律、提出的学术观点或者其研究方法为国内外学术界所公认和引用，推动了本学科或者其分支学科的发展，或者对经济建设、社会发展有重要影响的项目。

三等奖：在科学上取得一定进展，发现的自然现象、揭示的科学规律、提出的学术观点或者其研究方法为国内外学术界所公认和引用，推动了本学科或者其分支学科的发展，或对经济建设、社会发展有一定作用的项目。

（二）技术发明类

一等奖：属国内外首创的重大技术发明，技术思路新颖，主要技术上有重大的创新，技术经济指标达到了同类技术的领先水平，推动了本领域和相关领域的技术进步，在实施应用中产生显著的经济效益或社会效益的项目。

二等奖：属国内外首创的重大技术发明，技术思路新颖，主要技术上有较大的创新，技术经济指标达到了同类技术的先进水平，推动了本领域和相关领域的技术进步，在实施应用中产生较大的经济效益或社会效益的项目。

三等奖：属国内外首创的技术发明，技术思路新颖，主要技术上有一定的创新，技术经济指标达到了同类技术的先进水平，推动了本领域和相关领域的技术进步，在实施应用中产生一定的经济效益或社会效益的项目。

（三）技术开发类

一等奖：在关键技术或系统集成上有重大创新，技术难度大，总体技术水平和主要技术经济指标达到国内领先水平并接近国际先进水平，成果转化程度高，市场竞争力强，对本行业的技术进步和产业结构优化升级有重大作用，在本市应用并取得了重大的经济效益或社会效益的项目。

二等奖：在关键技术或系统集成上有较大创新，技术难度较大，总体技术水平和主要技术经济指标达到国内领先水平，成果转化程度较高，市场竞争力较强，对本行业的技术进步和产业结构调整有较大作用，在本市应用并取得了较大的经济效益或社会效益的项目。

三等奖：在关键技术或系统集成上有一定创新，有一定技术难度，总体技术水平和主要技术经济指标达到国内先进水平，成果转化程度较高，具有市场竞争力，对本行业的技术进步和产业结构调整有一定作用，在本市应用并取得了一定的经济效益或社会效益的项目。

（四）社会公益类

一等奖：在关键技术或系统集成上有重大创新，技术难度大，总体技术水平和主要技术经济指标达到国际先进水平，在本市及行业内得到广泛应用，取得了重大的社会效益或经济效益，对科技发展和社会进步有重大意义的项目。

二等奖：在关键技术或系统集成上有较大创新，技术难度较大，总体技术水平和技术经济指标达到国内领先水平，在本市及行业内得到较广泛应用，并取得了较大的社会效益或经济效益，对科技发展和社会进步有较大意义的项目。

三等奖：在关键技术或系统集成上有创新，有一定技术难度，总体技术水平和技术经济指标达到国内先进水平，在本市及行业内推广应用，并取得了一定的社会效益或经济效益，对科技发展和社会进步有一定意义的项目。

（五）重大工程类

一等奖：在关键技术、技术集成和系统管理方面有重大创新，技术难度和工程复杂程度大，总体技术水平、主要技术经济指标达到国内领先水平，推动了科技进步，对本市经济建设与城市管理有重大作用，取得了重大的经济效益或社会效益的项目。

二等奖：在关键技术、技术集成和系统管理方面有较大创新，技术难度和工程复杂程度较大，总体技术水平、主要技术经济指标达到国内领先水平，推动了科技进步，对本市经济建设与城市管理有较大作用，取得了较大的经济效益或社会效益的项目。

三等奖：在关键技术、技术集成和系统管理方面有创新，技术难度和工程复杂程度较大，总体技术水平、主要技术经济指标达到国内先进水平，推动了科技进步，对本市经济建设与城市管理有一定作用，取得了一定的经济效益或社会效益的项目。

（六）软科学研究类

一等奖：研究观点独特，在理论方面有重大创新，研究难度和复杂程度大，科学价值和学术水平达到国际先进水平，对本市决策科学化和管理现代化产生重大影响，在本市应用并取得了重大的社会效益或经济效益的项目。

二等奖：研究观点新颖，在理论方面有较大创新，研究难度和复杂程度较大，科学价值和学术水平达到国内领先水平，对本市决策科学化和管理现代化产生较大影响，在本市应用并取得了较大的社会效益或经济效益的项目。

三等奖：研究观点新颖，在理论方面有一定的创新，研究难度和复杂程度较大，科学价值和学术水平达到国内先进水平，对本市决策科学化和管理现代化产生一定的影响，在本市应用并取得了一定的社会效益或经济效益的项目。

（七）科学技术普及类

一等奖：选题内容或表现形式、创作手法上有重大创新，创作难度大，可读性强，内容丰富严谨、具有鲜明的时代性和探索性，对国民科学文化素质提高、科学技术进步和人才培养起到了重要作用，产生了显著的社会效益或经济效益的项目。

二等奖：选题内容或表现形式、创作手法上有较大创新，创作难度较大，可读性较强，内容丰富严谨、具有时代性和探索性，对国民科学文化素质提高、科学技术进步和人才培养起到了较重要作用，产生了较显著的社会效益或经济效益的项目。

三等奖：选题内容或表现形式、创作手法上有一定创新，有一定的创作难度和一定的可读性，内容较丰富严谨、具有一定的时代性和探索性，对国民科学文化素质提高、科学技术进步和人才培养起到了一定作用，产生了一定的社会效益或经济效益的项目。

第二十六条 对在本市产业结构升级、城市建设与管理、城市安全和公共卫生等重大工程、重大社会问题中突破关键性技术，取得重大经济效益或社会效益的单位和个人，可以评为重大科技创新奖。有关评审规则另行制定。

第五章 评 审

第二十七条 形式审查合格的推荐项目，由市奖励办提交相应的专业评审委员会进行初审。候选人、候选单位及其项目如被发现存在本细则规定不得推荐的情形的，不提交初审。

（一）初审采取定性和定量评价相结合的方式进行。

（二）各专业评审委员会在60日内完成初审工作。

第二十八条 通过专业评审委员会初审的候选项目、候选人、候选单位，经市科学技术行政部门审核后，提交评审委员会评审。

第二十九条 市科学技术奖的评审表决规则如下：

（一）初审以会议方式进行，以记名投票表决产生初审结果。

（二）评审委员会以会议方式进行评审，以记名投票表决作出候选项目奖励等级及获奖人选的评审意见。

（三）评审委员会的评审表决应当有三分之二以上（含三分之二）委员参加，表决结果有效。

（四）市科学技术奖一等奖候选项目应当由到会委员的三分之二以上（含三分之二）同意，方为有效。市科学技术奖的二、三等奖候选项目应当由到会委员的二分之一以上（不含二分之一）同意，方为有效。

第六章 异议处理

第三十条 市科学技术奖的初审结果实行异议制度，初审结果在市科学技术行政部门、市奖励办网站上公布。

任何单位或者个人对市科学技术奖候选人、候选单位及其项目的创新性、先进性、实用性及推荐材料真实性等持有异议的，应当在初审结果公布之日起30日内向市科学技术行政部门或市奖励办提出，逾期不予受理。

推荐单位（推荐人）及项目候选人、候选单位对评审等级的意见，不属于异议范围。

第三十一条 提出异议的单位、个人应当表明真实身份，提供书面异议材料及相关的证明文件。

第三十二条 涉及候选人、候选单位所完成项目的创新性、先进性、实用性及推荐材料真实性等异议由市奖励办负责协调，相关推荐单位（推荐人）协助。推荐单位（推荐人）在接到异议通知之日起，10个工作日内核实异议材料，并将调查、核实情况报送市奖励办审核。在规定的时间内推荐单位（推荐人）未提出调查、核实报告和协调处理意见的，该项目不提交评审。必要时，市奖励办可以组织有关专家进行调查，提出处理意见。

第三十三条 涉及候选人、候选单位及其排序的异议由推荐单位（推荐人）负责协调，提出初步处理意见报送市奖励办审核。涉及跨部门的异议处理，由市奖励办负责协调，相关推荐单位（推荐人）协助，其处理程序参照第三十二条规定办理。

第三十四条 异议处理过程中，涉及异议的任何一方应当积极配合，不得推诿和延误。被异议的候选人、候选单位在规定时间内未按要求提供相关证明材料的，视为承认异议内容；提出异议的单位、个人在规定时间内未按要求提供相关证明材料的，视为放弃异议。

第三十五条 市科学技术行政部门负责组织不少于7名复审专家对有异议的项目进行复审,实行记名投票的方式作出复审意见,提交评审委员会决定,并将决定意见通知异议方和推荐单位(推荐人)。

第三十六条 异议自异议受理截止之日起30日内处理完毕的,可以提交本年度评审;自异议受理截止之日起一年内处理完毕的,可以提交下一年度评审;自异议受理截止之日起一年后处理完毕的,需要重新推荐。

第三十七条 推荐市科学技术奖的项目原则上不允许撤出当年的评审。确需提出撤项的,应在初审结果公布期内由推荐单位(推荐人)向市奖励办提出书面申请。经批准退出评审的,如再次以相关项目技术内容推荐市科学技术奖,须隔一年推荐。

第七章　批准与授奖

第三十八条 市科学技术行政部门对评审委员会做出的市科学技术奖获奖人选及项目奖励等级的评审意见进行审核,报市人民政府批准。

第三十九条 市科学技术奖由市人民政府颁发证书和奖金。

第八章　监督与管理

第四十条 市科学技术奖励接受社会的监督,任何单位和个人发现市科学技术奖评审工作中存在问题的,可以依据事实以书面形式向市科学技术行政部门或市奖励办举报和投诉。市科学技术行政部门应当对举报事项进行调查,做出处理。

第四十一条 市科学技术奖励实行评审信誉管理。市科学技术行政部门对参加评审活动的委员、候选人、候选单位、推荐单位(推荐人)建立信誉档案,专家的信誉记录作为提出评审委员人选的重要依据。

第四十二条 对通过剽窃他人科学技术成果,弄虚作假或者其他不正当手段谋取市科学技术奖的单位和个人,在信誉管理档案中予以记录,取消其3年内被推荐市科学技术奖的资格。尚未授奖的,由市科学技术行政部门取消其当年获奖资格,已经授奖的,按照《办法》第二十三条处理。

第四十三条 推荐单位(推荐人)、参与市科学技术奖评审工作的委员和工作人员在评审活动中徇私舞弊、弄虚作假,违反评审行为准则和相关规定的,由市科学技术行政部门进行调查;调查属实的,应在信誉管理档案中予以记录,并按照《办法》作出处理。

第九章　附　　则

第四十四条 市科学技术奖受理、形式审查、组织评审、异议处理等重要环节的具体工作规范和评审指标体系由市科学技术行政部门制订。

第四十五条 本细则自2010年11月22日起实施。2007年3月20日发布的《北京市科学技术奖励办法实施细则》(京科政发[2007]87号)同时废止。

北京市科学技术委员会等部门关于印发《北京市技术先进型服务企业认定管理办法（修订）》的通知

京科发［2010］712号

（2010年12月14日）

各区县科委、商务委、财政局、地税局、发展改革委，各区县（地区）国家税务局、直属分局，各有关单位：

为贯彻落实财政部、国家税务总局、商务部、科技部、国家发展改革委《关于技术先进型服务企业有关企业所得税政策问题的通知》（财税［2010］65号）的规定，进一步做好我市技术先进型服务企业认定和管理工作，市科委、市商务委、市财政局、市国税局、市地税局、市发展改革委对2009年制定的《北京市技术先进型服务企业认定管理办法》进行了修订。现将修订后的《北京市技术先进型服务企业认定管理办法》印发给你们，请遵照执行。

特此通知。

附件：北京市技术先进型服务企业认定管理办法（修订）

北京市科学技术委员会
北京市商务委员会
北京市财政局
北京市国家税务局
北京市地方税务局
北京市发展和改革委员会
二〇一〇年十二月十四日

附件：

北京市技术先进型服务企业认定管理办法（修订）

第一章　总　　则

第一条　为贯彻落实财政部、国家税务总局、商务部、科技部、国家发展改革委《关于技术先进型服务企业有关企业所得税政策问题的通知》(财税[2010]65 号)的规定,加强对我市技术先进型服务企业的认定和管理,特制定本办法。

第二章 组织与实施

第二条 市科委、市商务委、市财政局、市国税局、市地税局、市发展改革委共同组成北京市技术先进型服务企业认定小组(以下简称"认定小组"),主要职责是:

(一)负责北京市行政区域内的技术先进型服务企业认定、年审、复审、复核工作。

(二)负责对已认定的技术先进型服务企业进行监督、管理,受理、核实并处理有关举报。

(三)建立认定信用制度,对在认定工作中出现违规行为的企业、专家及相关人员予以相应处理。

第三条 认定小组下设北京市技术先进型服务企业认定小组办公室(以下简称"认定办公室"),认定办公室设在市科委,由认定小组委托北京高技术创业服务中心开展辅助工作。认定办公室的主要职责是:

(一)负责组织专家对技术先进型服务企业认定材料进行评审。

(二)负责提供经专家评审的技术先进型服务企业材料,组织召开技术先进型服务企业认定会。

(三)承办认定小组交办的其他工作。

第三章 条件与程序

第四条 企业申请认定技术先进型服务企业,其业务范围需符合以下条件:

(一)信息技术外包服务(ITO):包括软件研发及外包、信息技术研发服务外包和信息系统运营维护外包等。

(二)技术性业务流程外包服务(BPO):包括企业业务流程设计服务、企业内部管理服务、企业运营服务和企业供应链管理服务等。

(三)技术性知识流程外包服务(KPO)。

第五条 企业申请认定技术先进型服务企业必须同时符合以下条件:

(一)从事本办法第四条规定范围中的一种或多种技术先进型服务业务,采月先进技术或具备较强的研发能力。

(二)企业的注册地及生产经营地在北京市行政区域内。

(三)企业具有法人资格,近两年在进出口业务管理、财务管理、税收管理、外汇管理、海关管理等方面无违法行为。

(四)具有大专以上学历的员工占企业职工总数的50%以上。

(五)从事本办法第四条规定范围中的技术先进型服务业务取得的收入占企业当年总收入的50%以上。

(六)从事离岸服务外包业务取得的收入不低于企业当年总收入的50%。

从事离岸服务外包业务取得的收入,是指企业根据境外单位与其签订的委托合同,由本企业或其直接转包的企业为境外单位提供本办法第四条规定范围中所规定的信息技术外包服务(ITO)、技术性业务流程外包服务(BPO)和技术性知识流程外包服务(KPO),而从上述境外单位取得的收入。

第六条 符合本办法第四条和第五条规定条件的企业,应准备如下申报材料:

（一）企业开展技术先进型服务业务论述（1000 字以上），提纲如下：

1. 企业的基本情况

2. 企业采用先进技术和研发活动情况

3. 企业提供服务、经营管理情况

4. 企业发展前景与规划

5. 企业在行业中的地位与竞争优势

6. 技术合同认定登记机构认定登记的技术合同或省级商务主管部门审核登记的离岸服务外包合同

7. 客户对服务增值性评价

（二）《技术先进型服务企业认定申报推荐表》。

（三）企业营业执照副本、税务登记证书（复印件）。

（四）企业管理章程。

（五）企业工作场所证明复印件（企业房屋产权证或房屋租赁合同）。

（六）经具有资质的财务中介机构审计的企业上一会计年度的财务报表（含资产负债表、利润及利润分配表、现金流量表）。

（七）由市科委下属的北京技术市场管理办公室出具的企业上一会计年度技术先进型服务业务收入证明。

（八）由市商务委出具的企业上一会计年度国际（离岸）外包服务业务合同执行额登记证明。

（九）企业员工花名册（注明员工学历结构、从事离岸服务外包人员情况），企业就业人员社会保险缴费单复印件（加盖企业公章）。

（十）企业技术实力或研发能力证明材料，包括知识产权证书、独占许可协议、新产品或新技术证明（查新）材料、获本市或国家科技计划立项证明、获本市或国家科技奖励证明以及其他相关证明材料（可选报）。

（十一）认定小组要求企业提供的其他材料。

第七条　技术先进型服务企业认定工作每年组织一次，企业应于每年 2 月底以前提交申请材料。企业按本办法第五条的规定准备材料并装订成册（一式五份并附电子版）后报送到认定办公室。

第八条　认定办公室组织专家对企业的申报材料进行评审，认定小组根据专家评审意见确定技术先进型服务企业认定名单。经认定的技术先进型服务企业，在市科委网站（www. bjkw. gov. cn）上公示 10 个工作日。公示有异议的，由认定小组对有关问题进行查实处理，属实的取消技术先进型服务企业资格；公示无异议的，报科技部、商务部、财政部、国家税务总局和国家发展改革委备案后，在市科委网站上公告认定结果并颁发“技术先进型服务企业证书”（加盖市科委、市商务委、市财政局、市国税局、市地税局、市发展改革委公章）。

第九条　经认定及年审合格的技术先进型服务企业，持相关认定文件向当地主管税务机关办理享受财政部、国家税务总局、商务部、科技部、国家发展改革委《关于技术先进型服务企业有关企业所得税政策问题的通知》（财税［2010］65 号）规定的企业所得税优惠政策事宜。享受税收优惠的技术先进型服务企业条件发生变化的，应当自发生变化之日起 15 日内向主管税务机关报告；不再符合享受税收优惠条件的，应当依法履行纳税义务。主管税务机关在执行税收优惠政策过程中，发现企业不具备技术先进型服务企业资格的，应填写《技术先进型服务企业资格复核表》，由市国税局或地税局审核后交送认定办公室。复核期间，可暂停企业享受相关税收优惠。

第十条　技术先进型服务企业自认定之日起，资格有效期为三年，企业应在被认定年度的次年起的每年2月底以前向认定办公室提交《技术先进型服务企业资格年审申请表》、技术先进型服务企业证书(复印件)、由市科委下属的北京技术市场管理办公室出具的企业上一会计年度技术先进型服务业务收入证明、由市商务委出具的企业上一会计年度国际(离岸)外包服务业务合同执行额登记证明。企业到期不参加年审或年审未通过的,取消其上年度享受税收优惠政策的资格,年审通过的在市科委网站上公告年审结果并由认定小组下发名单。

第十一条 企业应在资格有效期届满之前,按照本办法第三章的规定向认定办公室重新提交资格复审申请,复审合格的由认定小组核发新的"技术先进型服务企业证书"。企业到期没有提出复审申请或复审不合格的,其技术先进型服务企业资格到期后自动失效。

第十二条 技术先进型服务企业变更经营范围、合并、分立、转业、迁移的,应在十五日内向认定办公室报告;变化后不符合本办法规定条件的,应自当年起终止其技术先进型服务企业资格。

第四章 附 则

第十三条 原《北京市技术先进型服务企业认定管理办法》(京科发[2009]548号)自本办法实施之日起停止执行。

第十四条 本办法由市科委、市商务委、市财政局、市国税局、市地税局、市发展改革委负责解释。

第十五条 本办法自发布之日起三十日后施行。

北京市科学技术委员会关于印发《北京市高新技术产业专业孵化基地认定和管理办法》的通知

京科发[2010]700号

(2010年12月16日)

各有关单位:

为进一步加强我市科技孵化体系建设,引导科技企业孵化机构专业化、市场化发展,加强专业能力建设,提升整体服务水平,市科委制定了《北京市高新技术产业专业孵化基地认定和管理办法》。现予印发,请遵照执行。

附件:北京市高新技术产业专业孵化基地认定和管理办法

北京市科学技术委员会

二〇一〇年十二月十六日

附件：

北京市高新技术产业专业孵化基地认定和管理办法

第一条　为贯彻落实《北京市关于进一步加强科技孵化体系建设的若干意见》，引导科技企业孵化机构专业化、市场化发展，加强专业能力建设，提升整体服务水平，完善我市创业孵化机制，参照科技部《科技企业孵化器认定和管理办法》，制定本办法。

第二条　本办法所称高新技术产业专业孵化基地（以下简称"孵化基地"）是指有明确的专业化、市场化发展方向，聚集一定数量的专业技术领域内在孵企业，具备较强专业服务能力并取得较好企业孵化效果，经市科委认定的科技企业孵化机构。

第三条　市科委负责本市孵化基地的认定和管理工作，委托北京创业孵育协会（以下简称"孵育协会"）负责孵化基地认定和管理的具体工作。

第四条　经市科委认定的孵化基地，自认定之日起三年内，根据孵化基地在获得知识产权、提供就业岗位、上缴税收额度等推动企业成长及促进地方经济、社会发展方面所做的贡献，给予孵化基地和在孵企业一定额度的市财政经费支持。其中在孵企业获得的支持资金总额的40%作为孵化基地建设资金，其余60%拨付给相应的在孵企业。

第五条　在本市行政区域注册成立、符合以下条件的科技企业孵化机构可申请认定为北京市高新技术产业专业孵化基地。

（一）具有独立法人资格、完善的内部管理制度和财务制度，运营时间应在两年以上，并至少连续2年按要求向孵育协会上报相关统计数据。

（二）90%以上管理人员具有大专以上学历；负责人及管理团队应有较强的市场开拓能力、经营管理水平和持续创新意识。

（三）拥有3000平方米以上孵化场地且有一定面积的共享区间和公共服务设施，孵化场地面积占孵化机构总面积的75%以上；孵化场地相对集中，孵化场地的设计和使用符合专业要求。

（四）在孵企业超过30家，年度毕业企业数占在孵企业数的15%以上，在1—2个重点专业技术领域内的在孵企业数占在孵企业总数的50%以上。

（五）拥有不少于300万元的孵化资金并具有对在孵企业进行投资或提供融资担保的能力；上年度为3家以上在孵企业成功融资提供服务，且对1家以上在孵企业成功进行投资。

（六）具备聚集科技资源的能力，能够积极投入自身专业服务平台的软硬件建设，与高校院所或企业等机构在科技条件资源方面建立密切合作关系；上年度平台建设或资源整合方面的投入不低于50万元。

（七）拥有科技条件、技术转移、专业融投资、专业咨询、市场推广等方面专业服务能力；上年度为20家以上不同企业开展上述专业服务。

（八）有优化的收入结构。原则上上年度服务性收入应占总收入的50%以上，或至少连续两年按20%以上比例增长。

（九）孵化机构内企业上年度缴纳税收保持8%以上增长率，提供就业岗位500个以上，获得知识产权数量超过10项。

第六条 在孵企业应具备以下条件:

(一)具有独立企业法人资格,注册地及办公场所必须在孵化场地内;企业注册资金一般不超过200万元,孵化时间一般不超过3年,租用孵化场地面积低于500平方米;属新注册企业或申请进入孵化机构前企业成立时间不到2年;属迁入企业的,上年营业收入一般不得超过200万元。

(二)主要从事高新技术产品的研究开发和生产,能够按要求向孵化机构上报统计报表。

(三)企业有稳定的技术经营队伍,80%以上人员有大学以上学历,负责人是熟悉本企业产品研究、开发的科技或管理人员。

第七条 凡符合孵化基地认定条件的科技企业孵化机构,可向孵育协会提出认定申请,提交以下申报材料。

(一)《北京市高新技术产业专业孵化基地认定申报书》加盖公章。

(二)申报材料附件主要包括孵化机构和在孵企业两部分。

1. 孵化机构附件(均需加盖孵化机构公章)。

(1)营业执照复印件;

(2)上年度资产负债表、损益表、现金流量表;

(3)孵化资金证明文件;

(4)平台建设或资源整合方面的投入证明文件;

(5)科技条件、技术转移、专业融投资、专业咨询、市场推广等方面专业服务能力的服务案例、上年度服务企业数量及相关证明文件;

(6)负责人及管理团队名录及其学历证书复印件;

(7)入驻企业上年度知识产权数量证明材料;

(8)孵化场地产权证明复印件加盖产权方公章。孵化场地属租用、合作及无偿使用的,除提供产权方产权证明外,还需提供相关协议或文件说明,且申报时保有五年以上使用期限;孵化机构的孵化场地需与其注册地一致;

(9)孵化场地平面图,包括楼层、房间号、房间面积等;

(10)《在孵企业名录》;

(11)《毕业企业名录》;

(12)《就业岗位人员名单》。

2. 在孵企业附件(均需加盖相应在孵企业公章)。

(1)营业执照复印件;

(2)技术及产品介绍(一页A4纸);

(3)上年度资产负债表、损益表、现金流量表;

(4)开展技术创新活动的证明材料,如获得科技部、地方设立的科技型中小企业技术创新基(资)金支持的证明,或者获得国家级、市级科技项目经费支持的证明;

(5)通过孵化机构服务成功融资或获得孵化机构投资的证明材料,如协议、银行对账单等。

(三)申报材料的装订

1. 申报材料用A4纸打印(标题黑体二号字,正文宋体小四号字,1.5倍行距),装订成册,一式六份,一份盖"正本"章报送,五份盖"副本"章供专家评审时使用。其中在孵企业部分提供两份即可。

2. 材料装订顺序为:

(1)《北京市高新技术产业专业孵化基地申报书》。

(2)孵化机构部分:封皮、目录、附件。

(3)在孵企业部分:封皮、目录、附件。

3. 同时报送电子版申报材料,文件名使用孵化机构全称。

第八条 孵育协会全年受理孵化基地认定申请,每年分两次组织专家评审,专家评审结果经市科委审批后,制发孵化基地证书及标牌。

(一)专家选聘标准

1. 专家应具有高度负责的态度,具有良好的职业道德,坚持原则,独立、客观、公正地评审;

2. 专家应具有高级专业技术职务(职称),能够履行评审工作;

3. 专家应与被评审孵化机构无利益关系或直接的行政隶属关系,且应对孵化行业有较为深入的了解。

(二)专家评审程序

1. 孵育协会依照标准选聘不少于5位专家组成专家评审组。专家评审组名单及评审安排须报市科委审定。

2. 孵育协会对申报材料进行形式审查,组织专家进行评审。专家评审工作包括:审阅材料、现场质询、实地考察和总体评价。

3. 专家组评议后形成推荐或不推荐的评审意见,填写《北京市高新技术产业专业孵化基地专家评审意见表》,全体签名后生效。

4. 孵育协会汇总专家评审意见,报市科委审批。

5. 市科委根据专家评审意见及申报单位综合情况做出认定审批意见,然后由孵育协会对通过审批的孵化机构颁发孵化基地证书和标牌。

第九条 经认定的孵化基地,其经营场地(地址、面积)、单位名称、股权结构、经营方向、法人代表或总经理等发生变化时,需向市科委备案,由市科委确认其孵化基地资格。

第十条 孵化基地资格自认定之日起三年内有效。市科委委托孵育协会每年对孵化基地进行复核,复核时所需材料与认定申报材料一致。市科委对复核不合格的孵化基地,取消其资格;两年后通过整改达到条件的,可提出重新认定申请;连续三年复核合格的,可提出重新认定申请;如孵化基地出现申报不实、违规违纪等问题,市科委将据实核查,对问题属实的取消其孵化基地资格。

第十一条 本办法自发布之日起施行。

北京市科学技术委员会等部门关于印发《北京市关于进一步加强科技孵化体系建设的若干意见》的通知

京科发[2010]721号

(2010年12月24日)

各有关单位:

为进一步加强我市科技孵化体系建设,建立和完善创业孵化机制,市科委、市发展改革委、市教委、市经济信息化委、市财政局、中关村管委会制定了《北京市关于进一步加强科技孵化体系建设的若干意见》。现予印发,请结合实际情况,做好落实工作。

特此通知。

附件:北京市关于进一步加强科技孵化体系建设的若干意见

北京市科学技术委员会
北京市发展和改革委员会
北京市教育委员会
北京市经济和信息化委员会
北京市财政局
中关村科技园区管理委员会
二〇一〇年十二月二十四日

附件:

北京市关于进一步加强科技孵化体系建设的若干意见

第一章 总 则

第一条 为贯彻落实《国务院关于进一步促进中小企业发展的若干意见》和《北京市贯彻落实〈国务院关于进一步促进中小企业发展若干意见〉的实施意见》,推进实施"科技北京"行动计划,加快建设中关村国家自主创新示范区,进一步完善创业孵化机制,努力完善对科技型中小企业的服务，活跃首都创新创业氛围，按照国家大学科技园、国家科技企业孵化器发展规划纲要精神，特提出以下意见。

第二条 本意见所称科技孵化体系是首都区域创新体系和科技成果转化与产业化组织体系的有机组成部分；是各类科技企业孵化机构（以下简称：孵化机构），运用市场经济规律，与创业资本市场、中介服务机构及其他创新资源有机组合形成的促进科技创新创业的体系。

科技企业孵化机构是指为培育科技型中小企业创新发展提供孵育空间和专业服务，以促进科技成果转化与产业化、培养高新技术企业和企业家为宗旨的各类机构的统称。其主要类型包括：科技企业孵化器、大学科技园、留学人员创业园、科技企业加速器、大学生创业实习基地等。

第三条 按照北京市产业发展定位要求，紧密围绕新一代信息技术、生物、新材料、新能源、新能源汽车、设计创意、节能环保、航空航天、高端装备制造等重点领域以及在北京地区适合发展的其他领域，建设各类孵化机构，形成布局合理的科技孵化体系。坚持激励和约束、竞争与合作及专业化发展的原则，推动龙头企业、高校院所及其他社会力量投资建设孵化机构。

第二章 加强专业能力建设

第四条 鼓励孵化机构提升专业能力。孵化机构要加强科技条件、技术转移、专业投融资、专业咨询、市场推广等方面的专业能力建设，以孵化培育科技型中小企业为目标，培育战略性新兴产业，形成新的经济增长点。

第五条 鼓励孵化机构健全现代企业制度。孵化机构要运用市场化手段，创新各类孵化服务资源的整合机制，服务科技型中小企业发展。

第六条 鼓励孵化机构加强创业投资能力建设。孵化机构应设立孵化种子资金为在孵企业提供投融资服务，鼓励孵化机构联合或与创业投资机构、企业集团及其他社会资本等共同出资成立市场化的创业孵化投资基金，向科技型中小企业进行投资。

第七条 鼓励孵化机构建设开放共享的科技条件平台。孵化机构要通过自建或与高校院所、大型企业等联合共建的方式，搭建科技条件平台及科技成果转化平台，完善技术创新链条，建立开放共享机制，提高产业共性关键技术的集成配套能力和工程化技术服务水平，拓展面向科技项目和科技企业的综合服务能力，为科技型中小企业提供科技条件服务。

第八条 鼓励孵化机构开展创业咨询服务。孵化机构要完善创业导师制度，健全专家委员会职能，为科技型中小企业的技术产品研发、生产运营管理、市场渠道建设及全面发展战略提供专业咨询服务。

第九条 鼓励孵化机构与专业技术转移机构合作。孵化机构要培养专业的技术中介服务人才，与技术市场机构、技术转移中心、技术产权交易所等各类专业机构开展合作，为在孵企业的技术买卖需求提供技术转移服务。

第十条 鼓励孵化机构加强市场推广能力建设。孵化机构要建设专业市场团队，集成有效市场信息，与行业内大企业集团、市场渠道建立合作关系，为在孵企业的技术、产品、服务等市场推广需求提供支撑。

第十一条 鼓励孵化机构加强信息资源网络建设。孵化机构要围绕技术、市场、政策、资金、人才等信息资源，建立信息网络系统，创新信息资源共享机制，实现网络孵化服务。

第三章 开展高新技术产业专业孵化基地认定

第十二条 开展高新技术产业专业孵化基地(以下简称:专业孵化基地)认定工作。重点支持有明确的专业化、市场化发展方向,具备深层次专业服务能力的孵化机构发展,对于聚集一定数量的专业技术领域内在孵企业,孵化场地的设计和使用符合专业要求,拥有科技条件、技术转移、专业投融资、专业咨询、市场推广等方面专业能力,并有优化的收入结构的孵化机构,可向市科委申请认定为专业孵化基地(另行制定认定办法)。

第十三条 市财政资金对专业孵化基地予以支持。统筹各类资源,根据专业孵化基地对地方经济、社会发展的贡献情况,加大对专业孵化基地和在孵企业的支持。

第四章 提高整体服务水平

第十四条 推动落实国家相关政策。积极推荐符合条件的孵化机构申请各类国家支持,推动落实国家有关促进科技企业孵化器、大学科技园发展的金融、税收等各项政策。

第十五条 加强对孵化机构发起设立的创业孵化投资基金的政府引导。基金投资的项目优先列为市科技计划项目重点支持范围。给予基金贷款贴息支持。对参与投资的孵化机构,在专业孵化基地认定、专业能力建设、行业发展研究、国家项目推荐等方面给予优先支持。鼓励区县政府对基金在本区域内投资的项目给予适当财政资金及政策支持。

第十六条 符合条件的孵化机构可认定为高新技术企业。鼓励孵化机构的经营管理公司探索和加强盈利能力建设,形成可持续发展能力。对符合高新技术企业条件的,可认定为高新技术企业,享受高新技术企业的相关政策。

第十七条 支持孵化机构围绕入驻企业需求开展技术创新服务。孵化机构应加强对入驻企业的国家高新技术企业认定、技术先进型服务企业认定等政策的辅导。北京市科技型中小企业技术创新资金对孵化机构内科技型中小企业的技术创新项目给予优先支持,并优先推荐国家科技型中小企业技术创新基金支持。

第十八条 提供科技金融支持。鼓励孵化机构自身或推荐其入驻企业运用科技贷款、科技保险、代办股份转让系统、创业板等科技金融手段,享受相关科技金融政策与服务。

第十九条 支持科技条件资源开放共享。鼓励孵化机构组织入驻企业积极加入首都科技条件平台领域平台或研发实验服务基地,并提供研发实验服务,享受首都科技条件平台相关政策支持。

第二十条 发挥政府采购对自主创新的促进作用。对孵化机构自身或推荐其入驻企业研发、生产的自主创新产品,符合条件的可认定为北京市自主创新产品,并优先推荐参与国家自主创新产品认定。经认定的北京市自主创新产品和国家自主创新产品,可享受政府采购相关政策支持。

第二十一条 支持引进海外高层次人才。对孵化机构引进或为其入驻企业引进的符合条件的海外高层次人才,积极推荐申报“千人计划”、“海聚工程”、“百名科技领军人才工程”、“科技新星计划”等有关人才政策,享受相关政策支持。

第二十二条 支持建立大学生创业就业实习基地。鼓励孵化机构与高校开展合作,建立大学生创业就业实习基地。

第五章　努力营造发展环境

第二十三条　鼓励开展国际交流与合作。鼓励孵化机构与国外相关组织、基金等合作，通过服务科技型中小企业“引进来”、“走出去”，推进企业国际化成长。

第二十四条　鼓励建设各类孵化联盟。鼓励孵化机构根据所在区域、专业领域、产业链条等因素，成立孵化联盟，建立优势互补、资源共享的利益机制，开展实质性业务合作。

第二十五条　鼓励各相关部门支持孵化机构发展。鼓励各相关委办局、各区县政府、中关村国家自主创新示范区各级管理机构推动建设各种类型的孵化机构，研究孵化机构专业化、市场化发展提供政策及资金支持。

第二十六条　鼓励孵化机构与科技中介机构合作。鼓励孵化机构与科技中介机构建立紧密联系，推动各类科技中介服务机构发展，提高中介服务水平，为在孵企业提供科技中介服务。

第二十七条　加大科技孵化体系宣传力度。加大对优秀孵化机构的表彰力度，注重孵化机构的品牌建设和多渠道宣传，提高孵化机构的社会影响力。

第六章　附　　则

第二十八条　本意见自发布之日起施行。

统计资料

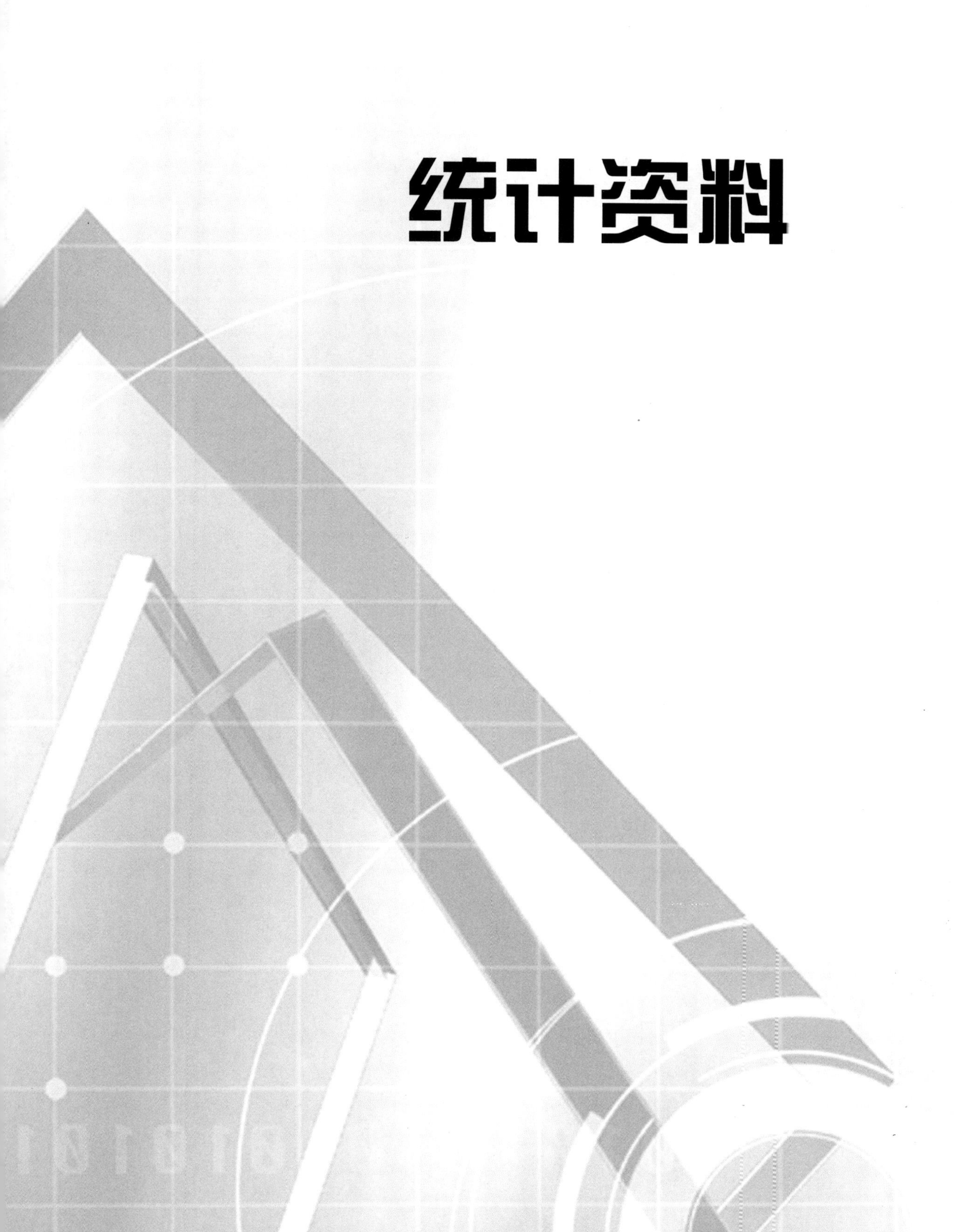

北京地区2010年R&D活动情况

北京地区科技活动表主要数据来源为科技部《独立科技机构及有关科技活动单位统计调查》、国家教委《普通高等学校科技统计年报》、国家统计局《工业企业科技活动情况》等。执行部门中的科研院所指国有县级以上未转制科研院所，高等院校中含医学院校附属医院，其他指政府部门内设的非独立研究机构、综合技术服务业（包括气象、地震、测绘、环保等）、社会团体、体育、文化艺术等有R&D活动的事业单位。转制科研院所分为企业和非企业两类，转为企业或进入企业集团的科研院所按企业汇总，转为非企业的科研院所按其他汇总。

一、北京地区2010年R&D活动汇总表

表1 北京地区R&D人员情况

	R&D人员 合计（人）	#1.博士毕业	2.硕士毕业	3.本科毕业	R&D人员折合全时人员（人年）	研究人员
总　　计	269932	45505	67914	88500	193717	107218
一、按执行部门分组						
科研院所	91971	19940	28717	28868	78261	50236
高等院校	61967	20926	16715	15973	30059	24656
企　业	105902	3495	20760	42204	80081	29305
工业企业	55520	872	5422	13875	41761	16396
其　他	10092	1144	1722	1455	5316	3021
二、按单位隶属关系分组						
中　央	166926	39238	44988	48736	123438	80943
地　方	103006	6267	22926	39764	70280	26273
三、按活动类型分组						
基础研究					29482	
应用研究					52441	
试验发展					111794	
四、按从事的国民经济行业分组						
农、林、牧、渔业	4651	1065	1321	1629	4087	1817
采矿业	1774	21	115	319	1097	721
制造业	55506	1469	6253	14322	42035	16011
电力、燃气及水的生产和供应业	1330	185	149	104	1242	832
建筑业	10933	345	2196	7926	7815	3271

续表

	R&D 人员合计（人）	#1. 博士毕业	2. 硕士毕业	3. 本科毕业	R&D 人员折合全时人员（人年）	研究人员
交通运输、仓储和邮政业	1754	172	653	835	1489	968
信息传输、计算机服务和软件业	28598	1196	9848	12123	21263	6379
批发和零售业	0	0	0	0	0	0
住宿和餐饮业	0	0	0	0	0	0
金融业	200	10	18	13	77	50
房地产业	0	0	0	0	0	0
租赁和商务服务业	4267	132	1502	5833	3856	538
科学研究、技术服务和地质勘查业	83182	17246	26152	26274	70203	45762
水利、环境和公共设施管理业	2363	852	802	342	1883	1213
居民服务和其他服务业	18	3	9	6	18	5
教育	52658	19857	15344	12951	23875	20785
卫生、社会保障和社会福利业	19899	2682	3059	5129	12853	7745
文化、体育和娱乐业	1576	66	142	211	849	543
公共管理和社会组织	1223	204	350	482	1078	576
国际组织	0	0	0	0	0	0

表 2　北京地区 R&D 经费情况

	R&D 经费内部支出合计（万元）	#1. 日常性支出	人员劳务费	2. 资产性支出	仪器和设备	R&D 经费外部支出合计（万元）
总　　计	8218235	6559340	1891120	1658893	1187883	785211
一、按执行部门分组						
科研院所	4017111	2861654	594450	1155457	733966	230178
高等院校	1101609	917920	138203	183689	171115	213099
企　业	2988031	2679066	1123733	308964	277032	292336
工业企业	1330168	1230280	412568	99888	96914	176153
其　他	111484	100700	34734	10783	5770	49598
二、按单位隶属关系分组						
中　央	5958775	4524187	991360	1434587	971995	
地　方	2259459	2035153	899759	224306	215887	
三、按资金来源分组						
政府资金	4720749					
企业资金	2704274					
国外资金	300645					
其他资金	492568					

续表

	R&D 经费内部支出合计（万元）	#1. 日常性支出	人员劳务费	2. 资产性支出	仪器和设备	R&D 经费外部支出合计（万元）
四、按活动类型分组						
基础研究	956109					
应用研究	2168640					
试验发展	5093478					
五、按从事的国民经济行业分组						
农、林、牧、渔业	174605	147547	28165	27059	21512	10086
采矿业	36222	31671	11294	4551	4381	6059
制造业	1349941	1233657	402971	116284	112017	169572
电力、燃气及水的生产和供应业	39214	36754	19573	2460	1920	6375
建筑业	230134	184718	61836	45416	40526	5205
交通运输、仓储和邮政业	62429	46892	16520	15538	13051	1652
信息传输、计算机服务和软件业	960226	857585	486364	102642	98635	28785
批发和零售业	0	0	0	0	0	0
住宿和餐饮业	0	0	0	0	0	0
金融业	2234	1974	1402	260	260	1141
房地产业	0	0	0	0	0	0
租赁和商务服务业	109540	103383	59450	6156.9	5962	8004
科学研究、技术服务和地质勘查业	3805702	2766187	587983	1039514	615356	325952
水利、环境和公共设施管理业	92956	63940	12336	29016	24037	205
居民服务和其他服务业	3625	764	115	2862	538	0
教育	1080214	899254	135262	180960	168336	208301
卫生、社会保障和社会福利业	215295	142145	51834	73150	73129	12299
文化、体育和娱乐业	18377	15742	6406	2634	2625	493
公共管理和社会组织	37518	27125	9610	10393	5500	1078
国际组织	0	0	0	0	0	0

指标解释：R&D 经费内部支出 = R&D 经常费支出 + R&D 基本建设费

R&D 经常费支出 = 基础研究 + 应用研究 + 试验发展

表3　北京地区R&D项目(课题)情况

	项目(课题)数 (项)	项目(课题)人员 折合全时当量 (人年)	项目(课题) 经费支出 (万元)
总　计	94213	173310	5566236
一、按执行部门分组			
科研院所	21075	66961	2244934
高等院校	60477	30046	893772
企　业	10569	71618	2363159
工业企业	6745	36432	1081463
其　他	2092	4685	64371
二、按活动类型分组			
基础研究	28922	27412	628970
应用研究	46487	48641	1518420
试验发展	18804	97257	3418846
三、按项目来源分组			
国家科技项目	42768	82880	2877815
地方科技项目	7615	8507	114225
企业委托科技项目	21160	14219	495709
自选科技项目	18841	53973	1478269
来自国外的科技项目	1936	8007	379015
其他科技项目	1893	5726	221203
四、按项目的合作形式分组			
与境外机构合作	1532	7624	283465
与国内高校合作	5218	11628	405832
与国内独立研究机构合作	7066	17053	684753
与境内注册外商独资企业合作	216	550	14939
与境内注册其他企业合作	4425	8080	304014
独立完成	73641	122285	3598416
其　他	2115	6090	274817

表4　北京地区R&D活动产出情况

	专利申请数（件）	发明专利	有效发明专利数（件）	发表科技论文（篇）	出版科技著作（种）
总　计	31241	23207	37737	165322	7844
一、按执行部门分组					
科研院所	6522	5707	6790	44537	1626
高等院校	8425	7318	16237	104784	5747
企　业	16106	10065	14623	9152	120
工业企业	8655	4464	6399	2435	0
其他	188	117	87	6849	351
二、按单位隶属关系分组					
中　央	19317	16073	28088	132718	5884
地　方	11924	7134	9649	32604	1960
三、按从事的国民经济行业分组					
农、林、牧、渔业	284	220	291	3838	220
采矿业	115	36	33	210	0
制造业	8990	5018	6783	3636	40
电力、燃气及水的生产和供应业	312	123	81	960	52
建筑业	625	196	267	1853	50
交通运输、仓储和邮政业	137	49	63	1469	35
信息传输、计算机服务和软件业	4096	3355	4758	1653	4
批发和零售业	0	0	0	0	0
住宿和餐饮业	0	0	0	0	0
金融业	9	9	31	14	0
房地产业	0	0	0	0	0
租赁和商务服务业	1091	706	520	396	6
科学研究、技术服务和地质勘查业	6813	5925	8394	32788	1227
水利、环境和公共设施管理业	186	139	126	1458	35
居民服务和其他服务业	8	4	13	6	1
教育	8424	7326	16122	95978	5659
卫生、社会保障和社会福利业	113	74	236	18766	353
文化、体育和娱乐业	15	10	5	640	44
公共管理和社会组织	23	17	14	1657	118
国际组织	0	0	0	0	0

二、科研院所汇总表

表5 科研院所R&D人员情况

	R&D人员				R&D人员折合	
	合计（人）	#1.博士毕业	2.硕士毕业	3.本科毕业	全时人员（人年）	研究人员
总　计	57295	17641	16426	15721	45615	27502
一、按执行部门分组						
科研院所	57295	17641	16426	15721	45615	27502
高等院校						
企　业						
其　他						
二、按单位隶属关系分组						
中　央	54313	17104	15547	14672	42931	26286
地　方	2982	537	879	1049	2684	1216
三、按活动类型分组						
基础研究					15143	
应用研究					19304	
试验发展					11168	
四、按地区分组						
农、林、牧、渔业	4231	1037	1267	1386	3957	1782
采矿业	0	0	0	0	0	0
制造业	2674	624	960	785	2260	975
电力、燃气及水的生产和供应业	416	179	135	85	352	193
建筑业	125	8	51	58	91	53
交通运输、仓储和邮政业	707	103	283	260	598	429
信息传输、计算机服务和软件业	2165	294	861	858	1283	905
批发和零售业	0	0	0	0	0	0
住宿和餐饮业	0	0	0	0	0	0
金融业	0	0	0	0	0	0
房地产业	0	0	0	0	0	0
租赁和商务服务业	0	0	0	0	0	0
科学研究、技术服务和地质勘查业	38112	13041	10446	9492	29446	18582
水利、环境和公共设施管理业	1979	845	768	285	1728	1155
居民服务和其他服务业	18	3	9	6	18	5
教育	260	81	64	84	220	135
卫生、社会保障和社会福利业	5030	1171	1133	1782	4342	2521
文化、体育和娱乐业	355	51	99	158	242	191
公共管理和社会组织	1223	204	350	482	1078	576
国际组织	0	0	0	0	0	0

注：统计范围为政府部门属独立科研院所（民口）

表 6 科研院所 R&D 经费情况

	R&D 经费内部支出合计（万元）	#1. 日常性支出	人员劳务费	2. 资产性支出	仪器和设备	R&D 经费外部支出合计（万元）
总　计	1869659	1301113	368123	568546	422360	64659
一、按执行部门分组						
科研院所	1869659	1301113	368123	568546	422360	64659
高等院校						
企　业						
其　他						
二、按单位隶属关系分组						
中　央	1788982	1238911	346338	550071	405721	63537
地　方	80678	62203	21785	18475	16639	1122
三、按资金来源						
政府资金	1644423					
企业资金	35986					
国外资金	15066					
其他资金	174186					
四、按活动类型分组						
基础研究	499029					
应用研究	780052					
试验发展	590578					
五、按地区分组						
农、林、牧、渔业	169307	142808	26678	26499	21293	9880
采矿业	0	0	0	0	0	0
制造业	80459	59315	16069	21144	19681	5853
电力、燃气及水的生产和供应业	14751	12488	5201	2263	1723	0
建筑业	2471	2177	936	294	294	22
交通运输、仓储和邮政业	30203	21274	5418	8930	8197	473
信息传输、计算机服务和软件业	79954	53065	16278	26889	23096	0
批发和零售业	0	0	0	0	0	0
住宿和餐饮业	0	0	0	0	0	0
金融业	0	0	0	0	0	0
房地产业	0	0	0	0	0	0
租赁和商务服务业	0	0	0	0	0	0
科学研究、技术服务和地质勘查业	1186994	816928	238240	370065	247750	42076
水利、环境和公共设施管理业	89502	60831	11347	28671	23742	184
居民服务和其他服务业	3625	764	115	2862	538	0
教育	5633	4516	3167	1117	1117	0
卫生、社会保障和社会福利业	160282	92467	32990	67815	67815	4600
文化、体育和娱乐业	8960	7355	2074	1604	1604	493
公共管理和社会组织	37518	27125	9610	10393	5500	1078
国际组织	0	0	0	0	0	0

表7　科研院所 R&D 项目(课题)情况

	项目(课题)数 (项)	项目(课题)人员折合全时当量 (人年)	研究人员	项目(课题)经费支出 (万元)
总　计	19545	41472	21238	1072024
一、按执行部门分组				
科研院所	19545	41472	21238	1072024
高等院校				
企　业				
其　他				
二、按活动类型分组				
基础研究	7168	13538	6850	290155
应用研究	8453	17202	8747	479100
试验发展	3924	10733	5641	302770
三、按项目来源分组				
国家科技项目	13971	32270	16113	853590
地方科技项目	1027	1888	1011	29076
企业委托科技项目	889	1139	650	23317
自选科技项目	2368	3615	2144	80355
来自国外的科技项目	326	596	311	13336
其他科技项目	964	1964	1009	72351
四、按项目的合作形式分组				
与境外机构合作	334	862	380	21713
与国内高校合作	1078	3079	1368	94086
与国内独立研究机构合作	2566	7303	3794	196411
与境内注册外商独资企业合作	10	24	9	355
与境内注册其他企业合作	510	1396	649	47191
独立完成	14599	27345	14300	663318
其　他	448	1462	739	48951

表 8 科研院所 R&D 活动产出情况

	专利申请数（件）	发明专利	有效发明专利数（件）	发表科技论文（篇）	出版科技著作（种）
总　　计	3879	3450	5612	39384	1601
一、按执行部门分组					
科研院所	3879	3450	5612	39384	1601
高等院校					
企　业					
其　他					
二、按单位隶属关系分组					
中　央	3668	3309	5439	36079	1438
地　方	211	141	173	3305	163
三、按地区分组					
农、林、牧、渔业	280	216	277	3543	199
采矿业	0	0	0	0	0
制造业	717	692	486	1591	40
电力、燃气及水的生产和供应业	45	21	12	780	52
建筑业	23	5	23	96	0
交通运输、仓储和邮政业	44	10	25	1010	25
信息传输、计算机服务和软件业	192	165	569	921	3
批发和零售业	0	0	0	0	0
住宿和餐饮业	0	0	0	0	0
金融业	0	0	0	0	0
房地产业	0	0	0	0	0
租赁和商务服务业	0	0	0	0	0
科学研究、技术服务和地质勘查业	2311	2144	3982	21835	950
水利、环境和公共设施管理业	171	134	121	1388	27
居民服务和其他服务业	8	4	13	6	1
教育	7	0	0	184	20
卫生、社会保障和社会福利业	51	37	85	6068	154
文化、体育和娱乐业	7	5	5	305	12
公共管理和社会组织	23	17	14	1657	118
国际组织	0	0	0	0	0

三、转制科研院所汇总表

表9 转制科研院所 R&D 人员情况

	R&D 人员合计（人）	#1. 博士毕业	2. 硕士毕业	3. 本科毕业	R&D 人员折合全时人员（人年）	研究人员
总　计	13038	1594	4181	5159	11336	6057
一、按转制方向分组						
转为企业或进入企业集团	12643	1530	4050	5015	11039	5884
工业企业	4220	362	1432	1841	3611	1743
非工业企业	8423	1168	2618	3174	7428	4141
转为非企业单位	395	64	131	144	297	173
其中:并入高校	31	2	3	16	17	10
二、按单位隶属关系分组						
中　央	12228	1534	3946	4803	10668	5785
地　方	810	60	235	356	668	272
三、按活动类型分组						
基础研究					223	
应用研究					1076	
试验发展					10037	
四、按服务的国民经济行业分组						
农、林、牧、渔业	123	32	50	37	86	47
采矿业	2413	553	936	630	2246	1096
制造业	6663	635	1695	2958	5468	2930
电力、燃气及水的生产和供应业	647	127	307	167	563	245
建筑业	1638	105	543	768	1537	938
交通运输、仓储和邮政业	852	85	386	316	826	501
信息传输、计算机服务和软件业	207	11	98	86	180	77
批发和零售业	0	0	0	0	0	0
住宿和餐饮业	0	0	0	0	0	0
金融业	104	14	42	33	97	61
房地产业	0	0	0	0	0	0
租赁和商务服务业	0	0	0	0	0	0
科学研究、技术服务和地质勘查业	263	19	90	118	229	91
水利、环境和公共设施管理业	63	4	25	19	58	27
居民服务和其他服务业	0	0	0	0	0	0
教育	0	0	0	0	0	0
卫生、社会保障和社会福利业	0	0	0	0	0	0
文化、体育和娱乐业	65	9	9	27	46	44
公共管理和社会组织	0	0	0	0	0	0
国际组织	0	0	0	0	0	0

注:统计范围为民口已转制的县以上独立核算的研究机构及科技信息与文献机构,不包括已转制的工程勘察设计单位及转制后重组或分解的研究机构

表 10 转制科研院所 R&D 经费情况

	R&D 经费内部支出合计（万元）	#1. 日常性支出	人员劳务费	2. 资产性支出	仪器和设备	R&D 经费外部支出合计（万元）
总　　计	581287	463608	153192	117679	78814	15720
一、按转制方向分组						
转为企业或进入企业集团	570162	455546	150820	114616	76222	15720
工业企业	141351	106507	38148	34845	18323	2411
非工业企业	428810	349039	112672	79771	57899	13310
转为非企业单位	11125	8062	2372	3063	2592	0
其中：并入高校	420	397	135	23	23	0
二、按单位隶属关系分组						
中　央	564509	450413	148182	114095	75682	14332
地　方	16778	13195	5009	3583	3133	1388
三、按资金来源	581287	463608	153191	117678	78815	15720
政府资金	172332					
企业资金	341730					
国外资金	1217					
其他资金	66008					
四、按活动类型分组						
基础研究	6854					
应用研究	86255					
试验发展	488177					
五、按服务的国民经济行业分组						
农、林、牧、渔业	2700	2330	550	372	354	0
采矿业	220780	175065	45726	45715	31495	13786
制造业	191718	152246	63053	39469	31592	1930
电力、燃气及水的生产和供应业	50623	37479	11566	13144	4324	0
建筑业	57074	51836	17801	5238	2492	4
交通运输、仓储和邮政业	38602	29646	9166	8958	4190	0
信息传输、计算机服务和软件业	6864	5257	1640	1606	1507	0
批发和零售业	0	0	0	0	0	0
住宿和餐饮业	0	0	0	0	0	0
金融业	3573	2584	1474	989	989	0
房地产业	0	0	0	0	0	0
租赁和商务服务业	0	0	0	0	0	0
科学研究、技术服务和地质勘查业	5617	5119	1546	498	131	0
水利、环境和公共设施管理业	2314	1534	406	780	730	0
居民服务和其他服务业	0	0	0	0	0	0
教育	0	0	0	0	0	0
卫生、社会保障和社会福利业	0	0	0	0	0	0
文化、体育和娱乐业	1422	512	264	910	910	0
公共管理和社会组织	0	0	0	0	0	0
国际组织	0	0	0	0	0	0

表11 转制科研院所R&D项目(课题)情况

	项目(课题)数(项)	项目(课题)人员折合全时当量(人年)	研究人员	项目(课题)经费支出(万元)
总 计	2297	10998	5828	349315
一、按转制方向分组				
转为企业或进入企业集团	2204	10733	5673	344337
工业企业	722	3450	1604	80128
非工业企业	1483	7285	4072	264275
转为非企业单位	93	265	155	4978
其中:并入高校	4	15	9	211
二、按活动类型分组				
基础研究	48	216	112	4364
应用研究	385	1055	624	64054
试验发展	1864	9727	5093	280897
三、按项目来源分组				
国家科技项目	890	4837	2613	143855
地方科技项目	114	603	270	11276
企业委托科技项目	442	2757	1420	96616
自选科技项目	546	2029	1047	34773
来自国外的科技项目	17	216	116	2226
其他科技项目	288	557	362	60569
四、按项目的合作形式分组				
与境外机构合作	20	239	130	3185
与国内高校合作	156	924	490	24664
与国内独立研究机构合作	112	481	271	12983
与境内注册外商独资企业合作	5	12	6	175
与境内注册其他企业合作	238	1937	933	43209
独立完成	1543	6858	3675	189006
其 他	223	548	325	76092

表 12　转制科研院所 R&D 活动产出情况

	专利申请数 (件)	发明专利	有效发明专利数 (件)	发表科技论文 (篇)	出版科技著作 (种)
总　　计	3097	2221	4388	6454	134
一、按转制方向分组					
转为企业或进入企业集团	3035	2187	4359	5956	108
工业企业	1059	641	828	1572	39
非工业企业	1976	1546	3531	4384	69
转为非企业单位	62	34	29	498	26
其中:并入高校					
二、按单位隶属关系分组					
中　央	2947	2162	4282	6220	125
地　方	150	59	106	234	9
三、按服务的国民经济行业分组					
农、林、牧、渔业	6	4	4	72	5
采矿业	438	324	489	1880	34
制造业	1791	1448	3577	1885	16
电力、燃气及水的生产和供应业	494	286	101	491	30
建筑业	199	77	80	934	22
交通运输、仓储和邮政业	95	25	56	597	6
信息传输、计算机服务和软件业	29	27	25	180	2
批发和零售业	0	0	0	0	0
住宿和餐饮业	0	0	0	0	0
金融业	11	10	27	0	0
房地产业	0	0	0	0	0
租赁和商务服务业	0	0	0	0	0
科学研究、技术服务和地质勘查业	31	19	29	372	17
水利、环境和公共设施管理业	3	1	0	20	2
居民服务和其他服务业	0	0	0	0	0
教育	0	0	0	0	0
卫生、社会保障和社会福利业	0	0	0	9	0
文化、体育和娱乐业	0	0	0	14	0
公共管理和社会组织	0	0	0	0	0
国际组织	0	0	0	0	0

四、高等院校汇总表

表13 高等院校R&D人员情况

	R&D人员 合计 （人）	#1.博士毕业	2.硕士毕业	3.本科毕业	R&D人员折合 全时人员 （人年）	研究人员
总　计	61967	20926	16715	15973	30059	24655
一、按执行部门分组						
科研院所						
高等院校	61967	20926	16715	15973	30059	24655
企　业						
其　他						
二、按单位隶属关系分组						
中　央	41511	17164	10388	9054	20424	17491
地　方	20456	3762	6327	6919	9635	7164
三、按活动类型分组						
基础研究					10698	
应用研究					18107	
试验发展					1253	
四、按从事的国民经济行业分组						
农、林、牧、渔业						
采矿业						
制造业						
电力、燃气及水的生产和供应业						
建筑业						
交通运输、仓储和邮政业						
信息传输、计算机服务和软件业						
批发和零售业						
住宿和餐饮业						
金融业						
房地产业						
租赁和商务服务业						
科学研究、技术服务和地质勘查业						
水利、环境和公共设施管理业						
居民服务和其他服务业						
教育	52062	19549	15207	12835	23456	20473
卫生、社会保障和社会福利业	9905	1377	1508	3138	6603	4182
文化、体育和娱乐业						
公共管理和社会组织						
国际组织						

注：统计范围为参加科技统计与人文社科统计的北京地区普通高校59所与其附属医院20所

表14 高等院校R&D经费情况

	R&D经费内部支出合计（万元）	#1.日常性支出	人员劳务费	2.资产性支出	仪器和设备	R&D经费外部支出合计（万元）
总　计	1101606	917918	138202	183688	171114	213096
一、按执行部门分组						
科研院所						
高等院校	1101606	917918	138202	183688	171114	213096
企　业						
其　他						
二、按单位隶属关系分组						
中　央	969189	827528	117127	141660	131730	194402
地　方	132416	90390	21076	42027	39384	18695
三、按资金来源						
政府资金	780702					
企业资金	273188					
国外资金	22232					
其他资金	25489					
四、按活动类型分组						
基础研究	333872					
应用研究	675861					
试验发展	91873					
五、按从事的国民经济行业分组						
农、林、牧、渔业						
采矿业						
制造业						
电力、燃气及水的生产和供应业						
建筑业						
交通运输、仓储和邮政业						
信息传输、计算机服务和软件业						
批发和零售业						
住宿和餐饮业						
金融业						
房地产业						
租赁和商务服务业						
科学研究、技术服务和地质勘查业						
水利、环境和公共设施管理业						
居民服务和其他服务业						
教育	1068676	888833	130891	179843	167269	208301
卫生、社会保障和社会福利业	32930	29085	7311	3845	3845	4795
文化、体育和娱乐业						
公共管理和社会组织						
国际组织						

表15 高等院校科技项目(课题)情况

	项目(课题)数 (项)	项目(课题)人员折合全时当量 (人年)	研究人员	项目(课题)经费支出 (万元)
总 计	64103	31429	25863	974222
一、按执行部门分组				
科研院所				
高等院校	64103	31429	25863	974222
企 业				
其 他				
二、按活动类型分组				
基础研究	20986	10694	8610	267669
应用研究	35659	18099	14915	548493
试验发展	3832	1253	1120	77610
研究与试验发展成果应用	2284	866	755	47549
科技服务	1342	518	463	32902
三、按项目服务的国民经济行业分组				
农、林、牧、渔业	3555	1301	1181	73844
采矿业	1758	644	587	30830
制造业	8423	4344	3939	232019
电力、燃气及水的生产和供应业	1268	767	689	23146
建筑业	1801	659	605	20051
交通运输、仓储和邮政业	1004	372	330	18402
信息传输、计算机服务和软件业	4222	1547	1406	73897
批发和零售业	160	40	34	843
住宿和餐饮业	25	9	8	86
金融业	484	169	138	1723
房地产业	127	40	32	720
租赁和商务服务业	1579	535	435	5628
科学研究、技术服务和地质勘查业	22838	9060	7822	355501
水利、环境和公共设施管理业	1450	687	638	42021
居民服务和其他服务业	394	146	122	5902
教育	5941	2090	1720	23539
卫生、社会保障和社会福利业	3550	7054	4565	32326
文化、体育和娱乐业	3038	1041	847	16808
公共管理和社会组织	2395	894	744	16643
国际组织	91	29	24	306

注:教委数据为全部科技项目情况

表16 高等院校 R&D 活动产出情况

	专利申请数（件）	发明专利	有效发明专利数（件）	发表科技论文（篇）	出版科技著作（种）
总　计	8425	7318	16237	104784	5747
一、按执行部门分组					
科研院所					
高等院校	8425	7318	16237	104784	5747
企　业					
其　他					
1. 按单位隶属关系分组					
中　央	7291	6630	14208	80088	4038
地　方	1134	688	2029	24696	1709
二、按从事的国民经济行业分组					
农、林、牧、渔业					
采矿业					
制造业					
电力、燃气及水的生产和供应业					
建筑业					
交通运输、仓储和邮政业					
信息传输、计算机服务和软件业					
批发和零售业					
住宿和餐饮业					
金融业					
房地产业					
租赁和商务服务业					
科学研究、技术服务和地质勘查业					
水利、环境和公共设施管理业					
居民服务和其他服务业					
教育	8385	7296	16090	95347	5605
卫生、社会保障和社会福利业	40	22	147	9437	142
文化、体育和娱乐业					
公共管理和社会组织					
国际组织					

五、规模以上工业企业汇总表

表17 规模以上工业企业R&D活动人员情况

	R&D人员合计（人）	#1.博士毕业	2.硕士毕业	3.本科毕业	R&D人员折合全时人员（人年）	研究人员
总　　计	55520	872	5422	13875	41762	16395
一、按登记注册类型分组						
国　有	3081	50	302	804	2586	1244
集　体	47	0	0	0	46	27
股份合作	411	3	9	70	299	76
联　营	18	0	3	11	17	17
有限责任公司	20176	250	1596	3766	15428	7328
股份有限公司	14369	322	1897	5082	11031	4165
私　营	5400	56	360	1323	3737	1110
其他内资						
港澳台商投资	3561	35	345	1307	2250	958
外商投资	8457	156	910	1512	6368	1470
二、按单位隶属关系分组						
中央	12246	120	1015	2183	9496	5512
地方	43274	752	4407	11692	32265	10884
三、按活动类型分组						
基础研究					207	
应用研究					700	
试验发展					40854	
四、按地区分组						
农、林、牧、渔业						
采矿业	1774	21	115	319	1097	721
制造业	52832	845	5293	13537	39775	15036
电力、燃气及水的生产和供应业	914	6	14	19	890	639
建筑业						
交通运输、仓储和邮政业						
信息传输、计算机服务和软件业						
批发和零售业						
住宿和餐饮业						
金融业						
房地产业						
租赁和商务服务业						
科学研究、技术服务和地质勘查业						
水利、环境和公共设施管理业						
居民服务和其他服务业						
教育						
卫生、社会保障和社会福利业						
文化、体育和娱乐业						
公共管理和社会组织						
国际组织						

表 18 规模以上工业企业 R&D 活动经费情况

	R&D 经费内部支出合计（万元）	#1. 日常性支出	人员劳务费	2. 资产性支出	仪器和设备	R&D 经费外部支出合计（万元）
总　计	1330167	1230280	412568	99887	96914	176152
一、按登记注册类型分组						
国　有	47499	42520	14182	4979	4937	1445
集　体	757	758	465	0	0	0
股份合作	3171	3114	1220	57	57	3
联　营	232	222	0	10	10	0
有限责任公司	430022	402795	144895	27227	26376	129895
股份有限公司	341832	308722	106632	33110	31219	28175
私　营	66614	62082	26603	4532	4513	4679
其他内资	0					
港澳台商投资	215828	206732	38955	9096	9059	2156
外商投资	224212	203335	79616	20876	20745	9799
二、按单位隶属关系分组						
中央	290963	273367	93686	17596	16796	
地方	1039205	956913	318882	82292	80118	
三、按资金来源						
政府资金	98161					
企业资金	1185866					
国外资金	9739					
其他资金	36401					
四、按活动类型分组						
基础研究	8067					
应用研究	17090					
试验发展	1305011					
五、按地区分组						
农、林、牧、渔业						
采矿业	36222	31671	11294	4551	4381	6059
制造业	1269482	1174342	386902	95140	92335	163719
电力、燃气及水的生产和供应业	24463	24266	14372	197	197	6375
建筑业						
交通运输、仓储和邮政业						
信息传输、计算机服务和软件业						
批发和零售业						
住宿和餐饮业						
金融业						
房地产业						
租赁和商务服务业						
科学研究、技术服务和地质勘查业						
水利、环境和公共设施管理业						
居民服务和其他服务业						
教育						
卫生、社会保障和社会福利业						
文化、体育和娱乐业						
公共管理和社会组织						
国际组织						

表19 规模以上工业企业限额以上R&D项目(课题)情况

	项目(课题)数 (项)	项目(课题)人员折合全时当量 (人年)	项目(课题)经费支出 (万元)
总计	5790	35490	1081172
一、按执行部门分组			
科研院所			
高等院校			
企业	5790	35490	1081172
其他			
二、按活动类型分组			
基础研究	16	177	8067
应用研究	107	613	15789
试验发展	5667	34699	1057315
三、按国民经济行业分组			
农、林、牧、渔业			
采矿业	142	979	19560
制造业	5605	33639	1037972
电力、燃气及水的生产和供应业	43	872	23640
建筑业			
交通运输、仓储和邮政业			
信息传输、计算机服务和软件业			
批发和零售业			
住宿和餐饮业			
金融业			
房地产业			
租赁和商务服务业			
科学研究、技术服务和地质勘查业			
水利、环境和公共设施管理业			
居民服务和其他服务业			
教育			
卫生、社会保障和社会福利业			
文化、体育和娱乐业			
公共管理和社会组织			
国际组织			

表 20 规模以上工业企业 R&D 活动产出情况

	专利申请数（件）	发明专利	有效发明专利数（件）	发表科技论文（篇）
总 计	8655	4464	6399	2435
一、按登记注册类型分组				
国 有	307	128	163	382
集 体	3	1	15	5
股份合作	12	3	8	0
联 营	0	0	2	0
有限责任公司	2472	1177	2009	1203
股份有限公司	2227	1053	1696	438
私 营	1229	526	638	247
其他内资	0	0	0	0
港澳台商投资	673	400	1248	37
外商投资	1732	1176	620	123
二、按单位隶属关系分组				
中央	1461	719	1178	1179
地方	7194	3745	5221	1256
三、按地区分组				
农、林、牧、渔业				
采矿业	115	36	33	210
制造业	8273	4326	6297	2045
电力、燃气及水的生产和供应业	267	102	69	180
建筑业				
交通运输、仓储和邮政业				
信息传输、计算机服务和软件业				
批发和零售业				
住宿和餐饮业				
金融业				
房地产业				
租赁和商务服务业				
科学研究、技术服务和地质勘查业				
水利、环境和公共设施管理业				
居民服务和其他服务业				
教育				
卫生、社会保障和社会福利业				
文化、体育和娱乐业				
公共管理和社会组织				
国际组织				

2010年度北京地区国家科学技术奖获奖成果表(通用项目)

北京主持完成项目累计72项,其中,国家自然科学奖二等奖8项,国家技术发明奖二等奖11项,国家科技进步奖一等奖7项、二等奖46项。

国家自然科学奖

序号	奖种	等级	项目名称	主要完成人	推荐单位
1	国家自然科学奖	二等	定量电子显微学方法与氧化钛纳米结构研究	彭练矛(北京大学), 陈　清(北京大学), 杜高辉(中国科学院物理研究所)	北京市
2	国家自然科学奖	二等	舒伯特簇的乘法法则	段海豹(中国科学院数学与系统科学研究院)	中国科学院
3	国家自然科学奖	二等	电磁固体的变形与断裂	方岱宁(清华大学), 刘金喜(石家庄铁道学院), 刘　彬(清华大学), 李法新(清华大学), 黄克智(清华大学)	中国科协
4	国家自然科学奖	二等	非晶合金形成机理研究及新型稀土基块体非晶合金研制	汪卫华(中国科学院物理研究所), 潘明祥(中国科学院物理研究所), 赵德乾(中国科学院物理研究所), 白海洋(中国科学院物理研究所)	中国科学院
5	国家自然科学奖	二等	BES-II　DD-bar阈上粒子ψ(3770)非DD-bar衰变的发现和D物理研究	荣　刚(中国科学院高能物理研究所), 张达华(中国科学院高能物理研究所), 陈江川(中国科学院高能物理研究所), 马海龙(中国科学院高能物理研究所)	中国科学院
6	国家自然科学奖	二等	离子液体的构效关系及其化学工程基础研究	张锁江(中国科学院过程工程研究所), 王键吉(河南师范大学), 张香平(中国科学院过程工程研究所), 吕兴梅(中国科学院过程工程研究所), 董　坤(中国科学院过程工程研究所)	中国科学院
7	国家自然科学奖	二等	中国天然气成因及鉴别	戴金星(中国石油勘探开发研究院), 张水昌(中国石油勘探开发研究院), 郝　芳(中国石油大学(北京), 李　剑(中国石油勘探开发研究院廊坊分院), 朱光有(中国石油勘探开发研究院)	中国石油天然气集团公司
8	国家自然科学奖	二等	细胞凋亡与抗病毒反应的信号转导研究	舒红兵(北京大学), 翟中和(北京大学), 陈丹英(北京大学), 吴　旻(北京大学), 卢智刚(北京大学)	教育部

国家技术发明奖

序号	奖种	等级	项目名称	主要完成人	推荐单位
1	国家技术发明奖	二等	纳米尺度硅基集成电路新器件与新工艺技术及其应用	黄　如(北京大学), 张　兴(北京大学), 张盛东(北京大学), 韩汝琦(北京大学), 刘晓彦(北京大学), 许铭真(北京大学)	北京市
2	国家技术发明奖	二等	小动物多模态光学分子影像成像方法与系统	田　捷(中国科学院自动化研究所), 白　净(清华大学), 杨　鑫(中国科学院自动化研究所), 张永红(清华大学), 秦承虎(中国科学院自动化研究所), 杨　祥(中国科学院自动化研究所)	北京市
3	国家技术发明奖	二等	城市客车多能源一体化混合动力系统及其系列化车型应用	欧阳明高(清华大学), 陈全世(清华大学), 卢青春(清华大学), 张俊智(清华大学), 李建秋(清华大学), 高大威(清华大学)	北京市
4	国家技术发明奖	二等	人造板及其制品环境指标的检测技术体系	周玉成(中国林业科学研究院木材工业研究所), 程　放(中国林业科学研究院木材工业研究所), 井元伟(中国林业科学研究院木材工业研究所), 安　源(中国林业科学研究院木材工业研究所), 张星梅(中国林业科学研究院木材工业研究所), 侯晓鹏(中国林业科学研究院木材工业研究所)	国家林业局
5	国家技术发明奖	二等	催化氧化新材料——空心钛硅分子筛	林　民(中石化石油化工科学研究院), 朱　斌(中石化石油化工科学研究院), 舒兴田(中石化石油化工科学研究院), 汪燮卿(中石化石油化工科学研究院), 沈　刚(湖南建长石化股份有限公司), 李　斌(湖南建长石化股份有限公司)	中国石油化工集团公司
6	国家技术发明奖	二等	运动汽车噪声综合识别及控制技术	连小珉(清华大学), 郑四发(清华大学), 杨殿阁(清华大学), 罗禹贡(清华大学), 李克强(清华大学), 王建强(清华大学)	中国汽车工程学会
7	国家技术发明奖	二等	光学元件内应力、双折射和光学波片相位延迟测量的新原理和仪器	张书练(清华大学), 刘维新(清华大学), 宗晓斌(清华大学), 张　毅(清华大学), 金国藩(清华大学)	工业和信息化部

续表

序号	奖种	等级	项目名称	主要完成人	推荐单位
8	国家技术发明奖	二等	用于2型糖尿病防治的专利新药－太罗	李　松(军事医学科学院毒物药物研究所), 郑志兵(军事医学科学院毒物药物研究所), 钟　武(军事医学科学院毒物药物研究所), 秦少容(太极集团有限公司), 肖军海(军事医学科学院毒物药物研究所), 宫泽辉(军事医学科学院毒物药物研究所)	总后勤部
9	国家技术发明奖	二等	基于智能通道组织和共享保护方法的光层联网技术与应用	纪越峰(北京邮电大学), 张　杰(北京邮电大学), 叶　兵(中兴通讯股份有限公司), 顾畹仪(北京邮电大学), 李　慧(北京邮电大学), 魏晓强(中兴通讯股份有限公司)	教育部
10	国家技术发明奖	二等	深部煤矿高温热害治理技术及其装备系统	何满潮(中国矿业大学(北京))	专家推荐
11	国家技术发明奖	二等	高温高压流体和流动反应原位观测装置、方法和整合技术	张荣华(中国地质科学院矿产资源研究所)	专家推荐

国家科学技术进步奖

序号	奖种	等级	项目名称	主要完成人	主要完成单位	推荐单位
1	国家科技进步奖	一等	三峡输电系统工程		国家电网公司 中国西电电气股份有限公司 中国电力科学研究院 中国电力工程顾问集团公司 北京网联直流工程技术有限公司 西安西电电力整流器有限责任公司 国网电力科学研究院 国网信息通信有限公司 特变电工沈阳变压器集团有限公司 湖北省输变电工程公司	中国电机工程学会
2	国家科技进步奖	一等	矮败小麦及其高效育种方法的创建与应用	刘秉华　翟虎渠　杨　丽 孙苏阳　周　阳　王山荭 蒲宗君　吴政卿　孙其信 甘斌杰　杨兆生　刘宏伟 孟凡华　赵昌平　位运粮	中国农业科学院作物科学研究所 江苏徐淮地区淮阴农业科学研究所 四川省农业科学院作物研究所 河南省农业科学院小麦研究中心 中国农业大学 山东农业大学 安徽省农业科学院作物研究所 北京市杂交小麦工程技术研究中心 新乡市中农矮败小麦育种技术创新中心 甘肃农业大学	农业部

续表

序号	奖种	等级	项目名称	主要完成人	主要完成单位	推荐单位
3	国家科技进步奖	一等	西气东输工程技术及应用		中国石油天然气股份有限公司 中国石油天然气股份有限公司西气东输管道分公司 中国石油天然气股份有限公司塔里木油田分公司 中国石油天然气管道局 中国石油天然气集团公司管材研究所 中国石油集团工程设计有限责任公司 中国石油天然气股份有限公司规划总院 中国石油天然气股份有限公司管道分公司 中铁十六局集团有限公司 宝山钢铁股份有限公司	中国石油天然气集团公司
4	国家科技进步奖	一等	粮食储备“四合一”新技术研究开发与集成创新	吴子丹 卞 科 徐永安 赫振方 郝 伟 郭道林 宋 伟 唐学军 卜春海 曹 阳 蔡静平 陶 诚 高素芬 张明学 王殿轩	国家粮食局科学研究院 河南工业大学 中国储备粮管理总公司 国家粮食储备局成都粮食储藏科学研究所 国贸工程设计院 北京东方孚德技术发展中心 南京财经大学 国家粮食储备局郑州科学研究设计院 辽宁省粮食科学研究所 北京中谷润粮技术开发有限责任公司	国家粮食局
5	国家科技进步奖	一等	地球空间双星探测计划	刘振兴 张永维 吴 季 蔡金荣 朱光武 孙辉先 边凤梅 廖方宇 孟 新 袁仕耿 濮祖荫 李绪志 陶志刚 史建魁 刘元默	中国科学院空间科学与应用研究中心 航天东方红卫星有限公司	中国科学院
6	国家科技进步奖	一等	实时三维图形平台BH_GRAPH	赵沁平 郝爱民 王莉莉 梁晓辉 齐 越 何 兵 沈旭昆 吴 威 李 帅 侯 飞 高玉建 何志莹	北京航空航天大学	教育部
7	国家科技进步奖	一等	中国海洋油气勘探开发科技创新体系建设		中国海洋石油总公司	国有资产监督管理委员会

续表

序号	奖种	等级	项目名称	主要完成人	主要完成单位	推荐单位
8	国家科技进步奖	二等	枣林高效生态调控关键技术的研究与示范	王有年 师光禄 苗振旺 李登科 李照会 张铁强 甘　敬 陶万强 张海明 何忠伟	北京农学院 山西省林业有害生物防治检疫局 山西省农业科学院果树研究所 北京林学会 山东农业大学 北京市林业保护站 内蒙古永业生物技术有限责任公司	北京市
9	国家科技进步奖	二等	7500kVA 大功率 IGCT 交直交变频系统	李崇坚 李耀华 葛琼璇 朱春毅 王成胜 王晓新 赵如凡 周亚宁 兰志明 李　凡	冶金自动化研究设计院 中国科学院电工研究所 北京金自天正智能控制股份有限公司	北京市
10	国家科技进步奖	二等	农业化学节水调控关键技术与系列新产品产业化开发及应用	杨培岭 王爱勤 李云开 康绍忠 任树梅 夏春良 毕玉春 刘洪禄 张文理 张元成	中国农业大学 中国科学院兰州化学物理研究所 胜利油田长安控股集团有限公司 新疆汇通旱地龙腐植酸有限责任公司 北京市水务局	北京市
11	国家科技进步奖	二等	特大异型工程精密测量与重构技术研究及应用	王晏民 李广云 秦长利 徐亚明 朱　光 过静珺 张胜良 罗德安 李宗春 邹进贵	北京建筑工程学院 武汉大学 中国人民解放军信息工程大学 清华大学 北京城建勘测设计研究院有限责任公司 中建一局集团建设发展有限公司	北京市
12	国家科技进步奖	二等	口腔颌面组织修复及功能重建技术的研究及应用	王松灵 胡　静 龙　星 张　益 廖贵清 刘　怡 王大章 胡　冰 范志朋 张春梅	首都医科大学附属北京口腔医院 四川大学 武汉大学口腔医学院 北京大学口腔医学院 中山大学	北京市
13	国家科技进步奖	二等	我国北方几种典型退化森林的恢复技术研究与示范	李俊清 宋国华 卢　琦 刘艳红 赵雨森 李景文 王襄平 田永祯 张力平 王小平	北京林业大学 北京建筑工程学院 中国林业科学研究院 东北林业大学 内蒙古自治区阿拉善盟林业治沙研究所 北京市园林绿化国际合作项目管理办公室 新疆维吾尔自治区防沙治沙工作协调领导小组办公室	国家林业局

续表

序号	奖种	等级	项目名称	主要完成人	主要完成单位	推荐单位
14	国家科技进步奖	二等	落叶松现代遗传改良与定向培育技术体系	张守攻 孙晓梅 李凤日 张含国 王军辉 韩素英 宋丛文 董 健 齐力旺 赵 鲲	中国林业科学研究院林业研究所 东北林业大学 辽宁省林业科学研究院 湖北省林业科学研究院 洛阳市林业科学研究所 湖北省宜昌市林业科学研究所 甘肃省小陇山林业实验局林业科学研究所	国家林业局
15	国家科技进步奖	二等	牛和猪体细胞克隆研究及应用	李 宁 戴蕴平 李秋艳 张 磊 汤 波 卫恒习 龚国春 张运海 潘登科 马育芳	中国农业大学 北京济普霖生物技术有限公司	农业部
16	国家科技进步奖	二等	以自主创新为核心的航天科工科技创新体系和机制创建		中国航天科工集团公司	国有资产监督管理委员会
17	国家科技进步奖	二等	农业装备技术创新工程		中国农业机械化科学研究院	科学技术部
18	国家科技进步奖	二等	特低渗透油藏有效开发非线性渗流理论和开发方法及其工业化应用	朱维耀 姚 军 孙玉凯 刘 合 王世虎 张玉广 李爱芬 宋洪庆 宋书君 鞠 岩	北京科技大学 中国石油大学(华东) 中国石油天然气股份有限公司吐哈油田分公司勘探开发研究院 大庆油田有限责任公司采油工程研究院 中国石油化工股份有限公司胜利油田分公司采油工艺研究院	中国石油和化学工业协会
19	国家科技进步奖	二等	重油催化裂化后反应系统关键装备技术开发与应用	卢春喜 时铭显 徐春明 高金森 张永民 杨启业 郝希仁 相养冬 蔡 智 孙国刚	中国石油大学(北京) 中国石油天然气股份有限公司辽河石化分公司 中国石油化工股份有限公司九江分公司	中国石油和化学工业协会
20	国家科技进步奖	二等	提高轻质油品收率的两段提升管催化裂化新技术	山红红 杨朝合 马 安 张建芳 丛森滋 相养冬 蔡 升 张喜文 李春义 高金森	中国石油天然气股份有限公司石油化工研究院 中国石油大学(华东) 中国石油天然气华东勘察设计研究院 山东石大科技集团有限公司 中国石油天然气股份有限公司辽河石化分公司 中国石油天然气股份有限公司长庆石化分公司	中国石油天然气集团公司

续表

序号	奖种	等级	项目名称	主要完成人	主要完成单位	推荐单位
21	国家科技进步奖	二等	单系列大型化炼油技术集成开发与工业应用	刘家明 孙丽丽 李国梁 赵伟凡 李 浩 郑立军 韩剑敏 戴立顺 胡长禄 马庚宇	中国石化工程建设公司 中国石化海南炼油化工有限公司 中国石油化工股份有限公司石油化工科学研究院 中国石油化工股份有限公司抚顺石油化工研究院	中国石油化工集团公司
22	国家科技进步奖	二等	铝电解用优质炭阳极生产关键技术开发及产业化	刘风琴 路增进 周新林 史生文 王金合 蒙建德 杨宏杰 王振才 陈开斌 肖 劲	中国铝业股份有限公司 中南大学	中国有色金属工业协会
23	国家科技进步奖	二等	宽带钢热连轧生产成套关键技术与应用	徐金梧 王 岑 沙孝春 何安瑞 吕志民 吴胜田 王 平 郭 强 宋 勇 杨 荃	北京科技大学 武汉钢铁(集团)公司 鞍山钢铁(集团)公司	中国钢铁工业协会
24	国家科技进步奖	二等	高可靠先进液压系统新技术及其在现代军机、民机和航天器中的应用	焦宗夏 王少萍 黄 佑 常真卫 陆 清 李树立 李成功 尚耀星 刘红梅 刘永光	北京航空航天大学 中国航空工业集团公司成都飞机设计研究所 中航力源液压股份有限公司 中国商用飞机有限责任公司上海飞机设计研究院	中国机械工业联合会
25	国家科技进步奖	二等	小型质谱仪关键技术创新及整机研制	方 向 张新荣 熊行创 江 游 黄泽建 张小华 丁传凡 欧阳证 白 岗 陈大舟	中国计量科学研究院 清华大学	国家质量监督检验检疫总局
26	国家科技进步奖	二等	千米级斜拉桥结构体系、设计及施工控制关键技术	张喜刚 游庆仲 张 鸿 陈艾荣 袁 洪 吴寿昌 欧阳效勇 丁峰 刘先鹏 裴岷山 罗承斌 任回兴 李 乔 龚维明 刘玉擎	中交公路规划设计院有限公司 江苏省苏通大桥建设指挥部 中交第二航务工程局有限公司 中交第二公路工程局有限公司 同济大学 西南交通大学 东南大学 江苏省交通规划设计院有限公司 河海大学 江苏法尔胜新日制铁缆索有限公司	交通运输部、中国土木工程学会
27	国家科技进步奖	二等	水沙灾害形成机理及其防治的关键技术	倪晋仁 李义天 江恩惠 李天宏 韩 鹏 薛 安 赵连军 李英奎 刘仁志 李秀霞	北京大学 武汉大学 黄河水利委员会黄河水利科学研究院	教育部
28	国家科技进步奖	二等	提高运动员体能的关键技术研究	谢敏豪 陈佩杰 林炳承 冯炜权 曹建民 矫 玮 林文弢 盛 蕾 严 翊 何文革	北京体育大学 上海体育学院 中国科学院大连化学物理研究所 广州体育学院 江苏省体育科学研究所 河北省体育科学研究所	国家体育总局

续表

序号	奖种	等级	项目名称	主要完成人	主要完成单位	推荐单位
29	国家科技进步奖	二等	交流高频大电流国家基准的建立	张江涛 王 磊 许 晨 赵 毅 梁 波 张德实 潘仙林 田 锋	中国计量科学研究院	国家质量监督检验检疫总局
30	国家科技进步奖	二等	金属压力容器和常压储罐声发射检测及安全评价技术与应用	沈功田 李邦宪 戴 光 刘时风 林树青 李光海 黄 毅 胡 智 张 健 段庆儒	中国特种设备检测研究院 大庆石油学院 清华大学 中国科学院金属研究所 江西省锅炉压力容器检验检测研究院 河北省锅炉压力容器监督检验院	国家质量监督检验检疫总局
31	国家科技进步奖	二等	区域大气复合污染研究的技术体系及在珠江三角洲的应用	张远航 胡 敏 钟流举 邵 敏 曾立民 王 玮 向运荣 范绍佳 王雪松 彭永焯	北京大学 广东省环境监测中心 中国环境科学研究院 中山大学	教育部
32	国家科技进步奖	二等	特大城市空气质量改善理论与技术及其应用	郝吉明 贺克斌 王书肖 傅立新 吴 烨 许嘉钰 李俊华 马永亮 王聿绚 段 雷	清华大学	教育部
33	国家科技进步奖	二等	中国陆地碳收支评估的生态系统碳通量联网观测与模型模拟系统	于贵瑞 周广胜 黄 耀 陈泮勤 孙晓敏 赵新全 韩士杰 周国逸 何洪林 温学发	中国科学院地理科学与资源研究所 中国气象科学研究院 中国科学院大气物理研究所 中国科学院西北高原生物研究所 中国科学院沈阳应用生态研究所 中国科学院华南植物园 中国科学院西双版纳热带植物园	中国科学院
34	国家科技进步奖	二等	心房颤动导管消融的临床研究与推广应用	马长生 张 澍 杨延宗 刘 旭 董建增 马 坚 高连君 王新华 方丕华 刘兴鹏	首都医科大学附属北京安贞医院 中国医学科学院阜外心血管病医院 大连医科大学附属第一医院 上海交通大学附属胸科医院	教育部
35	国家科技进步奖	二等	衰老的分子调控机制及个体化衰老评价的创建和应用	陈香美 蔡广研 童坦君 谭 铮 白小涓 周中军 左萍萍 张宗玉 冯 哲 丛羽生	中国人民解放军总医院 北京大学 中国科学院动物研究所 中国医科大学 香港大学医学院 中国医学科学院基础医学研究所 北京师范大学	中华医学会
36	国家科技进步奖	二等	抑郁症中医证候学规律的研究	唐启盛 曲 淼 朱跃兰 周东丰 赵志付 包祖晓 裴清华 赵 晶	北京中医药大学 北京大学精神卫生研究所 中国中医科学院广安门医院	教育部
37	国家科技进步奖	二等	经方现代应用的临床与基础研究	王庆国 陈纪藩 李宇航 李赛美 顾立刚 石任兵 熊曼琪 赵 琰 陈 萌 钟相根	北京中医药大学 广州中医药大学	国家中医药管理局

续表

序号	奖种	等级	项目名称	主要完成人	主要完成单位	推荐单位
38	国家科技进步奖	二等	TD－SCDMA及其增强型终端一致性测试技术与平台	张　平　姜　军　张　治 邓　钢　李亦农　唐晓晟 王　莹　唐　恬　马　楠 陈　杰	北京邮电大学 北京星河亮点通信软件有限责任公司	工业和信息化部
39	国家科技进步奖	二等	数字农业测控关键技术产品与系统	赵春江　王　成　郑文刚 黄文江　乔晓军　王　秀 薛绪掌　陈立平　张　馨 申长军	北京农业信息技术研究中心 北京农业智能装备技术研究中心 北京农产品质量检测与农田环境监测技术研究中心 北京派得伟业信息技术有限公司 北京市农林科学院	农业部
40	国家科技进步奖	二等	棉铃虫对Bt棉花抗性风险评估及预防性治理技术的研究与应用	吴孔明　郭予元　吴益东 梁革梅　赵建周　杨亦桦 张永军　陆宴辉　王桂荣 武淑文	中国农业科学院植物保护研究所 南京农业大学	农业部
41	国家科技进步奖	二等	主要作物种子健康保护及良种包衣增产关键技术研究与应用	刘西莉　李健强　张世和 刘鹏飞　马志强　罗来鑫 张善翔　曹永松　李小林 房双龙	中国农业大学 全国农业技术推广服务中心 北农(海利)涿州种衣剂有限公司 河南中州种子科技发展有限公司 中种集团农业化学有限公司 新沂市永诚化工有限公司 云南省农业科学院粮食作物研究所	农业部
42	国家科技进步奖	二等	芽孢杆菌生物杀菌剂的研制与应用	王　琦　陈志谊　马　平 李社增　刘永锋　梅汝鸿 唐文华　张力群　冯镇泰 林开春	中国农业大学 江苏省农业学院植物保护研究所 河北省农林科学院植物保护研究所 上海农乐生物制品股份有限公司 武汉天惠生物工程有限公司	教育部
43	国家科技进步奖	二等	青藏高原牦牛乳深加工技术研究与产品开发	任发政　甘伯中　韩北忠 敏文祥　王福清　罗　章 童　伟　毛学英　何　林 郭慧媛	中国农业大学 甘肃农业大学 甘肃华羚干酪素有限公司 西藏农牧学院 西藏高原之宝牦牛乳业股份有限公司 青海青海湖乳业有限责任公司	商务部
44	国家科技进步奖	二等	国家土地资源遥感监测关键技术及重大工程应用	王　静　张继贤　刘顺喜 张建平　何　挺　尤淑撑 刘正军　刘爱霞　唐程杰 吴洪桥	中国土地勘测规划院 中国测绘科学研究院 国土资源部信息中心 山西省国土资源调查规划院 内蒙古自治区土地勘测规划院	国土资源部
45	国家科技进步奖	二等	复杂破碎条件下露天－地下联合高效开采关键技术	吴爱祥　韩　斌　王春来 王贻明　王洪江　尹升华 赵海军　王　云　王少勇 薛拥军	北京科技大学 贵州锦丰矿业有限公司	中国黄金协会

续表

序号	奖种	等级	项目名称	主要完成人	主要完成单位	推荐单位
46	国家科技进步奖	二等	多平台多波段对地观测信息处理技术与应用系统	郭华东 邵 芸 范湘涛 廖静娟 王长林 王为民 李 震 薛 勇 马建文 杨崇俊	中国科学院遥感应用研究所 中国科学院对地观测与数字地球科学中心	中国科学院
47	国家科技进步奖	二等	矿井移动与应急通信技术与系统	孙继平 田子建 胡穗延 黄 强 张 锋 傅郁松 方 勇 杨黎明 严 春 顾 伟	中国矿业大学(北京) 江苏三恒科技集团有限公司 杭州北辰天地通信设备有限公司 武汉七环电气有限公司 常州联力通信科技有限公司 煤炭科学研究总院常州自动化研究院 煤炭科学研究总院重庆研究院	教育部
48	国家科技进步奖	二等	中国煤炭地质综合勘查关键技术与工程运用	徐水师 王 佟 孙升林 曹代勇 李增学 孙玉壮 王双明 谭克龙 唐胜利 马国东	中国煤炭地质总局 中国矿业大学(北京) 西安科技大学 山东科技大学 陕西省煤田地质局 河北工程大学 河北省煤田地质局	中国煤炭工业协会
49	国家科技进步奖	二等	肝移植的临床研究及应用	沈中阳 朱志军 陈新国 臧运金 郑 虹 邓永林 潘 澄 贾继东 刘 煜 牛玉坚	中国人民武装警察部队总医院 天津市第一中心医院	武警总部
50	国家科技进步奖	二等	重症冠心病临床评估体系和外科治疗关键技术的建立与应用	胡盛寿 朱晓东 郑 哲 王 巍 孙寒松 宋云虎 李立环 许建屏 龙 村 张 浩	中国医学科学院阜外心血管病医院	卫生部
51	国家科技进步奖	二等	高速铁路900吨简支箱梁建造成套技术与装备	娄德兰 王治斌 王清明 王立新 纪尊众 徐惠纯 王金祥 李慧敏 马 栋 宋津喜	中铁第五勘察设计院集团有限公司 中国铁建股份有限公司 中铁十三局集团有限公司 中铁十七局集团有限公司 中铁十六局集团有限公司 中铁十二局集团有限公司 秦皇岛天业通联重工股份有限公司	中国铁道建筑总公司
52	国家科技进步奖	二等	李毓佩数学故事系列	李毓佩 何 龙		中国科协
53	国家科技进步奖	二等	数学小丛书	华罗庚 段学复 吴文俊 姜伯驹 冯克勤 吕 虹 毕 颖		国家新闻出版总署

2010年北京市科学技术奖获奖成果表

北京市科学技术奖一等奖

序号	获奖编号	项 目 名 称	完 成 单 位	主要完成人
1	2010计-1-001	大型分布式网络视频分发系统	北京蓝汛通信技术有限责任公司 清华大学 蓝汛网络科技(北京)有限公司	尹 浩 王 松 林 闯 刘雪宁
2	2010计-1-002	基于大规模移动位置传感器的城市动态交通信息处理技术与服务系统	北京航空航天大学 北京市交通信息中心 北京世纪高通科技有限公司	吕卫锋 诸彤宇 王 刚 马殿富 李 未 陶海俊 杜 勇 黄 坚 周一新 吴东东 刘文韬 黄建玲 杜博文 郭胜敏 薛 明
3	2010材-1-001	新型LaFeSi基等磁热效应材料的发现和磁热机理研究	中国科学院物理研究所	沈保根 胡凤霞 孙继荣 张西祥 吴光恒
4	2010材-1-002	首钢京唐钢铁厂工程技术创新	首钢总公司 中国钢研科技集团有限公司 首钢京唐钢铁联合有限责任公司 北京首钢国际工程技术有限公司 北京首钢建设集团有限公司 北京首钢自动化信息技术有限公司 北京首钢机电有限公司	
5	2010材-1-003	低维功能纳米材料的结构性能调控及器件基础	北京科技大学	张 跃 廖庆亮 黄运华 杨 亚 齐俊杰 张晓梅 顾有松 闫小琴 刘邦武 戴 英
6	2010电-1-001	微纳结构"自上而下"制备核心技术与集成应用	中国科学院微电子研究所 无锡华润微电子有限公司	刘 明 谢常青 陈宝钦 卞福良 龙世兵 田 炜 商立伟 朱效立 姬濯宇 沈俊然 王 琴 李 友 叶甜春 段小楠 徐 佳
7	2010电-1-002	FTTx—PON网络认证综合测试仪.	北京信维科技股份有限公司	刘云龙 王 勇 魏 钧 王 昕 马光元 陈杰辉 王亮卿 王 云 朱培林 周 青 张 林 张永光 刘 洋
8	2010电-1-003	新型高性能发光二极管材料与器件	北京工业大学	沈光地 陈依新 徐 晨 郭 霞 李建军 韩 军 邓 军 崔碧峰 廉 鹏 郭伟玲 刘 莹 朱彦旭 关宝璐 刑艳辉 邹德恕
9	2010制-1-001	900吨运架梁一体式架桥机	北京万桥兴业机械有限公司	刘亚滨 刘利国 张福德 南彭川 赵玉明
10	2010制-1-002	面向节能减排的过程强化新技术及应用	北京化工大学 宁波万华聚氨酯有限公司	陈建峰 邹海魁 张鹏远 初广文 张宏科 王洁欣 毋 伟 邵 磊 向 阳 赵 宏 付纪文

续表

序号	获奖编号	项 目 名 称	完 成 单 位	主要完成人
11	2010 城 - 1 - 001	地铁换乘车站新型暗挖建造关键技术研究	北京城建设计研究总院有限责任公司 中铁十四局集团有限公司 北京交通大学	黄美群 谢晋水 张顶立 王 臣 李松梅 苗春刚 王华伟 房 倩 王智丰 侯永兵 郭德友 解秀涛 李振伟 赵光泉 吴兰婷
12	2010 城 - 1 - 002	复杂地质条件下大断面海底隧道施工关键技术研究	中铁二十二局集团有限公司 北京交通大学 石家庄铁道大学 北京工业大学	郭衍敬 黄明琦 王爱国 王在仁 付贤伦 魏英华 傅洪贤 刘永胜 岳祖润 徐帮树 张明聚 王彦清 胡文涛 孙 斌 郭永平
13	2010 市 - 1 - 001	基于通信的城轨列车运行控制系统关键技术及其应用	北京交通大学 北京市地铁运营有限公司 北京市轨道交通建设管理有限公司 北京市基础设施投资有限公司 北京交控科技有限公司 北京交大创新科技中心	宁 滨 唐 涛 丁树奎 谢正光 郜春海 刘 波 张建明 牛英明 马连川 王海峰 黄友能 步 兵 马 琳 许艳华 王燕凯
14	2010 环 - 1 - 001	轻小型组合宽角航空相机研制及低空 UAV 航测应用	中国测绘科学研究院 北京测科空间信息技术有限公司 北京市测绘设计研究院 北京潜龙协力科技有限公司	林宗坚 苏国中 洪志刚 杨伯钢 陈天恩 刘召芹 邓 冰 解斐斐 姚 娜 常文见 任超锋 杨 应 郭永修 刘洪成 刘正坤
15	2010 环 - 1 - 002	高含沙河流中泥沙对水质的影响过程及机理研究	北京师范大学 北京航空航天大学 北京大学	夏星辉 杨志峰 范文宏 陈静生 郑少奎 郭学军 张 融 牛军峰 何孟常 沈珍瑶 王 然
16	2010 能 - 1 - 001	特高压直流试验能力建设及应用技术研究	中国电力科学研究院	于永清 张文亮 李光范 陆家榆 宿志一 孙 麟 廖蔚明 李庆峰 李 博 周 军 郭 剑 鞠 勇 陈立栋 范建斌 刹永坤
17	2010 能 - 1 - 002	电动车燃料电池长寿命应用基础研究	清华大学	裴普成 谢晓峰 黄海燕 卢兰光 尚玉明 袁 星 李 平 晁鹏翔 常茜菲 荀 君 秦 玮
18	2010 农 - 1 - 001	北京鸭种质资源创新与应用	中国农业科学院北京畜牧兽医研究所 北京金星鸭业中心	侯水生 胡胜强 刘小林 黄 苇 郝金平 谢 明 李国臣 樊红平 闫 磊 张慧林 喻俊英 张长海 杜艳芝 郭占宝 冯忠华
19	2010 农 - 1 - 002	广适应高产优质大豆新品种中黄 13 的选育与应用	中国农业科学院作物科学研究所	王连铮 赵荣娟 王 岚 胡献忠 李 强 孙君明 谷铁城 何艳琴 白琼岩 叶兴国 高增尚 李宏宇 吴存祥 韩敬花 李英慧

续表

序号	获奖编号	项目名称	完成单位	主要完成人
20	2010农－1－003	首都农林绿地系统综合节水技术示范研究	北京市水利科学研究所 北京农业信息技术研究中心 中国农业大学北京市农林科学院 中国水利水电科学研究院 北京市公园管理中心 北京林业大学 中国科学院地理科学与资源研究所 北京市园林科学研究所 北京市通州区水务局	刘洪禄 吴文勇 郝仲勇 杨培岭 郑文刚 武菊英 刘春明 李久生 高大伟 陈丽华 康跃虎 曹　岳 李　芳 高本虎 杨胜利
21	2010农－1－004	京津风沙源区生态林修复关键技术的研究与示范	北京农学院 中国林业科学研究院林业研究所 北京林业大学 北京市园林绿化局防沙治沙办公室 北京市大兴区林业工作站 北京北农科技有限公司	王有年 李　云 周泽福 师光禄 李金海 吴丽娟 张友焱 胡　俊 谷继成 周金星 任建军 王建文 姚　山 乔富强 张国君
22	2010医－1－001	重度感音神经性耳聋致病机制及出生缺陷干预研究	中国人民解放军总医院	戴　朴 袁永一 袁慧军 韩　冰 朱玉华 王国建 于　飞 韩东一 刘学忠 吴柏林 刘　军 康东洋 黄莎莎
23	2010医－1－002	甲型H1N1流感的临床和应用基础研究	首都医科大学附属北京地坛医院 中国疾病预防控制中心病毒病预防控制所 首都医科大学附属北京朝阳医院－北京市呼吸疾病研究所 中国科学院微生物研究所 北京中医药大学东直门医院 首都医科大学	王　辰 舒跃龙 李兴旺 高　福 毛　羽 曹　彬 王　岳 刘清泉 曹志新 齐建勋 谷　丽 蒋荣猛 周剑芳 王玉光 翟晓辉
24	2010医－1－003	女性盆底功能障碍性疾病的基础与临床研究	中国医学科学院北京协和医院 中国医学科学院基础医学研究所	郎景和 朱　兰 陈　杰 边旭明 韩少梅 陈　娟 李汉忠 肖　河 王　巍 蒋　芳 戴毓欣 仝佳丽 李　琳 俞　梅 冯瑞娥
25	2010中－1－001	补肾化痰法治疗阿尔茨海默病及其应用技术	北京中医药大学	田金洲 时　晶 毕　齐 马　辛 苗迎春 盛树力 张雷明 张新卿 李　林 陈玉静 程　龙 徐　意 李小黎 王蓬文
26	2010药－1－001	大流行流感疫苗、诊断试剂评价关键技术平台体系的建立和应用	中国药品生物制品检定所 国家食品药品监督管理局药品审评中心 北京科兴生物制品有限公司 北京天坛生物制品股份有限公司	王军志 李长贵 方捍华 李凤祥 范行良 邵　铭 袁力勇 刘书珍 白东亭 高恩明 沈　琦 李　红 杨　焕 胡忠玉 李　娟

续表

序号	获奖编号	项目名称	完成单位	主要完成人
27	2010基-1-001	磁性纳米材料新功能的发现及应用	中国科学院生物物理研究所 东南大学	阎锡蕴 高利增 庄 洁 张锦彬 杨东玲 冯 静 柯 莎 顾 宁 张 宇
28	2010基-1-002	禽流感病毒RNA聚合酶PA亚基的结构生物学研究	中国科学院生物物理研究所 清华大学 南开大学	刘迎芳 娄智勇 贺晓静 陈守登 Mark Bartl 袁普卫 张荣光 李雪梅 饶子和
29	2010基-1-003	多潜能干细胞建系方法以及向内胚层组织的定向分化研究	北京大学	邓宏魁 丁明孝 时 艳 赵 扬 刘海松 朱芳芳 蒋 卫 张冬卉 蔡 军 刘艳霞 赵东昕 宋治华 王承艳 张鹏博 尹 明

北京市科学技术奖二等奖

序号	获奖编号	项目名称	完成单位	主要完成人
1	2010计-2-001	低质量大形变指纹识别技术	中国科学院自动化研究所 北京数字指通软件技术有限公司 北京天诚盛业科技有限公司	田 捷 杨 鑫 陈新建 徐文革 杨春林 陶训强 王颂毓 单成坤
2	2010计-2-002	软件需求演化建模方法及管理系统	中国科学院软件研究所 清华大学 中科方德软件有限公司	李明树 王 青 李 娟 陈桂生 王朝坤 赵 琛 杨 叶 杨秋松 肖俊超 杨 达
3	2010计-2-003	蒙藏维哈柯朝主要民族文字汉英混排文档综合识别理解系统	清华大学 西北民族大学 新疆大学 内蒙古大学	丁晓青 彭良瑞 刘长松 靳简明 吴佑寿 于洪志 哈力木拉提 那顺乌日图 方 驰 文 迪
4	2010计-2-004	多源信息复杂系统控制基础理论与方法	北京理工大学	夏元清 付梦印 杨 毅 邓志红 张金会 王美玲 刘 彤 张继伟 王清哲 张晓晨
5	2010计-2-005	知识发现机理、体系构建与拓展及其科学价值	北京科技大学	杨炳儒
6	2010材-2-001	高频常压热等离子体制备纳微结构材料新技术	中国科学院过程工程研究所	袁方利 陈运法 胡 鹏 白柳杨 马 兵 李晋林
7	2010材-2-002	若干先进功能分子的自组装、聚集态结构和性能	中国科学院化学研究所	李玉良 刘辉彪 王 树 李勇军 朱道本
8	2010材-2-003	首钢高品质板材开发及其产业化	首钢总公司 北京科技大学 中国钢研科技集团有限公司	朱继民 王青海 张功焰 李本海 唐 荻 张启富 靳 伟 刘 澄 刘光明 尹显东
9	2010材-2-004	生物矿化纤维的分级组装机理研究	清华大学	崔福斋 王秀梅 李恒德 蔡 强 孔祥东

续表

序号	获奖编号	项 目 名 称	完 成 单 位	主要完成人
10	2010电-2-001	超大屏幕激光数码影院技术研究	中国科学院光电研究院 北京中视中科光电技术有限公司	毕 勇 郑 光 王 斌 亓 岩 王 宇 张 瑛 房 涛 颜博霞 贾中达 梅东滨
11	2010电-2-002	移动通信系统无线资源管理关键技术及应用	中国科学院计算技术研究所	石晶林 胡金龙 田 霖 张玉成 黄 伊 周继华 袁 尧 钱蔓藜 周一青 王园园
12	2010电-2-003	天安门城楼及周边地区扩声系统	北京第七九七音响股份有限公司 中广电广播电影电视设计研究院	李建伟 宗 伟 宋 鸣 罗宝林 邢 硕 陈怀民
13	2010电-2-004	光纤永久式井下温度压力监测系统	北京蔚蓝仕科技有限公司	黄正宇 文 进 徐相涛 张丽丽 王明陶
14	2010电-2-005	虚拟仪器库——振动噪声、模态分析移动试验室新技术	北京东方振动和噪声技术研究所	应怀樵 刘进明 沈 松 郑兆昌 王大钧 李毅民
15	2010制-2-001	2×500m^2 烧结厂工艺及设备设计创新与应用	北京首钢国际工程技术有限公司 首钢京唐钢铁联合有限责任公司	王 毅 王 涛 张福明 安 钢 李长兴 李文武 史凤奎 利 敏 许 亮 崔乾民
16	2010制-2-002	纳空间内流体的结构与性能研究	北京化工大学	仲崇立 阳庆元 刘大欢 密建国
17	2010制-2-003	油气井水力喷砂射孔压裂联作技术及应用	中国石油大学 （北京） 中国石油大学(华东)	李根生 黄中伟 张士诚 牛继磊 沈忠厚 田守嶒 佘朝毅 郑锋辉 何秀清 马利成
18	2010城-2-001	高压富水充填岩溶区隧道施工技术研究	中铁十六局集团有限公司 北京交通大学 中铁十六局集团第四工程有限公司 中铁十六局集团第五工程有限公司	马 栋 谭忠盛 李庚许 胡振潮 李卫兵 王秀英 杨彦岭 孙明彪 王武现 黄立新
19	2010城-2-002	抗震与节能关键技术在当代 MOMA 工程中的研究与应用	北京建工博海建设有限公司 建研科技股份有限公司 当代节能置业股份有限公司 北京市华清地热开发有限责任公司 北京度地唯绿机电设计事务所有限公司	肖从真 蔡晓鸿 董艳洁 刘 伟 方政武 徐自国 陈 音 刘凤鸣 杨玉苹 谢 婧
20	2010城-2-003	首都国际机场三号航站楼 T3A 主楼工程综合施工技术研究	北京城建集团有限责任公司 浙江东南网架股份有限公司	段先军 颜钢文 樊 军 陈 新 梁 丰 张 正 曹旭明 吴继华 杨应辉 周观根
21	2010城-2-004	北京地区建筑地基基础勘察设计规范	北京市勘察设计研究院有限公司 北京市建筑设计研究院 建设综合勘察研究设计院有限公司 中兵勘察设计研究院 北京城建勘测设计研究院有限责任公司 中航勘察设计研究院有限公司 北京工业大学 中冶建筑研究总院有限公司	张在明 程懋堃 沈小克 张 青 周宏磊 柯长华 唐建华 薛慧立 孙保卫 杨素春

续表

序号	获奖编号	项 目 名 称	完 成 单 位	主要完成人
22	2010 市 -2-001	第二代0.5/0.75 吨级军用越野汽车开发研制	北京汽车集团有限公司	张 泉 韩永贵 王 旭 曲秀兰 胡东方 彭元元 张进明 马志新 杨 芙 莫淑萍
23	2010 市 -2-002	北京地铁1、2 号线消隐改造工程	北京市地铁运营有限公司 北京城建设计研究总院有限责任公司 北京电铁通信信号勘测设计院有限公司 中铁电气化局集团有限公司	谢正光 张树人 刘 建 徐会杰 葛 馨 顾庆宜 许艳华 潘晓军 黄旭虹 张通利
24	2010 市 -2-003	电动车辆充电站关键技术及工程化应用	北京理工大学 北京交通大学 北京公共交通控股(集团)有限公司 中国电力科学研究院 北京电巴科技有限公司 北京首科能源技术有限公司	孙逢春 姜久春 王震坡 张维戈 冯幸福 张建平 卫振林 武 斌 郭婷婷 林 程
25	2010 环 -2-001	国家级无人机航测遥感系统研制及产业化	中国测绘科学研究院 首都师范大学 沈阳航天新光集团有限公司 中测新图(北京)遥感技术有限责任公司	李英成 孙 佘 宫辉力 丁晓波 刘铁军 毕 凯 张 力 王桂敏 王 森 王光辉
26	2010 能 -2-001	BESIII 超导磁体研制	中国科学院高能物理研究所	朱自安 赵 玲 李卫国 王守田 侯治龙 胡金刚 陈浩树 易昌练 徐绍旺 王贻芳
27	2010 能 -2-002	超导电力装置制造关键技术开发及其示范应用	中国科学院电工研究所 中国科学院理化技术研究所 甘肃长通电缆科技股份有限公司 特变电工股份有限公司 湖南省电力公司试验研究院 河北新宝丰电线电缆有限公司 深圳市沃尔核材股份有限公司	肖立业 戴少涛 赵彩宏 李来风 项冰仑 陆佳政 鲁光辉 王银顺 惠 东 李 红
28	2010 能 -2-003	首钢京唐 5500m^3 高炉煤气全干法脉冲布袋除尘技术	北京首钢国际工程技术有限公司 首钢京唐钢铁联合有限责任公司	王 毅 张福明 三 涛 何 巍 张卫东 毛庆武 张 建 章启夫 任立军 陈玉敏
29	2010 能 -2-004	配电线路继电保护新技术	清华大学	董新洲 施慎行 毕见广 王 宾 周双喜 何世恩 甘 忠 刘建凯 陈 飞 张 梅
30	2010 能 -2-005	幂律流体非常规边界层传递行为研究	北京科技大学	郑连存 张欣欣 陈学慧
31	2010 能 -2-006	蓄热式燃烧冷凝型天燃气锅炉技术	北京交通大学 北京神雾热能技术有限公司	贾 力 吴道洪 张田田 胡 韬 杨立新 王正华 李 星 王东方 管 鹏 阮立明

续表

序号	获奖编号	项目名称	完成单位	主要完成人
32	2010农-2-001	设施蔬菜根结线虫病综合治理技术研究与应用	北京市植物保护站 中国农业大学 北京市农林科学院蔬菜研究中心 中国农业科学院植物保护研究所 北京市大兴现代农业技术创新服务中心 北京市通州区植物保护站 北京市大兴区植保植检站 密云县植保植检站 北京市顺义区植保植检站 北京市房山区植物保护站	郑建秋　简　恒　卢志军　许　勇 柴　敏　彭德良　郑　翔　徐美艳 崔文清　王　德
33	2010农-2-002	蛋鸡新配套系（新品种）选育及产业化技术研究与应用	北京市华都峪口禽业有限责任公司 北京华都集团有限责任公司	孙　皓　张立昌　周宝贵　刘爱巧 刘长清　石凤英　李健魁　吴桂琴 汪全生　韩忠栋
34	2010农-2-003	中国荷斯坦牛分子育种关键技术研究与应用	中国农业大学 北京奶牛中心 中国农业科学院北京畜牧兽医研究所 中国奶业协会	张　沅　张　勤　张胜利　孙东晓 杜立新　张　毅　石万海　王雅春 乔　绿　俞　英
35	2010农-2-004	观赏草新品种选育与开发应用	北京草业与环境研究发展中心 北京市公园管理中心 北京市花木公司	武菊英　滕文军　袁小环　杨学军 缪祥流　王海英　温海峰　王庆海 张兰年　赵晓燕
36	2010农-2-005	京科糯2000等系列特色糯玉米品种选育与推广	北京市农林科学院玉米研究中心 北京农科院种业科技有限公司 北京农科玉育种开发有限责任公司	赵久然　卢柏山　史亚兴　杨国航 霍庆增　陈　哲　闫明明　王凤格 喻少帆　耿东梅
37	2010农-2-006	设施农业生物环境数字化测控技术研究应用	北京农业信息技术研究中心 北京农业智能装备技术研究中心 北京派得伟业科技发展有限公司	乔晓军　张云鹤　侯瑞锋　王　成 赵春江　高　权　张　馨　王纪华 陈立平　田宏武
38	2010农-2-007	北京市都市型现代农业221信息平台研发与应用	北京农业信息技术研究中心 北京市农林科学院 北京市城乡经济信息中心 北京市大兴区农村工作委员会 北京市农业局信息中心 北京农业智能装备技术研究中心 北京农产品质量检测与农田环境监测技术研究中心	李云伏　潘瑜春　陆　洲　曹四发 汪宝国　阎晓军　秦向阳　周艳兵 李奇峰　赵友森
39	2010医-2-001	听神经病的诊断与分子遗传学机制研究	中国人民解放军总医院 中国医学科学院北京协和医院 南京医科大学第一附属医院（江苏省人民医院）	王秋菊　顾　瑞　倪道凤　邢光前 李兴启　翟所强　于黎明　王大勇 刘　穹　兰　兰

续表

序号	获奖编号	项 目 名 称	完 成 单 位	主要完成人
40	2010 医－2－002	急性重症肠系膜静脉－门静脉血栓的介入治疗研究	中国人民解放军总医院	王茂强 刘凤永 王志军 宋 鹏 段 峰 郭丽萍 林汉英
41	2010 医－2－003	多囊卵巢综合征病因学及治疗方法的研究	北京大学第三医院	乔 杰 杨 艳 李 蓉 黄 铄 陈 媛 王丽娜 王 颖 刘 平 马彩虹 闫丽盈
42	2010 医－2－004	遗传性肾脏疾病临床及致病基因研究	北京大学第一医院	丁 洁 王 芳 张宏文 管 娜 范青锋 王云峰 余自华 李建国 黄建萍 肖慧捷
43	2010 医－2－005	骨盆环肿瘤的切除及功能重建	北京大学人民医院	郭 卫 杨荣利 汤小东 杨 毅 姬 涛 燕太强 唐 顺 曲华毅 李大森 董 森
44	2010 医－2－006	嗜酸性粒细胞增多性脑膜脑炎的临床与基础研究	首都医科大学附属北京友谊医院 温州医学院 南方医科大学 广州医学院 浙江省医学科学院	阴赪宏 潘长旺 陈晓光 沈浩贤 齐海宇 于小仙 谭 峰 刁宗礼 王 婧 李小丽
45	2010 医－2－007	基于远程医疗的农村基层防盲体系研究与建设	首都医科大学附属北京同仁医院 北京市眼科研究所 浙江大学医学院附属第二医院	徐 亮 姚 克 魏文斌 崔彤彤 李建军 梁庆丰 游启生 杨 桦 杨晓慧 王亚星
46	2010 医－2－008	行为学仪器研制和前沿性神经药理学实验方法的建立及其应用、推广	中国医学科学院药物研究所 济南益延科技发展有限公司	张均田 杜冠华 徐炳忠 李晓峰 陈乃宏 屈志炜 胡金凤 张天泰 李锡明 高 梅
47	2010 医－2－009	易感基因和环境因素导致高血压脑中风的机制研究及其防治	中国医学科学院阜外心血管病医院	惠汝太 张伟丽 王一波 樊晓寒 于 晖 宋卫华 陈敬洲 孙 凯 刘峻豪 白永怿
48	2010 中－2－001	治疗缺血性脑损伤及神经退行性病变中药药效学评价的方法学研究	中国中医科学院西苑医院	刘建勋 徐 立 丛伟红 郑咏秋 张 鹏 张 颖 宋文婷 任钧国 付建华 王 忠
49	2010 中－2－002	血瘀证的基础研究	北京中医药大学 北京师范大学 中国中医科学院中医基础理论研究所	王 伟 郭淑贞 赵慧辉 张文生 宋剑南 陈建新 赵和平 王硕仁 赵明镜 刘 蕾
50	2010 药－2－001	功能分子结构及药物复杂体系多组分的质谱分析新方法	中国医学科学院药物研究所	再帕尔阿不力孜 贺玖明 张瑞萍 石建功 乔晋萍 阿布拉江克依木 项 贇 庾石山 耿 平 李 斌
51	2010 药－2－002	SEEREAL 32R－1 型正电子发射断层扫描仪	北京大基康明医疗设备有限公司	孙启银 刘小平 曾海宁 熊凤彬 曾 骏 张既明 邹 捷 张 婧

续表

序号	获奖编号	项　目　名　称	完　成　单　位	主要完成人
52	2010基－2－001	生物分子的光学探针与标记分析研究	中国科学院化学研究所	马会民　陈传峰　李晓花　孙姝娜　史　文　张关心　胡海宇　韩彦丽
53	2010基－2－002	中微子质量起源与轻子味混合的理论研究	中国科学院高能物理研究所	邢志忠
54	2010基－2－003	北京谱仪II实验发现新粒子	中国科学院高能物理研究所	金　山　沈肖雁　李卫国　房双世　季晓斌　吴　宁　董燎原　彭海平　杨洪勋　何康林
55	2010基－2－004	FY－3A星紫外臭氧总量探测仪及其应用	中国科学院空间科学与应用研究中心 国家卫星气象中心	王英鉴　王咏梅　张仲谋　王维和　吕建工　管凤君　付利平　陈　济　王继红　江　芳

北京市科学技术奖三等奖

序号	获奖编号	项　目　名　称	完　成　单　位	主要完成人
1	2010计－3－001	北京谱仪III数据获取系统	中国科学院高能物理研究所	朱科军　李　飞　初元萍　陈玛丽　章红宇　赵京伟
2	2010计－3－002	基于语义理解的古代建筑动画辅助生成系统	中国科学院数学与系统科学研究院 北京工业大学	张松懋　刘椿年　陆汝钤　孙　凯　孔　亮　孙　嘉
3	2010计－3－003	基于三维图形建模的建设领域工程量计算软件	广联达软件股份有限公司	张　吉　岳　亮　王作远　张耀辉　尹为强　周　毅
4	2010计－3－004	多功能数码显微观测装置的研发及产业化	爱国者数码科技有限公司 北京华旗数码技术实验室有限公司	周朝晖　黄　磊　冯　军　黄　晶
5	2010计－3－005	政府财政国库集中支付信息系统	北京用友政务软件有限公司	曾纪才　张纪雄　黄承彪　吴　娜　易红成　张　奇
6	2010计－3－006	电子病历平台及临床信息系统	北京嘉和美康信息技术有限公司	陈联忠　陈　祁　张　雷　朱　杰　位思华　蔡　挺
7	2010计－3－007	面向应用的智能网络存储系统	北京邦诺存储科技有限公司	祝夭龙　严　杰　熊　晖　周　烽　刘西红　胡喜辉
8	2010计－3－008	三维数字地表建模、传输与可视化分析的理论与方法	北京师范大学 中国地质大学(北京) 中国科学院遥感应用研究所	张立强　康志忠　彭军还　董卫华　杨崇俊　张吴明
9	2010计－3－009	新型嵌入式三模冗余容错计算机	首都师范大学 山东航天电子技术研究所 北京英泰诺思智能科技有限公司	张伟功　张树东　辛明瑞　尚媛园　关　永　高兰志
10	2010计－3－010	DVB/IPTV双模互动电视系统	中国传媒大学 北京汉辰科技有限公司 天津泰达有线电视网络有限公司	苏志武　刘剑波　杨　成　曹三省　张宜春　田佳音

续表

序号	获奖编号	项目名称	完成单位	主要完成人
11	2010 计 -3 -011	基于影像的精细化城市管理技术与示范	北京建筑工程学院 北京市西城区城市管理监督指挥中心 立得空间信息技术有限公司 武汉大学 北京市西城区市政市容管理委员会 北京华环电子股份有限公司	杜明义 刘 扬 郭际明 王 旭 魏建明 蔡国印
12	2010 计 -3 -012	基于大规模成本分摊网络算法的 ABC 作业成本分析系统	北京久其软件股份有限公司	刘文圣 林 敏 李纪洲 种少龙 张 勇 周徐波
13	2010 计 -3 -013	CyberControl 工业自动化软件平台	北京四方继保自动化股份有限公司	刘 刚 黄 磊 徐延明 焦邵华 张 涛 楚彦君
14	2010 计 -3 -014	中冶京诚制造执行系统的研发与应用	中冶京诚工程技术有限公司	盘学军 毛汉平 张德晋 李 胜 周 力 郑 雯
15	2010 计 -3 -015	苍穹城乡地籍与土地利用现状一体化管理信息系统	北京苍穹数码测绘有限公司	徐文中 应金法 朱录根 宁志宇 谭吉福 赵晓方
16	2010 计 -3 -016	北京市政务信息资源共享交换平台	北京市信息资源管理中心	黄晓斌 彭 凯 林绍福 程 军 郭家义 冯启民
17	2010 计 -3 -017	朔黄铁路运输综合(仿真)培训系统	朔黄铁路发展有限责任公司	薛继连 顾大钊 贾晋中 陈海滨 李晓建 张智善
18	2010 材 -3 -001	高性能纳米掺杂 MgB2 超导线带材制备与性能研究	中国科学院电工研究所	马衍伟 张现平 高召顺 王栋樑
19	2010 材 -3 -002	功能纳米材料的可控制备及其可工程化的基础研究	中国科学院理化技术研究所	唐芳琼 孟宪伟 任湘菱 任 俊 陈 东 邓正涛
20	2010 材 -3 -003	磷酸铁锂产业化技术及其生产线建设	北大先行科技产业有限公司 北京大学	周恒辉 陈继涛 隋忠海 张新祥 李子郯 杨新河
21	2010 材 -3 -004	建筑干混砂浆产业化关键技术研究与应用示范	北京建筑材料科学研究总院有限公司 北京市建筑材料质量监督检验站 北京金隅涂料有限责任公司 北京理工大学 北京工业大学	王肇嘉 张增寿 何光明 段鹏选 蔡鲁宏 兰明章
22	2010 材 -3 -005	首钢高炉高风温技术研究	首钢总公司 北京科技大学 河北省首钢迁安钢铁有限责任公司 北京首钢国际工程技术有限公司	赵民革 张建良 陈冠军 王建民 张福明 胡雄光
23	2010 材 -3 -006	首钢迁钢洁净钢生产技术开发	首钢总公司 河北省首钢迁安钢铁有限责任公司 北京科技大学	靳 伟 王新华 朱国森 李本海 刘建辉 李 明

续表

序号	获奖编号	项 目 名 称	完 成 单 位	主要完成人
24	2010 材 -3-007	三层核壳结构全聚丙烯酸酯高性能水性木器涂料制备技术	北京化工大学 武汉安泰化学工业有限公司 北京普龙涂料有限公司 北京东方水润涂料有限公司 康德宝涂料(大连)有限公司 武汉海斯普林科技发展有限公司	李效玉 刘月文 孟 晶 何立凡 张胜文 王海侨
25	2010 材 -3-008	插入式炉窑摄像仪及在高炉上的应用	北京科技大学 北京神网创新科技有限公司	高征铠 赵承平 高 永
26	2010 材 -3-009	高性能铌酸钾钠基无铅压电陶瓷的研发	北京科技大学 清华大学	张波萍 李敬锋 王 轲 赵 培 甄玉花 李海涛
27	2010 材 -3-010	大型高炉旋切式顶燃热风炉系统创新与应用	中冶京诚工程技术有限公司 郑州安耐克实业有限公司	姜凤山 张建梁 殷宝铎 全 强 李富朝 王 彤
28	2010 材 -3-011	¢800 大圆坯连铸技术及设备研发与应用	中冶京诚工程技术有限公司	张温永 张文基 王 军 米俊峰 高助忠 周月林
29	2010 电 -3-001	微波大功率波导真空阀门	中国科学院高能物理研究所	赵风利 李广林 赵延平 秦国强 邹晓军 刘晋通
30	2010 电 -3-002	FY-3A 星微波湿度计	中国科学院空间科学与应用研究中心	李 靖 张升伟 姜景山 王振占 孙茂华 何宝宇
31	2010 电 -3-003	图形发生器及其在微纳加工中的应用	中国科学院电工研究所	方光荣 韩 立 薛 虹 靳鹏云 殷伯华 刘俊标
32	2010 电 -3-004	基于矩阵优化的指纹图像数据压缩与复现算法及其应用	中国科学院研究生院 北京市刑事科学技术研究所	郭田德 赵 彤 周雨阳 冯才刚 盛 晶 杨振刚
33	2010 电 -3-005	数字电视独立加扰器与同密设备	北京数码视讯科技股份有限公司	张 刚 陈德权 张 迪 宿玉文 周 昕 宋 征
34	2010 电 -3-006	TD-HSUPA 基站系统技术研究及产业化	大唐移动通信设备有限公司	杨家军 孙晓南 张祖禹 杜新元 王 震 王 策
35	2010 电 -3-007	新闻制播共享发布系统	新奥特(北京)视频技术有限公司	吴正斌 蔡常军 何宇飞 张大勇 曹志强 王堃越
36	2010 电 -3-008	YE 系列膜盒压力表	北京布莱迪仪器仪表有限公司	白大成 韩书华 何春育 甘大方
37	2010 电 -3-009	自动口语评测技术、芯片与应用系统	清华大学 北京凌声芯语音科技有限公司	刘润生 梁维谦 杨华中 董 明 刘 志 丁玉国
38	2010 电 -3-010	开关类电源管理集成电路 IP 核的设计与开发	北方工业大学	姜岩峰 鞠家欣 张晓波 杨 兵 张 静
39	2010 电 -3-011	智能卡专用测试系统	北京自动测试技术研究所 北京华大泰思特半导体检测技术有限公司 北京集诚泰思特测试技术有限公司	冯建科 张 东 郭士瑞 王 彤 高 剑 蒋常斌

续表

序号	获奖编号	项目名称	完成单位	主要完成人
40	2010电-3-012	警用数字集群系统在公安实战中的应用创新	北京市公安局信息通信处	刘营 呼延雄 高欣萍 孙亦军 陈权 许路
41	2010制-3-001	智能控制方法及在机器人中的应用	中国科学院自动化研究所	易建强 赵冬斌
42	2010制-3-002	北京谱仪III主体结构研制	中国科学院高能物理研究所	刘璇 王灵淑 徐绍旺 魏诚林 赵京伟 史以福
43	2010制-3-003	工业炸药移动式制药、装药一体化技术与装备	北京星宇惠龙科技发展有限责任公司 北京矿冶研究总院	熊代余 汪旭光 查正清 李国仲 史良文 龚兵
44	2010制-3-004	大型宽幅铝合金船板搅拌摩擦焊制造装备和技术研究	中国航空工业集团公司北京航空制造工程研究所	栾国红 李从卿 李光 柴鹏 王怡嵩 董春林
45	2010制-3-005	长距离带式输送机及其势能发电技术的研究与应用	中国华电工程(集团)有限公司 华电重工装备有限公司	刘天军 孙青松 黄源红 王汝贵 刘伯宽 卢嘉翃
46	2010制-3-006	高效入岩技术在钻孔灌注嵌岩桩施工中的研究、开发与应用	北京市三一重机有限公司	龚高柏 刘志岩 张世平 吴方晓 水俊峰 闫志东
47	2010制-3-007	基于可视化实验与CAE模拟的注射成型工艺优化	北京化工大学 金发科技股份有限公司 广州模得识软件有限公司	杨卫民 谢鹏程 丁玉梅 刘勇 刘文彬 王大中
48	2010城-3-001	北京奥运工程临时设施循环使用及后奥运产业化的研究	北京城建集团有限责任公司 北京城建设计研究总院有限责任公司 北京城建国际建设有限公司	张晋勋 史铁柱 董斌 董更然 董万慧 顾海滨
49	2010城-3-002	中小学校舍抗震加固综合技术研究	北京市建筑设计研究院	苗启松 李文峰 周炳章 孙宏伟 阎东东 陈晗
50	2010城-3-003	城市暗挖隧道施工超前地质预报系统研究	北京市市政工程研究院 北京交通大学 北京市政建设集团有限责任公司	叶英 毋运龙 王晓亮 张成平 王贯明 杨新锐
51	2010城-3-004	《城市快速路设计规程》	北京市市政工程设计研究总院 上海市政工程设计研究院 天津市市政工程设计研究总院 华中科技大学 北京工业大学	刘桂生 和坤玲 崔健球 朱兆芳 崔新书 张胜
52	2010城-3-005	北京市六环路斜拉桥关键技术	中铁工程设计咨询集团有限公司 北京市首都公路发展集团有限公司 中铁大桥局股份有限公司 交通运输部公路科学研究所 中国铁道科学研究院	徐升桥 张书芳 刘永锋 晏敬东 王礼旺 王克海

续表

序号	获奖编号	项 目 名 称	完 成 单 位	主要完成人
53	2010城－3－006	高速铁路常用跨度桥梁技术	中铁工程设计咨询集团有限公司 中国铁道科学研究院	邓运清 徐升桥 盛黎明 牛 斌 陈进昌 胡所亭
54	2010城－3－007	新型沥青路面开发与相关指南研究	北京市交通委员会路政局 北京市政路桥建材集团有限公司 交通运输部公路科学研究所 哈尔滨工业大学	孙荣山 柳 浩 王旭东 谭忆秋 董泽蛟 杨丽英
55	2010市－3－001	城轨车辆盘形电空制动系统	中国铁道科学研究院机车车辆研究所 北京市轨道交通建设管理有限公司 北京市地铁运营有限公司	孙剑方 丁树奎 刘 建 李学峰 方少轩 李 莉
56	2010市－3－002	真空热环境下开关舱门操作与测试装置研制及应用	北京航空航天大学	丁希仑 张武翔 田 娜
57	2010市－3－003	轨道交通节能方法与关键技术	北京交通大学 北京交通发展研究中心 北京全路通信信号研究设计院	毛保华 柏 赟 丁 勇 刘海东 陈绍宽 李克平
58	2010市－3－004	北京市长安街交通信号控制系统	北方工业大学 北京市公安局公安交通管理局	李正熙 隋亚刚 张福生 张永忠 刘小明 薛宝华
59	2010市－3－005	聚碳酸酯食品接触制品中添加回收料判定方法研究	北京市理化分析测试中心 北京市海淀区产品质量监督检验所	高 峡 张 巍 刘伟丽 王朝晖 穆同娜 张经华
60	2010市－3－006	遥感小卫星在轨性能挖掘与地面设施保障技术及应用	北京宇视蓝图信息技术有限公司 二十一世纪空间技术应用股份有限公司 中国科学院对地观测与数字地球科学中心 国家卫星海洋应用中心 成都市西南电子电信技术研究所 中国科学院遥感应用研究所	童庆禧 李伟建 迟耀斌 吴 双 刘建强 王智勇
61	2010市－3－007	重载列车动力分布无线控制系统	中国神华能源股份有限公司 株洲南车时代电气股份有限公司 中国铁道科学研究院通信信号研究所 南车株洲电力机车有限公司 中南大学	薛继连 南 杰 顾大钊 朱育民 郝小平 荣 林
62	2010环－3－001	城市典型退化湿地功能恢复技术体系	中国林业科学研究院林业新技术研究所 北京市园林绿化局	崔丽娟 高士武 张曼胤 王义飞 赵欣胜 李 伟
63	2010环－3－002	城市粪便处理工艺及成套设备技术	北京世纪国瑞环境工程技术有限公司	王绍康 王绍宁 孙再冉
64	2010环－3－003	CTB污泥生物处理成套技术与设备	北京中科博联环境工程有限公司	陈同斌 高 定 续玉新 杜 伟

续表

序号	获奖编号	项目名称	完成单位	主要完成人
65	2010环-3-004	影响城市群高速路安全的高危险天气预报系统	中国气象局北京城市气象研究所 北京市气象科技服务中心	张朝林 扈海波 孟春雷 程丛兰 谢璞 解以扬
66	2010环-3-005	北京市饮用水安全保障关键技术和系统应用示范	北京市自来水集团有限责任公司 北京市水利水电技术中心 北京格维恩科技有限公司 中国科学院生态环境研究中心	徐维浩 潘安君 徐扬 白迪祺 何浩 高顾诚
67	2010环-3-006	北京市空气质量集成预报系统研究	北京市环境保护监测中心	李昕 赵越 王自发 孙峰 徐文帅 邱启鸿
68	2010环-3-007	水环境保护用大功率流体自控振荡射流技术装备	北京建筑工程学院 清华大学 中国水利水电科学研究院 北京通成达水务建设有限公司 北京市水利科学研究所 北京市水利规划设计研究院	孙厚钧 周琦 高军 赵静野 吴徽 黄跃飞
69	2010环-3-008	农村固体废弃物处理成果推广应用技术	轻工业环境保护研究所	陈立平 魏源送 郑晓伟 臧振远 李兵 韩运江
70	2010能-3-001	北京谱仪电磁量能器读出电子学	中国科学院高能物理研究所	王佩良 顾树棣 聂晶 王铮 常劲帆 李秋菊
71	2010能-3-002	北京谱仪Ⅲ飞行时间探测器	中国科学院高能物理研究所 中国科学技术大学	衡月昆 安琪 李澄 孙志嘉 刘树彬 吴金杰
72	2010能-3-003	国家电网仿真中心关键技术研究、建设及应用	中国电力科学研究院	印永华 周泽昕 朱艺颖 田芳 卜广全 蒋卫平
73	2010能-3-004	GPU/CPU协同并行计算非对称走时叠前时间偏移技术与应用	中国科学院地质与地球物理研究所 北京吉星吉达科技有限公司	刘洪 陈景波 佟小龙 李博 刘国峰 刘钦
74	2010能-3-005	智能电网用电互动化关键技术研究及应用	国网信息通信有限公司 浙江省电力公司	刘建明 赵丙镇 王继业 李祥珍 赖征田 栗宁
75	2010能-3-006	SCR法烟气脱硝技术的国产化研究及应用	中国华电工程(集团)有限公司 华电(北京)热电有限公司 华电环保系统工程有限公司	胡永锋 李建浏 李京生 陶爱平 吕同波 王立红
76	2010能-3-007	高功率锂离子动力电池的开发与应用	中信国安盟固利动力科技有限公司	吴宁宁 王雅和 毛永志 雷向利 安富强 徐华
77	2010能-3-008	600MW低质量流速超临界锅炉	北京巴布科克.威尔科克斯有限公司	张绮 潘捷 康晓蕊 刘隽 张庆
78	2010能-3-009	利用水泥回转窑处置城市污水厂污泥技术产业化应用示范	北京新北水水泥有限责任公司	赵启刚 余志辉 熊运贵 田巍 詹永利 汤冀弨
79	2010能-3-010	扩大全球油气资源合作发展规划研究	北京工业大学 中国石油天然气集团公司咨询中心	穆献中 程会弨 许坤 关峻 廖群山 彭朝霞

续表

序号	获奖编号	项目名称	完成单位	主要完成人
80	2010能-3-011	复杂裂缝性油藏定量表征新技术研究及应用	中国石油大学（北京） 中国石油天然气股份有限公司新疆油田分公司 北京石大油源科技开发有限公司	王志章　李　斌　韩秀梅　徐学成 刘月田　王国先
81	2010能-3-012	具有测温功能的光纤复合相线研制及在110kV输电线路上应用	华北电网有限公司 华北电力科学研究院有限责任公司 中国电力工程顾问集团华北电力设计院工程有限公司 深圳市特发信息股份有限公司 石家庄开发区华能电气有限公司	刘亚新　龚延兴　郝旭东　赵玉柱 张勇平　王　萍
82	2010能-3-013	碳酸盐岩缝洞型油藏数值模拟研究	中国石油化工股份有限公司石油勘探开发研究院	袁向春　康志江　李江龙　赵艳艳 张冬丽　邸　元
83	2010农-3-001	桃树长枝修剪技术的生物学基础研究与应用推广	中国科学院植物研究所 中国科学院武汉植物园 中国农业大学 北京市平谷区人民政府果品办公室 北京市园林绿化局 青岛农业大学	李绍华　刘国杰　孟昭清　吴本宏 邢彦峰　付占芳
84	2010农-3-002	中苜3号苜蓿新品种选育及其推广应用	中国农业科学院北京畜牧兽医研究所 中国农业大学 北京农学院	杨青川　康俊梅　孙　彦　郭文山 张铁军　李　华
85	2010农-3-003	绿僵菌生物农药规模化生产技术	中国农业科学院植物保护研究所 全国畜牧总站	农向群　高　松　苏红田　王广君 张泽华　洪　军
86	2010农-3-004	京郊粮田机械化保护性耕作技术体系研究与应用	北京市农业局 中国农业大学 北京市农业技术推广站 北京市植物保护站 北京市农业机械试验鉴定推广站 北京市大兴区农机服务中心	张晓晟　何　进　王俊英　宋慧欣 张加勇　杨建国
87	2010农-3-005	石榴皮精深加工成套技术的研究及工业应用	北京化工大学	袁其朋　梁　浩　陆晶晶　肖正发 程　艳　刘春国
88	2010农-3-006	人工林自动整枝技术及设备	北京林业大学 石家庄经济技术开发区中博科技发展有限公司	李文彬　王乃康　金志成　霍光青 王德明　张俊梅
89	2010农-3-007	华北土石山区防护林体系建设关键技术研究	北京林业大学 北京市水源保护林试验工作站 北京市园林绿化国际合作项目管理办公室	余新晓　陈丽华　牛健植　冯仲科 张振明　李金海

续表

序号	获奖编号	项目名称	完成单位	主要完成人
90	2010 农 -3 -008	新型戊糖乳杆菌素的高效制备及其在低温食品中的防腐保鲜应用	中国农业大学 北京第五肉类联合加工厂 哈尔滨美华生物技术股份有限公司	李平兰 吕燕妮 周 炜 刘国荣 马长伟 张金兰
91	2010 农 -3 -009	奶及奶制品中重要化合物残留快速检测技术及应用	中国农业大学 北京维德维康生物技术有限公司	沈建忠 江海洋 吴小平 王战辉 丁双阳 徐 飞
92	2010 农 -3 -010	禽流感 H5 亚型血凝抑制试验抗原与阴、阳性血清的研究	北京市农林科学院畜牧兽医研究所	刘月焕 步卫东 林 健 韩春华 姜北宇 徐 菁
93	2010 农 -3 -011	进境有害生物检测关键技术研究	北京出入境检验检疫局检验检疫技术中心 中国检验检疫科学研究院 湖南出入境检验检疫局检验检疫技术中心 宁波检验检疫科学技术研究院 江苏出入境检验检疫局	朱水芳 汪 琳 赵文军 周 琦 邹明强 陈 克
94	2010 农 -3 -012	食品安全快速高通量检测与体外毒理新技术研究与应用	中国检验检疫科学研究院 中华人民共和国北京出入境检验检疫局 广东出入境检验检疫局检验检疫技术中心 上海交通大学 辽宁出入境检验检疫局检验检疫技术中心 山西出入境检验检疫局检验检疫技术中心	邹明强 王金花 齐小花 金 涌 程树军 李 军
95	2010 医 -3 -001	LRP16 基因功能活性及对多种肿瘤预后判定的应用研究	中国人民解放军总医院	母义明 韩为东 孟元光 赵亚力 伍志强 吕朝晖
96	2010 医 -3 -002	应激与脂代谢紊乱所致机体损伤评价技术及健康保障产品研发	中国人民解放军总医院 山东丁马生物科技有限公司	田亚平 康景轩 姜 辉 魏保岭 董 矜 白 晶
97	2010 医 -3 -003	恶性脑胶质瘤的治疗新技术研究与临床应用	中国人民解放军总医院第一附属医院 天津大学 首都医科大学附属北京天坛医院	李安民 常 津 傅相平 林 松 张志文 易林华
98	2010 医 -3 -004	血细胞分析质量控制体系的建立与应用	卫生部北京医院	彭明婷 申子瑜 谷小林 李臣宾 陈文祥 陆 红
99	2010 医 -3 -005	老年肺部感染临床特点及其难治病原菌耐药机制的系统研究	卫生部北京医院	孙铁英 郭岩斐 李燕明 胡云建 王丹丹 王 艳

续表

序号	获奖编号	项 目 名 称	完 成 单 位	主要完成人
100	2010 医－3－006	临床生化检验重要常规项目参考方法体系的初步建立与应用	卫生部北京医院 北京大学第三医院 首都医科大学附属北京朝阳医院 北京航天总医院 中国医学科学院北京协和医院	陈文祥 申子瑜 张传宝 王 抒 张天娇 张 捷
101	2010 医－3－007	心力衰竭的分子机制研究	中国科学院动物研究所	李培峰 王建勋 王 昆 谭薇琦 蔺志强 焦建琴
102	2010 医－3－008	拇甲皮瓣移植再造拇指造成足功能损害的关键问题及手术方法改良	北京积水潭医院	潘勇卫 田光磊 田 文 赵俊会 李 淳 张友乐
103	2010 医－3－009	P53 基因治疗的基础和临床研究	北京肿瘤医院	张珊文 肖绍文 吕有勇 蔡 勇 苏 星 徐 刚
104	2010 医－3－010	肺癌化疗和靶向治疗疗效和预后相关的分子标志物研究	北京肿瘤医院	王 洁 白 桦 赵 军 安同彤 吴梅娜 王 鑫
105	2010 医－3－011	妊娠期高血压疾病血流动力学基础与临床研究及推广应用	首都医科大学附属北京妇产医院 北京工业大学 北京易思医疗器械有限责任公司	张为远 张 松 王 琪 杨 琳 翟桂荣 杨益民
106	2010 医－3－012	北京农村饮水现状、安全风险、对策及可视化地理信息平台的研究	北京市疾病预防控制中心 中国科学院地理科学与资源研究所 北京市爱国卫生运动委员会办公室 北京市农村改水领导小组办公室 北京大学 北京市昌平区疾病预防控制中心	邓 瑛 魏建荣 叶必雄 王五一 马 彦 刘泽军
107	2010 医－3－013	应对流感大流行的疫苗评价与应用	北京市疾病预防控制中心 北京科兴生物制品有限公司 中日友好医院 中国疾病预防控制中心	吴 疆 林江涛 吕 敏 高 强 陈江婷 邓 瑛
108	2010 医－3－014	烟曲霉感染的发病与耐药机制研究	北京大学第一医院	李若瑜 刘 伟 乔建军 马 彦 陈 剑 李厚敏
109	2010 医－3－015	他汀类药物抗动脉粥样硬化的临床与基础研究	北京大学人民医院	陈 红 任景怡 乔正国 邢 燕 李帮清 武 蓓
110	2010 医－3－016	子宫颈癌及癌前病变防治策略的完善和推广	北京大学人民医院	魏丽惠 王建六 赵 超 赵丽君 江 静 李小平
111	2010 医－3－017	腹外疝个体化治疗的临床研究	首都医科大学附属北京朝阳医院	陈 杰 申英末 王明刚 刘素君 杨 硕 朱熠林
112	2010 医－3－018	传染病动物模型实验研究技术平台的建立	中国医学科学院医学实验动物研究所	秦 川 魏 强 高 虹 朱 华 蒋 虹 丛 喆

续表

序号	获奖编号	项目名称	完成单位	主要完成人
113	2010 医 -3 -019	胸廓内动静脉近远心端行难治性胸壁缺损修复及乳房再造的研究	中国医学科学院整形外科医院	穆兰花 李森恺 徐军 马晓冰 李养群 刘元波
114	2010 医 -3 -020	我国心脏性猝死的流行病调查及综合防治研究	中国医学科学院阜外心血管病医院	张澍 华伟 姚焰 陈柯萍 张林峰 浦介麟
115	2010 医 -3 -021	北京地区血友病防治体系的建立和相关研究	中国医学科学院北京协和医院 首都医科大学附属北京儿童医院 首都医科大学附属北京朝阳医院 北京大学人民医院	赵永强 吴润晖 梁燕 郭杨 华宝来 陈丽霞
116	2010 中 -3 -001	经方剂量折算标准及对当今方剂组方规律影响的研究	中国中医科学院 北京中医药大学东方医院	范吉平 程先宽 韩振蕴 陈志刚 曹克刚 章正祥
117	2010 中 -3 -002	活血解毒法治疗慢性前列腺炎的应用基础研究	中国中医科学院广安门医院	张亚强 刘猷枋 卢建新 高筱松 宋竖旗 庞然
118	2010 中 -3 -003	通降理论治疗胃食管反流病的临床研究及应用	中国中医科学院西苑医院	唐旭东 李保双 李振华 王凤云 王萍 吴丹明
119	2010 中 -3 -004	补肾强督法治疗强直性脊柱炎的临床应用及作用机理研究	中日友好医院	阎小萍 王昊 孔维萍 王建明 张英泽 徐愿
120	2010 中 -3 -005	运脾止泻方治疗小儿腹泻病的临床与抗腹泻机制研究	首都医科大学附属北京儿童医院 北京中医药大学	闫慧敏 杨燕 郭健 王静 盛燕 李歆
121	2010 中 -3 -006	中药粉针剂现代技术适宜性与设备工程化研究	北京中医药大学 哈药集团中药二厂 首都医科大学	倪健 王英新 蔡程科 李朝霞 马志强 韩立炜
122	2010 中 -3 -007	证候的客观性及存在规律	北京中医药大学	王庆国 王天芳 赵燕 高颖 张连文 申春娣
123	2010 药 -3 -001	CTS 专用探头治疗肝肾疾病与肠道灌注透析技术标准的研究	北京智立医学技术股份有限公司	王洪利 李靖 李筠 李响 吉勤 杨洪涛
124	2010 药 -3 -002	医用磁共振成像技术研究与开发	北京大学 北京万东医疗装备股份有限公司	王为民 李培 肖亮 黄开文 唐昕 徐雷
125	2010 药 -3 -003	用改性透明质酸水凝胶修复中枢神经系统损伤的实验研究	首都医科大学 清华大学	徐群渊 崔福斋 侯少平 田维明 任永娟 王颖

续表

序号	获奖编号	项目名称	完成单位	主要完成人
126	2010药－3－004	免疫亲和层析规模纯化纤溶酶及其药学性质、药物制剂的开发研究	中国农业大学 北京赛生药业有限公司	罗云波　马　骉　黄昆仑　许文涛 胡亦猛　姜桂荣
127	2010药－3－005	无细胞百白破b型流感嗜血杆菌联合疫苗的研制	北京民海生物科技有限公司 中国药品生物制品检定所 江苏省疾病预防控制中心	郑海发　张庶民　朱凤才　李贵凡 叶　强　汪　华
128	2010基－3－001	近邻星系的多波段观测性质	中国科学院国家天文台 天津师范大学 中国科学院上海天文台 山东大学威海分校 中国科学院研究生院 沈阳师范大学	吴　宏　夏晓阳　邵正义　曹　晨 郝彩娜　邓祖淦
129	2010基－3－002	太阳活动区磁场研究	中国科学院国家天文台	张洪起　包曙东　刘　煜　王海民
130	2010基－3－003	我国第一个海外高精度人卫激光测距站成功建立	中国科学院国家天文台 中国测绘科学研究院	韩延本　王谭强　刘卫东　瞿　锋 邓　建　尹志强
131	2010基－3－004	多目标规划数据挖掘理论、方法及在重要行业中的应用	中国科学院研究生院 中国科学院科技政策与管理科学研究所	石　勇　李建平　田英杰　张玲玲 陈道斌　刘　莹
132	2010基－3－005	现代网络设计中的组合优化理论与算法	中国科学院数学与系统科学研究院	胡晓东　陈旭瑾　杨晓光　蔡茂诚
133	2010基－3－006	恒星演化过程中关键核反应的研究	中国原子能科学研究院	李志宏　柳卫平　郭　冰　王友宝 白希祥　苏　俊
134	2010基－3－007	网络科学的理论及其应用的若干重要课题研究	中国原子能科学研究院 上海交通大学 北京师范大学	方锦清　汪小帆　郑志刚　李　翔 狄增如　樊　瑛
135	2010基－3－008	钢铁工业生态化管理	北京工业大学	李京文　赵立祥　任海英　张　蕾 李文伟　邢李志
136	2010基－3－009	多激励作用下高维非线性系统复杂动力学的研究	北京工业大学	张　伟　姚明辉　杨晓东　曹东兴 陈丽华　张君华
137	2010基－3－010	重电磁勘探方法研究及其在深部隐伏矿勘查中的应用	中国地质大学(北京)	孟小红　姚长利　谭捍东　郭良辉 李淑玲　王君恒
138	2010基－3－011	动物奥运会	北京自然博物馆	李湘涛
139	2010基－3－012	大自然丛书	北京自然博物馆	王文利　李建军　殷学波　马清温 徐景先
140	2010基－3－013	北京农村管理信息化建设	北京市农村合作经济经营管理站	张文华　胡登州　李　理　熊文武 任玉玲　王伟男
141	2010基－3－014	中上扬子海相油气成藏动态分析及保存系统研究	中国石油化工股份有限公司石油勘探开发研究院	何治亮　周　雁　高　波　李双建 汪新伟　袁玉松

北京地区专利申请一览表

日期(年) \ 项目	发明	实用新型	外观设计	合计
1985	754	720	66	1540
1986	535	1091	66	1692
1987	523	1796	106	2425
1988	702	2494	146	3342
1989	742	2408	194	3344
1990	830	3214	240	4284
1991	1023	3324	277	4624
1992	1340	4493	483	6316
1993	1483	4931	558	6972
1994	1506	4666	680	6852
1995	1252	4372	738	6362
1996	1441	4255	899	6595
1997	1677	3668	968	6313
1998	1754	3444	1123	6321
1999	2062	4045	1616	7723
2000	3409	4984	1951	10344
2001	4984	5114	2076	12174
2002	5785	5920	2137	13842
2003	7833	6665	2505	17003
2004	8608	6321	3473	18402
2005	12102	6940	3530	22572
2006	14226	8200	4129	26555
2007	18763	8819	4098	31680
2008	28394	11157	3957	43508
2009	29326	15424	5486	50236

资料来源:北京市知识产权局

北京地区专利授权一览表

日期(年) 项目	发　明	实用新型	外观设计	合计
1985	23	20	9	52
1986	20	388	31	439
1987	102	630	44	776
1988	169	1147	60	1376
1989	207	1497	85	1789
1990	216	1932	120	2268
1991	263	1917	189	2369
1992	312	2724	229	3265
1993	530	4780	496	5806
1994	368	3245	301	3914
1995	328	3169	528	4025
1996	246	2563	486	3295
1997	281	2340	706	3327
1998	309	2522	969	3800
1999	573	3948	1308	5829
2000	1074	3463	1368	5905
2001	946	3600	1700	6246
2002	1061	3721	1563	6345
2003	2261	4244	1743	8248
2004	3216	3956	1833	9005
2005	3476	4498	2126	10100
2006	3864	5490	1884	11238
2007	4824	7364	2766	14954
2008	6478	8776	2493	17747
2009	9157	10141	3623	22921

资料来源:北京市知识产权局

北京市区县专利申请一览表

单位:件

年度 区县	2000	2001	2002	2003	2004	2005	2006	2007	2008	2009
海淀	3882	5430	6219	8489	8230	9665	11312	13604	20899	22850
朝阳	2270	2468	2715	2905	3913	5066	5520	6295	7413	9618
丰台	650	678	906	893	918	1545	1734	2039	2343	2542
西城	841	943	820	890	890	1080	1389	2226	2579	2858
东城	514	728	567	714	754	895	1377	1513	2419	2359
宣武	436	386	428	461	414	422	553	491	524	555
崇文	269	182	327	408	856	930	722	272	234	237
石景山	209	219	225	277	232	302	397	412	1762	2045
大兴	271	331	415	459	644	828	798	1349	1958	2195
昌平	260	254	370	383	494	735	1169	1226	1449	222
通州	207	185	206	293	368	307	543	683	827	1207
房山	159	112	139	122	192	163	241	315	277	320
顺义	86	100	127	139	173	185	439	272	446	449
怀柔	67	116	104	134	121	125	124	163	132	363
密云	50	58	58	53	36	45	66	112	79	139
门头沟	50	44	43	56	53	81	74	615	59	114
平谷	36	19	38	25	43	52	41	44	76	107
延庆	34	33	32	37	52	45	56	42	28	57
其他	53	-112	103	265	19	101	0	7	4	0
合计	10344	12174	13842	17003	18402	22572	26555	31680	43508	50236

资料来源:北京市知识产权局

北京市区县专利授权一览表

单位:件

区县＼年度	2002	2003	2004	2005	2006	2007	2008	2009
海淀	2337	2883	4076	4399	5137	6160	7563	10697
朝阳	1506	1576	1881	2295	2416	3174	3764	4464
丰台	486	422	446	465	667	850	1129	1233
西城	473	339	508	514	591	850	1008	1316
东城	406	294	433	498	487	839	901	1198
宣武	184	217	274	207	262	344	290	296
崇文	103	110	115	118	123	158	140	142
石景山	139	106	120	136	192	207	266	377
大兴	248	233	361	386	389	734	841	1004
昌平	147	196	256	324	372	627	737	857
通州	118	131	176	223	192	275	403	481
房山	91	92	77	100	110	155	194	165
顺义	68	82	99	116	100	265	195	340
怀柔	63	101	50	99	92	96	112	117
密云	23	39	20	26	19	48	87	80
门头沟	23	38	33	32	47	61	57	64
平谷	11	22	12	32	15	40	26	58
延庆	23	16	24	27	27	39	32	32
其他	-104	1351	44	103	0	32	2	0
合计	6345	8248	9005	10100	11238	14954	17747	22921

资料来源:北京市知识产权局

附录

北京市科技管理机构

中关村国家自主创新示范区领导小组

The Leading Group of Zhongguancun National Innovation Demonstration Zone

为贯彻落实《国务院关于同意支持中关村科技园区建设国家自主创新示范区的批复》(国函[2009]28号)精神,推进中关村国家自主创新示范区建设工作,经市政府同意,将建设中关村科技园区领导小组更名为中关村国家自主创新示范区领导小组,为市政府议事协调机构。领导小组办公室设在中关村管委会,具体承担日常工作。

组　长:郭金龙　市长
副组长:赵凤桐　市委常委、市委教工委书记
　　　　苟仲文　副市长
成　员:张志伟　市委组织部副部长
　　　　张　工　市发展改革委主任
　　　　刘利民　市教委主任
　　　　闫傲霜　市科委主任
　　　　朱　炎　市经济信息化委主任
　　　　杨晓超　市财政局局长
　　　　张欣庆　市人力社保局局长
　　　　魏成林　市国土局局长
　　　　黄　艳　市规划委主任
　　　　隋振江　市住房城乡建设委主任
　　　　刘小明　市交通委主任
　　　　卢　彦　市商务委主任
　　　　王　东　市国资委主任
　　　　王晓明　市地税局局长
　　　　张志宽　市工商局局长
　　　　赵长山　市质监局局长
　　　　冯俊科　市版权局局长
　　　　苏　辉　市统计局局长
　　　　霍学文　市金融局副局长
　　　　刘振刚　市知识产权局局长
　　　　周继东　市政府法制办主任
　　　　郭　洪　中关村管委会主任
　　　　张伯旭　北京经济技术开发区管委会主任
　　　　杨艺文　东城区区长
　　　　张建东　西城区区长
　　　　牛青山　崇文区区长
　　　　王　刚　宣武区区长
　　　　程连元　朝阳区区长
　　　　林抚生　海淀区区长
　　　　游广斌　丰台区代区长
　　　　周茂非　石景山区区长
　　　　刘云广　门头沟区区长
　　　　祁　红　房山区区长
　　　　邓乃平　通州区区长
　　　　刘　剑　顺义区代区长
　　　　李长友　大兴区区长
　　　　金树东　昌平区区长
　　　　邱水平　平谷区区长
　　　　池维生　怀柔区区长
　　　　刘福志　密云县县长
　　　　孙文锴　延庆县县长
　　　　孔繁琪　市国税局副局长
　　　　杨国中　人民银行营业管理部主任
　　　　楼文龙　北京银监局局长
　　　　刘春旭　北京证监局局长
　　　　丁小燕　北京保监局局长
　　　　周其凤　北京大学校长
　　　　顾秉林　清华大学校长
　　　　何　岩　中科院北京分院党组书记
　　　　干　勇　钢铁研究总院院长
　　　　屠海令　北京有色金属研究总院院长
　　　　柳传志　联想控股有限公司总裁
　　　　邓中翰　中星微电子有限公司董事长
　　　　王小兰　中关村协会联席会主席

北京市科学技术委员会

Beijing Municipal Science and Technology Commission

根据中共中央、国务院批准的北京市人民政府机构改革方案和《北京市人民政府关于机构设置的通知》(京政发[2009]2号),设立北京市科学技术委员会(简称市科委)。市科委是负责本市科技工作的市政府组成部门。主要职责是:

(一)贯彻落实国家关于科技工作方面的法律、法规、规章和政策,起草本市相关地方性法规草案、政府规章草案,组织拟订科技发展和科技促进经济社会发展的政策,并组织实施。

(二)组织拟订本市科技发展中长期规划、年度计划,并组织实施;研究提出科技发展布局和优先发展领域;推动科技创新体系和科技服务体系建设,促进科技服务业发展;推进科技北京建设。

(三)组织制定本市应用基础研究、高新技术发展以及重大科技成果应用研究的政策措施;负责统筹协调应用基础研究、前沿技术研究、重大社会公益性技术研究及关键技术、共性技术研究;牵头组织科技促进经济社会发展的重大关键技术攻关。

(四)会同有关部门组织科技重大专项实施中的方案论证、综合平衡、评估验收和配套政策制定,对科技重大专项实施中的重大调整提出意见;负责科技重大专项和重大科技产业工程的组织实施。

(五)制定政策引导类科技计划并指导实施;会同有关部门拟订本市高新技术企业发展、高新技术产业化的相关政策,参与拟订科技金融促进工作的相关政策;提出科研条件保障规划和政策建议;推进科研条件平台建设和科技资源共享。

(六)组织制定本市科技促进农村和社会发展的政策措施,促进以改善民生为重点的农村建设和社会建设;指导可持续发展实验区的建设和发展。

(七)会同有关部门拟订本市促进产学研结合的相关政策,制定科技成果推广政策,指导科技成果转化工作;组织相关重大科技成果应用示范,推动企业自主创新能力建设。

(八)研究制定本市科技体制改革的政策措施;建立健全科技创新体制和机制;研究制定建立新型研究开发机构的政策;按规定审核相关科研机构的组建和调整,优化科研机构布局。

(九)负责本部门预算中的科技经费预决算及经费使用的监督管理;会同有关部门提出科技资源合理配置的政策和措施建议,优化科技资源配置。

(十)制定本市科普工作规划和政策;制定促进技术市场、科技中介组织发展的政策措施;负责技术市场、科技保密管理工作和科技奖励组织实施工作;负责科技信息、科技统计和科技期刊管理工作。

(十一)研究制定本市科技合作交流政策;负责科技外事工作;负责与港澳台的科技合作与交流;会同有关部门组织技术出口和技术引进等工作。

(十二)负责本市科技人才资源的合理配置,会同有关部门拟订科技人才队伍建设规划,提出政策建议。

(十三)承办市政府交办的其他事项。

主　任:闫傲霜

副主任:杨伟光　朱世龙　郑焕敏
张继红　伍建民　丁　辉(兼任)
田小平(兼任)

纪检组长:李京瑞

委　员:陈力工　张　虹　刘　晖　王建新

地　址:北京市西城区西直门南大街16号

邮　编:100035

电　话:66153395

网　址:www.bjkw.gov.cn

内部机构设置:

办公室

负责机关政务工作;负责文电、会务、机要、档案等机关日常运转工作;承担信息、信访、议案、建议、提案、安全、保密、政府信息公开、电子政务、机关财务和资产管理等工作；承担重要事项的组织和督查工作。

电　话:66153395

政策法规与体制改革处

负责机关推进依法行政综合工作；起草科技方面的地方性法规草案、政府规章草案；负责行政执法工作的监督、指导和协调；承担行政复议、应诉的有关工作；承担机关行政规范性文件的合法性审核和有关备案工作；会同有关方面推进科技创新体系建设和科技体制改革，拟订促进产学研结合和促进科技领域知识产权创造的政策措施；按规定承担相关科研机构的组建和调整的审核；负责北京地区科技研究开发机构的认定和科技类民办非企业单位的业务审核。

电　话:66153406

发展计划处

研究提出本市科技发展的布局和优先发展领域，组织拟订科技发展中长期规划和年度计划；提出科技计划的协调、综合平衡和经费配置的建议；会同有关方面提出重大创新基地建设规划建议；拟订科技成果和科技项目管理的政策措施；负责本市科技奖励组织实施和科技统计、科技信息和科技期刊管理；会同有关方面组织技术出口和技术引进。

电　话:66153416

重大专项办公室

会同有关方面拟订本市科技重大专项实施办法，审核实施计划，协调解决重大问题，组织评估和验收；承担对接国家科技重大专项的相关协调工作；负责重大科技需求的调研；承担科技北京建设和科教方面的相关工作。

电　话:66174050

条件财务处

提出本市科研条件保障的规划和政策建议，推进科研条件平台建设和科技资源共享；会同有关方面提出科技资源合理配置的政策建议；参与开展科技金融促进工作；编制本部门预算中的科技经费预决算，并监督预算的执行；参与拟订科技经费管理办法；监督、指导所属单位财务和国有资产管理工作。

电　话:66153407

高新技术产业化处

拟订本市相关领域高新技术发展及产业化的科技规划和政策；组织实施相关领域高新技术研究发展计划和政策引导类科技计划；承担中关村国家自主创新示范区建设相关工作；推动科技创新创业服务体系建设；推动科技成果转化及企业技术创新能力提升；促进科技服务业和文化创意产业发展；负责高新技术产业孵化基地认定和高新技术企业、自主创新产品认定；指导技术市场管理工作。

电　话:66153439

先进制造与自动化处

拟订本市先进制造技术领域、信息技术领域、新材料领域及空间技术领域科技发展的规划和政策；组织实施相关领域高技术研究发展计划；负责组织推进相关领域重点实验室（基地）建设；促进相关领域科技服务业的发展。

电　话:66153438

生物医药处

拟订本市生物工程、新医药产业、医疗卫生及食品安全领域科技发展的规划和政策；组织实施相关领域高技术研究发展计划；制定实验动物管理的政策措施；负责实验动物安全监管工作；负责组织推进相关领域重点实验室（基地）建设；促进相关领域科技服务业的发展；承担生物工程和新医药产业方面的有关科技工作。

电　话:66153451

农村科技发展处

拟订本市科技促进农村发展的规划和政策；组织实施相关领域高技术研究发展计划；负责组织推进相关领域重点实验室（基地）建设；促进相关领域科技服务业的发展；推动农村科技进步；指导相关重大科技成果应用示范；指导农业科技园区的有关工作。

电　话:66153402

社会发展处

拟订本市社会发展领域科技发展的规划和政策；组织实施相关领域高技术研究发展计划；负责组织推进相关领域重点实验室（基地）建

设;促进相关领域科技服务业的发展;推动新能源和节能环保产业的发展;推进科技对城市建设与管理的支持;指导可持续发展实验区的建设和发展。

电　话:66153392

科技宣传与软科学处(北京市人民政府专家顾问团办公室)

负责本市科普工作,拟订科普工作的规划和政策;负责科技宣传、新闻发布工作;负责软科学研究工作;承担市政府专家顾问团的有关工作;承担综合性文稿起草和地方志、年鉴编纂工作。

电　话:66153431

国际科技合作处

组织拟定本市国际科技合作交流政策;组织实施国际科技合作交流计划;按规定负责在京举办国际性科技学术会议、出国举办科技展览会和邀请外国人员来华进行科技活动的有关工作;承办与港澳台的科技合作交流事宜;负责机关及所属单位的外事工作。

人事教育处

负责机关及所属单位的人事、机构编制和离退休工作;会同有关方面拟订本市科技人才队伍建设的政策措施;负责自然科学研究系列专业技术职务任职资格评定工作;组织实施科技新星计划。

电　话:66153409

机关党委

负责机关及所属单位的党群工作。

电　话:66153410

工　会

负责机关及所属单位的工会工作。

电　话:66153413

纪检、监察处

纪检、监察机构按有关规定派驻。

电　话:66153442

中关村科技园区管理委员会

Administrative Committee of Zhongguancun Science Park

中关村科技园区管理委员会(简称中关村管委会)是负责对中关村科技园区(包括海淀园、丰台园、昌平园、电子城、亦庄园、德胜园、石景山园、雍和园、大兴生物医药产业基地、通州园,以下简称园区)发展建设进行综合指导的市政府派出机构,其主要职责是:

(一)贯彻落实国家有关法律法规和政策,研究提出园区的发展战略和规划,组织研究园区相关改革方案,促进可持续发展。

(二)研究拟定园区发展和管理的相关政策,参与起草相关地方性法规、规章草案。

(三)参与组织编制园区有关空间规划和产业规划。

(四)协调整合各类创新资源,开展高新技术研发及其成果产业化、投融资、人才资源、中介组织、知识产权保护、数字园区建设等方面的促进和服务工作。

(五)配合协调有关机构为园区企业提供世界贸易组织事务方面的服务,促进园区企业开展国际贸易。

(六)承担园区外事、宣传、联络和留学人员创业服务等工作。

(七)负责管理市财政拨付的园区发展专项资金,并协助有关部门监督专项资金的使用。

(八)指导各园的工作,承担建设中关村科技园区领导小组及其办公室的日常工作,负责园区企业家咨询委员会及园区内各类协会组织的联系工作。

(九)承办市政府交办的其他事项。

党组书记:赵凤桐

党组副书记:郭　洪

主　任:郭　洪

副主任:李石柱　周云帆　廖国华　杨建华

纪律检查组组长:蒋苏生

委　员:张茂盛　于凤英　李　翔

地　址:北京市海淀区苏州街36号

邮　编:100080

电　话:82690500

传　真:82690506

网　址:www.zgc.gov.cn

内部机构设置:

办公室

负责本机关的政务工作;负责公文处理、信息、议案、建议、提案和信访、档案、保密工作,以及重要会议、活动的组织工作;负责重要文件和会议决定事项的督查工作;负责机关联络接待、服务保障、安全保卫等工作。

电　话:82690500

传　真:82690506

产业发展促进处

参与研究和制订园区产业规划和政策,督促落实发展高新技术企业的各项政策;参与重大高新技术成果产业化项目的认定;协调园区技术研发,重大高新技术企业项目的引进和扶持工作;受国家有关部门委托,负责组织园区企业科研项目和专项资金的申报工作;负责协调园区对外经贸工作。

电　话:82690618

规划建设协调处

研究制订园区发展规划并协调组织实施;参与组织编制园区的空间规划、土地利用规划和生态规划等工作;负责园区重大建设项目信息的收集和分析。

电　话:82690605

传　真:82690419

投融资促进处

负责研究提出园区投融资体系建设方案;研究分析园区投融资发展状况,并提出政策建议,搭建园区投融资政策平台;推动园区企业的股权交易和上市融资工作;组织协调投融资机构为园区产业发展提供支持,发展适合园区企业的多种融资方式,促进科技与金融的结合。

电　话:82690614

传　真:82691705

人才资源处

研究提出园区人才资源发展战略规划和人才市场体系建设的建议;研究拟定园区吸引人才的有关政策,并协调组织实施;负责园区有关留学人员创业的服务工作。

电　话:82691728

中介服务体系建设处

研究提出园区行业协会、中介组织的发展规划,组织制定有关政策;促进园区中介组织发展、信用体系建设等工作。

电　话:82690610

传　真:82691707

信息化工作处

组织研究提出园区信息化建设规划并协调推进实施;负责园区信息统计数据的综合分析利用;负责协调建立统一的园区信息管理与服务体系、预测预导系统、经济运行和企业评测系统;负责管理园区的网站建设,推进园区电子政务和数字园区建设工作。

电　话:82690688

传　真:82691710

国际交流合作处

负责园区的国际交流与合作工作;负责园区派遣人员因公临时出国(境)和邀请外国经贸科技人员来华事项的审批工作;负责园区驻海外联络处的建设、联络和管理工作。

电　话:82690607

传　真:82690633

研究室(世界贸易组织事务与知识产权工作处)

负责园区体制和机制创新及其配套改革措施的研究工作;组织研究园区发展建设中的重要问题,并提出相关对策、建议;负责协调园区知识产权促进和保护工作;配合协调有关机构为园区企业提供有关世界贸易组织事务方面的服务;组织起草贯彻落实《中关村科技园区条例》的有关配套政策,并监督实施。

电　话:82691701

宣传处

负责园区宣传工作,制定园区宣传方案并组织实施;组织园区新闻发布会;组织园区重要活动、重要工作的新闻报道工作。

电　话:82690510

传　真:82690508

财务处

负责园区发展专项资金预算编制和管理工作;协助有关部门监督专项资金的管理使用;负

责园区的建设与发展专项资金的内部审计工作;负责本机关的财务工作。

电　话:82690416

传　真:82690416

人事处

负责中关村管委会机关及所属单位的干部、人事及机构编制管理工作。

电　话:82690500

传　真:82690506

监察处

履行派驻纪检监察机构职责。

电　话:82690518

传　真:82691702

机关党委

负责本机关及直属单位的党群工作。

电　话:82690418

北京市知识产权局

Beijing Intellectual Property Office

北京市知识产权局工作内容和主要职责:

(一)负责组织协调本市保护知识产权工作,推动知识产权保护工作体系建设;会同有关部门建立知识产权执法协作机制,开展有关的行政执法工作;开展知识产权保护的宣传工作。

(二)贯彻落实国家关于专利工作方面的法律、法规、规章和政策;起草本市相关地方性法规草案、政府规章草案,拟订专利工作的政策措施、发展规划和工作计划,并组织实施;会同有关部门拟订并组织实施首都知识产权战略和规划。

(三)承担规范本市专利管理基本秩序的责任。依法处理、调解专利纠纷,查处假冒专利行为;依法监督管理专利代理机构,推进专利中介服务体系建设。

(四)会同有关部门促进本市知识产权产业发展;指导和规范专利技术市场,管理专利权转让合同、专利实施许可合同和专利申请权转让合同备案工作;会同有关部门指导和规范知识产权无形资产评估;推动专利权质押工作。

(五)负责本市专利信息公共服务体系的建设,会同有关部门推动专利信息的传播利用;负责组织建立知识产权预警应急机制;承担专利统计工作。

(六)统筹协调本市涉外知识产权事宜,开展专利工作的国际联络、合作与交流活动。

(七)组织开展专利方面法律法规、政策的宣传普及工作;组织制定本市有关知识产权的教育与培训工作规划,并组织实施。

(八)承办市政府交办的其他事项。

局　长:刘振刚

副局长:王淑贤　潘新胜　周　砚

党组书记:刘振刚

纪检组长:刘卫东

副巡视员:付晓辉　杨久明

地　址:北京市西城区德胜门东大街8号东联大厦二层

邮　编:100009

电　话:84080086

网　址:www.bjipo.gov.cn

内部机构设置:

办公室(国际合作处)

负责机关政务工作;负责文电、会务、机要、档案等机关日常运转工作;承担信息、信访、议案、建议、提案、安全、保密、政府信息公开等工作;负责重要事项的组织和督查工作;组织开展知识产权宣传工作;负责编制部门预决算,管理机关财务及国有资产;负责监督指导所属单位财务和国有资产管理工作;开展专利工作的国际联络、合作与交流活动。

电　话:84080086

电子邮箱:bangs@bjipo.gov.cn

政策法规处

拟订本市专利工作发展规划和工作计划;组织研究知识产权方面的重大问题和国外知识产权发展动态;承担拟订本市知识产权发展战略和规划的有关工作;负责机关推进依法行政综合工作;起草专利方面的地方性法规草案、政府规章草案;负责行政执法工作的监督、指导和协调;承担行政复议、应诉的有关工作;承担机关行政规范性文件的合法性审核和有关备案工作。

电　话:84080090

电子邮箱:tiaofachu@ bjipo. gov. cn

知识产权协调处

承担组织协调全市保护知识产权的有关工作;承担知识产权执法协作机制的相关工作;协调、督办重大侵犯知识产权案件;承担实施本市知识产权战略和规划的有关工作;统筹协调涉外知识产权事宜;承担北京市知识产权办公会议的有关工作。

电　话:84080092

电子邮箱:xietiaochu@ bjipo. gov. cn

产业促进处

承担推动本市知识产权产业发展的有关工作;拟订促进企事业单位专利工作的政策措施并组织实施;指导企事业单位、行业联盟应对有关知识产权纠纷;指导和规范专利技术市场有关工作,促进专利商用化,承担专利权转让合同、专利实施许可合同和专利申请权转让合同备案管理工作。

电　话:84080080

电子邮箱:shishichu@ bjipo. gov. cn

专利管理处

拟订本市专利中介服务体系发展的政策措施并组织实施;依法管理专利代理机构和专利代理人;承担指导和规范知识产权无形资产评估的有关工作;推动专利权质押工作;指导和监督本市专利信息公共服务体系建设工作,组织建立知识产权预警应急机制;拟订有关知识产权的教育与培训工作规划,并组织实施;指导有关行业协会、社会团体的专利工作;承担专利统计工作。

电　话:84080096

电子邮箱:guanlichu@ bjipo. gov. cn

专利执法处

拟订本市专利行政执法的措施办法;负责专利行政执法体系建设工作;依法处理、调解专利纠纷,查处假冒专利行为;统筹协调商品流通领域、展会的知识产权保护工作。

电　话:84080098

电子邮箱:zhifachu@ bjipo. gov. cn

人事处

负责机关及所属单位的人事、机构编制等工作;承担本市专利代理、知识产权管理从业人员的专业技术职务评定有关工作;负责机关及所属单位离退休人员的管理与服务工作。

电　话:84080020

电子邮箱:renshichu@ bjipo. gov. cn

监察处

按市纪委有关规定派驻。

电　话:84080110

电子邮箱:jianchachu@ bjipo. gov. cn

机关党委(工会)

负责机关及所属单位的党群工作。

电　话:84080082

北京市科学技术协会

Beijing Association for Science and Technology

北京市科学技术协会是北京地区科学技术工作者的群众组织,是中国共产党北京市委员会领导下的人民团体,是中国科学技术协会的地方组织,接受中国科学技术协会的业务指导。北京市科学技术协会成立于1963年7月,现有学会155个,基金会14个,区县科协18个,基层组织196个,拥有以科学家、工程师为主体的会员32万余人。北京市科学技术协会始终坚持科学发展,在发挥桥梁纽带作用、繁荣学术交流、普及科学技术、促进科技人才成长和提高、促进科技与经济相结合、建设科技工作者之家等方面做了大量卓有成效的工作。特别是科技周、科普日、学术月、金桥工程、科学技术专家季谈会、青少年科技创新大赛等活动,在首都科技界和公众中具有一定的影响。科协在实施科教兴国和可持续发展战略中,发挥了重要的不可替代的作用,为首都经济建设、科技进步和社会发展作出了重要贡献。

主　席:顾秉林

常务副主席:田小平

副主席:马国馨　方智远　王志珍

王渝生　田　文　许达哲

许健民　刘德培　范伯元
林建华　周立军　贺福初
赵继林　贺慧玲　殷　琼

党组书记：田小平
秘 书 长：吕家香

地　址：北京市朝阳区小营育慧里 4 号
邮　编：100101
电　话：84635008
传　真：84655007
网　址：www.bast. cn. net

内部机构设置：

办公室

负责公文处理、信息、档案、机要、保密、来信来访、安全保卫工作以及重大活动和重要会议的组织协调工作；负责重大决定事项的督察工作；负责本机关的法律事务，指导市科协系统维护科技工作者的合法权益工作，参与北京市有关法规的拟定工作。

电　话：84655007
电子信箱：bastbgsh@ bjkp. gov. cn

调研宣传部

负责市科协科学决策工作，组织决策咨询活动，协调征集、上报科技工作者建议，开展重大课题调查研究，承办上级有关部门交办的调研任务；负责市科协相关重要文件、报告和领导讲话的起草工作，提出、拟定市科协发展战略；负责市科协的宣传工作和新闻报道工作，编辑《北京科协》；负责市科协系统精神文明建设工作。

电　话：84644973
电子邮箱：bastxcbu@ bjkp. gov. cn

学会部

负责市科协学术交流工作，协调组织综合性、多学科、多领域的重点学术活动，指导开展市科协系统学术交流活动；负责对市科协所主管的学会、基金会进行监督管理及业务指导，协调落实"枢纽型"社会组织的任务；负责市科协青年科技人才培养工作，指导学会开展继续教育、办好学术期刊；协调落实自然科学界、社会科学界联席会议相关工作。

电　话：84644977
电子邮箱：bastxhbu@ bjkp. gov. cn

科普部

负责贯彻落实国家有关科普工作的方针、政策，制定市科协系统科普工作规划；负责联系、指导区县科协、基层组织的工作，组织开展全市性重大科普活动，指导基层科协开展科普活动；负责市科协科普资源共建共享工作，指导基层科普场馆及设施的利用，建设科普志愿者队伍，承办科普表彰奖励工作；承担全民科学素质纲要实施办公室日常工作，督查落实议定事项。

电　话：84634995
电子邮箱：bastkpbu@ bjkp. gov. cn

人事部

负责本机关干部队伍建设工作；负责本机关的人事管理工作；指导直属单位人事管理工作；负责离（退）休人员管理和服务工作；负责协调市科协系统的人才工作；指导市科协系统的组织建设工作。

电　话：84644971
电子邮箱：bastrsch@ bjkp. gov. cn

计划财务部

负责编制机关行政事业费及有关专项经费的预、决算；负责对直属事业单位的财务工作进行指导、监督、审计；负责机关财务及固定资产管理；负责本系统综合统计工作。

电　话：84634998
电子邮箱：bastjcch@ bjkp. gov. cn

机关党委

负责北京市科协机关及所属事业单位的党群工作。

电　话：84634972
电子邮箱：bastjgdw@ bjkp. gov. cn

国际联络部

负责管理、指导、组织、协调市科协机关及事业单位的外事工作；负责市科协系统的民间国际科技交流与合作；负责组织、协调市科协系统同香港、澳门特别行政区、台湾地区的科学技术交流活动；承办上级部门交办的主要负责开展北京市科协系统的民间国际科技交流与合作；负责组织、协调北京市科协系统同香港、澳门特别行政区、台湾地区的科学技术交流活动；
负责相关及所属事业单位外事工作。

电　话:84644978
电子邮箱:bastgjbu@ bjkp. gov. cn

北京市区县科学技术委员会一览表

The Districts and Counties Science and Technology Commission under Beijing Municipality

单位名称	主　任	电　话 传　真	通讯地址	邮　编	网　址
东城区科学技术委员会	彭　湘	64041867 64009160	东城区藏经馆胡同 11 号	100007	www. dchst. com
西城区科学技术委员会	黄　勇	68010702 68025832	西城区月坛北街甲 1 号—4	100037	www. bjxchst. gov. cn
崇文区科学技术委员会	孙占军	87556016 67110312	崇文区幸福大街 32 号	100061	www. cwkw. gov. cn
宣武区科学技术委员会	张炳田	83528820 83528160	宣武区育新街 2 号	100054	xwkj. bjxw. gov. cn
海淀区科学技术委员会	王际祥	62325613 62318521	海淀区北四环中路 281 号	100083	www. hdkw. gov. cn
朝阳区科学技术委员会	王先勇	65099678 65099677	朝阳区日坛北街 33 号	100020	www. chykw. gov. cn
丰台区科学技术委员会	崔言超	83656411 83656412	丰台区文体路 2 号	100071	www. ftt. gov. cn
石景山区科学技术委员会	王亚迅	68863659 88910825	石景山区八角西街 40 号	100043	sjskw. bjsjs. gov. cn
通州区科学技术委员会	季志会	89526630 69546592	通州区通胡大街 78 号京贸中心 3 层	101101	www. bjtzst. gov. cn
顺义区科学技术委员会	李国震	69443483 69449347	顺义区光明南街 24 号	101300	www. kw. bjshy. gov. cn
门头沟区科学技术委员会	张文波	69865984 69843260	门头沟区新桥大街 40 号	102300	mtg. nczx. cn
房山区科学技术委员会	张海鹏	89350219 89364790	房山区良乡政通东路 1 号	102488	kw. bjfsh. gov. cn
昌平区科学技术委员会	于　泓	69713054 69700663	昌平区东关二条科技中心大楼	102200	www. bjchp. gov. cn
大兴区科学技术委员会	王自学	69244954 69267073	大兴区兴政街 31 号科技大厦	102600	www. dxkw. gov. cn
延庆县科学技术委员会	史绍全	69142014 69142014	延庆县高塔街 58—1 号	102100	www. bjyq. gov. cn
怀柔区科学技术委员会	周怀明	69624893 69624893	怀柔区湖光小区 24 号	101400	www. hrkj. gov. cn
平谷区科学技术委员会	陈占国	69963273 69963273	平谷区府前西街 26 号	101200	Pgkw. bjpg. gov. cn
密云县科学技术委员会	欧玉金	69087854 69044787	密云县西滨河路 2 号	101500	www. mykw. gov. cn

资料来源:北京市科学技术委员会

北京市区县科学技术协会一览表

The Districts and Counties Association for Science and Technology under Beijing Municipality

单位名称	主　席	电　话 传　真	通讯地址	邮　编	网　址 电子邮箱
东城区科学技术协会	胡晓松 王佩立	64033038	东城区东四十一条83号	100007	www. bast. net. cn/ qxkx/dongcheng fjhmy@ hotmail. com
西城区科学技术协会	马国馨	82283135	西城区二龙路27号	100032	www. bast. net. cn/ qxkx/xicheng xckx@ bjkp. gov. cn
崇文区科学技术协会	桑国卫	67110088	崇文区幸福大街32号	100061	cwkx. cwi. gov. cn cwkx@ bjkp. gov. cn
宣武区科学技术协会	王建一	83976130	宣武区育新街2号	100054	xwkj. bjxw. gov. cn bjxwkx@ 126. com
朝阳区科学技术协会	李春霞	65099722	朝阳区日坛北街33号	100020	www. cykx. org. cn liyanqiang@ 263. net
海淀区科学技术协会	白春礼	82510605	海淀区长春桥路17号	100089	kx. bjhd. gov. cn hdkx@ bjkp. gov. cn
丰台区科学技术协会	龙乐豪	63815841	丰台区镇东安街三条六号	100071	www. ftkx. gov. cn ftkx@ bjkp. gov. cn
石景山区科学技术协会	佟长江	88699142	石景山区石景山路18号	100043	www. bast. net. cn/ qxkx/sjs sjskx@ bjkp. gov. cn
门头沟区科学技术协会	赵　凯	69843535	门头沟区新桥大街40号	102300	kx. bjmtg. gov. cn mtgkx@ bjkp. gov. cn
房山区科学技术协会	祝庆忠	89350084	房山区良乡政通东路1号	102488	www. fskp. bj. cn kexie@ bjfsh. gov. cn
通州区科学技术协会	杜　伟	69542769	通州区玉带河大街30号	101100	www. bjtzkx. org. cn tzkx@ bjkp. gov. cn
顺义区科学技术协会	李国震	69447435	顺义区光明南街24号	101300	www. bast. net. cn/ qxkx/shuny sykx@ bjkp. gov. cn
昌平区科学技术协会	李秀生	69742971	昌平区东关二条科技中心大楼	102200	www. cpkx. gov. cn cpkx@ cpkx. gov. cn
大兴区科学技术协会	刘月娥	69267065	大兴区兴政大街31号科技大厦	102600	www. dxkw. gov. cn/ web/kw dxkx@ bjkp. gov. cn
怀柔区科学技术协会	赵文广	69624068	怀柔区湖光小区24号	101400	www. bast. net. cn/ qxkx/huairou hrkx@ bjkp. gov. cn

（续表）

单位名称	主　席	电　话 传　真	通讯地址	邮　编	网　址 电子邮箱
延庆县科学技术协会	陈　杰	69141533	延庆县高塔街 58 - 1 号	102100	yqkx@ bjkp. gov. cn
密云县科学技术协会	张　敏	69042877	密云县西滨河路 2 号	101500	www. mykw. gov. cn mykw@ bjmyinfo. gov. cn
平谷区科学技术协会	王英杰	89987947	平谷区新开西街 6 号	101200	www. pgkx. gov. cn pgkz@ bjkp. gov. cn

资料来源：北京市科学技术协会

北京市科技服务机构

北京科技协作中心

北京科技协作中心成立于 1983 年，是市政府为发挥首都科技资源优势而设立的由中国科学院、中国工程院、中国机械科学研究院、中国医学（协和医学）科学院等在京科研院所和北京大学、清华大学等高等院校组成的大型综合科技联合体，属事业单位、首都科技集团常设办事机构。中心的主要业务包括：开展技术合同认证服务；组织科技成果推介及项目对接活动；组织项目技术评估和规划论证；组织科技示范工程及协调重大项目实施；提供科技政策咨询、投融资咨询和管理咨询服务；开展国际科技交流和技术贸易；为科技企业的市场开拓提供综合服务等。

地　址：北京市西城区西直门南大街 16 号西楼 10 层
邮　编：100035
电　话：66517145
传　真：66518005
网　址：www. beijingstcc. gov. cn
电子邮箱：luidw@ beijingstcc. gov. cn

北京科学技术开发交流中心

北京科学技术开发交流中心是市政府 1981 年 9 月批准成立的、直属于北京市科委的事业单位。中心设战略决策部、科技管理服务部、科技项目管理部、科技文化宣传部、国内科技合作一部、国内科技合作二部、国际科技合作部、科技资产管理部和综合办公室等 9 个部门，其主要任务是：科技项目征集、科技项目招标、科技项目监理、科技文化宣传、国内外科技合作交流、科技资金与资本市场合作，以及科技资产管理等。中心先后承担了市科技项目管理工作，掌握了国家各部委、市各委办局以及联合国及美、日、加拿大等国家科技项目申报的渠道信息；先后与 20 余个省市自治区以及美国、英国、法国等国家开展了一系列大型的科技交流合作活动；与国家、有关省市自治区政府部门，20 余个国家驻华大使馆，上百家高等院校、科研院所，上万家高新技术企业，100 余家投资公司建立了长期稳定的合作关系。

地　址：北京市西城区西直门南大街 16 号西楼 6 层
邮　编：100035
电　话：66114517

传　真:66316845
网　址:www. kjjl. bj. cn
电子邮箱:lx. wwj@163. com

北京市自然科学基金委员会办公室

北京市自然科学基金委员会的宗旨是根据北京市科技、经济和社会发展的需要,加强和发展相应的基础性研究,发现和培养人才,以促进北京市科学技术进步,持续不断地支持首都经济和社会发展。其主要任务是根据国家科学技术发展方针、政策,结合首都经济和科技发展的需要,编制、发布项目指南;有效地运用自然科学基金资助手段,指导协调北京市基础性研究工作;组织推动重大和重点研究项目;促进研究成果向实用转化;支持有条件的青年科技人员承担项目,促进科技队伍的成长;组织和推动相应的国际合作和学术交流。市自然科学基金委员会实行科学基金制。主要机制是自由申请与定向引导相结合,同行评议,公平竞争,择优支持,辅以"指南"引导,严格选题,突出重点,追踪成效。

地　址:北京市西城区西直门南大街16号西楼
邮　编:100035
电　话:66163562
传　真:66157137
网　址:www. bjnsf. org
电子邮箱:bnsfzy@126. com

北京市科学技术奖励工作办公室

北京市科学技术奖励工作办公室是北京市科委直属事业法人单位,经费由财政拨款。主要承办北京地区科技奖励工作及授奖活动的有关技术性、服务性和辅助性工作;负责科技奖励的统计、数据分析工作;开展北京地区获奖成果的国际交流工作;负责北京地区社会力量设奖的审批和管理工作;市科委交办的科技成果的管理工作及政府部门交办的其他工作。

地　址:北京市西城区西直门南大街16号北楼104室
邮　编:100035
电　话:66188227
传　真:66162876
网　址:www. bjjlb. org. cn
电子邮箱:jlb@mail. bsti. ac. cn

北京市实验动物管理办公室

北京市实验动物管理办公室是经市政府批准成立、隶属于北京市科委的独立法人单位,其前身为北京市实验动物管理委员会办公室。北京市科委主管本市实验动物工作,市实验动物管理委员会负责本市行政区域内实验动物管理的协调工作。经市政府办公厅批准,市实验动物管理委员会成立专家委员会,为本市实验动物科学发展和管理提供咨询。市实验动物管理办公室作为常设机构,负责本市行政区域内实验动物的日常管理工作。其主要职责是:根据《实验动物管理条例》和《北京市实验动物管理条例》及其配套规章的规定,进行行政执法;负责北京地区实验动物许可证管理工作;负责北京地区实验动物及其相关产品的质量管理和从业人员的考核及岗位证书发放工作;受北京市科委委托,负责北京地区实验动物质量监督员队伍、实验动物质量检测机构、实验动物从业人员培训机构和实验动物屏障设施培训基地的管理工作;受科技部委托,负责全国实验动物许可证的备案管理工作、承担全国实验动物科学研究项目管理和全国实验动物信息网北京镜像站的管理工作;负责北京市实验动物管理委员会及其专家委员会的日常工作;根据实验动物科学发展要求,向北京市科委和科技部提出工作建议,并承担部分研究课题;组织并完成上级领导交给的其他任务。

地　址:北京市海淀区西三环北路27号北科大厦6层
邮　编:100089
电　话:68722982
传　真:68479601
网　址:www. baola. org(北京)

电子邮箱:baola@ balla. org

北京生物技术和新医药产业促进中心

北京生物技术和新医药产业促进中心成立于1996年6月24日,拥有北京生物工程学会、北京中关村生物工程和新医药企业协会两家专业社团机构,主要任务是面向北京生物工程和新医药产业提供专业化服务。中心下设项目培育与投资管理部、战略研究部、行政与信息环境部、财务部。中心形成了五个专业工作平台,即战略研究平台、项目管理平台、国际合作平台、产业拓展平台、会展策划平台,致力于生物医药产业信息,生物医药领域科技规划、重点方向等研究;通过组团出访及建立稳定的国际合作渠道,促进国际国内的交流合作;整合中心项目管理、战略咨询、培训、专业会议等服务,为中心探索发展模式;组织生命科学领域的专业会议、展览,强化市场意识和生存意识,创造生物中心市场价值。

地　址:北京市海淀区马连洼北路151号院内
邮　编:100094
电　话:62896868
传　真:62899978
网　址:www. newlife. org. cn
电子邮箱:linshi@ newlife. org. cn

北京新材料发展中心

北京新材料发展中心隶属北京市科委,其宗旨是促进北京新材料产业发展,辅助政府决策,服务新材料产业,营造创新创业环境,成为沟通政府、科研机构、企业和社会的桥梁。主要任务是负责北京新材料领域规划、政策的制定,发展战略研究;负责北京市新材料科技项目组织评估、论证和管理;组织北京新材料领域重大活动,参与北京新材料基地各园区的建设、新材料领域专业孵化器建设等,举办领域内研讨、展览、会议等交流活动。主办面向全国发行的《新材料产业》月刊和新材料产业信息网站。

地　址:北京市海淀区学院路30号方兴大厦5层
邮　编:100083
电　话:62341509
传　真:62333998
网　址:www. materials. net. cn
电子邮箱:infor@ materials. net. cn

北京技术交易促进中心

北京技术交易促进中心是直属于北京市科委的事业单位。中心通过组织实施"提升技术交易参与者的交易能力、通畅技术交易的渠道与环节、建立健全技术交易服务体系"等各类促进业务活动,以有效带动北京地区技术交易的规模扩大和质量的提高,从而促进科技成果产业化和科技与金融的高效结合。中心"依托政府、面向社会、立足科技、促进交易",通过集成与整合技术交易资源,构建权威的技术交易信息网络平台和规范运作的技术交易创新服务联盟,以"创新、敬业、诚信、协作"的精神竭诚为海内外技术交易客户的技术转移、技术融投资提供全面专业的服务。

地　址:北京市海淀区苏州街甲49号
邮　编:100080
电　话:62578706
传　真:62577304
网　址:www. ctmnet. com. cn
电子邮箱:webmaster@ chinatis. com

北京市科技信息中心

北京市科技信息中心隶属北京市科委,是市政府为推动"首都二四八重大创新工程",推进北京软件产业发展创建的一个创新服务平台。中心作为北京软件产业基地建设协调会议的日常办事机构,承担北京IT产业的战略规划研究、重大问题协调、支撑体系建设、重点项目策划、种子资金管理、动态信息发布、开展国际交流、管理软件企业认定和软件产品登记等职能,是市政府发展IT产业的决策辅助机构和沟通政府与企业的桥梁。

地　址:北京市海淀区中关村南大街甲56号方圆大厦商务楼7层
邮　编:100083
电　话:82331717
传　真:82332323
网　址:www.bsw.gov.cn
电子邮箱:zhangp@bsw.gov.cn

北京高技术创业服务中心

北京高技术创业服务中心是北京市科委直属的具有独立法人资格的事业单位,成立于1989年,是北京市最早成立的科技企业孵化器。地处中关村科技园区,紧邻京昌高速公路与北四环路,交通便利,环境优越。中心现有孵化场地8300平方米,面向国内外各类中小型科技企业,可提供办公科研用房、项目评估、年度审计、政策咨询、投融资咨询、法律咨询、成果鉴定、国内外人才培训、火炬计划项目申报、科技型中小企业创新基金项目推荐受理、国家科技重大项目及国家重点新产品评估监理等服务。

地　址:北京市朝阳区安翔北里甲11号1号楼
邮　编:100101
电　话:64853169
传　真:64873536
网　址:www.bjcy.net.cn
电子邮箱:chyzhx@mail.bsti.ac.cn

北京市科委农村发展中心

北京市科委农村发展中心主要调查研究京郊农业、农村、农民问题,为北京市科委农村领域科技管理决策提供科学依据和技术支持;为北京市科委农村领域科技项目管理提供支撑服务;根据科技部和北京市科委的有关科技政策和科技发展规划,引导和凝聚各类科技资源为郊区建设社会主义新农村提供有效的科技服务。

地　址:北京市海淀区曙光花园中路11号北京农科大厦B座1101号
邮　编:100091
电　话:51502351
传　真:51502361
网　址:www.nczx.cn
电子邮箱:bjnczx@126.com

北京生产力促进中心

北京生产力促进中心是由北京市科委组建并支持的不以营利为目的的社会化科技服务机构,致力于发展传播先进生产力,提升中小企业竞争能力,促进传统产业升级,集成首都生产力促进资源,推进北京生产力促进服务体系建设。该中心面向政府和企业两个主体提供服务。

(一)面向政府的主要服务内容　研究生产力发展的理论、模式及趋势,为宏观决策提供咨询服务;组织实施政府指导性的科技开发计划;对区县生产力促进中心进行资质认证,对地方政府提供区域和产业发展研究;承担政府委托交办的其他事宜。

(二)面向中小企业的服务内容　充分利用现代信息技术,帮助中小企业进行信息化建设,提升企业生产经营管理水平,提高市场竞争力;利用现代技术,帮助企业提高研发及技术创新能力,引入关键共性技术和先进适用技术,改造传统产业;开拓中小企业融资渠道,为中小企业提供中介服务;为中小企业提供企业辅导、生产管理、人力资源管理、财务管理、市场营销、质量管理等咨询服务,帮助企业提高现代管理水平;利用首都大型仪器设备协作网、工程技术中心、重点实验室,为中小企业提供仪器设备资源、工程技术资源、实验条件资源等方面的共享服务,仪器改造和升级服务,使首都资源利用效率最大化;为中小企业开拓国际合作渠道,组织企业出国考察、培训和展览展销,引进海外先进技术和管理人才。

地　址:北京市海淀区北三环中路31号生产力大楼B座8层
邮　编:100088
电　话:82003608
传　真:82003613

网　址:www. bjpc. org. cn
电子邮箱:bjpc@ bjpc. org. cn

北京市可持续发展科技促进中心

北京市可持续发展科技促进中心是北京市科委直属的具有独立法人资格的事业单位。其宗旨是:为社会经济的可持续发展提供科技引导、技术服务。中心下设能源部、实验区部、科普部、项目部和战略发展部等部门。主要工作为:可持续发展实验区申报、推荐、管理; 可持续发展实验区项目预选、推荐、示范、辐射及推广; 可持续发展工作研究;可持续发展科普宣传;进行社会发展领域(生态环境、能源、减灾防灾、资源利用、社区、社会安全、城乡建设、公用事业、文教体育、城市管理)科技项目(重大项目以外)的评估、项目监督等; 社会发展领域相关调查、工作研究;科普工作联席会议办公室日常工作,联席会议通过计划、项目的具体落实;科普工作研究; 组织各种类型的科普活动,联络区县科普工作联席会议办公室共同开展工作;组织国内外可持续发展实验区考察活动、科普考察活动。

地　址:北京市朝阳区安翔北里 11 号北京创业大厦 B 座 15 层
邮　编:100101
电　话:64841457
传　真:64841456
网　站:www. bsdc. net. cn
电子邮箱:bsdc2008@ 163. com

北京技术市场管理办公室

北京技术市场管理办公室于 1990 年 5 月经市政府批准成立,是市科委直属部门。主要职责是:负责宣传贯彻和组织实施有关技术市场的法律、法规和政策,组织调查研究并制定相应规章制度;负责对技术市场发展与技术交易活动实行规划管理与协调指导,负责技术市场表彰奖励工作;负责管理技术合同认定登记工作,管理技术合同登记机构并办理设立、撤销事宜,审核认定重大技术合同;负责审核技术交易中介服务机构和技术经纪人的资格,培训、考核技术市场经营管理人员;负责管理技术市场发展资金;负责技术市场统计和分析、发布技术市场信息;会同有关部门检查技术交易活动,依法处罚违法行为,调解技术合同纠纷、参与技术合同纠纷的仲裁;会同市财税部门落实技术市场财税优惠政策;会同有关部门开展国内外技术转移和技术市场的研究与交流;负责联系北京技术市场协会。

地　址:北京市西城区西直门南大街 16 号北楼
邮　编:100035
电　话:66161862
传　真:66161862
网　址:www. cbtm. gov. cn
电子邮箱:liujun@ cbtm. ebmail. cn

科技潮杂志社

科技潮杂志社是由北京市科委主管,北京高技术创业服务中心主办的综合科技月刊。《科技潮》杂志以“贴近时代、贴近市场、贴近生活、贴近读者”为宗旨,集宣传科技政策、报道科技精英、介绍高新技术成果、交流技术信息、分析科技动态、进行科普教育等于一身,紧密围绕北京市政府和北京市科委的工作重点,报道北京和全国的科技发展动向、宣讲科技政策、关注前沿科技进展,已成为首都北京与全国各地进行科技工作交流的重要窗口。《科技潮》杂志内容丰富、信息量大、导向性强,主要面向科技界、教育界、工商界、政府管理部门的各级领导干部、科技园区领导和管理人员、科技企业及企业家、科研单位及开发人员、大专院校师生以及关注科学技术发展的各界人士。《科技潮》杂志每期 64 页,大 16 开, 每月 5 日出版。

地　址:北京市朝阳区安翔北里 11 号创业大厦 5 层
邮　编:100101
电　话:64871402
传　真:64862728

邮　箱:kejichao@126.com

北京工业设计促进中心

北京工业设计促进中心1995年5月成立,是隶属于北京市科委具有独立法人资格的事业单位,是政府实施“工业设计科技促进”专项计划,推动设计创意产业发展的促进机构。主要承担设计产业政策规划研究,组织设计项目申报论证,提供企业设计咨询指导,发布设计产业动态信息,开展国际设计交流合作,承办设计论坛、展览、会议,评选杰出创新设计奖项,举办设计技能专业培训等工作。中心致力于构筑以设计为核心的价值网络和设计资源协作,并通过DRC北京工业设计创意产业基地为社会搭建设计创意、资讯、材料、模型、检测等专业化共享科技条件平台和提供设计师创业孵化设施。

地　址:北京市海淀区北三环中路31号生产力大楼B座912室
邮　编:100088
电　话:82002055
传　真:82004066
网　址:www.bidcchina.com
电子邮箱:cdl@bidcchina.com

北京科学仪器装备协作中心

北京科学仪器装备协作中心成立于1996年10月,隶属北京市科委。中心的主要职能是:协助政府和主管部门制订和实施北京地区仪器装备的购置计划,并进行相关决策咨询;北京地区仪器装备协作共用的组织、协调和管理;仪器装备的开发、改造、更新、维修和技术服务,促进北京地区科研条件的发展升级;构建北京地区科研条件体系,构建数字化、网络化、专业化的服务平台;开展与仪器装备相关的国际合作,推动仪器装备领域的国际交流。

地　址:北京市海淀区西三环北路27号北科大厦
邮　编:100089
电　话:68488471
传　真:68486239
网　址:www.kytj.com
电子邮箱:master@kytj.com

北京市科委人才交流中心

北京市科委人才交流中心是北京市科委直属的全民事业单位,主要从事人才交流、人才培训、人事代理、人才推荐等工作。设有北京科技人才网,其信息库以科技与管理人才为主,规模大,信息全,无论是单位招聘还是个人求职,可24小时随时进入本网,查询相关信息,并可在网上发布招聘广告与个人简历。

地　址:北京市海淀区北三环中路31号生产力大楼B座9层
邮　编:100088
电　话:82002237
传　真:82002238
网　址:www.bjkwrc.org.cn
电子邮箱:office@bjkjrc.com.cn

北京软件产品质量检测检验中心 国家应用软件产品质量监督检验中心

北京软件产品质量检测检验中心成立于2002年7月,坐落于中关村软件园孵化器大楼内,是北京市科委和北京市质监局联合建立的非营利性的专业软件测试机构。中心为企业提供软件测试、咨询与培训服务,包括对软件产品的评测认证和对企业的测试外包服务,并开展软件测试技术研究,测试工具开发、软件测试规范、标准制定等业务。中心还是北京软件产业基地公共技术支撑体系的管理运营实体,具体负责“三库四平台”的技术服务。

地　址:北京市海淀区东北旺西路8号中关村软件园3A楼
邮　编:100193
电　话:82825511
传　真:82826408
网　址:www.bsw.net.cn www.nast.gov.cn

电子邮箱:info@ bsw. net. cn

中关村高科技产业促进中心

中关村高科技产业促进中心前身为北京市新技术产业发展服务中心,成立于1998年,2005年2月5日正式更名为中关村高科技产业促进中心,是经北京市机构编制委员会核准、中关村管委会直属的差额拨款事业单位,服务于园区高新技术产业发展的非营利性独立法人机构。其宗旨及业务范围为:为中关村科技园区高新技术企业提供信息服务、技术服务、咨询服务、培训服务,承办高新技术会展,组织招商活动。通过相关的信息收集和调查研究,编制和组织实施园区留学人员创业服务规划,整合园区留学人员服务工作资源,为留学人员创业、就业提供相关政策咨询和服务。

地　址:北京市海淀区苏州街49号盈智大厦
邮　编:100080
电　话:82622051
传　真:82621970

北京国际科技服务中心（北京对外科学技术交流中心）

北京国际科技服务中心(北京对外科技交流中心)是经北京市政府、北京市机构编制委员会批准的事业单位,主要业务是主办、承办国际国内科技展览及会议,组织各类国内外科技交流及商务活动,提供相关技术培训、技术交流、技术转移、技术中介服务,同时开展各类会展览设计服务,承接各类科技活动、科普活动的策划、设计、实施服务。中心还从事国内外科技合作项目中介、贸易代理及咨询服务等。1999年获得科技部、外交部、海关总署等部门联合授予的"关于举办境内国际科学技术展览会的主办单位资格"。

地　址:西城区西直门南大街16号西楼4层
邮　编:100035
电　话:66161562
传　真:66160676
网　址:www. bstec. net. cn

中关村知识产权促进局

2003年10月27日,中关村国家知识产权制度示范园区暨中关村知识产权促进局挂牌成立。该局为实行企业化管理的事业法人,在业务上接受国家知识产权局和北京市知识产权局的监督和指导,设有办公室、知识产权信息中心、专利技术转移中心、知识产权法律中心。知识产权信息中心负责园区的知识产权信息服务工作。通过建立知识产权信息服务平台,面向园区的高等院校、科研院所、高新技术企业等创新创业主体提供全方位的优质知识产权信息服务。专利技术转移中心负责园区的专利技术转移服务工作。按照市场机制运营方式,利用专利创业专项资金,开展转让、许可、孵化等工作,推动园区专利技术创业,促进其知识产权创新与产业化的良性循环。知识产权法律中心负责园区的知识产权法律服务工作。通过建立知识产权法律服务平台,面向园区的高等院校、科研院所、高新技术企业等创新创业主体提供全方位的优质知识产权法律服务,优化中关村知识产权发展和保护环境。同时,负责高校知识产权办公室和知识产权中介服务联盟的日常工作。

地　址:北京市海淀区知春路23号量子银座3层
邮　编:100083
电　话:82356358
传　真:82356470
网　址:www. zgcip. org. cn
电子邮箱:bangongshi@ zgcip. org. cn

国家知识产权局专利局北京代办处

国家知识产权局专利局北京代办处经国家知识产权局审核批准,2004年2月10日正式开业,是国家知识产权局专利局在北京市知识产权局设立的专利业务派出机构,主要承担国家知识产权局专利局授权或委托的专利业务及相关服务性工作，包括：专利申请文件的受理、费用减缓请求的审批、专利费用的收缴、专利实施许可合同备案、办理专利登记簿副本及相关业务咨询服务；受北京市知识产权局委托面向全市开展专利资助及相关研究性工作。该代办处获国家知识产权局2006年度“全国代办处质量进步奖”和2007年度全国先进代办处，2008年1月被人事部和国家知识产权局评为“全国专利系统先进集体”。

地　址：北京市海淀区知春路23号量子银座3层
邮　编：100083
电　话：82356358－212
传　真：52356470
网　址：daibanchu. bjipo. gov. cn
电子邮箱：daibanchu@ zjcip. org. cn

北京市知识产权服务中心

2003年5月16日，北京市知识产权服务中心经北京市政府批准成立。中心是具有独立法人资格的事业单位，其上级主管机关为北京市知识产权局。服务中心下设办公室、合作交流部、法律事务部、信息咨询部。主要职能包括：知识产权宣传及人才培训，全国专利代理人资格考试报名、考务及培训，知识产权法律咨询及诉讼代理，知识产权司法鉴定，知识产权课题研究，专利信息查新检索及统计分析，企业知识产权战略研究，建立企业专利数据库，专利技术分析评估、宣传推广、实施转化，学术交流研讨等。

地　址：北京市西城区西直门南大街16号西楼11层
邮　编：100035
电　话：66187220
传　真：66160108
网　址：www. bjip. org. cn
电子邮箱：sfjd@ bjip. org. cn

北京市专利技术开发服务中心

1992年，北京市专利技术开发服务中心成立。该中心是经北京市政府批准成立的具有独立法人资格的事业单位，其上级主管机关是北京市知识产权局。中心主要从事专利数据资源的开发利用；知识产权公共信息服务；专利技术合同登记；专利技术交易服务；专利项目评估；专利权质押服务等工作。中心设有综合组：负责行政、人事、财务和后勤管理工作；信息化推进组：负责奥运知识产权信息平台建设、北京市知识产权公共信息服务平台建设的推进；合同登记组：负责技术合同登记、专利实施许可合同备案及专利交易信息服务工作。

地　址：北京市西城区西直门南大街16号西楼11层
邮　编：100035
电　话：68037737
传　真：68037737
网　址：spzzdpg. rsstop. com
电子邮箱：zljskf@ yahoo. com. cn

北京市保护知识产权举报投诉服务中心

2006年6月28日，北京市保护知识产权举报投诉服务中心正式挂牌运行，并开通“12330”举报投诉电话。该中心为北京市编办批准的、全额拨款事业单位。内设办公室、举报投诉部、信息分析部等。主要职责：负责受理本市知识产权侵权行为投诉举报的接转工作，负责案件处理情况的跟踪和汇总，提供知识产权方面的法律咨询服务。

地　址：北京市海淀区知春路23号量子银座3层
邮　编：100191
电　话：51530125
传　真：51530127
网　址：beijing. ipr. gov. cn(北京子站)

北京国际科技协作中心

北京国际科技协作中心是由北京市政府批准建立的，市科协直接领导开展对外科技交流的事业单位。主要任务是举办国际科技会议和科技展览会;接待来华进行科技交流的团体和个人;派遣科技人员出国进修、考察和参加国际会议;邀请国外专家和学者来华进行专业性科技交流和培训;对外进行科技咨询和信息交流,为国内厂家从事技术转让、技术开发、投资合资活动提供服务;组织国际科技协作项目;组织国内外技术经济合作业务;派遣农业考察团及农业研修生出国考察学习国外农业科学技术;长期举办日语学习。

地 址:北京市朝阳区育慧里4号

邮 编:100101

电 话:84630170

传 真:84644978

电子邮箱:iadbast@ hotmail. com

北京青少年科技活动中心

北京青少年科技活动中心主要是协调指导市级学会、区县科协的青少年科技工作,组织和管理市科协所属青少年团体,组织北京青少年科技教育、科技竞赛和科学普及等活动,丰富青少年科技知识,开展青少年国际科技交流活动,发现和培养有科技特殊专长的青少年人才,对科技辅导员进行培训,不断提高科技教育和科技活动的水平。

地 址:北京市朝阳区育慧里4号

邮 编:100101

电 话:84634991

传 真:84634991

电子邮箱:501000@ 126. com

北京科技活动中心
北京市科协服务管理部

北京科技活动中心1998年4月成立,主要为北京科技界开展学术交流、科技展览、技术咨询、技术协作、科技培训、科技工作者联谊及会议等服务。服务管理部主要负责市科协机关及部分直属事业单位后勤保障工作,为职工生活提供服务,如机关交通、通讯、办公文具用品、机关办公设备、职工住房、职工餐饮、职工医疗保健、职工福利用品等。

地 址:北京市朝阳区育慧里4号

邮 编:100101

电 话:84635012

传 真:84644976

电子邮箱:hdzx02@ bjkp. gov. cn

北京科技咨询中心

北京科技咨询中心1991年7月成立,是北京市科协直属事业单位,具有独立的法人地位。该中心主要承接政府和有关部门的咨询业务;承接技术改造、技术引进项目和工程建设项目的可行性研究与评估;提供技术转让、技术开发、技术咨询、技术服务;组织协作攻关与产品开发;组织国内外科技展览与技术交流;开展专业技术与科技管理培训;创办高新技术实体,并进行经营与管理。

地 址:北京市崇文区永外西革新里98号

邮 编:100077

电 话:67235945

传 真:67235953

网 址:www. bstcc. com. cn

电子邮箱:bstcc@ bstcc. com. cn

北京科普发展中心

北京科普发展中心是经北京市政府批准,北京市科协领导的事业单位,2002年11月正式成立。中心主要开展科普宣传、科普文化交流和科普培训;举办科普展览和各类科普文化活动;进行科普展的研发、制作和推广;承接国际、国内大型会议及文化交流、研讨活动的策划、组织、实施;开发制作展板、展具;引进、开发、制作科普互动性展示器材、展品及各科教具;举办科普人才培训;制作科普图书、科普资料等。

地 址:北京市崇文区永外西革新里98号

邮 编:100077

电 话:87258923

传 真:87208146

网　址:kpfzzx. bast. net. cn
电子邮箱:bjkpzx@ bjkp. gov. cn

北京市科学技术进修学院

北京市科学技术进修学院于 1981 年经市政府批准成立,是一所全民所有制高等学院、北京市科技干部的培训基地,也是从事继续教育与学历教育的成人高校。主要培养中、高级科技管理人才,开展文秘、对外贸易、英语、财务会计、法律、计算机软件、计算机应用、信息管理、电子商务等大专、本科学历教育及相关继续教育。同时开展相关培训、科技开发、中介服务等。1989 年,该院与北京航空航天大学联合办学。1995 年,北航在该院设立了北航继续教育基地,北航在北京地区现代远程教育校外学习中心也设在本院。

地　址:北京市大兴区圣和巷 7 号
邮　编:102600
电　话:69249686
传　真:69249686
电子邮箱:bastjxxy@ bjkp. gov. cn

北京农村致富技术学校

北京农村致富技术学校 1993 年 9 月经市政府批准成立,是由北京市科协主办的一所面向北京郊区农村传授科学技术,培养农村专业技术人才的学校。主要培养农村乡土科技人才,开展种植、养殖、加工、企业管理等市场经济知识及相关专业的技术培训、推广、服务。学校目前已在 7 个郊区县建立了分校,形成了“市校—区县分校—乡镇辅导站”为一体的教学网络,拥有一批稳定的热心于农村科技事业的兼职教师队伍。学校根据实际需要设立中级部、初级部、单项技术部和种植、养殖、乡镇企业综合等 4 个系共 25 个专业。

地　址:北京市大兴区圣和巷 7 号
邮　编:102600
电　话:69249686
传　真:69249686
电子邮箱:bastjxxy@ bjkp. gov. cn

北京市科协学会联合办公室

北京市科协学会联合办公室是经市政府批准成立的,隶属北京市科协的事业单位。主要负责管理市属 12 个学会(协会、研究会)的财务、统计报表、年审等各项日常工作,以沟通信息,推动各学会广泛开展活动。

地　址:北京市崇文区永外西革新里 98 号
邮　编:100077
电　话:67235026
传　真:67235035
电子邮箱:bastxhlb@ bjkp. gov. cn

北京电脑天地学校

北京电脑天地学校于 1985 年经市政府批准成立,现有机房和教室面积 600 余平方米,微机 100 余台,是全国计算机等级考试的定点培训单位和考核站,是市人事局、劳动局指定的计算机文字录入处理员等级考试的定点培训单位和第一考核站,是市财政局指定的会计电算化培训单位。主要开展人才培训、等级考核、技术咨询、软件开发、维修服务、对外交流等业务。

地　址:北京市崇文区永外西革新里 98 号
邮　编:100077
电　话:67235031
传　真:67235031
电子邮箱:bastdnxx@ bjkp. gov. cn

北京市科协信息中心

北京市科协信息中心于 2004 年 10 月经市政府批准成立,是隶属北京市科协的事业单位。主要承担市科协机关局域网建设、维护和管理;承担市科协所属“北京科普之窗”、“首都科技网”、“学生科技网”等网站的 ICP 工作;为北京市科协所属单位和群众团体上网、使用电子邮件提供服务、培训和技术支持;提出市科协系统网络工作规划,对学会、基层科协的网络工作进行协调和指导；负责市科协系统网络工作的检查、总结和评比；承担北京市信息化办公室和中国科协信息中心要求完成的任务；组织和实施有关网络科技活动；代表北京市科协组织全市性科技、科普网站经验交流、培训和奖励活动。

地　址：北京市朝阳区育慧里4号
邮　编：100101
电　话：84649879
传　真：84649879
电子邮箱：bjkx26@bjkp.gov.cn

北京地区科技类部分协会组织一览表

序号	名　称	成立时间(年)	地　点	邮编	网　址 电子邮箱	电话 传真
1	中关村科技园区协会联席会	2003	海淀区花园路2号牡丹创业楼416室	100083	www.zgcxhzc.org.cn lianxihui@vip.sina.com	82237602 82237602
2	北京民营科技实业家协会	1987	海淀区上地西路38号时代集团大厦	100085	www.bjmx-online.com bjmx@timegroup.com.cn	62961182 62960965
3	北京中关村企业信用促进会	2003	海淀区北四环西路67号大地科技大厦	100080	www.ecpa.org.cn ecpa@ecpa.org.cn	82888208 82886657
4	北京技术市场协会	1992	海淀区苏州街甲49号606室	100080	www.cbtm.net.cn wangqi@cbtm.net.cn	82621693 82621902
5	北京软件行业协会	1986	海淀区知春路23号量子银座1305室	100191	www.bsia.org.cn bsia@bsia.org.cn	82358631 82358691
6	北京中关村高新技术企业协会	1991	海淀区四季青路8号郦城工作区609室	100195	www.zgcbj.org.cn gqx@vip.sina.com	88440565 88440651
7	北京中关村电子产品贸易商会	2003	海淀区苏州街49号盈智大厦1006室	100080	www.bjzetc.org bjzetc@163.com	62526073 62526127
8	北京中关村国际孵化软件协会	2004	海淀区学院路35号北航世宁大厦	100191	www.zsoft.org.cn zsoft@zsoft.cn	82318300 82337088
9	北京中关村不动产商会	2002	海淀区花园路2号牡丹创业楼416室	100083	www.zgcestate.org zgcestate@sina.com	82237603 82237602
10	北京中关村人力资源经理协会	2002	西城区裕民中路8号北京市林业局院内北办公楼6层613室	100029	www.zgchr.org.cn yucca1108@sina.com	62022105 62022125
11	北京中关村IT专业人士协会	2000	海淀区苏州街49号盈智大厦305室	100080	www.zitpa.org zitpa@zitpa.org	62566177 62563533
12	北京中关村生物工程和新医药企业协会	2000	海淀区马连洼北路151号院内	100193	www.zgceabp.org.cn weihuidong@newlife.org.cn	62896868 62899978
13	北京市闪联信息产业协会	2005	海淀区知春路甲48号盈都大厦B座10层	100098	www.igrs.org fuchen@igrslab.com	58732555 58732590
14	北京中关村营销总监协会	2005	海淀区北三环中路31号生产力大楼B座2层	100088	www.zgccmo.org cmo@servezgc.com	82004266 82004112
15	北京中关村自信创新品牌创新发展协会	2006	海淀区中关村大街59号文化大厦1210室	100086	www.zparkbrand.cn admin@zparkbrand.cn	82500018 82500028
16	北京中关村外商投资企业协会	1990	海淀区四季青路8号郦城工作区329室	100195	zgcafe.mynet.cn zgcfia@zhongguancun.com.cn	82614774 82614722

续表

序号	名 称	成立时间(年)	地 点	邮编	网 址 电子邮箱	电话 传真
17	北京中关村优联网产业促进会	2005	海淀区北三环中路31号生产力大楼B座10层	100088	www. zuia. org. cn zuia@ gei. com. cn	82000975 82000980
18	北京创业孵育协会	2000	朝阳区安翔北里甲11号北京创业大厦A座	100101	www. bjventure. com. cn bbia@ bestinfo. net. cn	64843991 64843992
19	北京创业投资协会	1999	海淀区昆明湖南路9号云航大厦5001室	100095	www. vcab. org publicvcab@ 126. com	62572150 62572151
20	北京科技咨询业协会	1994	海淀区北三环中路31号生产力大楼B座11层1112室	100088	www. bjca. org bjca@ bjpc. org. cn	82006045 82006043
21	北京高校毕业生就业促进会	2006	海淀区阜成路北三街6号轻苑大厦11层	100037	www. 526job. com 526job@ sina. com	68988993 68987369
22	北京中关村科技园区昌平园高新技术企业协会	2002	昌平区超前路9号	102200	www. zgc - cp. gov. cn cpyqy@ 263. net	69744529 89719107
23	北京市科技金融促进会	1995	朝阳区安翔北里11号北京创业大厦A座224室	100101	www. bjtf. cn bjtf_2007@ 126. com	64853161 64858451
24	北京发明协会	1985	海淀区增光路甲34号云建大厦10层1008室	100044	www. bj - fm. com bjfmxh@ sina. com	68353326 68337026
25	北京电子商会	1993	宣武区槐柏树街2号3号楼137—143室	100053	www. becc. org. cn service@ becc. org. cn	63182387 63021895
26	北京知识产权保护协会	2006	海淀区知春路23号量子银座301室	100191	www. bippa. org bippa@ 126. com	82356387 82356387
27	北京经济技术开发区企业协会	1994	大兴区荣华中路15号博大大厦7层	100176	www. bdawalk. com 0qs_0018@ sina. com	67881126 67881210
28	北京时分移动通信产业协会	2002	海淀区北四环西路58号理想国际大厦918室	100080	www. tdscdma - alliance. org tdia@ tdia. cn	82607490 82607498
29	中国通信标准化协会SCDMA无线宽带论坛	2007	海淀区知春路113号银网中心A座1204室	100088	www. scdmaforum. org info@ scdmaforum. org	51905810 51905809
30	北京市海淀区中关村科技中介服务机构协会	2007	海淀区中关村南大街3号海淀科技大厦210室	100081	www. kjzj. org. cn zjlmxh@ 126. com	68948856 68915238
31	北京市海淀区创意产业协会	2008	海淀区四季青路8号郦城工作区615室	100097	www. hdcy. org chuangyi@ zhongguancun. com. cn	88493560 88493560 - 803
32	北京知识产权代理行业协会	2007	海淀区知春路量子银座3楼301室	100191	www. bipaa. cn bipaa@ 126. com	51530181 82356387
33	北京信息化协会	2003	海淀区知春路23号量子银座1401室	100191	www. bjit. org. cn cgpx@ bjit. org. cn	82358216 82355829
34	中国民营科技促进会	1995	西城区三里河路54号254室	100045	www. china - mykjqy. com cansorg@ sina. com	68573743 68515036

资料来源:中关村科技园区管理委员会

中关村国家自主创新示范区区一区十园一览表

名　称	地　址	邮　编	电　话	传　真	网　址
海淀园	海淀区四季青路6号海淀招商大厦6、7层	100089	88499599	88494199	www.zhongguancun.com.cn
丰台园	丰台区南四环西路188号3区13号楼	100070	63702020	63702051	www.zgc－ft.gov.cn
昌平园	昌平区超前路9号	102200	69744527	69745549	www.zgc－cp.gov.cn
电子城	朝阳区酒仙桥路甲12号	100016	64319268	64360367	www.zgc－dzc com.cn
亦庄园	大兴区荣华中路15号	100176	67881380	67881207	www.bda gov.cn
德胜园	西城区西直门内南小街20号社保大厦	100035	66206302	66206297	www.zgc－ds.gov.cn
雍和园	东城区青龙胡同1号歌华大厦11层	100007	59260100	84187027	www.zgc－yhy.gov.cn
石景山园	石景山区八角西街40号	100043	68863659	88910825	www.zgc－sjs.gov.cn
通州园	通州区张家湾镇光华路	101113	61567995	61567995	Zgc－tzp.bjtzh.gov.cn
大兴生物医药产业基地	大兴区天河西路19号	102600	61252853	61252888	www.cbp.net.cn

资料来源：中关村科技园区管理委员会

北京市科协所属学会（协会、研究会）一览表

序号	学会名称	电　话	通讯地址	邮　编
1	北京数学会	62759855	海淀区北京大学数学科学学院	100871
2	北京计算数学学会	62754692	海淀区北京大学数学科学学院	100871
3	北京珠算心算协会	63296960	丰台区右安门外玉林里45号	100069
4	北京运筹学会	68912070	海淀区北京理工大学管理与经济学院	100081
5	北京物理学会	62758139	海淀区北京大学物理楼	100871
6	北京声学学会	63523263	宣武区陶然亭路55号	100054
7	北京光学学会	84024561	东城区东黄城根北街甲20号	100010
8	北京核学会	69357657	房山区新镇中国原子能科学研究院内（北京275信箱65分箱）	102413
9	北京化学会	58807383	海淀区北京师范大学化学系500室	100875
10	北京微量元素学会	64971451	朝阳区安外惠新西街6号楼	100029
11	北京天文学会	51583037	西城区西外大街138号	100044
12	北京气象学会	68400804	海淀区紫竹院路44号	100089
13	北京地球物理学会	68326186	西城区阜外百万庄大街26号	100037
14	北京地理学会	67235026	崇文区永外西革新里98号	100077
15	北京地质学会	51560209	海淀区西四环北路123号地质大厦	100195
16	北京生物化学与分子生物学学会	65296913	东城区东单三条5号	100005
17	北京遗传学会	65250731—210	东城区骑河楼大街17号妇产医院	100006
18	北京生态学学会	62836273	海淀区香山南辛村20号	100093
19	北京植物学会	67020649	宣武区天桥南大街126号	100050

续表

序号	学会名称	电　话	通讯地址	邮　编
20	北京昆虫学会	51503688	海淀区曙光花园中路9号市农林科学院植保环保所植保楼311室	100097
21	北京动物学会	67020650	宣武区天桥南大街126号	100050
22	北京实验动物学学会	84922374	东城区安定门外大羊坊6号	100012
23	北京微生物学会	65472339	朝阳区三间房南里4号	100024
24	北京细胞生物学会	62784794	海淀区清华大学医学院C244	100084
25	北京心理学会	62756614	海淀区北京大学心理系	100871
26	北京力学会	62782426	海淀区清华大学工程力学系	100084
27	北京金属学会	88296997	石景山区杨庄大街69号首钢技术研究院417室（特钢院内）	100043
28	北京粉体技术协会	88417670	海淀区西三环北路27号理化测试中心	100089
29	北京腐蚀与防护学会	62183235	海淀区学院南路76号7楼	100081
30	北京电镀学会	82317094	海淀区学院路37号北京航空航天大学内	100191
31	北京硅酸盐学会	80675866	西城区宣武门西大街129号金隅大厦A配楼407号	100031
32	北京粘接学会	82626721	海淀区中关村北大街123号华腾科技大厦1501室(北京2653信箱)	100084
33	北京化工学会	69342616	房山区燕山岗南路1号C座109室燕山石化公司科技部	102500
34	北京日化协会	67113081	崇文区东四块玉南街32号	100061
35	北京科学美容研究会	63746783	丰台区邻枫路5号院怡锦园B座208室	100070
36	北京造纸学会	84615768	朝阳区芍药居14号院2—6—102	100101
37	北京理化分析测试技术学会	68731259	海淀区西三环北路27号北科大厦1层	100089
38	北京膜学会	62782432	海淀区清华大学化工系	100084
39	北京制冷学会	62116811	海淀区西直门外四道口1号	100081
40	北京内燃机学会	87710700	朝阳区广渠路31号北内技术中心	100022
41	北京电机工程学会	88072006	西城区复兴门外地藏庵南巷1号	100045
42	北京电力电子学会	83671666—6306	丰台区科学城富丰路6号	100070
43	北京电工技术学会	67802820	大兴区永昌南路5号	100176
44	北京水力发电工程学会	51972516	朝阳区定福庄西街1号北京勘测设计研究院办公室	100024
45	北京热物理与能源工程学会	62571060	海淀区中关村路212号(北京2706信箱)	100080
46	北京煤炭学会	69839418	门头沟区新桥南大街2号	102300
47	北京石油学会	84876262	朝阳区安慧北里安园21号	100101
48	北京能源学会	52052622	朝阳区安外小关东里甲2号北京节能环保中心410室	100029
49	北京测绘学会	63966138	海淀区复外羊坊店路15号	100038
50	北京工程图学学会	82317093	海淀区学院路37号北京航空航天大学内	100191

续表

序号	学会名称	电 话	通讯地址	邮 编
51	北京土木建筑学会	68023484	西城区二七剧场路3号	100045
52	北京市绿色建筑促进会	66016180	西城区西交民巷73号	100031
53	北京水利学会	88613202	海淀区玉渊潭南路普惠北里10号水利局老干部活动站	100036
54	北京公路学会	63012331	宣武区槐柏树后街23号	100053
55	北京交通工程学会	68398458	西城区阜成门北大街1号交通管理局1222室	100037
56	北京工程爆破协会	51849315	海淀区大柳树路2号铁科院内	100081
57	北京照明学会	67736971	朝阳区大北窑厂坡村甲3号北京电光源研究所院内	100022
58	北京环境科学学会	82636257	海淀区车公庄西路14号	100048
59	北京消防协会	82215866	西城区西内大街190号	100035
60	北京人类生态工程学会	82808193	东城区地安门白米北巷7号	100009
61	北京电子学会	88011088	宣武区槐柏树街2号院3号楼134号	100053
62	北京通信学会	66012626	西城区复兴门南大街6号	100031
63	北京邮政通信学会	65196324	东城区建内大街北京邮政管理局	100001
64	北京计算机学会	62761777	海淀区北京大学计算机系理科2号楼2125室	100871
65	北京图像图形学学会	82525258	海淀区北四环西路11号热物理研究所办公楼710室	100080
66	北京自动化学会	64413467	朝阳区北三环东路15号北京化工大学内	100029
67	北京仪器仪表学会	62003598	西城区德外人定湖西里12号楼342室	100120
68	北京航空航天学会	82317095	海淀区学院路37号北京航空航天大学内	100191
69	北京宇航学会	68383350	丰台区南大红门路1号9200信箱21分箱	100076
70	北京机械工程学会	65007531	朝阳区工体北路4号市机电研究所内	100027
71	北京汽车工程学会	87664291	朝阳区东三环南路25号汽车大厦	100021
72	北京造船工程学会	64832060	朝阳区德胜门外双泉堡甲2号	100085
73	北京铁道学会	51822880	海淀区复兴路6号北京铁路局内	100860
74	北京振动工程学会	82316009	海淀区学院路37号北京航空航天大学内	100191
75	北京纺织工程学会	65565349	朝阳区十里堡2号	100025
76	北京烟草学会	84559780	东城区东直门外察慈2号	100027
77	北京真空学会	82548210	海淀区中关村北二条13号(北京市2724信箱)	100190
78	北京乐器学会	67712683	朝阳区劲松中街218号楼	100021
79	北京安全技术学会	64002120	朝阳区安定门外安华里504号A座317室	100011
80	北京工艺美术学会	64220927	朝阳区东土城路13号	100013
81	北京标准化协会	64219731	东城区和平里东街20号	100013

续表

序号	学会名称	电　话	通讯地址	邮　编
82	北京人工智能学会	67396155	朝阳区平乐园100号北京工业大学电子信息与控制工程学院	100124
83	北京农学会	51503204	海淀区板井路市农林科学院内	100097
84	北京蔬菜学会	51503200	海淀区板井路市农林科学院蔬菜研究中心	100097
85	北京作物学会	51503341	海淀区板井路市农林科学院作物所	100097
86	北京果树学会	82384989	西城区裕民中路8号	100029
87	北京食用菌协会	51503437	海淀区板井路市农林科学院内	100097
88	北京土壤学会	51505739	海淀区板井路市农林科学院营资所	100097
89	北京植物病理学会	67235034	崇文区永外西革新里98号	100077
90	北京农药学会	59194087	朝阳区麦子店街22号楼农药检定所	100026
91	北京农业工程学会	62736203	海淀区清华东路17号中国农大东区	100083
92	北京林学会	62381455	西城区裕民中路8号214室	100029
93	北京园林学会	62073575	西城区裕民中路8号1号楼233室	100029
94	北京屋顶绿化协会	67115339	朝阳区团结湖路15号	100026
95	北京畜牧兽医学会	84929033	朝阳区北苑路甲15号314室	100107
96	北京水产学会	67582511	丰台区永外角门路18号	100068
97	北京农业信息化学会	51503593	海淀区板井路市农林科学院信息中心	100097
98	北京食品学会	62061586	海淀区北土城西路197号联大应用文理学院实验楼108室	100083
99	北京医学会	65255365	东城区东单三条甲7号	100005
100	北京环境诱变剂学会	64407196	海淀区中关村大街29号海淀医院融恒环球基因技术有限公司	100080
101	北京生理科学会	67235026	崇文区永外西革新里98号	100077
102	北京解剖学会	67235026	崇文区永外西革新里98号	100077
103	北京免疫学会	82805055	海淀区学院路38号北大医学部免疫T细胞室	100191
104	北京药理学会	83198855	宣武区长椿街45号宣武医院药理室	100053
105	北京中医药学会	65223477	东城区东单三条甲7号	100005
106	北京药学会	64179534	东城区新中街乙12号	100027
107	北京生物医学工程学会	62013856	海淀区北三环中路2号主楼801室	100011
108	北京护理学会	65256418	东城区东单三条甲7号	100005
109	北京中西医结合学会	65250460	东城区东单三条甲7号	100005
110	北京针灸学会	65594125	东城区东单三条甲7号北京中医药杂志编辑部	100005
111	北京防痨协会	62252394	西城区新街口东光胡同5号	100035
112	北京心理卫生协会	65131245	东城区东交民巷1号同仁医院临床心理科	100730
113	北京抗癌协会	88196171	海淀区阜成路52号	100036

续表

序号	学会名称	电　话	通讯地址	邮　编
114	北京神经科学学会	82801151	海淀区学院路38号北京大学医学部中心楼	100083
115	北京康复医学会	63460893	丰台区右安门外大街199号	100069
116	北京预防医学学会	64407288	东城区和平里中街16号	100013
117	北京生殖健康研究会	84046004	海淀区西直门北大街58号7号楼305室	100700
118	北京亚健康防治协会	65920668	朝阳区八里庄南里甲1号1—1603室	100025
119	北京营养学会	82801575	海淀区北京大学医学部营养与食品卫生学系	100083
120	北京医师协会	65260165	东城区东单三条甲7号	100005
121	北京老年痴呆防治协会	62103134	东城区安德路甲61号B2609室	100717
122	北京超声医学学会	66939532	海淀区复兴路28号解放军总医院超声科	100853
123	北京自然辩证法研究会	62732437	海淀区圆明园西路2号	100913
124	北京生产力学会	64444015	朝阳区安定门外小关街53号中国化工信息中心C座102室	100029
125	北京创造学会	51201136	朝阳区立水桥北甲1号石化管理干部学院	100012
126	北京系统工程学会	87810506	崇文区永外西革新里98号	100077
127	北京循环经济促进会	82314523	海淀区北京航空航天大学经济管理学院	100191
128	北京知识产权研究会	66175475	西城区西直门南大街16号	100035
129	北京企业技术开发研究会	67235034	崇文区永外西革新里98号	100077
130	北京技术经济与管理现代化研究会	67237754	崇文区永外西革新里98号	100077
131	北京科技政策和管理研究会	68719176	海淀区西三环北路27号北科大厦4层	100089
132	北京民营科技实业家协会	62961182	海淀区上地西路38号时代大厦4层	100085
133	北京项目管理协会	82168249	海淀区中关村南大街乙12号天作国际中心1号楼B座27层	100081
134	北京工程管理科学学会	67256839	宣武区广莲路1号北京建工大厦A座8层818B号	100055
135	北京城市管理科技协会	68515969	西城区三里河北街甲3号408室	100045
136	北京城市规划学会	68018265	西城区三里河东路乙10号	100045
137	北京土地学会	64409581	东城区和平里北街2号704室	100013
138	北京减灾协会	68400821	海淀区紫竹院路44号	100089
139	北京继续教育协会	65260301	东城区台基厂三条3号市人事局	100005
140	北京科技教育促进会	58204815	朝阳区建国路93号万达广场10号楼809室	100026
141	北京科学技术期刊学会	64883611	海淀区德胜门外北沙滩1号	100083
142	北京科学技术普及创作协会	67259422	崇文区永外西革新里98号	100077
143	北京科技记者编辑协会	67259422	崇文区永外西革新里98号	100077
144	北京科技声像工作者协会	67259422	崇文区永外西革新里98号	100077

续表

序号	学会名称	电　话	通讯地址	邮　编
145	北京老科技工作者总会	87255551	崇文区永外西革新里98号	100077
146	北京青少年科技教育协会	84634991	朝阳区小营育慧里4号青少部	100101
147	北京幼儿科普协会	82271034	崇文区永外西革新里98号	100077
148	北京数字科普协会	84634779	朝阳区小营育慧里4号	100101
149	北京体育科学学会	87255470	丰台区东罗园146号北京体育科研所内	100075
150	北京科技情报学会	68355751	海淀区紫竹院南路23号国防出版社院内	100048
151	北京学会学研究会	87810506	崇文区永外西革新里98号	100077
152	北京反邪教协会	87267586	崇文区永外西革新里98号	100077
153	北京UFO研究会	64595316	顺义区天竺空港工业区A区天柱路20号	101312
154	北京烹饪协会	65227859	东城区东交民巷新大陆6号	100006
155	北京原创设计推广协会	84599369	朝阳区酒仙桥路4号798艺术区8502信箱	100015

资料来源：北京市科学技术协会

北京地区科技企业孵化器一览表

序号	机构名称	地　址	邮　编	电话 传真	电子邮箱	网　址
1	北京高技术创业服务中心*	朝阳区安翔北里甲11号	100101	64853169 64873178	cyzx@bjcy.net.cn	www.bjcy.net.cn
2	中关村科技园区丰台园创业服务中心* （北京国际企业孵化中心）	丰台区科兴路9号	100070	63747737 63739269	bjibi@bjibi.org.cn	www.bjibi.org.cn
3	中关村科技园区海淀园创业服务中心* （北京市留学人员海淀创业园）	海淀区上地信息路26号	100085	82898748 62984933	chuangye@ospp.com	www.ospp.com
4	北京北医联合生物工程有限公司	海淀区学院路38号	100083	82801730 62050175	bmuupc@sun.bjmu.edu.cn	www.bio-incubator.com
5	北京北航天汇科技孵化器有限公司*	海淀区北四环中路238号柏彦大厦	100083	82316255 82338204	bbi@bbi.com.cn	www.bbi.com.cn
6	北京八六三信息安全科技发展有限公司	石景山区石景山路40号信安大厦	100043	68812133 68812468	xuem@bjisip.com	www.bjisip.com
7	北京望京科技园创业服务中心*	朝阳区望京高新技术产业区利泽中园106号楼	100102	64392019 64392410	wjpioneer@263.net	www.wangjing.gov.cn
8	北京理工创新高科技孵化器有限公司	海淀区中关村南大街9号理工科技大厦	100081	68910009 68470073-8999	liuqiucai@126.com	www.bitsp.com.cn

续表

序号	机构名称	地　址	邮　编	电　话 传　真	电子邮箱	网　址
9	清华科技园孵化器有限公司*	海淀区清华大学学研大厦B座	100084	62772742 62780883	incubator@thsp.com.cn	www.incubator.com.cn
10	北京北内制造业高新技术孵化基地有限公司	朝阳区广渠门外大街8号优士阁A座	100022	58613206 58613207	bjzzy@bjzzy.com.cn	www.bjzzy.com.cn
11	北京诺飞科技孵化器有限公司	通州区中关村科技园区通州园金桥科技产业基地景盛北一街9号	101102	60595126 60595126	nfkj@public3.bta.net.cn	www.nfkj.com.cn
12	北京科大方兴科技孵化器有限责任公司*	海淀区学院路30号科技园A座112室	100083	52752185 52752184	office@fxti.com	
13	北京中关村国际孵化器有限公司*	海淀区上地信息路2号创业园D座	100085	82895166 62974804	scottzwx@sohu.com	www.incubase.net
14	北京科方创业科技企业孵化器有限公司	海淀区中关村北大街123号科方孵化大楼2509室	100084	62654985 62538086	office@co-found.com.cn	www.co-found.com.cn
15	北京新材料孵化器有限公司	海淀区西三旗东建材城西路16号	100096	82917247 82926299	swf@bnbm.com.cn	
16	北京京海科技企业孵化器有限公司	海淀区紫竹院路广源大厦	100081	68415893 68726798	yang_yizhu@yahoo.com	
17	北京首特科技孵化器有限责任公司	石景山区古城大街特钢公司办公楼	100043	88919877 88982103	stilxh@shoute.com	www.shoute.com
18	北京泰思特测控技术公司	海淀区北三环中路31号	100088	82001752 82001751	hawh@bjtest.com.cn	www.bjtest.com.cn
19	北京崇熙科技孵化器有限公司	朝阳区大羊坊路79号旌凯大厦216室	100122	81503810 81502846	info@chongxichem.com	www.chongxichem.com
20	北京赛欧科园科技孵化中心	丰台区科学城海鹰路5号	100070	83681497 83681790	soky@bjibi.org.cn	www.bjsoky.com
21	北京海银科医药技术有限公司	海淀区复兴路83号东9号楼	100856	68214721 68214721	postmaster@hi-inc.com.cn	www.hi-inc.com.cn
22	北京中关村软件园孵化服务有限公司*	海淀区东北旺西路8号中关村软件园3号楼	100094	82825187 82825186	spi@zgcspi.com	www.zgcspi.com

续表

序号	机构名称	地　址	邮　编	电　话 传　真	电子邮箱	网　址
23	北京奥宇科技企业孵化器有限责任公司	大兴区工业开发区金苑路2号	102628	60213415 60213342	aykjfhq@263. net	www. aoyucn. com
24	北京天竺空港科技企业孵化器有限公司	顺义区天竺空港工业区A区蓝天大厦	101312	80489519 80489575	wangbaiz @ sohu. com	
25	北京硅普京南科技企业孵化器有限公司	丰台区东高地四营门北路2号	100076	68757488 68754791	yujq@gotoic. com	
26	北京利玛自动化技术公司	西城区德胜门外校场口1号	100011	82023789 62048934	duanshq @ riamb. ac. cn	www. limafhq. com
27	北京康华伟业科技孵化器有限公司	西城区德胜门外大街11号	100088	62021146 62021044	lanaiguo @ bjkh. com. cn	www. bjkh. com. cn
28	北京北方车辆新技术孵化器	丰台区长辛店镇槐树岭4号院969信箱61分箱	100072	83808128 83803119	wu131@126. com	www. bjnvni. com
29	北京华商置业有限公司	大兴工业开发区科苑路18号	102600	61271941 61271943	msx7060@126. com	www. coeland. com
30	中关村兴业(北京)高科技孵化器股份有限公司	昌平区白浮泉路17号	102200	89717778 89717999	liaolian24 @ tom. com	www. zgcxy. com
31	汇龙森国际企业孵化(北京)有限公司*	大兴区中和街14号	100176	59755396 59755396	hls666 @ huilongsen. com	www. huilongsen. com
32	北京集成电路设计园有限责任公司	海淀区知春路27号量子芯座	100083	82357175 82357178	zy@bjicpark. com	www. bjicpark. com
33	北京中关村京蒙高科企业孵化器有限公司	海淀区上地东路5号楼	100085	82783865 82783861	dreaming123123 @ sohu. com	www. newwest. cn
34	北京普天德胜科技孵化器有限公司	西城区新街口外大街28号B座1层	100088	82052111 82052127	ptdsh2002@gmail. com	www. ptdsh. com
35	北京北达燕园科技孵化器有限公司	海淀区中关村北大街116号	100080	58874006 58874005	yd_0806@sina. com	www. beidaincubator. com
36	北京控股高科技孵化器有限公司	昌平区白浮泉路10号北控科技大厦	102200	89760000 89760046	zheng_bl@yahoo. com. cn	www. beht. com. cn
37	北京中自科技产业孵化器有限公司	海淀区中关村东路95号自动化大厦	100190	62541938 82614526	yong. ge@mail. ia. ac. cn	www. caspark. com. cn
38	北京华海基业科技孵化器有限公司*	石景山区石景山路22号长城大厦	100043	68666236 68666207	jwtd123@sohu. com	www. huahaijiye. com. cn
39	北京方和正圆科技企业孵化器有限公司	通州区通州工业开发区光华路16号	101113	61506120 61505151	fhzy29@163. com	www. fhzhy. com
40	北京联东金桥科技孵化器有限公司	中关村科技园区亦庄园光机电一体化产业基地经海7路1号联东商务中心	101111	81508005 81508005		www. liando. cn

资料来源:北京市科学技术委员会高新技术产业化处

注:*为国家级高新技术创业服务中心

北京地区大学科技园一览表

序号	机构名称	地　址	邮　编	电　话 传　真	电子邮箱	网　址
1	清华大学国家大学科技园	海淀区清华大学创新大厦A座	100084	62785888 62772777	thsp@ thsp. com. cn	www. thsp. com. cn
2	北京大学国家大学科技园	海淀区海淀路52号太平洋大厦17层	100080	82667840 82667188	pkusp@ pkusp. com. cn	www. pkusp. com. cn
3	北京航空航天大学国家大学科技园	海淀区学院路35号世宁大厦	100083	82319898 82338231	buaa@ buaa. com. cn	www. buaa. com. cn
4	北京理工大学国家大学科技园	海淀区中关村南大街9号理工科技大厦902室	100081	68470073 68470073 －8999	bitsp@ sohu. com	www. bitsp. com. cn
5	北京邮电大学国家大学科技园	海淀区西土城路10号北京邮电大学178信箱	100876	62282813 62285259	chensl@ bupt. edu. cn	www. buptsp. com
6	北师大—北中医国家大学科技园	海淀区新街口外大街19号	100875	62205230 62206051	kjy@ bnu. edu. cn	park. bnu. edu. cn
7	北京化工大学国家大学科技园	朝阳区北三环东路15号133信箱	100029	64435482 88587749	sp@ mail. buct. edu. cn	www. buct. edu. cn
8	北京科技大学国家大学科技园	海淀区学院路30号科技园A座1层	100083	52752176 62332975	fxti@ fxti. com	www. ustbsp. com
9	北京工业大学国家大学科技园	朝阳区平乐园100号	100022	67392781 67392953	zhangxl@ bjut. edu. cn	www. bjttcam. com. cn
10	北京交通大学国家大学科技园	海淀区高粱斜街44号北京交通大学东校区科教楼	100044	51686173 51686173	jdkjy@ center. njtu. edu. cn www. jpsp. com. cn	
11	中国农业大学国家大学科技园	海淀区清华东路17号133信箱	100083	62736706 62734834	hujy@ cau. edu. cn	www. cau. edu. cn
12	华北电力大学国家大学科技园	昌平区德外朱辛庄华北电力大学56号信箱	102206	80798501 80793105	cyjt2000@ 163. com www. ncepu. edu. com	
13	中国人民大学国家大学科技园	海淀区中关村大街甲59号文化大厦	100872	62514333 82509959	cspruc@ ruc. edu. cn	www. cspruc. com
14	首都师范大学科技园	海淀区西三环北路105号	100037	68907023 68981337	kyc@ mail. cnu. edu. cn kjy. cnu. edu. cn	

资料来源：北京市科学技术委员会

北京地区留学人员创业园一览表

序号	创业园名称	地　址	邮　编	电　话	网　址	创建时间
1	北京市留学人员海淀创业园*	海淀区上地信息路26号	100085	82898748	www. ospp. com	1997.10
2	中关村国际孵化园*	海淀区上地信息路2号创业园D栋	100085	82895166	www. incubase. net	2000.12
3	中国北京（望京）留学人员创业园*	朝阳区望京高新技术产业区利泽中园106号楼	100102	64392411	www. wangjing. gov. cn	2003.04
4	中关村软件园留学人员创业园*	海淀区东北旺西路中关村软件园3号楼	100094	82825186	www. zgcspi. com	2004.01
5	北京中关村生命科学园留学人员创业园	昌平区回龙观生命路29号孵化科研生产大楼B座	102206	80715731	www. zgcbmi. com. cn	2004.03
6	丰台园留学人员创业园*	丰台区丰台路口139号	100071	63739256	www. bjibi. org. cn	2004.04
7	北大留学人员创业园*	海淀区中关村北大街116号北大孵化器2号楼	100080	58874004	www. beidaincubator. com	2002.09
8	清华留学人员创业园*	海淀区清华大学学研大厦B座	100084	62772742	www. incubator. com. cn	2002.12
9	北航留学人员创业园*	海淀区北四环中路238号柏彦大厦	100083	82316255	www. bbi. com. cn	2003.04
10	北京科大留学人员创业园*	海淀区学院路30号科技园A座113室	100083	52752184	www. pioneerpark. cn	2003.06
10	北京理工留学人员创业园*	海淀区中关村南大街9号理工科技大厦	100081	68470073	www. bitrp. com. cn	2003.07
11	北邮留学人员创业园	海淀区西土城路10号	100876	62281497	www. buptincubator. com	2003.12
12	中科院中自留学人员创业园	海淀区中关村东路95号自动化大厦	100080	62579894	www. caspark. com. cn	2005.04
13	中国农大留学人员创业园	海淀区天秀路10号	100091	62732266	www. cau. edu. cn	2005.08
14	汇龙森留学人员创业园*	大兴区中和街14号	100176	59755396	www. huilongsen. com	2005.05
15	北工大留学人员创业园	海淀区车公庄西路35号	100044	68458163	www. bjutcyy. com	2005.12
16	北师大留学人员创业园	海淀区新街口外大街19号	100875	62206051	park. bnu. edu. cn	2005.12
17	人民大学留学人员创业园	海淀区中关村大街甲59号文化大厦	100872	82509532	www. cspruc. com	2005.12
18	中关村集成电路留学人员创业园	海淀区知春路27号量子芯座	100083	82357178	www. bjicpark. com	2006.01

续表

序号	创业园名称	地　址	邮　编	电　话	网　址	创建时间
19	中关村数字娱乐留学人员创业园	石景山区八大处高科技园区实兴东街11号楼北楼1层	100041	88794725	www. dotincubator. com	2006.01
20	中央财大留学人员创业园	海淀区学院南路39号	100081	62288827	www. cufezcy. com	2006.12
21	中国政法大学留学人员创业园	海淀区西土城路25号院5号楼101室	100088	58908009	www. cuplsp. cn	2007.05
22	北京交通大学留学人员创业园	海淀区高粱斜街44号北京交通大学东校区科教楼	100044	51686172	www. bjtupp. com cn	2007.07
23	中国矿业大学留学人员创业园	海淀区学院路丁11号中国矿业大学(北京)	100083	51733999	www. zgces. com	2007.07
24	首都师范大学留学人员创业园	海淀区西三环北路105号	100037	68907023		2007.09
25	北京市留学人员空港创业园	顺义区天竺空港工业区A区蓝天大厦	101312	80489519		1999.12
26	北京市留学人员大兴创业园	大兴工业开发区科苑路18号	102600	61271941		1999.07
27	华北电力大学留学人员创业园	昌平区朱辛庄北农路2号	102206	80798918		2008.10

资料来源:中关村科技园区管理委员会

* 为市人事局和市科委联合命名的“北京留学人员创业园”

北京地区生产力促进机构一览表

序号	名　称	地　址	邮　编	电　话 传　真	电子邮箱	网　址
1	北京生产力促进中心(国家级示范中心)	海淀区北三环中路31号B座8层	100088	82003608 82003613	bjpc@ bjpc. org. cn	www. bjpc. org. cn
2	北京软件与信息服务业促进中心(国家级示范中心)	海淀区北四环中路238号柏彦大厦12层	100083	82331717 82332323	zhangp@ bsw. gov. cn	www. bsw. gov. cn
3	北京市丰台区技术创新与生产力促进中心(国家级示范中心)	丰台区北大街甲13号	100071	63894698 63894698	ftkqb @ pbllic. bta. net. cn	www. ftipc. org. cn
4	北京市朝阳区生产力促进中心	朝阳区大屯路西奥中心B座22层	100101	64862731 64843012	sandizh@ 163. com	www. cyppc. gov. cn
5	北京市东城区生产力促进中心	东城区藏经馆胡同11号	100007	84039292 64009160	scl@ dchst. com	www. dchst. com
6	北京市西城区生产力促进中心	西城区月坛北街甲1号—4	100037	68010703 68010703	ssylly@ sina. com. cn	www. bjxchst. gov. cn

续表

序号	名　　称	地　址	邮　编	电　话 传　真	电子邮箱	网　址
7	北京市石景山区技术创新与生产力促进中心	石景山区八角西街40号	100043	68863638 88910825	sjskw@263. net. cn	www. hingespace. com
8	北京通州区生产力促进中心	通州区玉带河大街30号	101100	68543252 69546592	tkq@public3. bta. net. cn	
9	北京市顺义区技术创新与生产力促进中心	顺义区光明南街24号	101300	69460334 69449340	kew@mail. bjshy. gov. cn	www. kw. bjshy. gov. cn
10	北京市密云县生产力促进中心	密云县西滨河路2号	101500	69044519 69048443	fengke212@126. com	
11	中机生产力促进中心(国家级示范中心)	海淀区首体南路2号	100044	88301718 88301705	info@pcmi. com. cn	www. pcmi. com. cn
12	中技协生产力促进中心(国家级示范中心)	宣武区南滨河路23号立恒名苑3座2103室	100055	63268422 63268467	ch6834@sina. com. cn	www. fortunewise. com. cn
13	建筑行业生产力促进中心(国家级示范中心)	朝阳区北三环东路30号	100013	84286025 84280321	cabrkj @ public2. east. net. cn	www. cabr. ac. cn
14	建筑材料行业生产力促进中心(国家级示范中心)	朝阳区管庄东里1号	100024	65750569 65750569	pcbmi@263. net	www. pcbmi. com
15	冶金行业生产力促进中心(国家级示范中心)	东城区东四西大街46号	100711	65133322 —1408 65135864	mippc@vip. sina. com	www. mippc. net. cn
16	国家服装行业生产力促进中心(国家级示范中心)	朝阳区建国路99号中服大厦	100020	65813501 65813521	ncppc@public. bta. net. cn	www. cnggc. com
17	兵器工业生产力促进中心(国家级示范中心)	海淀区车道沟10号科技大厦8层	100089	68962094 68962196	webmaster@techinfo. gov. cn	www. techinfo. gov. cn
18	国家新材料行业生产力促进中心(国家级示范中心)	海淀区中关村南大街2号数码大厦B座702室	100086	82512801 82512803	office@techcn. com	www. matinvest. com. cn
19	北京轻工生产力促进中心	朝阳区大北窑厂坡村甲3号	100022	67767835 67709369	yqkjc@263. net	
20	北京中轻生产力促进中心	西城区月坛北小街6号	100037	68054036 68052492	zqpc@sina. com	
21	冶金自动化生产力促进中心	丰台区西四环南路72号	100071	63812255－3203	arim@public. bta. net. cn	www. arim. com
22	有色金属行业生产力促进中心	海淀区复兴路乙12号	100814	63971828 63979551	postmaster@cnitdc. com	www. cnitdc. com

续表

序号	名　称	地　址	邮　编	电　话 传　真	电子邮箱	网　址
23	热处理生产力促进中心	海淀区学清路 18 号	100083	62954651 62954651	webmaster@ ht. org. cn	www. ht. org. cn
24	国青生产力促进中心	海淀区皂君庙 4 号	100081	82190657 62168930	fx7435@ sina. com	www. zgg. org. cn
25	混凝土砌块建筑技术生产力促进中心	丰台区路口 139 号 611 室	100071	63833230 83820225	sihui@ sihui8. com	www. sihui8. com
26	纺织行业生产力促进中心	朝阳区朝阳门外延静里中街 3 号	100025	65010838 65010837	kfb@ cta. com. cn	www. cta. com. cn
27	农业机械生产力促进中心	朝阳区德胜门外北沙滩 1 号	100083	64882238 64882213	gongczx@ caams. org. cn	www caams. org. cn
28	皮革行业生产力促进中心(国家级示范中心)	朝阳区将台西路 18 号	100016	64337789 64337789	clfppc@ yahoo. com. cn	www leather365. com
29	农业部乡镇企业生产力促进中心	朝阳区麦子店 18 号楼	100026	64195053 64195044	cte@ cte. gov. cn	www. cte. gov. cn
30	国家化工行业生产力促进中心(国家级示范中心)	朝阳区亚运村安慧里 4 区 16 楼	100723	84885726 84885052	Jli77@ sina. com	www. cippc. org. cn
31	化工新材料生产力促进中心	朝阳区安外安华里 5 区 18 楼	100011	64262469 64262467	acmljf@ 163. com	
32	中国医药行业生产力促进中心	西城区复兴门内大街 45 号 118 信箱	100801	66095634 66095634	zhangchy@ bbn. cn	
33	国家模糊控制技术生产力促进中心	海淀区学清路 18 号 906 室	100083	62912338 62755367	mhkzzx@ 126. com	www. ncfct. cn
34	CALS 技术生产力促进中心	朝阳区安外小关东里 14 号	100029	64918414 64918420		
35	中商流通生产力促进中心(国家级示范中心)	海淀区海淀南路 32 号中信国安数码港 710 室	100080	51662601 —695 51662601 —666	pxf@ dppc. org	www. dppc. org
36	中国航天科技集团公司军转民生产力促进中心	北京 1408 信箱	100013	68767297 68768174	jmly@ vip. sina. com	www. chinatoptech. com
37	机械工业自动化生产力促进中心	西城区德胜门外校场口 1 号	100011	82285770 82285780	liuxz@ riamb. ca. cn	
38	高分子材料生产力促进中心	朝阳区北三环东路 14 号	100013	59202586 59202586	wenwenyi@ prici. ac. cn	
30	精细化学品行业生产力促进中心	朝阳区安定门外安华里五区 18 楼 504 室	100011	64262348 64262348	cnprc@ 263. net	

续表

序号	名　　称	地　址	邮　编	电　话 传　真	电子邮箱	网　址
40	全国造纸生产力促进中心	朝阳区光华路12号	100020	65817476 65817476	kb@ piric. com. cn	www. cnppri. com
41	交通行业电子商务与现代物流生产力促进中心	海淀区西土城路8号ITS中心楼1层	100088	62355027 62016944	weifeng@ itsc. com. cn	www. cltc. com. cn
42	清洁汽车生产力促进中心	丰台区南四环西路188号总部基地二区7号楼	100070	63702966 —8061 63702964	fxh@ catarc. com. cn	www. chinaev. org
43	中农生产力促进中心	昌平区霍营农业部管理干部学院	102208	81702428 81702210	pengyuan268@ sohu. com	www. cacetc. org
44	航空工业生产力促进中心	朝阳区京顺路7号	100028	64663322 —2256 84482202	leejunsheng@ 126. com	
45	航天科工军转民生产力促进中心	海淀区阜成路甲8号	100037	68373985 68767747	zhangjun@ casec. com	www. casec. cn
46	国家食品行业生产力促进中心(国家级示范中心)	东城区崇文门外大街9号正仁大厦8层	100062	67091546 67091533	hxy85@ sina. com	www. cfipc. com. cn
47	北京工业控制技术生产力促进中心	北京市2729信箱	100080	68379335 62543110	xueli0410@ hotmail. com	
48	北京博远万达电子商务与现代物流生产力促进中心	海淀区紫竹院化工大学图书馆605室	100071	51219775 51219776	mareeg@ 163. com	
49	北京生物技术和新医药产业促进中心	海淀区马连洼北路151号院内	100193	62896868 62899978	info@ newlife. org. cn	www. newlife. org. cn
50	北京新材料发展中心	海淀区学院路30号方兴大厦5层	100083	62341509 62333998	marker@ materials. net. cn	www. materials. net. cn
51	北京市科委农村发展中心	朝阳区安翔北里11号北京创业大厦B座16层	100101	64830180 68430289 6	nczx@ nczx. com. cn	www. nczx. cn
52	北京技术交易促进中心	海淀区苏州街甲49号	100080	62578706 62619816	webmaster@ chinatis. com	www. ctmnet. com. cn
53	北京市中小企业服务中心	东城区东四十条凯龙大厦301室	100700	64065056 64058636	bjsme2005@ sina. com	www. beijingsme. com

资料来源:北京生产力促进中心

北京地区国家重点实验室一览表

序号	名　　称	依托单位	领　域	地　址	邮　编	电　话	网　址	建设、验收年份
1	半导体超晶格国家重点实验室	中科院半导体研究所	数理	海淀区清华东路甲35号	100083	82304287	sklsm. semi. ac. cn/semi/cjg/	1988 1991
2	爆炸科学与技术国家重点实验室	北京理工大学	工程	海淀区中关村南大街5号	100081	68913957	www. es labs. gov. cn	1991 1996
3	表面物理国家重点实验室	中科院物理研究所	数理	海淀区中关村南三街8号	100190	82649428	surface. iphy. ac. cn	1984 1987
4	病毒基因工程国家重点实验室	中国预防医学科学院病毒学研究所	生命	宣武区迎新街100号	100052	63519566		1987 1989
5	病原微生物生物安全国家重点实验室	解放军军事医学科学院	生命	丰台区东大街20号	100071	66948668	www. skl－pbs. com	2004 2006
6	超导国家重点实验室	中科院物理研究所	数理	海淀区中关村南三街8号	100190	82649167		1988 1991
7	城市和区域生态国家重点实验室	中科院生态环境研究中心	生命	海淀区双清路18号	100085	62941033	www. rcees. ac. cn/dse	2006
8	传染病预防控制国家重点实验室	中国疾病预防控制中心	生命	昌平区流字5号	102206	61739580	Sklid. cn	2005
9	磁学国家重点实验室	中科院物理研究所	数理	海淀区中关村南三街8号	100190	82649253	maglab. iphy. ac. cn	1991 1995
10	大气边界层物理和大气化学国家重点实验室	中科院大气物理研究所	地学	朝阳区德胜门外祁家豁子	100029	62041394	www. lapc. ac. cn	1991 1995
11	大气科学和地球流体力学数值模拟国家重点实验室	中科院大气物理研究所	地学	朝阳区德胜门外祁家豁子	100029	82995299	web. lasg. ac. cn	1990 1992
12	蛋白质工程和植物基因工程国家重点实验室	北京大学	生命	海淀区颐和园路5号	100871	62751848	www. pepge. pku. edu. cn	1987 1990
13	蛋白质组学国家重点实验室	解放军军事医学科学院	生命	昌平区生命园路33号	102206	80727777	61. 50 138. 126/bprc	2007
14	地表过程与资源生态国家重点实验室	北京师范大学	地学	海淀区新街口外大街19号	100875	58805461	www. espre. cn	2007
15	地震动力学国家重点实验室	中国地震局地质研究所	地学	朝阳区德外祁家豁子	100029	62009034	www. eqlab. ac. cn	2003 2007

续表

序号	名　称	依托单位	领域	地　址	邮　编	电　话	网　址	建设、验收年份
16	电力系统及发电设备安全控制和仿真国家重点实验室	清华大学	工程	海淀区清华大学	100084	62792469	www. eea. tsinghua. edu. cn/pages/guozhong	1989 1995
17	动物营养学国家重点实验室	中国农科院北京畜牧兽医研究所	生命	海淀区圆明园西路 2 号	100193	62816249	www. klan. net. cn	2005 2009
18	多相复杂系统国家重点实验室	中科院过程工程研究所	化学	海淀区中关村北二条 1 号	100190	62628836	159. 226. 63. 142/mprcas	2006
19	非线性力学国家重点实验室	中科院力学研究所	数理	海淀区北四环西路 15 号	100080	62561834	www. lnm. cn	1999 2001
20	分子动态与稳态结构国家重点实验室	中科院化学研究所、北京大学	化学	海淀区中关村北一街 2 号	100190	62588930	ussl. iccas. ac. cn	1988 1991
21	分子肿瘤学国家重点实验室	中国医学科学院肿瘤研究所	生命	朝阳区潘家园南里 17 号	100021	67723793	www. sklmo. org. cn	1986 1988
22	轨道交通控制与安全国家重点实验室	北京交通大学	工程	海淀区上园村 3 号	100044	51688193		2006 2007
23	核物理与核技术国家重点实验室	北京大学	数理	海淀区颐和园路 5 号	100871	62751870	sklnpt. pku. edu. cn	2007
24	化工资源有效利用国家重点实验室	北京化工大学	化学	朝阳区北三环东路 15 号化工大学 98 号信箱	100029	64425385	www. gzs. buct. edu. cn	2006 2008
25	化学工程联合国家重点实验室（清华大学萃取分离实验室）	浙江大学、天津大学、清华大学、华东理工大学	化学	海淀区清华大学	100084	62773017		1987 1991
26	环境化学与生态毒理学国家重点实验室	中科院生态环境研究中心	地学	海淀区双清路 18 号	100085	62849339	et. rcees. ac. cn	2004 2007
27	环境模拟与污染控制国家重点实验室	中科院生态环境研究中心、清华大学、北京师范大学、北京大学	地学	海淀区清华大学	100084	62785001		1991 1995
28	计划生育生殖生物学国家重点实验室	中科院动物研究所	生命	朝阳区北辰西路 1 号院 5 号	100101	64807312	www. rpb. ioz. ac. cn	1991 1993
29	计算机科学国家重点实验室	中科院软件研究所	信息	海淀区中关村南四街 4 号	100190	62661616	lcs. ios. ac. cn	2005 2007

续表

序号	名　称	依托单位	领域	地　址	邮　编	电　话	网　址	建设、验收年份
30	科学与工程计算国家重点实验室	中科院数学与系统科学研究院	数理	海淀区中关村东路 55 号	100190	62545820	lsec. cc. ac. cn	1991 1995
31	空间天气学国家重点实验室	中科院空间科学与应用研究中心	地学	海淀区中关村南二条 1 号	100190	62582648	www. spaceweather. ac. cn	2006 2008
32	煤炭资源与安全开采国家重点实验室	中国矿业大学（北京）	地学	海淀区学院路丁 11 号	100083	62331854	www. crsm. org	2006
33	模式识别国家重点实验室	中科院自动化研究所	信息	海淀区中关村东路 95 号	100190	62545671	www. nlpr. ia. ac. cn	1984 1987
34	摩擦学国家重点实验室	清华大学	工程	海淀区清华大学 9003 大楼	100084	62781379	sklt. tsinghua. edu. cn	1986 1988
35	脑与认知科学国家重点实验室	中科院生物物理研究所	生命	朝阳区大屯路 15 号	100101	64888778	bcslab. ibp. ac. cn	2004 2007
36	农业虫害鼠害综合治理研究国家重点实验室	中科院动物研究所	生命	朝阳区北辰西路 1 号院 5 号	100101	64807068	www. ipm. ioz. ac. cn	1991 1995
37	农业生物技术国家重点实验室	中国农业大学	生命	海淀区圆明园西路 2 号	100094	62733332	www. cau. edu. cn/agrocbi	1987 1990
38	汽车安全与节能国家重点实验室	清华大学	工程	海淀区清华大学	100084	62785963	www. car. tsinghua. edu. cn	1991 1995
39	人工微结构和介观物理国家重点实验室	北京大学物理学院	数理	海淀区成府路 209 号	100871	62765884	www. phy. pku. edu. cn/ ~ sklm/html/abstract. html	1990 1993
40	认知神经科学与学习国家重点实验室	北京师范大学	生命	海淀区新街口外大街 19 号	100875	58806154	psychbrain. bnu. edu. cn	2005 2008
41	软件开发环境国家重点实验室	北京航空航天大学	信息	海淀区学院路 37 号	100191	82317643	www. nlsde. buaa. edu. cn	1991 1995
42	生化工程国家重点实验室	中科院过程工程研究所	生命	海淀区中关村北二条 1 号	100190	62561813	www. nklbe. org	1991 1995
43	生物大分子国家重点实验室	中科院生物物理研究所	生命	朝阳区大屯路 15 号	100101	64888486	www. ibp. ac. cn/c/sites/nlb/index. html	1988 1991
44	生物膜与膜生物工程国家重点实验室	中科院动物研究所、清华大学、北京大学	生命	朝阳区北辰西路 1 号院 5 号	100101	64807302	www. biomembrane. ioz. ac. cn	1988 1990
45	声场声信息国家重点实验室	中科院声学研究所	数理	海淀区北四环西路 21 号	100190	62565617		1987 1990

续表

序号	名称	依托单位	领域	地址	邮编	电话	网址	建设、验收年份
46	水沙科学与水利水电工程国家重点实验室	清华大学	工程	海淀区清华大学	100084	62783337	sklhse. tsinghua. edu. cn	2006 2008
47	天然药物及仿生药物国家重点实验室	北京大学医学部	生命	海淀区学院路38号	100191	82802724	www1. bjmu. edu. cn/skl2003/index. htm	1985 1987
48	湍流与复杂系统国家重点实验室	北京大学	数理	海淀区北京大学	100871	62757944	ltcs. pku. edu. cn	1991 1995
49	网络与交换技术国家重点实验室	北京邮电大学	信息	海淀区西土城路10号	100876	62283412	www. bupt. edu. cn/yuanxi/introduce/jisuanji/nationallab	1991 1995
50	微波与数字通信技术国家重点实验室	清华大学	信息	海淀区清华大学	100084	62784884		1991 1995
51	微生物资源前期开发国家重点实验室	中科院微生物研究所	生命	朝阳区北辰西路1号院3号	100101	64807429	www. im. ac. cn/sklmr	1991 1995
52	稀土材料化学及应用国家重点实验室	北京大学	化学	海淀区北京大学	100871	62751016		1991 1995
53	系统与进化植物学国家重点实验室	中科院植物研究所	生命	海淀区香山南辛村20号	100093	62836101	lseb. ibcas. ac. cn	2004 2007
54	先进钢铁流程及材料国家重点实验室	钢铁研究总院	材料	海淀区学院南路76号	100081	62182907	sklsteel. com. cn	2004
55	新金属材料国家重点实验室	北京科技大学	材料	海淀区学院路30号	100083	62332508	www. ustb. edu. cn/skl	1991 1995
56	新型陶瓷与精细工艺国家重点实验室	清华大学	材料	海淀区清华大学材料系	100084	62782753	www. mse. tsinghua. edu. cn/ceramiclab/	1991 1995
57	信息安全国家重点实验室	中科院研究生院	信息	石景山区玉泉路19号(甲)	100039	88256432	home. is. ac. cn	1989 1991
58	虚拟现实技术与系统国家重点实验室	北京航空航天大学	信息	海淀区学院路37号	100191	82338861	Vrlab. buaa. edu. cn	2007
59	岩石圈演化国家重点实验室	中科院地质与地球物理研究所	地学	朝阳区北土城西路19号	100029	82998240	www. sklable. ac. cn	2004 2006
60	遥感科学国家重点实验室	中科院遥感应用研究所、北京师范大学	地学	朝阳区大屯路甲20号北	100101	64848730	www. slrss. cn	2003 2005
61	医学分子生物学国家重点实验室	中国医学科学院基础医学研究所	生命	东城区东单三条5号	100005	65240803		1991 1993

续表

序号	名　称	依托单位	领域	地　址	邮　编	电　话	网　址	建设、验收年份
62	油气资源与探测国家重点实验室	中国石油大学（北京）	地学	昌平区府学路18号	102249	89733952	www. pplab. cn	2007
63	有色金属材料制备加工国家重点实验室	北京有色金属研究总院	材料	西城区新街口外大街2号	100088	82241161		2005
64	灾害天气国家重点实验室	中国气象科学研究院	地学	海淀区中关村南大街46号	100081	58995503		2005 2007
65	植被与环境变化国家重点实验室	中科院植物研究所	生命	海淀区香山南辛村20号	100093	62836263	lvec. ibcas. ac. cn	2007
66	植物病虫害生物学国家重点实验室	中国农科院植物保护研究所	生命	海淀区圆明园西路2号	100193	62815922	www. sklbpi. labs. gov. cn	1989 1992
67	植物基因组学国家重点实验室	中科院遗传与发育生物学研究所	生命	朝阳区北辰西路1号院2号	100101	64873428	www. genetics. ac. cn	2003 2006
68	植物生理学与生物化学国家重点实验室	中国农业大学、浙江大学	生命	海淀区圆明园西路2号	100193	62733475	www. cau. edu. cn/sklppb	2001 2003
69	植物细胞与染色体工程国家重点实验室	中科院遗传与发育生物学研究所	生命	朝阳区北辰西路1号院2号	100101	64854467	www. pcce. labs. gov. cn	1991 1995
70	智能技术与系统国家重点实验室	清华大学	信息	海淀区清华大学	100084	62782266	www. csai. tsinghua. edu. cn/	1987 1990
71	重质油国家重点实验室	石油大学（北京）	化学	昌平区府学路18号	102249	89733070	www. heavyoil. cn	1989 1995
72	资源与环境信息系统国家重点实验室	中科院地理科学与资源研究所	信息	朝阳区大屯路甲11号	100101	64889633	www. lreis. ac. cn	1985 1987

资料来源：科技部国家重点实验室网站

北京市重点实验室一览表

序号	名　称	依托单位	主管部门	组建时间（年）
1	医学物理和工程实验室	北京大学	北京市教育委员会 北京市科学技术委员会	2001
2	空间信息集成与3S工程应用实验室	北京大学	北京市教育委员会 北京市科学技术委员会	2001

续表

序号	名　　称	依托单位	主管部门	组建时间（年）
3	绿色反应工程与工艺实验室	清华大学	北京市教育委员会 北京市科学技术委员会	2001
4	精细陶瓷实验室	清华大学	北京市教育委员会 北京市科学技术委员会	2001
5	3E 能源实验室	清华大学	北京市教育委员会 北京市科学技术委员会	2001
6	城市轨道交通自动化与控制实验室	北京交通大学	北京市教育委员会 北京市科学技术委员会	2001
7	通讯与信息系统实验室	北京交通大学	北京市教育委员会 北京市科学技术委员会	2001
8	现代信息科学与网络技术实验室	北京交通大学	北京市教育委员会 北京市科学技术委员会	2001
9	特种功能材料与薄膜技术实验室	北京航空航天大学	北京市教育委员会 北京市科学技术委员会	2001
10	数字化设计与制造实验室	北京航空航天大学	北京市教育委员会 北京市科学技术委员会	2001
11	网络技术实验室	北京航空航天大学	北京市教育委员会 北京市科学技术委员会	2001
12	粉体技术研究开发实验室	北京航空航天大学	北京市教育委员会 北京市科学技术委员会	2001
13	清洁车辆实验室	北京理工大学	北京市教育委员会 北京市科学技术委员会	2001
14	智能信息技术实验室	北京理工大学	北京市教育委员会 北京市科学技术委员会	2001
15	环境科学工程实验室	北京理工大学	北京市教育委员会 北京市科学技术委员会	2001
16	自动控制系统实验室	北京理工大学	北京市教育委员会 北京市科学技术委员会	2001
17	先进粉末冶金材料与技术实验室	北京科技大学	北京市教育委员会 北京市科学技术委员会	2001
18	腐蚀磨蚀与表面技术实验室	北京科技大学	北京市教育委员会 北京市科学技术委员会	2001
19	新型高分子材料制备与加工实验室	北京化工大学	北京市教育委员会 北京市科学技术委员会	2001
20	生物加工过程实验室	北京化工大学	北京市教育委员会 北京市科学技术委员会	2001
21	智能通信软件与多媒体实验室	北京邮电大学	北京市教育委员会 北京市科学技术委员会	2001
22	地球探测与信息技术实验室	石油大学（北京）	北京市教育委员会 北京市科学技术委员会	2001

续表

序号	名　　称	依托单位	主管部门	组建时间（年）
23	作物遗传改良实验室	中国农业大学	北京市教育委员会 北京市科学技术委员会	2001
24	草业科学实验室	中国农业大学	北京市教育委员会 北京市科学技术委员会	2001
25	果树逆境生理与分子生物学实验室	中国农业大学	北京市教育委员会 北京市科学技术委员会	2001
26	木材科学与工程实验室	北京林业大学	北京市教育委员会 北京市科学技术委员会	2001
27	癌发生及预防分子机理实验室	中国协和医科大学	北京市教育委员会 北京市科学技术委员会	2001
28	中医内科学实验室	北京中医药大学	北京市教育委员会 北京市科学技术委员会	2001
29	中药基础与新药研究实验室	北京中医药大学	北京市教育委员会 北京市科学技术委员会	2001
30	生物资源开发与生物工业实验室	北京师范大学	北京市教育委员会 北京市科学技术委员会	2001
31	环境遥感与数字城市实验室	北京师范大学	北京市教育委员会 北京市科学技术委员会	2001
32	应用实验心理实验室	北京师范大学	北京市教育委员会 北京市科学技术委员会	2001
33	基因工程药物及生物技术实验室	北京师范大学	北京市教育委员会 北京市科学技术委员会	2001
34	应用光学实验室	北京师范大学	北京市教育委员会 北京市科学技术委员会	2001
35	刑事科学技术实验室	中国人民公安大学	北京市教育委员会 北京市科学技术委员会	2001
36	水资源与环境工程实验室	中国地质大学（北京）	北京市教育委员会 北京市科学技术委员会	2001
37	国土资源信息研究开发实验室	中国地质大学（北京）	北京市教育委员会 北京市科学技术委员会	2001
38	岩石混凝土破坏力学实验室	中国矿业大学（北京）	北京市教育委员会 北京市科学技术委员会	2001
39	交通工程实验室	北京工业大学	北京市教育委员会 北京市科学技术委员会	2001
40	先进制造技术实验室	北京工业大学	北京市教育委员会 北京市科学技术委员会	2001
41	多媒体与智能软件技术实验室	北京工业大学	北京市教育委员会 北京市科学技术委员会	2001
42	工程抗震与结构诊治实验室	北京工业大学	北京市教育委员会 北京市科学技术委员会	2001

续表

序号	名　　称	依托单位	主管部门	组建时间（年）
43	传热与能源利用实验室	北京工业大学	北京市教育委员会 北京市科学技术委员会	2001
44	水质科学与水环境恢复工程实验室	北京工业大学	北京市教育委员会 北京市科学技术委员会	2001
45	现场总线技术及自动化实验室	北方工业大学	北京市教育委员会 北京市科学技术委员会	2001
46	植物资源研究开发实验室	北京工商大学	北京市教育委员会 北京市科学技术委员会	2001
47	服装材料研究开发与评价实验室	北京服装学院	北京市教育委员会 北京市科学技术委员会	2001
48	供热、供燃气、通风及空调工程实验室	北京建筑工程学院	北京市教育委员会 北京市科学技术委员会	2001
49	传感器实验室	北京信息工程学院	北京市教育委员会 北京市科学技术委员会	2001
50	机电系统测控实验室	北京机械工业学院	北京市教育委员会 北京市科学技术委员会	2001
51	农业应用新技术实验室	北京农学院	北京市教育委员会 北京市科学技术委员会	2001
52	神经再生修复研究实验室	首都医科大学	北京市教育委员会 北京市科学技术委员会	2001
53	肝脏保护与再生调节实验室	首都医科大学	北京市教育委员会 北京市科学技术委员会	2001
54	纳米光电子学实验室	首都师范大学	北京市教育委员会 北京市科学技术委员会	2001
55	学习与认知实验室	首都师范大学	北京市教育委员会 北京市科学技术委员会	2001
56	资源环境与地理信息系统实验室	首都师范大学	北京市教育委员会 北京市科学技术委员会	2001
57	生物活性物质与功能食品实验室	北京联合大学	北京市教育委员会 北京市科学技术委员会	2001
58	运动机能评定与技术诊断实验室	北京体育大学 首都体育学院	北京市教育委员会 北京市科学技术委员会	2001
59	物流系统与技术实验室	北京物资学院	北京市教育委员会 北京市科学技术委员会	2001
60	印刷包装材料与技术实验室	北京印刷学院	北京市教育委员会 北京市科学技术委员会	2004
61	光机电装备技术实验室	北京石油化工学院	北京市教育委员会 北京市科学技术委员会	2004
62	高电压与电磁兼容实验室	华北电力大学	北京市教育委员会 北京市科学技术委员会	2004

续表

序号	名　　称	依托单位	主管部门	组建时间（年）
63	能源的安全与清洁利用实验室	华北电力大学	北京市教育委员会 北京市科学技术委员会	2004
64	城市油气输配技术实验室	中国石油大学（北京）	北京市教育委员会 北京市科学技术委员会	2005
65	新能源材料与技术实验室	北京科技大学	北京市教育委员会 北京市科学技术委员会	2005
66	多肽及小分子药物实验室	首都医科大学	北京市教育委员会 北京市科学技术委员会	2005
67	兽医学（中医药）实验室	北京农学院	北京市教育委员会 北京市科学技术委员会	2006
68	太赫兹波谱与成像实验室	首都师范大学	北京市教育委员会 北京市科学技术委员会	2006
69	蛋白质药物实验室	清华大学	北京市教育委员会 北京市科学技术委员会	2007
70	眼科学与视觉科学实验室	首都医科大学	北京市教育委员会 北京市科学技术委员会	2007
71	工业过程测控新技术与系统实验室	华北电力大学	北京市教育委员会 北京市科学技术委员会	2008
72	物流管理与技术实验室	北京交通大学	北京市教育委员会 北京市科学技术委员会	2008

资料来源：北京市教育委员会、北京市科学技术委员会

北京地区国家重大科学工程、野外科学观测台站一览表

序号	名　　称	依托单位	主管部门	建成时间（年）
1	中国遥感卫星地面站	遥感卫星地面站	中国科学院	1986
2	H1—13 串列式静电加速器	中国原子能科学研究院	中国科学院	1987
3	太阳磁场望远镜	国家天文台总部（原北京天文台）	中国科学院	1985
4	北京正负电子对撞机	中国科学院高能物理研究所	中国科学院	1988
5	2.16 米光学望远镜	国家天文台总部（原北京天文台）	中国科学院	1989
6	5 兆瓦核供热实验堆	清华大学核能技术设计研究院	教育部	1989
7	大天区面积多目标光纤光谱天文望远镜	国家天文台总部（原北京天文台）	中国科学院	2008.10.16
8	国家农作物基因资源工程	农业部、中国农科院	农业部	2003

续表

序号	名　　称	依托单位	主管部门	建成时间（年）
9	北京白家疃地球科学国家野外科学观测研究站	中国地震局地球物理研究所	中国地震局	1955
10	北京房山人卫激光国家野外科学观测研究站	中国测绘科学研究院	国家测绘局	1980
11	北京上甸子大气成分本底国家野外科学观测研究站	北京市气象局	中国气象局	2005
12	北京空间环境国家野外科学观测研究站	中国科学院地质与地球物理研究所	中国科学院	正在建设

资料来源:科技部网站

北京地区国家工程技术研究中心一览表

序号	名　称	挂靠单位	组建、验收时间（年）	地　址	电　话	邮　编	网　址
1	国家高性能计算机工程技术研究中心	中科院计算技术研究所、曙光天演信息发展有限公司	1997 2000	海淀区中关村科学院南路6号	62657255	100190	www. nrchpc. ac. cn
2	国家并行计算机工程技术研究中心	中科院计算技术研究所、江南计算技术研究所	1992 1996	海淀区科学院南路6号	62570431	100190	
3	国家企业信息化应用支撑软件工程技术研究中心	清华大学、华中科技大学	1997 2000	海淀区清华大学华业大厦三区四层	62782208	100084	www. eis. org. cn/index. jsp
4	国家网络新媒体工程技术研究中心	中科院声学所、中国科学技术大学	2007	海淀区北四环西路21号	62540072	100190	www. ioa. ac. cn
5	国家数据通信工程技术研究中心	兴唐通信科技股份有限公司	1992 1995	海淀区学院路40号	62301219	100191	
6	国家遥感应用工程技术研究中心	中科院遥感应用研究所	1997 2000	朝阳区大屯路甲20号北	64889206	100101	www. irsa. ac. cn
7	国家专用集成电路设计工程技术研究中心	中科院自动化研究所	1992 1995	海淀区中关村东路95号	62554297	100190	www. ia. ac. cn
8	国家新药开发工程技术研究中心	中国医学科学院药物研究所	1996 2000	大兴区大兴工业开发区金苑路26号	61273597	102600	www. collab. cn

续表

序号	名　称	挂靠单位	组建、验收时间（年）	地　址	电　话	邮　编	网　址
9	国家医用加速器工程技术研究中心	北京医疗器械研究所	1994 1998	昌平区科技园区创新路21号	69714704	102200	www.cnerc.gov.cn/cnerc_site/yyjsq/index/index.htm
10	国家生化工程技术研究中心（北京）	中科院过程工程研究所	1996 2000	海淀区中关村北二条1号	62550875	100190	www.nercb.com.cn
11	国家服装设计与加工工程技术研究中心	中国服装集团公司	1993 1996	朝阳区建国路99号中服大厦27层	61558458	100020	www.cnggc.com
12	国家合成纤维工程技术研究中心	中国纺织科学研究院	1992	朝阳区延静里中街3号	65015397	100025	www.cta.com.cn
13	国家肉类加工工程技术研究中心	中国肉类食品综合研究中心	1997 2000	丰台区洋桥70号	67223366	100068	www.cmrc.com.cn
14	国家城市环境污染控制工程技术研究中心	北京市环境保护科学研究院	1994 1998	西城区阜外大街北营房中街59号	88362334	100037	www.cee.cn
15	国家工业建筑诊断与改造工程技术研究中心	中冶集团建筑研究总院	1993 1996	海淀区西土城路33号	82227377	100088	www.yj－nerc.com
16	国家建筑工程技术研究中心	中国建筑科学研究院	1993 1996	朝阳区北三环东路30号	64517000	100013	www.cabr.ac.cn
17	国家住宅与居住环境工程技术研究中心	中国建筑设计研究院	1993 1999	西城区车公庄大街19号	68302801	100044	www.house－china.net
18	国家水煤浆工程技术研究中心	煤炭科学研究总院	1992 1996	朝阳区青年沟路5号	84261742	100013	www.chinacwm.com
19	国家同位素工程技术研究中心	中国原子能科学研究院	1993 1999	房山区新镇	69358569	102413	www.ciae.ac.cn
20	国家新能源工程技术研究中心	北京市太阳能研究所有限公司	1992 1995	朝阳区北苑路大羊坊10号	84932673	100012	www.beijingsunpu.com.cn
21	国家智能交通系统工程技术研究中心	交通部公路科学研究所	1999 2003	海淀区土城路8号	62079526	100088	www.itsc.com.cn
22	国家铁路智能运输工程技术研究中心	中国铁道科学研究院	2000 2004	海淀区大柳树路2号	51849016	100081	www.rails.com.cn

续表

序号	名 称	挂靠单位	组建、验收时间（年）	地 址	电 话	邮 编	网 址
23	国家工业控制机及系统工程技术研究中心	中国航天科技集团公司五院502研究所	1993 1996	海淀区知春路61号康拓科技大厦	62523971	100190	www.controlchina.com
24	国家固体激光工程技术研究中心	中国电子科技集团公司第十一研究所	1992 1995	朝阳区酒仙桥路4号	84321411	100015	www.ncrieo.com.cn
25	国家计算机集成制造系统工程技术研究中心	清华大学	1992 1995	海淀区清华大学中央主楼6层	62783197	100084	www.cims.tsinghua.edu.cn
26	国家特种泵阀工程技术研究中心	中国航天动力研究所	1991 1995	丰台区南大红门路1号	68382215	100076	www.nercspv.com
27	国家冶金自动化工程技术研究中心	冶金自动化研究设计院、东北大学	1992 1994	丰台区西四环南路72号	63898746	100071	www.arim.com
28	国家超精密机床工程技术研究中心	北京机床研究所	2004 2008	朝阳区望京路4号	64736742	100102	
29	国家金属矿产资源综合利用工程技术研究中心（北京）	北京矿冶研究总院	1995 1998	西城区文兴街1号	88399109	100044	
30	国家玻璃深加工工程技术研究中心	中国建筑材料科学研究总院	1999 2003	朝阳区管庄东里1号	51167361	100024	www.cbma.com.cn
31	国家磁性材料工程技术研究中心	北矿磁材科技股份有限公司	1992 1995	丰台区南四环路188号6区5号楼	67537184	100070	www.magmat.com
32	国家非晶微晶合金工程技术研究中心	钢铁研究总院	1996 1999	海淀区学院南路76号	62183317	100081	www.amorphous.com.cn
33	国家碳纤维工程技术研究中心	北京化工大学、中国石油天然气股份有限公司吉林分公司	1992 2008	朝阳区北京化工大学34信箱	64435913	100029	
34	国家通用工程塑料工程技术研究中心	北京市化学工业研究院	1991 1995	海淀区中关村北大街123号华腾科技大厦5层	62640827	100084	www.bciri.com.cn
35	国家纤维增强模塑料工程技术研究中心	北京玻璃钢研究设计院	1992 1995	延庆县康庄北京261信箱	61162414	102101	

续表

序号	名 称	挂靠单位	组建、验收时间（年）	地 址	电 话	邮 编	网 址
37	国家有色金属复合材料工程技术研究中心	北京有色金属研究总院	1992 1996	西城区新街口外大街2号	82241220	100088	www. grinm. com
38	国家昌平综合农业工程技术研究中心	中国农业科学院作物研究所	1991 1995	海淀区中关村南大街12号	68975179	100081	
39	国家淡水渔业工程技术研究中心北京中心	北京市水产科学研究所、中国科学院水生生物研究所	1999 2003	丰台区角门路18号	67586098	100068	test. sino - b. cn/test/scyjs/web/news
40	国家花卉工程技术研究中心	北京林业大学	2005 2008	海淀区清华东路35号	62338279	100083	www. bjfu. edu. cn
41	国家蔬菜工程技术研究中心	北京市农林科学院蔬菜研究中心	1992 1995	海淀区板井路	51503032	100097	www. bvrc. com. cn
42	国家节水灌溉（北京）工程技术研究中心	中国水利水电科学研究院、中国灌溉排水发展中心	1999 2002	海淀区车公庄西路20号	68786542	100048	www. nceib. iwhr. com
43	国家农业信息化工程技术研究中心	北京市农林科学院	2002 2005	海淀区板井路	51503473	100097	www. nercita. org. cn
44	国家农业机械工程技术研究中心	中国农业机械化科学研究院	1999 2002	朝阳区德胜门外北沙滩1号	64882238	100083	www. caams. org. cn
45	国家饲料工程技术研究中心	中国农业大学、中国农业科学院饲料研究所	2000 2004	海淀区圆明园西路2号	62133466	100193	www. nferc. org
46	国家奶牛胚胎工程技术研究中心	北京三元集团有限责任公司	2004 2008	朝阳区清河南镇北京奶牛中心	62948010	100085	www. bdcc. com. cn
47	国家板带生产先进装备工程技术研究中心	北京科技大学	2008	海淀区学院路30号	62332598—6308	100083	
48	国家作物分子设计工程技术研究中心	北京未名凯拓农业生物技术有限公司	2008	海淀区上地西路39号北大生物城	62986799	100085	

资料来源：国家工程技术研究中心信息网

北京地区专利代理机构一览表

序号	机构名称	地址	邮编	负责人	电话	网址
1	北京国林贸知识产权代理有限公司(涉外)	朝阳区建国门外大街24号华侨村1—2—3	100022	李桂玲	65150103	www.glmipo.com.cn
2	北京路浩知识产权代理有限公司(涉外)	海淀区大柳树路17号富海国际港707室	100081	谢顺星	62196988	www.cnkip.com
3	北京中创阳光知识产权代理有限责任公司(涉外)	海淀区花园路13号道隆商务会馆112室	100088	尹振启	62063602	www.suncrt.com
4	北京中建联合知识产权代理事务所	西城区车公庄大街19号	100044	朱丽岩	58933504	www.zlzlzl.com
5	北京律诚同业知识产权代理有限公司(涉外)	海淀区知春路甲48号盈都大厦B座16层	100098	梁　挥	58733366	www.lecome.com
6	北京邦信阳专利商标代理有限公司(涉外)	朝阳区建国门外大街永安东里甲3号通用国际中心1号楼5层	100022	张秋生	58793300	www.boss-young.com
7	北京市中实友知识产权代理有限责任公司(涉外)	西城区德外大街安德路112号楼0119室	100011	张少宏	62366429	
8	北京金富邦专利事务所有限责任公司	朝阳区小关街53号	100029	孙伯庆	64249828	
9	北京英特普罗知识产权代理有限公司(涉外)	西城区车公庄大街9号5栋大楼C座11层	100044	胡　棋	88395588	www.intellecpro.com
10	北京华夏正合知识产权代理事务所(涉外)	西城区西外大街1号西环广场2号楼17层C5、C6室	100044	韩登营	58301655	www.czipa.com
11	北京德琦知识产权代理有限公司(涉外)	海淀区知春路1号学院国际大厦7层	100083	宋志强	82339088	www.deqi-iplc.com
12	北京中原华和知识产权代理有限责任公司(涉外)	朝阳区北辰东路8号汇宾大厦A座909室	100101	寿　宁	64993855	www.huahe.com.cn
13	中科专利商标代理有限责任公司(涉外)	海淀区王庄路1号清华同方科技大厦B座25层	100083	廖玉珍	82378686	www.csptal.com
14	北京振安创业专利代理有限责任公司	海淀区花园东路30号花园商务会馆6402室	100083	祁纯阳	82029709	
15	中国国际贸易促进委员会专利商标事务所(涉外)	西城区复兴门内大街158号远洋大厦10层	100031	李　勇	66412345	www.ccpit-patent.com.cn
16	北京知本村知识产权代理事务所	宣武区牛街东里一区8号楼1603室	100053	周自清	63894911	www.ccro.com.cn
17	北京乾诚五洲知识产权代理有限责任公司(涉外)	朝阳区裕民路18号北环中心A座1008—1009号	100029	付晓青	82250113	www.faithfulaw.com
18	北京北新智诚知识产权代理有限公司(涉外)	西城区西直门南大街16号西楼7层	100035	赵郁军	66168467	www.bpta.com.cn
19	北京市柳沈律师事务所(涉外)	海淀区彩和坊路10号瀚海国际大厦10层	100080	吴秉芬	62681616	www.liu-shen.com

续表

序号	机构名称	地　　址	邮　编	负责人	电　话	网　址
20	北京太兆天元知识产权代理有限责任公司(涉外)	海淀区知春路6号锦秋国际大厦A座701室	100088	张　韬	82800237	
21	北京万慧达知识产权代理有限公司(涉外)	海淀区中关村南大街1号友谊宾馆颐园写字楼226室	100873	白　刚	68948018	www. wanhuida. com
22	北京天昊联合知识产权代理有限公司(涉外)	西城区西长安街88号首都时代广场718室	100031	张天舒	83913598	www. teehowe. com
23	北京恒久联达知识产权代理有限公司(涉外)(未通过2008年年检)	朝阳区曙光西里甲1号A2108号	100028	林继恒	58220758	
24	北京宇生知识产权代理事务所	朝阳区惠新西街15号401室	100029	倪　骏	64938280	www. bjys85. cn
25	北京永创新实专利事务所	海淀区学院路37号	100083	周长琪	82338110	
26	北京三友知识产权代理有限公司(涉外)	西城区金融街35号国际企业大厦A座16层	100140	李　强	88091921	www. san - you. com
27	北京海虹嘉诚知识产权代理有限公司(涉外)	海淀区北四环中路283号智凯大厦902室	100083	张　涛	82384870	www. haihongjc. com
28	北京华科联合专利事务所	西城区西直门外南路5号华审宾馆2303室	100044	王　为	68314404	www. huakepatent. com
29	小松专利事务所	宣武区前门西大街8号楼1002室	100051	陈祚龄	63172986	
30	北京博浩百睿知识产权代理有限责任公司	海淀区知春路甲48号C座4单元10F	100098	宋子良	58732381	
31	北京同汇友专利事务所	大兴区黄村镇兴政街31号	102600	高云瑞	69242225	
32	北京金之桥知识产权代理有限公司(涉外)	海淀区知春路6号锦秋国际大厦A座1008室	100088	林建军	82800716	www. goldenbridgeip. com
33	北京三高永信知识产权代理有限责任公司(涉外)	朝阳区安立路60号润枫德尚大厦B座1204—1205室	100101	何文彬	64986656	www. sangaopatent. com
34	北京科龙寰宇知识产权代理有限责任公司(涉外)	海淀区知春路6号锦秋国际大厦A座1303室	100088	孙皓晨	82800568	www. kelong - ip. com
35	北京君尚知识产权代理事务所(涉外)	海淀区北四环西路68号左岸工社大厦1317室	100080	余长江	82529027	www. joyshine. com. cn
36	北京清亦华知识产权代理事务所	海淀区清华园清华大学照澜院商业楼301室	100084	廖元秋	62792171	qingyihua. 51. net
37	北京思海天达知识产权代理有限公司(涉外)	朝阳区平乐园100号知新园4层	100124	张　慧	67392381	
38	北京英赛嘉华知识产权代理有限责任公司(涉外)	海淀区知春路甲48号盈都大厦A座19层	100098	王达佐	58732666	www insightip. com
39	北京同立钧成知识产权代理有限公司(涉外)	朝阳区北辰西路69号峻峰华亭A座902室	100029	刘　芳	58773108	www infopatent. com. cn
40	北京华谊知识产权代理有限公司	海淀区学院路30号北京科技大学科技园A座107室	100083	刘月娥	62332031	

续表

序号	机构名称	地址	邮编	负责人	电话	网址
41	北京纽乐康知识产权代理事务所(涉外)	海淀区西直门北大街联慧路99号海云轩大厦A座183室	100028	田磊	62277819	www.neuracom-ip.com
42	北京轻创知识产权代理有限公司(涉外)	海淀区花园路2号牡丹科技大厦A座3层	100191	王新生	82282626	www.keycom-ip.com
43	北京申翔知识产权代理有限公司(涉外)	西城区西直门南小街国英1号大厦0429室	100035	周春发	58561176	
44	北京三幸商标专利事务所(涉外)	朝阳区北辰东路8号汇欣大厦B座0811号	100101	刘激扬	84976188	www.sankoco.com
45	北京思创毕升专利事务所(涉外)	朝阳区北三环东路14号	100013	韦庆文	64201667	www.sch-ip.com
46	中原信达知识产权代理有限责任公司(涉外)	西城区金融街19号富凯大厦B座11层	100140	穆德骏	66576688	www.chinasinda.com
47	北京捷诚信通知识产权代理有限公司(涉外)	西城区三里河1区5—5	100045	庞炳良	68589998	www.pscu.com.cn
48	北京元中知识产权代理有限责任公司(涉外)	西城区北三环中路甲29号2号楼尊邸1103室	100029	汪诚芝	82023296	www.yuanzhong.org
49	北京金阙华进专利事务所(涉外)	朝阳区东大桥路8号尚都国际中心A座2312室	100020	吴鸿维	58702027	www.goldengatepatent.com
50	北京金信立方知识产权代理有限公司(涉外)	海淀区紫竹院路116号嘉豪国际中心B座11层	100097	张晓晨	58930011	www.kingsound-ip.com.cn
51	北京中知法苑知识产权代理事务所	海淀区北三环西路11号首都体育学院高德写字楼107室	100088	陈俊由	82090902	www.zzfyip.cn
52	北京集佳知识产权代理有限公司(涉外)	朝阳区建外大街22号赛特大厦7层	100004	于泽辉	85115588	www.unitalen.com.cn
53	北京市汇泽知识产权代理有限公司(涉外)	海淀区知春路6号锦秋国际大厦A座18层	100088	赵军	82961618	www.ipr-jzhz.com
54	北京金言诚信知识产权代理有限公司	海淀区知春路111号理想大厦809室	100086	王亚轩	82665269	www.jycx.com.cn
55	北京万科园知识产权代理有限责任公司(涉外)	海淀区北三环中路77号	100088	张亚军	82076997	www.wky.com.cn
56	北京慧泉知识产权代理有限公司(涉外)	海淀区蓟门里和景园1号楼1单元302室	100088	王顺荣	82023315	www.huiquanip.com
57	北京科兴园专利事务所	朝阳区酒仙桥路13号	100016	王蕴	64355266	
58	中国商标专利事务所有限公司(涉外)	西城区月坛南街14号月新大厦	100045	李彦章	68570096	www.trademarkpatent.com.cn
59	北京市广友专利事务所有限责任公司	海淀区北三环西路11号高德写字楼206室	100088	王垄璇	82090980	
60	北京博圣通专利事务所	海淀区北四环中路229号海泰大厦1706室	100083	黄薇	82884000	

续表

序号	机构名称	地　　址	邮　编	负责人	电　话	网　址
61	北京天平专利商标代理有限公司(涉外)	朝阳区朝外大街16号中国人寿大厦1808室	100020	王　怡	65883010	www. wang - associates. com
62	北京康信知识产权代理有限责任公司(涉外)	海淀区知春路甲48号盈都大厦A座16层	100098	余　刚	58731888	www. kangxin. com
63	北京双收知识产权代理有限公司(涉外)	朝阳区安贞西里仟村商务大楼B座506—507室	100029	吴忠仁	82041081	www. sspatent. com
64	北京诺孚尔知识产权代理有限责任公司	海淀区北洼西里颐安嘉园14栋	100089	白　帆	68430973	www. nova - ip. com. cn
65	北京银龙知识产权代理有限公司(涉外)	海淀区西直门北大街32号枫篮国际中心2号楼10层	100082	郝庆芬	82252547	www. dragonip. com
66	北京市合德专利事务所	海淀区北三环中路77号90号信箱	100088	李本源	82047898	www. heraldpatent. com
67	北京纪凯知识产权代理有限公司(涉外)	西城区宣武门西大街甲129号金隅大厦602室	100031	赵蓉民	66411409	www. jeekai. com
68	北京众合诚成知识产权代理有限公司(涉外)	西城区车公庄大街甲4号物华大厦A座1707室	100044	黄家俊	68003961	www. bjzhcc. com
69	北京市中咨律师事务所(涉外)	西城区平安里西大街26号新时代大厦6—8层	100034	贾　军	66091188	www. zhongzi. com. cn
70	北京中安信知识产权代理事务所(涉外)	海淀区清华东路2号金码大厦A座712室	100083	张小娟	82837725	www. citicip. com
71	北京中恒高博知识产权代理有限公司(涉外)	西城区车公庄大街6号3号楼313室	100044	刘　震	68001852	www. chinagoub. com
72	北京三聚阳光知识产权代理有限公司(涉外)	西城区裕民路18号北环中心A座502室	100029	张　杰	62382785	www. ipsunshine. com
73	北京科迪生专利代理有限责任公司	海淀区中关村816楼1202室	100080	关　玲	82615576	
74	北京维澳专利代理有限公司(涉外)(未通过2008年年检)	朝阳区建国门外大街22号赛特广场M层30112	100004	翟向红	65598871	www. pacificchinaip. com
75	北京中北知识产权代理有限公司(涉外)	西城区月坛北街2号月坛大厦16层1号	100045	袁世寰	68081365	www. bta. com. cn
76	北京连城创新知识产权代理有限公司	海淀区北三环西路48号北京科技会展中心1号楼B座6B	100086	刘伍堂	62146667	www. liancheng. net
77	北京市商泰律师事务所(涉外)	朝阳区朝外大街10号昆泰大厦1219室	100020	郭　华	65995719	www. stlss. cn
78	北京市金杜律师事务所(涉外)	朝阳区东三环中路7号北京财富中心写字楼A座40层	100020	王俊峰	58785588	www. kingandwood. com
79	北京正理专利代理有限公司(涉外)	西城区车公庄大街甲4号物华大厦A座	100044	诸葛北华	68001882	www. janlea. com. cn

续表

序号	机构名称	地　　址	邮　编	负责人	电　话	网　址
80	北京东方亿思知识产权代理有限责任公司(涉外)	东城区东长安街1号东方广场东方经贸城东2座1601室	100738	高卢麟	85189318	www. eastip. com
81	北京金硕果知识产权代理事务所	海淀区西土城路13号蓟门文体招待所	100088	张　玫	62379509	www. jinshuoguo. com
82	北京凯特来知识产权代理有限公司(涉外)	海淀区大柳树路甲2号中铁科大厦8层南区	100081	郑立明	62197221	www. cataly – ip. com
83	北京市尚公律师事务所(未通过2008年年检)	东城区东长安街10号长安大厦3层	100006	李尚公	65288888	
84	北京安信方达知识产权代理有限公司(涉外)	海淀区学清路8号科技财富中心B座3层305A	100085	郑　霞	82730790	www. anxinfonda. com
85	北京高默克知识产权代理有限公司(涉外)	西城区月坛北街2号月坛大厦A座308室	100045	黄坤益	68083081	www. gmkip. com
86	北京华夏博通专利事务所(分部)	海淀区紫竹院南路23号国防出版社院内	100048	刘　俊	68451009	www. bjhxbt. com
87	北京挺立专利事务所(涉外)	西城区宣武门西大街129号金隅大厦804室	100031	叶树明	66416908	www. dingli. net
88	北京尔海知识产权代理事务所	海淀区文慧园北路9号今典花园2号楼2505室	100082	姜丽辉	62265669	www. jiangpa. com
89	北京嘉和天工知识产权代理事务所(涉外)	朝阳区八里庄西里98号住邦2000商务中心3号楼1201室	100025	甘　玲	85869056	www. arete – ip. cn
90	北京派特恩知识产权代理事务所	海淀区知春路甲48号3号楼1单元9D	100098	张颖玲	58731298	
91	北京安博达知识产权代理有限公司(涉外)	海淀区蓟门里小区和景园1号楼3单元102室	100088	徐国文	62379723	www. anboda. com
92	北京富天民宏济知识产权代理事务所	海淀区阜成路甲75号院北平房	100036	刘寿椿	88152049	
93	北京中博世达专利商标代理有限公司(涉外)	海淀区大柳树路17号富海大厦B座501室	100081	申　健	62123380	www. zhongbo – ip. com
94	北京同恒源知识产权代理有限公司(涉外)	海淀区知春路6号锦秋国际大厦A座511室	100088	王维绮	82800977	www. tidytend. com
95	北京市浩天知识产权代理事务所(涉外)	朝阳区光华路7号汉威大厦东区	100004	金卫文	52019988	www. hylandslaw. com
96	北京林达刘知识产权代理事务所(涉外)	海淀区清华大学学研大厦B座903室	100084	刘新宇	62790522	www. lindapatent. com
97	北京连和连知识产权代理有限公司(涉外)	朝阳区安定路33号化信大厦A座1008室	100029	胡荣瑜	64442168	www. lianandlien. com
98	北京中誉威圣知识产权代理有限公司(涉外)	东城区建国门内大街7号光华长安大厦2座818室	100005	曹来禧	65171299	www. globelaw. com. cn

续表

序号	机构名称	地 址	邮 编	负责人	电 话	网 址
99	北京泛华伟业知识产权代理有限公司(涉外)	西城区西直门外大街西环广场2号楼18层5—6	100044	徐 舒	58302268	www. panawell. com
100	北京明和龙知识产权代理有限公司(涉外)	海淀区中关村南大街17号韦伯时代中心C座1505室	100081	郁玉成	88570772	www. mlipa. com
101	北京中海智圣知识产权代理有限公司(涉外)	海淀区知春路1号学院国际大厦602室	100083	曾永珠	51266917	www. zhzs. cn
102	北京润平知识产权代理有限公司(涉外)	海淀区北四环西路9号银谷大厦509室	100190	刘国平	62800922	www. runping. com
103	北京北翔知识产权代理有限公司(涉外)	海淀区学院路35号世宁大厦908室	100191	姜建成	82311199	www. peksung. com
104	北京铭硕知识产权代理有限公司(涉外)	海淀区上地五街7号昊海大厦5层	100085	韩明星	82896186	www. mingsure. com
105	北京律盟知识产权代理有限责任公司(涉外)	西城区东长安街1号东方广场西一办公楼10层1008室	100738	王允方	85187141	www. chinaleaven. com
106	北京瑞成兴业知识产权代理事务所	西城区德胜门外大街11号44号楼A座718室	100088	李 慧	82025963	
107	北京信慧永光知识产权代理有限责任公司(涉外)	海淀区知春路9号坤讯大厦1106室	100083	王维玉	82335586	www. beijing - sun-hope. com
108	北京同达信恒知识产权代理有限公司(涉外)	西城区裕民路18号北环中心A座2002室	100029	黄志华	82254645	www. tongdaxinheng. com
109	北京怡丰知识产权代理有限公司(涉外)	朝阳区曙光西里甲1号东域大厦第三置业B3003室	100028	于振强	58220250	www. finefields. com
110	北京五月天专利商标代理有限公司	海淀区西直门北大街47号院迈豪时代1幢131室	100044	吴宝泰	62225161	www. mayskyip. com
111	北京市建元律师事务所	西城区阜成门北大街6号国际投资大厦C座7层	100034	王 隽	66579966	www. genesislawfirm. com. cn
112	北京东方汇众知识产权代理事务所	海淀区西土城路13号蓟门文体招待所1层1号	100088	朱元萍	62367180	
113	北京鑫媛睿博知识产权代理有限公司	宣武区白广路枣林前街37号北京裕隆苑宾馆107室	100053	龚家骅	83540218	
114	北京泛诚知识产权代理有限公司(涉外)	西城区南礼士路66号建威大厦1914室	100045	文 琦	68086266	www. fsiplaw. com
115	北京市卓华知识产权代理有限公司	朝阳区安翔北里11号创业大厦C座209室	100101	丁永华	64830754	
116	北京瑞盟知识产权代理有限公司(涉外)	西城区西直门南大街16号西楼11层16室	100035	王友彭	66157651	www. rimoon. com. cn
117	北京汇智英财专利代理事务所(涉外)	海淀区大柳树路17号富海国际港902室	100081	郑玉洁	62155155	
118	北京市德权律师事务所(涉外)	东城区东直门南大街14号保利大厦写字楼8层A区	100027	房德权	65081195	www. dequanlawfirm. com

续表

序号	机构名称	地　　址	邮　编	负责人	电　话	网　址
119	北京方韬法业专利代理事务所	海淀区增光路甲34号云建大厦9层9号	100037	吴景曾	86410972	www. findto. net
120	北京信远达知识产权代理事务所	朝阳区建国门外大街24号京泰大厦1508室	100022	王学强	65150407	
121	北京君智知识产权代理事务所	海淀区中关村南大街乙8号中监所内老办公楼314室	100081	向　华	62137220	www. jzpa. com
122	北京市德恒律师事务所(涉外)	西城区金融街19号富凯大厦B座12层	100140	王　丽	66575888	www. dhl. com. cn
123	北京紫金联合知识产权代理事务所(未通过2008年年检)	西城区月坛北街26号恒华国际商务中心C座1202室	100045	戴武军	86329977	
124	北京元本知识产权代理事务所	海淀区花园路12号时代玉成大厦403室	100088	李　斌	62361567	www. yuanben – ip. com
125	北京亿腾知识产权代理事务所	海淀区紫金数码园3号楼7层	100190	陈　霁	62262772	www. etone – ip. com
126	北京立成智业专利代理事务所	朝阳区樱花西街18号贵州大厦内1009室	100029	张江涵	64421808	
127	北京天悦专利代理事务所	朝阳区北苑路36号14号楼2528室	100012	田　明	84934084	www. tianyueip. com
128	北京必浩得专利代理事务所	海淀区紫竹院路116号嘉豪国际中心C座9层	100097	张亦华	51709020	www. besthold. cn
129	北京市铸成律师事务所	西城区北展北街华远企业号A座8层	100044	司义夏	88369999	www. ctw. com. cn
130	北京戈程知识产权代理有限公司(涉外)	东城区东长安街1号东方广场东三办公楼19层	100738	程　伟	85188598	www. gechengip. com
131	北京国昊天诚知识产权代理有限公司	朝阳区东三环中路59号富力双子座A座2605室	100022	顾惠忠	58622266	
132	北京一格知识产权代理事务所	海淀区花园路12号时代玉成大厦207室	100088	钟廷良	82013217	www. igreat. net
133	北京汉耐特知识产权代理事务所	朝阳区朝外大街19号华普国际大厦708室	100020	于淑惠	65881619	
134	北京法思腾知识产权代理有限公司(涉外)	海淀区中关村东路66号世纪科贸大厦C座1801室	100190	杨小蓉	62672128	www. bjfastip. com
135	北京润泽恒知识产权代理有限公司	海淀区学院南路34号西区大厦515室	100088	李　欣	62276442	
136	北京王景林知识产权代理事务所	海淀区中关村大街27号中关村大厦515室	100080	王景林	82381044	www. ip8610. com
137	北京市京大律师事务所	海淀区海淀路52号北大太平洋科技发展中心705室	100080	李光松	82689930	
138	北京尚诚知识产权代理有限公司(涉外)	西城区宣武门西大街甲129号金隅大厦6层	100031	龙　淳	66412615	

续表

序号	机构名称	地　址	邮　编	负责人	电　话	网　址
139	北京市隆安律师事务所（涉外）	朝阳区建国门外大街21号北京国际俱乐部188室	100020	张炳崑	82689930	
140	北京金恒联合知识产权代理事务所（涉外）	海淀区志新东路5号鸿基世业商务酒店A609	100083	李　强	82373196	www. jinheng - ip. com
141	北京中伟智信专利商标代理事务所	海淀区蓟门里小区东10楼1门0102室	100088	张　岱	62366545	
142	北京市路盛律师事务所	朝阳区建国门外大街甲12号新华保险大厦1604A室	100022	张再平	65693038	
143	北京鸿元知识产权代理有限公司（涉外）	朝阳门外大街19号华普国际大厦519室	100020	李瑞海	66018031	www grandérip. com
144	北京汉德知识产权代理事务所	东城区和平里七区16号531室	100013	庄一方	64215141	
145	北京龙双利达知识产权代理有限公司（涉外）	海淀区市丹棱街16号海兴大厦C座1108室	100080	朱　勤	82606695	
146	北京市立方律师事务所	东城区东四十条甲22号南新仓国际大厦A1105室	100007	谢冠斌	64096099	www. lifanglaw. com
147	北京新博知识产权代理有限公司	西城区金融街35号国际企业大厦B座16层	100140	黄锦阳	88093118	
148	北京品源专利代理有限公司	西城区莲花池东路5号11栋楼505—1室	100038	张诗琼	66034644	
149	北京兆君联合知识产权代理事务所	昌平区西环南路钰阳商业楼A单元2层	102200	初向庆	89745363	
150	北京国帆知识产权代理事务所	石景山区八大处高科技园西井路3号3号楼	100043	王　俊	82037380	
151	北京汇信合知识产权代理有限公司	海淀区中关村大街甲59号文化厦1206G	100872	符彦慈	51260867	
152	北京市磐华律师事务所（涉外）	朝阳区建国门外大街22号赛特大厦901—902室	100004	董　巍	65594091	www. pcassociates. cn
153	北京市盛峰律师事务所	海淀区中关村大街27号中关村大厦5层	100080	于国富	51656805	www. lawyer8. com
154	北京挚诚信奉知识产权代理有限公司	海淀区西直门北大街32号枫蓝国际中心2号楼1010室	100082	张习义	62220567	
155	北京市安伦律师事务所（涉外）	朝阳区呼家楼京广中心商务楼711室	100020	安晓地	65975210	www. atzp. com
156	北京天奇智新知识产权代理有限公司	海淀区中关村南大街12号天作国际中心18层1号楼2109室	100081	胡　芳	81630664	
157	北京锐思知识产权代理事务所	西城区西直门外大街135号北展宾馆写字楼5112室	100044	李　涛	13810886697	

续表

序号	机构名称	地　址	邮　编	负责人	电　话	网　址
158	北京市汉衡律师事务所（涉外）	朝阳区东三环中路39号建外SOHO社区8号楼31层	100022	冯　波	58691166	
159	核工业专利中心	海淀区阜成路43号	100037	高尚梅	68410206	
160	中国航空专利中心	朝阳区安外小关东里14号	100029	杜永保	64918183	
161	中国航天科技专利中心	东城区和平里滨河路1号	100013	安　丽	68373447	
162	信息产业部电子专利中心	石景山区鲁谷路35号电科大厦	100040	赵天武	68632928	
163	中国兵器工业集团公司专利中心	海淀区车道沟10号	100089	刘东升	68961701	
164	中国航天科工集团公司专利中心	海淀区永定路50号	100854	岳洁菱	68386595	
165	中国船舶专利中心	海淀区学院南路70号	100081	缪　蕾	62180545	
166	中国有色金属工业专利中心	西城区西直门内西章胡同9号	100035	李迎春	62229257	
167	中国人民解放军空军专利服务中心	丰台区南苑9236信箱	100076	张列刚	66712322	
168	中国人民解放军总后勤部专利服务中心	丰台区丰台体育中心南路2号	100071	杨学明	66888795	
169	中国人民解放军第二炮兵专利服务中心	海淀区清河镇清河大楼丁三	100085	李兴文	62841531	
170	国防专利服务中心	海淀区阜成路26号	100036	钱立亚	66357069	
171	中国人民解放军海军专利服务中心	丰台区六里桥北里4号	100073	李　坚	66952536	
172	中国人民解放军防化研究院专利服务中心	海淀区花园北路35号西楼	100083	刘永盛	66748499	
173	首钢总公司专利中心	石景山区首钢技术研究院	100041	李永东	88292092	
174	北京理工大学专利中心	海淀区中关村南大街5号	100081	仇蕾安	68912328	
175	中国和平利用军工技术协会专利中心	海淀区花园路7号新时代大厦7层	100088	陈晶晶	82803105	

资料来源：北京市知识产权局

北京地区技术合同登记机构一览表

序号	登记处名称	地　址	邮　编	电　话
1	北京技术交易促进中心技术合同登记处	海淀区苏州街甲49号	100080	62577125
2	北京市科学技术协会技术合同登记处	崇文区永外西革新里98号	100077	67235944
3	北京市经委经济技术市场发展中心技术合同登记处	东城区鼓楼东大街48号	100009	64019720

续表

序号	登记处名称	地　址	邮　编	电　话
4	北京市职工技术协会技术合同登记处	宣武区虎坊路13号	100052	83551557
5	北京市知识产权局技术合同登记处	西城区西直门南大街16号西楼11层	100035	66127237
6	中国航空工业科学技术总公司技术合同登记处	朝阳区西大望路甲2号6层	100025	65016246—8015
7	核工业科技开发咨询中心技术合同登记处	西城区月坛西街乙2号院5号楼	100045	68021966
8	中国科学院信息咨询中心技术合同登记处	海淀区北四环西路33号6D	100080	62568696
9	中国科学技术咨询服务中心技术合同登记处	海淀区学院南路86号	100081	62137487
10	中国电子工业科学技术交流中心技术合同登记处	西城区新街口外大街8号	100088	62383340
11	朝阳区科学技术协会技术合同登记处	朝阳区日坛北街33号区政府南2楼5层507室	100020	65099728
12	顺义区科学技术委员会技术合同登记处	顺义区光明南街24号	101300	69444902
13	东城区科学技术委员会技术合同登记处	东城区金宝街52号东城区行政服务中心13号窗口	100005	65258800—8116
14	西城区科学技术委员会技术合同登记处	西城区月坛北街甲1号—4	100037	68010703
15	海淀区科学技术委员会技术合同登记处	海淀区北四环中路281号	100083	62325612
16	崇文区科学技术委员会技术合同登记处	崇文区幸福大街甲39号德惠写字楼B座308室	100061	67136504
17	北京市经济技术合作办公室技术合同登记处	朝阳区中纺街30号9层	100020	65014090
18	石景山区科学技术委员会技术合同登记处	石景山区实兴大街区工商局1层	100041	38794457—217
19	中关村科技园区昌平园管理委员会技术合同登记处	昌平区超前路9号	102200	89701437
20	通州区科学技术委员会技术合同登记处	通州区通胡大街78号	101100	89526652—3083
21	密云县科学技术委员会技术合同登记处	密云县西滨河路2号	101500	69048443
22	房山区科学技术委员会技术合同登记处	房山区良乡政通东路1号	102488	89350223
23	宣武区科学技术委员会技术合同登记处	宣武区育新街2号	100054	83532965
24	中关村科技园区丰台园管理委员会技术合同登记处	丰台区科兴路9号	100070	63740110
25	北京市科技协作中心技术合同登记处	西城区西直门南大街16号	100035	66517146
26	中关村科技园区海淀园管理委员会技术合同登记处	海淀区四季青路6号招商大厦	100089	88496990
27	北京市科学技术研究院技术合同登记处	海淀区紫竹院南路23号国防出版社院内429室	100048	68343152
28	大兴区科学技术委员会技术合同登记处	大兴区黄村兴政街31号	102600	69243835
29	丰台区科学技术委员会技术合同登记处	丰台区北大街甲13号	100071	63894698
30	中关村科技园区电子城科技园管理委员会技术合同登记处	朝阳区酒仙桥路甲12号	100016	64310422

续表

序号	登记处名称	地　　址	邮　编	电　话
31	北京产权交易所有限公司技术合同登记处	西城区金融大街甲17号	100140	66295773
32	昌平区科学技术委员会技术合同登记处	昌平区东关二条科技中心大楼	102200	69744174
33	北京版权保护中心技术合同登记处	海淀区知春路23号量子银座1405室	100083	82357087
34	朝阳区科学技术委员会技术合同登记处	朝阳区大屯路西奥中心B座22层	100101	64862731
35	平谷区科学技术委员会技术合同登记处	平谷区府前西街26号	101200	69961909
36	怀柔区科学技术委员会技术合同登记处	怀柔区湖光小区24号	101400	69697671

资料来源:北京技术市场管理办公室

北京地区质量技术监督检验检测技术机构一览表

序号	名　　称	服务内容	地　址	邮　编	电　话	电子邮箱
1	国家中文信息处理产品质量监督检验中心	中文信息处理产品	朝阳区育慧南路3号	100029	84654173	zjs@ bjtsb. gov. cn
2	国家应用软件产品质量监督检验中心	应用软件产品	海淀区中关村软件园区3A楼	100094	82825511	zjs@ bjtsb. gov. cn
3	国家食品质量安全监督检验中心	食品及食品有害物质分析	海淀区永丰产业基地丰德东路17号	100094	82479300	cfqs@ cfqs. org
4	北京市产品质量监督检验所	家用电器、电子电工、低压电器、电气环境实验、食品、乐器、眼镜、信息类产品、网络线、电线电缆、电磁兼容、应用软件评测、网络测试、信息交换用中文汉字、珠宝玉石、室内空气检测等产品质量的委托检测、监督检验、仲裁检验	朝阳区育慧南路3号	100029	84654179	zjs@ bjtsb. gov. cn
5	北京市纺织纤维检验所	纺织品、纤维	朝阳区八里庄西里甲15号	100025	65585719	xjs@ bjtsb. gov. cn
6	北京市计量产品质量监督检验一站	计量产品	朝阳区安苑东里1区12号	100029	64916380	jly@ bjtsb. gov. cn
7	北京市东城区产品质量监督检验所	眼镜	东城区和平里五区甲12号	100013	84210014	dcjzjs@ bjtsb. gov. cn
8	北京市朝阳区产品质量监督检验所	汽车配件,家具、石材、板材、食品	朝阳区高碑店路1438号	100022	87741688	cyjzjs@ bjtsb. gov. cn

续表

序号	名　称	服务内容	地　址	邮　编	电　话	电子邮箱
9	北京市海淀区产品质量监督检验所	卫生用品、煤、车用燃油、纸制品、食品及食品有害物质分析	海淀区永丰产业基地丰德东路17号	100094	82479300	cfqjs@ cfqjs. org
10	北京市丰台区产品质量监督检验所	糕点、面包、糖果、饮料、肉制品等食品	丰台区丰台镇文体路6号	100071	63837652	ftjzjs@ bjtsb. gov. cn
11	北京市石景山区产品质量监督检验所	煤、车用燃油、润滑油	石景山区杨庄东路73号	100043	68827679	sjszjs@ bjtsb. gov. cn
12	北京市门头沟区产品质量监督检验所	煤炭	门头沟区新桥大街60号	102300	69828742	mtgjzjs@ bjtsb. gov. cn
13	北京市房山区产品质量监督检验所	建筑材料、煤炭、油品	房山区良乡拱辰大街84号	102401	80356958	fsjzjs@ bjtsb. gov. cn
14	北京市通州区产品质量监督检验所	车用防冻液、制动液、润滑油、食品	通州区运河大街东路甲1号	101100	89580603	tzjzjs@ bjtsb. gov. cn
15	北京市顺义区产品质量监督检验所	煤炭、油品、食品	顺义区府前东街19号	101300	81482494	syjzjs@ bjtsb. gov. cn
16	北京市昌平区产品质量监督检验所	食品、饲料、化妆品、洗涤用品、建筑涂料、煤炭、车用汽油、车用柴油、皮革、家具、门窗、水泥、水嘴阀门、建筑装饰材料等	昌平区东关环岛东	102200	89702449	cpjzjs@ bjtsb. gov. cn
17	北京市大兴区产品质量监督检验所	糕点及糕点制品、煤炭、石油化工产品	大兴区海子角	102600	61245309	dxjzjs@ bjtsb. gov. cn
18	北京市平谷区产品质量监督检验所	复合肥、粮食及制品	平谷区平谷镇文化南街7号	101200	69976714	pgjzjs@ bjtsb. gov. cn
19	北京市怀柔区产品质量监督检验所	面包、糕点、碳酸饮料、酱油	怀柔区北大街53号	101400	89682352	hrjzjs@ bjtsb. gov. cn
20	北京市密云县产品质量监督检验所	糕点、饼干、面包等食品	密云县鼓楼东大街5号	101500	69087607	myjzjs@ bjtsb. gov. cn
21	北京市延庆县产品质量监督检验所	煤炭、面粉、植物油、汽油	延庆县湖南东路20号	102100	69103006	yqjzjs@ bjtsb. gov. cn
22	北京市条码质量监督检验站	条码	东城区和平里东街20号	100013	64290363	xxs@ bjtsb. gov. cn
23	北京市食品及酿酒产品质量监督检验一站	饮料、食品、酒	崇文区永定门外沙子口路70号	100075	67261247	99jiu@ sohu. com
24	北京市食品质量监督检验二站	调味品、豆制品、香辛料	宣武区禄长街头条4号	100050	63036270	bjfoodnz@ public3. bta. net. cn
25	北京市食品质量监督检验三站	禽肉制品、冷冻饮品、水产品	丰台区洋桥70号	100068	67264821	cmrcsys@ 263. net
26	北京市食品质量监督检验四站	肉、肉制品，蛋、蛋制品，水产品	丰台区南四环西路188号7区7号楼	100070	63702219	sheshengjin815 @ sohu. com

续表

序号	名　　称	服务内容	地　址	邮　编	电　话	电子邮箱
27	北京市粮油及复制品质量监督检验站	原粮和原粮制品、食用油产品	大兴区西红门路46号	100162	60245708	Shangyan4828@ sina. com
28	北京市饮料及食品添加剂质量监督检验站	饮料、食品添加剂	朝阳区平乐园100号	100124	67391667	bgdzjz@ etang. com
29	北京市乳品质量监督检验站	乳品及乳制品	朝阳区清河南镇北京奶牛中心	100192	62948037	rupin@ btamail. net. cn
30	北京市茶叶质量监督检验站	茶叶	大兴区西红门路8号	100076	60222968	teazhijian@ sina. com
31	北京市服装质量监督检验一站	服装	朝阳区松榆西里29号楼	100021	67356435	bcqsts@ china. com
32	北京市服装质量监督检验二站	服装	宣武区前门大街掌扇胡同甲2号	100051	63014173	fzzj2@ 263. net
33	北京市针织品质量监督检验站	针织制品	朝阳区朝外金台里27号	100026	85992984	zzzj01@ 263. net
34	北京市毛麻丝织品质量监督检验站	毛、麻、丝原料及织品	海淀区清河小营西毛纺城内	100085	62940614	mms@ vip. 163. com
35	北京市纺织产品及染料助剂质量监督检验站	纺织产品、染料助剂产品	朝阳区朝阳北路175号401室	100026	65086018	frjjz@ 263. net
36	北京市地毯质量监督检验站	地毯	朝阳区望京湖光中街8号	100102	64752924	ditanjiancezhan @ sohu. com
37	北京市鞋帽质量监督检验站	鞋帽产品	崇文区天坛路89号	100050	67021246	bjmzj@ china. com
38	北京市木材家具质量监督检验站	木家具	丰台区大红门西路4号	100068	67274103	mczjz@ 126. com
39	北京市玻璃陶瓷产品质量监督检验站	玻璃陶瓷产品	朝阳区南豆各庄黄厂路	100023	87399686	glassncs95@ 163. com
40	北京市家用电器质量监督检验站	家用电器	宣武区下斜街29号	100053	63037367	zzbgs@ sohu. com
41	北京市轻工产品质量监督检验一站	日用五金、文化百货、儿童用品	丰台区角门东里79号	100068	67564486	zhijianyizhan @ hotmail. com
42	北京市日用化学产品质量监督检验站	化妆品、洗涤用品	崇文区东四块玉南街32号	100061	67161289	kyzxxl@ public. bta. net. cn
43	北京市首饰质量监督检验站	首饰	朝阳区大屯路甲2号	100101	64871971	njc@ a – l. net. cn
44	北京市珠宝玉石质量监督检验站	珠宝玉石及其制品	朝阳区安定门外大街小黄庄路19号	100013	84273637	gems@ 163bj. com
45	北京市燃气及燃气用具产品质量监督检验站	燃气用具	朝阳区安定门外外馆东后街35号	100011	64257122	bpoi@ public. east. cn. net

续表

序号	名　称	服务内容	地　址	邮　编	电　话	电子邮箱
46	北京市烟草质量监督检测站	烟草	朝阳区北三环东路樱花西街10号	100029	64436071	bjyczjz@sina.com
47	北京市烟花爆竹质量监督检验站	烟花爆竹	海淀区冷泉东路16号	100095	62488831	hbhpjcz@sohu.com
48	北京市钟表质量监督检验站	钟表	东城区交道口菊儿胡同7号	100009	64034320	watchclock@sohu.com
49	北京市机械产品质量监督检验站	机械产品	朝阳区工体北路4号	100027	65070095	jixiezhan@sina.com
50	北京市建设机械与材料质量监督检验站	建筑机械、建筑材料	西城区展览路1号	100044	68322351	jjj@bicea.net.cn
51	北京市建筑材料质量监督检验站	建筑材料	石景山区金顶北路69号	100041	88724984	ftang@public.fhnet.cn.net
52	北京市煤炭产品质量监督检验站	煤炭	朝阳区安外小关东里甲2号	100029	52052637	mtzhjzh@263.net
53	北京市汽车质量监督检验站	汽车及配件	丰台区方庄南路9号院	100079	67629678	bari@public.bta.net.cn
54	北京市水泥质量监督检验站	水泥及水泥包装材料	房山区琉璃河车站前街1号琉璃河水泥厂院内	102403	89382980—2575	bjsnzjz@sina.com.cn
55	北京市饲料质量监督检验站	饲料	朝阳区北苑路甲15号	100107	84932778	wangyyue@yahoo.com.cn
56	北京市肥料质量监督检验站	化学肥料	海淀区板井路市农林科学院植物营养与资源研究所1楼	100097	51503322	liushanjiang@263.net
57	北京市新型肥料质量监督检验站	有机、无机化肥，果蔬中有害物质	朝阳区惠新里高原街4号	100029	84635727	zhuli64@sina.com
58	北京市塑料制品质量监督检验站	塑料制品、塑料包装材料	西城区旧鼓楼大街47号	100009	64034801	slyjs@public.bta.net.cn
59	北京市化工产品质量监督检验站	化工产品	朝阳区东四环大郊亭桥东南角	100124	67754816	Cnrublab@cnrublab.com
60	北京市消防产品质量监督检验站	消防用品	西城区西直门内大街190号	100035	62241188—3203	bjxfzhjzh@163.com
61	北京市冶金产品质量监督检验站	冶金产品	朝阳区北苑路40号	100012	84925117	yjzjz@sohu.com
62	北京市医疗器械产品质量监督检验站	医疗器械	海淀区北三环中路2号	100011	62013862	nmsc2@yeah.net
63	北京市饮服食品机械质量监督检验站	食品加工机械	昌平区昌平科技园区超前路12号	102200	80111267	ccetc2000@163.com
64	北京市种子质量监督检验站	种子	海淀区北太平庄路15号	100088	62056471	zjzzzjz@sohu.com

续表

序号	名　　称	服务内容	地　址	邮　编	电　话	电子邮箱
65	北京市高分子材料质量监督检验站	工程塑料、黏合剂、树脂等	海淀区中关村北大街123号	100084	62563472	zjz@ bciri. com. cn
66	北京市信息产品质量监督检验站	信息产品、电子元件	崇文区广渠门内大街9号	100062	67115519	dianzi@ betc. com. cn
67	北京市化学试剂产品质量监督检验站	化学试剂	朝阳区东四环南路大郊亭桥东南角	100124	67718953	jiancezhongxin9485@ sina. com
68	北京市石油产品质量监督检验一站	车用油、柴油、煤油、齿轮油等	朝阳区小武基路6号	100023	67369931	olizjz@ 263. net
69	北京市黑色冶金产品质量监督检验站	生铁、精矿粉、铁合金	石景山区首钢技术研究院内	100041	88296463	sgjsbbz@ fm365. com
70	北京市印刷工业产品质量监督检验站	印刷产品	朝阳区南皋乡南皋村塑料三厂内	100015	64339451	yinshuazhijian@ sina. com
71	北京市照明电器产品质量监督检验站	照明产品	朝阳区大北窑厂坡村甲3号	100022	67708989	bjlightzljd@ sohu. com
72	北京市农业机械产品质量监督检验站	农业机械及配件	丰台区南方庄甲60号	100079	67696851	yoot@ noongli. com. cn
73	北京市建筑五金水暖产品质量监督检验站	建筑五金材料及产品	丰台区大红门西路4号	100068	87810805	zhiliang1612@ sohu. com
74	北京市工程管道及桥梁构件质量监督检验站	工程管道、桥梁构件	西城区大帽胡同26号	100035	66114337	epbmqais@ sina. com
75	北京市劳动保护用品质量监督检验站	劳动保护用品	宣武区陶然亭路55号	100054	63524198	lbzjbj@ 263. net

资料来源:北京市质量技术监督局

北京地区质量技术监督法定计量检定机构一览表

序号	名　　称	服务内容	地　址	邮　编	电　话	电子邮箱
1	北京市计量检测科学研究院	提供长度、温度、力学、电学、光学、理化、电磁辐射等专业的计量检定、校准及检测服务;承接部分计量产品的质量监督检验及仲裁检验;授权开展部分计量产品的型式评价和样机试验以及进口计量器具的售前检定;承接企业、事业单位计量人员的技术培训;授权开展最高计量标准考(复)核、计量器具制造许可证考核等工作;房屋面积测量、室内环境监测;其他技术服务工作	朝阳区小关北安苑东里一区12号	100029	51669268	jly@ bjtsb. gov. cn

续表

序号	名　称	服务内容	地　址	邮　编	电　话	电子邮箱
2	北京市东城区计量检测所	提供长度、电磁、光学、力学、热工、无线电、时间频率、物理化学等专业的计量检定、校准及检测服务	东城区和平里五区甲 12 号	100013	84222314	dcjjls@ bjtsb. gov. cn
3	北京市西城区计量检测所	提供长度、热工、力学、电磁、光学、物理化学、无线电等专业的计量检定、校准及商品量检测服务	西城区展览馆路 8 号	100044	68332721	xcjjls@ bjtsb. gov. cn
4	北京市崇文区计量检测所	提供长度学、温度学、力学、电学、物理化学等专业的计量检定、校准及检测服务	崇文区南岗子街 58 号	100061	67120246	cwjjls@ bjtsb. gov. cn
5	北京市宣武区计量检测所	提供长度、力学、电磁、温度、理化等专业的计量检定、校准及检测服务	宣武区鸭子桥路 29 号	100054	83976934	xwjjls@ bjtsb. gov. cn
6	北京市朝阳区计量检测所	提供长度、温度、湿度、力学、电学、物理化学等专业的计量检定、校准及检测服务	朝阳区高碑店路 1438 号	100022	87744032	cyjjls@ bjtsb. gov. cn
7	北京市海淀区计量检测所	提供长度学、温度学、力学、电学、物理化学、光学等专业的计量检定、校准及检测服务	海淀区双清路 68 号	100083	62324427	hdjjls@ bjtsb. gov. cn
8	北京市丰台区计量检测所	提供长度学、力学、电学、温度等专业的计量检定、校准及检测服务	丰台区北大地文体路 6 号	100071	63860399	ftjjls@ bjtsb. gov. cn
9	北京市石景山区计量检测所	提供长度学、温度学、力学、电学等专业的计量检定、校准及检测服务	石景山区杨庄东路 73 号	100043	68875389	sjsjjls@ bjtsb. gov. cn
10	北京市门头沟区计量检测所	提供长度学、力学、物理化学等专业的计量检定、校准及检测服务	门头沟区新桥大街 60 号	102300	69828742	mtgjjls@ bjtsb. gov. cn
11	北京市房山区计量检测所	提供长度学、温度学、力学、电学、物理化学等专业的计量检定、校准及检测服务	房山区良乡拱辰大街 84 号	102401	69351826	fsjjls@ bjtsb. gov. cn
12	北京市大兴区计量检测所	提供长度学、温度学、力学、时间频率、物理化学等专业的计量检定、校准及检测服务	大兴区黄村东里	102600	69243965	dxjjls@ bjtsb. gov. cn
13	北京市通州区计量检测所	提供长度学、温度学、力学、电学等专业的计量检定、校准及检测服务	通州区玉带河大街 32 号	101100	69543525	tzjjls@ bjtsb. gov. cn
14	北京市顺义区计量检测所	提供长度学、温度学、力学、电学、物理化学、时间频率等专业的计量检定、校准及检测服务	顺义区府前东街 19 号	101300	69421897	syjjls@ bjtsb. gov. cn
15	北京市怀柔区计量检测所	提供长度、力学、无线电等专业的计量检定、校准及检测服务	怀柔区北大街 53 号	101400	89684683	hrjjls@ bjtsb. gov. cn
16	北京市平谷区计量检测所	提供长度学、温度学、力学、物理化学、电离辐射等专业的计量检定、校准及检测服务	平谷区文化南街 7 号	101200	69962830	pgjjls@ bjtsb. gov. cn

续表

序号	名　　称	服务内容	地　址	邮　编	电　话	电子邮箱
17	北京市昌平区计量检测所	提供长度学、温度学、力学、物理化学、电学等专业的计量检定、校准及检测服务	昌平区东关环岛东	102200	89700854	cpjjls@ bjtsb. gov. cn
18	北京市密云县计量检测所	提供长度学、力学、电学、物理化学等专业的计量检定、校准及检测服务	密云县鼓楼东大街5号	101500	69042252	myjjls@ bjtsb. gov. cn
19	北京市延庆县计量检测所	提供长度学、温度学、力学、电学等专业的计量检定、校准及检测服务	延庆县湖南东路20号	102100	69104357	yqjjls@ bjtsb. gov. cn
20	华北电网有限公司北京电力公司	电能表计量检定	丰台区莲花西里28号	100073	67206009	jlzhxyhp@ 163. com

资料来源:北京市质量技术监督局

北京地区认证咨询机构一览表

序号	证书编号	机构名称	电　话 传　真	地　址	邮　编	批准业务范围	证书有效期限
1	CNCA －Z －01Q －2005 －001	北京东方易初标准技术有限公司	58700666 58700688	朝阳区东大桥路8号尚都国际中心23层	100020	质量、环境、安全、食品安全管理体系、有机、汽车行业质量管理体系 、信息安全、医疗器械管理体系认证咨询	2013. 12. 29
2	CNCA －Z －01Q －2005 －002	北京万丰伟业质量认证咨询有限公司	85863716 85863659	朝阳区八里庄西里远洋天地69号楼301—308	100026	质量、环境、安全、食品安全管理体系、有机、QS9000/TS16949 、信息安全、医疗器械管理体系认证咨询	2013. 12. 29
3	CNCA －Z －01Q －2005 －003	北京寰发启迪认证咨询中心	64477696/ 9864477708	朝阳区西坝河西里28号国展国际英特公寓B座30D	100028	质量、环境、安全、食品安全管理体系、QS9000/TS16949管理体系认证咨询	2013. 12. 29
4	CNCA －Z －01Q －2005 －004	北京福迪信企业管理顾问有限公司	82056050 82053106	西城区新外大街28号	100088	质量	2014. 06. 20
5	CNCA －Z －01Q －2005 －005	北京中标世纪认证咨询有限公司	64823636 64823889	朝阳区惠新东街11号紫光发展大厦B座3单元902室	100055	质量、环境、安全、QS9000/TS16949 、有机	2013. 12. 30

（续表）

序号	证书编号	机构名称	电　话 传　真	地　址	邮　编	批准业务范围	证书有效期限
6	CNCA－Z－01Q－2005－007	北京标智咨询有限公司	59693481/82/83 59693485	朝阳区广渠路21号金海国际综合楼2号楼1306室	100124	质量、环境、安全、食品安全、QS9000/TS16949认证咨询	2013.12.28
7	CNCA－Z－01Q－2005－008	北京辉标族质量体系认证咨询中心	83559418 51600916	宣武区广安门南街36号天缘公寓B座608室	100054	质量、环境、安全、食品安全管理体系、有机、CMM、QS9000/TS16949、信息安全、医疗器械管理体系认证咨询	2013.12.28
8	CNCA－Z－01Q－2005－011	北京瑞华馨园技术咨询有限公司	63324769 63395724	宣武区建工西里1号楼2505室	100054	质量、环境、安全、食品安全管理体系、有机	2013.12.28
9	CNCA－Z－01Q－2005－012	北京中油东方诚信认证咨询有限公司中心	62217881 62218786	海淀区联慧路99号海云轩大厦B043	100088	质量、环境、安全	2013.12.28
10	CNCA－Z－01Q－2005－013	北京华路达环保工程有限公司	65828653 65828705	朝阳区白家庄东里42号院	100026	质量、环境、安全	2014.06.20
11	CNCA－Z－01Q－2006－014	世纪万安科技（北京）有限公司	84264019/84264018 84264016	朝阳区和平街13区煤炭科技苑小区35号楼煤炭大厦1701室	100013	质量、环境、安全	2014.01.10
12	CNCA－Z－01Q－2006－015	北京中标联企业管理顾问有限公司	64466705 64466705	朝阳区西望京西路48号院金隅国际G座801室	100102	质量、环境、安全认证咨询	2014.01.10
13	CNCA－Z－01Q－2006－016	华超信和管理咨询（北京）有限公司	88470876 88454102	海淀区蓝靛厂西路金夕园4号楼17－A	100089	质量、环境、安全、食品安全管理体系、信息安全管理体系认证咨询	2014.01.10
14	CNCA－Z－01Q－2006－018	北京中标经略质量认证咨询有限公司	68047571 68059133	海淀区中关村南大街甲56号方圆大厦B座703室	100044	质量、环境、安全、食品安全、汽车行业质量管理体系、有机、医疗器械质量管理体系认证咨询、环境标志产品认证咨询	2014.01.19
15	CNCA－Z－01Q－2006－019	北京国环咨询中心	51616191/92 51616193	海淀区北四环中路211号太极大厦9层	100083	质量、环境、安全、食品安全管理体系、QS9000/TS16949、信息安全管理体系认证咨询	2014.1.19

（续表）

序号	证书编号	机构名称	电话 传真	地址	邮编	批准业务范围	证书有效期限
16	CNCA－Z－01Q－2006－020	北京津桥优凯思管理技术咨询有限公司	62105285/89 62105316	海淀区知春路108号豪景大厦A座203室	100086	质量、环境、安全认证咨询	2014.1.19
17	CNCA－Z－01Q－2006－022	北京质安环质量认证咨询有限公司	64466559 64466569	朝阳区西坝河南路甲1号新天第大厦B座1905室	100028	质量、环境、安全、食品安全管理体系	2014.01.19
18	CNCA－Z－01Q－2006－023	北京华企联技术发展中心	63850083 63850084	丰台区丰台镇东安街3条6号	100071	质量、环境、安全	2014.01.19
19	CNCA－Z－01Q－2006－024	北京恒标智业认证咨询有限公司	63514809 63547957	宣武区白纸坊西街6号院1号楼903室	100054	质量、环境、安全	2014.01.19
20	CNCA－Z－01Q－2006－025	北京食安管理顾问有限公司	63170426 83120221	宣武区广义街4号2层205室	100053	质量、环境、安全、食品安全、有机认证咨询。	2014.03.08
21	CNCA－Z－01Q－2006－027	北京中机天腾认证咨询中心	68799039 68799050	海淀区首体南路9号主语国际4号楼11层	100048	质量、环境、安全	2014.02.08
22	CNCA－Z－01Q－2006－029	北京东方五洲认证咨询有限公司	51805193 51803873 51803873	丰台区京铁家园三号楼三区3门608室	100039	质量、环境、安全、食品安全、汽车行业质量管理体系、有机、信息安全管理体系认证咨询。	2014.02.23
23	CNCA－Z－01Q－2006－030	北京北方博业认证咨询有限公司	85863797/38 85863800 85863800	朝阳区八里庄西里远洋天地73号楼504室	100025	质量、环境、安全、食品安全、QS9000/TS16949认证咨询	2014.01.26
24	CNCA－Z－01Q－2006－031	北京中电企联技术咨询有限责任公司	63494511 63494511	宣武区广安门外大街201号及甲201号205室	100055	质量、环境、安全	2014.02.08
25	CNCA－Z－01Q－2006－033	环科通达（北京）认证咨询有限公司	67013281 67013281	崇文区天坛东里中区甲14号	100061	质量、环境、环境、环境标志产品认证咨询	2014.02.10
26	CNCA－Z－01Q－2006－034	北京质环安管理标准技术中心	87872610 87873501	丰台区永外果园43号珠江骏景中区17单元1205室	100068	质量、环境、安全	2014.02.10
27	CNCA－Z－01Q－2006－035	北京世纪拓普顾问有限公司	84291163 64204299	海淀区大柳树路17号富海中心E座1405（D）室	100081	质量、环境、安全	2014.02.10

（续表）

序号	证书编号	机构名称	电　话 传　真	地　址	邮　编	批准业务范围	证书有效期限
28	CNCA － Z － 01Q － 2006 － 036	北京鸿安德龙技术有限公司	68185625 84833431	朝阳区北四环东路108号千鹤家园3号（住宅）楼1006室	100029	质量、环境、安全、食品安全管理体系、汽车行业质量管理体系认证咨询	2014.02.10
29	CNCA － Z － 01Q － 2006 － 038	北京卓越同舟咨询有限公司	62717644 62719467	西城区北三环中路甲29号华龙大厦A座2005室	100029	质量、环境、安全、食品安全管理体系、汽车行业质量管理体系认证咨询、信息安全理体系认证咨询。	2014.02.23
30	CNCA － Z － 01Q － 2006 － 040	北京莱格企业管理咨询有限公司	64899650 64899650	昌平区北七家镇名佳花园三区43号楼3单元321室	102209	质量、环境、安全、食品安全、QS9000/TS16949认证咨询	2014.02.16
31	CNCA － Z － 01Q － 2006 － 041	北京恒基智业管理咨询有限公司	51616163 51616163	海淀区卧虎桥甲六号工作区（南）65号建筑901室	100083	质量、环境、安全、食品安全、汽车行业质量管理体系、信息安全管理体系认证咨询	2014.06.20
32	CNCA － Z － 01Q － 2006 － 042	北京经典智业认证咨询中心	64215617 64257959	朝阳区外馆斜街甲1号泰利明苑写字楼A座2层211室	100011	质量、环境、安全、食品安全管理体系、有机、汽车行业质量管理体系 、信息安全管理体系认证咨询	2014.02.23
33	CNCA － Z － 01Q － 2006 － 043	北京高科圣德认证咨询中心	58607119 58607295	东城区安定路20号院2号楼908室	100029	质量、环境 、安全、HACCP、有机	2014.02.23
34	CNCA － Z － 01Q － 2006 － 049	北京国研趋势管理咨询中心	58690911 58691499	朝阳区东三环中路39号建外SOHO第14座0906室	100022	质量、环境、安全、食品安全管理体系、QS9000/TS16949、信息安全、医疗器械	2014.04.29
35	CNCA － Z － 01Q － 2006 － 050	北京经纬方正技术咨询有限责任公司	68034205 68036764	西城区月坛北小街2号院1号楼	100830	质量、环境、安全、医疗器械质量管理体系	2014.05.30
36	CNCA － Z － 01Q － 2006 － 051	北京星智城管理咨询有限公司	66706410 66706409	海淀区复兴路83号东九楼423室	100856	质量、环境、安全	2014.06.20
37	CNCA － Z － 01Q － 2006 － 052	北京大成新华认证咨询有限公司	63363376 63363003	丰台区太平桥西里38号14幢6层东侧	100073	质量	2014.03.27
38	CNCA － Z － 01Q － 2006 － 055	北京中水大禹技术咨询有限公司	83131946－810 83131946－805	宣武区南滨河路23号立恒名苑3号楼1505室	100054	质量、环境、安全、汽车行业质量管理体系、能源管理体系认证咨询	2014.05.30

（续表）

序号	证书编号	机构名称	电话 传真	地址	邮编	批准业务范围	证书有效期限
39	CNCA - Z - 01Q - 2006 - 056	北京中企联企业管理顾问有限责任公司	64809824 64809824	朝阳区安立路68号阳光广场C2座1301—1303室	100012	质量、环境、安全、食品安全管理体系、汽车行业质量管理体系认证咨询	2014.05.14
40	CNCA - Z - 01Q - 2006 - 057	北京中电力企业管理咨询有限责任公司	83541230 83548321	宣武区广安门内大街6号A8—1201室	100053	质量、环境、安全、信息安全	2014.05.15
41	CNCA - Z - 01Q - 2006 - 060	北京时代同方科技服务中心	67975551 67971334	丰台区南苑警备东路六号三区第十九干休所综合楼	100076	质量、环境	2014.05.15
42	CNCA - Z - 01Q - 2006 - 061	北京中质环宇管理体系认证咨询中心	83661230 67672776	丰台区顺三条21号2号楼12B12	100071	质量、环境、职业健康安全、食品安全、汽车行业、医疗器械、信息安全管理体系认证咨询、有害物质管理体系认证咨询。	2014.05.30
45	CNCA - Z - 01Q - 2006 - 064	北京汇智经典管理咨询有限公司	85322789 85322768	朝阳区力源里8号楼3102号	100025	质量、环境、安全、HACCP、有机、QS9000/TS16949 、医疗器械、信息安全、QC080000有害物质管理体系认证咨询	2010.07.20
46	CNCA - Z - 01Q - 2006 - 065	北京比瑞思科技服务中心	64915295 64927067	朝阳区惠新里241号	100029	质量、环境、食品安全、有机	2014.07.20
47	CNCA - Z - 01Q - 2006 - 066	北京信和特瑞科技发展有有限公司	64285037 64284965 64287667	海淀区五道口东升园华清嘉园13座2号底商	100813	质量、环境、安全、HACCP	2010.07.24
48	CNCA - Z - 01Q - 2006 - 067	北京英伦金典管理体系咨询中心	88512023 88512123	海淀区西三环北路50号豪柏大厦A1—206室	100044	质量、环境、安全、食品安全管理体系、汽车行业质量管理体系、医疗器械质量管理体系、信息安全管理体系认证咨询	2014.07.24
49	CNCA - Z - 01Q - 2006 - 068	北京乃俊质量管理咨询有限公司	65518018 /19 65516860	东城区王家园10号商之苑大厦616室	100027	质量、环境、安全	2010.10.08
50	CNCA - Z - 01Q - 2006 - 069	北京纳威尔格质量咨询有限公司	66410036 66410039	西城区宣武门西大街甲129号	100031	质量、环境、QS9000/TS16949	2010.10.08
51	CNCA - Z - 01Q - 2006 - 070	北京世纪放歌企业管理咨询公司	88462211/ 2233/2255 88468515	海淀区曙光花园智业园B—10F	100089	质量、环境、安全	2010.11.06

（续表）

序号	证书编号	机构名称	电　话 传　真	地　址	邮　编	批准业务范围	证书有效期限
52	CNCA - Z - 01Q - 2006 - 071	北京帝凯星认证咨询有限责任公司	88452003 88468515	海淀区蓝靛厂金夕园3号楼17Q	100089	质量、环境、安全	2010.11.06
53	CNCA - Z - 01Q - 2006 - 072	北京科标纪元管理咨询公司	87278238 87278237 87278237	丰台区西罗园三区甲1号汇达公寓A座102—106室	100077	质量、环境、安全、HACCP	2010.11.15
54	CNCA - Z - 01Q - 2006 - 073	北京石创爱思欧咨询有限公司	84064786 84064785	东城区东直门内北小街2号楼905室	100007	质量、环境、安全	2010.11.27
55	CNCA - Z - 01Q - 2006 - 074	北京讯诚达咨询有限公司	68305849 /46 68308659 68308411	西城区展览路14号中俊酒店224室	100044	质量、环境、安全	2010.12.25
56	CNCA - Z - 01Q - 2007 - 075	北京曼尼格尔企业管理顾问有限公司	58570298 58570292	西城区新外大街34号观河锦苑3号楼5—101室	100088	质量、医疗器械管理体系认证咨询	2011.01.11
57	CNCA - Z - 01Q - 2007 - 76	北京标兴业质量体系认证咨询中心	64957405 64895657	朝阳区安慧东里15号1708室	100101	质量、环境、安全、食品安全	2014.02.08
58	CNCA - Z - 01Q - 2007 - 77	北京恒世通信息咨询有限公司	82612651 13381060805 62632461	海淀区中关村89号恒兴大厦17F	100080	质量、环境、安全	2011.2.15
59	CNCA - Z - 01Q - 2007 - 78	北京道当思国际管理咨询有限公司	66120955 66179776 13501069099 52107166	西城区西直门南大街16号	100035	质量、环境、安全	2011.03.07
60	CNCA - Z - 01Q - 2007 - 79	北京科理环管理体系认证咨询中心	68350383 68350383	西城区西外大街新兴东巷15号洲际华侨酒店1号楼1408室	100044	质量、HACCP	2011.04.17
61	CNCA - Z - 01Q - 2007 - 80	北京科信诚达管理技术咨询有限公司	64278068 64278068	朝阳区北三环东路18号	100013	质量、环境、HACCP	2011.06.06
62	CNCA - Z - 01Q - 2007 - 81	北京志成诚认证咨询有限公司	83152471 63168324	宣武区长椿街西里7号东楼5层	100053	质量	2011.07.25

续表

序号	证书编号	机构名称	电话 传真	地址	邮编	批准业务范围	证书有效期限
63	CNCA－Z－01Q－2007－82	北京九域方舟管理顾问有限公司	84501390—602 84501390—604	朝阳区芳园西路7号1007室	100016	质量	2011.07.25
64	CNCA－Z－01Q－2007－83	北京中宏创科技有限公司	58130816 13621288329 64287667	朝阳区南湖中园一区112号7楼302室	100102	质量、环境、安全	2011.07.25
65	CNCA－Z－01Q－2007－084	北京海博智业企业管理咨询有限公司	67949228 13801195003 67949229	丰台区和义西里一区6号楼302室	100076	质量、环境、安全	2011.08.06
66	CNCA－Z－01Q－2007－085	中航卓越生产力促进(北京)有限公司	64663322—2272 84512762	朝阳区京顺路7号	100028	环境、安全	2011.08.06
67	CNCA－Z－01Q－2007－086	北京三骏标质量认证咨询有限公司	69728075 69728075	昌平区鼓楼东大街69号	102200	质量	2011.08.21
68	CNCA－Z－01Q－2007－087	北京博越同舟质量认证咨询有限公司	52186321 52186323	东城区新中街乙12号新中园写字楼415室、210室	100027	质量、QS/TS16949、疗器械质量管理体系认证咨询	2011.10.22
69	CNCA－Z－01Q－2007－088	北京奥希斯环保技术有限责任公司	51874213 51893412	海淀区大柳树路2号	100081	环境、安全	2011.12.24
70	CNCA－Z－01Q－2008－089	北京理尔邦企业管理顾问有限公司	64787756 64787735	朝阳区望京西路48号院金隅国际G座801室	100102	质量、环境、安全、HACCP	2012.04.03
71	CNCA－Z－01Q－2008－090	北京中铁质量体系咨询中心	51875345 51875444	海淀区北蜂窝路18号	100038	质量	2012.09.01
72	CNCA－Z－01Q－2008－091	北京华商东明管理咨询有限公司	85913380 85913380	朝阳区十里堡甘露园2号楼408室	100025	质量、环境、安全、HACCP	2012.10.13
73	CNCA－Z－01Q－2008－092	北京绿奥诺建筑板材咨询中心	84238148—14 84238150	东城区和平里东街18号国家林业局3号楼120室	100714	质量、环境、森林认证咨询	2012.10.29

续表

序号	证书编号	机构名称	电 话 传 真	地 址	邮 编	批准业务范围	证书有效期限
74	CNCA – Z – 01Q – 2008 – 093	北京康迅伟业质量认证咨询有限公司	51733836 13910897818 51733620	海淀区清华东路16号艺海大厦1105室	100031	质量、环境 、安全、HACCP、QS9000/TS16949	2012.12.09
75	CNCA – Z – 01Q – 2008 – 094	北京经典智业管理顾问有限公司	64215617 64215617	朝阳区北三环东路18号楼206号	100013	质量、环境 、安全、HACCP、QS9000/TS16949	2012.12.09
76	CNCA – Z – 01Q – 2009 – 095	北京同心创业投资顾问有限公司	13810017578 58694493—109	朝阳区东三环中路39号建外SOHO 2号楼1506室	100022	质量、环境、安全	2013.2.26
77	CNCA – Z – 01Q – 2009 – 096	北京国经兆维管理咨询中心	63392326—100 63391975	丰台区西二环菜户营东街甲88号鹏润园静苑大厦A座105号	100054	质量、环境、安全、HACCP 、QS9000/TS16949、CMM 评估、有机、医疗器械、信息安全、	2013.3.18
78	CNCA – Z – 01Q – 2009 – 097	中认通(北京)管理顾问有限公司	13601119860 65536369	东城区新中街68号聚龙花园1号楼612室	100027	质量	2013.4.8
79	CNCA – Z – 01Q – 2009 – 098	北京润成国际标准技术有限公司	81524766 81524899 81524077	通州区云景东里15号楼1801室	101100	质量、环境、安全、食品安全、汽车行业质量管理体系认证咨询、有机、医疗器械、信息安全管理体系认证咨询	2014.01.06
80	CNCA – Z – 01Q – 2009 – 099	北京儒商创业企业管理顾问中心	64916941 63331978	丰台区西二环菜户营东街甲88号1A2911室	100054	质量、环境管理体系认证咨询	2013.12.25
81	CNCA – Z – 01Q – 2009 – 100	北京伟业中天管理顾问有限公司	84832009 84831232	朝阳区北四环东路106号5号楼320室	100101	质量、环境管理体系认证咨询	2014.1.18
82	CNCA – Z – 01Q – 2010 – 101	北京中继瑞行管理顾问中心	87874409 13521805977 87874309	丰台区南三环中路70号1幢A701室	100077	质量、环境管理体系认证咨询	2014.06.20

中关村国家自主创新示范区驻海外联络处一览表

名称	地　　址	电　话	传　真	电子邮箱
硅谷联络处	4633 Old Ironsides Dr. #403 Santa Clara, CA 95054, USA	001 (408) -727 -0088	001 (408) -727 -7888	ftan@ zgc - usa. com
东京联络处	东京都中央区日本桥蛎殻町 1 丁目 37—12 PARK AXIS 日本桥 STAGE 大楼 1207 房间	0081(3) -3664 -1388	0081(3) -3664 -1136	zgc@ z - park. jp
伦敦联络处	74B Colindale Avenue London NW9 5ES United Kingdom	0044(20) -8200 -6571	0044 -20 -8200 -6571	zgcspbj@ yahoo. com
多伦多联络处	4 St Moritz Way #5 Markham, Ontario Canada L3R 4E8	001(905) -305 -8298	001(905) -305 -7698	zgc_canada@ hotmail. com
华盛顿联络处	6525 Belcrest Road, Suite 615, Hyattsville, MD 20782, USA	001(301) -683 -2121	001(301) -864 -9397	zhq97552000@ yahoo. com

资料来源:中关村科技园区管理委员会

索引

说 明

1. 本索引采取主题索引也称内容分析索引法编制，索引词以《北京科技年鉴2010》正文出现的专业名词、名同词组、机构名称及表格名称为主。

2. 特载、大事记、政策法规的内容不在索引标引之内。

3. 本索引按汉语拼音音序排列。汉字的HS2标目(索引词)按首字的音序、音调依次排列，首字相同时，则以第二个字排序，以此类推。以阿拉泊数字打头的索引词，列于最前面；英文字母打头的检索词，列于其次。

4. 本索引的叉字部分为标目，即所要查找的内容，标目之后的数字，表示该标目所在正文中的页码(地址页)。

B

C

D

F

H

G

图书在版编目(CIP)数据

北京科技年鉴2011/北京市科学技术委员会组编. ——北京：北京科学技术出版社，2012.4

ISBN 978－7－5304－5809－9

Ⅰ.①北… Ⅱ.①北… Ⅲ.①科学研究事业－北京市－2011－年鉴 Ⅳ.①G322.71－54

中国版本图书馆CIP数据核字(2012)第059400号

北京科技年鉴2011

组　　编： 北京市科学技术委员会
责任编辑： 李　媛　程明翌
责任印制： 张　良
封面设计： 樊润琴
出 版 人： 张敬德
出版发行： 北京科学技术出版社
社　　址： 北京西直门南大街16号
邮政编码： 100035
电话传真： 0086-10-66161951（总编室）
0086-10-66113227（发行部）
0086-10-66161952（发行部传真）
电子信箱： bjkjpress@163.com
网　　址： www.bkjpress.com
经　　销： 新华书店
印　　刷： 三河国新印装有限公司
开　　本： 787mm×1092mm　1/16
字　　数： 840千
印　　张： 30.5
插　　页： 10
版　　次： 2012年4月第1版
印　　次： 2012年4月第1次印刷
ISBN 978－7－5304－5809－9/G·1504

定　　价：92.00元